民族文字出版专项资金资助项目

青藏高原农牧区温室大棚果蔬栽培技术指导丛书

ཤིང་འབྲས་སྐམ་སྣོན་སྒྲིག་ཆས་ཀྱི་ཕན་ནུས་མཐོ་བའི་འདེབས་འཛུགས་ལག་རྩལ།

果品设施
高效栽培实用技术

（汉藏对照）

《果品设施高效栽培实用技术》编委会　编

《ཤིང་འབྲས་སྐམ་སྣོན་སྒྲིག་ཆས་ཀྱི་ཕན་ནུས་མཐོ་བའི་འདེབས་འཛུགས་ལག་རྩལ》རྩོམ་སྒྲིག་ཨུ་ཡོན་ལྷན་ཁང་གིས་བསྒྲིགས།

扎西才让　译

བཀྲ་ཤིས་ཚེ་རིང་གིས་བསྒྱུར།

青海人民出版社

图书在版编目（CIP）数据

果品设施高效栽培实用技术 ：汉藏对照 / 《果品设施高效栽培实用技术》编委会编 ； 扎西才让译. -- 西宁 ：青海人民出版社，2021.6
（青藏高原农牧区温室大棚果蔬栽培技术指导丛书 / 胡小朋主编）
ISBN 978-7-225-06179-5

Ⅰ. ①果… Ⅱ. ①果… ②扎… Ⅲ. ①果树园艺—设施农业—汉、藏 Ⅳ. ① S628

中国版本图书馆CIP数据核字(2021)第113924号

青藏高原农牧区温室大棚果蔬栽培技术指导丛书
胡小朋　主编
果品设施高效栽培实用技术（汉藏对照）
《果品设施高效栽培实用技术》编委会　编
扎西才让　译

出 版 人　樊原成
出版发行　青海人民出版社有限责任公司
西宁市五四西路 71 号　邮政编码：810023　电话：（0971）6143426（总编室）
发行热线　（0971）6143516/6137730
网　　址　http://www.qhrmcbs.com
印　　刷　青海雅丰彩色印刷有限责任公司
经　　销　新华书店
开　　本　890mm × 1240mm　1/32
印　　张　11
字　　数　340 千
版　　次　2021 年 8 月第 1 版　2021 年 8 月第 1 次印刷
书　　号　ISBN 978-7-225-06179-5
定　　价　44.00 元

《果品设施高效栽培实用技术》编委会

主　　编：胡小朋

副 主 编：马桂花　白成芳

编写人员：李世清　申智清　王才桑洁

《ཉིང་འབྲས་རྣམ་སྤྲོན་སྒྲིག་ཆས་ཀྱི་ཕན་ནུས་མཐོ་བའི་འདེབས་འཛུགས་ལག་རྩལ》རྩོམ་སྒྲིག་ཨུ་ཡོན་ལྷན་ཁང་།

གཙོ་སྒྲིག་པ། ཏུའུ་ཞོར་ཕུན།

གཙོ་སྒྲིག་གཞོན་པ། མ་ཀྲུའི་ཧྭ། པའེ་ཁྲིན་ཧྲང་།

རྩོམ་འབྲི་མི་སྣ། ལི་ཧྲི་ཅིན། ཧྲིན་གྲི་ཅིན། ཕང་ཚེ་གཟུངས་སྐྱིད།

目　录
MU　LU

དཀར་ཆག

第一章　葡　萄

葡萄为葡萄科葡萄属木质藤本植物，小枝圆柱形，有纵棱纹，无毛或被稀疏柔毛，叶卵圆形，圆锥花序密集或疏散，基部分枝发达，果实球形或椭圆形，花期 4~5 月，果期 8~9 月。葡萄为著名水果，常生食或制葡萄干，并可酿酒，酿酒后的酒脚可提酒食酸，根和藤药用能止呕、安胎。

第一节　葡萄的主要品种

一、有核品种

（一）早熟品种

1. 红旗特早玫瑰

新梢黄绿色略带紫红色，成熟枝条红褐色，节间中等。叶片中大，心脏形，光滑无毛，3~5 裂，叶缘具钝锯齿。果穗较大，圆锥形，有副穗，平均果穗重 550 克，最大穗重可达 1500 克，果粒着生较紧密。果粒圆形，平均单粒重 7~8 克。果皮紫红色，具有玫瑰香味，可溶性固形物含量 17%。

植株生长中等，萌芽率 70% 以上。结果枝率 80% 左右，每果枝平均着生 1.6 个果穗，副梢结实能力强，丰产。耐干旱、耐瘠薄、抗寒性较强。果实成熟期遇雨易造成裂果。

2. 大粒玫瑰香

嫩梢绿色，附淡紫色条纹，有稀疏茸毛；1 年生成熟枝淡红色。幼叶黄绿色，附加紫色；与一般玫瑰香相比，成龄叶片大而厚，深绿色，心脏形，5 裂，裂刻中浅，叶片上表面光滑，下表面有稀疏茸毛，锯齿钝，叶柄洼拱形。两性花。果穗中大，双歧肩圆锥形，平均果穗重 430 克。果粒大，椭圆形，平均单粒重 6.5 克。果皮紫红色，具麝香味，可溶性固形物含量 15%~18.5%，含酸量 0.6%~0.7%。

植株生长势强，芽萌发率高，每果枝平均着生 1.4 个果穗，产量中等。抗病性一般，尤易感染白腐病。

3. 香妃

嫩梢绿色，有茸毛；1 年生成熟枝红褐色。幼叶橙黄色，上表面光滑，下表面有茸毛；成龄叶片中等大，心脏形，5 裂，上裂刻深、下裂刻浅，锯齿圆顶形，上表面光滑，下表面茸毛稀，叶柄洼宽拱形。完全花。果穗较大，短圆锥形，带副穗，平均果穗重 322 克。果粒大，近圆形，平均单粒重 7.6 克。果皮绿黄色，果肉硬脆，有浓郁的玫瑰香味，可溶性固形物含量 14.3%。

树势中等，芽眼萌发率高，结果枝率 61.5%，每果枝平均着生 1.82 个果穗，副梢结实力中等，产量较高。抗逆性中等。抗葡萄灰霉病、葡萄穗轴褐枯病力较强，抗白腐病、霜霉病、炭疽病、黑痘病和白粉病力中等。

（二）晚熟品种

1. 美人指

嫩梢黄绿色，附有紫红色，1 年生成熟枝褐色。幼叶黄绿色附加紫红色，有光泽；成龄叶片中等大，心脏形，5 裂，裂刻中浅，锯齿钝，上、下表面光滑，无毛，叶柄洼拱形。完全花。果穗中到大，圆锥形，无副穗，平均果穗重 580 克、最大穗重可达 1850

克。果粒长椭圆形，平均单粒重 10 克，最大粒重 20 克。果粒先端果皮鲜红色，基部稍淡，果肉脆甜，无香味，可溶性固形物含量 16%~19%。该品种生长势强，芽眼萌发率高，成枝率高，果枝率中每果枝平均着生 1.1 个果穗，副梢结实力中等，产量中等。果实耐贮性好，抗病性较弱，易感白腐病，枝条成熟较晚。

2. 红地球

嫩梢底色绿色，先端有紫红色条纹，中下部为绿色；1 年生成熟枝浅褐色。梢尖 3 片幼叶微红色，叶背有稀疏茸毛；成龄叶中等大，心脏形，5 裂。裂刻深，下裂刻浅，叶正背两面均无茸毛，叶片较薄，叶缘锯齿较钝，叶柄红色或淡红色。两性花。果穗极大，长圆锥形，果穗松散或较紧凑，平均果穗重 600 克。果粒圆形或卵圆形，平均单粒重 12~14 克。果皮鲜红色或暗紫红色。果肉硬脆，味甜，可溶性固形物含量 17%。

该品种树势较强，结果枝率为 70%，每果枝平均着生 1.3 个果穗。果实耐贮性好，抗病性较弱，枝条成熟较晚。在西宁地区可以保护地栽培。

二、无核品种

（一）早熟品种

1. 京早晶

嫩梢绿色，1 年生成熟枝深褐色。幼叶黄绿色；成龄叶片中大，圆形，5 裂，裂刻深，上表面光滑有光泽，下表面稍有茸毛，锯齿锐，叶柄洼矢形，秋叶黄色。完全花。果穗大，圆锥形，平均果穗重 450 克，果粒着生中等紧密。果粒中小，卵圆形至长椭圆形，平均单粒重 3 克。果皮绿黄色，果皮薄，果肉脆，酸甜适口，味浓。可溶性固形物含量 20.5%，含酸量 0.6%。成熟后易落粒。

植株生长势强，芽眼萌发率高。结果枝率为 30%，每果枝平均着生 1.1 个花序。植株抗寒、抗旱力强，但易感霜霉病和白腐病。

2. 8611

嫩梢黄绿色，附加酒红色；1 年生成熟枝红褐色。叶片黄绿色，附加酒红色，有光泽；成龄叶片中等大，心脏形，5 裂，裂刻浅，锯齿钝，上表面较粗糙，下表面有茸毛，叶柄洼拱形。完全花。果穗中等大，圆锥形，平均果穗重 290 克，果粒着生中等紧密。果粒椭圆形，平均单粒重 4.5 克。果皮粉红色或紫红色，风味稍淡。可溶性固形物含量 15%。

植株生长势强，结果枝率高，每果枝平均着生 2 个花序，副梢结实力中等，产量中。抗病性中等，对霜霉病、炭疽病和白腐病抗性较强。

3. 布朗无核

嫩梢绿色，附加暗红色条纹，有稀疏茸毛；1 年生成熟枝黄褐色，附加红色条纹。幼叶黄绿色，有光泽，茸毛多；成龄叶片大，近圆形，3 裂，裂刻浅，叶片沿主脉皱缩向上，泡状，叶缘略向下卷，下表面有刺毛，叶柄洼全闭合或闭合裂缝形。完全花。果穗大或较大，多歧肩，圆锥形，无副穗，平均果穗重 445~627 克。果粒着生紧密，椭圆形或近圆形，平均单粒重 3.2 克。果皮淡玫瑰红色，肉质软，味酸甜，有草莓香味。可溶性固形物含量 15%~16%，含酸量为 0.55%。植株生长势较强，芽眼萌发率中，结果枝率 40%~55.6%，每果枝平均着生 1~1.3 个花序，副梢结实力较强，产量较高。抗黑痘病与炭疽病，但对霜霉病和白腐病抗性较弱。

（二）中熟品种

1. 绿宝石无核

嫩梢黄绿色，带紫红色条纹，无茸毛。幼叶较薄，浅紫红色，有光泽，上表面有稀疏白毛，下表面无茸毛；成龄叶片大而肥厚，深绿色，3~5 裂，裂刻浅，叶柄黄绿色略带红色，叶柄洼呈闭合椭圆形，叶缘锯齿较钝。两性花。果穗较大，紧凑，圆锥形，平均果穗重 650 克，果穗大小不整齐。果粒倒卵圆形，平均单粒重 4.2 克。果皮黄绿色，肉质脆，酸甜适口。可溶性固形物含量 15.0%，含酸量为 0.55%。

植株生长势强，芽眼萌芽率 50%，结果枝占总芽数的 70%，每果枝平均着生 1.2 个花序。保护地 4 月上旬萌芽，5 月底开花，8 月下旬果实成熟。抗病性较强。

2. 金星无核

嫩梢绿色，茸毛较多，有珠状腺体。幼叶绿色，边缘浅红色，密布茸毛。成叶较大，浓绿色，心脏形，中等厚，3~5 裂，裂刻极浅，叶面粗糙，叶背密生茸毛，叶缘锯齿较钝，叶柄洼闭合或为窄拱形。两性花。果穗圆锥形，紧密，平均穗重 350 克。果粒近圆形，平均单粒重 4.4 克。果皮蓝黑色，肉质软，味香甜，可溶性固形物含量 16%~19%，含酸量为 0.9%。

植株生长势强，芽眼萌芽率 90%，结果枝率 86%，每果枝平均着生 1.6 个花序，副梢结实力强。在保护地 4 月底萌芽，5 月底 6 月初开花，8 月中旬果实成熟。抗寒性、抗病性均强。

（三）晚熟品种

1. 绯红无核

嫩梢黄绿色附加酒红色，有光泽；1 年生成熟枝棕褐色。幼叶黄绿色附加酒红色，有光泽；成龄叶片中等大，心脏形，5 裂，裂刻中浅，锯齿锐，上表面光滑无毛，下表面略有茸毛，叶柄洼开张椭圆形。完全花。果穗中等大，圆锥形，有歧肩，平均穗重 500 克。果粒中等紧密，椭圆形，平均单粒重 4 克。果皮亮红色；果肉黄绿色，细脆，味甜。可溶性固形物含量 19%。

植株生长势强，萌芽率、成枝率均较强，每果枝平均着生 1.3 个花序，副梢结实力中等，产量中高。保护地 5 月底开花，9 月上旬果实成熟。抗逆性较强。

2. 红宝石无核

嫩梢黄绿色，附加酒红色，有光泽。1 年生成熟枝褐红色。幼叶绿色附加酒红色，有光泽；成龄叶片大，5 裂，裂刻浅，上下表皮光滑、无毛，叶柄洼矢形。完全花。果穗大，圆锥形，有歧肩，平均穗重 850 克，最大可达 1500 克。果粒较大，卵圆形，平均单粒重 4.2 克。果皮亮红紫色，果肉脆，可溶性固形物含量 17%。

植株生长势强，萌芽率高，每果枝平均着生 1.5 个花序，副梢结实力较强，产量高。保护地 4 月中旬萌芽，5 月下旬开花，9 月中下旬果实成熟。抗病力中弱。

3. 红脸无核

嫩梢绿色；1 年生成熟枝红褐色。幼叶黄绿色，密生白色茸毛；成龄叶片中等大，心脏形，5 裂，裂刻深，锯齿锐，上、下表面无毛，有光泽，叶柄洼闭合，叶柄深红色。完全花。果穗大，长圆锥形，平均穗重 650 克，最大可达 2150 克，果穗较松散。果粒中大，椭圆形，平均单粒重 4.2 克，果皮鲜红色。果肉脆，味甜。可溶性固形物含量 15.5%。

植株生长势强，萌芽率高，结果枝率 80%，每果枝平均着生 1.5 个花序。保护地 5 月上旬萌芽,6 月中旬开花,9 月中旬果实成熟。丰产，抗病。

第二节　葡萄的年生长周期

葡萄是落叶果树，随外界环境条件的变化出现一系列的生理与形态的变化，并呈现一定的生长发育规律性。葡萄这种随气候而变化的生命活动过程称为年生长周期。从总体看，葡萄的年生长周期可分为生长期与休眠期。葡萄在年生长周期中表现出的生长发育的变化规律，通常由器官的动态变化反映出来。这种与季节性气候变化相适应的果树器官动态变化时期，称为生物气候学时期，简称物候期。

葡萄的年周期中有两部分生命活动。一项是营养生长，从萌芽、新梢生长、枝条成熟至落叶休眠，完成一个营养周期；另一项是生殖周期，即从花芽分化、开花、坐果、果实生长至果实成熟。我国习惯按时间进程将年周期划分为 7 个或 8 个阶段，即伤流期、萌芽期、新梢生长期、开花坐果期、果实生长期、果实成熟期、新梢成熟与落叶期、休眠期。各阶段的生命现象存在重叠与交叉，人为划分只是为了方便生产管理。

一、伤流期

伤流期是指从根系在土壤中吸收水分开始到展叶后为止。春天当根系分布土层的地温达 7~10℃时，根系开始从土壤中吸收水分和无机物质。由于葡萄茎部组织疏松导管粗大，树液流动旺盛，这时地上部如有碰伤或新剪口，便引起树液外流，称为伤流。其伤流时间的早晚，因葡萄种类不同而异。一般葡萄种在地温 4~5℃时根系开始吸收水分；伤流液中含有大量水分和少量营养物质，每升伤流液中含干物质 1~2 克，因此，应尽量避免造成伤流。伤流开始的时间及多少与土壤湿度有关，土壤湿度大，树体伤流多；土壤干燥，树体伤流少或不发生。整个伤流发生期的长短，与当年气候条件有关，一般为几天到半月不等，直到冬芽萌发伤流随即停止。在正常供水情况下，伤流液中营养物质极少，其干物质仅占 0.1%~0.2%，故伤流一般对植株无明显影响，但大量伤流对树体生长发育是不利的。为减少伤流发生，葡萄修剪要在立冬前后进行，小雪前结束，以便于剪口愈合，减少伤流量。

二、萌芽期

从萌芽到开始展叶，称为萌芽期。在日平均气温 10℃以上时，根系吸收的营养物质进入芽的生长点，引起细胞分裂，花序原始体继续分化，使芽眼膨大和伸长。萌芽期也是越冬花芽补充分化始期，发育不完善的花芽开始进行第二级和第三级的分化。该时期，需要大量的营养物质和适宜的温度条件。待芽伸出 3~5 厘米，能识别有无花序时进行抹芽定枝，以保证主芽正常生长。

三、新梢生长期

从萌芽展叶到新梢停止生长，称为新梢生长期。萌芽初期生长缓慢。气温平均升高到 20℃时，新梢生长迅速，每昼夜生长量可达 10~20 厘米，即出现新梢第一次生长高峰。以后到开花时为止，新梢生长趋于缓慢。这个时期，所需要的营养物质，主要由茎部和根部贮藏的养分供给。如贮藏的养分不足，则新梢生长细弱，花序原始体分化不良，发育不全，形成带卷须的小花序。因此，营养条件良好，新梢生长健壮，对当年的产量、质量和翌年的花芽分化都起着决定性的作用。要在抹芽的基础上进行定枝，将多余的营养枝和副梢及时剪掉，防止消耗养分，同时，要追施复合肥（以氮、钾为主）。

四、开花期

从始花期到终花为止，称为开花期。开花期的早晚、时间长短，与当地气候条件和栽培品种有关。气温高开花就早，花期也短；气温低或阴雨天多，开花迟，花期也随之延长。一般品种花期为 7~10 天。如果开花期气候干燥，气温在 20~27℃，天气晴朗，上午 8:00~10:00 开花量最多，整个花期可缩短为 7 天左右。为了提高坐果率，花前或花后均应加强肥水管理。花前 2~3 天对结果枝及时摘心，控制营养，改善光照条件，并补喷硼肥和人工辅助授粉，对提高坐果率有明显效果。花期持续 5~14 天，这是决定葡萄果实产量的重要时期。

开花的先后常因品种和气候条件的不同而有差异，欧美杂种开花期早，欧亚种开花期晚，两者相差 7~10 天。花期要求的温度在 15℃以上，以 20~25℃较好，当气温达到 27~32℃时，花粉萌发率最高，低于 15℃花粉不萌发。一天内开花最多的时间，保护地是在上午 6:00~9:00，干旱也不利于花粉的萌发和受精，均可导致严重落花落果，果穗稀松，产量和品质降低。

五、浆果生长期

从子房开始膨大到浆果着色前，称为浆果生长期。该期较长，一般可延续 60~100 天。其中包括葡萄的浆果生长、种子形成、新梢加粗、花芽分化、副梢生长等时期。早熟品种 35~60 天，中熟品种 60~80 天，晚熟品种 80 天以上。此时期结束时，果粒大小基本长成，种子也基本形成，枝蔓进行加粗生长有些品种枝蔓基部已开始成熟。

当幼果长至 2~4 毫米大小时，一部分因营养不足或授粉不良而出现落果现象。幼果含有叶绿素，可进行光合作用，制造养分，能补充果粒营养消耗的 1/5 左右。当幼果长到 4~5 毫米时，果顶的气孔转变为皮孔，光合作用停止。盛花后 2~3 天出现第一次落果高峰。当幼果发育到直径 3~4 毫米时，常有一部分果实因营养不足停止发育而脱落，此为第二次落果高峰。果实生长到直径约 5 毫米后，一般不再脱落。此期内，新梢极性生长不断减弱，枝蔓不断增粗。果粒生长期持续的天数，因品种而异。

浆果生长的同时，新梢加粗生长，节间芽贴进行花芽分化。当浆果长到接近品种固有的大小时趋于缓慢生长。此时新梢（含副梢）进入第二次生长高峰，要求对新梢及时引绑和处理副梢，以改善架面光照条件。同时要及时防治病虫害，进行保叶、保果和补肥等措施，为丰产、丰收创造条件。

六、浆果成熟期

自果粒开始变软着色至完全成熟为止，20~30 天。此期为从果实变软开始到果实完全成熟。浆果开始成熟时，果皮的叶绿素大量分解，黄绿色品种果皮由绿色变淡，逐渐转为乳黄色；紫红色品种果皮开始积累花青素，由浅变深，呈现本品种固有颜色。随之，浆果软化而有弹性，果皮内的芳香物质也逐渐形成、糖分迅速增加，酸量相对减少，种子由黄褐色变成深褐色，并有发芽能力，即达到浆果完全成熟期。

进入此期的标志是：黄绿色品种果粒变软，果皮色泽变浅：红色品种果粒变软,果皮开始着色。随着果实的成熟,含酸量迅速降低，含糖量迅速增加，最终达到品种固有的色香味品质。每一品种的果实完全成熟期，在不同年份可能有很大的变动，但各品种成熟期的先后，则保持较大的稳定性。果实成熟期持续的天数，因品种不同而有差异。浆果成熟期光照充足，高温干燥，昼夜温差大，有利于浆果着色，含糖量高；相反，光照不足，果实着色不良，糖少酸多，香味不浓。因此，这个阶段要注意疏掉影响光照的枝叶，同时，喷施磷、钾肥（如磷酸二氢钾），促进果实迅速着色成熟和枝条充实。

浆果成熟期养分与水的合理供应，对葡萄的产量与品质具有非常重要的意义。为提高品质，应加强根外喷施磷钾肥与糖液提高果实的含糖量，并适当控制水分的供应，停止浇水，以便防止裂果现象发生和降低含糖量。

七、落叶期

浆果成熟至叶片黄化脱落时为止，称为落叶期。浆果采收后，叶片光合作用仍在加速进行，将制造的营养物质由消耗转为积累，运往枝蔓和根部贮藏。这时花芽分化也在微弱进行，如树体营养充足使枝蔓充分成熟，花芽分化较好，可以提高越冬抗寒能力和下一年的产量。这个时期仍要加强管理，采取预防早期霜冻措施，延长枝叶养分流动时间，为安全越冬打下良好基础。

拱棚早熟葡萄栽培，落叶期范围为 100~130 天。

八、休眠期

从落叶到翌年树液开始流动为止，称为休眠期。随着气温下降，叶变成橙黄色，叶片脱落，此时达到正常生理休眠期。但其生命活动还在微弱地进行着。休眠期分为两个阶段，前期随着枝条成熟，芽眼自上而下进入生理休眠。一般是在气温 0~5℃时，经 30~45 天就可以满足生理休眠要求。以后如气温上升达 10℃以上就随时可以萌发生长。但在北方地区因外界条件不适宜生长，还需要继续休眠。因此，把前期休眠称为生理休眠，后期称为被迫休眠。自然休眠期持续时期的长短，品种间有差别，西欧品种群和黑海品种群有较长的深休眠期，而东方品种群（牛奶、无核白）的休眠期较短。

为了使葡萄安全越冬和翌春有充足营养，在休眠期要施基肥、修剪、灌水和防治病虫害等。冬季严寒地区要做好覆盖塑料薄膜或埋土防寒、防鼠等工作。

第三节　温室的选择及管理

一、温室选择

应选择交通方便、水源充足、土层深厚、土壤肥沃、土壤酸碱度中性偏碱、保温设施齐全的温室。确保“四通”，即水、电、路、网都畅通的地方。

二、定植密度和架式

南北行向篱架栽培，按行距 2 米，株距 0.6 米定植，离开东西墙和南边棚缘各 0.8~1 米，每亩（667 平方米）栽葡萄 555 株左右。

三、栽植方法

温室栽植一般在 2 月下旬至 4 月上旬进行，根据定植的行距挖深40厘米、宽1米的定植沟，将充分腐熟的优质有机肥5000千克/亩（667平方米）和适量的氮、磷、钾复合肥与土混拌均匀，填入定植沟内，然后栽植苗木，浇透水坐实。

四、整形修剪

（一）采用单臂水平整枝

适于篱架种植。定植当年每株选留1个健壮新梢培养到1.5米左右时摘心，摘心后副梢萌发，将基部50~60厘米以下的副梢全部抹去，以上的副梢留2~4叶摘心。冬季修剪时（11月上旬在落叶后至扣棚前），将主蔓上的副梢全部剪去，只留一条1.2~1.5米的主蔓。第二年将主蔓从南向北绑在距地面50~60厘米高的第一道铁丝上，主蔓基部60厘米以下萌发的芽尽早抹去，60厘米以上的每隔1节留1果枝，留4~5个新梢结果，并均匀地其绑在架面上，冬剪时，每株留5个结果母枝，每个结果母枝留2个芽短截。第三年，在每个短结果枝上留1~2个结果枝结果，冬剪时仍留相同数量的2节短结果母枝下年结果。以后按第三年的方法继续修剪，但在剪留短结果母枝时，应尽量选用靠近主蔓的健壮结果枝，以防结果部位上移；如下部结果枝较细，不得不留上部果枝作结果母枝时，则在留上部的结果母枝外，将下部较弱新梢剪留一芽作预备枝，让其形成一健壮新梢。待下一年冬剪时，把上部果枝全部剪去，将预备枝剪留两芽作结果母枝，供来年结果。

（二）采用多主蔓自由扇形整枝

篱架栽培也可以采用多主蔓自由扇形整形修剪，即每株选留2~3个主蔓，每个主蔓上选留3~4个结果枝组，进入结果期后每年冬剪采用双枝更新。

（三）摘心

升温后当萌芽长至1厘米大小时，抹除瘦弱的复芽，保留肥大的中央芽。每条主蔓上留5~10个结果枝，并对结果枝花序以上留

6~8 片叶摘心。营养枝留 8~10 片叶摘心，新梢摘心后顶端发生副梢只留 1 个二次梢 2~4 片叶反复摘心，花序以下二次梢从基部摘除，花序以上二次梢均留 1 片叶反复摘心。并及时剪除卷须。

五、温湿度管理

（一）温度控制

一般 11 月上中旬扣棚，加盖纸被和草苫，使温室内不见光，温度保持在 7.2℃以下，−10℃以上。翌年 1 月中旬开始揭帘升温，升温后至发芽需 10℃以上有效积温 500℃，萌芽前温度夜间控制在 5~7℃，白天控制在 30~32℃；萌芽至开花期温度夜间控制在 10℃以上，白天控制在 28℃左右；花期温度夜间控制在 15℃以上，白天控制在 25~30℃；果实膨大至着色期温度夜间控制在 15~25℃，白天控制在 28~30℃；着色至成熟期温度夜间控制在 15~20℃，白天控制在 25~30℃。

（二）湿度控制

萌芽前至展花序要充分灌水，湿度控制在 80% 以上；花序伸展期适当控制灌水，湿度控制在 70%；开花至坐果期要求相对干燥环境，湿度控制在 55%~65% 有利于提高坐果率；果实膨大至着色期空气湿度控制在 60%~70%；着色至成熟期空气湿度控制在 65%。

六、肥水管理

（一）施肥

1. 基肥

一般在初秋施用。优质腐熟粪肥 5000 千克 / 亩（667 平方米），拌施过磷酸钙和硫酸钾各 100 千克，混合均匀后施入。

2. 追肥

追肥分 3 次进行，催花肥以氮肥为主，每亩（667 平方米）施尿素 15 千克;催果肥在果实豌豆粒大小时进行，每亩（667 平方米）施葡萄专用肥 20 千克;着色肥以磷钾肥为主,一般每亩(667 平方米)

施过磷酸钙 15 千克加硫酸钾 15 千克。

（二）灌水

葡萄不宜过多浇水，一般结合施肥灌水。萌芽期需水较多，升温催芽期应灌透水，以利萌芽整齐。花期暂时停水，有利坐果。坐果后幼果开始生长，可每隔 10 天左右灌一次小水。果实膨大期需水量较大，应浇 1~2 次透水。着色期至果实采收前要控水，有利于促进着色。采收后、落叶期各灌一次透水。

七、贮藏保鲜

葡萄适宜在低温 -1~0℃，相对湿度在 85%~90% 下贮藏。在高温高湿的条件下极易腐烂，若湿度低又易失水。如果失水超过 1.2%，葡萄果皮发皱，果柄萎蔫干枯，很难贮藏。无论哪种贮藏方法，在入库前，库房要清扫、晾晒和密封消毒。常用简便的方法是用硫黄熏蒸，每 100 立方米用硫黄约 3 千克，并与锯木混合燃烧产生 SO_2，密封 2 天后，打开门窗通风。

第四节　葡萄主要病虫害及防治

一、主要病虫害与防治

（一）常见病害

1. 霜霉病

葡萄霜霉病发生普遍，是一种流行性病害，在多雨年份和多雨时期以及田间湿度大的果园或地区，常常发病严重而流行，流行后导致大量叶片干枯死亡。

（1）症状。病菌可危害葡萄所有绿色幼嫩组织。①叶片：发病初期，叶片正面产生半透明、边缘不清晰的小斑点，随后退绿成近圆形至多角形黄斑，天气潮湿或田间湿度大时，在叶片背面病斑下常产生大量白色霉层（即病菌孢子囊梗和孢子囊），后期霉层颜色发灰，病叶干枯直至死亡。②新梢、卷须、穗轴、叶柄：最初形成浅颜色（黄、浅黄色）水浸状斑点，之后发展为形状不规则的病斑，颜色变深，为黄褐或褐色。天气潮湿时，会在病斑上出现白色霜状霉层；天气干旱、干燥时，病部凹陷、干缩，造成扭曲或枯死。③花蕾和幼果：在生长前期湿度较大时，该病也侵染花序和幼果致病，使果柄变色，出现白色霜霉层，最后死亡，果肉变硬并发黑，果粒不再生长。

（2）防治方法。①农业防治：结合冬剪进行彻底清园，把枯枝、修剪下的枝条、烂叶、落叶收集到一起，发酵堆肥（或用其他方法处理），减少初侵染病原；加强葡萄园的管理，夏季控制副稍量，梳理叶蔓，保证通风透光良好；生长季修剪将病枝、病蔓、病叶带出田间；可采用避雨、大棚等设施栽培。②药剂防治：在雨季要进行规范防治，一般保护性杀菌剂可用 1∶0.7∶200 倍量式波尔多液、80% 水胆矾石膏（波尔多液）可湿性粉剂 800 倍液、50% 保倍福美双可湿性粉剂 1500 倍液、30% 代森锰锌悬浮剂 600~800 倍液、25% 嘧菌酯悬浮剂 1500 倍液等用于早期预防。治疗剂可用 50% 烯酰吗啉水分散粒剂 2000~3000 倍液、80% 霜脲氰水分散粒剂 2000 倍液、25% 精甲霜灵 2000 倍液、58% 甲霜灵 · 锰锌可湿性粉剂 1000 倍液、60% 氟吗锰锌 600~800 倍液等。

在雨季要进行规范防治，即 10 天左右使用 1 次杀菌剂，一般以保护性杀菌剂为主；喷洒药剂时做到喷洒均匀、周到，尤其是使用没有内吸传导的药剂时，更要注意。喷药的重点部位是叶片的背面，但同时要注意开花前、后喷洒花序和果穗；霜霉病发病初期，一般有发病中心，对发病中心重点防治；注意内吸性杀菌剂与保护性杀菌剂混合或交替使用。

采收后还应喷药 2~3 次，以免早期落叶。

2. 灰霉病

灰霉病是葡萄生产上发生普遍病害流行时，花穗被害率有时高达 70% 以上。成熟的果实也常感染该病，致使生长期、采收、贮运和销售期间葡萄大量腐烂。

（1）症状。葡萄灰霉病在葡萄花期、成熟期与贮存期造成腐烂，但表现为不同症状；其他时期一般为潜伏侵染。有时也会危害新梢和叶片。①花期症状：灰霉病菌在花帽脱落前（开花前至开花期），可以侵染花序，造成腐烂或干枯，而后脱落。开花后期，病菌会频繁侵染逐渐萎蔫的花帽、雌蕊和败育（或发育不完全）的幼果，病菌从这些组织开始，侵染果梗和穗轴。这些受感染的果梗和穗轴初期被害部呈淡褐色水渍状病斑，很快变病斑暗褐色，整个果穗软腐，潮湿时病穗上长出一层鼠灰色霉层。②成熟期症状：病菌通过伤口或表皮直接侵入果实。比较紧的果穗，果实互相挤压，先通过相邻的果粒传染，然后霉层会逐渐侵染整个果穗。如果空气干燥，被侵染的果粒干枯；如果气候湿润，果粒会破裂，并且在果实表面形成鼠灰色的霉层。③贮藏期症状：曾被侵染的成熟果穗在低温贮藏期间，穗轴可以发展成湿腐，并逐渐被褐色霉层覆盖，这些霉层有时可以产生分生孢子；被侵染的果粒，会形成褐色圆形病斑，并逐渐发展到整个果粒，病斑的表皮易被擦掉。

（2）防治方法。①农业防治：加强栽培管理，不偏施氮肥，防治新梢徒长；秋冬季清除田间病残体，春季发病后，及时剪除病穗；增施有机肥，适当控制速效氮肥的使用，防止植株徒长。②化学防治：田间防治葡萄灰霉病的药剂有保护性杀菌剂；50% 福美双可湿性粉剂 1500 倍液、25% 嘧菌酯悬浮剂 1500 倍液、50% 乙烯菌核利可湿性粉剂 500 倍液、50% 腐霉利可湿性粉剂 800~1000 倍液；25% 异菌脲悬浮剂 300 倍液等。③内吸性杀菌剂：22% 抑霉唑水乳剂 1500 倍液、16% 咪鲜；异菌脲悬浮剂 1500 倍液、50% 啶酰菌胺 1500 倍液、70% 甲基硫菌灵可湿性粉剂 800 倍液或 50% 多菌灵可湿性粉剂 500~600 倍液、40% 嘧霉胺 800~1000 倍液、10% 多抗霉素可湿性粉剂 600 倍液等。防治灰霉病要抓住几个关键时期：花序分离期；谢花的后期至幼果形成开始至封穗前；开始成熟至果实采收前的 20 天左右。

3. 炭疽病

（1）症状。该病主要侵染果实，也能危害穗轴、叶片、卷须和枝蔓等。果实被害初期，果面出现针头大小的水浸状淡褐色斑点，扩大后逐渐呈圆形、深褐色稍凹陷病斑，上面密生轮纹状排列的突起黑色小点，即病菌分生孢子盘，在潮湿条件下其上涌出大量橘红色的分生孢子团。有些品种的症状则稍有不同，幼果表面不产生明显症状，至穗粒将要上色成熟时才呈现网状褐色的不规则病斑，病斑无明显边缘，最后感病果粒干枯而失去经济价值，这种症状以玫瑰香表现最为明显。

果梗及穗轴发病，产生暗褐色长圆形凹陷病斑，影响果穗生长，发病严重时使全穗果粒干枯或脱落；而在新梢和结果母枝上只有病菌潜伏，无明显症状产生。

（2）防治方法。①农业防治：加强栽培管理，改良土壤，多施有机肥；提高葡萄架面结果母枝，新梢留量不宜过多，及时摘除副梢，保证通风透光良好。葡萄采收后，及时彻底清理果园，残留在植株上的烂果或落在地面上的病果均应高温沤肥或深埋。另外，避雨栽培能够避免雨水湿润和雨水飞溅，套袋栽培也能有效阻止分生孢子传播，所以，能够防控葡萄炭疽病。②化学防治：发芽前可选用 3~4 度石硫合剂彻底清园；发芽后到开花前可结合其他病害防治使用保护性杀菌剂，如保倍福美双 1500 倍液、30% 代森锰锌悬浮剂 800 倍液、甲基硫菌灵 1000 倍液等；落花后可用保护剂加治疗性药剂，如37%苯醚甲环唑水分散粒剂3000倍液或40%苯醚甲环唑悬浮剂4000倍液、40%氟硅唑乳油8000倍液、12.5%烯唑醇可湿性粉剂2000~3000倍、40%腈菌唑可湿性粉剂6000~8000倍等。另外，套袋前施用22%抑霉唑1500倍液+25%嘧菌酯悬浮剂1500倍液+40%苯醚甲环唑悬浮剂3000倍液处理果穗，是套袋葡萄的关键措施。

4. 白粉病

白粉病发生较为普遍，在连续干旱气候下发病严重，多雨季节或潮湿环境下发病很轻或不发病，随着近年来设施栽培范围的扩大，白粉病的发生有逐年加重的趋势。

（1）症状。该病主要危害叶片、枝梢及果实等部位，以幼嫩组织最敏感。叶片被害后正面产生大小不等的不规则形黄色或褪绿色小斑块，病斑正反面均可见有一层白色粉状物，严重时全叶枯焦；新梢和果梗及穗轴初期表面产生不规则灰白色粉斑，后期粉斑下面形成雪花状或不规则的褐斑，可使穗轴、果梗变脆，枝梢生长受阻；幼果染病时先出现褐绿斑块，果面出现星芒状花纹，其上覆盖一层白粉状物，病果停止生长，有时变成畸形，果肉味酸，开始着色后果实在多雨时感病，病处裂开，后腐烂。

（2）防治方法。①农业防治：彻底清园，去除病蔓、病芽、病果，减少越冬病原；加强栽培管理，及时摘心、绑蔓、剪副梢，使其通风透光良好；不要过多使用化肥，尤其是氮肥。②化学防治：发芽前喷波美度3~5度石硫合剂；发芽后改喷1~2次波美度3~5度石硫合剂，避免出现药害。生长期发病初期开始喷50%硫悬浮剂400~500倍液、70%甲基硫菌灵可湿性粉剂800~1000倍液、5%己唑醇悬浮剂1500倍液，发病初期开始，7~10天喷一次。

5. 黑痘病

（1）症状。从葡萄萌芽后到生长后期均可发生此病。病菌可侵染葡萄的所有绿色幼嫩部分如叶片、花序、果实、嫩梢和卷须等部位。叶片被害后开始出现许多针头大小的水渍状红褐色至黑褐色圆斑，周围有黄色晕圈，病斑扩大后，稍凹陷，中央灰白色，边缘呈暗褐色或紫色。后期有的病斑自中央穿孔，周围仍有明显的紫色晕圈。叶脉和枝条上病斑呈梭形，凹陷，中间灰白色显著，边缘暗褐色，多数互相合并成为条状病斑。花序染病，在花蕾上产生浅褐色小斑，严重时花蕾枯死和脱落。幼果染病时，果面上发生浅褐色至红褐色圆斑，边缘紫褐色，中央灰白色，稍凹陷，似“鸟眼”。新梢受害，初呈紫褐色长圆形病斑，后边缘变灰黑色，中央为灰白色，严重时病斑相连，病梢干枯死亡。

（2）防治方法。①农业防治：结合冬剪彻底清园，及时清理病僵果、病蔓、病卷须和病穗梗等病组织，减少病菌初侵染来源。发病后及时摘除副梢和受害严重的病梢、病叶，带出果园。注意果园排水，要增施磷、钾肥，减少速效化肥的使用，提高树体自身抗病力。②化学防治：葡萄芽鳞膨大时，及时喷波美度石硫合剂，减少越冬病源。生长期于花前、花后和幼果期喷保护性杀菌剂 50% 保倍福美双可湿性粉剂 1500 倍液、30% 代森锰锌悬浮剂 800 倍液、80% 水胆矾石膏可湿性粉剂 800 倍液等，结合其他病害防治喷药即可；对发病较重的果园可改喷特效药剂 37% 苯醚甲环唑水分散粒剂 3000 倍液、40% 氟硅唑乳油 8000~10000 倍液，若后期多雨可适当加大喷药浓度。

6. 白腐病

葡萄白腐病是葡萄主要病害之一。我国除西北地区因雨水少，发病轻微外，在各个葡萄产区均有发生。尤其以华北、黄河故道和长江流域危害较重，对果品产量、质量等都有很大影响。

（1）症状。主要危害果穗，此外，也能危害新梢和叶片，发病先从离地面较近的穗轴或小果梗开始，先出现淡褐色不规则水渍状病斑，逐渐蔓延到果粒。果粒发病后约 1 周，病果由褐色变为深褐色，果实软腐，果皮下密生灰白色略突起的小点，以后病果逐渐失水干缩成僵果。病果在软腐时极易脱落，僵果不易脱落。叶片发病，先从叶尖、叶缘开始，形成淡褐色有同心轮纹的大斑。新梢发病，多在伤口部位，如新梢与铁丝摩擦处，摘心的断伤部位等。发病初期呈水渍状淡红褐色病斑。逐渐沿枝蔓向外发展，后由褐色变暗褐色形成条状病斑。病斑表面密生深褐色小点粒，即病菌分生孢子器。后期病部表皮纵裂或与木质部分离，严重时呈乱麻状。病枝蔓上端生长衰弱，严重时甚至枯干死亡。病害在叶上多发生在叶缘或有伤口的部位，形成较大型或较圆形的浅褐色病斑，有轮纹，后期病组织破裂。

（2）防治方法。①农业防治：防治白腐病要采取消灭病源、降低地面湿度，提高架面，改善通风透光条件，避免产生伤口和喷杀菌剂等综合性防治措施，才能收到良好效果。彻底清园，在葡萄采收后，应及时清除地面上的僵果、穗轴等。葡萄修剪后，也应彻底清除遗留在地面上的病僵果、穗轴柄、卷须、落叶等。在发病初期发现病穗应立即剪除深埋，以免再次传染。降低湿度，要改善架面通风透光条件，修剪时留枝量要适当，要及时去除副梢防止枝条过密。②化学防治：清园时可用波美度 0.3 度石硫合剂；发芽后结合其他病害防治用好保护剂，如 50% 保倍福美双可湿性粉剂 1500 倍液、30% 代森锰锌悬浮剂 800 倍液、80% 水胆矾石膏可湿性粉剂 800 倍液，预防得当白腐病基本可以控制。在白腐病特别严重的地区和发病重的品种上，可用 37% 苯醚甲环唑水分散粒剂 3000 倍液、40% 氟硅唑乳油 8000 倍液。

7. 溃疡病

（1）症状。据有关报道，葡萄溃疡病主要危害枝蔓，引起树势减弱甚至死亡，也可危害果实和叶片。果实着病，造成果实腐烂及果粒脱落；穗轴着病，穗轴上出现黑褐色病斑，造成果梗干枯及果实腐烂或脱落，或由于果梗干枯造成果实不脱落但逐渐干缩；在枝蔓上，当年生枝条出现灰白色梭形病斑，病斑上着生黑色小点，或在枝蔓上出现红褐色病斑。

（2）防治方法。①减少病原菌的数量：座腔菌是弱寄生性病原菌，并且能在植物的死组织上存活和繁殖，所以清除田间修剪下来的枝蔓和病组织，并对这些残体进行处理，应该是非常重要的措施。②控制产量和肥水：因为是弱寄生性病害，加强栽培管理、控制产量、合理肥水等，可以有效预防溃疡病的发生。③伤口处理和涂抹：冬季修剪时，在修剪口涂药或修剪结束时整园喷洒药剂；在果穗大量出现伤口时，对果穗进行处理等，都应该是有效防治措施。④处理的农药种类：在花前花后，使用 2~3 次 50% 保倍福美双可湿性粉剂 1500 倍液，在防治霜霉病、灰霉病、白粉病等主要病害的同时，降低座腔菌的菌势；在果穗整形后或转色期之后，可以使用 16% 咪鲜。异菌脲悬乳剂（汇葡）1500 倍液＋ 22% 抑霉唑水乳剂 1500 倍液，处理果穗。

8. 葡萄根癌病

（1）症状。植物被根癌病病菌侵染后，在植物的根部（有时在茎部，所以，也称冠瘿病）形成大小不一的肿瘤，初期幼嫩，后期木质化，严重时整个主根变成一个大瘤子。病树树势弱，生长迟缓，产量减少，寿命缩短。重茬苗圃发病率在 20%~100% 不等，有的甚至造成毁园。

葡萄根癌菌系统侵染葡萄植株，不但在靠近土壤的根部、靠近地面的枝蔓出现症状，还能在枝蔓和主根的任何置发现病症。但主要在主蔓上，呈现瘤状病症。

（2）防治方法。根据根癌病的侵染特点和致病机制，当发现根癌症状时，施用杀细菌剂杀灭病原细菌，已无法抑制植物细胞的增生，也无法使肿瘤症状消失。因此，根癌病的防治必须以预防为主。①对于没有根癌病的地区和田块，苗木引进要经过严格检疫，不要从有根癌病的地区或苗圃(疫区)引进苗木,并且在种植前进行消毒。消毒的方法为100倍液硫酸铜水，加热到52~54℃,浸泡苗木5分钟;或52~54℃的清水浸泡苗木5分钟，然后用1.8%辛秀安（美铵）200倍液涮苗木,使苗木的根、枝蔓均匀着药。苗木处理后,再栽种。②利用抗性品种和抗性砧木，是防治根癌病很好的思路。但是，目前还没有发现抗性很好的品种或砧木。③生产管理中要尽量减少伤口、保护伤口。减少冻害是减少伤口的最主要的方面。防止早期落叶（后期病害的防治），保障枝条的充分成熟和营养的充分储藏是减少冻害的基础；做好冬季的防寒措施是减少冻害的辅助条件。为伤口提供化学保护，可以施用化学制剂，也可以施用生物制剂。

9. 葡萄病毒病

（1）病毒的特点。病毒病的发生和危害与其他病害不同，具有以下特点：①一旦感染病毒，就会终身带毒，长期受害，使植株各个部位都带有病毒，破坏树体的正常生理机能，导致树势衰弱，甚至死亡。②嫁接是果树病毒传播的主要途径，随着接穗、砧木和苗木的扩散，会加快病毒的传播、扩大危害范围。③病毒病害不同于真菌病害和细菌病害，尚难以用化学药剂或生物制剂进行有效防治。按其危害特点，可分为非潜隐病毒和潜隐病毒两大类。前者侵染后，大部分栽培品种都有明显症状，病树容易识别，后者在栽培品种尚不表现明显症状，必须经过检测才能明确果树体的带毒情况。非潜隐病毒侵染果树后，除少数只引起减产外，大多数都使病树丧失栽培价值，病树一般为零星发生而且容易识别。潜隐病毒虽不表现症状，但对果树的生育有明显的影响，一般能使生长量减少20%~50%,产量降低20%~60%,而且发生普遍，田间带毒株率一般为70%~90%。

葡萄病毒病的种类、症状、危害、病原和传播途径。葡萄病毒病种类很多，迄今发现的萄病毒病及类似病害达 40 余种，其中，发生范围较广，危害程度较重的有扇叶病、卷叶病、茎痘病和栓皮病 4 种。

1）葡萄扇叶病：葡萄扇叶病主要表现为扇叶、黄化叶及脉带 3 种症状类型。病株叶片严重扭曲，叶身不对称，叶柄凹大开张，主脉集中，锯齿伸长，呈扇子状；叶片上常出现多种形状的褪绿斑点，扩散成黄绿花斑叶；叶片主脉黄化，出现在夏季初中期。除了叶片症状外，病株的枝蔓也常变成畸形，有的新梢节间缩短，叶片簇生；枝条上有时出现二芽对生于单芽的位置上。卷须有时发育成侧梢。

扇叶病的最大危害是严重影响坐果，使果穗松散，果粒大小不齐，成熟期不一致。病树易落花，形成无核果。植株感病后，生命力逐渐衰退，产量、品质降低，严重时甚至整株枯死。扇叶病毒除嫁接传染外，可由土壤线虫传播。

2）葡萄卷叶病：葡萄卷叶病是世界上分布最广泛的葡萄病毒病，凡是有栽培葡萄的地方就有卷叶病存在。

卷叶病具有半潜隐性，在大部分生长季节不表现症状。被害葡萄一般在生长末期才表现症状，其典型特征是，从基部叶片开始出主脉外，叶片红化（深色果品种），或者叶缘向下反卷（浅色果品种），有时黄化不明显。有的品种则逐渐干枯变褐，病害严重的植株片成四角形，稍变硬，甚至逐渐枯死。

病树果穗数量减少，小型化，可减产 25% 左右。果实着色不良，成熟期推迟，品质下降，含糖量大幅度降低，有的感病品种的浆果含糖量由 22% 降至 16%，风味变淡。并使抗逆性减弱，嫁接成活率和扦插生根能力降低，易受冻害。

葡萄卷叶病毒主要通过人为栽培活动来传播，其传播方式有两种：一是利用病株的枝芽作无性繁殖，通过苗木远距离扩散，这在我国尤其突出。二是带毒砧木进行嫁接。

3）葡萄茎痘病：葡萄茎痘病在全世界各葡萄产区均有发生。被害葡萄春季萌芽推迟，植株矮化，茎蔓粗皮，穗、砧生长失调，在穗部、砧部或穗砧两部皮层形成层维管束射线过度膨胀，增生或发育阻滞，致使皮层内表面形成齿状或脊状突出物，嫁接口附近产生木质陷点或陷槽。病树树势衰退，一般不表现症状。但以沙地葡萄为砧木时，接口部位逐渐坏死，由于带毒植株不易察觉，因此，逐年来茎痘病传播很广。

茎痘病是一种通过嫁接传染的葡萄病毒病，带病无性繁殖材料是该病的主要传播途径。

4）葡萄栓皮病：栓皮病的症状和卷叶病相似，但在生长期间出现较早而且明显，病株树势衰弱，早春延迟萌芽，茎蔓粗糙，基部产生纵向裂纹，整树表现木质陷点。春末至夏初叶片开始变黄，逐渐反卷，病部砖红色或黄褐色，与卷叶病不同之处是卷叶病的叶脉仍保持绿色，而栓皮病则整叶变黄，病株落叶不正常，有时在霜降后枯叶仍留在树上。

植株感染栓皮病后树势逐年衰弱，枝条脆，易折断，严重减产，浆果延迟成熟，品质显著下降，数年后地上部分死亡，留下砧木原地生长。栓皮病通过嫁接、扦插材料进行传播。

（3）防治方法。该病害至今尚无好的治疗方法，生产上主要采用脱毒苗木加以克服。

（二）主要生理性病害

1. 气灼

葡萄气灼病，也叫缩果病，是与特殊气候条件有直接或间接关系的生理性病害。气灼病本质上属于“生理性水分失调症”的表现之一。气灼病是红地球葡萄常见病害，尤其是葡萄套袋后；在其他葡萄品种上，气灼病时有发生，有些年份非常严重。对于套袋葡萄，套袋前的疏穗、疏果工作已完成，如果套袋后出现气灼病，损失更大。

（1）症状。气灼病一般发生在幼果期，从落花后45天左右至转色前均可发生，但大幼果期至封穗期发生最为严重。首先表现为失水、凹陷、浅褐色小斑点，并迅速扩大为大面积病斑，整个过程基本上在2小时内完成。从病斑横切面看，病斑表皮以下有些像海绵组织。病斑面积一般占果粒面积的5%~30%，严重时，一个果实上会有2~5个病斑，从而导致整个果粒干枯。病斑开始为浅黄褐色，而后颜色略变深并逐渐形成干疤（病斑多的果实，可致整个果粒干枯形成“干果”）。病斑的分布具有一定随意性，一般在果粒的侧面，近果梗处和底部也有发生。在土壤湿度大（水浸泡一段时间后）又遇雨水后（在葡萄粒上有水珠）突然高温，果面有水珠的部分，易在水珠底部出现气灼病。高温期间用药，极易在果粒下部的药滴处出现气灼病。

1）气灼病和日烧及其他病害的区别：日烧病是由于太阳的紫外线、强光线造成的灼伤，颜色比较深，类似于“火烧”状；气灼病是水分生理病害，病斑颜色比较浅，类似于“开水烫”状。

2）气灼病和其他生理性病害（缺硼等）的区别：气灼病形成非常快，一般在2小时之内完成；其他病害形成比较缓慢，病斑由小变大需要几天或十几天过程。

3）气灼病和刺吸性虫害危害症状的区别：气灼病病斑大；虫害刺吸形成的病斑小。气灼病病斑颜色会逐渐加深，形成枯死斑；虫害刺吸形成的病斑，凹陷、失绿、硬斑，一般不枯死。

（2）防治方法。葡萄气灼病的预防，从根本上是保持水分的供求平衡。所以，防治气灼病首先是壮根，其次要保证水分的供应和根系功能的正常发挥。

1）壮根性措施：首先，增施有机肥、提高土壤通透性、合理负载、采收后的病虫害的防治等；其次，注意根系病虫害（如线虫病、根腐病等）的防治。

2）保证水分供应：在易发生气灼病的时期（大幼果期），尤其是套袋前后，要保持充足的水分供应。如果大水漫灌，要注意灌溉时间，一般在 18:00 至翌日早晨灌水，避免中午灌水。保持土壤通透性好，能促使根系功能的正常发挥。排水便利，避免长期水分浸泡，及时中耕、松土。土壤通透性好，有利于根系呼吸，根系的功能正常，(避免肥害的发生）避免或减少气灼病。如果根系弱，要减少地上部分的枝、叶、果的量，保持地上部和地下部分的协调一致，会在一定程度上减少和避免气灼病。

2. 落花落果

落花落果通常是指花前 1 周的花蕾和开花后子房的大量脱落。花穗上的花蕾很多，能受精坐果的仅占 20%~40%, 其余花朵均不能受精而脱落，这是植株本身的一种自疏现象，是葡萄自我调节的一种正常生理现象，称为正常的落花落果。若落花落果达 80% 以上称为落花落果症。

（1）原因。有些品种具有先天遗传性缺陷，如巨峰葡萄从其亲本继承了易落花落果的特性；花期和幼果期过于干旱、高温、低温，或连阴雨，都能造成大量落花落果；不相适应的农艺措施，导致树体内部营养不足、树体养分分配不当，如施氮肥过多，留枝过密等，造成旺长；缺硼时葡萄授粉不良，授粉不良的果粒在与健康的果粒竞争营养时处于劣势，易落花落果；土壤缺锌或锌吸收不足也会导致授粉不良。一些激素有疏花作用或造成授粉不良，使用时要特别慎重，用量或施用时机不当时，会严重落花落果；另外，绿盲蝽、蓟马、螨类为害和霜霉病、灰霉病、穗轴褐枯病等病害危害都会落花落果。

（2）防治方法

1）品种和技术：选育坐果率高的优良品种，采用与品种特性相适应的栽培技术措施。如对生长势旺的品种，要注意轻剪长放，削弱营养生长，缓和树势。对落花落果严重的品种，可在花前 3~5 天摘心，或在花前喷矮壮素等。

2）合理施肥：多施有机肥，早施基肥，适当控制氮肥、增施钾肥、硼肥，增强树势。在花前、花后要追施硼肥、钾肥，合理使用磷肥，严格控制氮肥的施用，灌水与否一定要视品种和天气情况而定。易落花落果的品种在氮肥已经过量的情况下，要在花前到花后 20 天里严格控水。

3）树势健壮：确保树势中等健壮，改善树体营养条件，调节营养生长与结果的矛盾，对提高坐果率非常重要。

4）精细夏剪：及时抹芽、定枝，适时适度摘心。及时疏除过多的花穗，进行花序整形，减少养分的消耗，促进花穗发育良好，保证开花、授粉、受精所需。根据需要，及时疏果，进行果穗修整。

5）环割或环剥：开花初期进行，环剥宽度 2~3 毫米，用塑料薄膜包扎。环剥是技术性很强的措施，不能随意使用；可以使用环割代替环剥。不要轻易在主干上环割或环剥，一般宜在结果枝上进行。

6）喷施硼肥：对落花落果重的品种，于开花前 10 天，叶面喷施 21% 保倍硼 2000 倍液，以促进花粉管伸长和花粉萌发，有利于授粉受精，提高坐果率。喷雾时要均匀细致。

7）加强病虫害防治：重视开花前的病虫害防治，按防治规范全年综合防治，避免病虫害对花序的损害。

3. 大小粒

一些葡萄品种，特别是巨峰葡萄，常出现大小粒现象，严重影响产量。其根本原因在于葡萄花期授粉不良。

（1）主要原因

1）品种原因：个别品种如巨峰葡萄等天生的授粉不良。

2）授粉受精不良：花期气候条件影响；肥水管理不当，造成旺长或生长偏弱，果穗营养相对不足；植株缺硼、缺锌，影响授粉，无籽果或少籽果增加，从而个体小。

3）修剪不当：夏季修剪不当，导致营养生长和生殖生长不协调，或所留有效叶片数量不够，果穗营养相对不足。

4）激素使用不当：有些紧穗性品种，用激素拉长花序不当时，造成部分花蕾授粉不良，或者是花后用激素过早或过量时，造成种子发育不良都会造成大小粒严重。

（2）预防方法

1）根据市场需要和自己的情况选择优良品种，栽培脱毒苗木。

2）加强肥水管理，保证开花、坐果和果实生长所需营养；科学夏剪，新梢摘心时间和强度，以及副梢处理方式务必考虑品种特性。因品种不同，可在花前、花期，或花后进行结果枝摘心，同时，提前处理副梢。

3）花序分离期和开花前2~3天，喷21%保倍硼2000倍液或0.3%硼砂溶液1~2次，促进花粉管萌发，提高受精率。缺锌时可于花前花后各喷1次锌硼氨基酸300倍液。

4）及时疏花疏果，修整果穗。

4. 裂果

主要发生在浆果近成熟期，果皮开裂，失去商品价值。且因果汁外溢，易造成病虫害蔓延，进一步加大损失。

一般在灌溉条件差，地势低洼及土质黏重的果园，生理裂果发生较重。有的生理裂果是由于浆果排列过于紧密，果粒间相互挤压，或因果皮韧性差而发生裂果现象。

（1）主要原因

1）品种特性：有些葡萄品种易发生裂果，如绯红、里扎马特等。

2）果实膨大期：此时期干旱，而到成熟期降水过多，空气湿度较大，易造成裂果。

3）管理不当：密植果园施氮肥过多，枝蔓徒长和通风透光条件不良以及土壤水分不均匀，变化过大，易发生裂果；产量过高，或过量施用膨大类激素，使果皮变薄；另外，病虫害侵染如蓟马、绿盲蝽等为害，或感染白粉病等的果实易引起裂果。

4）幼果期：施用对果面有刺激性的药剂，使果面受伤，后期易在伤口处开裂。幼果期是果皮最幼嫩的时期，如低质量的代森锰锌，几乎每年都能听到在葡萄上产生药害的信息。

（2）预防方法

1）加强病虫害防治：尽可能选用安全、优质农药，按防治规范全年综合防治。尤其是花前花后到小幼果期，要选择对果面比较安全的药剂，喷药时要注意果粒下部的药滴处是最易产生药害的地方，最好是喷过药后，晃一下铁丝，使悬吊过长的药滴滴下一部分。避免在高温时期施药，高温时 9:00~16:00 不要喷药。

2）改进栽培管理技术：适时、适度夏剪，保持架面通风透光。合理供应肥水，旱季适时灌水，雨季及时排水，做到旱能浇，涝能排，且避免大水漫灌。在果实迅速膨大期，应保持土壤水分充足而稳定的状态。同时，通过深翻和施有机肥改善土壤物理性状，以减少土壤水分变化。合理负载，并适当调节果粒着生密度。

3）覆盖地膜：葡萄园覆盖地膜，既可防止根系吸收过多的雨水，又可防止地面水分蒸发。干旱时把覆盖与灌水结合起来。

4）补充植物营养剂：在葡萄浆果发育期，叶面喷施钙肥或高钙镁水溶肥 1000 倍液 2~3 次，可有效地预防裂果。也可以每亩滴灌或冲施高钙镁水溶肥 3~5 千克。

5. 水罐子病

葡萄水罐子病也称转色病、水红粒，是葡萄上常见的生理病害，尤其在玫瑰香、红地球、白牛奶等品种上尤为严重。一般在树势弱、摘心重、负载量过多、肥料不足和有效面积小时，该病害容易发生；地下水位高或成熟期遇雨，尤其是高温后遇雨，田间湿度大时，此病尤为严重。病因主要是营养不足和生理失调。

（1）症状。水罐子病主要表现在果粒上，一般在果粒着色后才表现症状。发病后，有色品种明显表现着色不正常和色泽变淡，白色品种表现为果粒呈水泡状；病果的果肉变软、糖度降低、味酸、皮肉与果皮极易分离，成为一包酸水，用手轻捏，水滴成串溢出，故有“水罐子”之称。发病后果柄与果粒处易产生离层，极易脱落。

（2）预防方法

1）加强土、肥、水的管理，增施有机肥料和根外喷施磷、钾肥，适时适量施用氮肥。

2）加强树体的综合管理，保证健壮的树势。主梢摘心和副梢处理时要保证留叶量。

3）控制负载量，增加叶果比。加强病虫害防治，保护好叶片。

4）幼果生长期，每隔 7~10 天叶面喷氨基酸＋磷酸二氢钾 300 倍液，能有效防止水罐子病的发生。

（三）主要虫害的发生与防治

1. 葡萄根瘤蚜

葡萄根瘤蚜是葡萄上的毁灭性害虫，是世界上第一个检疫性有害生物。

（1）为害特点。此虫为单食性，仅为害葡萄属植物（栽培葡萄及野生葡萄）。葡萄根瘤蚜主要为害根部，也可为害叶片。欧洲系葡萄只有根部被害，而美洲系葡萄和野生葡萄的根和叶都可被害。须根被害后肿胀，形成菱角形或鸟头状根瘤，虫子多在凹陷的一侧（不在根瘤内部而在外部）。侧根和大根被害后形成关节形的肿瘤，虫子多在肿瘤缝隙处。由于根部养分被刺吸和受害，根系吸收、输送水分和养分功能削弱，并且刺吸后所留的伤口，造成根系微生物的繁衍和侵入，导致被害根系腐烂、死亡，从而严重破坏根系对水分和养分的吸收、运输，造成树势衰弱，影响发芽和花芽形成，严重时可造成植株死亡。

（2）防治方法。首先是严格检疫措施，防止此虫的传播；其次是苗木调运前和栽种前，进行消毒处理；最后是疫区以采用栽种抗虫砧木嫁接苗，结合药剂防治等综合措施。此外，沙土地对葡萄根瘤蚜生长不利，疫区的沙土地育苗是防治方法之一。

1）苗木、种条的消毒方法

①有机磷农药消毒

a. 辛硫磷处理：用 40% 辛硫磷 800~1000 倍液浸泡枝条或苗木 15 分钟，捞出晾干后调运（调运前或苗木调运到目的地后处理后栽种）。

b. 敌敌畏乳油处理：用 80% 敌敌畏 600~800 倍液浸泡枝条或苗木 15 分钟，捞出晾干后调运（调运前或苗木调运到目的地后处理后栽种）。

②溴甲烷熏蒸处理：在 20~30℃的条件下，每立方米的施用剂量为 30 克左右，熏蒸 3~5 小时，有条件的可用电扇或其他通风设备增加熏蒸时的气体流动。温度低的条件下可以提高施用剂量；相反，则减少剂量。

③温水处理：用 52~54℃的温水浸泡枝条、根系 5 分钟。最好先在 43~45℃的水中浸泡 20~30 分钟，然后再用 52~54℃水处理。

2）对于零星的发生，以砍伐葡萄、结合药剂防治为主。

3）对于分布比较广泛的地区（疫区），可以采取逐步消灭，或采取综合性措施控制危害的策略。如果分布广，消灭的成本非常昂贵，有时政府和农民没有能力承担。采取逐步消灭策略时，可首先施用药剂控制种群密度，然后有计划有步骤地砍伐葡萄，砍伐后种植其他作物，不要再种植葡萄属植物。疫区应采取综合性措施，即全部种植抗性砧木的嫁接苗木，根据发生规律施用药剂防治地上部害虫（有翅蚜、性蚜、虫瘿等）和防治地下部（根瘤）的蚜虫，结合栽培措施（如灌水等）防治、沙土地育苗等。对于药剂防治，可以选用辛硫磷、阿维菌素、氯化苦、六氯丁二烯等处理土壤。

对于非疫区，采取检疫、不从疫区调运苗木、苗木的处理和消毒、种植自根苗木等措施防止葡萄根瘤蚜传入和发生。

但是，不管采取哪种策略，严格检疫、禁止苗木外运、运输工具的消毒等，是防治葡萄根瘤蚜的基础。

2. 绿盲蝽

（1）分布与为害。除海南、西藏以外，绿盲蝽在我国其他省（自治区、直辖市）均有分布。

绿盲蝽成虫和若虫均能刺吸为害，主要取食寄主植物的生长幼嫩部位和繁殖器官。绿盲蝽食性杂，成虫和若虫除了取食植物以外，还能捕食鳞翅目昆虫的卵、蚜虫、蓟马和螨类等小型昆虫，甚至同种的低龄若虫。

（2）防治方法。在葡萄园防治绿盲蝽的策略包括：

1）铲除早春虫源：绿盲蝽在葡萄的修剪口的髓部越冬，可结合冬季修剪将带卵的枝条带出果园、清除早春杂草寄主等方法来控制绿盲蝽越冬和早春虫源。

2）狠抓早期防治：葡萄发芽后到开花前，是绿盲蝽为害葡萄的主要时期，狠抓早期防治，降低发生程度和为害程度。

3）狠治迁入成虫：绿盲蝽具有较强的繁殖能力，卵小且产在植物组织中，待发现若虫为害时，往往已错过防治适期。在落花前后，狠抓迁入成虫，可以有效防治绿盲蝽。

其他防控的具体措施：一是绿盲蝽成虫偏好绿豆，在葡萄园或温室四周种植绿豆诱集带，可以隔断绿盲蝽成虫的迁入，同时，将成虫吸引到诱集带上，再结合诱集带上的定期化学防治，能有效降低葡萄园绿盲蝽的发生、为害。二是绿盲蝽成虫有着明显的趋光性，生产上可以利用频振式杀虫灯进行诱杀，从而有效降低成虫种群密度及后代发生数量。三是性诱。

当前，绿盲蝽对化学农药的抗药性水平还很低。防治效果比较好的种类及其用量为 50% 噻虫嗪 3000 倍液、10% 联苯菊酯 3000 倍液。

3. 螨类

危害葡萄的螨类主要有葡萄瘿螨（毛毡病）、葡萄短须螨、侧多食跗线螨、茶黄螨等。下面对葡萄瘿螨和短须螨做以介绍。

（1）葡萄瘿螨

葡萄瘿螨属真螨目、瘿螨科，又名葡萄缺节瘿螨、葡萄锈壁虱、葡萄潜叶壁虱、毛毡病、葡萄叶疹病、毛瘿螨、芽螨、卷叶螨等。

1）为害部位及症状：仅在葡萄和枸杞上发生，属专性寄生。葡萄瘿螨主要为害葡萄叶部，发生严重时，也为害嫩梢、幼果、卷须、花梗等。叶片以小叶和新展叶片受害重。最初叶背出现许多不规则的白色病斑，逐渐扩大，叶表隆起呈泡状，叶背凹陷处密生一层很厚的白色茸毛，似毛毡，故称毛毡病。茸毛初为白色，后渐变为茶褐色，病斑边缘常被较大的叶脉限制而呈不规则形。受害严重时，病叶皱缩、变硬、凹凸不平，甚至干枯破裂，致叶片早期脱落，严重影响葡萄的营养积累，使树体衰弱。花梗、嫩果、嫩茎、卷须受害后其上面也产生茸毛，枝蔓受害，常肿胀成瘤状，表皮龟裂。

2）防治方法

①温汤消毒：防止随苗木传播插条传播瘿螨，因此，从有瘿螨地区引入苗木，在定植前，必须用温汤消毒，即把插条或苗木先放入 30~40℃热水中浸 5~7 分钟，再移入 50℃热水中浸 5~7 分钟，可杀死潜伏的瘿螨。

②清洁葡萄园：在葡萄生长季节，若发现有被害叶时，应立即

摘掉烧毁或深埋，以免继续蔓延。冬季将剪下的枝条、落叶、翘皮等收集携出园外并加以处理。

③化学防治：早春葡萄叶膨大吐绒时，喷波美度石硫合剂（加0.3%洗衣粉），这是防治关键期，喷药一定要细致均匀。若历年发生严重，在葡萄发芽后喷波美度石硫合剂。在葡萄瘿螨发生高峰期使用杀螨剂：阿维菌素、5%唑螨酯3000倍、联苯菊酯、噻螨酮、机油乳剂等。

（2）葡萄短须螨

葡萄短须螨属于真螨目，细须螨科，又称葡萄红蜘蛛。

1）为害部位及症状：该螨以成螨、若螨为害新梢、叶柄、叶片、果梗、穗梗及果实。新梢基部受害时，表皮产生褐色颗粒状突起。叶柄被害状与新梢相同。叶片被害，叶脉两侧呈褐锈斑，严重时叶片失绿变黄，枯焦脱落。果梗、穗轴被害后由褐色变成黑色，组织变脆，极易折断。果粒前期被害后，果面呈浅褐色锈斑，果皮粗糙硬化，有时从果蒂向下纵裂。果粒后期受害时影响果实着色，且果实含糖量明显降低，酸度增高，严重影响葡萄的产量和质量。

2）防治方法：同葡萄瘿螨。

4. 蚧壳虫

（1）东方盔蚧。东方盔蚧又名远东盔蚧、扁平球坚蚧等。是果树和林木的重要害虫。

1）为害部位及症状：以雌成虫、若虫为害葡萄枝干、叶片和果实。雌成虫和若虫附着在枝干、叶和果穗上刺吸汁液，并排出大量黏液，招致真菌寄生，表面呈现烟煤状，严重影响叶片的光合作用，枝条严重受害后枯死，果面被污染，造成树势衰弱，使产量和品质受到严重影响。

2）防治方法：消灭虫源注意不要采用带虫接穗，苗木和接穗出苗圃要及时采取处理措施。果园附近防风林，不要栽植刺槐等寄主林木。

冬季清园在葡萄埋土防寒前，清除枝蔓上的老粗皮，减少越冬虫口基数。春季发芽前喷波美度石硫合剂或 3%~5% 柴油乳剂，消灭越冬若虫。

保护和利用天敌少用或避免使用广谱性农药，以减少对黑缘红瓢虫等天敌的杀伤。

生长季药剂防治要抓住两个防治关键：一是发芽期至 2~3 叶期，虫体开始膨大时；二是谢花后的第一代若虫孵化盛期。常用药剂：狂刺、吡虫啉、啶虫脒、杀扑磷、苯氧威、吡蚜酮、毒死蜱等喷雾防治。喷药时加入渗透剂，可提高防治效果。

（2）粉蚧。据资料记载，为害葡萄的粉蚧一共有四类：葡萄粉蚧、康氏粉蚧、长尾粉蚧、暗色粉蚧。这里主要介绍康氏粉蚧和葡萄粉蚧。

1）康氏粉蚧：食性很杂，除为害葡萄外，还为害苹果、梨、山楂、桃、李、杏、樱桃、核桃、枣等多种果树，以及桑、杨、柳及蔬菜等多种植物。

①为害部位及症状：以雌成虫和若虫刺吸嫩芽、嫩叶、果实、枝干的汁液。嫩枝受害后，被害处肿胀，严重时造成树皮纵裂而枯死。果实被害时，造成组织坏死，出现大小不等的褪色斑点、黑点或黑斑，为害处该虫所产白色棉絮状蜡粉等污染果实；排泄蜜露到果实、叶片、枝条上，造成污染，湿度大时蜜露上产生杂菌污染，形成煤污病；有煤污病的果实彻底失去食用和利用价值。

②防治方法

a. 冬春防治：果实采收后及时清理果园，将虫果、旧纸袋、落叶等集中烧毁或深埋。葡萄埋土防寒前（或出土上架时），清除枝蔓上的老粗皮，减少越冬虫口基数。春季发芽前喷波美度石硫合剂或 3%~5% 柴油乳剂，消灭越冬卵和若虫。

b. 生长期防治：生长期应抓住各代若虫孵化盛期。花序分离到开花前是防治第一代康氏粉蚧的关键时期，这是最重要的一次防治，因此，要根据虫口密度适时用药 1~2 次。套袋前的防治非常重要；套袋后，康氏粉蚧有向袋内转移的特点，所以套袋后 3~5 天是防治该虫的第三个最佳时期。药剂种类和用法同东方盔蚧。

c. 土壤处理防治：在卵孵化期，根际施药，包括颗粒剂、片剂或药液土壤泼浇等。药剂一般使用具有内吸性的，如狂刺等。

2）葡萄粉蚧：又名海粉蚧。属同翅目，蚧总科，粉蚧科。主要为害葡萄，还可以为害桑树、枣树、槐树等，是近年来葡萄上新发现的蚧壳虫类。

以若虫和雌虫隐藏在老蔓的翘皮下、枝蔓的裂口、伤口或近地面的根上等部位集中刺吸汁液为害，为害后造成被害部位形成大小不一的丘状突起。随着葡萄新梢的生长，逐渐向新梢上转移为害，集中在新梢的基部刺吸汁液进行为害。受害严重的新梢失水枯死，受害较轻的枝条不能老熟，难以越冬。为害叶腋和叶梗，被害的叶片失绿发黄，干枯。为害葡萄穗轴、果实和果蒂，造成果实畸形，果蒂膨大粗糙。刺吸为害的同时，分泌黏液，易造成真菌寄生，污染果面，影响果实的商品性质。

青藏高原地区冬季温度过低且时间长，有利于减少越冬卵和若虫的数量。田间降低虫口数量可在 6 月、7 月、8 月对葡萄枝蔓进行合理的夏季修剪，能够除掉寄生在枝蔓和叶片上的卵和若虫，此时若结合刮除老树皮更好。在 10 月下旬至 11 上旬秋季修剪时，剪除虫枝并刮除老树皮。同时，加强苗木调运的检疫、增强树势也是有效措施。药剂防治可用狂刺、苯氧威、敌敌畏、毒死蜱、啶虫脒、吡虫啉、阿维菌素、杀扑磷、吡蚜酮等。

5. 透翅蛾

（1）发生与为害。葡萄透翅蛾在我国分布广泛。幼虫为害葡萄嫩枝及 1~2 年生枝蔓，初龄幼虫蛀入嫩梢，蛀食髓部，使嫩梢枯死。

长大后转移到较为粗大的枝蔓为害，被害处膨大成肿瘤，蛀孔外有褐色的粒状粪便排出，枝蔓易折断，其上部叶片变黄枯萎，果穗枯萎，果实脱落。轻则造成树势衰弱，产品质量下降，重则造成枝蔓干枯，甚至全株死亡。

（2）防治方法。一般来说，随树龄的增加为害加重。因为成虫喜欢在长势好、枝叶茂盛的植株上产卵，随树龄增加，树干加粗，枝梢生长旺盛，营养丰富，为害加重。而且不同品种，不同生育期为害不一样。从萌芽开始，以开花前和浆果期受害最重，浆果成熟期受害，以后逐渐减轻。减少虫源数量可在冬春季节剪除虫枝。结合冬春季节修剪，剪除虫枝，予以烧毁。春季再检查，发现有不萌发或是萌发后枯萎的虫枝应予以剪除。生长季节，幼虫蛀入的，发现节间紫红色的先端嫩梢枯死，或是叶片枯萎，或是先端叶片边缘干枯的叶片均为受害枝蔓，应予以剪除。7~8 月，发现有虫粪的大蛀孔，可以用铁丝刺杀或是钩杀。

化学防治：药液注射可以用 10% 联苯菊酯 400 倍液注射，然后用湿泥封口。卵孵化盛期用药剂喷施，一般一年一次就可以很好地防治，药剂可选择如苯氧威、联苯菊酯、甲维盐等。

二、病虫害的综合防治技术

综合防治是指采用多种综合措施和方法，互相协调，取长补短经济有效地将一种或多种主要病虫的为害降到最低限度以内，又不会造成对整个农业生态系统的不良影响，这样一个防治体系称为综合防治。综合防治的方法主要有生物防治、农业防治、物理防治和化学防治等。

（一）生物防治

利用生物或生物制剂防治病虫的方法称为生物防治。主要措施如下。

1. 以虫治虫

利用寄生性和捕食性天敌昆虫控制害虫的发生。如利用寄生蜂、寄生蝇等控制害虫。

2. 以菌治虫

利用有益微生物控制虫害的方法。如利用BT、苏云金杆菌、青虫菌等防治病虫。

3. 以菌治病

利用有益微生物控制有害病菌的方法。如利用增产菌防治病害等。

4. 利用抗生素和昆虫激素等

利用链霉素防治一些细菌病害；农抗120防治葡萄白粉病、炭疽病；利用戊夷霉素防治葡萄灰霉病等。

5. 植物源或植物杀虫杀菌剂

如利用除虫菊酯、鱼藤、巴豆、苦参控制一些虫害。显然生物防治的优点是对人畜比较安全、环境污染小，是所提倡的防治病虫害、提高果品质量的方向。

（二）农业防治

根据农业生态系统中各种病虫、作物、环境条件三者之间的关系，结合作物整个生产过程中一系列管理技术措施，有目的地改变病虫生活条件和环境条件，使之不利于病虫的发生发展，而有利于作物的生长发育。在葡萄上主要采用以下措施。

1. 根据市场需求选用品种，最好选用抗病不携带有害生物的品种或接穗。

2. 建园前要平整土地，挖好水渠和排水沟，使排灌方便，减少园内积水，增强树势，减轻根病或线虫传染。

3. 建园时做好果园规划设计，合理密植，改善生态条件，促进天敌数量增加，控制病虫为害。

4. 秋冬季及时清园，彻底清扫病残枝、病僵果等病组织；葡萄生长期合理整形修剪，改善果园通风透光条件。

5. 增施有机肥，避免过量使用氮素化肥，防止植株徒长，提高葡萄本身的抗性减轻病虫害发生。

（三）物理防治

采用物理因素来控制植物病虫害的发生，也是常用的治理病虫的方法。在葡萄园常用的如设置黑光灯诱杀金龟子、夜蛾、葡萄天蛾、螟蛾、叶蝉等；保护地内通过定期高温闷棚可明显减轻葡萄霜霉病的发生和为害；利用 40℃左右的温水杀死苗木、接穗上携带的缺节瘿螨等害虫；置银色反光膜防虫板、黄板粘虫板、性诱剂、杨柳枝等诱杀一些害虫；果实套袋也是减轻病虫害发生的有效办法。

（四）化学防治

化学防治是农业生产中控制病虫的常用方法，此方法的优点是高效速效，使用方便。但近年来因过度依赖化学药剂以及使用方法不当带来了许多问题，如对生态环境、果品质量、病虫抗性、天敌生物等方面的不良影响。但化学工业也是在不断地发展进步中，在目前强调绿色果品生产的时期也不应过度排除化学防治的作用，只有不断地总结经验，才能做到合理使用，发挥化学农药和生物农药的优势。

1. 加强病虫预测诊断技术，针对不同病虫采用不同的药剂种类，如使用阿维菌素防治螨类害虫等。

2. 采用高效、低毒、低残留农药，尽可能少使用广谱、高毒农药，高残留、致畸、致突变的农药。在其他方法能够控制病虫的情况下不优先使用化学农药。如在保护地中若采用高温闷棚能够控制霜霉病时就不要使用化学农药。

3. 重视科学的喷药时期、使用浓度和使用剂量及安全间隔期。

第二章　温室草莓

草莓，多年生草本植物，高 10~40 厘米。茎低于叶或近相等，密被开展黄色柔毛。叶三出，小叶具短柄，质地较厚，倒卵形或菱形，上面深绿色，几无毛，下面淡白绿色，疏生毛，沿脉较密；叶柄密被开展黄色柔毛。聚伞花序，花序下面具一短柄的小叶；花两性；萼片卵形，比副萼片稍长；花瓣白色，近圆形或倒卵椭圆形。聚合果大，宿存萼片直立，紧贴于果实；瘦果尖卵形，光滑。

第一节　品种选择及管理

一、品种选择

温室草莓生产选用早熟、耐寒、抗病、丰产、品质优良及市场需求的品种。如全明星、星都 2 号、甜查理、明宝、春香、章姬、红颜等。

二、温室选择

应选择地势平坦、交通方便、水源充足、土层深厚、土壤肥沃、土壤中性偏碱、保温设施齐全的温室。

三、育苗

（一）建立苗圃

秋季9月下旬选择土壤肥沃、疏松、排灌水方便的地块做草莓苗圃地，每亩施优质有机肥5000千克、尿素5千克、过磷酸钙25千克，深耕25厘米，做成1.5~2米的平畦。

（二）母株定植

母株选用1年生健株，具有不少于4枚叶的匍匐茎苗，繁殖系数高的品种亩栽1500株，繁殖系数低的品种2000株。

（三）苗圃管理

于11月下旬浇1次上冻水，并覆盖地膜防寒。4月初，及时将花序摘除，促进匍匐茎的生长。5月20日，喷浓度30~50毫克/千克赤霉素，间隔15天再喷1次。

（四）苗木培育

在草莓生产中主要选用匍匐茎形成的秧苗与母株分离形成新的草莓苗木的方法，来进行苗木培育。

母株管理要围绕节省营养，以促进抽生匍匐茎和培养健壮子苗。去母株花序，母株成活后产生花序要及时去掉，积累营养，提高苗木繁殖率。母株抽生匍匐茎时，要及时引压匍匐茎，并向有生长位置的床面引导抽生的匍匐茎，当匍匐茎抽生幼叶时，前端用少量细土压向地面，外露生长点，促进发根。进入8月以后，匍匐茎子苗布满床面时，要采取摘心及时去掉多余匍匐茎，控制生长数量。一般每一母株保留5~6个匍匐茎苗，多余的匍匐茎在未着地前去掉，9~10月即可培育出壮苗。

四、栽植

（一）整地施肥

栽前一周整地，每亩施优质农家肥4000~5000千克，磷酸二铵30千克，深翻25厘米后整平耙细，采用小高垄地膜覆盖栽培，垄高 15 厘米，垄面宽 50 厘米，垄间距 20~30 厘米。

（二）定植时间

日光温室栽培草莓的定植时间由种苗和当地气温条件决定，一般种苗可以在花芽分化形成花芽前或花芽形成以后进行栽植。但是，在低温到来前，新植草莓必须能够恢复正常发育。一般为 8 月中旬至 9 月上旬定植。

（三）栽植密度

根据品种生长势确定密度。每垄栽双行，大小行距分别为 80 厘米和 25 厘米，株距 15~20 厘米。

（四）定植方法

首先顺垄床覆地膜压严四周，再在垄床上按栽植密度将地膜打眼，刨穴，选用 5 片叶以上的壮苗，尽量在阴雨天或晴天下午 4 点以后带土移栽。定植时要求弓背朝向畦外（垄沟方向），做到深不埋心，浅不露根。栽后连续浇小水，直到成活为止。

（五）定植后的管理

定植 15 天后植株地上部开始生长，心叶发出并展开，此时应将最下部发生的腋芽及刚发生的匍匐茎及枯叶、黄叶摘除，但至少保留 5~6 片健叶。生长旺盛时会发生较多的侧芽，浪费养分，影响草莓开花结果，应及时摘除。植株基部的叶片由于光合能力减弱也应摘除，每株保持 4~6 片功能叶。

五、适时扣棚

适时扣棚保温是早熟草莓栽培技术中的关键。由于各地域气候条件不同，覆膜的时间也不相同。一般在 11 月初至 11 月中旬，结冻前扣膜为宜。日光温室覆膜后迅速升温，初期最高温度不要超过 25℃，温度再高时要开通风口降温。夜间最低温度保持在 5℃以上为宜，继续降温时，应采取塑料薄膜上加盖纸被或草帘等保温措施。

六、室内温湿度管理

（一）保温初期

为防止草莓进入休眠，保温初期温度相对高些。一般白天控制在 28~30℃，最高不能超过 35℃，夜间温度 12~15℃，最低不能低于 8℃。此期室内湿度控制在 85%~90%。

（二）开花期

开花期对温湿度要求比较严格。一般白天控制在 22~25℃，最高不能超过 28℃，温度过高过低都不利于授粉受精进行。夜温 10℃左右为宜，最低不能低于 8℃。夜温超过 13℃，腋花芽退化，雌雄蕊发育受阻。室内湿度控制在 40% 左右为宜，湿度过大过小都会造成授粉不良。

（三）果实膨大和成熟期

受温度影响较大，温度过高，果实发育快，成熟早，但果实变小，商品价值降低。比较适合的温度是白天控制在 20~25℃，夜间 6~8℃。湿度可控制在 60%~70%。

七、花果管理

（一）放蜂促进授粉

若在棚内放养 1~2 箱蜜蜂可提高坐果率；授粉期间，棚内白天温度保持在 20~25℃。同时可选择释放熊蜂，每亩一箱为宜。

（二）疏蕾

适度疏蕾，可促使单果重增加，果实产量提高，果个大小均匀，成熟期提早。

（三）植株管理

应适时适量地摘除老叶、残叶、病叶和匍匐茎，从而可降低养分消耗，改善通风透光条件。花期要采取疏花疏果措施，疏去高级次小花、弱花。结果后，将畸形果、病果、小果疏掉。

八、肥水管理

（一）基肥

温室草莓结果期长，为防止脱叶早衰，定植前要重施基肥，以满足其营养要求。一般每亩施优质农家肥 4000~5000 千克，配施复合肥 50 千克。深翻 30 厘米以上。

（二）追肥

草莓保温以后，正是花芽发育期，随后很快现蕾、开花、结果。顶花序采收后，腋花序又抽生并开花结果，植株负担重，如不及时施肥，容易表现早衰矮化。追肥采取“少量多次”的原则，从顶花絮吐蕾开始，每 20 天追肥 1 次，每 1 亩追氮、磷、钾复合肥 15 千克或尿素和过磷酸钙各 15 千克。第一次采收高峰后，每 30 天追肥 1 次。

（三）浇水

扣棚后至开春一般不追肥浇水，干旱时浇水最好采用膜下滴灌，以降低室内空气湿度。开花期控制浇水，果实坐果到成熟要及时浇水，保持土壤湿润。早晨采收前要控制浇水。

（四）应用植物生长调节剂

草莓温室栽培需用植物生长调节剂处理打破休眠，扣棚后喷施 2~5 毫克 / 千克的赤霉素。喷时重点喷到植株心叶部位，用量不宜过大，否则导致植株徒长。

第二节　主要病虫害防治

一、病害

（一）白粉病

发病原因：主要由病菌引起，主要是在土壤及病残体存活越冬或越夏，主要靠带病的草莓苗和风传播，发生最适合温度在20℃左右，侵染和传播的最适宜温度15~25℃，低于5℃或高于35℃几乎不发病，相对湿度40%~80%发病多，属于高温低湿病害。

症状：白粉病主要侵害部位为叶片和嫩尖，花、果、果梗，叶柄也可受害。发病初期在叶面长出薄薄的白色菌丝层，随病情加重，叶缘逐渐向上卷起呈汤匙状，叶片上发生大小不等的暗色污斑和白色粉状物，后期呈红褐色病斑，叶缘萎缩、焦枯。花蕾受害，幼果不能正常膨大，从而干枯，后期受害果面覆有一层白粉，果实失去光泽并硬化，丧失商品价值。

防治方法：可用75%百菌清可湿性粉剂600倍液、250克/升嘧菌酯悬浮剂1500倍液、50%嘧菌酯水分散性粒剂2500倍液、25%乙密酚悬浮剂800倍液、45%硫悬浮剂500倍液、42.8%氟吡菌酰胺·肟菌酯悬浮剂1500倍液进行防治。

（二）灰霉病

发病原因：草莓灰霉病是主要真菌病害，由真菌半知菌亚门灰葡萄孢菌侵染所致，是一种典型的高温高湿病害，在气温20℃左右，高湿环境下，阴雨连绵天气发病最重。在气温31℃以上或2℃以下不发病。栽植过密、氨肥多、植株通风透光不良或湿度过大时发病重。

症状：主要侵害叶、花、果柄、花蕾及果实。叶上产生褐色或暗褐色水泽状病斑，有时病部微具轮纹。空气干燥时呈褐色干腐状，湿润时叶背面出现乳白色绒毛状菌丝团。花及花梗发病，病部变为暗褐色，后扩展蔓延，病部枯死，由花延续至幼果。果实被害时，最初出现油泽状褐色小斑点，进而斑点扩大，果实变软，上生灰色霉状物。

防治方法：选用抗病品种，在定植前每亩撒施85%多菌灵可湿性粉剂3~5千克耙入土中。可用430克/升腐霉利悬浮剂600倍液、400克/升嘧霉胺悬浮剂800倍液、50%异菌脲悬浮剂700倍液，也可用百菌清或霉腐利烟熏剂。

（三）炭疽病

发病原因：草莓定植后由于高温高湿，达到炭疽病病菌高发期，由于草莓种菌带病或土壤有残留病菌，病发条件达到后迅速传染。

症状：茎叶有纺锤状焦黑斑点，横切根系弓背部分，从根系外围有红色细线状并发症，并逐渐从外向内收缩，开始会有1~2片嫩叶失去活力下垂，傍晚恢复正常，接下来在短期内植株会很快枯死。

防治方法：可用咪鲜胺与嘧菌酯进行防治，用30%咪鲜胺微胶囊悬浮剂1000倍液或50%咪鲜胺锰盐可湿性粉剂1500倍液、10%苯醚甲环唑水分散粒剂1500倍液治疗；用80%代森锰锌可湿性粉剂600~800倍液、60%吡唑醚菌酯·代森联水分散粒剂800倍液、25%嘧菌酯悬浮剂1500倍液、25%吡唑醚菌酯乳油1500倍液预防。

（四）红中柱根腐病

发病原因：由于土壤透气性差有病菌残留的情况，或草莓苗子携带病菌，在高温高湿的情况下，根腐病会大面积发生。

症状：草莓生长过程中，出现植株生长缓慢，植株下部老叶变成黄色或红色，新叶有的具有蓝金色光泽，匍匐茎减少，病株迅速枯萎。根系发黑根部横切过后发现根部中心有红褐色斑点，并向周围扩散至整个根部。

防治方法：可用精甲·咯菌腈＋苯醚甲环唑＋乙蒜素；嘧菌酯＋甲霜·恶霉灵＋叶面肥等，7~10天进行灌根喷施，轮换用药。

（五）黄萎病（红叶病）

发病原因：黄萎病是危害植株维管束的病害，从苗期到生长发育期均可染病，在土壤病残体以及未腐熟的有机肥中越冬，在土壤中可存活5~10年，从伤口、根系的根毛细胞间侵入，进入维管束并在维管束中发育繁殖，堵塞导管致使植株迅速萎蔫逐渐枯死，发病适宜温度为22~32℃，重茬、连作、土壤干燥、透气性差的土壤发病严重。品种间抗病性有一定差异。

症状：草莓黄萎病先期表现为心叶黄化，有的先从侧叶开始黄化，即“半边疯”。老叶呈紫红色萎蔫，原因是输导组织维管束病变，导致植株生长较一般植株矮化，前期叶片簇状卷曲。中期因营养、水分供应不足，植株感病部位先出现逐渐黄化，呈现营养不良现象。后期会因中午炎热植株呈失水萎蔫状，逐步遍及全株，导致整株萎蔫枯死。

防治方法：种苗时药剂杀菌可用10毫升2.5%适乐时悬浮种衣剂800倍液对种苗根系浸根3~5分钟防病，也可用98%噁霉灵可湿性粉剂2000倍液、45%特克多悬浮剂100倍液、2%农抗120水剂200倍液、75%达科宁可湿性粉剂800倍液、70%甲基托布津可湿性粉剂500倍液、50%多菌灵可湿性粉剂500倍液进行防治。

（六）蛇眼病

发病原因：由病菌引起，病菌在病原体上越冬或越夏，秋冬季节形成孢子并在空气中经风雨传播，侵染发病，该病为偏低温、高湿病害，花期前后花芽形成期是发病高峰期。28℃以上，发病极少。

症状：主要发生在老叶上，叶柄、果梗、嫩茎和浆果也可受害，叶上病斑初期为暗紫色小斑点，随后扩大成2~5毫米大小的圆形病斑，边缘紫红色，中心灰白色，略有细轮纹，酷似蛇眼。

防治方法：可用25%多菌灵可湿性粉剂300倍液、40%灭病威悬浮剂300倍液、80%代森锌可湿性粉剂、70%甲基托布津可湿性粉剂600倍液进行防治，5~7天1次2~3次即可。

（七）褐色轮斑病

发病原因：褐色轮斑病病菌以菌丝和分生孢子在病残体上越冬，借助风雨以及灌溉水农事操作等进行传播发病适温为22~26℃，湿度接近饱和、多雨季节发病多，以及未腐熟的有机肥或旧苗床、种植密度过大、氮肥过量等易造成病害频发。

症状：主要危害叶片。感病叶片先从叶缘和叶边开始侵染，初期感病形成紫褐色小斑点，继而向叶基部扩展成大小不一的圆形或V形病斑，病斑颜色逐渐变深褐色，可见轮纹。幼叶感病，先从叶尖开始，沿着主叶脉向叶基部发展，呈黑褐色枯斑。感病后期病斑会占叶片面积的1/3~1/2。

防治方法：可用25%阿米西达悬浮剂1500倍液、75%达科宁可湿性粉剂600倍液、10%世高水分散粒剂1500倍液、32.5%阿米妙收悬浮剂1000倍液、70%品润干悬浮剂600倍液、50%扑海因可湿性粉剂1000倍液、70%甲基托布津可湿性粉剂500倍液进行防治。

（八）细菌性角斑病

发病原因：由病菌引起，高温高湿情况下发病，细菌一般从地面与根系交界处侵入，进入维管束并向上下蔓延。也经常通过农事操作，雨水和灌溉水传播。

症状：初侵染时在叶片下表面出现水浸状红褐色不规则形病斑，病斑扩大时受叶脉限制呈角形叶斑，病斑照光呈透明状，但以反射光看时呈深绿色，湿度大时叶背可见溢有菌脓，干燥条件下成一薄膜。

防治方法：可用2%农抗120水剂200倍液、90%新植霉素可溶性粉剂4000倍液、3%中生菌素可湿性粉剂1000倍液、72%农用链霉素可湿性粉剂3000~4000倍液进行防治。

二、虫害

（一）蓟马

危害高发期：保护地主要高发期为3月、5月下旬至6月中旬、9~10月，尤其是春季和秋季发生普遍，危害严重。

症状：蓟马是一种靠植物汁液维持生命的昆虫，嫩叶受害后叶片变薄，叶片中脉两侧出现灰白色或灰褐色条斑，表皮呈灰褐色，出现变形、卷曲，生长势弱，严重情况下会造成整个叶片变黑，变脆，直至死亡。

防治方法：可选用60克/升乙基多杀菌素悬浮剂1000倍液复配25%噻虫嗪水分散粒剂2000倍液，或19%溴氰虫酰胺悬浮剂3000倍液，或22%氟啶虫胺腈悬浮剂3000倍液，或10%氟啶虫酰胺悬浮剂2500倍液防治。

（二）蚜虫

症状：蚜虫俗称腻虫，危害草莓的主要是棉蚜和桃蚜，另外有草莓胫毛蚜、草莓根蚜等。棉蚜体绿色，无光泽，桃蚜绿色或紫红色。蚜虫在草莓嫩叶叶背、叶柄和花柄上吸食汁液，排出的黏液污染果面和叶片，叶片受害严重时卷曲。

防治方法：在开花前可用10%吡虫啉可湿性粉剂1500倍液、3%啶虫脒乳油2000倍液、27.5%油酸烟碱500倍液，温室大棚可用蚜虫净、异丙威等烟熏剂防治，采收前15天停止用药。

（三）红蜘蛛

危害高发期：主要危害时间为高温干旱时期，只要温度适宜，一年多代，繁殖能力强。

症状：成螨和幼螨群集作物幼嫩部位刺吸为害。受害植株叶片变窄、皱缩或扭曲畸形，严重时可以将生长点和嫩叶吃光，被吸食的幼茎僵硬直立，重症植株常被误认为病毒病。未展开的芽、幼叶、花蕾是主要危害部位，使草莓生长点受害不能正常生长。被刺吸叶片则呈现沙状失绿。重症时生长部位被吸干枯死。

防治方法：可用1.8%虫螨克星水剂2000~3000倍液、20%哒螨灵乳油1500倍液、40%天王星乳油3000倍液、73%克螨特乳油2000倍液、40%尼索朗乳油2000倍液、40%联肼·乙螨唑2000倍液等防治。

（四）蚜线螨

症状：蚜线螨在夏草莓上的危害状，主要表现为卷叶、无光泽、黑花僵果（类似蓟马为害）。蚜线螨在冬季草莓上也会发生危害，目前红颜、香野、圣诞红、章姬等主栽品种上都有发现。蚜线螨防治在国际草莓栽培中极为重要，其原因是该虫害极难发现，发作缓慢，中后期发现后基本没有办法根除，只能反复用药。而且仅仅依赖捕食螨，也无法解决，必须采用综合防治措施。首先要在幼苗期杜绝传染源，其次是移栽成活后第一次用药非常关键。

防治方法：药剂防治为阿维、爱卡螨＋尼索朗＋螺虫乙酯。必须打透心叶，因为它们在叶心，只能增加用药量，并有针对性用药，才能在一定程度上抑制。如果按一般防治红蜘蛛的打叶背方法是没有作用的。如果在用药前已经发现症状，应先将卷叶剪掉，即使它是功能叶。

（五）地下害虫（蛴螬、地老虎、金针虫）

症状：金针虫先潜伏在未腐熟的农家肥中，后钻入草莓苗根部或根茎基部近地表处蛀食，使草莓苗地上部分萎蔫死亡，一般受害植株主根很少被咬断，被害部位不整齐，呈丝状，这是金针虫为害后造成的显著特征之一。果实成熟期，金针虫还能蛀入果实，造成深洞伤口，有利于病菌侵入而腐烂。

防治方法：草莓地空闲期，土壤要翻耕曝晒，减少越冬虫源。施用腐熟农家肥，增施生物有机肥。药物防治：草莓定植时，用5%辛硫磷颗粒剂0.1~0.13千克/公顷撒施定植沟内；用48%乐斯本乳油1000~2000倍液灌根；撒施15%毒死蜱颗粒剂（每亩地1000克），随后浇水，或雨前撒施。

（六）软体动物

症状：对草莓有危害的软体动物主要是蛞蝓，属于软体动物门蛞蝓科，在大棚内常见的蛞蝓有野蛞蝓、双线嗜黏液蛞蝓等。

蛞蝓一般昼伏夜出，白天多潜伏在根际附近的土缝、湿土块和草丛中。阴雨天气，白天也会出来活动取食。阴暗潮湿环境有利于其发生和为害。

防治方法：防治蛞蝓（也叫鼻涕虫），可用四聚乙醛颗粒剂撒施到地里，再结合叶面用四聚乙醛粉剂于傍晚喷雾防治。地的四周可以撒生石灰围圈，可防止其他地块的蛞蝓入侵。

（七）夜蛾幼虫类等鳞翅目害虫

防治方法：建议用甲维盐系列如甲维盐或者甲维盐＋高氯或者茚虫威等；或者阿维菌素系列如阿维菌素或者阿维菌素＋高氯等；或者氯虫苯甲酰胺等＋有机硅助剂。如果有蜜蜂，建议使用阿维菌素或者氯虫苯甲酰胺或者氟脲，以免授粉蜂被误杀。

第三章　温室油桃

油桃，又名桃驳李。油桃是普通桃（果皮外被茸毛）的变种，是一种果实作为水果的落叶小乔木，油桃源于中国，在亚洲及北美洲皆有分布。在中国的西北地区有野生的油桃，油桃属落叶小乔木；叶为窄椭圆形至披针形，长 15 厘米，宽 4 厘米，花单生，花色从淡至深粉红或红色，有时为白色，有短柄，直径 4 厘米，早春开花；近球形核果，表面无毛茸，肉质可食，为橙黄色至红色，直径 7.5 厘米，有带深麻点和沟纹的核，内含白色种子。中国的油桃生产起步较晚，早期的品种多引自欧美，味道较酸，由于不太符合东方人的消费习惯，在生产上的影响有限，也给人们留下了“油桃是酸的”的印象。但油桃的营养价值高，富含维生素，有很高的食用价值。

一、品种选择

选择品种时，首先要从果品的品质、需冷量、成熟期、丰产性、耐贮性等多方面考虑。果实品质主要表现在单果重、着色程度、糖酸比、可溶性固形物及果肉的色泽、硬度等指标。品种的需冷量关系到扣棚加温时间的早晚和成熟上市的时间。一般选择中油 4 号、曙光、瑞光 2 号、美国油—2、五月火等甜油桃品种。

二、温室选择

应选择地势平坦、交通方便、水源充足、土层深厚、土壤肥沃、土壤中性偏碱、保温设施齐全的温室。

三、栽植

（一）栽植方式与密度

南北行向栽植。株行距为 1 米 ×1.5 米或 1 米 ×2 米，每公顷栽植 4995~6660 株（333~444 株 / 亩）。

（二）整地

按照行距挖宽 0.8 米、深 0.6 米的定植沟，挖出的土与腐熟的有机肥、复合肥混匀，每亩地施入有机肥 3000~4000 千克，氮、磷、钾复合肥 20 千克，回填在定植沟中。

（三）授粉树配置

主栽品种或授粉品种果实经济价值相仿时，可采用等量成行隔行配置。否则，实行株间差量配置，主栽品种与授粉品种的栽植比例为 4~5∶1。每座温室内栽植 2~3 个品种。

（四）栽植方法

油桃栽植一般在春季进行。在栽培之前要对苗木进行严格的选择，并根据植株大小、根系的完整情况分成若干级。分别进行南北行栽培。南边第一株距前棚脚 1 米栽小苗，北边株距墙 1.5 米栽大苗。将苗木放入栽植沟（穴）中央，舒展根系，扶正苗木，纵横成行，边填土边提苗、踩实。填土完毕立即灌水，浇透后覆盖地膜保墒。栽植深度以接口略高于地面为准。栽植后立即定干，干高是前沿 30~40 厘米，后部 50~60 厘米，构成一坡面。利用整体温室透光及管理。

四、肥水管理

（一）土壤管理

每年秋季结合施基肥，进行行间深翻，深度 40 厘米左右。经常中耕除草，保持土壤疏松无杂草，中耕深度 5~10 厘米。

（二）施肥

1. 秋施基肥

9 月中下旬沟施足量有机肥。施肥量为每亩温室施 4000~6000

千克有机肥，有机肥应破碎、细小，与土壤混匀，掺入拌施40千克过磷酸钙、2千克锌肥、2千克硼肥。

2. 合理追肥

果实膨大初期、硬核期、采果修剪后，分三次追肥，每次每株施入尿素50克、磷酸二氢钾50克。花后两周，喷施0.2%尿素、0.2%磷酸二氢钾和0.2%光合微肥，间隔两周一次，共3~4次。采果后，新梢长出，及时叶面喷肥，每5~7天喷施一次，配方是0.3%尿素和0.3%磷酸二氢钾。

3. 应用植物生长调节剂调控树势

每年7月中旬开始，叶面喷施15%多效唑300~500倍液，喷施2~3次。间隔期为10~15天，旺树喷施3次，中庸树喷施1~2次，弱树不喷施。

（三）灌水

7月上旬以前结合施肥灌水，灌水时间宜在上午或傍晚，小水浇灌，田间持水量保持在60%~70%。7月中旬开始控制灌水，不旱不灌，秋冬灌足冬水。

五、整形修剪

（一）适宜树形

日光温室油桃适宜自然开心树形。前沿干高20~30厘米，后部干高40~50厘米，构成一坡面。树形特点是主枝数3~4个，在同一层内，均匀分布，主枝上直接着生结果枝组。

（二）定植当年修剪

1. 夏季修剪

生长期，及时抹除根部萌蘖。新梢生长到30厘米左右，选定3~4个不同方位的壮枝作为主枝进行摘心，其余新梢扭梢。摘心后主枝二次侧梢长到20厘米，主枝延长枝长到50~60厘米，第二次摘心，第二次摘心可以促发结果枝。

2. 冬季修剪

冬季修剪按照“疏枝为主，长留长放”的原则，捋平骨干枝上的长果枝，疏除无花强旺营养枝、病虫枝、过密枝、重叠枝、竞争枝，去除枝量控制在总枝量的10%左右，轻剪长放骨干延长枝，甩放侧生中、长结果枝，短截回缩下垂细弱结果枝。

（三）结果树的修剪

运用“冬疏放、春重剪、夏更新、秋控旺”的配套修剪方法，培养健壮的一次枝，利用一次枝结果。

1. 扣棚前修剪

扣棚前冬剪原则：冬疏放即“稀留枝、少截缩、果枝长放、重疏果，不追求枝组，用单条结果”，疏除旺长枝、竞争枝、多次生长枝、过密枝、过弱枝。对留下的果枝长放并保持稀疏均匀，主枝每隔15~20厘米留一枝，侧生枝上每隔10厘米左右留一枝，夏季更新后抽生的小橛枝留1~2个。其他部位稀则留。

2. 春季修剪

春重剪，设施栽培油桃春节前就进入花期。花后随气温的回升开始旺长，应及时抹除剪锯口芽，疏除无果枝、徒长枝，回缩过长枝等。特别是采收前2~3周果实开始着色时，更要加大修剪力度，对果实以上的幼嫩新梢一律剪除，疏除大枝中上部旺长新梢，停长的保留。进一步清理竞争枝、徒长枝等无效枝，以改善光照，减少消耗，集中养分，以利果实着色和增大果个。

3. 夏季（采果后）修剪

5月上中旬果实采收结束后，这时不要揭去棚膜，以保证棚内有较高温度，利用油桃当年发枝当年成花的特性，立即进行大更新。标准是主枝剪成一根棍，侧枝留个桩，果枝留小橛，封顶枝不动。做法是主枝在留足行间、冠间距50厘米左右处选一弱枝带头进行重回缩，结果枝留10厘米左右回缩。对过于粗旺的主枝可在基部分枝处回缩，密时可疏除。旺长新梢密则疏，稀则留 1~2 个芽极重短截。对停长梢一般保留不动。

更新修剪后的主枝上每隔 10~15 厘米留一个枝，果枝上留 1~2 个芽，新梢极重短截后萌发的芽稀则留，密则疏。每亩留芽 3 万~4 万个，多余的及早抹除，保证枝条稀疏、通风透光良好。保留的芽就是明年的结果枝。

4. 秋季修剪

秋控的目的是运用各种措施保证选留的新梢不旺长，不发二次枝。进入 8 月份新梢仍旺长，可继续喷施多效唑进行控制。对发出的二次枝、徒长枝、过密枝、过旺枝等及时疏除。对角度小的枝条拿枝开角或扭枝转向，并配合控水控肥控制旺长。进入 9 月份，结合增施有机肥开沟断根控旺。对不停长的嫩梢稀的重掏心、密的疏除，进一步控旺促稳、改善光照，确保一次枝健壮充实、花芽饱满。

六、温度管理

（一）适时扣棚

落叶后，于 11 月初，温室扣上棚膜，白天覆盖草帘遮阴，关闭通风门降温，夜间拉开草帘，打开通风口放风降温，低温打破休眠。温度控制在 0~7.2℃。35~40 天满足需寒量可打破休眠。温室升温前 20 天，浅耕温室内土壤，树盘或全部地面覆盖地膜，提高地温。

（二）花前温室温度管理

12 月中旬开始升温，白天只拉开少量草帘，掀起部分前沿草帘，夜间室温保持在 6~8℃，白天室温保持在 13~15℃，0~10 厘米地温大约 5~13℃，持续 5~7 天。中期升温，多拉起一部分草帘，夜间室温保持在 7~10℃，白天室温保持在 16~18℃，0~10 厘米地温 14~18℃，持续 5~7 天。后期升温，白天拉起多数草帘，温度过高经常打开顶部风口换气降温。夜间室温保持在 7~10℃，白天保持在 20~23℃，0~10 厘米地温 14~20℃，直到桃树开花，持续时间

16~20 天。

（三）花期和开花后温室温度

花期夜间室温 10~12℃，白天室温 20~22℃，地温 14~20℃。花后 4 周内室温为 8~26℃；花后 6~9 周室温为 10~28℃；采前 1 个月室温为 15~30℃。

（四）适时揭膜

采果后 7~15 天，白天将大棚三面通风口打开，前帘揭至肩部，加大通风量，使棚内气温由原来的 15~30℃降至 10~25℃，使棚内气温逐渐接近棚外气温。当外界日平均气温达到 15~20℃时，便可揭掉棚膜，让桃树从人造环境中恢复到自然环境中生长。

（五）室内温湿度调节

扣棚膜至开花前，温室内空气湿度调控在 70%~80%；花期湿度保持在 40%~50%；花后至果实成熟采收，温室的湿度保持在 60% 以下。温室内湿度过大时，可结合放风排湿，前期灌水后，宜铺盖地膜降低温室湿度。

七、花果管理

（一）授粉

栽培时除靠品种自花授粉外，因为温室内空气流动差，花粉粒散发受到抑制，这就需要在合理配置授粉品种的基础上进行人工辅助授粉，主要方法有开花两天后，用软毛笔或毛刷人工点授；用鸡毛帚人工传粉；人工放养蜜蜂授粉等，对提高坐果率有明显效果。

（二）疏花疏果

花期，疏除过密的花朵，疏除畸形花、病虫花、过晚花，双花去一；花后 3 周，及时疏果，疏去畸形果、小果，双果去一，使果实分布均匀。长果枝留 3~4 个果，中果枝留 2 个果，短果枝留 1 个果。

八、病虫害防治

（一）病害防治

病害主要是细菌性穿孔病、灰霉病和炭疽病等。可用70%代森锰锌1000倍液、20%链霉素2500倍液、70%甲基托布津可湿性粉剂1000倍液等防治。喷药次数及时间结合温室实际而定，正常情况间隔20天左右喷1次，以各种药剂交替使用为宜。

（二）虫害防治

主要虫害有桃蚜、红蜘蛛、潜叶蛾。防治药剂采用10%吡虫啉可湿性粉剂2000倍液、1.8%阿维菌素4000倍液；升温后修剪时清扫果园，7~10天喷施波美度3度石硫合剂，起到杀菌兼防虫的功效。

九、贮藏保鲜

油桃一般不耐贮藏，通常是采收后就迅速送到市场。油桃贮藏环境的适宜温度为0~5℃，但不同品种间适宜的贮藏温度有明显差异，实践中应具体问题具体分析，贮藏环境的气体成分对油桃果实耐贮性有显著影响，油桃适宜贮藏的环境中氧气的含量为1%~2%，二氧化碳含量为3%~5%。

第四章　枣

枣起源于我国黄河中下游地区，有 7000 多年的栽培、食用历史，因其丰富的营养价值和重要的药用保健价值，积淀了我国枣博大精深的药食文化。在枣漫长的栽培历史进程中，伴随着枣品种的引种扩散、变异驯化和进化，枣树的栽培品种日益丰富，分布范围愈加广泛。在我国 700 多个枣品种中，50 多个主栽品种分布在全国 28 个省、自治区、直辖市（除黑龙江、吉林和西藏外）的不同栽培地区。

第一节　设施栽培的品种选择

一、设施栽培品种选择的原则

设施栽培品种选择，一要考虑品种对区域气候及立地条件的适应性；二要考虑品种的经济性状，即高投入是否能带来高效益。枣树是一个区域性较强的树种，不同区域的环境、自然条件不同，适宜栽培的品种也不同。随着枣栽培技术的不断进步，枣品种的分布格局不断发生变化，枣农在追求栽培效益最大化的过程中，通过筛选，选择出适合自己地方环境的优良品种，形成了各地不同的枣主栽品种。这些主栽品种的来源，一是地方乡土品种的培育和规模化栽培，如陕北大红枣（木枣品种）、新郑灰枣、沾化冬枣、临猗梨枣、灵宝大枣（灵宝圆枣）、稷山板枣等。二是一些外来品种或新品种引种后，在新的栽培区域和先进的栽培条件下表现出的优势，品质更加优异，效益更加突出，通过规模化栽培后形成新的主栽品种，如交城骏枣、新郑灰枣、七月鲜等在新疆栽植，成为新疆枣区的主栽品种，沾化冬枣在陕西省大荔县引种后成为大荔的主栽品种。

枣设施栽培主要是以鲜食枣品种栽培为主，目前，鲜枣市场销售好，生产效益较高，设施栽培条件下的高投入能带来更好的效益。所以，枣设施栽培实际上是鲜食品种的设施栽培，选择适宜的品种是取得良好经济效益的关键，应该遵循以下原则。

（一）以鲜食品种为主

设施农业是高投入、高产出、高效益产业，枣鲜食品种的优势在于采摘早、产量高、优果率高。同时，由于受鲜食枣贮藏时间短的制约，鲜食枣的市场供应周期很短，主要集中在自然成熟季节的9~10月份，其他时间市场无货或缺货，促成栽培或延迟栽培生产的枣果，可以供应稀缺市场，很容易卖出高价，提高产值。如2010—2014年，大荔冬枣产区，温棚栽培，7月中旬采摘，每亩产值可达3万元以上；冷棚栽培8月中旬采摘，每亩产值2万元左右；露地栽培9月中下旬采收，每亩产值0.6万~1万元。

（二）品质优异

果面细腻、光滑，色泽艳丽，大小均匀，同时要求成熟期一致，果皮薄，肉质酥脆，汁多味甜，清脆适口，可食率95%以上，质量上佳且耐贮、耐运的品种。

（三）早实、丰产

在一般管理水平条件下，幼树生长旺盛，3年生树单株产鲜枣3~5千克，1~2年生的枝坐果能力强，结实率高。4年以后进入盛果期，枣股（3~7年生）连续结果能力强，每667平方米产鲜枣1000~1500千克。以果吊比衡量，大果型（20克以上）3个枣吊平均 1 个果，中果型（10 克以上）2 个枣吊平均 1 个果，小果型（10 克以下）1 个枣吊平均 1 个果。

（四）抗逆性强

对枣锈病、枣疯病、枣缩果病、枣炭疽病具有较强的抵抗性，耐弱光，适应性强。

（五）生育期短、成熟早，或晚熟

促成栽培是为了使果实提早成熟上市，应以极早熟或早熟的鲜食品种为主；延迟栽培的目的是推迟成熟，延长货架期，该以晚熟品种为主。一些品质优良、耐贮运、市场半径大的晚熟品种也可以进行促成栽培，如冬枣、襄汾圆枣等。

二、适宜设施栽培的鲜食枣品种

（一）冬枣

沾化冬枣，又名鲁北冬枣、黄骅冬枣，是目前促成栽培面积最大的品种。

该品种树势中等，树体中等大，干性中等，枝条较密，树冠呈自然半圆形。果实中等大，近圆形，平均单果重 13 克，最大单果重 23.2 克，大小均匀。果肉厚、乳白色，肉质细脆酥嫩，味甜，汁液多，含可溶性固形物 38%~42%，品质上等。适应性较强。在原产地果实 10 月上中旬成熟，果实生育期 120 天以上。

适宜矮化密植栽培，树形可采用主干型、自然开心形、自由纺锤形等多种树形。

（二）早脆王

该品种由河北省沧县林业局红枣良繁基地选育，是早熟鲜食品种，在产地 9 月上中旬采收。

果实卵圆形，平均单果重 30.9 克，最大单果重 87 克，大小较整齐。果面平整光滑，果皮薄，鲜红色；果肉绿白色，肉质细嫩，酥脆多汁，酸甜适口，品质中上等，鲜枣含糖量 39%，可食率达

96.7%。

该品种适应性较强，在我国北方各枣区均可栽植，适宜促成栽培。

（三）七月鲜

该品种是由西北农林科技大学在陕西关中地区选育的早熟、大果型品种。在原产地栽培的8月中下旬采收上市，果实生育期85天左右，比山西省临猗县梨枣早熟20~30天，在国家枣资源圃所收集的450个品种中，成熟期排第二位，节间短、树体矮小、早果性强、极丰产。适宜矮化密植和促成栽培。

树势强健，树姿开张。果实卵圆形，果面平整，果肩棱起，平均单果重29.8克，最大单果重74.1克，果个均匀，果皮薄，深红色，表面蜡质较少，可溶性固形物含量28.9%，可食率97.8%，味甜，肉质细。

该品种适应性强，抗寒、抗旱、耐盐碱，早熟、极丰产，商品果率90%~95%；在高湿环境下易感染缩果病，白熟期喷施硫酸链霉素、氢氧化铜、诺氟沙星等防治。该品种适宜在我国北方枣区促成栽培。

（四）蜜罐新1号

西北农林科技大学从“蜂蜜罐”中选育出的早熟优质鲜食枣品种。在产地露地栽培8月下旬成熟上市。果实中等偏小，近圆形，平均单果重7.7克，最大单果重11克，果面平整，微有隆起，果皮薄，鲜红色，有光泽。果肉绿白色，质地细脆，较致密，汁液较多，含可溶性固形物25%~28%。枣果甜味浓，果肉含糖量70.7%，香甜如蜜，余味悠长，食之沁脾，故称“蜂蜜罐”，品质极上等。但后期落果较重，果大小不匀，栽培时通过早摘心、疏花疏果等措施可以控制。

该品种适应性强，全国各枣区均可种植，可以进行促成栽培。

第二节　设施栽培及其棚体结构

鲜食枣设施栽培属于高投入、高产出，资金、技术、劳动力密集型产业，通过人工创造的环境来适应和满足枣树生长发育所需要的条件，克服了传统栽培靠天吃饭的弱点。鲜食枣设施栽培，一是有效控制了成熟期阴雨裂果问题，二是通过促成栽培或延迟栽培，使枣早熟或晚熟，实现鲜食枣提前或推后上市，达到优质、高效的目的。

根据栽培目的不同，枣设施栽培分为避雨栽培、促成栽培和延迟栽培 3 种类型。枣树促成栽培是以提早成熟上市为主要目的的设施栽培，枣树促成栽培主要有 2 种类型，即冷棚栽培和温棚栽培。在青藏高原地区气候较冷，主要介绍延迟栽培以及温棚栽培。

一、设施温棚栽培

温棚，也叫春暖棚，有 2 种类型：一种是塑料棚温室，另一种是玻璃温室和阳光板温室，由于玻璃温室和阳光板温室造价高，生产上应用很少，目前枣树温棚栽培主要以塑料温棚为主。

塑料温棚是指北、东、西三面围墙，具有单坡面结构，采用透光性能较好的塑料薄膜覆盖，其热量来源主要依靠太阳辐射，并采取棉被或草苫覆盖保温。

塑料温棚长度 60~80 米，跨度 7.0~10 米为宜，方位面南偏西 2°，多采用半地下结构，栽培行在自然地面以下 0.5~1.0 米。

（一）后墙

以土筑为主，或用砖、石砌筑保温，平均厚度达到当地最大冻土厚度的 2 倍以上，一般不小于 1.0 米。

（二）山墙

以土筑为主，或砖土复合结构，总厚度是当地最大冻土厚度的1.5倍。

（三）后屋面

采用作物秸秆与泥土复合结构，厚度应达40~60厘米。

（四）前屋面

1. 骨架尽量采用截面小、强度大的材料建成拱形骨架，如镀锌管、圆钢等。

2. 薄膜塑料膜采用防雾、保温、抗老化、透光率好的覆盖膜。

3. 遮阳网采用柔韧性好，遮阳率好的遮阳网。

4. 草苫采用每平方米不少于5千克的草苫或毡被进行双层覆盖，草苫在上下都要长出1米左右，覆盖到后坡面和温室前地面上，草苫外再覆盖一层塑料棚膜。

（五）缓冲间

在山墙上开门，设缓冲间，内外吊挂门帘，并在门口设30厘米的门槛。

二、延迟栽培

延迟栽培是以延迟成熟采收期、提高果实品质为目的的栽培模式，起到延长鲜食枣货架期和降低贮藏成本的作用，并可获得较高的市场差价。

鲜食枣可以在一些冷凉地区进行延迟栽培，选择晚熟和极晚熟品种，如冬枣、薛城冬枣、襄汾圆枣、大雪枣等。将这些品种引种到一些冷凉地区（年平均温度10℃以下）栽培，使该品种生育期延长，若这些品种引种到冷凉地区后，在自然栽培条件下积温不足，不能成熟，可以在秋季果实发育后期通过设施栽培条件，采取补温措施，以达到延迟成熟的目的。

在桃树栽培中，有人在塑料棚的后背墙夹层中放入冰块，使桃树延迟发芽，取得了良好的延迟采收效果，红枣尚未进行这方面的试验。

在栽培管理技术上，可以通过轻环剥或不环剥、适时灌水、增加土壤水分、适当增加氮肥的施入量等措施，可以推迟枣果的成熟采收时期。

鲜食枣的延迟栽培技术，目前生产上尚未大面积应用。

第三节　设施栽培建园

一、园地选择

（一）光照

枣树是喜光树种，对光照资源要求较高，应选择向阳开阔、无遮阴的地块。山地枣园应选择坡地或背风向阳的南坡梯田或台地，可以直接借助台地后坡作为温室后墙，这样不但节约建材，降低温室建造成本，而且保温效果好，经济耐用。

（二）土壤条件

枣树虽然抗逆性强，适应性广，对土壤条件没有严格要求，但鲜食枣设施促成栽培的枣园，最好选择土壤质地良好、土层深厚、便于排灌的沙壤土为好，重盐碱地、低洼地应改良后建园。

（三）选择避风地带

风对塑料棚的结构会产生破坏性影响，园地要选择避风地带。最好上风向有山地、丘陵、防风林或高大建筑物。

（四）交通运输便利

应选择距离水源、电源较近，交通发达便利，无污染的地方建园，以减少对薄膜的污染和积尘，也有利于产品销售和运输，最好有产地市场。

二、建园时的枣树定植

（一）枣园整地

栽植前，先将园地深翻 1 次，然后灌水，地干后耙耱平整。

（二）苗木选择

应选择优良品种嫁接苗建园，地径 1 厘米以上，苗高 1 米以上的健壮苗；在冬季寒冷的地区（最低温度 -15℃以下），应采用地径 2 厘米以上的品种苗建园，或选择当地乡土品种的归圃苗建园，成活后第二年嫁接良种。

（三）栽植密度

温棚栽培可采用 1 米 ×2 米株行距栽植。水肥条件好、管理精细的枣园，栽植密度可以增大，挂几年果以后，根据树体大小，隔株间伐或隔行间伐，调节光照。

（四）栽植时间

有灌溉条件的地区，秋季落叶后到翌年发芽前均可栽植，一般秋栽宜早，春栽宜迟。在干旱或气温较低的地区，发芽前栽植最好。栽植前用石灰打点，确定栽植行和栽植穴，规范栽植有利于棚内机械化耕作。

（五）行向配置

为了便于枣园通风透光，要求南北行向建园。如果是温棚栽培，棚内北面地势比南面稍高一点。

在黄河流域尖扎、贵德、循化、化隆露地种植，种植行宜与主风向垂直。定植点采用“品”字形配置，即相邻两行的各株相对位置错开排列成“品”字形或等腰三角形，有利于根系分布和水肥的充分利用，调节光照。

（六）开沟定植

定植时要根据当地气候和土壤状况起垄栽植或沟槽栽植。

1. 起垄栽植

适宜选降水充足、容易积水的地区，起垄后土壤透气性好，垄面提温快，有利于枣树根系生长。在定植前按设计行向和株行距开挖定植沟，定植沟一般宽 80 厘米，深 60 厘米，定植沟挖好后在沟内回填 30~40 厘米厚的秸秆或杂草，回填后覆一层土，再灌水沉实。每 667 平方米准备腐熟的有机肥 2000~3000 千克和生物有机肥 100 千克与表土混合后，做高 40 厘米、宽 80 厘米的定植垄。

2. 沟槽栽植

青海省贵德、尖扎等地降水较少的干旱地区，或沙质过重容易漏水漏肥，或地下水位过高地区。定植前，按适宜行向和株行距开挖定植沟，定植沟宽 1 米，深 60~80 厘米，定植沟挖好后在沟底和两侧壁铺垫塑料薄膜，然后回填 20~40 厘米厚的植物秸秆、杂草或食用菌下脚料，以及其他有机质物料，上覆一层土压实。每 667 平方米准备腐熟的有机肥 2000~3000 千克和生物有机肥 100 千克与表土混合后回填到定植沟内，然后浇透水。

苗木选好后，按设计的株行距栽植、定干，然后用地膜覆盖。

三、新园管理与设施建造

（一）幼园管理

主要是适时浇水，松土、施肥和防治病虫等。建园后，前 2 年的枣园，注意适时灌水，1 年至少保证 3~5 次透水。下雨或灌溉后及时中耕除草，追施化肥，一般 1 年 2~3 次；幼树期间的病虫主要是枣瘿蚊、红蜘蛛等，主要在春季发芽期和秋季进行防治。

（二）设施建造

1. 温棚栽培先建设施后建园

对于土工量较大的温棚，建园前，在规划设计的基础上，先建好设施，包括园区内排灌系统、道路系统、温棚等，然后再栽植枣树。

2. 边建园边建设施

有些枣农为分散投资，修建温棚时，常分步进行。方法是在栽植前先建好后墙和侧墙，然后栽植枣树，第二年秋季再修建日光温棚，第三年获得产量。这样既避免了一次性投资过大，节省了成本，又不耽误生产。

四、肥水管理

（一）园地土壤管理

建园前的土壤改良是设施栽培的重要环节，直接影响枣果的产量和品质。因此，必须做好建园前的土壤改良工作，尤其是土壤过沙、土壤黏性过重或土壤盐碱较重等，针对不同的土质，采用不同的改良方法。沙质较重的土壤，采用沙土混合的方法改良；黏性较重的土壤采用掺沙改良；盐碱地应采取淡水洗盐、草被压盐等方法改良。增施有机肥、增加土壤有机质含量是土壤改良的重点，土壤有机质含量高的枣园，枣树根系发达，缓苗快，生长势强，生长量大，很快进入丰产期。一般在定植前每667平方米施优质腐熟农家肥（鸡粪、羊粪或猪粪）5000千克，并与50~100千克过磷酸钙混合，混合均匀后撒到地表，然后深翻入土。

（二）园地施肥管理

1. 秋施基肥

鲜枣采收后，根据枣园肥力，实行配方施肥。以腐熟的有机肥为主，适量增加磷、钾肥施入，施肥量以每667平方米施有机肥3000~5000千克。施肥后，及时灌1次水。

有机肥必须经过腐熟后施入，可将农家肥（人粪尿、鸡粪、羊粪、猪粪）与过磷酸钙、水、生物菌剂（如EM等菌肥）等辅料按100∶5∶30∶0.1的比例混合均匀，用塑料薄膜覆盖30~60天，中间搅拌2~3次即可使用。

2. 追肥

追肥次数和施肥量，因树龄和土壤类型而有所不同，设施栽培枣园一般追施 3 次肥料，即花前追施、幼果期追施和果实膨大期追肥。花前追肥，以速效氮肥为主，配以适量的磷肥，也可追施腐熟的人粪尿，挂果树每株施尿素 0.2 千克；幼果期追肥以含氮、磷、钾三元素的复合肥为宜，不能追施单一氮肥，如尿素、碳酸氢铵等，可以每株施磷酸二铵 0.15~0.3 千克，或氮磷钾含量各为 10% 的复合化肥 0.2~0.4 千克。果实膨大期每株施磷酸二铵、硫酸钾各 0.5 千克左右。

3. 叶面喷肥

叶面喷肥吸收较快，叶面喷肥及适宜浓度为：尿素 0.3%~0.5%，腐熟人粪尿 5%~10%，磷酸铵 0.3%~0.5%，硫酸铵、氯化钾各 0.3%，草木灰 1%~6%，硫酸钾 0.3%~0.5%，磷酸二氢钾 0.2%~0.5%，过磷酸钙 1%~3%，硼砂 0.2%~0.3%，硼酸 0.1%~0.3%，硫酸亚铁 0.3%~0.5%，硫酸锌 0.2%~0.4%，氯化钙 0.5%。

（三）园地灌水管理

一般每年保证灌 4~5 次水。

1. 越冬水

结合秋施基肥，在施基肥后至上冻前全园漫灌。

2. 催芽水

萌芽前灌水，对枣树萌芽、抽枝展叶和花蕾形成具有重要作用，宜隔行灌或浅灌。

3. 花期水

一般在蕾期结合追肥灌水。部分枣品种，如冬枣坐果需较高的空气相对湿度（70% 以上），而冬枣盛花期常常是高温干旱季节，很容易出现“焦花”现象。花期浇水可显著改善枣园小气候，有利于开花坐果和幼果发育。通常采用滴灌。

4. 促果水

一般在落花后至生理落果前，结合追肥，对于促进树势和幼果生长非常重要。此期已开始进入雨季，应根据当时的天气状况而定，以适量小浇为宜。

5. 熟前水

部分品种如冬枣在即将进入或开始进入白熟期灌水，对防止树势早衰和预防缩果病十分重要，此期浇水不宜过大过晚，以免返青晚熟。

五、枣树的修剪方法

（一）休眠期修剪

休眠期修剪一般在落叶后至树液流动前进行，设施栽培一般在11~12 月份进行。

1. 疏枝

将树冠内的干枯枝、无利用价值的徒长枝、下垂枝及过密的交叉枝从基部除掉。

2. 短截

主要指剪掉枣头或二次枝一部分。短截的作用是促使其抽生新枣头，增加分枝数量，主要用于弱树、老树及老弱枝的复壮更新，以保证树势健壮和正常结果。短截分为轻短截、中短截、重短截和极重短截。短截越重，萌发的新枣头长势越强。

枣树由于生有二次枝，可以对一次枝短截，也可以对二次枝短截。培养骨干枝时最常用的方法是对枣头进行轻短截，对其下的二次枝进行重短截（一般留 1 节），这样可以刺激二次枝剪口芽萌发新的枣头，以培养成角度开张的骨干枝。

3. 回缩

当多年生枝条中下部出现光秃、先端长势减弱且下垂时，为了恢复其树势，抬高角度，在壮枝或壮芽处缩剪即回缩。剪口下边有二次枝的，可将二次枝从基部截掉，促其萌生新枣头。

4. 缓放

是指对枣头一次枝不进行修剪。一般对骨干枝的延长头进行缓放（不修剪），有利于结果。

5. 刻伤

刻伤可以分为芽上刻伤和芽下刻伤，芽上刻伤有利于芽萌发，有利于增强刻伤部位下方枝的生长。芽下刻伤可以抑制刻伤部位上方芽或枝的生长。

枣树骨干枝某部位缺少枝条需要发枝时，在主芽上方约 1 厘米处横切一刀，深达木质部，刺激该芽萌发，一般多在幼树培养主侧枝时采用。刻芽的最佳时期是在枣树萌芽前后，如果刻芽时间太早或过迟，效果都不好。

在枝或芽的下部刻伤，可以抑制芽萌发或枝生长。有些主枝或侧枝生长势过强，可以采用枝下刻伤的方法，使其长势缓和。

（二）生长期修剪

1. 摘心

即在生长季节摘除枣头顶端嫩梢的一部分。摘心在生长季节都可进行，萌芽期主要对枣股上萌发出的枣头芽进行摘心，增加木质化枣吊的数量；夏秋季主要对各级骨干枝的延长头进行摘心，抑制树体营养生长，使骨干枝健壮充实。夏季也可以对枣吊进行摘心，使枣吊不再延长生长，营养集中供应枣果。

①萌芽期摘心：枣树萌芽期从枣股上萌发出枣吊和枣头，当枣头生长 2~3 个二次枝时，保留基部 1~3 个二次枝进行重摘心，也可只保留基部的枣吊摘心。

②生长期摘心：对留作结果枝组的枣头，根据空间大小和枝势强弱进行不同程度的摘心，空间大，枝势强，在出现 4~7 个二次枝

时摘心；空间小，枝条生长中庸，需培养中小型枝组时，可在枣头出现 3~5 个二次枝时摘心；生长特别旺盛的，需进行 2~3 次摘心，以控制生长，积累养分，提高坐果率。

对主干和主侧枝延长头一般在枝条停止生长前进行轻摘心，摘去顶尖 1~2 节嫩梢，使剪口下的枝条发育充实。

2. 抹芽

分为萌芽期抹芽和生长期抹芽两种。

萌芽期抹芽：对萌芽多、芽体部位不适宜的芽，为节省养分、促进新枝健壮生长而将其抹掉。抹芽时要掌握“留壮芽抹弱芽，抹里芽留外芽”的原则。

生长期抹芽：待枣芽萌发后，对各级骨干枝、结果枝组间萌生的过密枣头从基部抹去。

3. 环剥与环割

环剥又叫开甲、环状剥皮，主要是通过环状剥皮切断韧皮组织，使光合产物短期内不能向下运转，地上部营养增加，有利于花芽和开花坐果对营养的需求，从而减轻落花、落果，提高坐果率。不是所有的枣品种都要环剥才能挂果，生长势强、难挂果的品种适宜环剥，如冬枣、晋枣等；生长势弱、容易挂果的品种可以不环剥，如梨枣、七月鲜等。

（1）环剥的时间：宜在盛花初期进行，即枣吊 30% 花开放时。此时开的花为零级和一级花，花的质量高，坐果的生育期长，枣果发育好，大果率高，一等枣多，商品性好。

（2）环剥的部位：主要在主干部位，也可在主枝、辅养枝上局部环剥。第一次从地面以上 20 厘米处开始，每年或隔年上移 5 厘米左右，接近第一主枝时，再从主干下部重复进行，但剥口要错开。

（3）环剥的方法：环剥宽度因品种、植株大小而异，一般为树干直径的 1/10~1/5，环剥宽度为 0.5~0.8 厘米。有些品种适宜轻环剥或不环剥，如伏脆蜜等；有些品种必须环剥，如冬枣、晋枣等。大树、水肥条件好、树旺适当宽些；小树或老龄树、水肥条件差的弱树适当窄些或不环剥。

有时，为了抑制枝条过旺生长和平衡树势，可以在枝干上环割1~3圈。

环剥一般应在整形完毕、树干直径达10厘米左右和生长势较强的植株上进行，同时要加强肥水管理。

环剥时先用镰刀刮去外层黑皮，露出粉红色韧皮，再用环剥刀按要求宽度环剥上下两圈。

4. 拿枝

拿枝是在生长季节对枣头，用手握住枝条基部和中下部轻轻向下压数次，使枝条由直立生长变成水平生长，缓和生长势，促进开花坐果。拿枝一般在6~7月份、枝条半木质化时进行。拿枝过早，枝条太嫩，容易折断；过晚枝条已木质化，不易进行。

5. 拉枝或吊枝

在生长季节用铁丝或绳子将大枝的角度和方向改变，主要用于开张骨干枝角度。

直立枝用绳将其拉成水平状态，促进花芽分化，提早开花结果。树体偏冠、缺枝或有空间的，可在发芽前、盛花期，将膛内枝和新生枣头拉出来，填补空间，调整偏冠，扩大结果部位。结果量大、压弯的枝条，可以采用吊枝的方法抬高枝条的角度。

拉枝不宜过平，或将枝条拉成下垂枝，特别是主枝，拉得太平或下垂，很容易萌发大量的背上芽，既消耗了树体养分，又增加了劳动力投入。

（三）修剪方法的运用

1. 增强树势的修剪方法

①抬高骨干枝的发育角度，增强树势。②留距离主干较近的枝

作为主枝的延长头，以增强树势。③剪口芽留上芽，刺激上芽萌发，上芽萌发的枝条长势较强。④春季抹芽时保留向上生长的枣头芽。⑤重截骨干枝。

2. 缓和生长有利于结果的修剪方法

①轻截枣头，剪口下的二次枝不修剪。②疏枝。③缓放。④多留平斜枝，去直留斜。⑤在二次枝第 1~2 节截头留芽，开张骨干枝角度。枣头开张角度大，可缓和树势；枣头开张角度小，长势强。

第四节　主要病虫害防治

一、主要病害防治

（一）枣炭疽病

1. 症状

果实、枝干、叶均可受害。果实受害后最初在果肩或果腰处出现淡黄色水渍状斑点，逐渐扩大成不规则形黄褐色斑块，中间产生圆形凹陷病斑，病斑扩大后连片，呈红褐色，引起落果。叶片受害后变黄绿色、早落，有的呈黑褐色焦枯状悬挂在枝头上。

2. 发病规律

病菌从果实膨大期开始传播，白熟期开始发病，脆熟期为发病盛期，因此幼果期是防治的关键时期。该病发生严重程度与棚内湿度有关，成熟期降雨持续时间长，发病重。

3. 防治措施

（1）合理施肥：增施有机肥，增强树势，提高枣树抗病能力。

（2）药剂防治：于果实膨大期至白熟期，喷洒 2 次杀菌药，保护果实，可选 70% 甲基硫菌灵可湿性粉剂 800 倍液，或 50% 多菌灵可湿性粉剂 800 倍液，或 40% 新星乳油 800 倍液等。

（二）枣锈病

1. 症状

初期叶片出现淡绿色斑点，随后变为灰色并向上凸起。多发生在叶脉两侧，严重时叶片脱落，树势衰弱，果实不能正常成熟。

2. 发病规律

棚内湿度过大、通风条件差的设施大棚易发生枣锈病，特别是枣树栽植密度大、棚内湿度高、通风不好的大棚发病严重。枣锈病与枣品种的抗性有关，抗性强的品种发病轻，抗性弱的品种发病重。

3. 防治措施

（1）合理密植：栽植密度不宜太大，留枝不宜太密，在高温天气及时揭开塑料棚膜进行通风换气。

（2）药剂防治：枣锈病以预防为主，可以在幼果期喷施 25% 嘧菌酯悬浮剂 1500 倍液预防，若初期叶片出现淡绿色斑点，可以及时喷施 40% 氟硅唑乳油 8000 倍液，或 25% 戊唑醇 3000~4000 倍液，或 12.5% 烯唑醇 2000 倍液，或 25% 腈菌唑 5000~6000 倍液等进行防治。

（三）生理裂果

（1）症状与发病规律：枣树在进入白熟至脆熟期（着色期）遇到干旱，枣果皮细胞和果肉细胞都会停止生长，如遇降雨或土壤水分突增，果肉细胞快速恢复生长，从而使果皮胀裂；同时，枣果皮细胞间隙较大，在空气湿度较大的环境条件下，果肉吸水膨胀，也会造成果皮破裂。

（2）预防措施：①中耕保墒，保持土壤湿润或枣园喷水，使土壤水分和空气湿度不要发生剧烈变化。②幼果期喷施 2~3 次有机钙叶面肥，每次间隔 7 天，效果比较理想。

二、主要虫害防治

（一）枣瘿蚊

1. 症状

主要在展叶期危害，受害后叶片卷曲，两侧向内呈棒状，呈紫红色。其内有 1 条或数条白蛆，使叶片变成僵硬圆筒，新鲜叶片失去光合效应，顶芽生长受阻，后期叶尖发黑发干。

2. 防治措施

①越冬幼虫防治：在虫害严重的枣园，于扣棚前在树下喷菊酯类加吡虫啉等杀虫剂 1000 倍液。

②幼虫为害高峰期防治：可用 20% 吡虫啉可溶性粉剂加 10% 联苯菊酯乳油 1500~2000 倍液或 5% 甲维盐可溶性粉剂 1000~1500 倍液防治。

（二）红蜘蛛

1. 形态特征

红蜘蛛是各枣区设施栽培最常见的虫害，以成、若螨为害枣树叶片和幼嫩部位，严重时叶片枯黄，造成提早落叶、落果，影响产量。

雌螨体长 0.53 毫米，宽 0.32 毫米，体椭圆形，锈红色或深红色，体躯两侧各有黑斑 1 个，其长超过背横列之间的距离。雄螨体长 0.359 毫米，宽 0.195 毫米，体略呈菱形。幼螨具足 3 对，若螨、成螨具 4 对足。卵圆形，透明。

北方枣区 1 年发生 12~15 代。发生消长与环境有关，其活动的最适温度为 25~35℃，最适空气相对湿度为 35%~55%。高温干燥发生严重。

2. 防治措施

（1）消灭越冬虫源：冬季刮除老翘树皮，清除园内枯枝落叶与杂草，对老树皮和枯枝落叶、杂草等进行集中烧毁，可有效降低出蛰数量。

（2）药剂防治：大棚升温后，随着棚内温度的提高，红蜘蛛开始活动，进入出蛰期，此时是最佳防治时期，此期喷药可基本控制全年不受害。可选用以下药剂：1% 阿维菌素乳油 5000 倍液，或矿物油亩用量 200 毫升、30% 蛾螨灵 2000 倍液、10% 浏阳霉素乳油 1000 倍液，或 1% 齐螨素 4000 倍液、50% 四螨嗪悬浮剂 4000~5000 倍液。坐果后若危害严重，可再喷药 2~3 次可基本控制。

第五章　樱　桃

樱桃，蔷薇科，李亚科，樱属植物。乔木，高 2~6 米，树皮灰白色。小枝灰褐色，嫩枝绿色，无毛或被疏柔毛。冬芽卵形，无毛。果实可以作为水果食用，外表色泽鲜艳、晶莹美丽、红如玛瑙，黄如凝脂，果实富含糖、蛋白质、维生素及钙、铁、磷、钾等多种元素。主要种类有中国樱桃、欧洲甜樱桃（简称甜樱桃）和欧洲酸樱桃（简称酸樱桃）三种，生产上栽培的大多数为甜樱桃。甜樱桃又称大樱桃，目前选用的丰产、优质、高效、抗逆性强的品种，如红灯、早红宝石、大紫（大红袍）、早大果、先锋、拉宾斯等。

第一节　主要品种介绍

一、红灯

红灯是一个大果、早熟、半硬肉的红色品种。20 多年来成为全国各地发展最快的品种之一。红灯果实大，平均单果重 9.6 克，最大果达 13 克；果梗短粗，长约 2.5 厘米，果皮深红色，充分成熟后为紫红色，有鲜艳光泽；果实呈肾形，肉质较软，肥厚多汁，风味酸甜适口。可溶性固形物在 14.5%~15%，半离核，核较小，圆形。果实发育期 45 天左右，树势强健，生长旺，连续结果能力强，丰产性好。红灯开始结果期一般偏晚，4 年开始结果，6 年生以后才进入盛果初期。

二、大紫（大红袍）

大紫又名大红袍、大红樱桃。为我国主栽品种。一般与那翁互为授粉品种。大紫是一个紫红色、软肉、早熟品种。果实较大，单果重 6 克，大者 9 克以上；心脏形至宽心脏形，果顶微下凹或几乎平圆，缝合线较明显；果梗中长而细；果皮初熟时为浅红色，充分成熟时为紫色。果肉浅红色至红色，质地软，味甜，汁多。

三、拉宾斯

果实大，单果重 8 克，大果 12 克。果形近圆形或卵圆形。果梗中长中粗。成熟时果皮紫红色，有诱人的光泽，美观，果皮厚而韧，果肉浅红色，肥厚，果肉较硬，汁多，风味佳，品质上等。含可溶性固形物 16.5%。该品种树势健壮，树姿较直立，侧枝发育良好，树体具有良好的结实结构。较耐寒。自花结实，花粉量大，可向同花期的任何品种授粉，是一个广泛的授粉品种。

第二节　园地选择与管理

一、园地选择

甜樱桃适宜在土层深厚、土质疏松、通气良好的沙质壤土或壤土栽培，在排水不良和黏重土壤上栽培易造成树体弱，根系浅。甜樱桃喜光，建立樱桃园必须在光照条件良好的阳坡或半阳坡。有大风的地区，还应营造防风林。

二、栽植

（一）栽植密度

根据不同土壤地力和采用的树形确定适宜栽植密度。一般情况下，采用乔化砧木的株行距为 3 米 ×4 米或 3 米 ×5 米，每亩定植 33~56 株。如果要进行甜樱桃保护地栽培，株行距应适当减少，以 2 米 ×3 米为宜，每亩定植 111 株。

（二）授粉树配植

配置授粉树比例应为主栽品种的 20%~30%，山地可与主栽品种混栽，每 3 株主栽品种栽 1 株授粉品种，川水地区每 3~4 行主栽品种栽 1 行授粉品种。

（三）栽植

要在预定的株行距处挖穴或开沟定植，施足底肥。青藏高原地区由于冬季寒冷、干旱、多风，秋栽苗木易失水抽干，宜在春季土壤解冻后尽早进行，一般在 3 月上旬。

穴栽标准：挖大穴，穴深 60~100 厘米，直径 100 厘米；若开沟栽则挖深、宽各 100 厘米的沟。注意将表土与底土分开放置，然后在定植穴或定植沟内回填 20~30 厘米厚的与表土混合的有机物，如树叶、秸秆、杂草或厩肥等，用脚踏实，再填部分表土至距地面 30 厘米左右，让中间略高于四周，将苗木放入穴（沟）内，使根系舒展，边填土边摇动苗木，并用脚踏实，使根与土壤密接。为防止苗木浇水后土壤下沉或受风吹倒，栽后可用木棍或竹竿固定，随即浇水，水渗后在树干基部培一小土堆，或盖上 1.2 米宽的地膜，能起到防寒、抗旱作用，可提高苗木的成活率。

三、肥水管理

（一）土壤管理

1. 深翻改土

采取深翻扩穴和全园整翻的方法。深翻扩穴和全园整翻一般于秋季结合秋施基肥进行，深翻时将表土放在底层，底土放在上层，深度以25厘米左右为宜。

2. 中耕松土

清耕制果园应全园耕翻，果粮间作果园应耕翻营养区（带），保持土壤疏松无杂草。每年春夏秋季各耕翻一次，耕深20厘米左右，以利根系扩展。在生长季节降雨或灌水后，及时中耕松土，保持土壤疏松无杂草。中耕深度5~10厘米，以利调温保墒。

3. 覆草和埋草

覆草在春季施肥、灌水后进行。覆盖材料可以用麦秸、玉米秸、干草等。把覆盖物覆盖在树冠下，厚度10~15厘米，上面压少量土，连覆3~4年后浅翻1次。

（二）施肥

结果树一般每生产100千克甜樱桃需追施纯氮1千克、纯磷（P_2O_5）0.5千克、纯钾（K_2O）1千克。

1. 基肥

基肥在每年8月中旬至9月中下旬施入。以农家肥为主，混加少量氮素化肥。结果期树以每株施优质农家肥30~50千克，尿素0.5千克，过磷酸钙1.2千克。施用方法以沟施或撒施为主，施肥部位在树冠投影范围边缘。沟施可挖放射状沟或在树冠外围挖环状沟，沟深20~30厘米；撒施可将肥料均匀地撒于树冠下，并翻深20厘米。以利翌年春天果树生长。

2. 追肥

每年3次，第一次在萌芽前后，以氮肥为主；结果期树以每株施尿素0.3~0.4千克；第二次在花芽分化及果实膨大期，以磷钾肥为主，氮、磷、钾混合使用，每株施氮、磷、钾复合肥或果树专用肥0.8~1千克；第三次在果实生长后期，以钾肥为主，每株施硫酸钾0.6~0.8千克。

3. 叶面喷肥

全年 4~5 次，一般生长前期 2 次，以氮肥为主；后期 2~3 次，以磷、钾肥为主，可补施果树生长发育所需的微量元素。常用浓度：尿素 0.3%~0.5%，磷酸二氢钾 0.2%~0.3%，硼砂 0.1%~0.3%。最后一次叶面喷肥在果实采收期 20 天以前进行。

（三）水分管理

水分管理上要适应大樱桃既不耐涝又不抗旱的特点，土壤相对湿度应控制在 60%~80% 之间。灌水主要抓住四个时期，即花前水、催果水、采后水、封冻水。

四、整形修剪

（一）幼树修剪

甜樱桃干性强，生长迅速，萌芽力强，幼树期间枝条生长旺盛，成枝力强，采用纺锤形有利于早期丰产稳产。此树形一般要求干高 60~70 厘米，树高 3.5~4 米，在中心干上每隔 20~25 厘米错落有致地培养 12~15 个主枝，主枝角度在 70~80 度之间，不培养侧枝，在主枝上培养大中小型枝组。

甜樱桃幼树时期修剪主要是建立牢固的树体骨架，在整形的基础上，对各类枝条要轻剪，除适当疏除一些过密、交叉的乱生枝外，要尽量多保留一些中等枝和小枝，轻短截 1 年生枝，促发较多的分枝，以利骨干枝的生长。3~4 年生的幼树，延长枝一般宜剪留 40~50 厘米，延长枝一般留外芽（枝条直立性强的品种也可以留里芽，待来年冬剪时剪除里芽，利用外芽当延长枝），这样可以开张角度，抑制其过旺生长。树冠内的各级枝上的小枝，基本不动。使其尽早形成果枝，以利提早结果和早期丰产。

（二）初果期树修剪

一是逐步疏除过低、过密的主枝，做到各主枝互不影响；二是适当回缩没有分枝（侧生枝）的主枝延长枝，以促发分枝；三是对过弱的侧生枝进行回缩或短截复壮，对过旺的开张角度进行调节，缓和长势，促进成花。

（三）盛果期树修剪

调整好树体结构，改善冠内风光条件，复壮骨干枝长势，维持和复壮结果枝组的生长结果能力，延长盛果期年限。对严重影响光照的大枝和失去作用的辅养枝，疏除冠内萌生多余的直立枝、过密枝、重叠枝、交叉枝；对生长旺盛的主枝延长枝，可进行轻短截。对中庸的主枝延长枝，若年生长量不超过 20 厘米时，可不必短截。对衰弱而无结果能力的，要适度缩剪。对于树枝背部着生过旺、直立的多年生枝、扫帚枝，应及时从基部疏除，抑前促后，防止内膛空虚；对树冠内花束状、花簇状、生长较弱的短果枝，采取去弱留强、多截少放，抬高角度，壮枝壮芽带头等措施回缩复壮；对强旺的结果枝组，要去强留弱，去直留斜，轻剪缓放，缓和长势；对中庸枝组，要有截有放，使枝组始终保持中庸健壮长势。

在 4~8 月期间，对于竞争枝、旺长枝应用抹芽、刻芽、拉枝、摘心、扭梢、剪梢等技术措施。分别在 5 月下旬至 6 月上旬进行第一次摘心，7 月上旬进行第二次摘心，以促进分枝。为了促进花芽分化，可在春梢长到 15~20 厘米时，留 5~6 片大叶摘心，等二次新梢长到 15 厘米左右时，再度进行第二次摘心。对枝条角度不开张者，应在夏季进行拿枝、拉枝。对生长旺盛的强旺枝，为缓和枝势可采取拉开角度，刻芽分散营养，促进分枝和花芽分化。

五、花果管理

重点抓好花期授粉、疏花疏果，防止晚霜冻害及科学浇水等。花前灌水以推迟花期，降低或减轻晚霜危害。花期利用羽毛掸子进行人工辅助授粉，推广花期放蜂辅助授粉提高坐果率。盛花期及时疏去弱质花、畸形花，生理落果结束后，疏去小果和畸形果。

六、贮藏保鲜

（一）低温冷藏

樱桃冷藏适宜温度在 −1~ −0.5℃，相对湿度在 90%~95%，在此条件下，贮期可达 30~40 天。樱桃在入贮前先预冷，进行采后处理包装，最后入库贮藏。预冷降温速度越快贮藏效果越好，入贮后使果温迅速降至 2℃以下，要保证恒定低温高湿条件。

（二）气调贮藏

樱桃可耐较高浓度的二氧化碳。气调贮藏的指标：温度 0℃，二氧化碳 20%~25%，氧气 3%~5%，相对湿度是 90%~95%。目前大规模气调库应用较少，大多采用 MA 贮藏（自发气调贮藏）方法。

第三节　主要病虫害防治

一、主要虫害

（一）红蜘蛛

以成、若、幼螨刺吸芽、叶、果的汁液，叶受害初期呈现许多失绿小斑点，渐扩大连片，严重时全叶苍白枯焦早落。

防治方法：发芽前刮除枝干老翘皮，集中烧毁，以消灭越冬螨源。出蛰前在树干基部培土拍实，防止越冬雌螨出土上树。

发芽期喷布波美度石硫合剂或 5% 的柴油乳剂；出蛰盛期喷洒波美度石硫合剂；大樱桃谢花后 1~2 周，幼、若螨活动期喷施 20% 哒螨灵 1000~1500 倍液、0.65% 茴蒿素水剂 450~700 倍液、1% 阿维虫清乳剂 4000 倍液、10% 浏阳霉素乳油 1000 倍液。

（二）蚧壳虫类如桑白蚧、梨园蚧、草覆蚧、龟蜡蚧等

多以雌成虫、若虫刺吸枝干、叶、果实的汁液，造成树势衰弱，

降低产量和品质。

防治方法：果树休眠期用硬毛刷刷掉枝条上的越冬雌虫，剪除受害严重的枝条，烧除。冬季喷洒5%的柴油乳剂。芽膨大期喷施波尔多液石硫合剂30倍液或含油量4%~5%的矿物油乳剂。在若虫分散转移期分泌蜡蚧壳之前，可用25%可湿性粉剂灭幼酮1500倍液、20%灭扫利乳油4000倍液等药剂防治。上述药剂可混入0.1%~0.2%的洗衣粉，对已开始分泌蜡粉蚧壳的若虫也有很好的杀伤作用。

二、主要病害

（一）细菌性穿孔病

叶片染病，初在叶背近叶脉处产生淡褐色水渍状小斑点，后叶面也出现，多在叶尖或叶边缘散生。病斑扩大后成为紫褐色至黑色圆形或不规则形病斑，边缘角质化，直径2毫米左右，病斑周围有水渍状黄绿色晕环。最后病斑干枯脱落形成穿孔。有时数个病斑相连，形成一个大斑，焦枯脱落后形成一大的穿孔，孔边缘不整齐。此病5月开始发病，7~8月发病严重。多雨、多雾、通风透光差、排水不良、树势弱、偏施氮肥等大樱桃园发病较重。有时也危害枝梢。

病菌在落叶或枝梢上越冬，翌春树体开花前后，病菌从坏死的组织内溢出，借风雨或昆虫传播，经叶片气孔侵入，空气相对湿度在70%~90%时利于发病。

防治方法：加强果园管理，增强树势，增施有机肥，合理修剪，改善风光通透条件，及时排水。冬季清除落叶，剪除病梢集中烧毁。

发芽前喷施波尔多液石硫合剂或波尔多液石硫合剂30倍液。发芽后喷72%农用链霉素3000倍液，硫酸链霉素4000倍液，或65%代森锌500倍液；也可用机油乳剂：代森锰锌：水=10:1:500喷施，除防治此病外，还可防止蚧壳虫、叶螨等病虫害。温室栽培时，可把农用链霉素或硫酸链霉素药剂配成粉剂进行喷粉。

（二）樱桃褐腐病

该病主要危害花和果实，引起花腐和果腐，发病初期，花器渐变褐色，直至干枯；后期病部形成一层灰褐色粉状物，从落花后 10 天幼果开始发病，果面上形成浅褐色小斑点，逐渐推广为黑褐色病斑，幼果不软腐，成熟果发病，初期在果面产生浅褐色小斑点，迅速推广，引起全果软腐。

防治方法：清洁果园，将落叶、落果清扫烧毁；合理修剪，使树冠具有良好的通风透光条件；发芽前喷 1 次波尔多液石硫合剂；生长季每隔 10~15 天喷 1 次药，共喷 4~6 次，药剂可用 1∶2∶240 倍波尔多液或 77% 可杀得 500 倍液，50% 克菌丹 500 倍液。

（三）樱桃流胶病

该病主要危害樱桃主干和主枝，一般从春季树液流动时开始发生，初期枝干的枝杈处或伤口肿胀，流出黄白色半透明的黏性质物，皮层及木质部变褐腐朽，导致树势衰弱，严重时枝干枯死。发病原因一是有枝干病害、虫害、冻害、机械伤造成的伤口引起流胶；二是由于修剪过度、施肥不当、水分过多、土壤理化性状不良等，导致树体生理代谢失调而引起流胶。

防治方法：增施有机肥，健壮树势，防止旱、涝、冻害；搞好病虫害防治，避免造成过多伤口；冬剪最好在树液流动前进行，夏季尽量减少较大的剪锯口；发现流胶病，要及时刮除，然后涂药保护。常用药剂有 50% 退菌特 1 份、50% 悬浮硫 5 份加水调成混合液，以及用生石灰 10 份、波美度石硫合剂 1 份、食盐 2 份、植物油 0.3 份加水调成混合液。

（四）樱桃叶斑病

该病主要危害叶片、叶柄和果实。叶片发病初期，在叶片正面叶脉间产生紫色或褐色的坏死斑点，同时在斑点的背面形成粉红色霉状物，后期随着斑点的扩大，数斑联合使叶片大部分枯死。有时叶片也形成穿孔现象，造成叶片早期脱落，叶片一般5月份开始发病，7~8月份高温、多雨季节发病严重。

防治方法:加强栽培，增强树势，提高树体抗病能力;清除病枝、病叶，集中烧毁或深埋；发芽前喷波尔多液石硫合剂；谢花后至采果前,喷1~2次70%代森锰锌600倍液,或75%百菌清500~600倍液,或多菌灵5%可湿性粉剂400~600倍液等，每隔10~14天喷1次。

第六章　核　桃

核桃，又称胡桃、羌桃，是胡桃科植物。核桃仁含有丰富的营养素，每百克含蛋白质 15~20 克，脂肪较多，含碳水化合物约 10 克，并含有人体必需的钙、磷、铁等多种微量元素和矿物质，以及胡萝卜素、核黄素等多种对人体有益的维生素。是深受老百姓喜爱的坚果类食品之一。中国是世界上核桃起源中心之一，世界核桃生产第一大国，拥有最大的种植面积和产量，出口量也仅次于美国，居世界第二。

第一节　品种介绍（早实类型）

一、中林一号

树势旺，直立，树冠长椭圆形。平均坐果 1.39 个。雌先型，中熟品种。坚果中等大小，方圆形，壳面较光滑，缝合线窄面凸起。单果仁重 6.69 克，出仁率 53%，取仁易，仁色浅，味佳。抗病性强。但在水肥不足时有落果现象。

二、香玲

树势中庸，树姿直立，树冠圆头形。果枝平均坐果 1.1 个。雄先型，中熟品种。坚果中等大小，卵圆形，壳面光滑美观。平均单果仁重 6.6 克，出仁率 60%~65%。取仁极易，仁色浅，仁味佳。

三、元丰

树势中庸，树冠开张，分枝力强，枝条密集，以中短枝结果为主，早期极丰产。雄先型，雄花量较大，坚果中等大小，稍圆形或卵圆形，壳面光滑。三径均值 3.42 厘米，单果仁重 5.3 克，出仁率 46. 25%，含油率 68. 66%，该品种适应性强，连年丰产，缺点是坚果壳稍厚，出仁率偏低。

四、鲁光

树势旺盛，树冠开张，半圆形，雄先型，中熟品种。坚果长圆球形，壳面光滑。平均单果仁重 6.25 克，出仁率 56%~68%，脂肪含量 66. 4%，仁味油香。

五、新疆薄壳

树势健旺，似主干疏层形。雄先型，中熟品种。坚果中等大小，圆球形，果面光滑美观。出仁率 56.64%，取仁极易。种仁饱满，可取整仁或半仁，味油香。该品种适应性强，高产优质，抗病虫、抗晚霜。

第二节　建园与栽植

一、建园

（一）园地选择

核桃对土壤的适应性比较广泛，但因其为深根性果树，且抗性较弱，应选择深厚肥沃，保水力强的壤土较为适宜。核桃为喜光果树，要求光照充足，青藏高原地区可在温室栽培或山坡地选择向阳侧为佳。

（二）整地

整地时间一般在建园前半年进行。整地方式可根据造园地条件选择，一般有全面整地、反坡梯地整地、鱼鳞坑整地等。薄壳核桃喜深厚土壤，栽植时最好是挖大穴。树穴挖好后不宜立即栽树，一般春栽的树穴在前一年秋季挖好。

二、栽植

（一）栽植时期

核桃栽植时期有春栽和秋栽两种。春栽在土壤解冻后至苗木发芽前进行，秋栽在 11 月上中旬进行。青海地区冬季多风、气温较低，冻土层很深，宜于春栽。春栽在早春土壤解冻之后即可栽植。

（二）栽植密度

核桃的栽培密度应根据本地条件和管理水平来确定。在土壤、肥水条件一般的地区可采用株行距 3 米 ×4 米或 4 米 ×5 米 为宜。土深厚、土质良好、肥力较高的地区也可采用 3 米 ×5 米或 5 米 ×6 米的株行距。

（三）授粉树配置

核桃属于雌雄同株异花授粉，且同一植株上雌花与雄花一般不同时盛开，而且核桃花属于风媒花，花粉粒大、重，有效授粉距离短，建园时最好选用 2 个能够互相提供授粉机会的品种。每 4~6 行主栽品种配置 1 行授粉品种。

（四）栽植方法

栽植前，应先挖好 1 米见方的定植穴，并将表土放在坑的一边，深层土放在坑的另一边。同时，把苗木的伤根、烂根剪除。并放入水中浸泡半天或根系蘸泥浆，使根系充分吸水，以利成活。

栽植时，将表土与土粪或圈粪混合填入坑底，然后将苗木放入。栽植深度应与其原在苗圃中的深度相同，苗根全部用细土埋严后要轻轻向上提动苗木，使土与根系密接，再覆土埋严、踩实。这样，把每一条根都舒展开，吸收范围大，苗木易成活。

栽后要修好树盘，充分灌水，注意灌水一定要足，否则影响成活。待水渗下后，在树盘下覆少许土，春栽要覆盖地膜。

（五）栽后管理

1. 检查成活及补栽

及时检查成活情况，苗木死亡的，要及时补栽。

2. 苗木防寒

春栽苗木，为防春季大风，可在主干套上报纸，报纸做成一端封口的圆筒状，直径 2 厘米左右，或用防寒塑料袋。

3. 定干

大苗木栽植萌芽后，即可定干，剪口距芽的距离应保持 2 厘米左右，定干后要注意剪口涂漆。

如果核桃苗木小，栽植后第一年不宜定干。待生长一年树势形成后再根据树型要求进行定干修剪。

三、肥水管理

（一）土壤管理

核桃园进行深耕压绿或压入有机肥是使幼树提早结果和大树丰产的有效措施，深耕时期在春、夏、秋三季均可进行，春季于萌芽前进行，夏秋两季在雨后进行，并结合施肥将杂草埋入土内。应从定植穴处逐年向外进行深耕，深度以 60~80 厘米为宜，但须防止损伤直径 1 厘米以上的粗根。

核桃幼树生长较慢，行间土地可间作豆科作物或绿肥。成年果园每年 4~9 月用除草剂除草 2~3 次，于秋冬中耕一次。

（二）施肥

1. 基肥

秋季施基肥，以有机肥为主，一般在 8 月中旬至 9 月中旬进行，幼树每株施 20~30 千克，初果期每株施 50~100 千克，盛果期大树每株施 150~200 千克。施肥方法用环状、半环状、条状、穴状均可，但最好用穴状施肥法，即在树冠滴水线外挖 4~6 个直径 30 厘米、深 40 厘米的洞穴，施入肥料盖土后浇水。

2. 追肥

追肥每年进行 2~3 次，第一次在开花前（3 月下旬），以氮肥为主。以促进萌芽生长，盛果期树每追施尿素 0.3~0.5 千克；第二次在幼果快速生长期，（5 月中旬至 6 月中旬），主要作用是减少落果，促进幼果的迅速膨大及新梢生长和花芽分化。追肥种类以速效性氮肥为主，同时应增施适量磷、钾肥。每株追施氮、磷、钾复合肥 0.2~0.4 千克；第三次在硬核期（7 月中下旬）以氮、磷、钾复合肥为主，每株追施氮磷钾复合肥 0.2 ~0.3 千克，目的是促进果实发育，减少落果，提高产量和品质。

3. 叶面喷肥

在盛花期进行叶面施肥，即在全树 60%~70% 的花开放时，喷施 0.5% 尿素＋ 0.2% 硼砂＋ 0.3% 硫酸锌＋ 0.2% 磷酸二氢钾，以促进开花整齐、授粉受精、提高坐果率。

（三）果园灌水

灌水的时间、次数和方法，可根据当地气候条件、土壤水分状况、降雨状况及核桃生长发育情况而定，一般年灌水 3~4 次即可。

在开花前、果实迅速增大、施肥后以及越冬前等各个时期，都应适时灌水。

四、整形修剪

（一）修剪时期

核桃树冬季休眠期修剪有伤流现象，故不宜进行修剪，其修剪时期以秋季落叶前或春季发芽后最适宜。在核桃采收后至叶片发黄落叶以前进行（9 月底至 11 月初）。此时叶片未落，无伤流现象，修剪后有利于伤口在当年内早愈合。弱树、老树、结果核桃树修剪时期一般以秋季最适宜，生长过旺的树，在春季核桃树发芽后至展叶前进行修剪。以控制生长，削弱树势，提早结果。

（二）幼树整形

核桃树干性强，芽的顶端优势特别明显，顶芽发育比侧芽充实肥大，树冠层性明显，结合此特性，以采用主干疏层形为宜。干高1.2~1.5米，第一层三大主枝，层内距10~20厘米，主枝基角70度，每个主枝上有3~4个一级侧枝，第二层2大主枝，第三、四层主枝着生在中心杆上，第一、二层主枝相距80~120厘米，树高5~6米。此树形有树冠大、产量高、寿命长的特点。

（三）初结果树的修剪

核桃自开始结果到大量结果，其树体营养生长较旺，树冠逐年显著扩大，结果数量逐年增多。这时修剪，除要继续培养多极骨干枝外，还要注意保留辅养枝，疏去无用的密挤枝、徒长枝和细弱枝；使多类枝条分布均匀，树冠内膛要适当多留结果枝，并要保持稀密适度以加大结果面积。以轻剪，用去强留弱的办法来调整各级骨干枝的生长势，以保持树势均衡发展，培养成丰满的树冠。

（四）结果树修剪

盛果期的修剪以防止树冠内膛空虚和结果部位外移。加强枝组的培养和复壮为重点。培养枝组可采用“先放后缩”和“去背上枝，留斜生枝”的修剪方法。徒长枝在结果初期一般不留,以免扰乱树形，在盛果期可培养为枝组。对冠内外密生的细羽枝、干枯枝、重叠枝、下垂枝、病虫枝要尽量从基部剪除，改善通风和光照条件，促生健壮的发育枝，对内膛抽生的健壮枝条应适当保留，以利内腔结果。对过密大枝，要逐年疏剪，剪时伤口削平，以促进良好愈合。

（五）衰老树的修剪

主要是更新树冠，恢复树势和产量，延长树的寿命。采取的修剪措施主要有疏缩大枝、更新骨干枝、利用徒长枝培养枝组等。着重对多年生枝进行回缩修剪，在回缩处选留一个辅养枝，促进伤口愈合和隐芽萌芽，使其成为强壮新枝，复壮树势。

五、花果管理

核桃是雌雄同株异花植物，雌花着生在结果枝顶端，雄花着生在同一结果母枝的基部或雄花枝上，靠风力传播花粉后让雌花受精。在核桃树雄花序和雄花发育过程中，需要消耗大量树体内贮藏的营养。故在核桃雄花序发育和开花过程中，采取人工剪除或喷施“核桃化学去雄剂”，疏除 1/3~1/2 雄花序，均能减少树体养分的无效消耗，促进树体内水分养分集中供应开花、坐果，因而能大幅度提高产量和质量。

六、贮藏

（一）核桃的采后处理

1. 堆沤法

将采后带青皮的核桃果实堆在阴凉、通风的室内，堆积的高度 50 厘米，上面盖 10 厘米厚的草苫或秸秆遮阴堆沤，经 4~6 天后，青皮出现膨胀或绽裂，用木棍敲击使青皮裂开坚果脱出。放入石灰水或漂白粉液中漂白，阴干或晒干后分级包装。

2. 乙烯利脱皮法

用 3000~5000 毫升 / 千克的乙烯利浸沾采后的青皮果半分钟，或用喷雾器均匀喷洒乙烯利使每个果都沾有，堆积覆盖 2 天后，青皮即可“离核”膨，开始脱掉。脱青皮后的核桃应及时清洗坚果表面残留的腐烂青皮、泥土或其他污物。

（二）贮藏

常温贮藏时，可将干燥后的核桃装入麻袋内，放在通风、阴凉、背光的房内，注意防止鼠害、霉烂和发热等问题的发生。冷藏时控制 –2~0℃的贮藏温度，用麻袋或木箱包装，分层摆放于库内，控制 60%~70% 的相对湿度，可以进行 2 年以上的长期贮藏。冷藏时的湿度很重要，湿度过高核桃易生霉腐烂，湿度过低则使核桃仁变干变硬，降低品质。

第三节　主要病虫害防治

一、核桃举肢蛾

（一）症状

幼虫蛀食核桃果实和种仁，被害果变黑，提早脱落。每年发生2代，以老熟幼虫在树冠下1~3厘米深的土层内、杂草、石块裂缝等处结茧越冬。5~6月份出现成虫，成虫昼伏夜出，卵多散产于两果相接的缝隙处，少数产于梗洼、萼洼、叶腋或叶上。经4~5天，幼虫孵化。

（二）防治方法

1. 秋末或早春深翻树盘，清除残枝落叶，可消灭部分幼虫。

2. 6~8月摘拾黑果，及时摘除虫果和捡拾落果，并将其集中销毁处理。

3. 成虫羽化出土前，树冠下的地面上可用米乐尔每亩4千克施于土表，随后略翻动表土即可。

4. 6月上旬至7月中旬成虫羽化期、产卵盛期可选用50%的杀松乳油1000倍液、20%的速灭杀丁乳油2000~3000倍液进行防治。或敌杀死2500倍液树冠喷施。

二、核桃褐斑病

（一）症状

此病主要危害幼果和叶片，也可危害嫩枝及花序。幼果受害初为褐色小斑点，边界不清，以后扩大成片变黑，深入果肉直至果仁变黑腐烂脱落；叶片受害首先在叶脉出现多角形褐斑，外围有水浸状晕圈，严重时病斑连片整个叶片变黑脱落。枝梢、叶柄上受害病斑长形、褐色稍凹陷，花序受害也产生黑褐色水渍状病斑。

（二）防治方法

1. 该病原菌主要在枝梢病斑内和芽里越冬，次年春季病原菌借风雨传播，所以结合修剪，剪除病枝梢及病果，捡净落地病果，集中烧毁，是减少病菌来源的重要措施。

2. 病菌可由各种孔口（气孔、皮孔、蜜腺）和伤口侵入，所以在虫害（特别是核桃举肢蛾）发生严重的地区，及时防虫减少虫伤。对于病害要求在展叶时（雌花出现前）、落花后和幼果期各喷一次50% 甲基托布津可湿性粉剂 400~600 倍液，可有效地控制该病为害。

第七章　苹　果

苹果是落叶乔木，通常树冠可高至 15 米，但栽培树木一般只高 3~5 米。树干呈灰褐色，树皮有一定程度的脱落。果实一般呈红色，但需视品种而定。苹果树的果实富含矿物质和维生素，是人们最常食用的水果之一。一般苹果栽种后，2~3 年才开始结出果实。早熟品种的果树成长期为 65~87 天，中熟品种的果树成长期为 90~133 天，晚熟品种的果树生长期为 137~168 天。

第一节　品种介绍

一、主栽品牌

（一）红富士

红富士又称着色系富士。果实长圆形，平均单果重 240 克。果面光洁，底色黄绿，阳面具红霞，有暗红色条纹。10 月中下旬至 11 月上旬成熟。果肉淡黄色，肉质密，细脆，味甜酸，并有元帅的香气，果汁多，品质极佳。近年来，我国栽培较多的红富士品种有秋富 1、长富 2、长富 6、烟富 10 等，推广较多的是烟富 1 号至 6 号。

（二）红将军

日本品种，为早生富士的红色芽变品种。果实近圆形，平均单果重 250 克，着鲜红色彩霞或全面鲜红色。果肉黄白，可溶性固形物含量 15.9%，风味酸甜，稍有香气，品质上等。无采前落果现象，成熟期为 9 月中下旬，可自然贮藏至春节前后。生长势中庸，以中短果枝结果为主，坐果率高，丰产性强。

（三）嘎拉

新西兰品种。果实近圆形，顶端五棱明显。平均单果重 130 克，底色金黄、阳面着红晕，间红色条纹。果皮薄，果肉乳白色，汁中等，可溶性固形物含量 13%~15%，品质上等。8 月下旬成熟。树势中庸，树姿开张，坐果率高，丰产，为中早熟品种中的主栽品种。

二、园地选择

选择背风向阳、土壤肥沃，土层深厚，有机肥含量在 1.0% 以上的沙质壤土，坡度小于 15 度的地块。土壤酸碱度（pH 值）以微酸性至中性为宜。

三、栽植

（一）栽植时期和密度

一般在春天栽植最为适宜，定植株行距 3 米 ×4 米或 4 米 ×5 米，注意配置授粉树。

（二）栽前准备

平整土地，挖栽植沟或栽植穴，沟宽或穴直径 80~100 厘米，沟或穴深度 60~80 厘米。挖沟或穴时，表土与心土分别堆放，然后将有机肥与表土混合后堆放在一边。栽植沟或穴尽可能在秋季就挖好，使土层心土充分熟化，春天进行栽植。

（三）栽植

先将混好肥料的表土取其一半填入沟或坑内，培成丘状，然后将苗木放入沟或坑内，使根系均匀分布在坑底土丘上，同时进行前后、左右对直，校正位置。再将另外一半混入肥料的表土分层填入沟或坑穴，每填一层土都要踏实，并随时将苗木稍稍上下提动，使根系与土壤紧密接触，最后将心土填入沟或坑穴，使根颈高于地面3厘米左右，并将苗木四周堆起直径1米、高10厘米的埂，以便灌水。栽植后及时灌水。

四、肥水管理

（一）土壤管理

土壤管理是通过扩穴深翻、填压作物秸秆、增施有机肥、覆草等措施，增加土壤有机质含量，改善土壤的水、热、气、肥、微生物等环境条件，提高土壤肥力。每年秋冬果实采收后，对树盘土壤均要深翻。幼年树以深翻扩穴为主，成年园可隔行深翻或全园深翻。深度以比苹果树主要根系分布层稍深为度（一般深50~60厘米即可）。在果树年生长周期中，一般应进行两次树盘（果粮间作果园营养区）耕翻，第一次在6月中旬，第二次在9月中下旬结合秋施基肥进行，耕翻深度以20~30厘米为宜。

（二）果园施肥

1. 基肥

秋季（9月中下旬）要及时施足基肥，以高温发酵或沤制过的有机肥为主，并配施少量的氮、磷素化肥。基肥标准最少要达到斤果斤肥。近年来，随着果园管理技术水平的不断提高以及无公害水果生产技术的实施，基肥数量提高到以每生产1千克果实施有机肥1.02千克计算。施肥方法采用常规的放射状或环状施肥，深度40~60厘米，注意施肥应结合灌水进行。

2. 追肥

以速效肥为主。盛果期树一般每生产100千克苹果需追施纯氮0.7~1.0千克，纯磷（P_2O_2）0.3~0.5千克，纯钾（K_2O）0.7~1.0千克。氮、磷、钾的适宜配合比例为1 : 0.5 : 1。追肥一般每年进行三次，第一次在萌芽前进行（4 月上旬），以氮肥为主，盛果期树每株施尿素 0.5 千克；第二次在花后，以氮、磷为主，辅以少量钾肥，每株施磷酸二铵 0.6 千克、硫酸钾 0.2 千克；第三次在果实膨大期追肥，以钾肥为主配施少量复合肥，每株施硫酸钾 0.6 千克、复合肥 0.2 千克。追肥方法以环状或放射状施肥法，深度在 20 厘米左右，施肥要结合灌水。

3. 根外追肥

根外追肥的目的是迅速补充果树养分，促使正常结果和防止缺素症。以尿素、磷酸二氢钾、硼肥、锌肥、硫酸亚铁等为主。浓度为：尿素、磷酸二铵 0.3%，磷酸二氢钾 0.2%~0.3%，硫酸亚铁 0.2%~0.3%，硫酸锌 0.2%，硼砂 0.2%。

（三）果园灌水

苹果园总的灌水原则是前期多、后期少，前期多可保证枝梢生长、果实发育，后期少可促进枝梢充实，提高果实品质。部分果产区冬春季干旱，还应在土壤封冻前灌一次封冻水，有利于果树安全越冬。

五、整形与修剪

（一）幼树整形

幼树在定植的当年首先进行定干，定干高度一般在 70~80 厘米之间。萌芽后将干高 40 厘米以下的芽子及时抹除。在剪口下 10 厘米整形带处选留 3~5 个方向适中、生长较旺的新梢培养主枝。基部三主枝可在两年内分期选留培养形成，并保持势力均衡；上层主枝不宜选留南向枝，以免影响光的透入。全树要保持明显的从属关系，即中心干的生长势要强于主枝，主枝要强于侧枝，上下层主枝要保持上小下大。中心干过强时可采用第二枝代替原头延长生长，形成小弯曲，控制上强，同时增强第一层主枝生长势。

（二）初果期树的修剪

此期修剪的主要任务是培养好各级骨干枝，对主侧枝继续进行培养，尽快建成树体坚固、丰产、稳产的树形。在主枝、侧枝的背后、两侧及背上应及时分别培养大、中、小各类枝组，使其稳定结果。枝组在树冠内的配置做到上稀下密，内外稀中间密。剪截各级主枝、侧枝、延长枝，留饱满芽，继续向外延长，疏除骨干枝上直立的竞争枝、密生枝及影响光照的交叉枝。短截部分非骨干枝和中庸的徒长枝，促生分枝成为结果枝组，对于树冠内部方向和位置合适的徒长枝要缓放。同时可以利用辅养枝培养结果枝组。

（三）盛果期树的修剪

盛果期修剪要点一是调节营养生长与生殖生长的平衡，既要保证一定的产量又要保证适当的树势；二是对结果枝组进行合理调节，保持适当比例（营养枝与结果枝比例：壮树为3∶1，弱树4∶1），及时更新老果枝和弱果枝；三是将辅养枝或临时性枝处理改造成结果枝组，改善通风透光条件，合理占领空间。对结果枝组的修剪。选择中庸枝短截，直立旺枝进行夏季摘心和冬季拉枝，促使其成花，疏除过密过弱的枝或枝组，回缩更新较弱的枝。对于树体内膛的发育枝，要及时摘心和拉枝，尽快将其培养成结果枝组。避免结果部位外移。

（四）衰老期树的修剪

此阶段修剪的主要任务是更新复壮，维持树体有较高的产量。除应加强肥水外，修剪上应注意对一些骨干枝，特别是重叠的骨干枝要适度回缩，可回缩至5~6年生部位。对结果枝组要及时更新。若骨干枝背上有徒长枝或发育枝，可用其优势做主侧枝延长头，恢复应有的骨干枝优势。

六、花果管理

（一）补栽和高接授粉树

大多数果树树种均需配置授粉树，但生产上往往忽视配置授粉树。新建果园应配置授粉树，缺授粉树的成龄果园，应通过高接（改接）部分授粉树的措施补救。

（二）花期放蜂及人工授粉

人工辅助授粉，在20~25℃温度条件下采集花粉，用鸡毛掸子授粉。花期在果园内放养蜜蜂，可以显著提高其坐果率。

（三）疏花疏果和果实套袋

1. 疏花、疏果

疏花疏果有利于克服苹果树“大小年”结果现象、增大果个、改善果形和提高果实品质。确定留花留果量可按叶果比（一般为30~40∶1）；枝果比（营养枝／结果枝）为3~4∶1；弱树应适当提高比例。一般生产上每6~7个花序留1个花序结果，基本上可以达到30~40∶1的叶果比标准。疏花和疏果应尽早进行，但要留有余地，待自然落果后再定果，定果后所留果量是最终留果量。

2. 果实套袋

果实套袋有利于果实外形美观，提高果实品质。套袋时间应在生理落果之后，过早果小不易操作，过晚病虫害已开始侵染危害，降低了套袋作用。摘袋宜在采收前15~30天（早熟品种15天，晚熟品种30天）进行。过早摘袋易造成果皮粗糙，色泽较暗；过晚摘袋，果皮细嫩，虽然色泽鲜艳，但贮藏期易褪色。

套袋前，先给果树上喷一次杀虫、杀菌剂，然后选坐果可靠、光照良好的果实。先将纸袋吹开鼓起，使两底角的通气放水口张开，一手分开果、叶（不能把副梢套住），一手托起纸袋，将幼果套入袋内，露出果柄，再从袋口中间向两边依次按“折扇”方式折叠袋口。沿袋口缠绕一周扎紧，捆扎位置应在袋口下2.5厘米处。

七、贮藏保鲜

（一）窖藏

苹果采收后，通常不要直接入窖，应先在阴凉通风处散热预冷，白天恰当覆盖遮阴防晒，夜间揭开降温，待霜降后气温降下时再行入贮。苹果贮藏保鲜的适宜温度 0~1℃；湿度 85%~90%。

（二）气调贮藏

苹果适宜低氧、低二氧化碳气调贮藏，通常苹果气调贮藏适宜的气体条件是氧 2%~3%，二氧化碳 0~5%。气调贮藏适温应比普通冷藏高 0.5~1℃。

第二节　主要病虫害防治

冬春季节清扫枯枝、落叶、落果，生长季节剪除病虫果实、枝和叶片，主干束草和涂白。并进行人工捕杀、灯光诱杀、糖醋液诱杀等。

一、腐烂病

腐烂病俗称烂皮病，臭皮病。主要危害结果树的主干和主枝，病部树皮呈红褐色，水渍状，微隆起，圆形至长圆形病斑，质地松软，易撕裂，手压凹陷，流出黄褐色汁液，有较浓的酒糟味。

防治方法如下：

1. 发病时及时刮除病斑病皮后，用腐必清可湿性粉剂 10~20 倍液、腐烂敌 20~30 倍液、腐必清乳剂 2~3 倍液、波美度 3~5 度石硫合剂或 843 抗腐剂等进行消毒。

2. 萌芽前喷波美度 3~5 度石硫合剂；生长季喷 5% 菌毒清水剂 100 倍或波美度 3~5 度石硫合剂。

3. 大树主干上的大伤疤可采用桥接的方法，即用苹果树 1 年生条下端嫁接在伤疤下方，枝条上端嫁接在伤疤上方。

二、苹果小吉丁虫

苹果小吉丁虫，又名串皮虫。主要为害苹果、沙果的树干、主枝及多年生枝条，可造成死枝死树，是苹果重要虫害之一。

防治方法如下：

1. 春季 4~5 月份用刀削为害处，刮除幼虫，用刀将虫挖出后涂从石硫合剂原液或灭腐灵。

2. 春季在虫疤处抹煤油敌敌畏液，即 0.5 千克煤油加入 100 克敌敌畏，在虫疤上用刀划几刀将虫疤划破后涂抹，以杀死幼虫。

3. 7 月中下旬是成虫集中羽化的时期，喷 80% 敌敌畏 500~1000 倍液或清晨振动树干，捕捉成虫。

三、红蜘蛛（叶螨）类

为害苹果、梨的红蜘蛛有山楂红蜘蛛、苹果红蜘蛛、苜蓿红蜘蛛三种。

防治方法如下：

1. 刮树皮、清除果园落叶、杀死越冬成螨。在秋末冬初彻底清扫果园落叶集中烧毁，早春树体萌动前刮去老粗皮集中烧毁，以杀死成螨。

2. 早春果树萌芽前喷波美度 3~5 度石硫合剂，以杀死果树红蜘蛛越冬卵。

3. 落花后是防治红蜘蛛的第一关键期，喷 20% 灭扫利乳油 2000 倍液。6 月底至 7 月下旬是第二个防治关键期，每隔 10 天喷一次 20% 灭扫利乳油 2000 倍液或 1.8% 阿维菌素 4000 倍液，连喷两次。

四、果树巢蛾

苹果巢蛾又名网虫，主要为害苹果、梨、沙果、海棠等多种果树。以幼虫成群将嫩叶用丝缠绕，吐丝结网成巢，每巢有 20~80 个幼虫，群集在一起食叶片和嫩梢。

防治方法：及时剪除虫巢，消灭幼虫或蛹。幼虫发牛期 5 月为中下旬，喷 20% 灭扫利乳油 2000 倍液，或 2.5% 溴氰菊酯乳油 2000 倍液。

第八章　梨

梨是一种落叶乔木或灌木，极少数品种为常绿，属于被子植物门双子叶植物纲蔷薇科苹果亚科。叶片多呈卵形，大小因品种不同而各异。花为白色，或略带黄色、粉红色，有五瓣。果实形状有圆形的，也有基部较细尾部较粗的，即俗称的“梨形”；不同品种的果皮颜色大相径庭，有黄色、绿色、黄中带绿、绿中带黄、黄褐色、绿褐色、红褐色、褐色，个别品种亦有紫红色；野生梨的果径较小，在 1~4 厘米之间，而人工培植的品种果径可达 8 厘米，长度可达 18 厘米。

第一节　品种选择及管理

一、品种选择

应选择丰产、高产性能较好的品种，如早酥梨、红香酥梨、巴梨、长把梨、软儿梨、黄果梨、酥梅梨、冬果梨等。

二、园地选择

选择背风向阳、土壤肥沃，土层深厚，保水保肥力强、有机肥含量在 1.0% 以上的沙质壤土，坡度小于 15 度的地块。土壤酸碱度（pH 值）以微酸性至中性为宜。

三、栽植

（一）栽植时期和密度

一般在春天栽植最为适宜，定植株行距 3 米 ×4 米或 4 米 ×5 米，注意配置授粉树。

（二）栽植

平整土地，挖栽植沟或栽植穴，沟宽或穴直径 80~100 厘米，沟或穴深度 60~80 厘米。挖沟或穴时，将表土与心土分别堆放，然后将有机肥与表土混合后堆放在一边。栽植时先将混好肥料的表土取其一半填入沟或坑内，培成丘状，然后将苗木放入沟或坑内，使根系均匀分布在坑底土丘上，同时进行前后、左右对直，校正位置。再将另外一半混入肥料的表土分层填入沟或坑中，每填一层土都要踏实，并随时将苗木稍稍上下提动，使根系与土壤紧密接触，最后将心土填入沟或坑穴，使根颈高于地面 5 厘米左右，并将苗木四周堆起直径 1 米、高为 10 厘米的埂，以便灌水。栽植后及时灌水。

四、土肥水管理

（一）土壤管理

梨树定植后，要加强土壤管理。及时中耕除草，减少水分和养分的流失。幼年梨园可适当间种。在不影响梨树生长前提下，在离梨树周围 1 平方米外，可合理间种豆类和绿肥。进入秋季，要结合施肥对梨园进行深翻，深度一般以 30~40 厘米为宜。其方法有扩穴、全园深翻、隔行或间株深翻。有条件的地方可采取隔年轮翻，第一、三、五年在原穴的两侧开宽 80 厘米的沟，第二、四、六年在另两侧深沟，结合施入基肥。

（二）施肥

1. 基肥

在秋季（9 月中下旬）进行，以有机肥为主，一般是每生产 100 千克梨果最少需有机肥 100 千克，以每株生产 50 千克果实计算，施入有机肥 50~60 千克，磷酸二铵 0.5 千克或过磷酸钙 1 千克、尿素 0.4~0.5 千克。

（1）环状施肥法：在树冠垂直投影下方内外各 20~30 厘米处挖深 40~50 厘米的环状沟，施入肥料并拌匀覆土。

（2）放射沟施肥法：以树干为中心 1 米以外向树冠外围挖 5~6 条放射状沟，内深 20 厘米，向外逐步加深到 50 厘米，沟宽 40~50 厘米，长至树冠垂直投影下方。

2. 追肥

（1）幼树施肥：勤施薄施，促进树冠形成。

（2）花前追肥：在早春后开花前施用，以含氮为主的速效肥料为主，施用量以每株生产 50 千克果实计算，施入尿素 0.3 千克。若基肥的施用量较多，花前肥可不施或少施。

（3）花后追肥：在谢花之后施用，以氮磷为主，可用复合肥或果树专用肥，每株施用 0.3 千克。

（4）果实膨大期追肥：以钾肥为主，也可用硫酸钾复合肥，每株施用 0.3~0.5 千克。

以上追肥均用环状或放射沟施，深度 20 厘米，位置以树冠垂直投影下为主。

（三）水分管理

梨的需水量较大，在生长季节遇到干旱时应及时进行灌水。通常是萌芽前灌一次水，同时，注意在新梢旺长期、果实膨大期灌水。

五、花果管理

（一）辅助授粉

凡品种单一、授粉树不足或配置不当的梨园，应尽早补栽授粉树，或高接授粉品种枝条。作为临时性的措施，可进行人工辅助授粉，在 20~25℃温度条件下采集花粉，用鸡毛掸子授粉，人工授粉以梨始花 3 天内的效果最好，全树前后不过 1 周左右。

（二）疏花

1. 串花多疏、弱花、腋花多疏或全疏。内膛和顶梢花多疏，并以全序疏除为主。

2. 强花、顶花及树冠中部、中外部、冠上部花适当多留，每序留花朵 2~3 枚，疏中间花留边花。

3. 疏花的同时可结合复剪，调节枝条负担。

（三）疏果

1. 疏果时间

落花后一周开始疏果，30 天内完成，晚疏不如早疏。

2. 方法

（1）串果多疏少留，弱枝多疏少留，强枝多留少疏，果密处少留，稀处多留少疏。腋花果多疏少留或不留，顶花果少疏多留。

（2）树冠内腔膛多疏少留，中外部少疏多留。上部多疏少留，下部少疏多留。主侧枝基部和先端多疏少留，中部多留少疏。

六、整形修剪

（一）幼树期修剪

1. 幼树整形

生产上多选用疏散分层形树形，遇有主枝分枝角较小，中心干上难以配置上层主枝的情况，也可不留中心干，而培养成多主枝开心形的树形。

疏散分层形树形，第一层留 3 个主枝。可对枝条开张角度小、发枝少的梨树品种，适当多留 1 个，或在中心干上保留大型辅养枝，以充分占有空间。同时可培养 2~3 层主枝，全树保持 6~8 个主枝，依品种和树势而异。副主枝也应适当多留，以尽早扩大结果部位。

采用多主枝开心形树形时，干高 50~70 厘米，主枝 3~4 个，斜直向上生长，无中心干。在主枝上再向外分生副主枝，共 3~4 层。

2. 幼树期修剪

幼树期除按整形要求培养各级骨干枝外，其余枝条要掌握少疏多留，以尽量扩大结果部位。同时积极培养大、中、小各类结果枝组。培养结果枝组时，第一年对生长枝留 4~6 芽（中国梨）或留 6~8 芽（洋梨）短截，第二年对先端长枝去强留弱，后部即能形成短枝花芽开花结果。对生长势强，花芽较难形成的品种，宜采用先放后缩的方法培养枝组。枝条经长放后，生长势转缓，待后部形成花芽后，再进行回缩或短截。

（二）初果期树修剪

树形已基本形成，此时应对中心干落头开心，控制树高并改善上层光照条件。同时逐步清理各类辅养枝。

（三）盛果期树修剪

为稳定产量，单株或单位面积上每年应保持一定的总枝量，其中长枝应占 10%~15%，并在树冠内外分布均匀。当枝组上果枝较多时，除适当回缩外，可按预备枝与结果枝 2~3∶1 的比例剪留果枝。做到大年树重剪长、中果枝，留作预备枝，同时轻剪生长枝促使成花；小年树基本不剪果枝，并充分利用中、长果枝和腋花芽枝结果，同时重剪生长枝，促使来年生长新梢而少形成花芽，减少大年树的成花量。当骨干枝角度开张过大，致枝头下垂或大、中型枝组结果部位外移严重，后部光秃时，要及时回缩疏枝，抑前促后，使更新复壮，维持树势，延长盛果年限。

（四）衰老期树修剪

梨树内膛容易发生徒长技，可用来形成新树冠，继续结果。缺乏适当的徒长枝时，可选骨干枝的适当部位进行更新，剪锯口下应留角度适宜的领头枝，加以短截，其下枝条也相应地进行短截，以提高复壮能力。对结果枝组进行回缩更新。

七、贮藏保鲜

（一）窖藏

在梨产地多用窖藏。将适时采收的梨分等分级，剔除病伤果，用纸单果包装后装入纸箱或筐中。由于梨采收时温度尚高，一般不直接入窖，要先在窖外阴凉处预贮。预贮时，白天要在货堆上遮阳覆盖，防止曝晒；晚上要打开覆盖物放风，使梨很快降温。当果温和窖温接近0℃时可入窖。梨在窖堆码时，要注意堆间、箱间及堆的四周都要留有通风间隙。

（二）气调贮藏

梨的气调贮藏可在氧12%~13%和二氧化碳1%以下的环境里。但要注意二氧化碳的累积，会导致果肉或果心褐变。

第二节　主要病虫害防治

一、梨黑星病

（一）症状

该病主要危害叶片、果实、芽、花序和新梢，病部产生黑色霉状物，引起叶片干枯早落，幼果变硬、龟裂、畸形，也易早落。

（二）防治方法

落花后，结合疏花疏果剪除病梢，落花后7~10天用20%代森铵1000倍液可湿性粉剂，65%代森锌800倍可湿性粉剂进行防治。晚秋清除落叶病果、病枯枝等，减少越冬菌源。

二、梨锈病

（一）症状

梨锈病又称赤星病，主要危害叶片，其次为新梢和果实，病叶初为黄橙色光泽小斑，后扩大为椭圆形病斑，有黄晕圈与健部分开，发病严重时叶片枯萎早落，新梢、果柄、叶柄病部发生龟裂易折断，病果成畸形，也易早落。

（二）防治方法

在梨园附近 5 千米内，不宜栽植桧柏、龙柏等中间寄主。在梨树萌芽期至展叶后 25 天内，喷波尔多液 200 倍液、15% 的粉锈灵 1000 倍液或 40% 的福星 800 倍液，喷 2~3 次进行保护。注意在梨盛花期间应避免用药。

三、梨二叉蚜

（一）症状

春季以若虫和成虫群集芽上及叶面上为害，引起叶片纵卷。一年发生 20 代左右。

（二）防治方法

春季刮翘皮，消灭越冬卵；春季梨花芽萌动后，若蚜群集芽上为害时，喷 10% 吡虫啉 2500~3000 倍液或功夫菊酯 2500 倍液。谢花 70% 时再喷一次，从 6 月下旬开始再用上述药剂防治一次。

四、梨大食心虫

（一）症状

幼虫为害梨的花芽、花序和幼果，有转移为害习性，一年 2~3 代。被害芽鳞片松散开裂，受害幼果干枯脱落，但有丝悬吊于果台上。

（二）防治方法

结合冬季修剪，剪除越冬虫芽；花期和幼果期，摘除受害花序和虫果，并利用其中天敌再放回梨园寄生；虫害发生严重的梨园，在越冬幼虫转芽为害期、春季转果为害期，喷 50% 杀螟松乳剂 1000 倍液，或 20% 速灭杀丁乳油 2000 倍液，或 90% 敌百虫乳油 800~1000 倍液。

五、梨小食心虫

（一）症状

幼虫多从果实顶部或萼洼蛀入，蛀入孔较小、呈圆形小黑点。幼虫蛀入后直达果心，蛀食心室和种子，切开后有汁液和粪便。有的蛀入孔较大，孔周围果肉变黑腐烂，称之为“黑膏药”。

（二）防治方法

1. 刮去树干老翘皮，集中烧毁。树干绑草环，诱杀脱果幼虫，第二年早春越冬幼虫出茧前解下烧毁。

2. 果树开花前和落果后各喷一次 2.5% 溴氰菊酯 2000 倍液或 50% 杀螟硫磷乳油 1000~1500 倍液。7 月份结合防红蜘蛛喷 20% 灭扫利乳油 2000 倍液。

3. 果园挂黑光灯，诱杀成虫，以减少出口密度。

六、梨圆介壳虫

（一）症状

虫体细小，以若虫和成虫密集于枝干、叶片和果实上为害，造成枝条长势衰弱或枯死，果实上形成红色晕斑或龟裂，降低品质。

（二）防治方法

萌芽前喷波美度 5 度石硫合剂。第一代若虫发生或喷波美度 5 度石硫合剂。也可将主干刮去一圈老皮露缘后，用 40% 氧化乐果加水 1 倍喷雾，并用塑料薄膜包扎。

第九章　杏

杏栽培历史悠久。但由于大多杏树为粗放经营，产量低而不稳，加之杏花期早，易受晚霜危害等原因，影响了杏的发展。为避免冻害的发生和调剂市场，现今通过保护地集约栽培，丰富了果品淡季市场，增加了果农收入。

一、品种选择

应选择果实成熟早、果个大、色泽艳、品质优、耐储运，树体成花早、丰产、抗性强、较耐寒和易管理的品种为宜，如凯特、金太阳、金寿、红丰和香白杏等。

二、栽植

大棚杏树栽植，先培育杏树后建棚或是先建棚后栽植均可，根据条件而定。翻地、施用基肥可参照其他棚栽果品技术；定植株行距按品种树体、习惯 1 米 ×2 米、1.5 米 ×2.0 米等不同株等距。栽后定干：按最南排 30 厘米定干，身北依次每株增加 5 厘米，最北株高 50~60 厘米。

三、扣棚后管理

（一）扣棚时间

根据保温性能、当地气候特点等因素。和市场供需以求得最佳的经济扣棚时间。青海黄河沿岸可在 2 月份以后扣棚，湟水河地区 3 月份以后扣棚，如反季节上市，可以 9~10 月份扣棚。

（二）花果管理

人工辅助授粉是关键，利用蜜蜂或人工授粉，要及时采集花粉，采集的花粉可点授还可以配制喷雾。要做到合理留果，疏果时间为花后三周进行。一般情况下，多留短果枝上的果，其次是花束状果枝、中果枝上的果，每个果枝留 1~2 个果或短果枝 1~2 个果，中果枝 3~4 个果，长果枝 6~8 个果。

（三）肥水管理

大棚的肥水施用量均较露地栽培少，施肥量一般只相当于露地的 1/3。重视叶面追肥，前期以喷施尿素为主，后期（硬核期以后）改喷尿素加磷酸二氢钾、微量元素。大棚内需水量不多，一般只要扣棚前浇足水，整个生长季可不再浇水。

（四）新梢管理

要防止新梢密生徒长，消耗养分。采用疏除、扭梢、反复摘心等，控制新梢生长。

（五）温湿度控制

升温第一周不可使温度骤然升高，一般是揭 1/2 草帘即可，温控在 15℃以下，相对湿度在 80%左右。第二周开始，揭开全部草帘，萌芽期适宜温度控制在 8~15℃，最低温度 5℃，湿度小于 80%；花期适宜温度控制在 10~20℃，不宜超过 22℃，最低温度 7℃，湿度小于 60%；幼果期适宜温度 15~20℃，最低温度 8℃左右，相对湿度小于 70%；膨大期适宜温度 18~28℃，最低温度 10℃；湿度小于 70%，近熟期适宜温度 22~30℃，最低温度 15℃，湿度小于 60%。

（六）树冠修剪管理

夏剪除参照上述 4 条外，当花后叶芽萌发时，抹除着生部位不当芽；当新梢长到 20~25 厘米及时摘心，当二次新梢长到 20 厘米时摘心或疏除。骨干枝长到 50 厘米左右时，拉枝开角，部分新梢进行环割、扭梢处理，疏除背上旺梢和密生枝，以打开光路，增加光照促进花芽分化。冬剪原则上还是疏除无花枝、病枝、交叉枝、重叠枝、下垂枝。

（七）病虫害防治

棚栽杏树主要病虫害为穿孔病、黑星病、早期落叶病、褐腐病、红点病、蚜虫、红蜘蛛、食心虫和介壳虫等。栽培以上综合防治为主，升温后第一周喷一次 30% 石硫合剂，以后根据病害的发生以代森锰锌 600 倍液或多菌灵可湿性粉剂 800 倍液防病，以一遍净 15 倍防治蚜虫，以扫螨净 1500 倍液或齐螨素 2500 倍液防治红蜘蛛。

四、揭棚后管理

（一）夏季管理

果实采收后即揭去棚膜，进入夏季管理，主要是修剪，重点疏除背上直立枝、过密枝、回缩过长主枝；防虫也是夏季管理的重要内容。

（二）秋季管理

在新梢停长后，继续疏除过密枝，回缩细弱枝，短截长果枝。拉枝开张主枝角度，彻底改善全棚光照。在 8 月中下旬施茎肥，以有机肥为主，每株施优质有机肥 25 千克以上及少量磷酸氢二铵和硫酸钾。

第十章 甜 瓜

一、品种选择

（一）伊丽莎白

特早熟品种，果实发育期30天。果实圆球形，果皮黄艳光滑，单瓜重500~600克，果形整齐，坐瓜一致。果肉白色，肉厚2.5厘米，肉软质细，多汁微香，肉色淡黄，单株结瓜2~3个，每667平方米产1500~1750千克。

（二）丰甜一号

生育期80天左右，雌花开放至成熟28天。子、孙蔓均可坐果，以孙蔓坐果为主。果实椭圆形，果面有10条银白色棱沟。果肉白色，脆甜爽口，不面软，单瓜重1000克，每株结瓜3~4个，亩产2500千克，该品种高产稳产，易坐果，果实大小均匀，商品果率高。

（三）玉露甜瓜

生长期85天左右。属中早熟品种。枝产4~7果，成熟果皮乳白色，果实圆球形，果肉白色，汁多味甜，一般鲜果重1000~2000克，大果2950克，果实耐贮运，每亩（666.7平方米）产3500千克，商品性特佳。

（四）京五1号

外观洁白，果实圆球形，果肉白色，单瓜重0.8~1.2千克；早熟，易坐果，适合温室栽培。

（五）翠密

极早熟。果实高圆形，皮色淡绿泛黄，平均瓜重 500 克，果实发育期 30 天左右，每 667 平方米产 3000 千克以上。

二、栽培技术

（一）浸种催芽

种子催芽前要晾晒 2 天，随后用 50℃左右的温水浸种约 15 分钟，并注意搅拌，水温自然冷却后再浸种 5 小时后捞出洗净，随后用药液杀菌消毒处理。常用 50%多菌灵可湿性粉剂 500 倍液浸种 1 小时，或 50%多菌灵可湿性粉剂 1000 倍液浸泡半小时。将药液浸过的种子用清水洗一次，放在器皿中用湿毛巾盖好，置恒温箱中或热炕头上进行催芽，温度控制在 30℃，经 14~24 小时芽就可出齐。当幼芽露出时，温度降至 25℃左右，播种前降到 13~20℃，以防高温徒长。

（二）定植

厚皮甜瓜应选择温暖的晴天定植。定植前浇透水。株距依品种而异。叶片大，株幅宽的品种株距 40~50 厘米，反之则 35 厘米。先刨坑，施基肥（二铵每穴 5 克，或发酵的饼肥 20 克）浇水，待水渗下后再培土封穴。

薄皮甜瓜在苗龄为 30 天，真叶 4~5 片时定植。定植时将带有土坨的瓜苗按间距 0.4 米置于划好的线上，点穴浇透定植水，然后用薄膜覆盖窄行，中间形成一条封闭的浇水沟。

（三）整枝

厚皮甜瓜整枝应在植株生长过程中随时进行，一般多采用单干整枝，10 节左右子蔓（或孙蔓）留瓜，方法是 9 节以下的子蔓从基部掐去，10~13 节留 4 个结果预备蔓。结瓜部位以上的子蔓全部从基部掐去，或留 1 片叶掐去。温室栽培一般主蔓长到 1.5 米高，叶片 27~30 枚时摘心。

薄皮甜瓜，对于主蔓结瓜的品种，可采用单蔓整枝和双蔓整枝。前者是主蔓 5~6 条时摘心或不摘心，放任结果，后者是在幼苗期保留 2 片真叶，对主蔓进行摘心，定植后，选择两条比较好的子蔓，其余抹除。然后引向瓜畦的两侧，不再摘心，放任结果。应疏除没有坐瓜的孙蔓，并对结瓜的孙蔓保留 2~3 片叶，对其摘心。而对于孙蔓结瓜的品种宜用多蔓整枝。一般在 4~6 片真叶时对主蔓摘心，然后选留 3~4 根健壮子蔓，其余摘除。待子蔓长到一定长度，对其进行摘心。

三、温湿度管理

厚皮甜瓜喜温暖，不耐空气高湿。上午应延迟通风，使温度迅速上升。下午 5 时至晚上 9 时，温度控制以 18℃为宜，晚上 9 时至次日上午 6 时，应降低温度。除开花坐果期外，其他生育期温度可以低于 15℃，果实膨大和成熟期可控制在 10~12℃。寒冷季节栽培应采取提高地温的措施。空气相对湿度白天为 60%，夜间达 80%为宜。

薄皮甜瓜开花期最适温度为 25℃，果实成熟期的适宜温度为 30℃。

四、肥水管理

厚皮甜瓜施足基肥后，一般不用追肥。如需追肥可在瓜膨大期追一次豆饼水和一次过磷酸钙浸出液。另外，可在瓜膨大期用 0.3%的磷酸二氢钾喷洒叶面，1 周 1 次，共喷 2~3 次。或用 1%过磷酸钙浸出液，或用 0.3%的钾盐溶液交替喷洒。

（一）薄皮甜瓜追肥水管理

1. 茎蔓生长期

茎蔓生长期即抽蔓到开花坐果期。每亩（666.7 平方米）的施肥量一般为 5~10 千克二铵。

2. 坐果期

每 666.7 平方米追 20 千克硫酸钾，要以钾肥为主。

3. 膨瓜期

每亩用 40~50 千克磷酸二铵。5 天喷一次 0.3% ~0.4% 的磷酸二氢钾，喷 2~3 次即可。

（二）甜瓜肥水管理

1. 定植水

一般要浇穴，水量不宜过大。

2. 缓苗水

定植后 5~6 天缓过苗，在窄行轻浇一次水。

3. 催蔓水

在追肥的第一个时期，随追肥一起进行。

4. 膨瓜水

在果实生长旺盛期，需要大量的肥水。

五、病虫害防治

温室甜瓜易发生病毒病、白粉病、霜霉病、疫病、枯萎病等病害。主要虫害是蚜虫、白粉虱、潜叶蝇。定植后放风口用防虫网可有效阻隔害虫。不能施用含氯元素的药剂。

ལེའུ་དང་པོ། རྒུན་འབྲུམ།

རྒུན་འབྲུམ་ནི་རྒུན་འབྲུམ་ཚན་གྱི་རྒུན་འབྲུམ་གྱི་རིགས་སུ་གཏོགས་པའི་ཤིང་ཀྱུའི་འཁྲི་ཤིང་ཞིག་ཡིན། སྡོང་ལག་གི་དབྱིབས་ནི་ཀ་ཧླུམ་གྱི་དབྱིབས་དང་། འཕྲེད་ཟུར་ཁྲ་རིས་ཡིན། སྤུ་མེད་པའམ་ཡང་ན་སྤུ་ཐར་ཐོར་དུ་སྐྱེས་ཤིང་། ལོ་མའི་དབྱིབས་སྙིང་མོ། སྙིང་དབྱིབས་མེ་ཏོག་གི་བང་རིམ་ཕྱོགས་གཅིག་ཏུ་འདུས་པའམ་ཡང་ན་ཕྱོགས་སོ་སོར་ཁ་བཀྲམ་ཡོད། ཟ་བའི་ཡལ་གའི་སྐྱེ་སྟོབས་ཆེ་བ་དང་འབྲས་བུའི་དབྱིབས་ནི་ཧླུམ་གཟུགས་སམ་འཇོང་དབྱིབས་སུ་གྲུབ། མེ་ཏོག་བཞད་པའི་དུས་ཚོད་ནི་ཟླ4~5དང་འབྲས་བུ་སྨིན་པའི་དུས་ཚོད་ནི་ཟླ8~9ཡིན། རྒུན་འབྲུམ་ནི་སྐད་གྲགས་ཆེ་བའི་སིལ་ཏོག་གི་རིགས་ཡིན་ཞིང་། དུས་རྒྱུན་དུ་རྗེན་ཟས་དང་རྒུན་འབྲུམ་སྐམ་པོ་བཟོ་བར་མ་ཟད། རྒུན་འབྲུམ་གྱི་ཆང་ཡང་བསྐོལ་ཆོག བསྐོལ་རྗེས་ཀྱི་ཆང་གིས་སྨྱུར་རིགས་བཟོས་ཆོག་ལ། ཟ་བ་དང་སྨ་སྨན་གྱིས་སྐྱུག་པ་འགོག་ཐུབ་པ་དང་སྦྲུམ་སྲུང་གི་ནུས་པ་ལྡན།

ཚན་པ་དང་པོ། རྒུན་འབྲུམ་སོན་རིགས་གཙོ་བོ།

གཅིག ཉིང་རྩལ་ཡོད་པའི་སོན་རིགས།

(གཅིག) སྔ་སྨིན་སོན་རིགས།

1. ཧྲུང་ཆེ་ཐའི་ཙའོ་རྒྱ་སེ་མེ་ཏོག

ཡལ་ག་གསར་བའི་མདོག་ནི་ལྗང་སེར་ཁྲོད་དུ་སྨུག་པོ་འདྲེས་པ་དང་། འབྲས་བུ་སྨིན་པའི་དུས་སྐབས་སུ་ཡལ་གའི་ཁ་དོག་དམར་སྨུག་ཏུ་འགྱུར་བ་ཡིན། ལོ་མའི་ཆེ་ཆུང་ནི་འབྲིང་བའམ་ཆེ་བར་གཏོགས་ཤིང་སྙིང་དབྱིབས་སུ་གྲུབ་པ་དང་འཇམ་ཤ་དོད་ལ་སྤུ་མེད། གས་རིས3~5ཡོད། ལོ་མའི་མཐའ་ནི་སོ་མེད་ཀྱི་སོག་ལེའི་དབྱིབས་སུ་གྲུབ། སྐེ་ཏུབ་ཆུང་ཆེ་བ་དང་སྒོར་དབྱིབས་སུ་གྲུབ་ཅིང་། སྐེ་མ་ཕལ་བ་ཡོད། སྐེ་ཏུབ་ཀྱི་ཆ་སྙོམས་ལྗིད་ཚད་ཁེ550ཡིན་པ་དང་སྐེ་ཏུབ་ཆེ་ཤོས་ཀྱི་ལྗིད་ཚད་ཁེ1500ལ་སླེབས་ཐུབ། འབྲས་རྡོག་སྐྱེ་དུས་ཆུང་དམ་པ་དང་འབྲས་རྡོག་སྒོར་དབྱིབས་སུ་གྲུབ་ཅིང་། འབྲུ་རྡོག་གཅིག་གི་ཆ་སྙོམས་ཀྱི་ལྗིད་ཚད་ཁེ7~8ཡིན། ཤིང་འབྲས་ཀྱི་ཤུན་པགས་ཁམ་མདོག་ཡིན་ལ་རྒྱ་སེ་མེ་ཏོག་གི་དྲི་ཞིམ་ལྡན། བཞའ་ཚན་སྲ་གཟུགས་དངོས་པོའི་འདུས་ཚད17%ཡིན།

སྔོང་ཀང་གི་སྐྱེ་འཚར་འབྲིང་རིམ་དང་མྱུ་གུ་འབུས་ཚད70%ཡན་ཡིན། འབྲས་བུ་སྨིན་ཞིང་ཡལ་འདབ་རྒྱས་ཚད80%གཡས་གཡོན་ཡིན་པ་དང་། ཤིང་འབྲས་སྡོང་པོ་རེར་ཆ་སྙོམས་ཀྱི་སྐེ་ཏུབ1.6སྐྱེས་ཡོད་པས། ཡལ་ག་ཕལ་བར་འབྲས་རྡོག་ཆགས་པའི་ནུས་པ་ཆེན་པོ་ལྡན་པར་མ་ཟད། ཐོན་ཚད་ཀྱང་ཤིན་ཏུ་ལེགས། ཐན་པ་བཟོད་ཐུབ་པ་དང་ས་རྒྱུ་ཞན་པ་བཟོད་ཐུབ་པ། གྲང་ངར་འགོག་ནུས་ཆུང་ཆེ་བ་བཅས་ཀྱི་ཁྱད་ཆོས་ལྡན། འབྲས་བུ་སྨིན་དུས་ཆར་བ་བབས་ན་འབྲས་བུ་གས་སླ་བོ།།

2. འབྲས་རྡོག་ཆེ་བའི་རྒྱ་སེ་མེ་ཏོག་དྲི་ཞིམ་ཅན།

ཡལ་ག་གསར་བའི་མདོག་ལྗང་ཁུ་ཡིན་ཞིང་སྨུག་སྐྱའི་ཁྲ་ཐིག་ཡོད་ལ། སྤུ་འཇམ་ཉུང་ངུ་ཡོད། ལོ་གཅིག་ལ་སྐྱེ་འཚར་བྱུང་བའི་ཡལ་གའི་མདོག་དམར་སྐྱ་ཡིན། གསར་བྱུང་ལོ་མ་ལྗང་སེར་དང་དེའི་ནང་དུ་མཆིན་མདོག་འདྲེས། སྤྱིར་བཏང་གི་རྒྱ་སེ་མེ་ཏོག་དྲི་ཞིམ་ཅན་དང་བསྡུར་ན་ལོ་མ་ཆེ་ཞིང་མཐུག་པ། ལྗང་མདོག་ཆེ་བ། སྙིང་དབྱིབས་སུ་གྲུབ་ཅིང་། ཁ་དབྲག5ཙམ་གས་པ་དང་གས་རིས་གསལ། ལོ་མའི་སྟེང་ཕྱོགས་ཕྱི་ངོས་འཇམ་པོ་དང་འོག་ཕྱོགས་ཕྱི་ངོས་སྟེང་དུ་སྤུ་འཇམ་ཉུང་ངུ་ཡོད། སོག་ལེ་སོ་མེད་ཀྱི་དབྱིབས་དང་འདྲ་ཞིང་ལོ་མའི་ཡུ་བ་གཞུ་དབྱིབས་གཤོང་ས་དང་ཉེ་བ་ཡིན། མཚན་གཉིས་མེ་ཏོག་ཡིན། སྐེ་

ཏུབ་འབྲིང་བའམ་ཆེ་བ་དང་། གཞོགས་སྐྱེས་ཟུང་ཐྲག་སྐྱུང་དབྱིབས་ཡིན། སྐྱེ་ཏུབ་ཀྱི་ཆ་སྙོམས་ལྗིད་ཚད་ལ་ཁེ430ཡོད། འབྲས་ཇོག་ཆེ་ཞིང་འཇོང་དབྱིབས་དང་། འབྲས་ཇོག་རྒྱུང་བའི་ཆ་སྙོམས་ཀྱི་ལྗིད་ཚད་ལ་ཁེ6.5ཡོད། ཤིང་འབྲས་ཀྱི་ཤུན་པགས་དམར་མདོག་ཡིན་ལ་སྙིང་དུ་སྨྲ་རྩིའི་དྲོ་བ་ལྡན། བཞའ་ཚན་རང་བཞིན་གྱི་སྲ་གཟུགས་དངོས་པོ་འདུས་ཚད15%~18.5%དང་སྐྱུར་འདུས་ཚད0.6%~0.7%ཡིན།

སྡོང་རྐང་གི་སྐྱེ་འཚར་སྟོབས་ཤུགས་ཆེ་བ་དང་སྨྱུ་གུ་སྐྱེ་འཚར་གྱི་ཚད་མཐོ་བས། ཤིང་འབྲས་ཡལ་ག་རེར་ཆ་སྙོམས་སྐྱེ་ཏུབ1.4སྐྱེ་བཞིན་ཡོད་པ་དང་ཐོན་ཚད་འབྲིང་གྲས་ཡིན། ནད་འགོག་རང་བཞིན་སྦྱིར་བཏང་ཡིན་ལ། ལྷག་པར་དུ་ཏུལ་འབུའི་ནད་འགོ་སླ་བ་ཡིན།

3. ཞང་ཧྲི།

ཡལ་ག་གསར་བའི་མདོག་ལྗང་ཁུ་ཡིན་ཞིང་སྤུ་འཇམ་ཡོད། ལོ་གཅིག་ལ་སྐྱེ་འཚར་བྱུང་བའི་ཡལ་གའི་མདོག་སྨུག་པོ་དང་གསར་བྱུང་ལོ་མའི་ཁ་དོག་སེར་པོ་ཡིན། སྙིང་ཕྱོགས་ཀྱི་ཕྱི་ངོས་འཇམ་པོ་དང་འོག་ཕྱོགས་ཀྱི་ཕྱི་ངོས་སུ་སྤུ་འཇམ་པོ་ཡོད། སྐྱེ་འཚར་བྱུང་བའི་ལོ་མ་ཙུང་ཆེ་བའམ་འབྲིང་ཙམ་གྱི་སྙིང་དབྱིབས་ཡིན། ཁ་དབྲག5ཊུ་གས་ཤིང་སྙིང་གི་གས་རིས་གསལ་བ་དང་འོག་གི་གས་རིས་རབ་རིབ་ཡིན་ལ། སོག་ལེ་ཁའི་རྩེ་སྒོར་དབྱིབས་ཡིན། སྙིང་ཕྱོགས་ཀྱི་ཕྱི་ངོས་འཇམ་པ་དང་འོག་ཕྱོགས་ཀྱི་ངོས་སུ་སྤུ་འཇམ་ཡོད། ལོ་མའི་ཡུ་བ་གཞུ་དབྱིབས་གཤོང་ས་དང་འདྲ། མཚན་གཉིས་མེ་ཏོག་ཡིན། སྐྱེ་ཏུབ་ཙུང་ཆེ་བ་དང་སྒོར་དབྱིབས་ལ་ཉེ་བ། སྐྱེ་མ་ཕལ་བ་ཐོགས་ཤིང་སྐྱེ་ཏུབ་ཀྱི་ཆ་སྙོམས་ལྗིད་ཚད་ལ་ཁེ322ཡོད། འབྲས་ཇོག་ཆེ་ཞིང་སྒོར་དབྱིབས་ལ་ཉེ་བ་དང་། འབྲས་ཇོག་རྒྱུང་བའི་ཆ་སྙོམས་ཀྱི་ལྗིད་ཚད་ལ་ཁེ7.6ཡོད། ཤིང་འབྲས་ཀྱི་ཤུན་པགས་ལྗང་སེར་ཡིན། ཤིང་འབྲས་ཀྱི་ཤ་རྒྱུ་སོབ་ཙིང་སྲ་བ། རྒྱུ་སེ་མེ་ཏོག་གི་དྲི་ཞིམ་ཟབ་མོ་ལྡན། བཞའ་ཚན་རང་བཞིན་གྱི་སྲ་གཟུགས་དངོས་པོའི་འདུས་ཚད14.3%ཡིན།

སྡོང་རྐང་གི་སྐྱེ་འཚར་སྟོབས་ཤུགས་འབྲིང་རིམ་དང་སྨྱུ་གུ་འབྱུས་ཚད་མཐོ་ཞིང་།

འབྲས་བུ་ཐོགས་ཚད61.5%ཡིན། ཞིང་འབྲས་ཡལ་ག་རེར་ཆ་སྙོམས་སུ་སྣེ་ཏུབ1.82སྐྱེས། ཡལ་ག་ཕལ་བའི་འབྲུ་རྫོག་ཆགས་ཤུགས་འབྱིང་བ་དང་ཐོན་ཚད་ཅུང་མཐོན་པོ་ཡིན། ནད་འགོག་རང་བཞིན་འབྱིང་རིམ་ཡིན། རྒུན་འབྲུམ་གྱི་ཧམ་ཏུལ་ནད་དང་། སྣེ་མདའི་སྨུག་པོའི་ནད་ཕོག་ཚད་ཅུང་མཐོ་ལ། ཏུལ་ནད་དང་སད་ཧམ་ནད། ས་ནད། འབྲུམ་ནད། ཕྱི་དཀར་ནད་སོགས་འགོག་ནུས་ཀྱང་འབྱིང་རིམ་ཡིན།

(གཉིས) འཕྱི་སྨིན་སོན་རིགས།

1. མི་རེན་ཀྲི།

ཡལ་ག་གསར་བའི་ཁ་དོག་ལྷང་སེར་ཡིན་ལ་མདོག་སྨུག་པོའང་ཡོད། ལོ་གཅིག་ལ་སྐྱེ་འཚར་བྱུང་བའི་ཡལ་གའི་མདོག་ཁམ་སེར་ཡིན། གསར་བྱུང་ལོ་མའི་ཁ་དོག་སེར་པོ་ཡིན་ལ་སྨུག་པོའང་ཡོད། སྐྱེ་འཚར་བྱུང་བའི་ལོ་མ་ཆེ་འབྱིང་སྙིང་དབྱིབས་ཅན་ཡིན། ཁ་དབྲག5ཙ་གས་པ་དང་གས་ངོས་ཅུང་གསལ། སོག་ལེ་རྣོ་མེད་ཀྱི་དབྱིབས་དང་འདྲ་ཞིང་ལོ་མའི་སྙིང་འོག་གཉིས་ཀའི་ཕྱི་ངོས་སུ་འཛམ་པོའི་སྤུ་མེད། ལོ་མའི་ཡུ་བ་གཞུ་དབྱིབས་གཤོང་ས་དང་འདྲ་ལ། མཚན་གཉིས་མེ་ཏོག་ཡིན། སྣེ་ཏུབ་འབྱིང་བ་ནས་ཆེ་རུ་འགྱུར་བ་དང་སྒོང་དབྱིབས་སུ་གྲུབ། སྣེ་མ་ཕལ་བ་མེད། སྣེ་ཏུབ་ཀྱི་ཆ་སྙོམས་ལྗིད་ཚད་ཁེ580དང་ཆེས་ཆེ་བའི་སྣེ་མའི་ལྗིད་ཚད་ལ་ཁེ1850ལྷག་ཡོད། འབྲས་རྫོག་ནི་འཛོང་དབྱིབས་རིང་མོ་ཡིན་ལ་འབྲས་རྫོག་རྒྱང་བའི་ཆ་སྙོམས་ཀྱི་ལྗིད་ཚད་ཁེ10དང་ཆེས་ཆེ་ཤོས་ལ་ཁེ20ཡོད། འབྲས་རྫོག་རྒྱང་བའི་ཐོག་མར་བྱུང་བའི་འབྲས་བུའི་ཤུན་པགས་དམར་པོ་དང་རྩ་བ་ཅུང་སྐྱ་བོ་ཡིན། འབྲས་བུའི་ཤ་རྒྱུ་སོབ་སོབ་དང་དྲི་ཞིམ་མེད། བཞུར་ཚན་རང་བཞིན་གྱི་སྲ་གཟུགས་དངོས་པོའི་འདུས་ཚད16%~19%ཡིན། སོན་རིགས་འདིའི་སྐྱེ་སྟོབས་ཆེ་བ་དང་སྦུ་གུ་འབུས་ཁུང་དུ་སྦུ་གུ་འབུས་ཚད་མཐོ་ལ། ཡལ་གར་གྲུབ་ཚད་ཀྱང་མཐོ་བ་དང་ཡལ་ག་རེར་ཆ་སྙོམས་ཀྱི་སྣེ་ཏུབ1.1རེ་སྐྱེས། ཡལ་ག་ཕལ་བའི་འབྲུ་རྫོག་ཐོགས་ནུས་འབྱིང་ཙམ་དང་ཐོན་ཚད་ཀྱང་འབྱིང་ཙམ་ཡིན། འབྲས་བུའི་གསོག་ཉར་རང་བཞིན་ལེགས་ཤིང་ནད་འགོག་ནུས་པ་ཅུང་ཞན། ཏུལ་ནད་འགོས་སླ་བ་དང་ཡལ་གའི་སྨིན་ཡུན་ཅུང་འཕྱིའོ།

2. རུང་ཏི་ཆེ9།

ཨ་རིའི་སོན་རིགས་ཤིག་ཡིན། ཡལ་ག་གསར་བའི་སྤྱིའི་ཁ་དོག་ལྗང་ཁུ་ཡིན་ཞིང་། མགོ་བོར་སྨུག་པོའི་ཁྲ་ཐིག་ཡོད་ལ་བར་སྣད་ཀྱི་ཁ་དོག་ནི་ལྗང་ཁུ་ཡིན། ལོ་གཅིག་ལ་སྐྱེ་འཚར་བྱུང་བའི་ཡལ་གའི་མདོག་སྨུག་སྐྱ་ཡིན། ཡལ་གའི་རྩེ་མོ3གསར་བྱུང་ལོ་མ་ཅུང་དམར་པོ་ཡིན་པ་དང་། ལོ་མའི་རྒྱབ་ངོས་སུ་སྤུ་འཇམ་པོ་ཉུང་ངུ་ཡོད། སྐྱེ་འཚར་བྱུང་བའི་ལོ་མ་ཆེ་འཁྲིང་གི་སྙིང་དབྱིབས་ཡིན། ཁ་དབྲག5རུ་གས་པ་དང་སྙིང་གས་གསལ་ཞིང་འོག་གས་རབ་རིབ་ཡིན། ལོ་མའི་སྙིང་འོག་གཉིས་ཀའི་ཕྱི་ངོས་སུ་སྤུ་འཇམ་མེད་ཅིང་ལོ་མ་སྲབ་མོ་དང་། ལོ་མའི་མཐའ་སོག་ལེ་རྣོ་མེད་ཀྱི་དབྱིབས་དང་འདྲ། ལོ་མའི་ཡུ་བ་དམར་པོའམ་དམར་སྐྱ་ཡིན། མཚན་གཉིས་མེ་ཏོག་ཡིན། སྙེ་རུབ་ཏ་ཅང་མང་ཞིང་སྙུང་དབྱིབས་སུ་གྲུབ། སྙེ་རུབ་སོབ་པའམ་ཚགས་དམ་པ་དང་། སྙེ་རུབ་ཀྱི་ཆ་སྙོམས་ལྡིད་ཚད་ཁེ600ཡིན། འབྲས་ཇོག་ནི་ཟླུམ་དབྱིབས་སམ་གོར་དབྱིབས་ཡིན། འབྲུ་ཇོག་རྐྱང་བའི་ཆ་སྙོམས་ཀྱི་ལྗིད་ཚད་ལ་ཁེ12~14ཡོད། འབྲས་བུའི་ཤུན་པགས་དམར་པོ་དང་སྨུག་སྐྱ་ཡིན། འབྲས་བུའི་ཤ་རྒྱུ་སྲ་མོ་ཡིན་ལ་བྲོ་བ་ཞིམ་པ་དང་། བཞའ་ཚན་རང་བཞིན་གྱི་སྲ་གཟུགས་དངོས་པོའི་འདུས་ཚད17%ཡིན།

སོན་རིགས་འདིའི་སྟོང་ཐང་གི་སྐྱེ་འཚར་སྟོབས་ཤུགས་ཅུང་ཆེ་བ་དང་། འབྲས་བུ་ཐོགས་ཚད70%ཡིན། ཡལ་ག་རེར་ཆ་སྙོམས་སྙེ་རུབ1.3རེ་སྐྱེས། འབྲས་བུའི་གསོག་ཉར་རང་བཞིན་ལེགས་ཤིང་ནད་འགོག་ནུས་པ་ཞན། ཡལ་ག་སྨིན་པའི་དུས་ཡུན་ཅུང་འགྱི། ཟི་ལིང་ས་ཁུལ་གྱི་སྲུང་སྐྱོང་ར་བའི་ནང་དུ་འདེབས་འཛུགས་བྱས་ཆོག

གཉིས། ཉིང་རྩལ་མེད་པའི་སོན་རིགས།

(གཅིག) སྔ་སྨིན་སོན་རིགས།

1. ཅིན་ཙོ་ཅིན།

ཡལ་ག་གསར་བའི་མདོག་ལྗང་ཁུ་དང་ལོ་གཅིག་ལ་སྐྱེ་འཚར་བྱུང་བའི་ཡལ་ག་སྨུག་ནག་ཡིན། གསར་བྱུང་ལོ་མ་སེར་སྐྱ་ཡིན་པ་དང་སྐྱེ་འཚར་བྱུང་བའི་ལོ་འདབ་ཆེ་ཞིང་ཟླུམ་

དབྱིབས་སུ་གྱུབ། ཁ་དབྲག5ཙ་གས་པ་དང་གས་རིས་གསལ་པོར་མངོན། སྙིང་ཕྱོགས་ཀྱི་ཕྱི་ངོས་འཇམ་པོ་ཡིན་པ་དང་འོག་ཕྱོགས་ཀྱི་སྨད་ངོས་སུ་སྤུ་འཇམ་པོ་ཡོད། སོག་ལེ་རྣེ་ལྡན་གྱི་དབྱིབས་ཡིན་ལ། ལོ་མའི་ཡུ་བ་མདའ་དབྱིབས་གཤོང་ས་དང་འདྲ། སྔོན་དུས་ཀྱི་ལོ་མ་སེར་པོ་ཡིན། མཚན་གཉིས་མེ་ཏོག་ཡིན། སྙེ་ཙབ་ཆེ་ཞིང་སྨུང་དབྱིབས་ཡིན་ལ་ཆ་སྙོམས་ལྗིད་ཚད་ལ་ཁེ450ཡོད་པ་དང་། འབྲས་རྙོག་སྐྱི་དུས་ཚགས་དམ་ཚད་འབྲིང་རིམ་ཡིན། འབྲས་རྙོག་ཆུང་ཞིང་སྒོ་ངའི་སྒོར་དབྱིབས་ནས་འཇོང་དབྱིབས་རིང་མོ་ཡིན། འབྲུ་རྙོག་རྒྱུང་བའི་ཆ་སྙོམས་ཀྱི་ལྗིད་ཚད་ལ་ཁེ3ཡོད། འབྲས་བུའི་ཤུན་པགས་ལྷང་སེར་དང་ཤུན་པགས་སྲབ་མོ་ཡིན། ཤིང་འབྲས་ཀྱི་ཤ་རྒྱུ་སོབ་སོབ་དང་སྐྱུར་ལ་མངར་ཁ་ལྡན་པ། བྲོ་བ་ཆེ་བ། བཞའ་ཚན་རང་བཞིན་གྱི་སྲ་གཟུགས་དངོས་རྫས་འདུས་ཚད20.5%དང་སྐྱུར་འདུས་ཚད0.6%ཡིན། འབྲས་བུ་སྨིན་རྗེས་འབྲུ་རྙོག་ལྷུང་སླའོ། །

སྔོང་ཧྲང་གི་སྐྱི་འཚར་སྟོབས་ཆེ་ལ་མྱུ་གུ་འབུས་ཚད་མཐོ་བ་དང་། ཡལ་གར་འབྲས་བུ་ཐོགས་ཚད30%ཡིན། ཡལ་གའི་འབྲས་བུ་རེར་ཆ་སྙོམས་མེ་ཏོག་བང་རིམ1.1སྐྱིས་ཡོད། སྔོང་ཧྲང་ལ་གྲང་འགོག་དང་ཐན་འགོག་གི་ནུས་པ་ཆེན་པོ་ཡོད་མོད། འོན་ཀྱང་སད་ནད་དང་ཙལ་ནད་འགོ་སླ།

2. 8611

ཡལ་ག་གསར་བའི་མདོག་ལྷང་སེར་དང་དམར་མདོག་ཀྱང་ཡོད། ལོ་གཅིག་ལ་སྐྱི་འཚར་བྱུང་བའི་ཡལ་གའི་མདོག་སྨུག་པོ་ཡིན། ལོ་མ་ལྷང་སེར་ཡིན་ལ་དམར་མདོག་ཀྱང་ཡོད། སྐྱི་འཚར་བྱུང་བའི་ལོ་མའི་ཆེ་ཆུང་འབྲིང་རིམ་སྙིང་དབྱིབས་སུ་གྱུབ། ཁ་དབྲག5ཙ་གས་པ་དང་གས་རིས་རབ་རིབ་ཡིན། སོག་ལེ་རྣེ་མེད་ཀྱི་དབྱིབས་དང་སྙིང་ཕྱོགས་ཀྱི་ཕྱི་ངོས་རྩུབ་ཅིང་འོག་ཕྱོགས་ཀྱི་ཕྱི་ངོས་སུ་སྤུ་འཇམ་པོ་ཡོད། ལོ་མའི་ཡུ་བ་གཞུ་དབྱིབས་གཤོང་ས་དང་འདྲ། མཚན་གཉིས་མེ་ཏོག་ཡིན། སྙེ་ཙབ་ཀྱི་ཆེ་ཆུང་འབྲིང་རིམ་དང་འབྲས་རྙོག་སྨུང་དབྱིབས་ཡིན་ལ་ཆ་སྙོམས་ལྗིད་ཚད་ཁེ290དང་སྙེ་ཙབ་སྐྱི་དུས་ཚགས་དམ་ཚད་འབྲིང་རིམ། འབྲས་རྙོག་འཇོང་དབྱིབས་ཡིན། འབྲུ་རྙོག་རྒྱུང་བའི་ཆ་སྙོམས་ཀྱི་ལྗིད་ཚད་

ཁི4.5དང་ཤིང་འབྲས་ཀྱི་ཤུན་པགས་ཟིང་དཀར་དང་སྨུག་སྐྱ་ཡིན། ཐོ་བ་ཙུང་ཞིམ། བཞའ་ཚན་རང་བཞིན་གྱི་སྤྲ་གཟུགས་དངོས་པོའི་འདུས་ཚད15%ཡིན།

སྔོང་ཀང་གི་སྐྱེ་འཚར་སྟོབས་ཤུགས་ཆེ་བ་དང་ཡལ་གར་འབྲས་བུ་ཐོགས་ཚད་མཐོ། ཡལ་གའི་འབྲས་བུ་རེ་ལ་ཆ་སྙོམས་མེ་ཏོག་གི་བང་རིམ2.0རེ་སྐྱེས་ཡོད་པ་དང་། ཡལ་ག་ཕལ་བར་འབྲུ་ཇོག་ཆགས་ནུས་འཕྲིན་རིམ་དང་ཐོན་ཚད་ཀྱང་འཕྲིན་རིམ་ཡིན། ནད་འགོག་རང་བཞིན་འཕྲིན་ཙམ་ཡིན། སད་སྐྱོན་དང་ས་ནད། ཏུལ་འབུའི་ནད་འགོག་པའི་ནུས་པ་ཙུང་ཆེའོ།།

3. ཉིང་མེད་སྤུའུ་ལང་།

ཡལ་ག་གསར་བའི་མདོག་ལྟང་ཁུ་ཡིན་ཞིང་། ཁ་དོག་དམར་པོའི་ཁྲ་ཐིག་ཅན་ཡང་ཡོད། ལོ་གཅིག་ལ་སྐྱེ་འཚར་བྱུང་བའི་ཡལ་གའི་མདོག་ཁམ་སེར་ཡིན་པ་དང་ཁ་དོག་དམར་པོའི་ཁྲ་ཐིག་ཅན་ཡང་ཡོད། གསར་བྱུང་ལོ་མ་ལྟང་སེར་ཡིན་ཞིང་། འོད་མདངས་ལྡན་ལ་སྤུ་འཇམ་པོ་ཡིན། སྐྱེ་འཚར་བྱུང་བའི་ལོ་མ་ཆེ་བ་དང་སྒོར་དབྱིབས་ཡིན། ཁ་དབྲག3ཙུ་གས་པ་དང་གས་རིས་རབ་རིབ་ཡིན། ལོ་མ་ནི་ལོ་མའི་གཞུང་གི་རྩ་རིས་གཙོ་བོའི་གཉེར་མ་འཁུམས་པར་དེད་ནས་ཡར་འབུར་བ་དང་ལྷྭ་དབྱིབས་ཡིན། ལོ་མའི་མཐའ་འདབ་ནང་དུ་འཁུམས་ཤིང་འོག་ཕྱོགས་ཀྱི་ཕྱི་ངོས་སུ་ཚེར་སྤུ་ཡོད། ལོ་མའི་ཡུ་ཀང་ཚང་མ་ཟུམ་པའམ་ཁ་ཟུམ་པའི་གས་དབྱིབས་ཡིན། མཚན་གཉིས་མེ་ཏོག་ཡིན། སྙེ་ཏུབ་ཆེ་བའམ་ཙུང་ཆེ་བ་དང་། གཞོགས་སྐྱེས་ཟུང་ཕྲག་སྙིང་དབྱིབས་ཡིན་ལ་སྙེ་མ་ཕལ་བ་མེད། སྙེ་ཏུབ་ཀྱི་ཆ་སྙོམས་ལྗིད་ཚད་ཁི445~627དང་འབྲས་ཇོག་སྐྱེ་དུས་ཚགས་དམ་པོ་ཡིན། འཇོང་དབྱིབས་སམ་སྒོར་དབྱིབས་དང་འདྲ་མཚུངས་སུ་མངོན། འབྲུ་ཇོག་རྒྱུང་བའི་ཆ་སྙོམས་ཀྱི་ལྗིད་ཚད་ལ་ཁི3.2ཡོད། འབྲས་བུའི་ཤུན་པགས་ནི་རྒྱ་སེ་མེ་ཏོག་དམར་པོ་དང་། ཤིང་འབྲས་ཀྱི་ཤ་རྒྱུ་མཉེན་པོ་ཡིན་ལ། ཐོ་བ་སྐྱུར་ཞིང་མངར། འཕྲི་ཏ་ས་འཛིན་གྱི་དྲི་ཞིམ་ཡོད། བཞའ་ཚན་རང་བཞིན་གྱི་སྤྲ་གཟུགས་དངོས་པོའི་འདུས་ཚད15%~16%དང་སྐྱུར་འདུས་ཚད0.55%ཡིན། སྔོང་ཀང་གི་སྐྱེ་འཚར་སྟོབས་ཆེ་ལ་མྱུ་གུ་འབུས་ཚད་འཕྲིན་རིམ་དང་།

ཡལ་གར་འབྲས་བུ་ཐོགས་ཚད40%~55.6%ཡིན། ཡལ་གའི་འབྲས་བུ་རེར་ཆ་སྙོམས་མེ་ཏོག་བང་རིམ1~1.3སྐྱེས་ཡོད་པ་དང་། ཡལ་ག་ཕལ་བར་འབྲུ་ཛོག་ཆགས་ཤུགས་ཅུང་ཆེ་བ་དང་ཐོན་ཚད་ཅུང་མཐོན་པོ་ཡིན། འབུམ་ནད་དང་ས་ནད་འགོག་ཐུབ་མེད། འོན་ཀྱང་སད་ནད་དང་ཟུལ་ནད་འགོག་ནུས་ཅུང་ཞན་ནོ། །

(གཉིས) བར་སྨིན་སོན་རིགས།

1. ཉིང་མེད་ལུའི་པའོ་ཧྲི།

ཡལ་ག་གསར་བའི་མདོག་ལྗང་སེར་ཡིན་ལ། ཁ་དོག་དམར་པོའི་ཁྲ་ཐིག་ཅན་ཡང་ཡོད། སྤུ་འཛམ་པོ་མེད། གསར་བྱུང་ལོ་མ་ཅུང་སྲབ་ཅིང་མདོག་དམར་སྨུག་ཡིན་ཞིང་འོད་མདངས་ལྡན་ལ། སྟེང་ཕྱོགས་ཀྱི་ཕྱི་ངོས་སུ་སྤུ་དཀར་པོ་ཉུང་ངུ་ཡོད་པ་དང་། འོག་ཕྱོགས་ཀྱི་ཕྱི་ངོས་སུ་སྤུ་འཛམ་པོ་མེད། སྐྱེ་འཚར་བྱུང་བའི་ལོ་མ་ཆེ་ཞིང་མཐུག་པ་དང་མདོག་ལྗང་ནག་ཡིན། ཁ་དབྲག3~5ཟུ་གས་པ་དང་གས་རིས་རབ་རིབ་ཡིན། ལོ་མའི་ཡུ་བ་ནི་ལྗང་སེར་ནང་དུ་དམར་འདྲེས་ཤིང་། ལོ་མ་ནང་དུ་འཁུམས་ཤིང་འཇོང་དབྱིབས་སུ་གྲུབ་པ་དང་། ལོ་མའི་མཐའ་འདབ་སོག་ལེ་རྩེ་མེད་ཀྱི་དབྱིབས་ཡིན། མཚན་གཉིས་མེ་ཏོག་ཡིན། སྙེ་ཏྭབ་ཅུང་ཆེ་བ་དང་ཚགས་དམ་ལ་སྒོང་དབྱིབས་ཡིན། སྙེ་ཏྭབ་ཀྱི་ཆ་སྙོམས་ལྗིད་ཚད་ཁེ650དང་ཆེ་ཆུང་མི་འདྲ་ཞིང་འབྲས་ཛོག་སྒོང་དབྱིབས་དང་འདྲ་མཚུངས་སུ་མངོན། འབྲུ་ཛོག་རྐྱང་བའི་ཆ་སྙོམས་ཀྱི་ལྗིད་ཚད་ལ་ཁེ4.2ཡོད། འབྲས་བུའི་ཤུན་པགས་ནི་ལྗང་སེར་དང་། འབྲས་བུའི་ཤ་རྒྱུ་མཉེན་པོ་ཡིན་ལ། ཐོ་བ་སྐྱུར་ཞིང་མངར་བ། བཞའ་ཚན་རང་བཞིན་གྱི་སྲ་གཟུགས་དངོས་པོའི་འདུས་ཚད15%དང་སྐྱུར་འདུས་ཚད0.55%ཡིན།

སྟོང་རྐང་གི་སྐྱེ་འཚར་སྟོབས་ཆེ་ལ་མྱུ་གུ་འབུས་ཚད50%དང་། ཡལ་གར་འབྲས་བུ་ཐོགས་ཚད་ཀྱིས་མྱུ་གུ་འབུས་ཚད་ཀྱི70%ཟིན། ཡལ་གའི་འབྲས་བུ་རེར་ཆ་སྙོམས་མེ་ཏོག་བང་རིམ1.2སྐྱེས་ཡོད་པ་དང་། སྲུང་སྐྱོང་ས་ཁུལ་དུ་ཟླ4པའི་ཟླ་སྟོད་དུ་མྱུ་གུ་འབུས་པ་དང་ཟླ5པའི་ཟླ་མཇུག་ཏུ་མེ་ཏོག་བཞད་ཅིང་། ཟླ8པའི་ཟླ་སྨད་དུ་འབྲས་བུ་སྨིན་པ་ཡིན། ནད་འགོག་ནུས་པ་ཅུང་ཆེ།

2. ཉིང་མེད་ཅེན་ཞིན།

ཡལ་ག་གསར་བའི་མདོག་ལྗང་ཁུ་ཡིན་ཞིང་སྤུ་འཇམ་པོ་ཉུང་མང་། ཕྲེང་དབྱིབས་རྫེན་གཟུགས་ཡོད། གསར་བྱུང་ལོ་མ་ལྗང་ཁྲ་དང་མཐའ་བསྐོར་དམར་པོ་ཡིན་པར་མ་ཟད། སྤུ་འཇམ་པོ་ཤིན་ཏུ་མཐུག སྐྱེ་འཚར་བྱུང་བའི་ལོ་མ་ཆེ་ཞིང་ལྗང་ནག་སྙིང་དབྱིབས་སུ་གྲུབ་ཅིང་། མཐུག་ཚད་འབྲིང་རིམ་ཡིན། ཁ་དབྲག3~5ཅུ་གས་པ་དང་གས་རིས་མི་གསལ་བར་རབ་རིབ་ཡིན། སྟེང་ཕྱོགས་ཀྱི་ལོ་མའི་ཕྱི་ངོས་རྩུབ་པ་དང་འོག་ཕྱོགས་ཀྱི་ལོ་མའི་ཕྱི་ངོས་སུ་སྤུ་འཇམ་པོ་སྟུག་པོ་སྐྱེས་ཡོད། ལོ་མའི་མཐའ་བསྐོར་སོག་ལེ་རྣོ་མེད་ཀྱི་དབྱིབས་དང་འདྲ། ལོ་མའི་ཡུ་བ་རིང་ཞིང་གཤོང་བར་ཁ་ཟུམ་པའམ་ཡང་ན་གཞུ་དབྱིབས་གུ་དོག་པའི་དབྱིབས་ཡིན། མཚན་གཉིས་མེ་ཏོག་ཡིན། སྙེ་ཉུབ་ནི་སྔུང་དབྱིབས་ཡིན་པ་དང་ཚགས་དམ། སྙེ་ཉུབ་ཀྱི་ཆ་སྙོམས་ལྷིད་ཚད་ལ་ཁེ350ཡོད། འབྲས་ཇོག་ནི་སྒོར་དབྱིབས་ལ་ཉེ་བ་དང་འབྲུ་ཇོག་རྐྱང་བའི་ཆ་སྙོམས་ཀྱི་ལྷིད་ཚད་ནི་ཁེ4.4ཡིན་པ་དང་། འབྲས་བུའི་ཤུན་པགས་སྔོ་ནག་ཡིན། ཤིང་འབྲས་ཀྱི་ཤ་རྒྱུ་མཉེན་པོ་དང་བྲོ་བ་ཞིམ་པ། བཞའ་ཚན་རང་བཞིན་གྱི་སྲ་གཟུགས་དངོས་པོའི་འདུས་ཚད16%~19%ཡིན་པ་དང་། སྐྱུར་འདུས་ཚད0.9%ཡིན།

སྡོང་རྐང་གི་སྐྱེ་འཚར་སྟོབས་ཆེ་ལ་མྱུ་གུ་འབུས་ཚད90%དང་། ཡལ་གར་འབྲས་བུ་ཐོགས་ཚད86%ཡིན། ཡལ་གའི་འབྲས་བུ་རེར་ཆ་སྙོམས་མེ་ཏོག་གི་བང་རིམ1.6སྐྱེས་ཡོད་པ་དང་ཡལ་ག་ཕལ་བའི་འབྲུ་ཇོག་ཐོགས་ནུས་ཤིན་ཏུ་ཆེ་ཞིང་། སྲུང་སྐྱོང་ས་ཁུལ་ནས་ཟླ4པའི་ཟླ་མཇུག་ཏུ་མྱུ་གུ་འབུས་པ་དང་། ཟླ5པའི་ཟླ་མཇུག་ཏུ་མེ་ཏོག་བཞད་ཅིང་། ཟླ8པའི་ཟླ་དཀྱིལ་དུ་འབྲས་བུ་སྨིན་པ་ཡིན། གྲང་འགོག་རང་བཞིན་དང་ནད་འགོག་རང་བཞིན་ཤིན་ཏུ་བཟང་།

(གསུམ) འཕྲི་སྨིན་སོན་རིགས།

1. ཉིང་མེད་ཧྲི་ཧྲུང་།

ཡལ་ག་གསར་བའི་མདོག་ནི་ལྗང་སེར་ཡིན་ལ་མདོག་དམར་པོའང་ཡོད་ཅིང་འོད་

མདངས་ལྡན། ལོ་གཅིག་ལ་སྐྱེ་འཚར་བྱུང་བའི་ཡལ་གའི་མདོག་སྨུག་པོ་ཡིན། གསར་བྱུང་ལོ་མའི་མདོག་ནི་ལྗང་སེར་ཡིན་ལ་མདོག་དམར་པོའང་ཡོད་ཅིང་འོད་མདངས་ལྡན། སྐྱེ་འཚར་བྱུང་བའི་ལོ་མའི་ཆེ་ཆུང་འབྲིང་རིམ་དང་སྙིང་དབྱིབས་ཡིན། ཁ་དབྲག5ཙ་གས་པ་དང་གས་རིས་ཤིན་ཏུ་གསལ་པོ་མིན་པར་རབ་རིབ་ཡིན། སོག་ལེའི་རྡོ་ལྡན་གྱི་དབྱིབས་དང་སྙིང་ཕྱོགས་ཀྱི་ཕྱི་ངོས་འཇམ་ཞིང་སྤུ་མེད་ཅིང་། འོག་ཕྱོགས་ཀྱི་ཕྱི་ངོས་སུ་སྤུ་འཇམ་ཉུང་ཙམ་ཡོད། ལོ་མའི་ཡུ་བ་གཤོང་ཁ་འཕྱེད་འཛོང་དབྱིབས་དང་འདྲ། མཚན་གཉིས་མེ་ཏོག་ཡིན། སྙེ་ཏུབ་ཀྱི་ཆེ་ཆུང་འབྲིང་ཙམ་དང་སྣུང་དབྱིབས་ཡིན། གཞོགས་སྐྱེས་ཕྲག་པ་ཡོད་ཅིང་སྙེ་ཏུབ་ཀྱི་ཆ་སྙོམས་ལྷིད་ཚད་ཁེ500དང་། འབྲས་ཐོག་གི་སྐྱེ་འཚར་ཚགས་དམ་པོ་ཡིན། འཛོང་དབྱིབས་ཡིན་ལ་འབྲུ་ཐོག་རྐྱང་བའི་ཆ་སྙོམས་ལྗིད་ཚད་ཁེ4ཡོད། འབྲས་བུའི་ཤུན་པགས་ཀྱི་མདོག་དམར་པོ་ཡིན། འབྲས་བུའི་ཤ་རྒྱུ་ལྗང་སེར་དང་སོབ་སོབ། བྲོ་བ་མངར་བ། བཞའ་ཚན་རང་བཞིན་སྲ་གཟུགས་དངོས་པོའི་འདུས་ཚད19%ཡིན།

སྡོང་རྐང་གི་སྐྱེ་འཚར་སྟོབས་ཤུགས་ཆེ་བ་དང་མྱུ་གུ་རྒྱས་ཚད་དང་ཡལ་ག་ཆགས་ཚད་གཉིས་ག་ཅུང་མཐོ་བས། ཡལ་གའི་འབྲས་བུ་རེར་ཆ་སྙོམས་མེ་ཏོག་གི་བང་རིམ1.3སྐྱེས་ཡོད། ཡལ་ག་ཕལ་བའི་འབྲུ་ཐོག་ཆགས་ཤུགས་འབྲིང་རིམ་དང་ཐོན་ཚད་ཀྱང་འབྲིང་རིམ་ཡིན། སྲུང་སྐྱོང་ས་ཁུལ་ནས་ཟླ5པའི་ཟླ་མཇུག་ཏུ་མེ་ཏོག་བཞད་པ་དང་ཟླ9པའི་ཟླ་སྟོད་དུ་འབྲས་བུ་སྨིན་པ་ཡིན། ནད་འགོག་རང་བཞིན་ཅུང་ཆེའོ། །

2. ཉིང་མེད་རྫུང་པའོ་ཧྲི།

ཡལ་ག་གསར་བའི་མདོག་ལྗང་སེར་ཡིན་ལ་མདོག་དམར་པོའང་ཡོད་ཅིང་འོད་མདངས་ལྡན། ལོ་གཅིག་ལ་སྐྱེ་འཚར་བྱུང་བའི་ཡལ་གའི་མདོག་དམར་ནག་ཡིན། གསར་བྱུང་ལོ་མ་མདོག་ལྗང་སེར་ཡིན་ལ་མདོག་དམར་པོའང་ཡོད་ཅིང་འོད་མདངས་ལྡན། སྐྱེ་འཚར་བྱུང་བའི་ལོ་མའི་འདབ་མ་ཆེ་ཞིང་། ཁ་དབྲག5ཙ་གས་པ་དང་སྙིང་འོག་རིམ་གཉིས་ཀའི་ཕྱི་ངོས་འཇམ་པོ་སྤུ་མེད་ཡིན། ལོ་མའི་ཡུ་བ་གཤོང་སའི་མདའ་དབྱིབས་ཅན་དང་། མཚན་གཉིས་མེ་ཏོག་ཡིན། སྙེ་ཏུབ་ཆེ་ཞིང་སྣུང་དབྱིབས་དང་གཞོགས་སྐྱེས་ཕྲག་པ་ཡོད།

སྙེ་ཚུབ་ཀྱི་ཆ་སྙོམས་ལྡིད་ཚད་ལ་ཁེ850དང་ཆེ་ཤོས་ལ་ཁེ1500ཡོད། འབྲས་རྡོག་ཆུང་ཆེ་བ་དང་སྔོ་ངའི་སྔོར་དབྱིབས་ཡིན། འབྲུ་རྡོག་རྒྱང་བའི་ཆ་སྙོམས་ལྡིད་ཚད་ལ་ཁེ4.2ཡོད། འབྲས་བུའི་ཤུན་པགས་མདོག་སྨུག་པོ་དང་འབྲས་བུའི་ཤ་རྒྱུ་མཉེན་པོ་ཡིན། བཞའ་ཚན་རང་བཞིན་གྱི་སྣ་གཟུགས་དངོས་པོའི་འདུས་ཚད17%ཡིན།

སྟོང་རྐང་གི་སྐྱེ་འཚར་སྟོབས་ཤུགས་ཆེ་བ་དང་མྱུ་གུ་འབུས་ཚད་མཐོ་ཞིང་། ཡལ་གའི་འབྲས་བུ་རེར་ཆ་སྙོམས་མེ་ཏོག་གི་བང་རིམ1.5སྐྱེས་ཡོད། ཡལ་ག་ཕལ་བར་འབྲུ་རྡོག་ཆགས་པའི་ནུས་པ་ཆེན་པོ་ལྡན་ལ་ཐོན་ཚད་ཀྱང་མཐོན་པོ་ཡིན། ཟླ4པའི་ཟླ་དཀྱིལ་དུ་མྱུ་གུ་འབུས་པ་དང་ཟླ5པའི་ཟླ་སྨད་དུ་མེ་ཏོག་བཞད་ཅིང་། ཟླ9པའི་ཟླ་དཀྱིལ་དང་ཟླ་སྨད་དུ་འབྲས་བུ་སྨིན་པ་ཡིན། ནད་འགོག་ནུས་ཤུགས་འབྲིང་དམན་ནོ།།

3. ཉིང་མེད་རྒུན་ལེན།

ཡལ་ག་གསར་བའི་མདོག་ལྗང་ཁུ་དང་ལོ་གཅིག་ལ་སྐྱེ་འཚར་བྱུང་བའི་ཡལ་གའི་མདོག་སྨུག་པོ་ཡིན། གསར་བྱུང་ལོ་མའི་མདོག་ལྗང་སེར་ཡིན་ལ་དཀར་མདོག་གི་སྤུ་འཇམ་སྨུག་པོར་སྐྱེས་ཡོད། སྐྱེ་འཚར་བྱུང་བའི་ལོ་མའི་ཆེ་ཆུང་འབྲིང་ཙམ་དང་སྙིང་དབྱིབས་ཡིན། ཁ་དབྲག5ཙུ་གས་ཞིང་གས་རིས་གསལ་པོ་ཡིན། སོག་ལེ་རྩེ་ལྡན་གྱི་དབྱིབས་དང་འདྲ་ཞིང་སྟེང་འོག་གཉིས་ཀའི་ཕྱི་ངོས་སུ་སྤུ་མེད་པར་འོད་མདངས་ལྡན། ལོ་མའི་ཡུ་བ་ཟུམ་པ་དང་མདོག་དམར་ནག་ཡིན། མཚན་གཉིས་མེ་ཏོག་ཡིན། སྙེ་ཚུབ་ཆེ་ཞིང་སྒྲུང་དབྱིབས་རིང་མོ་ཡིན། སྙེ་ཚུབ་ཀྱི་ཆ་སྙོམས་ལྡིད་ཚད་ལ་ཁེ650དང་ཆེ་ཤོས་ལ་ཁེ2150ཡོད་ཅིང་སྙེ་ཚུབ་ཐུང་སོབ་པོ་ཡིན། འབྲས་རྡོག་ཆེ་བའམ་འབྲིང་ཙམ་ཡིན་ཞིང་འཇོང་དབྱིབས་ཡིན། འབྲུ་རྡོག་རྒྱང་བའི་ཆ་སྙོམས་ལྡིད་ཚད་ལ་ཁེ4.2ཡོད། འབྲས་བུའི་ཤུན་པགས་དམར་པོ་དང་ཤ་རྒྱུ་མཉེན་པོ་ཡིན། ཁྲོ་བ་མངར་བ། བཞའ་ཚན་རང་བཞིན་གྱི་སྣ་གཟུགས་དངོས་པོའི་འདུས་ཚད15.5%ཡིན།

སྟོང་རྐང་གི་སྐྱེ་འཚར་སྟོབས་ཤུགས་ཆེ་བ་དང་མྱུ་གུ་འབུས་ཚད་མཐོ་ཞིང་། ཡལ་གར་འབྲས་བུ་ཐོགས་ཚད80%ཡིན། ཡལ་གའི་འབྲས་བུ་རེར་ཆ་སྙོམས་མེ་ཏོག་གི་བང་

རིམ1.5སྐྱེས་ཡོད། ཟླ5པའི་ཟླ་སྟོད་དུ་སྨུ་གུ་འབུས་པ་དང་ཟླ6པའི་ཟླ་དཀྱིལ་དུ་མེ་ཏོག་བཞད་ཅིང་། ཟླ9པའི་ཟླ་དཀྱིལ་དུ་འབྲས་བུ་སྨིན་པ་ཡིན། ཐོན་ཚད་ལེགས་ཤིང་ནད་འགོག་ཐུབ་པོ།།

ཚན་པ་གཉིས་པ། རྒུན་འབྲུམ་གྱི་ལོ་རེའི་སྐྱེ་འཚར་འཁོར་ཡུན།

རྒུན་འབྲུམ་ནི་ལོ་མ་ལྷུང་བའི་ཤིང་འབྲས་ཡིན་ལ། ལོ་གཅིག་གི་ནང་དུ་ཕྱི་རོལ་ཡུལ་གྱི་ཁོར་ཡུག་གི་འགྱུར་ལྡོག་དང་བསྟུན་ནས་སྐྱེ་ཁམས་དང་རྣམ་པའི་འགྱུར་ལྡོག་རབ་དང་རིམ་པ་འབྱུང་ཞིང་། སྐྱེ་འཚར་ཆོས་ཉིད་ཀྱང་ངེས་ཅན་ཞིག་མངོན་པ་ཡིན། རྒུན་འབྲུམ་གྱི་འདི་ལྟ་བུའི་གནམ་གཤིས་དང་བསྟུན་ནས་འགྱུར་ལྡོག་འབྱུང་བཞིན་པའི་ཚེ་སྲོག་འགུལ་སྐྱོད་ཀྱི་བརྒྱུད་རིམ་ལ་ལོ་རེའི་སྐྱེ་འཚར་གྱི་འཁོར་ཡུན་ཟེར། སྤྱིའི་ཆ་ནས་བལྟས་ན་རྒུན་འབྲུམ་གྱི་ལོ་རེའི་སྐྱེ་འཚར་འཁོར་ཡུན་ལ་སྐྱེ་འཚར་དུས་རིམ་དང་སྐྱེ་མཚམས་ཆད་པའི་དུས་རིམ་གཉིས་ཡོད། རྒུན་འབྲུམ་གྱི་ལོ་རེའི་སྐྱེ་འཚར་འཁོར་ཡུན་ནང་དུ་མངོན་པའི་སྐྱེ་འཚར་འགྱུར་ལྡོག་གི་ཆོས་ཉིད་ནི་དུས་རྒྱུན་དུ་དབང་པོའི་འགུལ་རྣམ་དང་འགྱུར་ལྡོག་ལས་མཚོན་བཞིན་ཡོད། འདི་ལྟ་བུའི་དུས་ཚིགས་རང་བཞིན་གྱི་གནམ་གཤིས་འགྱུར་ལྡོག་དང་འཚམ་པའི་ཤིང་འབྲས་ཀྱི་དབང་པོའི་འགུལ་རྣམ་དང་འགྱུར་ལྡོག་གི་དུས་སྐབས་འདི་ལ་སྐྱེ་དངོས་གནམ་གཤིས་རིག་པའི་དུས་སྐབས་ཟེར་ཞིང་། བསྡུས་མིང་ལ་དངོས་གཤིས་དུས་སྐབས་ཟེར།

རྒུན་འབྲུམ་གྱི་ལོ་རེའི་འཁོར་ཡུན་ནང་དུ་ཚེ་སྲོག་འགུལ་སྐྱོད་ཀྱི་དུས་རིམ་གཉིས་ཡོད་དེ། གཅིག་ནི་འཚོ་བཅུད་ཀྱི་སྐྱེ་འཚར་ཡིན་ཏེ། སྨུ་གུ་འབུས་པ་དང་ཡལ་ག་གསར་བ་སྐྱེ་བ། ཡལ་ག་སྨིན་པ་ནས་ལོ་མ་ལྷུང་སྟེ་སྐྱེ་མཚམས་འཛུག་པའི་བར་ཡིན་ཞིང་། འཚོ་བཅུད་ཀྱི་དུས་འཁོར་གཅིག་འགྲུབ་པའི་དུས་རིམ་ཡིན། གཞན་ཞིག་ནི་སྐྱེ་འཕེལ་འཁོར་ཡུན་ཏེ། མེ་ཏོག་དང་སྨུ་གུ་ཁ་གྱེས་པ། མེ་ཏོག་བཞད་པ། འབྲས་བུ་ཐོགས་པ། འབྲས་བུ

སྨིན་པ་བཅས་ཡིན། རང་རྒྱལ་གྱི་གོམས་གཤིས་ནི་དུས་ཚོད་ཀྱི་འཕེལ་རིམ་ལྟར་ལོ་རེའི་འཁོར་ཡུན་ལ་དུས་རིམ་བདུན་དང་བརྒྱད་དུ་དབྱེ་ཡོད་དེ། དེ་ནི་ཛྨས་བཞུར་དུས་སྐབས་དང་སྨྱུ་གུ་འབུས་པའི་དུས་སྐབས། ཡལ་ག་གསར་བའི་སྐྱེ་འཚར་དུས་སྐབས། མེ་ཏོག་བཞད་ནས་འབྲས་བུ་ཐོགས་པའི་དུས་སྐབས། འབྲས་བུ་སྨིན་པའི་དུས་སྐབས། ཡལ་ག་གསར་བ་སྨིན་པ་དང་ལོ་མ་ལྷུང་བའི་དུས་སྐབས། སྐྱེ་མཚམས་ཆད་པའི་དུས་སྐབས་སོགས་ཡིན། དུས་རིམ་སོ་སོའི་ཚེ་སྲོག་གི་སྣང་ཚུལ་ནི་རིམ་བརྩེགས་དང་སྔོལ་མར་གནས་པ་དང་། མིས་དབྱེ་འབྱེད་བྱེད་པ་ནི་ཐོན་སྐྱེད་དོ་དམ་ལ་སྟབས་བདེ་སྐྲུན་པ་ཁོ་ནའི་ཆེད་དུ་ཡིན།

གཅིག ཛྨས་བཞུར་དུས་སྐབས།

ཛྨས་བཞུར་དུས་སྐབས་ཞེས་པ་ནི་རྩ་ལག་གིས་ས་རྒྱུའི་ནང་དུ་ཆུ་སྣུད་ལེན་བྱེད་པ་ནས་མགོ་བརྩམས་ཏེ་ལོ་མ་བརྐྱངས་པའི་བར་གྱི་དུས་སྐབས་ལ་ཟེར། དཔྱིད་ཀར་རྩ་བའི་ས་རིམ་གྱི་སའི་དྲོད་ཚད7~10℃ལ་སླེབ་དུས། རྩ་ལག་གིས་ས་རྒྱུའི་ནང་ནས་ཆུ་དང་སྐྱེ་མེད་དངོས་རྫས་སྣུད་ལེན་བྱེད་མགོ་བརྩམས་པ་ཡིན། རྒུན་འབྲུམ་སྡོང་ཀང་གི་ཕུང་གྲུབ་སོབ་པོར་གྱུར་པའི་འདྲེན་སྦུག་སྦོམ་ཞིང་ཆེ་བ་དང་། ཤིང་སྡོང་གི་གཤེར་ཁུའི་བཞུར་རྒྱུན་ཇེ་མང་དུ་འགྲོ་བས་དུས་སྐབས་འདིར་གལ་ཏེ་སའི་སྟེང་དུ་བརྡབ་རྨས་བྱུང་བའམ་གསར་དུ་གཏུབ་པའི་རྨ་ཁ་ཡོད་ན། ཤིང་སྡོང་གི་གཤེར་ཁུ་ཕྱི་ལ་བཞུར་དུ་བཅུག་པས་དེ་ལ་ཛྨས་བཞུར་ཟེར། ཛྨས་བཞུར་དུས་ཚོད་ཀྱི་སྔ་ཕྱི་མི་འདྲ་བ་ནི་རྒུན་འབྲུམ་གྱི་རིགས་མི་འདྲ་བའི་དབང་གིས་མི་འདྲ་བ་ཡིན། སྤྱིར་བཏང་དུ་རྒུན་འབྲུམ་ནི་ས་རྒྱུའི་དྲོད་ཚད4~5℃ཡིན་པའི་དུས་སུ་རྩ་ལག་གིས་ཆུ་སྣུད་ལེན་བྱེད་མགོ་བརྩམས་པ་ཡིན། ཛྨས་བཞུར་གཤེར་ཁུའི་ནང་དུ་ཆུ་མང་པོ་དང་འཚོ་བཅུད་ཉུང་ཙམ་འདུས་ཡོད་ལ། ཧྲིན་རེའི་ཛྨས་བཞུར་གཤེར་ཁུའི་ནང་དུ་དངོས་རྫས་སྐམ་པོ་ཁེ1~2འདུས་ཡོད། དེ་བས་གང་ཐུབ་ཀྱིས་ཛྨས་བཞུར་མི་འབྱུང་བར་བྱེད་དགོས། ཛྨས་བཞུར་མགོ་བརྩམས་པའི་དུས་ཚོད་དང་མང་ཉུང་ནི་ས་རྒྱུའི་རླན་ཚད་དང་འབྲེལ་བ་ཡོད་ཅིང་། ས་རྒྱུའི་རླན་ཚད་མཐོ་ན་སྡོང་པོའི་སྟེང་གི་ཛྨས་བཞུར་གཤེར་ཁུ་མང་བ་དང་། ས་རྒྱུ་སྐམ་པོ་ཡིན་ན་སྡོང་པོའི་སྟེང་དུ་ཛྨས་བཞུར་ཉུང་བ་དང་

ཡང་ན་རྨས་བཞུར་སྣང་ཚུལ་མི་འབྱུང་བ་ཡིན། སྤྱིའི་རྨས་བཞུར་འབྱུང་བའི་དུས་སྐབས་ཀྱི་རིང་ཐུང་ནི་ལོ་དེ་གའི་གནམ་གཤིས་སམ་ཁོར་ཡུག་དང་འབྲེལ་བ་ཆེན་པོ་ཡོད། སྤྱིར་བཏང་དུ་ཉིན་འགའ་ནས་ཟླ་ཕྱེད་ཙམ་ཡིན་ཞིང་། དགུན་དུས་སྨྱུ་གུ་འབུས་པ་ནས་བཟུང་རྨས་བཞུར་སྣང་ཚུལ་ཡང་མཚམས་འཛོམ་པ་ཡིན། རྒྱུན་ལྡན་གྱི་ཆུ་འདོན་པའི་གནས་ཚུལ་འོག་ཏུ་རྨས་བཞུར་གཤེར་ཁུའི་ཁྲོད་དུ་འཚོ་བཅུད་དངོས་རྫས་ཤིན་ཏུ་ཉུང་། དེའི་སྐམ་རྫས་ཀྱིས0.1%~0.2%མ་གཏོགས་ཟིན་མེད། དེའི་རྐྱེན་གྱིས་རྨས་བཞུར་བྱུང་ན་སྤྱིར་བཏང་དུ་སྟོང་ཐང་གི་སྐྱེ་འཚར་ལ་ཤུགས་རྐྱེན་མངོན་གསལ་མེད། འོན་ཀྱང་རྨས་བཞུར་ཚད་ཤིན་ཏུ་མཐོ་དུས་སྟོང་ཐང་འཚར་སྐྱེ་འབྱུང་བར་ཕན་པ་མེད། རྨས་བཞུར་སྣང་ཚུལ་མི་འབྱུང་བར་སྔོན་འགོག་བྱེད་ཆེད། རྒྱུན་འབྲུམ་གྱི་ཡལ་ག་ནི་དགུན་མ་ཚུགས་པའི་སྔོན་ལ་གཅོད་དགོས་ཤིང་ཁ་བ་མ་བབས་སྔོན་ལ་མཇུག་སྒྲིལ་དགོས། དེ་ལྟར་བྱས་ན་རྨ་ཁ་ཉུང་པ་དང་རྨས་ཁུ་བཞུར་ཚད་ཇེ་ཉུང་དུ་འགྲོ་བར་ཕན་པ་ཡོད་དོ།།

གཉིས། སྨྱུ་གུ་འབུས་པའི་དུས་སྐབས།

སྨྱུ་གུ་འབུས་པ་ནས་ལོ་འདབ་འབྱུང་བའི་བར་དུ་སྨྱུ་གུ་འབུས་པའི་དུས་སྐབས་ཟེར། ཉིན་རེའི་ཆ་སྙོམས་དྲོད་ཚད10℃ཡན་ལ་སླེབ་དུས། རྩ་ལག་གིས་སྡུད་ལེན་བྱས་པའི་འཚོ་བཅུད་དངོས་པོ་སྨྱུ་གུ་སྐྱེ་འཚར་འབྱུང་སའི་གནས་ལ་སླེབས་ནས་ཕྲ་ཕུང་ཁ་བྲལ་དུ་འགྲོ་བ་དང་། མེ་ཏོག་བང་རིམ་གྱི་གདོང་མའི་གཟུགས་སུ་མཐུད་དུ་ཁ་ཕྱེས་ནས་སྨྱུ་གུ་འབུས་ཁུང་རྒྱས་སྤྲོས་དང་སྐྱེ་སྲིད་འབྱུང་བ་ཡིན། སྨྱུ་གུ་འབུས་པའི་དུས་སྐབས་ནི་དགུན་བཀྲལ་མེ་ཏོག་གི་སྨྱུ་གུ་ཁ་གསབ་བྱེད་པའི་དུས་སྐབས་ཀྱང་ཡིན་ལ། སྐྱེ་འཚར་འཕྲུས་ཚང་མིན་པའི་མེ་ཏོག་གི་སྨྱུ་གུ་ལ་རིམ་པ་གཉིས་པ་དང་རིམ་པ་གསུམ་པར་ཁ་ཕྱེས་མགོ་རྩོམ་པ་ཡིན། སྐབས་འདིར། འཚོ་བཅུད་དངོས་རྫས་འདོར་ཆེན་དང་དྲོད་ཚད་འཚམ་པའི་ཁོར་ཡུག་གི་ཆ་རྐྱེན་ལྡན་དགོས། སྨྱུ་གུ་འབུས་ནས་ལོ་སྦྲི3~5བརྒྱངས་དུས། མེ་ཏོག་གི་བང་རིམ་ཡོད་མེད་དབྱེ་འབྱེད་བྱེད་ཐུབ་པའི་སྐབས་སུ་སྨྱུ་གུ་འབྲེག་གཅོད་བྱས་ཏེ་ཡལ་གའི་སྟེང་གི་སྨྱུ་གུ་གཙོ་བོ་རྒྱུན་ལྡན་ངང་སྐྱེ་འཚར་ཡོང་བར་འགན་ལེན་བྱེད་དགོས།

གསུམ། ཡལ་ག་གསར་བའི་སྐྱེ་འཚར་དུས་སྐབས།

སྤུ་གུ་འབུས་པ་ནས་ཡལ་ག་གསར་བའི་སྐྱེ་འཚར་མཚམས་འཇོག་པའི་བར་སྐབས་ལ་ཡལ་ག་གསར་བའི་སྐྱེ་འཚར་དུས་སྐབས་ཟེར། སྤུ་གུ་འབུས་པའི་ཐོག་མའི་དུས་སུ་སྐྱེ་འཚར་ཅུང་དལ་བ་དང་། དྲོད་ཚད་ཡར་འཕར་ནས་ཆ་སྙོམས་དྲོད་ཚད་20℃ལ་སླེབ་དུས། ཡལ་ག་གསར་བའི་སྐྱེས་ཚད་མགྱོགས་པ་དང་། ཉིན་མཚན་རེར་སྐྱེ་འཚར་འབྱུང་ཚད་ལི་སྨི10~20ཟིན་ཐུབ་ཅིང་། ཡལ་ག་གསར་བ་སྐྱེ་འཚར་གྱི་དུས་མཚམས་བཟང་པོ་ཐེངས་དང་པོ་ཡིན། དེ་ནས་མེ་ཏོག་བཞད་པའི་དུས་སུ་སླེབ་དུས། ཡལ་ག་གསར་བའི་སྐྱེ་འཚར་ཇེ་དལ་དུ་འགྲོ་བ་དང་། སྐབས་འདིར། མགོ་བའི་འཚོ་བཅུད་དངོས་ཟས་ནི་གཙོ་བོ་གཞུང་རྟ་དང་རྩ་བའི་ནང་དུ་ཉར་བའི་འཚོ་བཅུད་ཀྱིས་མགོ་སྐྱོད་བྱེད་དགོས། གལ་ཏེ་ཉར་ཚགས་བྱས་པའི་འཚོ་བཅུད་མི་འདང་བ་ཡིན་ན་ཡལ་ག་གསར་བའི་སྐྱེ་འཚར་ཞན་པ་དང་། མེ་ཏོག་བང་རིམ་གྱི་གདོད་མའི་གཟུགས་ཁ་གྲུབ་ཚུལ་མི་ལེགས་པ། སྐྱེ་འཚར་ཆ་ཚང་མིན་པ་བཅས་ཀྱི་དབང་གིས་རྩ་ཕྲན་འབྲིལ་བའི་མེ་ཏོག་བང་རིམ་ཆགས་པ་ཡིན། དེ་བས་འཚོ་བཅུད་ཀྱི་ཆ་རྐྱེན་ལེགས་ན་ཡལ་ག་གསར་བའི་སྐྱེ་འཚར་ལེགས་པོ་ཡོད་པས། ལོ་དེའི་ཐོན་ཚད་དང་སྤུས་ཚད། ཕྱི་ལོའི་མེ་ཏོག་དང་སྤུ་གུ་གྲེས་པ་སོགས་ལ་ཐག་གཅོད་རང་བཞིན་གྱི་ནུས་པ་ཐོན་བཞིན་ཡོད། སྤུ་གུ་འབུས་པའི་རྒྱང་གཞིའི་སྟེང་དུ་ཡལ་གར་རྩ་སྦྱོར་བརྒྱབ་ནས། འཚོ་བཅུད་ཡལ་ག་དང་གཞོགས་སྐྱེས་ཡལ་ག་ཕལ་བ་ལྷག་མ་དུས་ཐོག་ཏུ་བཅད་ནས་འཚོ་བཅུད་ཟད་གྲོན་དུ་འགྲོ་རུ་མི་འཇུག་པ་དང་། དུས་མཚུངས་སུ་འདྲེས་སྦྱོར་ལུད་ཟས(ཏན་དང་ཐྭ་གཙོ་བྱས་པའི)འཇོག་དགོས།

བཞི། མེ་ཏོག་བཞད་པའི་དུས་སྐབས།

མེ་ཏོག་བཞད་པའི་དུས་ནས་མེ་ཏོག་ལྷུང་བའི་བར་སྐབས་ལ་མེ་ཏོག་བཞད་པའི་དུས་སྐབས་ཟེར། མེ་ཏོག་བཞད་དུས་ཀྱི་སྔ་འཕྱི་དང་དུས་ཚོད་ཀྱི་རིང་ཐུང་ནི་ས་ཆ་དེ་གའི་གནམ་གཤིས་ཆ་རྐྱེན་དང་འདེབས་འཛུགས་བྱས་པའི་སོན་རིགས་ལ་འབྲེལ་བ་ཡོད། དྲོད་ཚད་མཐོ་ན་མེ་ཏོག་བཞད་པའི་དུས་ཡུན་སྟ་ལ་མེ་ཏོག་བཞད་པའི་བར་སྐབས་ཀྱང་ཐུང་།

དྲོད་ཚད་དམའ་བའམ་ཆར་འབབ་གནམ་གཤིས་མང་ན། མེ་ཏོག་བཞད་པའི་དུས་ཡུན་འཕྱི་བ་དང་མེ་ཏོག་བཞད་པའི་བར་སྐབས་ཀྱང་དེར་བསྟུན་ནས་ཇེ་རིང་དུ་འགྲོ་བ་ཡིན། སྤྱིར་བཏང་དུ་མེ་ཏོག་བཞད་པའི་དུས་ནི་ཉིན7~10ཡིན། གལ་ཏེ་མེ་ཏོག་བཞད་པའི་དུས་སུ་གནམ་གཤིས་སྐམ་ཤས་ཆེ་ཞིང་། དྲོད་ཚད་ནི20~27℃ཡིན་པ་དང་གནམ་གཤིས་དྭངས་ན་སྔ་དྲོའི་ཆུ་ཚོད8:00~10:00སྐབས་སུ་མེ་ཏོག་བཞད་ཚད་མང་ཤོས་ཡིན། མེ་ཏོག་བཞད་པའི་དུས་ཡུན་ཕྱིལ་པོའང་ཉིན7ཡས་མས་སུ་ཇེ་ཐུང་དུ་འགྲོ་ཐུབ། འབྲས་བུ་ཐོགས་ཚད་ཇེ་མཐོར་གཏོང་ཆེད། མེ་ཏོག་མ་བཞད་པའི་སྔོན་དང་མེ་ཏོག་བཞད་རྗེས་ཆུ་ལུད་ངོ་དམ་ལ་ཤུགས་སྣོན་བྱེད་དགོས། མེ་ཏོག་མ་བཞད་སྔོན་གྱི་ཉིན2~3ནང་དུ་འབྲས་བུ་ཐོགས་པའི་ཡལ་གར་དུས་ཐོག་ཏུ་རྩེ་བཏོག་པ་དང་འཚོ་བཅུད་ལ་ཚོད་འཛིན་བྱས་ཏེ་འོད་འཕྲོ་བའི་ཆ་རྐྱེན་ཇེ་ལེགས་སུ་གཏོང་བར་མ་ཟད། སྨན་ལུད་གཏོར་བ་དང་མིས་རམ་འདེགས་བྱས་ནས་ཟེའུ་འབྲུ་ཕོ་མོ་སྦེབ་སྦྱོར་བྱེད་དུ་བཅུག་ན་འབྲས་བུ་ཐོགས་ཚད་ཇེ་མཐོར་འགྲོ་བར་ཕན་འབྲས་མངོན་གསལ་ཐོན་པ་ཡིན། མེ་ཏོག་བཞད་པའི་དུས་ནི་ཉིན5~14ཡིན་ཞིང་། དུས་སྐབས་འདི་ནི་ཁུན་འབྲུམ་གྱི་འབྲས་བུའི་ཐོན་ཚད་ཐག་གཅོད་པའི་དུས་སྐབས་གལ་ཆེན་ཞིག་ཡིན།

མེ་ཏོག་བཞད་པའི་སྔ་འཕྱི་ནི་སྤྱིར་བཏང་དུ་སོན་རིགས་དང་གནམ་གཤིས་ཀྱི་ཆ་རྐྱེན་མི་འདྲ་བའི་དབང་གིས་ཁྱད་པར་ཡོད། ཡོ་རོབ་དང་ཨ་རིའི་རྒྱུད་འདྲེས་སོན་རིགས་ཡིན་ན་མེ་ཏོག་བཞད་པའི་དུས་ཡུན་སྔ་བ་དང་། ཡོ་རོབ་དང་ཨ་ཤེ་ཡའི་རྒྱུད་འདྲེས་སོན་རིགས་ཡིན་ན་མེ་ཏོག་བཞད་པའི་དུས་ཡུན་འཕྱི་བ་ཡིན། གཉིས་ཀའི་བར་ཁྱད་ནི་ཉིན7~10ཡིན། མེ་ཏོག་བཞད་པའི་དུས་སྐབས་ཀྱི་འཕྲོད་འཚམ་དྲོད་ཚད་ནི15℃ཡན་དགོས་པ་དང་། 20℃~25℃ཡིན་ན་ལྷག་ཏུ་བཟང་། དྲོད་ཚད27~32℃སླེབ་དུས། མེ་ཏོག་གི་ཟེའུ་རྡུལ་ཐོན་ཚད་ཆེས་མཐོ་སྟེ། དྲོད་ཚད15℃ལས་དམའ་བའི་དུས་སུ་མེ་ཏོག་གི་ཟེའུ་རྡུལ་སྐྱེ་མི་ཐུབ། ཉིན་གཅིག་གི་མེ་ཏོག་བཞད་ཚད་མང་ཤོས་ཀྱི་དུས་ཚོད་ནི་སྲུང་སྐྱོང་ས་ཁུལ་ནས་སྔ་དྲོའི་ཆུ་ཚོད6:00~9:00ཡིན་ཞིང་། ཐན་སྐྱོན་གྱིས་མེ་ཏོག་གི་ཟེའུ་རྡུལ་སྨུ་གུ་འབུས་པ་

དང་ཟེའུ་འབྲུ་ལེན་པར་ཕན་པ་མེད་ཅིང་། མེ་ཏོག་དང་འབྲས་བུའི་སྐམ་པར་འགྱུར་བ་དང་འབྲས་བུ་ཇེ་ཉུང་དུ་འགྲོ་བ། ཐོན་འབབ་ཇེ་ཉུང་དུ་འགྲོ་བ་དང་སྤུས་ཚད་ཇེ་ཞན་དུ་འགྲོ་བ་བཅས་ཀྱི་གནས་ཚུལ་འབྱུང་བ་ཡིན།

༣། གསེར་ལྷན་འབྲས་བུ་ཐོགས་པའི་དུས་སྐབས།

ཟེའུ་འབྲུའི་སྙིང་པོ་ཇེ་ཆེར་བསྐྱེད་པ་ནས་གསེར་ལྷན་འབྲས་བུའི་མདོག་མ་མངོན་པའི་སྔོན་ལ་གསེར་ལྷན་འབྲས་བུ་ཐོགས་པའི་དུས་སྐབས་ཟེར། བར་སྐབས་འདིའི་དུས་ཡུན་ཅུང་རིང་ཞིང་སྤྱིར་བཏང་དུ་ཉིན60~100ལ་རྒྱུན་སྲིང་བྱེད་དགོས། དུས་སྐབས་འདིའི་ནང་དུ་རྒྱུན་འབྲུམ་གྱི་གསེར་ལྷན་འབྲས་བུ་སྐྱེ་འཚར་དང་ས་བོན་གྲུབ་པ། ཡལ་ག་གསར་བ་ཇེ་སྦོམ། མེ་ཏོག་དང་སྨུ་གུ་ཐོར་འབྱེད། ཡལ་ག་ཕལ་བ་སྐྱེ་འཚར་སོགས་ཀྱི་དུས་སྐབས་རྣམས་ཚུད་ཡོད། སྔ་སྨིན་གྱི་སོན་རིགས་ལ་ཉིན35~60བར་དང་བར་སྨིན་གྱི་སོན་རིགས་ལ་ཉིན60~80དགོས། འཕྱི་སྨིན་གྱི་སོན་རིགས་ལ་ཉིན80ཡན་དགོས། བར་སྐབས་འདི་མཇུག་རྫོགས་སྐབས་འབྲས་ཏོག་གི་ཆེ་ཆུང་ཕལ་ཆེར་གྲུབ་པ་དང་ས་བོན་ཡང་ཕལ་ཆེར་གྲུབ་ཡོད། ཡལ་གའི་ཡན་ལག་ཇེ་སྦོམ་དུ་འགྱུར་བའི་དུས་སྐབས་སུ་སོན་རིགས་ཁ་ཤས་ཀྱི་ཡལ་གའི་ཡན་ལག་གི་གཞུང་རྩ་ནི་སྨིན་མགོ་ཚུགས་ཡོད།

འབྲས་བུ་ཐོགས་ནས་ཆེ་ཆུང་ལ་ཧའོ་སྨི2~4ཡོད་དུས། འཚོ་བཅུད་མི་འདང་བའམ་ཟེའུ་འབྲུ་ཕོ་མོ་སྡེབ་སྦྱོར་ལེགས་པོ་མ་བྱུང་བའི་རྐྱེན་གྱིས་འབྲས་ཏོག་སར་ལྷུང་བའི་སྣང་ཚུལ་འབྱུང་བ་ཡིན། འབྲས་ཏོག་སྟེང་དུ་ལོ་ལྤང་རྒྱུ་འདུས་པས་འོད་སྦྱོར་བྱེད་ལས་ལ་བརྟེན་ནས་འཚོ་བཅུད་བཟོ་ཐུབ་པར་མ་ཟད། འབྲས་བུ་ཏོག་པོའི་འཚོ་བཅུད་ཀྱི1/5ཡས་མས་ཁ་གསབ་བྱེད་ཐུབ། འབྲས་བུ་ཐོགས་ནས་ཧའོ་སྨི4~5ཆེ་ཆུང་ཡོད་དུས། འབྲས་བུའི་སྙིང་གི་དབུགས་ཁུང་ནི་པགས་ཁུང་དུ་གྱུར་ནས་འོད་སྦྱོར་བྱེད་ལས་མཚམས་ཆད་པར་འགྱུར་བ་ཡིན། མེ་ཏོག་བཞད་རྗེས་ཀྱི་ཉིན2~3ནང་དུ་ཐེངས་དང་པོར་འབྲས་བུ་མང་པོ་སར་ལྷུང་བ་ཡིན། འབྲས་བུའི་ཚངས་ཐིག་ཧའོ་སྨི3~4ཡོད་དུས། རྒྱུན་དུ་འབྲས་བུ་སྐོར་ཞིག་ལ་འཚོ་བཅུད་མི་འདང་བའི་སྣང་ཚུལ་བྱུང་བ་དང་བསྟུན་ནས་སར་ལྷུང་ཞིང་། འདི་ནི་

ཐེངས་གཉིས་པར་འབྲས་བུ་མང་པོ་སར་ལྷུང་བའི་དུས་སྐབས་ཡིན། འབྲས་བུའི་ཚངས་ཐིག་ལ་ཏའོ་སྐྱི5ཙམ་ཡོད་དུས། ཕྱིར་བཏང་དུ་སར་མི་ལྷུང་། དུས་སྐབས་འདིའི་ནང་དུ་གསར་སྐྱེས་ཡལ་གའི་སྟེ་གསར་གྱི་སྐྱེ་འཚར་ནི་མུ་མཐུད་དུ་ཇེ་ཞན་ལ་འགྲོ་བ་དང་ཡལ་གའི་ཡན་ལག་ཀྱང་མུ་མཐུད་དུ་ཇེ་སྦོམ་དུ་འགྲོ་བ་ཡིན། འབྲས་བུའི་སྐྱེ་ཡུན་རྒྱུན་མཐུད་ཀྱི་ཉིན་གྲངས་ནི་སོན་རིགས་མི་འདྲ་བའི་དབང་གིས་གཅིག་མཚུངས་མིན།

གཤེར་ལྡན་འབྲས་བུའི་སྐྱེ་འཚར་གྱི་དུས་མཚུངས་སུ་ཡལ་ག་གསར་བའང་ཇེ་སྦོམ་དུ་འགྲོ་བཞིན་ཡོད་ཅིང་། ཚོགས་བར་གྱི་སྨྱུ་གུ་ནི་མེ་ཏོག་དང་སྨྱུ་གུ་ཁ་གྱེས་སུ་འགྲོ་བ་དང་། གཤེར་ལྡན་འབྲས་བུ་སྐྱེས་ནས་སོན་རིགས་ཀྱི་སྔར་ཡོད་ཆེ་ཆུང་དང་ཉེ་བའི་དུས་སུ། སྐྱེ་འཚར་རིམ་བཞིན་ཇེ་དལ་དུ་འགྲོ་བ་ཡིན། སྐབས་འདིར་ཡལ་ག་གསར་བ(ཡལ་ག་ཐལ་བའང་འདུས)ཐེངས་གཉིས་པའི་སྐྱེ་འཚར་དུས་རིམ་གསར་བ་ཞིག་ཏུ་སླེབས་ཡོད་པས། ཡལ་ག་གསར་བར་དུས་ཐོག་ཏུ་བསྣམས་པ་དང་ཐག་གཅོད་བྱས་ཏེ་སྒྲོམ་ངེས་སུ་འོད་འཕྲོ་བའི་ཆ་རྐྱེན་ལེགས་བཅོས་བྱེད་དགོས། དུས་མཚུངས་སུ་ད་དུང་དུས་ཐོག་ཏུ་ནད་དང་འབུའི་གནོད་པ་འགོག་བཅོས་བྱས་ནས་ལོ་མ་དང་འབྲས་བུ། ལུད་བཅས་འགན་ལེན་བྱེད་པ་སོགས་ཀྱི་བྱེད་ཐབས་སྤྱད་དེ། ཐོན་འབབ་ཇེ་མཐོ་དང་ལོ་ལེགས་ཡོང་བར་ཆ་རྐྱེན་སྐྲུན་དགོས།

༣ག གཤེར་ལྡན་འབྲས་བུ་སྨིན་པའི་དུས་སྐབས།

འབྲས་ཏོག་ཚོས་པ་ནས་ཡོངས་སུ་སྨིན་རག་བར་དུ་ཉིན20~30དགོས། དུས་སྐབས་འདིར་འབྲས་བུ་མཉེན་པོར་གྱུར་པ་ནས་འབྲས་བུ་ཡོངས་སུ་སྨིན་པ་ཡིན། གཤེར་ལྡན་འབྲས་བུ་ཐོག་མར་སྨིན་པའི་དུས་སུ་འབྲས་བུའི་ཤུན་པགས་ཀྱི་ལོ་ལྗང་རྒྱུ་མང་པོ་དབྱེ་ཐྲལ་བྱས་ཏེ། ལྗང་སེར་སོན་རིགས་འབྲས་བུའི་ཤུན་པགས་ལྗང་ཁུ་ནས་སྐྱ་པོར་འགྱུར་ཞིང་རིམ་བཞིན་སེར་མདོག་ཏུ་འགྱུར་བ་ཡིན། ཁ་དོག་སྨུག་པོའི་སོན་རིགས་འབྲས་བུའི་ཤུན་པགས་ཀྱིས་ཐོག་མར་མེ་ཏོག་གི་མདོག་རྒྱུ་གསོག་འཇོག་བྱེད་པ་དང་། རིམ་བཞིན་སྨུག་པོ་ནས་ཇེ་གསལ་དུ་གྱུར་ནས་སོན་རིགས་དེ་ཉིད་ཀྱི་སྔར་ཡོད་ཁ་དོག་མངོན་པ་ཡིན། དེའི་འཕྲོར་

གཤེར་ལྡན་འབྲས་བུ་མཉེན་པོར་གྱུར་ནས་ལྡེམ་གཤིས་ལྡན་པ་དང་། ཤུན་པགས་ནང་གི་དྲི་ཞིམ་དངོས་རྫས་ཀྱང་རིམ་གྱིས་གྲུབ་ནས་མངར་ཆའི་ཚད་མྱུར་དུ་འཕར་ལ། སྐྱུར་ཚད་ཕྱོས་བཅས་ཀྱིས་ཇེ་ཉུང་དུ་སོང་ནས་ས་བོན་ནི་ཁམ་སེར་ནས་སྨུག་པོར་འགྱུར་བར་མ་ཟད། མྱུ་གུ་འབུས་པའི་ནུས་པ་ལྡན་པས། གཤེར་ལྡན་འབྲས་བུ་ཡོངས་སུ་སྨིན་པའི་དུས་སུ་སླེབས་སོ། །

དུས་ཚིགས་འདིར་སླེབས་པའི་རྟགས་མཚན་ནི་སོན་རིགས་ལྗང་སེར་གྱི་འབྲས་བུ་མཉེན་པོར་འགྱུར་བ་དང་ཤུན་པགས་ཀྱི་ཁ་དོག་ཟོ་སྐྱར་འགྱུར་ལ། སོན་རིགས་དམར་པོའི་འབྲས་བུ་མཉེན་པོར་འགྱུར་བ་དང་ཤུན་པགས་ལ་ཆོས་འགོས་པ་ཡིན། འབྲས་བུ་སྨིན་པ་དང་བསྟུན་ནས། སྐྱུར་འདུས་པའི་ཚད་མཁྱོགས་མྱུར་སྒོས་ཇེ་དམའ་རུ་འགྲོ་བ་དང་། མངར་འདུས་ཚད་མཁྱོགས་མྱུར་གྱིས་འཕར་སྟོན་བྱུང་སྟེ་མཇུག་མཐར་སོན་རིགས་སྔར་ཡོད་ཀྱི་དྲི་ཞིམ་དང་སྦུས་ཚད་ལྡན་པ་ཡིན། སོན་རིགས་རེ་རེའི་འབྲས་བུ་ཡོངས་སུ་སྨིན་པའི་དུས་ཡུན་ནི་ལོ་རེ་རེར་མི་འདྲ་བར་འགྱུར་ལྡོག་ཆེན་པོ་འབྱུང་སྲིད་མོད། འོན་ཀྱང་སོན་རིགས་སོ་སོའི་སྨིན་དུས་ཀྱི་སྦྱིན་གཞུག་ལ་གཏན་འཇགས་རང་བཞིན་ཅུང་ཆེན་པོ་ལྡན། འབྲས་བུ་སྨིན་དུས་ཀྱི་རྒྱུན་མཐུད་ཉིན་གྲངས་ནི་སོན་རིགས་མི་འདྲ་བའི་དབང་གིས་ཁྱད་པར་ཡོད། གཤེར་ལྡན་འབྲས་བུ་སྨིན་དུས་ཉི་འོད་འདང་ངེས་དང་དྲོད་ཚད་མཐོ་ལ་རྨམ་ཤས་ཆེ་བ། ཉིན་མཚན་གྱི་དྲོད་ཚད་ཁྱད་པར་ཆེ་ན་གཤེར་ལྡན་འབྲས་བུའི་མདོག་མདངས་པར་ཕན་པ་མ་ཟད། མངར་ཆ་འདུས་ཚད་མཐོ་བ་ཡིན། དེ་ལས་ལྡོག་སྟེ། འོད་འཕྲོ་ཚད་མི་འདང་ན་འབྲས་བུའི་མདོག་མདངས་མི་ཐུབ་པ་དང་། མངར་ཆ་ཉུང་ཞིང་སྐྱུར་མང་བས་དྲི་ཞིམ་ཆེན་པོ་མི་ལྡན་པ་ཡིན། དེ་བས། དུས་རིམ་འདིར་འོད་འཕྲོ་བར་གནོད་པའི་ཡལ་འདབ་ཇེ་ཉུང་དུ་གཏོང་བར་དོ་སྣང་བྱེད་དགོས་པ་དང་། དུས་མཚུངས་སུ་ལིན་དང་ཙྪ་ལུད(དཔེར་ན་ལིན་སོན་ཨེར་ཆིང་ཙྪ)གཏོར་ནས་འབྲས་བུ་མགྱོགས་མྱུར་དང་ཆོས་སྨིན་འབྱུང་བ་དང་ཡལ་ག་རྒྱས་པར་སྐུལ་འདེད་བྱེད་དགོས།

གཤེར་ལྡན་འབྲས་བུ་སྨིན་དུས་ཀྱི་འཚོ་བཅུད་དང་ཆུ་ལུགས་མཐུན་གྱིས་མགོ་སྦྲོད་

བྱེད་པ་ནི་རྒྱུན་འབྲུམ་གྱི་ཐོན་ཚད་དང་རྒྱུ་སྤུས་ལ་དོན་སྙིང་གལ་ཆེན་ལྡན། རྒྱུ་སྤུས་ཇི་ལེགས་སུ་གཏོང་ཆེད་དུ་རྩ་ངོས་སུ་ཞིན་ཐ་ལུད་དང་ཧྭགས་ཁུ་གཏོར་ནས་འབྲས་བུ་ཡི་མངར་ཆའི་འདུས་ཚད་ཇེ་མཐོར་གཏོང་དགོས་པར་མ་ཟད། ཆུའི་མགོ་སྒྲོད་ལ་ཚོད་འཛིན་འོས་འཚམ་བྱས་ཏེ་ཆུ་གཏོར་མཚམས་འཇོག་དགོས། དེ་ལྟར་བྱས་ན་འབྲས་བུ་གས་ཐོར་གྱི་སྣང་ཚུལ་འབྱུང་བ་དང་ཧྭགས་འདུས་ཚད་ཇེ་ཉུང་དུ་འགྲོ་བར་སྔོན་འགོག་བྱེད་ཐུབ།

བདུན། ལོ་མ་ལྷུང་བའི་དུས་སྐབས།

གཤེར་ལྡན་འབྲས་བུ་སྨིན་ནས་ལོ་མ་སེར་པོར་འགྱུར་བའི་བར་སྐབས་ལ་ལོ་མ་ལྷུང་བའི་དུས་སྐབས་ཟེར། གཤེར་ལྡན་འབྲས་བུ་བཏཟ་བསྡུ་བྱས་རྗེས་ལོ་མའི་འོད་སྒྱུར་བྱེད་ལས་སྔར་བཞིན་མགྱོགས་མྱུར་དང་སྤེལ་བཞིན་ཡོད་པས། དེ་ལས་བཟོས་པའི་འཚོ་བཅུད་དངོས་ཟུས་ཟད་གྲོན་ནས་གསོག་འཇོག་ཏུ་བསྒྱུར་ཏེ། ཡལ་ག་དང་རྩ་བའི་སྟེང་དུ་སྐྱིལ་ནས་གསོག་ཉར་བྱེད་པ་ཡིན། སྐབས་འདིར་མེ་ཏོག་དང་མྱུ་གུའི་གྲེས་ཐོར་ཡང་ཉམས་ཞན་དུ་འགྱུར་བཞིན་ཡོད་ཅིང་། དཔེར་ན་སྟོང་ཁང་གི་འཚོ་བཅུད་འདང་བས་ཡལ་ག་སྨིན་པ་དང་། མེ་ཏོག་དང་མྱུ་གུའི་གྲེས་ཐོར་ཅུང་བཟང་བས་དགུན་བཀལ་གྲང་འགོག་ནུས་པ་དང་ལོ་རྗེས་མའི་ཐོན་ཚད་ཇེ་མཐོར་གཏོང་ཐུབ། སྐབས་འདིར། སྔར་བཞིན་ནོ་དམ་ལ་ཤུགས་སྣོན་བྱས་ཏེ། ཐོག་མའི་ནད་འགོག་གི་བྱེད་ཐབས་སྤྱད་ནས་ཡལ་འདབ་ཀྱི་འཚོ་བཅུད་ལོར་སྐྱོད་དུས་ཡུན་ཇེ་རིང་དུ་གཏོང་བ་དང་། བདེ་འཇགས་དང་དགུན་བཀལ་བྱེད་པར་རྨང་གཞི་ལེགས་པོ་སྐྲུན་དགོས།

གཞུ་དབྱིབས་ཐྲོད་ཁང་ཆེན་པོའི་ནང་དུ་སྔ་སྨིན་རྒྱུན་འབྲུམ་འདེབས་འཛུགས་བྱེད་པར་ལོ་ལྷུང་དུས་སྐབས་ནི་ཉིན100~130ཡིན།

བརྒྱད། སྐྱེ་མཚམས་ཆད་པའི་དུས་སྐབས།

ལོ་མ་ལྷུང་ནས་ལོ་རྗེས་མའི་སྟོང་ཆུ་བཞུར་མགོ་བརྩམས་པའི་བར་དུ་སྐྱེ་མཚམས་ཆད་པའི་དུས་སྐབས་ཟེར། གནམ་གཤིས་ཐྲོད་གྲང་ཇེ་དམའ་རུ་སོང་བ་དང་བསྟུན་ནས། ལོ་མའི་མདོག་སེར་པོར་འགྱུར་ཞིང་ལོ་མ་སར་ལྷུང་བ་དང་། སྐབས་འདིར་རྒྱུན་ལྡན་གྱི་

ལུས་ཁམས་སྐྱི་མཚམས་ཆད་པའི་དུས་སྐབས་སུ་སླེབས་ཡོད། ཡིན་ནའང་དེའི་ཚེ་སྤྱོག་གི་འགྲུལ་སྐྱོད་ད་དུང་ཉམས་ཞན་སློས་རྒྱུན་སྐྱོང་བཞིན་ཡོད། སྐྱི་མཚམས་ཆད་པའི་དུས་སྐབས་ནི་དུས་རིམ་གཉིས་སུ་དབྱེ་ཡོད་དེ། དུས་རིམ་སྔོན་མར་ཡལ་ག་སྨིན་པ་དང་བསྐུན་ནས་སྦུ་གུ་འབུས་ཁུང་གོང་ནས་འོག་བར་དུ་ལུས་ཁམས་སྐྱི་མཚམས་ཆད་པའི་དུས་སྐབས་སུ་སླེབས་ཡོད་པ་དང་། སྤྱིར་བཏང་དུ་དྲོད་ཚད་0~5℃ཡིན་དུས། ཉིན30~45འགོར་རྗེས་ལུས་ཁམས་སྐྱི་མཚམས་ཆད་པའི་དུས་སྐབས་ཡོངས་སུ་རྫོགས་ཐུབ། རིམ་བཞིན་དྲོད་ཚད་10℃ཡན་དུ་འཕར་ན་དུས་ནམ་ཡིན་ཡང་སྦུ་གུ་སྐྱེ་ཐུབ། འོན་ཀྱང་བྱང་ཕྱོགས་ས་ཁུལ་དུ་ཕྱི་རོལ་གྱི་ཆ་རྐྱེན་དང་མི་འཚམ་པའི་རྐྱེན་གྱིས་ད་དུང་སྦུ་མཐུད་དུ་སྐྱི་མཚམས་ཆད་པའི་དུས་སྐབས་ཡིན། དེའི་རྐྱེན་གྱིས་དུས་མགོའི་སྐྱི་མཚམས་ཆད་པའི་དུས་སྐབས་ལ་ལུས་ཁམས་ཀྱི་སྐྱི་མཚམས་ཆད་པའི་དུས་སྐབས་ཟེར། དུས་རིམ་རྗེས་མར་སྐྱི་མཚམས་མི་ཆད་དབང་མེད་ཀྱི་དུས་སྐབས་ཟེར། རང་བྱུང་སྐྱི་མཚམས་ཆད་པའི་དུས་སྐབས་ཀྱི་རིང་ཐུང་དང་། སོན་རིགས་བར་ལ་ཁྱད་པར་ཡོད་དེ། ཡབ་སླིང་ནུབ་མའི་སོན་རིགས་ཀྱི་ཚོགས་དང་ནག་མཚོའི་སོན་རིགས་ཀྱི་ཚོགས་ལ་སྐྱི་མཚམས་ཆད་པའི་དུས་སྐབས་ཙུང་རིང་པོ་ཡོད་ལ། ཤར་ཕྱོགས་ཀྱི་སོན་རིགས་ཚོགས་ཀྱི(འོ་མ་དང་ཉིང་མེད)སྐྱི་མཚམས་ཆད་པའི་དུས་སྐབས་ནི་ཙུང་ཐུང་བ་ཡིན།

རྒྱུན་འཕྲུམ་གྱིས་བདེ་འཇགས་དང་དགུན་སྐྱེལ་བ་དང་དཔྱིད་ཀྱི་འཚོ་བཅུད་འདང་བར་བྱེད་ཆེད། སྐྱི་མཚམས་ཆད་པའི་དུས་སྐབས་སུ་གཏིང་ལུད་དང་ཡལ་བཞུར་རྒྱག་པ། ཆུ་གཏོར་བ། ནད་དང་འབུའི་གནོད་པ་འགོག་བཅོས་སོགས་བྱེད་དགོས། དགུན་དུས་གྲང་ངར་ཆེ་བའི་ས་ཁུལ་དུ་འཁྱིག་ཁུག་འགེབས་པའམ་ཡང་ན་ས་འོག་ཏུ་སྦས་ནས་གྲང་འགོག་དང་བྱི་བ་འགོག་པ་སོགས་ཀྱི་ལས་ཀ་ལེགས་པོར་སྒྲུབ་དགོས།

ཚན་པ་གསུམ་པ། ཐྲོད་ཁང་གདམ་གསེས་དང་དོ་དམ།

གཅིག ཐྲོད་ཁང་གདམ་གསེས།

ས་ཁོད་སྙོམས་པོ་དང་འཁྲིམ་འགྲུལ་སྟབས་བདེ། ཆུ་ཁུངས་འདང་བ། ས་རིམ་མཐུག་པ། ས་རྒྱུ་གཤིན་པ། ས་རྒྱུའི་སྐྱུར་ལྷའི་ཚད་འཁྲིང་རིམ། ཐྲོད་སྐྱུང་སྒྲིག་ཆས་ཆ་ཚང་བའི་ཐྲོད་ཁང་འདེམ་དགོས། "ཡོད་པ་བཞི"སྟེ་ཆུ་དང་གློག་ལམ་དྲ་བ་ཡོད་པའི་ས་ཁོངས་ཤིགས་ཤོས་གདམ་གསེས་བྱེད་དགོས།

གཉིས། ཛ་སྤོས་རྒྱག་པའི་སྒྲུག་ཚད་དང་གདང་བུ།

ལྕི་བྱང་འཁོར་ཕྱོགས་ཀྱི་གདང་བུ་བཙུགས་ནས་འདེབས་འཛུགས་བྱེད་པ་དང་། བར་གསེང་སྨི2དང་སྟོང་ཁང་གི་བར་ཐག་སྨི0.6ལྷར་ཛ་སྤོས་རྒྱག་དགོས། ཤར་ནུབ་ཀྱི་གྱང་དང་ལྕི་ཕྱོགས་ཀྱི་མཐའ་འགྲམ་དུ་སྨི0.8~1རེའི་བར་ཐག་ཡོད་དགོས། མུའུ(སྨི་གྲུ་བཞི་མ667)རེར་རྒྱུན་འབྲུམ་གྱི་སྟོང་ཁང555ཡས་མས་འདེབས་འཛུགས་བྱེད་དགོས།

གསུམ། འདེབས་འཛུགས་བྱེད་ཐབས།

ཐྲོད་ཁང་ནང་དུ་སྤྱིར་བཏང་དུ་ཟླ2པའི་ཟླ་སྨད་ནས་ཟླ4པའི་ཟླ་སྟོད་བར་དུ་འདེབས་འཛུགས་བྱེད་དགོས། ཛ་སྤོས་བརྒྱབ་པའི་བར་ཐག་ལྟར་གཏིང་རིམ་ལི་སྨི40དང་ཞེང་ཚད་སྨི1ཡོད་པའི་ཛ་སྤོས་རྒྱག་པའི་ཤུར་མོ་བརྐོ་དགོས་ཤིང་། བུལ་ཟིན་པའི་སྤུས་ལེགས་སྐྱེ་ལྡན་ལུད་སྟོང་ཁེ5000མུའུ(སྨི་གྲུ་བཞི་མ667)དང་། ཏན་དང་ལེན། ཐོ་འདྲེས་ལུད་རྫས་འོས་འཚམ་སྙོམས་ས་བསྲེས་འདྲེས་སྦྱོར་དང་སྙོམས་པོར་བསྲེས་ནས། ཛ་སྤོས་རྒྱག་སའི་ཤུར་མོའི་ནང་དུ་བླུགས་རྗེས་མྱུ་གུ་འདེབས་འཛུགས་བྱེད་པ་དང་ཆུས་སིམ་པར་བྱེད་དགོས།

བཞི། སྐྱེ་ལུགས་ལེགས་སྒྲིག་དང་ཡལ་བཙུར་རྒྱག་པ།

(གཅིག) དཔུང་རྐྱང་ཚུ་ཚད་སྤྱད་ནས་ཡལ་ག་ལེགས་སྒྲིག་བྱེད་པ།

གདང་བུ་སྤྱད་ནས་འདེབས་འཛུགས་བྱེད་པར་འཚམ་པ་དང་། ཛ་སྤོས་བརྒྱབ་

པའི་ལོ་དེར་སྐྱེ་འཚར་བཟང་བའི་ཡལ་ག་གསར་བ་གཅིག་བདམས་ཏེ་གསོ་སྐྱོང་བྱས་ནས་སྨི1.5ཡས་མས་སུ་སླེབ་དུས་རྩེ་བཏོག་དགོས། རྩེ་འཐོག་རྗེས་ཟུར་བྱུང་ཡལ་ག་གཉིས་པ་འབུལ་བ་ཡིན། སྡོང་ཀང་ཙ་བའི་ལི་སྨི50~60མན་གྱི་ཡལ་ག་ཕལ་བ་ཚང་མ་བཏོག་དགོས་ཤིང་། གོང་ནས་བཏོན་ཟིན་པའི་ཡལ་ག་ཕལ་བ་རྣམས་ལ་ལོ་མ2~4བཞག་སྟེ་རྩེ་བཏོག་དགོས། དགུན་ཁར་ཡལ་བཞུར་རྒྱག་དུས། (ཟླ11པའི་སྟོད་དུ་ལོ་མ་ལྷུང་བ་ནས་སྤྱིལ་བུ་འགེབས་པའི་བར)འཁྲིལ་ཤིང་གཙོ་བོའི་སྟེང་གི་ཡལ་ག་ཕལ་བ་ཡོངས་རྫོགས་བཞུར་དགོས་པ་དང་། སྨི1.2~1.5ཡོད་པའི་འཁྲིལ་ཤིང་གཙོ་བོ་གཅིག་འཇོག་དགོས། ལོ་གཉིས་པའི་ནང་དུ་འཁྲིལ་ཤིང་གཙོ་བོ་ལྷོ་ནས་བྱང་ལ་ས་ངོས་དང་བར་ཐག་ལི་སྨི50~60ཡོད་པའི་ལྕགས་སྐུད་དང་པོའི་སྟེང་དུ་བསྡམས་ནས་འཁྲིལ་ཤིང་གཙོ་བོའི་རྩ་བའི་ལི་སྨི60མན་གྱི་སྨྱུ་གུ་རྣམས་སྤུ་མོ་ནས་བཏོག་དགོས། ལི་སྨི60ཡན་གྱི་བར་གསེང1ནས་འབྲས་བུ1རེ་འཇོག་པ་དང་། ཡལ་ག་གསར་བ4~5བཞག་སྟེ་འབྲས་བུ་ཐོགས་སུ་འཇུག་དགོས། དགུན་དུས་སུ་ཡལ་བཞུར་རྒྱག་སྐབས། སྡོང་ཤིང་རེའི་སྟེང་དུ་འབྲས་བུ་ཐོགས་པའི་ཡལ་ག5རེ་འཇོག་པ་དང་། འབྲས་བུ་ཐོགས་པའི་ཡལ་ག་རེའི་སྟེང་དུ་སྨྱུག་འབུས་ཡན་ལག་ཐུང་ངུ2རེ་བཞག་ནས་བཏོག་དགོས། ལོ་གསུམ་པར་འབྲས་བུ་ཐོགས་པའི་ཡལ་ག་ཐུང་ངུ1~2བཞག་ནས་འབྲས་བུ་ཐོགས་སུ་འཇུག་དགོས་ཤིང་། དགུན་དུས་ཡལ་བཞུར་རྒྱག་སྐབས། གྲངས་ཀ་གཅིག་འདྲ་ཡིན་པའི་འབྲས་བུ་ཐོགས་པའི་ཡན་ལག་ཐུང་ངུ2རེ་བཞག་ནས་ལོ་རྗེས་མར་འབྲས་བུ་ཐོགས་སུ་འཇུག་དགོས། དེའི་འགྲོ་ནས་ལོ་གསུམ་པའི་ཐབས་ཤེས་ལྟར་མུ་མཐུད་དུ་ཡལ་བཞུར་རྒྱག་དགོས། ཡིན་ནའང་འབྲས་བུ་ཐོགས་པའི་ཡལ་ག་ཐུང་ངུ་བཞུར་དུས་གང་ཉུས་ཀྱིས་འཁྲིལ་ཤིང་གཙོ་བོ་དང་ཉེ་བའི་འབྲས་བཟང་ཡལ་ག་བདམས་ནས་འབྲས་བུ་ཐོགས་པའི་གནས་ཡུལ་ཡར་མི་སྤོར་བར་སྔོན་འགོག་བྱེད་དགོས། དཔེར་ན། འོག་རིམ་གྱི་འབྲས་བུ་སྨིན་པའི་ཡལ་ག་ཉུང་ཕྲ་བས། གོང་གི་འབྲས་བུ་ཐོགས་པའི་ཡལ་ག་མི་འཇོག་ཀ་མེད་འབྱུང་དུས། གོང་གི་འབྲས་བུ་ཐོགས་པའི་ཡལ་ག་ལས་གཞན་ད་དུང་འོག་ཕྱོགས་ཀྱི་ཡལ་ག་གསར་བ་ཞིག་བཞུར་ནས་སྨྱུ་གུ་གསར་བ་འབུས་པའི་གྲ་སྒྲིག་ཡལ་ག་བྱས་ཏེ་དེ་ཉིད་སྐྱེ

སྟོབས་ལྡན་པའི་ཡལ་ག་གསར་བ་ཞིག་ཏུ་འགྱུར་བར་བྱེད་དགོས། ལོ་རྗེས་མར་དགུན་བཞུར་རྒྱག་སྐབས། སྙེང་ཕྱོགས་ཀྱི་འབྲས་བུ་ཐོགས་པའི་ཡལ་ག་ཚང་མ་བཏོག་དགོས་པ་དང་། གྲ་སྒྲིག་ཡལ་གར་ཡལ་བཞུར་བརྒྱབ་ནས་འབྲས་བུ་ཐོགས་པའི་ཡལ་ག་གཙོ་བོར་བཞག་སྟེ་ལོ་རྗེས་མར་འབྲས་བུ་ཐོགས་པར་མགོ་སྒྲོད་བྱེད་དགོས།

(གཉིས) འཁྲིལ་ རྐང་མང་བའི་རང་དབང་ཀླུང་གཡབ་དབྱིབས་སྐྱིད་ནས་ཡལ་ག་ལེགས་སྒྲིག་བྱེད་པ།

ཤིང་སྡོམ་སྐྱིད་དེ་འདེབས་འཛུགས་བྱེད་དུས་སུ་འཁྲིལ་རྐང་མང་བའི་རང་དབང་ཀླུང་གཡབ་དབྱིབས་ཀྱི་སྐྱེ་ལུགས་ལེགས་སྒྲིག་དང་ཡལ་བཞུར་རྒྱག་པ་སྟེ། སྡོང་རྐང་རེ་རེའི་སྟེང་དུ་འཁྲིལ་རྐང་གཙོ་བོ2~3འཛོག་དགོས་པ་དང་། འཁྲིལ་རྐང་གཙོ་བོའི་སྟེང་དུ་འབྲས་བུ་ཐོགས་པའི་ཡལ་ག3~4འཛོག་དགོས། འབྲས་བུ་ཐོགས་པའི་དུས་སྐབས་བརྒྱལ་ཚེ་ལོ་རེའི་དགུན་དུས་ཡལ་བཞུར་རྒྱག་སྐབས་ཡལ་ག་གཉིས་གསར་དུ་བརྗེ་དགོས།

(གསུམ) རྩེ་བཏོག་པ།

དྲོད་ཚད་ཧེ་མཐོར་སོང་སྟེ་སྨྱུ་གུ་འབུས་ནས་རིང་ཐུང་ལ་ལི་སྨི1ཡོད་དུས། སྐམ་རིད་དུ་གྱུར་པའི་སྨྱུ་གུ་འབྲེག་གཅོད་བྱས་ནས། མཐུག་ཅིང་ཆེ་བའི་དཀྱིལ་སྙིང་གི་སྨྱུ་གུ་སོར་འཛོག་བྱེད་དགོས། འཁྲིལ་རྐང་གཙོ་བོའི་སྟེང་དུ་འབྲས་བུ་ཐོགས་པའི་ཡལ་ག5~10འཛོག་དགོས་པར་མ་ཟད། འབྲས་བུ་ཐོགས་པའི་ཡལ་ག་སྟེང་གི་མེ་ཏོག་བང་རིམ་ཡན་གྱི་ལོ་མ6~8བཞག་ནས་རྩེ་བཏོག་དགོས། འཚོ་བཅུད་ཡལ་གའི་སྟེང་དུ་ལོ་མ8~10བཞག་ནས་རྩེ་བཏོག་པ་དང་། ཡལ་ག་གསར་བའི་རྩེ་བཏོག་རྗེས་རྩེ་མོ་ནས་ཡལ་ག་ཕལ་བ་གཅིག་ཐེངས་གང་མང་ལ་འབྱུང་བ་ཡིན་པས། ལོ་མ2~4བཞག་ནས་ཡང་དང་བསྐྱར་དུ་རྩེ་བཏོག་དགོས། མེ་ཏོག་བང་རིམ་མན་གྱི་ཐེངས་གཉིས་པའི་ཡལ་ག་རྩ་བ་ནས་འཐོག་དགོས་ཤིང་། མེ་ཏོག་བང་རིམ་ཡན་གྱི་ཐེངས་གཉིས་པའི་ཡལ་ག་ཚང་མར་ལོ་མ1བཞག་ནས་ཡང་དང་བསྐྱར་དུ་རྩེ་བཏོག་དགོས། དུས་མཚུངས་སུ་རྩ་ཕྲན་འཁྲིལ་བ་དུས་ཐོག་ཏུ་གཅོད་དགོས།

༣། དྲོད་ཚད་དང་རླན་ཚད་དོ་དམ།

(གཅིག) དྲོད་ཚད་ཚོད་འཛིན།

སྤྱིར་བཏང་དུ་ཟླ11པའི་སྟོད་ཀྱི་ཟླ་དཀྱིལ་དུ་སྤྱིལ་བུ་འགེབས་པ་དང་། ནང་དུ་ཤོག་ཁེབས་རྒྱག་པ་དང་རྩྭའི་ཡོལ་བ་བཀབ་ནས་དྲོད་ཁང་ནང་དུ་འོད་མི་འཕྲོ་བར་བྱེད་དགོས། དྲོད་ཚད7.2℃མན་དང–10℃ཡན་རྒྱུན་འཁྱོངས་བྱེད་དགོས། ཕྱི་ལོའི་ཟླ1པོའི་ཟླ་དཀྱིལ་ནས་ཡོལ་བ་ཕྱེ་སྟེ་དྲོད་ཚད་འཕར་དུ་འཇུག་པ་ཡིན། དྲོད་ཚད་ཇེ་མཐོར་སོང་བ་ནས་སྨྱུ་གུ་འབུས་པའི་བར་དྲོད་ཚད10℃ཡན་ལ་དྲོད་གསོག་དྲོད་ཚད500℃དགོས། སྨྱུ་གུ་མ་འབུས་པའི་སྔོན་གྱི་མཚན་མོའི་དྲོད་ཚད5~7℃ཚོད་འཛིན་བྱེད་པ་དང་། ཉིན་མོའི་དྲོད་ཚད30~32℃ཚོད་འཛིན་བྱེད་དགོས། སྨྱུ་གུ་འབུས་པ་ནས་མེ་ཏོག་བཞད་པའི་དུས་སྐབས་ཀྱི་མཚན་མོའི་དྲོད་ཚད10℃ཡན་དང་ཉིན་མོའི་དྲོད་ཚད28℃ཡས་མས་སུ་ཚོད་འཛིན་བྱེད་དགོས། མེ་ཏོག་བཞད་པའི་དུས་སྐབས་ཀྱི་དྲོད་ཚད་ནི་མཚན་མོར15℃ཡན་དང་ཉིན་མོར25~30℃ཚོད་འཛིན་བྱེད་དགོས། འབྲས་བུ་ཇེ་ཆེར་སོང་པ་ནས་ཚོས་མདོག་མངོན་པའི་དུས་སྐབས་ཀྱི་དྲོད་ཚད་ནི་མཚན་མོར15~25℃དང་ཉིན་མོར28~30℃ཚོད་འཛིན་བྱེད་དགོས། ཚོས་མདོག་མངོན་པ་ནས་འབྲས་བུ་སྨིན་པའི་དུས་སྐབས་ཀྱི་དྲོད་ཚད་ནི་མཚན་མོར15~20℃དང་ཉིན་མོར25~30℃ཚོད་འཛིན་བྱེད་དགོས།

(གཉིས) བཞའ་ཚན་ཚོད་འཛིན།

སྨྱུ་གུ་མ་འབུས་པའི་སྔོན་ནས་མེ་ཏོག་གི་བང་རིམ་ལྡན་པའི་དུས་སྐབས་སུ་ཆུ་མང་ཙམ་ལྷུག་དགོས་པ་དང་བཞའ་ཚན་ཚད80%ཡན་དུ་ཚོད་འཛིན་བྱེད་དགོས། མེ་ཏོག་གི་བང་རིམ་རྒྱུང་སྐྱུམ་བྱེད་པའི་དུས་སྐབས་སུ་ཆུ་གཏོང་ཚད་འོས་འཚམ་སྒྲོས་ཚོད་འཛིན་བྱེད་དགོས་པ་དང་བཞའ་ཚན་ཚད70%ཚོད་འཛིན་བྱེད་དགོས། མེ་ཏོག་བཞད་ནས་འབྲས་བུ་ཐོགས་པའི་དུས་སྐབས་སུ་སླེབས་ན་ལྟོས་བཅས་ཀྱིས་སྐམ་ཤས་ཆེ་བའི་ཁོར་ཡུག་ཡིན་དགོས་ཤིང་། བཞའ་ཚན་ཚད55%~65%ཚོད་འཛིན་བྱས་ན་འབྲས་བུ་ཐོགས་ཚད་ཇེ་མཐོར་གཏོང་བར་ཕན་པ་ཡོད། འབྲས་བུ་ཇེ་ཆེར་སོང་པ་ནས་ཚོས་མདོག་མངོན་པའི་

དུས་སྐབས་སུ་བཞའ་ཚན་ཚད60%~70%ཙམ་འཛིན་བྱེད་དགོས། ཚོས་མདོག་མཛེན་པ་ནས་འབྲས་བུ་སྨིན་པའི་དུས་སྐབས་ཀྱི་བཞའ་ཚན་ཚད65%ཙམ་འཛིན་བྱེད་དགོས།

དྲུག ཆུ་ལུད་དོ་དམ།

(གཅིག) ལུད་འཛོག་པ།

1. གཏིང་ལུད།

སྤྱིར་བཏང་དུ་སྟོན་མགོར་བེད་སྤྱོད་བྱེད་དགོས། སྤུས་ལེགས་རུལ་སླའི་ལུད་སྟོང་ཁེ5000/མུའུ(སྤྱི་གྲུ་བཞི་མ667)སྦྱོར་བཟོ་བྱེད་པ་དང་། གའོ་ལིན་སོན་ཀལ་དང་ལིའུ་སོན་ཐ་སོ་སོ་ཁེ100རེ་སྙོམས་པོར་བསྲེས་རྗེས་འཛོག་དགོས།

2. སྟེང་ལུད།

སྟེང་ལུད་ནི་ཐེངས3ལ་བགོས་ནས་འཛོག་དགོས། མེ་ཏོག་བཞད་པར་སྐྱལ་བའི་ལུད་ནི་ཏན་ལུད་གཙོ་བོ་བྱས་ནས་མུའུ(སྤྱི་གྲུ་བཞི་མ667)རེར་གཅིན་རྫུ་སྟོང་ཁེ15འཛོག་དགོས། འབྲས་བུའི་ལུད་ནི་འབྲས་བུ་སྨན་ཛོག་ལྷ་བུ་ཆེ་དུས་འཛོག་དགོས། མུའུ(སྤྱི་གྲུ་བཞི་མ667)རེར་རྒྱུན་འབྱུམ་གྱི་ཆེད་སྤྱོད་ལུད་སྟོང་ཁེ20འཛོག་དགོས། ཚོས་བགོས་ལུད་ནི་ལིན་ཐ་ལུད་གཙོ་བོར་འཛིན་པ་དང་། སྤྱིར་བཏང་དུ་མུའུ(སྤྱི་གྲུ་བཞི་མ667)རེར་གའོ་ལིན་སོན་ཀལ་སྟོང་ཁེ15ཡི་ནང་དུ་ལིའུ་སོན་ཐ་སྟོང་ཁེ15བསྲེས་ནས་འཛོག་དགོས།

(གཉིས) ཆུ་འདྲེན་པ།

རྒྱུན་འབྱུམ་ལ་ཆུ་མང་དུ་གཏོང་མི་རུང་། སྤྱིར་བཏང་དུ་ལུད་འཛོག་པ་དང་ཟུང་དུ་འབྲེལ་ནས་ཆུ་གཏོང་བ་དང་མྱུ་གུ་འབུས་པའི་དུས་སུ་ཆུ་མང་ཙམ་གཏོང་དགོས། དྲོད་ཚད་འཕར་ནས་མྱུ་གུ་འབུས་པར་སྐྱལ་བའི་དུས་སྐབས་སུ་ཆུ་ལྷག་ཏུ་མང་གཏོང་བྱས་ན་མྱུ་གུ་གྲལ་དག་གིས་སྐྱེས་པར་ཕན་པ་ཡོད། མེ་ཏོག་བཞད་པའི་དུས་སུ་གནས་སྐབས་སུ་ཆུ་གཏོང་མཚམས་བཞག་ན་འབྲས་བུ་ཐོགས་པར་ཕན། འབྲས་བུ་ཆགས་རྗེས་འབྲས་བུ་ཆུང་དུ་སྐྱེ་མགོ་ཚུགས་པ་དང་། དེ་ནས་ཉིན10ཡས་མས་ནང་དུ་ཆུ་ཞུང་དུ་ཐེངས་རེར་གཏོང་དགོས། འབྲས་བུ་ཇེ་ཆེར་སྤོས་པའི་དུས་སུ་ཆུ་མང་ཙམ་གཏོང་དགོས་ཤིང་ཆུ

ཐེངས1~2གཏོང་དགོས། ཚོས་མདོག་མངོན་པ་ནས་འབྲས་བུ་མ་བསྡུའི་སྔོན་དུ་ཆུ་གཏོང་བར་ཚོད་འཛིན་བྱས་ན་ཚོས་བྱུག་པར་ཕན་པ་ཡོད། བཙ་བསྡུ་དང་ལོ་མ་ལྷུང་བའི་དུས་སྐབས་སུ་ཆུ་ཐེངས་རེ་གཏོང་དགོས།

བདུན། ཉར་ཚགས་དང་སོ་ཉར།

རྒུན་འབྲུམ་ནི་དྲོད་ཚད་དམའ་མོ–1~0℃དང་ལྗོན་བཅས་རླན་ཚད85%~90%ཁོར་ཡུག་འོག་ཏུ་ཉར་ཚགས་བྱས་ན་འཚམ་པོ་ཡིན། དྲོད་ཚད་མཐོ་ཞིང་བརླན་པའི་ཆ་རྐྱེན་འོག་ཏུ་རུལ་སླ་བ་དང་གལ་ཏེ་བཞའ་ཚན་ཆུང་ནའང་ཆུ་ཤོར་སླ། གལ་ཏེ་ཆུ་ཤོར་ཚད1.2%ལས་བརྒལ་ན་རྒུན་འབྲུམ་གྱི་ཤུན་པགས་སྟེང་དུ་ལྟེབ་གཉེར་འབྱུང་བ་དང་འབྲས་བུའི་ཡུ་ཀང་སྐམ་ནས་ཉར་ཚགས་བྱེད་དཀའ། ཉར་ཚགས་བྱེད་ཐབས་གང་ཞིག་ཡིན་རུང་མཛོད་དུ་མ་བཅུག་པའི་སྔོན་དུ་མཛོད་ཁང་གཙང་སྦྲ་བྱེད་པ་དང་ཉི་མར་སྐམ་པ། ཁ་བསྣམས་དུག་སེལ་བཅས་བྱེད་དགོས། རྒྱུན་དུ་སྤྱོད་ཅིང་སྐབས་བདེའི་བྱེད་ཐབས་ནི་ཤིའུ་ཧོང་ཚ་ངར་གཏོང་བ་དང་། སྨི་གྲུ་བཞི་ལྷམ་པ100རེར་ཤིའུ་ཧོང་ཏ་ལམ་སྟོང་ཁེ3ཙམ་སྤྱོད་དགོས་པར་མ་ཟད། ཤིང་སོག་དང་མཉམ་དུ་མེར་བསྲེགས་ན་འདྲེས་སྦྱརSO_2ཐོན་པ་དང་། ཉིན2ལ་ཁ་དམ་པོར་སྦྱར་རྗེས་སྒོ་དང་སྐའུ་ཁུང་ཕྱེ་ནས་རླུང་རྒྱུག་ཏུ་འཇུག་དགོས།

ཆེན་པ་བཞི་པ། རྒུན་འབྲུམ་གྱི་ནད་འབུའི་གནོད་པ་གཙོ་བོ་དང་འགོག་བཅོས།

གཅིག ནད་འབུའི་གནོད་པ་གཙོ་བོ་དང་འགོག་བཅོས།

(གཅིག) རྒྱུན་མཐོང་གི་གནོད་སྐྱོན།

1. སད་སྐྱོན་ནད།

རྒུན་འབྲུམ་གྱི་སད་སྐྱོན་ནད་ནི་ཡོངས་ཁྱབ་ཏུ་ཐོན་ཞིང་རིམས་ནད་རང་བཞིན་གྱི་ནད་ཀྱི་གནོད་སྐྱོན་ཞིག་ཡིན། ཆར་ཆུ་མང་བའི་ལོ་དང་ཆར་ཆུ་མང་བའི་དུས་ཚོགས། དེ་མིན་

ཞིང་ཁར་བཞའ་ཚན་ཆེ་བའི་ཤིང་འབྲས་ལྷུམ་རའམ་ས་ཁུལ་ནས་དུས་རྒྱུན་དུ་ནད་རིམས་ཕོག་ཚད་ཚབས་ཆེན་ཡིན་ལ། སད་ནད་བྱུང་རྗེས་ལོ་མ་མང་པོ་རྐམ་ནས་ཤི་འགྲོ་བ་ཡིན།

(1) ནད་རྟགས། ནད་འབུས་རྒྱུན་འབྱུམ་གྱི་ལྗང་མདོག་གི་མྱུ་གུའི་ཕུང་གྲུབ་ཐམས་ཅད་ལ་གནོད་འཚེ་ཐེབས་ཐུབ། ①ལོ་མ། ནད་སྐྱོན་ཐེབས་པའི་ཐོག་མའི་དུས་སུ་ལོ་མའི་མདུན་ངོས་སུ་དྭངས་ཚད་ཕྱེད་ཀ་དང་མཐའ་མཚམས་མི་གསལ་བའི་ཁྲ་ཐིག་ཆུང་ངུ་འབྱུང་བ་དང་། རིམ་གྱིས་ཇེ་ཆེར་སོང་ནས་མདོག་ལྗང་སེར་དང་མཐའ་མཚམས་གསལ་པོར་མི་མངོན། དེ་ནས་ཁྲ་ཐིག་ཆུང་ངུ་མང་པོའི་གྲུབ་པའི་ཆ་མི་མཐུན་པའི་ཟུར་མང་པོའི་དབྱིབས་ཀྱི་ནད་སྐྱོན་ཐེབས་པའི་ཁྲ་ཐིག་ཆེན་པོ་ཞིག་ཏུ་འགྱུར། གནམ་གཤིས་བཞའ་ཚན་ཆེ་བའམ་ཞིང་ཁའི་བཞའ་ཚན་ཆེ་དུས། ལོ་འདབ་ཀྱི་རྒྱབ་ངོས་སུ་ནད་སྐྱོན་ཐེབས་པའི་ཁྲ་ཐིག་གི་འོག་ནས་རྒྱུན་དུ་ཧམ་སྤུ་དཀར་པོ་མང་པོ་ཐོན་པ་ཡིན། (ནད་འབུའི་མཚན་མེད་འཕེལ་ཉུས་ཕྲ་ཕུང་གི་འབུ་སྣོད)དུས་མཇུག་ཏུ་ནད་སྐྱོན་ཐེབས་ཡུལ་ཁམ་མདོག་ཏུ་འགྱུར་ཞིང་། རྐམ་ཤི་ཏུ་གྱུར་ནས་ལོ་མ་སར་ལྷུང་འགྲོ་བ་ཡིན། ②ཡལ་ག་གསར་པ་དང་སྤུ་དཀར། སྙེ་མདའ། ལོ་རྐང་གི་ཡུ་བ། ཐོག་མར་མདོག་སྐྱ་བོ(སེར་པོ་དང་སེར་སྐྱ)ཡི་ཆུ་ཐིམ་པའི་དབྱིབས་ཁྲ་ཐིག་འབྱུང་བ་དང་། དེ་ནས་དབྱིབས་ངེས་མེད་ཀྱི་ནད་སྐྱོན་ཐེབས་པའི་ཁྲ་ཐིག་འབྱུང་། ཁ་དོག་ཟབ་པོར་གྱུར་ནས་མདོག་སེར་སྨུག་གམ་སྨུག་པོར་འགྱུར་བ་ཡིན། གནམ་གཤིས་བཞའ་ཚན་ཆེ་དུས། ནད་སྐྱོན་ཐེབས་པའི་ཁྲ་ཐིག་གི་མདོག་དཀར་པོའི་སད་དབྱིབས་ཀྱི་རྡུལ་འགྱུར་བང་རིམ་ཞིག་འབྱུང་བ་དང་། གནམ་གཤིས་ཐན་པ་ཆེ་བ་དང་སྐམ་ཤས་ཆེ་བའི་སྐབས་སུ། ནད་སྐྱོན་ཐེབས་པའི་གནས་ཡུལ་མར་རྡིབ་པ་དང་སྐམ་འཁུམ་བྱུང་ནས་འཁྱོག་པའམ་སྐམ་ཤི་ཐེབས་པ་ཡིན། ③མེ་ཏོག་གི་གང་བུ་དང་འབྲས་བུ་ཆུང་ངུ། སྐྱེ་འཚར་གྱི་དུས་མགོར་བཞའ་ཚན་ཅུང་ཆེ་བའི་སྐབས་སུ། ནད་འདིས་ད་དུང་མེ་ཏོག་གི་བང་རིམ་དང་འབྲས་བུ་ཆུང་ངུ་ལ་ནད་བཟོས་ཏེ། འབྲས་བུའི་ཡུ་བའི་མདོག་འགྱུར་བ་དང་། དཀར་མདོག་གི་རྡུལ་རིམ་བྱུང་ནས་མཇུག་མཐར་ཤི་འགྲོ་བ་ཡིན། དུས་དེར་འབྲས་བུའི་ཤ་རྒྱུ་མཁྲེགས་པོར་ཆགས་ནས་ནག་པོར་འགྱུར་བ་དང་འབྲས་

རྡོག་གི་སྐྱེ་མཚམས་འཛོག་པ་ཡིན།

(2) འགོག་བཅོས་བྱེད་ཐབས། ①ཞིང་ལས་འགོག་བཅོས། དགུན་དུས་སུ་ཡལ་བཞུར་རྒྱག་པ་དང་བྲུང་འཕྲོལ་བྱས་ནས་ཞིང་ར་གཙང་དག་བྱས་ཏེ་ཡལ་ག་སྐམ་པོ་དང་ཡལ་བཞུར་བརྒྱབ་པའི་ཡལ་ག ལོ་མ་རྡུལ་བ། སར་ལྷུང་ལོ་མ་བཅས་ཕྱོགས་གཅིག་ཏུ་བསྡུས་ཏེ་སྲུངས་བསྲེལ་ལུད་རྫས་བཟོས་ནས། (ཡང་ན་བྱེད་ཐབས་གཞན་པ་སྤྱད་ནས་ཐག་གཅོད་དགོས)འབྱུང་ཁུངས་འབྲུགས་པའི་ནད་གཞིའི་འབབ་བཙོག་ཇི་ཉུང་དུ་གཏོང་དགོས། རྒུན་འབྲུམ་ར་བའི་དོ་དམ་ལ་ཤུགས་སྣོན་བྱས་ཏེ་དབྱར་དུས་སུ་ཡལ་ག་ཐལ་བ་སྐྱེ་བར་ཚོད་འཛིན་བྱེད་པ་དང་། ལོ་མའི་འཁྲིལ་རྐང་ལེགས་སྒྲིག་བྱས་ནས་རླུང་རྒྱུག་པ་དང་ཉི་འོད་གསལ་བར་ཁག་ཐེག་བྱེད་དགོས། སྐྱེ་འཚར་དུས་ཚིགས་སུ་ཡལ་བཞུར་བརྒྱབ་ནས་ནད་ཐོག་པའི་ཡལ་ག་དང་ནད་ཐོག་པའི་འཁྲིལ་རྐང་། ནད་ཐོག་པའི་ལོ་མ་བཅས་ཞིང་ནང་ནས་ཕྱིར་འདོར་དགོས། ཆར་གཡོལ་དང་ཐྲོད་ཁང་ཆེན་མོ་སོགས་ཀྱི་སྒྲིག་བཀོད་སྤྱད་དེ་འདེབས་འཛུགས་བྱས་ཆོག ②སྨན་རྫས་འགོག་བཅོས། ཆར་ཆུའི་དུས་ཚིགས་སུ་འགོག་བཅོས་ཚད་ལྡན་བྱེད་དགོས་ཤིང་། སྤྱིར་བཏང་དུ་སྲུང་སྐྱོབ་རང་བཞིན་གྱི་འབུ་ཐྲ་གསོད་སྨན་རྫས་ནི1 : 0.7 : 200པའི་ལིའང་རང་བཞིན་གྱི་པོ་ཨའི་ཏུའོ་གཤེར་ཁུ་དང་། 80%ཆུའི་མཁྲིས་རྡོའི་རྡོ་ཐལ(པོ་ཨའི་ཏུའོ་གཤེར་ཁུ)བཞའ་ཚན་རང་བཞིན་གྱི་སྨན་ཕྱེ་པའི་ཡིས800གཤེར་ཁུ་དང་། 50%པའོ་པའི་སྦྲུའུ་མེ་ཏོང་བཞའ་ཚན་རང་བཞིན་གྱི་སྨན་ཕྱེ་པའི་ཡིས1500གཤེར་ཁུ་དང་། 30%ཏའི་སེན་མིན་ཞིན་འཕྱོ་གཡེང་སྨན་རྫས་པའི་ཡིས600~800གཤེར་ཁུ། 25%མེའི་ཅིན་ཀྲི་གཡེང་འཕྱོ་སྨན་རྫས་པའི་ཡིས1500གཤེར་ཁུ་སོགས་སྤྱད་དེ་ཐ་དུས་སྔོན་འགོག་བྱེད་དགོས། སྨན་བཅོས་སྨན་རྫས་ནི50%ཞི་ཤན་ལྷ་ལིན་ཆུ་ཐོར་རྡོག་སྨན་པའི་ཡིས2000~3000གཤེར་ཁུ་དང་། 80%ཏོང་ཉའོ་ཆིན་ཆུ་ཐོར་རྡོག་སྨན་པའི་ཡིས2000གཤེར་ཁུ། 25%ཅིན་ལྷ་ཧྲང་ལིང་སྨན་ཕྱེ་པའི་ཡིས2000གཤེར་ཁུ། 58%ལྷ་ཧྲང་ལིང་མེན་ཞིན་བཞའ་ཚན་རང་བཞིན་སྨན་ཕྱེ་པའི་ཡིས1000གཤེར་ཁུ། 60%སྦྱལ་མེའུ་མེན་ཞིན་པའི་ཡིས600~800གཤེར་ཁུ་སྤྱོད་དགོས།

ཆར་ཆུའི་དུས་ཚིགས་སུ་འགོག་བཅོས་ཚད་ལྡན་བྱེད་དགོས། ཉིན10ཡས་མས་སུ་འབུ་སྲ་གསོད་བྱེད་ཀྱི་སྨན་རྫས་ཐེངས1ལ་སྦྱོད་དགོས། སྤྱིར་བཏང་དུ་སྲུང་སྐྱོབ་རང་བཞིན་གྱི་འབུ་སྲ་གསོད་བྱེད་ཀྱི་སྨན་རྫས་གཙོ་བོར་བཟུང་ནས་སྤྱོད་དགོས། སྨན་གཏོར་སྐབས་ཕྱོགས་སོ་སོར་ཆ་སྙོམས་ཡིན་དགོས་ཤིང་། ལྷག་པར་དུ་ནང་འཛིབ་མིན་པའི་སྨན་གཏོར་དུས་ངེས་པར་དུ་དོ་སྣང་བྱེད་དགོས། སྨན་གཏོར་སའི་གནས་ཡུལ་གཙོ་བོ་ནི་ལོ་མའི་རྒྱབ་ངོས་ཡིན་མོད། འོན་ཀྱང་མེ་ཏོག་མ་བཞད་པའི་སྔ་གཞུག་ཏུ་མེ་ཏོག་གི་བང་རིམ་དང་སྙེ་ཙུབ་སྟེང་དུ་གཏོར་བ་དང་། སད་སྐྱོན་གྱི་ནད་བྱུང་བའི་དུས་མགོར། སྤྱིར་བཏང་དུ་ནད་གཞིའི་འབྱུང་ཁུངས་ཀྱི་ལྟེ་གནས་ཡོད་ཅིང་། ནད་བྱུང་བའི་ལྟེ་གནས་གཙོ་གནད་དུ་བཟུང་ནས་འགོག་བཅོས་བྱེད་དགོས། ནང་འཇུ་རང་བཞིན་གྱི་འབུ་སྲ་གསོད་བྱེད་ཀྱི་སྨན་དང་སྲུང་སྐྱོབ་རང་བཞིན་གྱི་འབུ་སྲ་གསོད་བྱེད་ཀྱི་སྨན་མཉམ་བསྲེས་སམ་བརྗེ་རེས་བྱས་ནས་བཀོལ་བར་མཉམ་འཛོག་བྱེད་དགོས།

འབྲས་བུ་བཏང་བསྡུ་བྱས་རྗེས་ད་དུང་སྨན་ཐེངས2~3གཏོར་དགོས་ཤིང་། སྔ་མོ་ནས་ལོ་མ་སར་ལྷུང་བར་སྔོན་འགོག་བྱེད་དགོས།

2. ཏམ་ཙུལ་ནད།

ཏམ་ཙུལ་ནད་ནི་རྒུན་འབྲུམ་ཐོན་སྐྱེད་བྱེད་དུས་ཡོངས་ཁྱབ་ཏུ་ཐོན་པའི་ནད་འབུའི་གནོད་སྐྱོན་ཞིག་ཡིན་ལ། ནད་སྐྱོན་འདིའི་རིགས་ཐེབས་པའི་སྐབས་སུ། མེ་ཏོག་གི་སྙེ་མར་གནོད་འཚེ་ཐེབས་པའི་ཚད་ནི་སྐབས་འགར70%ཡན་ཟིན་ཡོད། སྨིན་ཟིན་པའི་འབྲས་བུའང་རྒྱུན་དུ་ནད་འདི་འགོས་ནས་སྐྱེ་འཚར་དང་བཏང་བསྡུ། གསོག་ཉར་སྐྱེལ་འདྲེན། ཕྱིར་འཚོང་བཅས་ཀྱི་དུས་སུ་རྒུན་འབྲུམ་མང་པོ་ཙུལ་བཞིན་ཡོད།

(1) ནད་རྟགས། རྒུན་འབྲུམ་གྱི་ཏམ་ཙུལ་ནད་ནི་རྒུན་འབྲུམ་གྱི་མེ་ཏོག་བཞད་པའི་དུས་སྐབས་དང་འབྲས་བུ་སྨིན་པའི་དུས་སྐབས། གསོག་ཉར་དུས་སྐབས་སུ་བྱུང་བའི་ཏམ་ཙུལ་གྱི་སྣང་ཚུལ་བྱུང་བ་ཡིན་མོད། འོན་ཀྱང་ནད་རྟགས་མི་འདྲ་བ་འབྱུང་བ་ཡིན། གཞན་པའི་དུས་སྐབས་སུ་ནད་རྟགས་མི་མངོན་པར་འབབ་བཙོག་བཟོ་བ་དང་། སྐབས་འགར་

ཡལ་ག་གསར་བ་དང་ལོ་མ་གསར་བ་ལའང་གནོད་པ་ཡིན། ①མེ་ཏོག་བཞད་པའི་དུས་ཀྱི་ནད་རྟགས། ཏམ་ཏུལ་གྱི་ནད་འབུ་ནི་མེ་ཏོག་གི་རྩེ་མོ་སར་མ་ལྷུང་སྔོན་ལ(མེ་ཏོག་མ་བཞད་པའི་སྔོན་དང་མེ་ཏོག་བཞད་པའི་དུས་སྐབས)མེ་ཏོག། ཡང་རིམ་ལ་འབག་བཙོག་བཟོས་ནས་ཏུལ་བའམ་སྐམ་པར་འགྱུར་བ་དང་མཇུག་མཐར་སར་ལྷུང་བ་ཡིན། མེ་ཏོག་བཞད་པའི་དུས་མགོར་ནད་འབུ་ནི་རིམ་བཞིན་རྙིད་འཁུམ་དུ་གྱུར་པའི་མེ་ཏོག་གི་རྩེ་མོ་དང་ཟེའུ་འབྲུ་མོ། སྐྱེ་འཚར་མི་ལེགས་པའི(ཡང་ན་སྐྱེ་འཚར་ཚ་ཚད་མིན་པ)འབྲས་བུ་ཆུང་ངུ་སོགས་ལ་འགོས་པ་དང་། ནད་འབུ་ནི་ཕུང་གྲུབ་ནས་མགོ་ཚུགས་ཏེ། འབྲས་བུའི་ཡལ་ག་དང་སྐྱེ་མའི་སྟེང་དུ་འགོས་པ་ཡིན། ནད་ཕོག་པའི་འབྲས་བུའི་ཡལ་ག་དང་སྐྱེ་མ་ནི་ཐོག་མའི་དུས་སུ་གནོད་འཚེ་ཐེབས་ཁུལ་དུ་མདོག་སྨུག་སྨུའི་ཆུ་དྲིག་དབྱིབས་ཀྱི་ཁྲ་ཐིག་འབྱུང་ཞིང་། མགྱོགས་མྱུར་ངང་མདོག་སྨུག་པོར་གྱུར་ནས་སྐྱེ་ཏུབ་ཧྲིལ་པོ་ཏུལ་བ་དང་། བཞའ་ཚན་ཆེ་བའི་དུས་སུ་ནད་ཕོག་པའི་སྐྱེ་མའི་སྟེང་དུ་ཐྱི་བ་ཐལ་མདོག་གི་ཏུལ་རིམ་ཞིག་སྐྱེས་པ་ཡིན། ②འབྲས་བུ་སྨིན་པའི་དུས་སྐབས་ཀྱི་ནད་རྟགས། ནད་འབུ་རྨ་ཁ་དང་ཕྱི་ཤུན་བརྒྱུད་ནས་ཐད་ཀར་འབྲས་བུའི་སྟེང་དུ་ཞུགས་པ་ཡིན། སྐྱེ་ཏུབ་ཀྱི་ཚགས་དམ་ན་འབྲས་ཇོག་ཕན་ཚུན་བཙིར་ནས་ཐོག་མར་ཉེ་འགྲམ་གྱི་འབྲས་བུར་འགོས་ཤིང་དེའི་འཁོར་སྐྱེ་ཏུབ་ཡོངས་ལ་མཆེད་པ་དང་། གལ་ཏེ་མཁའ་རླུང་སྐམ་གཤིས་ཆེ་ན་གནོད་འཚེ་ཐེབས་པའི་འབྲས་བུ་སྐམ་འགྲོ་ལ། གལ་ཏེ་གནམ་གཤིས་རླན་གཤིས་ཆེ་ན་འབྲས་ཇོག་གས་འགྲོ་བར་མ་ཟད། འབྲས་བུའི་ཕྱི་ངོས་སུ་ཐྱི་བའི་སྐྱ་མདོག་ལྟ་བུའི་ཏུལ་རིམ་ཆགས་པ་ཡིན། ③ཉར་ཚགས་བྱེད་པའི་དུས་སྐབས་ཀྱི་ནད་རྟགས། དེ་སྔའི་འབག་བཙོག་བཟོས་ཅིང་སྨིན་པའམ་ཚོས་ཟིན་པའི་སྐྱེ་ཏུབ་དྲོད་ཚད་དམའ་མོའི་ཁོར་ཡུག་ནང་དུ་ཉར་ཚགས་བྱེད་སྐབས། སྐྱེ་མའི་རྟེན་ཀང་རྣོན་པར་འགྱུར་བར་མ་ཟད། རིམ་བཞིན་སྨུག་པོར་གྱུར་ནས་ཏུལ་རིམ་གྱིས་འགེབས་པ་དང་། ཏུལ་རིམ་འདི་དག་ལས་སྐབས་འགར་གྱིས་སྐྱེས་ཐུམ་རྟུལ་བྱུང་ནས་འབག་བཙོག་བཟོས་ཟིན་པའི་འབྲས་ཇོག་ནི་ཁམ་མདོག་གི་རླུམ་དབྱིབས་ཁྲ་ཐིག་འབྱུང་བར་མ་ཟད། འབྲས་ཇོག་ཡོངས་ལ་མཆེད་ནས་ནད་ལྡན་ཁྲ་ཐིག

གི་ཤུན་པགས་ཕྱིས་སླ་བ་ཡིན།

(2) འགོག་བཅོས་བྱེད་ཐབས། ①ཞིང་ལས་འགོག་བཅོས། འདེབས་འཛུགས་དོ་དམ་ལ་ཤུགས་སྣོན་བྱེད་པ་དང་ཧན་ལུད་མང་པོ་རྒྱག་མི་རུང་ཞིང་ཡལ་ག་གསར་བའི་སྐྱེ་འཚར་རྒྱས་དྲགས་པར་སྔོན་འགོག་བྱེད་དགོས། སྟོན་དུས་དང་དགུན་དུས་སུ་ཞིང་ནང་གི་སྙིགས་རོ་གཙང་སེལ་བྱེད་དགོས་པ་དང་། དཔྱིད་དུས་ནད་ཡོག་རྗེས་དུས་ཐོག་ཏུ་ནད་ཡོག་པའི་སྐེ་མ་བྲེགས་ནས་དོར་དགོས། སྐྱེ་ལྡན་ལུད་མང་དུ་འཛོག་དགོས་ཤིང་ནུས་མྱུར་ཧན་ལུད་བེད་སྤྱོད་བྱེད་པར་ཚོད་འཛིན་འོས་འཚམ་བྱས་ནས་སྡོང་རྐང་གི་སྐྱེ་འཚར་བཟང་དྲགས་པར་སྔོན་འགོག་བྱེད་དགོས། ②རྫས་འགྱུར་འགོག་བཅོས། ཞིང་ཁའི་རྒྱུན་འབྲུམ་གྱི་ཧམ་རུལ་ནད་འགོག་བཅོས་བྱེད་པའི་སྨན་ལ་སྲུང་སྐྱོང་རང་བཞིན་གྱི་འབུ་སྲིན་གསོད་བྱེད་ཀྱི་སྨན་རྫས་ཡོད། 50%ཐྲུ་མེ་ཧྲུང་བཞའ་ཚན་རང་བཞིན་གྱི་སྨན་ཕྱེ་པའི་ཡིས1500གཤེར་ཁུ་དང་། 25%མི་ཉུན་ཀྲི་གཡིང་འཁྱོ་སྨན་ཕྱེ་པའི་ཡིས1500གཤེར་ཁུ། 50%དབྱི་ཞི་ཉུན་ཧེ་ལིའི་བཞའ་ཚན་རང་བཞིན་གྱི་སྨན་ཕྱེའ་པའི་ཡིས500གཤེར་ཁུ། 50%ཐྲུ་མེ་ལི་བཞའ་ཚན་རང་བཞིན་གྱི་སྨན་ཕྱེ་པའི་ཡིས8000~1000གཤེར་ཁུ། 25%དབྱི་ཅིན་ཉའོ་འཁྱོ་གཡིང་སྨན་ཕྱེ་པའི་ཡིས300གཤེར་ཁུ་སོགས་ཡོད། ③ནང་འཇུ་རང་བཞིན་གྱི་འབུ་སྲིན་གསོད་སྨན། 22%དབྱང་མེ་ཙོ་གཤེར་གཟུགས་འདྲེས་སྦྱོར་སྨན་རྫས་པའི་ཡིས1500གཤེར་ཁུ། 16%སྣི་ཞན། དབྱི་ཅིན་ཉའོ་གཡིང་འཁྱོ་སྨན་རྫས་པའི་ཡིས1500གཤེར་ཁུ། 50%ཏིན་ཞན་ཉུན་ཨིན་པའི་ཡིས1500གཤེར་ཁུ། 70%ཙ་ཅི་ལིའུ་ཉུན་ལིང་བཞའ་ཚན་རང་བཞིན་གྱི་སྨན་ཕྱེ་པའི་ཡིས800གཤེར་ཁུ། 50%ཏའོ་ཅིན་ལིང་བཞའ་ཚན་རང་བཞིན་གྱི་སྨན་ཕྱེ་པའི་ཡིས500~600གཤེར་ཁུ། 40%མེན་མེ་ཨན་པའི་ཡིས800~1000གཤེར་ཁུ། 10%ཏའོ་ཁང་མེ་སུའུ་བཞའ་ཚན་རང་བཞིན་གྱི་སྨན་ཕྱེ་པའི་ཡིས600གཤེར་ཁུ་སོགས་ཡིན། ཧམ་རུལ་ནད་འགོག་བཅོས་བྱེད་པར་གནད་འགག་གི་དུས་སྐབས་འགའ་དམ་འཛིན་དགོས་ཏེ། མེ་ཏོག་གི་བང་རིམ་ཁ་གྱེས་པའི་དུས་དང་། མེ་ཏོག་སར་ལྷུང་བའི་དུས་མཇུག་དང་འབྲས་ཏོག་གྲུབ་པ་ནས་སྐེ་མ་མ་བཏང་བའི་སྔོན། འབྲས་ཏོག་ཐོག་མར་སྨིན་པ་ནས་འབྲས་བུ་བཏ

བསྒྲུ་བྱེད་པའི་བར་གྱི་ཉིན20ཡས་མས་ཡིན།

3. ས་ནད།

(1) ནད་རྟགས། ནད་འདེབས་གཙོ་བོ་སྐྱེ་མའི་རྟེན་རྐང་དང་ལོ་མ། ཕྱུ་ད་ཀ་ར། ཡ་ལ་ག་སོགས་ལ་གནོད་འཚེ་ཐེབས་པ་ཡིན། འབྲས་བུར་ཐོག་མར་གནོད་འཚེ་ཐེབས་སྐབས། འབྲས་བུའི་ངོས་སུ་ཁབ་མགོའི་ཚེ་ཆུང་གི་ཆུ་ཐིམ་ཁྲ་ཐིག་འབྱུང་བ་དང་། རྒྱ་ཁྱོན་ཇེ་ཆེར་སོང་རྗེས་རིམ་བཞིན་སྨོར་དབྱིབས་དང་སྨུག་སྐྱའི་ཞོམ་རྡེབ་ཀྱི་ཁྲ་ཐིག་འབྱུང་། དེའི་སྟེང་གི་འཁོར་འཁྱིལ་རིས་དབྱིབས་ཀྱི་ཕྱིར་འབུར་ནག་ཐིག་ཆུང་བ་སྟེ་ནད་འབུའི་གྲེས་སྐྱེས་ཐུམ་སྟེར་འབྱུང་བ་དང་། བཞའ་ཚན་ཆེ་བའི་ཆ་རྐྱེན་འོག་ནས་འདིའི་སྟེང་དུ་ལི་ཤང་དམར་པོའི་གྲེས་སྐྱེས་ཐུམ་ཚོགས་འབྱུང་བ་ཡིན། སོན་རིགས་སྐོར་ཞིག་གི་ནད་རྟགས་ཅུང་མི་འདྲ་སྟེ་འབྲས་རྡོག་ཆུང་ངུའི་ཕྱི་ངོས་ནས་མངོན་གསལ་གྱི་ནད་རྟགས་མི་འབྱུང་ཞིང་། སྐྱེ་རྗེས་ཚོས་སྨིན་བྱུང་རྗེས་ཁ་དོག་སྨུག་པོའི་དབྱིབས་ངེས་མེད་ཀྱི་ནད་རྟགས་མངོན་ལ། ནད་ཐིག་ལ་མངོན་གསལ་གྱི་མཐའ་མེད་ཅིང་མཇུག་མཐར་ནད་ཐོག་པའི་འབྲས་བུ་སྐམ་ནས་དཔལ་འབྱོར་རིན་ཐང་ཤོར་འགྲོ། ནད་རྟགས་འདིའི་རིགས་ནི་རྒྱ་སེ་མེ་ཏོག་གི་དྲི་མའི་སྟེང་དུ་མངོན་ཚུལ་ཆེས་མངོན་གསལ་ཡིན།

འབྲས་བུའི་ཡལ་ག་དང་སྐྱེ་མའི་རྟེན་རྐང་སྟེང་དུ་ནད་བྱུང་ན། ཁ་དོག་སྨུག་པོར་གྱུར་བའི་སྨོར་དབྱིབས་ནང་རྡེབ་ཁྲ་ཐིག་འབྱུང་ལ། འབྲས་བུའི་སྐྱེ་མའི་སྐྱེ་འཚར་ལ་ཤུགས་རྐྱེན་ཐེབས་པ་ཡིན། ཚབས་ཆེ་བའི་དུས་སུ་སྐྱེ་རུབ་འབྲས་རྡོག་ཡོངས་སྐམ་པའམ་སར་ལྷུང་བ་ཡིན། འོན་ཀྱང་ཡལ་ག་གསར་བ་དང་འབྲས་བུ་མ་ལག་གི་སྟེང་དུ་ནད་འབུ་ཡོད་པ་ལས་མངོན་གསལ་གྱི་ནད་རྟགས་མེད།

(2) འགོག་བཅོས་བྱེད་ཐབས། ①ཞིང་ལས་འགོག་བཅོས། འདེབས་འཛུགས་དོ་དམ་ལ་ཤུགས་སྟོན་དང་ས་རྒྱུ་ལེགས་བཅོས་བྱེད་པ་དང་། སྐྱེ་ལྡན་ལུད་མང་པོ་འཇོག་དགོས། རྒུན་འབྲུམ་གྱི་གདང་བུའི་ངོས་ཀྱི་འབྲས་བུ་སྨིན་པའི་ཡལ་ག་གཙོ་བོ་ཇེ་མཐོར་བཏང་ནས། ཡལ་ག་གསར་བ་མང་པོ་མི་འཇོག་པར་དུས་ཐོག་ཏུ་ཡལ་ག་ཕལ་བ་རྣམས

བཏོག་སྟེ་རླུང་རྒྱུག་པ་དང་ཉི་འོད་འཕྲོ་བར་ཁག་ཐེག་བྱེད་དགོས། རྒྱུན་འབྱུམ་བཙ་བསྒྱུ་བྱས་རྗེས་དུས་ཐོག་ཏུ་ཤིང་འབྲས་ལྷུམ་རའི་ནང་གི་འབྲས་བུ་ཏུལ་བའམ་ས་ངོས་སུ་ལུས་པའི་འབྲས་བུ་རྣམས་དྲོད་ཚད་མཐོན་པོས་ལུད་སློལ་བ་དང་ས་འོག་ཏུ་སྦས་འཇུག་བྱེད་དགོས། གཞན་ཡང་ཆར་ལ་གཡོལ་ནས་འདེབས་འཛུགས་བྱས་ན་ཆར་ཆུའི་བཞའ་ཚན་དང་ཆར་ཆུ་ཐོར་བར་གཡོལ་ཐུབ་པ་དང་། ཁུག་མའི་ནང་དུ་འདེབས་འཛུགས་བྱས་ནའང་གྱིས་སྐྱེས་ཐུམ་རྟུལ་མི་མཆེད་པར་ཕན་པས་རྒྱུན་འབྱུམ་གྱི་ས་ནད་སྔོན་འགོག་བྱེད་ཐུབ། ②རྫས་འགྱུར་འགོག་བཅོས། སྨུ་གུ་འབུས་པའི་སྔོན་ལ3~4ཏུའུ་ཧྲི་ལིའུ་འདྲེས་སྦྱོར་སྨན་རྫས་སྦྱད་ནས་ལྷུམ་ར་གཙང་དག་བྱེད་དགོས། སྨུ་གུ་འབུས་པ་ནས་མེ་ཏོག་མ་བཞད་པའི་སྔོན་དུ་ནད་འབུའི་གནོད་པ་གཞན་དག་འགོག་བཅོས་བྱེད་པའི་སྲུང་སྐྱོབ་རང་བཞིན་གྱི་འབུ་སྲ་གསོད་སྨན་སྦྱོད་དགོས། དཔེར་ན། སྦྲའུ་མེ་ཧྲོང་པའི་ཡིས1500གཤེར་ཁུ་དང30%ཧྲའི་སེན་མེན་ཞིན་གཡེང་འཕྱོ་སྨན་རྫས་པའི་ཡིས800གཤེར་ཁུ། ཅ་ཅི་ལིའུ་ཙུན་ལིང་པའི་ཡིས1000གཤེར་ཁུ་སོགས་ཡིན། མེ་ཏོག་ལྷུང་རྗེས་སྲུང་སྐྱོང་སྨན་རྫས་དང་གསོ་བཅོས་རང་བཞིན་གྱི་སྨན་རྫས་སྦྱད་ཆོག་སྟེ། དཔེར་ན37%ཕྱུན་སྨི་ཅ་ཧྲོན་ཙོ་ཆུ་ཐོར་རྡོག་ཏུལ་སྨན་རྫས་པའི་ཡིས3000གཤེར་ཁུ་དང་ཡང་ན40%ཕྱུན་སྨི་ཅ་ཧྲོན་ཙོ་གཡེང་འཕྱོ་སྨན་རྫས་པའི་ཡིས4000གཤེར་ཁུ། 40%སྦྲུལ་ཀའོ་ཙོ་ཐྲིས་མ་པའི་ཡིས8000གཤེར་ཁུ། 12.5%ཞི་ཙོ་ཕྲུན་བཞའ་ཚན་རང་བཞིན་གྱི་སྨན་ཕྱེ་པའི་ཡིས2000~3000གཤེར་ཁུ། 40%ཆིན་ཅིན་ཙོ་བཞའ་ཚན་རང་བཞིན་གྱི་སྨན་ཕྱེ་པའི་ཡིས6000~8000གཤེར་ཁུ་སོགས་སྦྱད་ཆོག གཞན་ཡང་ཁུག་མར་མ་བཙུག་པའི་སྔོན་དུ་དེའི་ནང་དུ22%དབྱང་མའི་ཙོ་པའི་ཡིས1500+25%མའི་ཙུན་ཀྲི་གཡེང་འཕྱོ་སྨན་རྫས་པའི་ཡིས1500+40%ཕྱུན་སྨི་ཅ་ཧྲོན་ཙོ་གཡེང་འཕྱོ་སྨན་རྫས་པའི་ཡིས3000གཤེར་ཁུ་སྦྱད་ནས་སྣེ་ཏུབ་ཐག་གཅོད་བྱེད་པ་ནི་རྒྱུན་འབྱུམ་ཁུག་མར་འདེབས་འཛུགས་བྱེད་པའི་འགག་རྩའི་བྱེད་ཐབས་ཡིན།

4. ཕྱེ་དཀར་ནད།

ཕྱེ་དཀར་ནད་ནི་དུས་རྒྱུན་དུ་ཐོག་པའི་ནད་རིགས་ཤིག་དང་། བསྐྱུད་མར་ཐན་པ་

བྱུང་བའི་གནམ་གཤིས་འོག་ཏུ་ནད་འབྱུང་ཚད་ཚབས་ཆེན་ཡིན། ཆར་ཆུ་མང་བའི་དུས་ཚིགས་སམ་བཞའ་ཚན་ཆེ་བའི་ཁོར་ཡུག་འོག་ཏུ་ནད་འབྱུང་ཚད་ཉུང་བ་བའམ་མི་འབྱུང་བ་ཡིན། ཉེ་བའི་ལོ་འགའི་རིང་ལ་སྨྲིག་བཀོད་འདེབས་འཛུགས་ཀྱི་ཁྱབ་ཁོངས་ཇེ་ཆེར་སོང་བ་དང་བསྟུན་ནས་ཕྱེ་དཀར་ནད་འབྱུང་ཚད་ཀྱང་ལོ་རེ་བཞིན་ཇེ་མང་དུ་འགྲོ་བཞིན་ཡོད།

(1) ནད་རྟགས། ནད་འདིས་གཙོ་བོར་ལོ་འདབ་དང་ཡལ་ག འབྲས་བུ་སོགས་ལ་གནོད་འཚེ་ཐེབས་བཞིན་ཡོད་ཅིང་། གསར་སྐྱེས་དང་མཉེན་པའི་ཕུང་གྲུབ་ལ་ཚོར་བ་སྐྱེན་པོ་ཡོད། ལོ་མ་ལ་གནོད་འཚེ་ཐེབས་རྗེས་མདུན་ཕྱོགས་སུ་ཆེ་ཆུང་མི་འདྲ་བའི་དབྱིབས་གཟུགས་ངེས་མེད་ཀྱི་མདོག་སེར་པོའམ་མདོག་ལྗང་ཁུའི་ཁྲ་ཐིག་འབྱུང་བ་དང་། ནད་ཐིག་གི་ནང་ངོས་དང་ཕྱི་ངོས་སུ་མདོག་དཀར་པོའི་ཕྱེ་གཟུགས་ཀྱི་དངོས་པོ་མཐོང་ཐུབ་ཅིང་། ཚབས་ཆེ་བའི་དུས་སུ་ལོ་མ་ཚང་མ་སྐམ་པར་འགྱུར་བ་ཡིན། ཡལ་ག་གསར་བ་དང་འབྲས་བུའི་སྟོང་བོ། སྙེ་མའི་རྟེན་རྐང་བཅས་ཀྱི་ཕྱི་ངོས་སུ་དབྱིབས་ངེས་མེད་ཀྱི་མདོག་དཀར་སྐྱའི་ཁྲ་ཐིག་ཐོན་པ་དང་། དུས་མཇུག་ཏུ་དཀར་སྐྱའི་ཁྲ་ཐིག་འོག་རིམ་དུ་ཁ་བའི་འདབ་མ་དང་དབྱིབས་ངེས་མེད་ཀྱི་ཁྲ་ཐིག་ཐོན་པ་ཡིན་པས་སྙེ་མའི་རྟེན་རྐང་དང་འབྲས་བུའི་ཡལ་ག་མཉེན་པོར་གྱུར་ནས་ཡལ་གའི་སྐྱེ་འཚར་ལ་དགག་རྐྱེན་བཟོ་བ་ཡིན། འབྲས་རྡོག་ཆུང་དུ་ལ་ནད་འབྱུང་སྐབས་ཐོག་མར་མདོག་ལྗང་དམར་གྱི་ཁྲ་ཐིག་འབྱུང་བ་དང་། འབྲས་བུའི་ངོས་ནས་སྐར་མང་དབྱིབས་ཀྱི་རི་མོ་ཡོད་ཅིང་། དེའི་སྟེང་དུ་ཕྱེ་དཀར་དབྱིབས་ཀྱི་དངོས་པོ་རིམ་པ་ཞིག་བཀབ་ནས་འབྲས་བུ་སྐྱེ་མཚམས་འཇོག་པ་དང་། སྐབས་འགར་ཡ་མ་གཟུགས་སུ་འགྱུར་བར་མ་ཟད། འབྲས་བུའི་ཤ་རྒྱུའི་བྲོ་བ་སྐྱུར་བར་འགྱུར་བ་ཡིན། ཐོག་མར་ཚོས་མདོག་མདོན་དུས་ཆར་ཆུ་མང་བའི་གནམ་གཤིས་དང་འཕྲད་ན་འབྲས་བུར་ནད་འབྱུང་ཞིང་། ནད་ཕོག་ས་གས་པ་དང་དེའི་འཕྲོར་རུལ་བ་ཡིན།

(2) འགོག་བཅོས་བྱེད་ཐབས། ①ཞིང་ལས་འགོག་བཅོས། ཞིང་ས་དང་ལྷུམ་ར་ཕྱོགས་ཡོངས་ནས་གཙང་སེལ་བྱས་ཏེ་ནད་ཕོག་པའི་འཁྲིལ་རྐང་དང་ནད་ཕོག་པའི་སྨྱུ་གུ། ནད་ཕོག་པའི་འབྲས་བུ་སོགས་མེད་པར་བཟོས་ནས་དགུན་བརྒལ་དུས་ཀྱི་ནད་

གཞི་རྗེ་ཉུང་དུ་གཏོང་དགོས། འདེབས་འཛུགས་ཀྱི་དོ་དམ་ལ་ཤུགས་སྣོན་བྱས་ཏེ། དུས་ཐོག་ཏུ་རྩི་བཏོག་པ་དང་འཁྲིལ་རྐང་གཙོད་པ། ཡལ་ག་ཕལ་བ་བཅད་ནས་རླུང་རྒྱུག་ཏུ་འཇུག་དགོས། རྫས་ལུད་མང་པོ་སྤྱོད་མི་ཆོག་ཅིང་ལྷག་པར་དུ་ཏན་ལུད་མང་དུ་སྤྱོད་མི་རུང་། ②རྫས་འགྱུར་འགོག་བཅོས། སྨུ་གུ་འབུས་པའི་སྔོན་དུ་པོ་མེ་ཏུའུ3~5ཏུའུ་ཧྲི་ཞིའུ་བསྲེས་སྦྱོར་སྨན་རྫས་གཏོར་དགོས། སྨུ་གུ་འབུས་རྗེས་ཐེངས1~2ལ་པོ་མེ་ཏུའུ3~5ཏུའུ་ཧྲི་ཞིའུ་བསྲེས་སྦྱོར་སྨན་རྫས་གཏོར་དགོས། སྐྱེ་འཚར་དུས་རིམ་གྱི་ཐོག་མའི་དུས་ནས་བཟུང50%ཞིའུ་གཡིང་འཕྱོ་སྨན་རྫས་པའི་ཡིས400~500གཤེར་ཁུ་དང་། 70%ཅ་ཅི་ཞིའུ་ཙུན་ཞིང་བཞའ་ཚན་རང་བཞིན་གྱི་སྨན་ཕྱེ་པའི་ཡིས800~1000གཤེར་ཁུ། 5%དབྱི་ཙོ་ཁྲུན་གཡིང་འཕྱོ་སྨན་རྫས་པའི་ཡིས1500གཤེར་ཁུ་གཏོར་བ་དང་། ནད་ཕོག་པའི་ཐོག་མའི་དུས་མགོར། ཉིན7~10བར་ནས་ཐེངས་གཅིག་ལ་གཏོར་དགོས།

5. འབྲུམ་ནད།

(1) ནད་རྟགས། རྒུན་འབྲུམ་གྱི་སྨུ་གུ་འབུས་པ་ནས་སྐྱེ་འཚར་དུས་མཇུག་བར་དུ་ནད་འདི་འབྱུང་བ་ཡིན། ནད་འབུ་འདིས་རྒུན་འབྲུམ་གྱི་ལྗང་སྨུག་སྟེང་གི་མཉེན་པའི་ཆ་སྟེ་དཔེར་ན་ལོ་མ་དང་མེ་ཏོག་གི་བང་རིམ། ཤིང་འབྲས། མཉེན་པའི་ཡལ་ག སྦྲུ་དཀར་སོགས་ལ་གནོད་པ་ཡིན། ལོ་མ་ལ་གནོད་འཚེ་ཐེབས་པའི་རྗེས་ནས་བཟུང་ཁབ་མགོའི་ཆེ་ཆུང་གི་ཆུ་དྲིག་དབྱིབས་ཀྱི་ཁ་དོག་ཁམ་སྨུག་ནས་སྨུག་པོའི་ཁྲ་ཐིག་འབྱུང་བ་དང་། མཐའ་འཁོར་དུ་མདོག་སེར་པོའི་འཁོར་རིས་མངོན་པ་ཡིན། ནད་ཕོག་པའི་ཁྲ་ཐིག་རྗེ་ཆེར་སོང་རྗེས་ཞོམ་པ་དང་དཀྱིལ་གཞུང་ནས་མདོག་དཀར་པོ་དང་མཐའ་རུ་ཁ་དོག་སྨུག་པོ་མངོན་པ་ཡིན། དེའི་རྗེས་ཀྱི་དུས་སུ་ནད་ཐིག་ལ་ལའི་དཀྱིལ་ནས་ཕྲ་ཁུང་བརྡོལ་ཞིང་། མཐའ་འཁོར་དུ་ད་དུང་མངོན་གསལ་གྱིས་མདོག་སྨུག་པོ་མངོན། ལོ་མའི་རྩ་བ་དང་ཡལ་གའི་སྟེང་གི་ནད་ཐིག་ནི་འཕང་དབྱིབས་དང་ཞོམ་རྗེབ་ཡིན། དཀྱིལ་གཞུང་གི་དཀར་སྐྱ་མངོན་གསལ་ཡིན་པར་མ་ཟད། མཐའ་བསྐོར་སྨུག་ནག་ཡིན་ལ་མང་ཆེ་བ་ཕན་ཚུན་འདྲེས་ནས་ནར་དབྱིབས་ཁྲ་ཐིག་འབྱུང་། མེ་ཏོག་གི་བང་རིམ་ལ་ནད་འགོས་ན་མེ་ཏོག་གི་ཐེའུ་སྟེང་

ཏུ་ཁམ་མདོག་གི་ཁྲ་ཐིག་ཐོན་པ་དང་། ཚབས་ཆེ་དུས་མེ་ཏོག་གི་ཐེའུ་སྐམ་པའམ་སར་ལྷུང་བ་ཡིན། འབྲས་བུ་ཆུང་ངུ་ལ་ནད་ཕྱུང་ན། འབྲས་བུའི་ངོས་ནས་ཁ་དོག་སྨུག་སྐྱའམ་སྨུག་ནག་འབྱུང་བ་དང་མཐའ་བསྐོར་ཁ་དོག་སྨུག་པོར་འགྱུར་ཞིང་དཀྱིལ་གཞུང་དཀར་སྐྱ་ཡིན་ལ། རྩང་ཞོམ་དཔེབས"འདབ་ཆགས་ཀྱི་མིག"དང་མཚུངས། ཡལ་ག་གསར་བར་གནོད་འཚེ་ཐེབས་ན། ཐོག་མའི་དུས་སུ་ཁ་དོག་སྨུག་པོར་གྱུར་ནས་སྐོར་དབྱིབས་ཅན་གྱི་ཁྲ་ཐིག་འབྱུང་བ་དང་། མཐའ་བསྐོར་གྱི་ཁ་དོག་ནག་པོ་དང་དཀྱིལ་གཞུང་དཀར་སྐྱ་ཡིན། ནད་གཞི་ཚབས་ཆེན་ཕོག་དུས་ཁྲ་ཐིག་ཕན་ཚུན་འབྲེལ་ནས་ནད་ཕོག་པའི་ཡལ་ག་སྐམ་ནས་ཤི་འགྲོ་བ་ཡིན།

(2) འགོག་བཅོས་བྱེད་ཐབས། ①ཞིང་ལས་འགོག་བཅོས། དགུན་དུས་ཡལ་བཞུར་རྒྱག་པ་དང་ཟུང་འབྲེལ་བྱས་ནས་དུས་ཐོག་ཏུ་ལྷུམ་ར་ནང་གི་ནད་ཕྱུང་བའི་མཁྲིགས་རིངས་ཅན་གྱི་འབྲས་བུ་དང་ནད་ལྡན་འཁྲིལ་ཤང་། ནད་ཕྱུང་ནས་སྐྱེ་མ་ཐོན་པ་སོགས་ཀྱི་ཕུང་གྲུབ་གཙང་སེལ་བྱས་ཏེ། ནད་འབུའི་མགོ་ཁུངས་ཇི་ཙམ་ཉུང་དུ་གཏོང་དགོས། ནད་ཕོག་རྗེས་དུས་ཐོག་ཏུ་ཡལ་ག་ཕལ་བ་དང་གནོད་འཚེ་ཚབས་ཆེ་ཞིང་ནད་ཕོག་པའི་ལོ་མ་དང་ཤིང་འབྲས་བཏོག་ནས་ལྷུམ་ར་ནང་ནས་ཕྱིར་ཕུད་དགོས། ཤིང་འབྲས་ལྷུམ་རའི་ནང་དུ་ཆུ་འབུད་པར་དོ་སྣང་བྱེད་དགོས་པ་དང་། ཟིན་དང་ཐ་ལུད་མང་ཙམ་རྒྱག་དགོས་ཤིང་། ནུས་པ་མྱུར་ཐོན་གྱི་ལུད་རྫས་སྤྱོད་ཚད་ཇི་ཙམ་ཉུང་དུ་གཏོང་དགོས་པར་མ་ཟད། རྩི་ཤིང་རང་སྟེང་གི་ནད་འགོག་ནུས་པ་ཇི་ཆེར་གཏོང་དགོས། ②རྫས་འགྱུར་འགོག་བཅོས། རྒུན་འབྲུམ་གྱི་སྨུ་གུའི་རྒྱས་སྨྲོས་ཆེ་དུས། དུས་ཐོག་ཏུ་པོ་མེ་ཏུའུ་ལིའུ་འདྲེས་སྦྱོར་སྨན་རྫས་གཏོར་ནས་དགུན་བཀལ་གྱི་ནད་གཞི་ཇི་ཉུང་དུ་གཏོང་དགོས། སྐྱེ་འཚར་དུས་སྐབས་ཏེ་མེ་ཏོག་མ་བཞད་པའི་སྔོན་དང་མེ་ཏོག་བཞད་རྗེས། འབྲས་བུ་ཆུང་ངུ་དུས་སྐབས་སུ་སྲུང་སྐྱོང་རང་བཞིན་གྱི་འབུ་ཕྲ་གསོད་སྨན་གཏོར་དགོས་ཤིང་། 50%ཐྲུའུ་མེ་ཧྲོང་བཞའ་ཚན་རང་བཞིན་གྱི་སྨན་ཕྱེ་པའི་ཡིས1500གཤེར་ཁུ། 30%ཏའེ་སེན་མོན་ཞིན་གཡིང་འཁྱོ་སྨན་རྫས་པའི་ཡིས800གཤེར་ཁུ། 80%ཇོ་སྐྱུར་ཇོ་ཞོ་བཞའ་ཚན་རང་བཞིན་གྱི་སྨན་རྫས་

པའི་ཡིས800གཤེར་ཁུ་སོགས་ཡིན། གཞན་པའི་ནད་སྐྱོན་དང་ཟླུང་འབྲེལ་བྱས་ནས་འགོག་བཅོས་སྨན་རྫས་གཏོར་དགོས། ནད་སྐྱོན་འབྱུང་ཚད་ཅུང་ཆེ་བའི་ཤིང་འབྲས་ལྷུམ་རའི་ནང་དུ་ཕན་ནུས་ཆེ་བའི་སྨན་རྫས37%པིན་སྐྱི་ཏྲ་ཧྲོན་ཚོའུ་ཚུ་ཐོར་རིལ་རྫས་པའི་ཡིས3000གཤེར་ཁུ་དང་། 40%རྒྱལ་སེལ་ཙོའོ་ཐྲིས་མ་པའི་ཡིས8000~10000གཤེར་ཁུ་སོགས་གཏོར་ཆོག གལ་ཏེ་དུས་མཇུག་ཏུ་ཆར་ཆུ་མང་ན་སྨན་གཏོར་ཚད་འོས་འཚམ་གྱིས་ཇེ་མང་དུ་གཏོང་དགོས།

6. རུལ་ནད།

ཀུན་འབྲུམ་གྱི་རུལ་ནད་ནི་ཀུན་འབྲུམ་གྱི་ནད་འབུའི་གནོད་འཚེ་གཙོ་བོ་ཞིག་ཡིན། རང་རྒྱལ་གྱི་ནུབ་བྱང་ས་ཁུལ་དུ་ཆར་ཆུ་ཉུང་བས་ནད་ཕོག་ཚད་ཉུང་བ་ལས་གཞན། ཀུན་འབྲུམ་ཐོན་ཁུལ་ཚང་མ་ནས་འབྱུང་བ་ཡིན། ལྷག་པར་དུ་ཧྥུ་པེ་དང་ཟྷ་ཆུའི་འབབ་རྒྱུན་ས་ཁུལ། འབྲི་ཆུ་འབབ་རྒྱུད་སོགས་ལ་གནོད་འཚེ་ཅུང་ཆེ་བ་དང་། འབྲས་བུའི་ཐོན་ཚད་དང་སྤུས་ཚད་སོགས་ལ་ཤུགས་རྐྱེན་ཆེན་པོ་ཐེབས་བཞིན་ཡོད།

(1) ནད་རྟགས། གཙོ་བོར་སྨེ་རུབ་ལ་གནོད་འཚེ་ཐེབས་པ་དང་། གཞན་ཡང་ཡལ་ག་གསར་བ་དང་ལོ་མ་ལ་གནོད་འཚེ་ཐེབས་བཞིན་ཡོད་ཅིང་། ནད་ཕོག་དུས་དང་ཐོག་ས་དོས་ལ་ཐག་ཉེ་བའི་སྨེ་མའི་རྟེན་ཀང་དང་ཡང་ན་འབྲས་བུ་ཐོགས་སའི་གཞུང་རྩ་ནས་མགོ་ཚུགས་ཏེ། སྔོན་ལ་ཁམ་མདོག་གི་ངེས་མེད་ཆུ་ཐིམ་དབྱིབས་ཀྱི་ནད་ཀྱི་ཁྲ་ཐིག་ཐོན་པ་དང་རིམ་བཞིན་འབྲས་བུའི་སྟེང་དུ་མཆེད་པ་ཡིན། འབྲས་བུ་ལ་ནད་ཕོག་ནས་གཟའ་འཁོར་གཅིག་ཙམ་སོང་རྗེས། ནད་ཕོག་པའི་འབྲས་བུ་ནི་སྨུག་པོ་ནས་སྨུག་ནག་ཏུ་འགྱུར་བ་དང་། འབྲས་བུ་མཉེན་པོར་འགྱུར་ཞིང་། འབྲས་བུའི་ཤུན་པགས་སྟེང་དུ་སྐྱ་མདོག་ཕྱིར་འབུར་གྱི་དཀར་ཐིག་ཆགས་པ་དང་། དེའི་རྗེས་སུ་ནད་ཕོག་པའི་འབྲས་བུ་སྟེང་གི་ཆུ་རིམ་བཞིན་ཤོར་ནས་སྐམ་པོར་གྱུར་ཏེ་འབྲས་བུ་རེངས་པར་འགྱུར་བ་ཡིན། ནད་ལྡན་འབྲས་བུ་རྣམས་མཉེན་པོར་གྱུར་ཏེ་རུལ་ནས་སར་ལྷུང་སླ་བ་དང་རེངས་པར་འགྱུར་བའི་འབྲས་བུ་རྣམས་སར་ལྷུང་དཀའ། ལོ་མར་ནད་ཕོག་ན། ཐོག་མར་ལོ་མའི་རྩེ་དང་

ལོ་མའི་མཐའ་མཚམས་ནས་མགོ་བརྩམས་ཏེ། སྨུག་པོར་འགྱུར་ཞིང་འཁོར་རིས་ཀྱི་ཁྲ་ཤིག་འབྱུང་། ཡལ་ག་གསར་བར་ནད་ཕོག་ན་མང་ཆེ་བ་རྨ་ཁའི་ཁུལ་དུ་གནས་ཡོད་པ་དཔེར་ན། ཡལ་ག་གསར་བ་དང་ལྩུགས་སྐྱུད་བརྡར་བའི་གནས་སམ་རྩེ་མོ་ཏོག་པའི་རྨ་ཁ་སོགས་ཡིན། ནད་ཕོག་པའི་ཐོག་མའི་དུས་སུ་ཆུ་དྲིག་དབྱིབས་ཀྱི་སྨུག་སྐྱའི་ཁྲ་ཐིག་ཐོན་པ་དང་། རིམ་གྱིས་ཡལ་གའི་ཡན་ལག་བརྒྱུད་ནས་ཕྱི་ཕྱོགས་ལ་འཕེལ་ཞིང་། ཁམ་སྐྱ་ནས་ཐལ་སྐྱ་རུ་འགྱུར་ནས་ཟུར་དབྱིབས་ཁྲ་ཐིག་འབྱུང་། ནད་ཐིག་གི་ཕྱི་ངོས་ནས་ཁམ་ནག་གི་ཁ་ཐིག་ཕྲ་མོ་སྟེ་ནད་འབུའི་འབྱེད་སྐྱེས་ཕྲ་ཕུང་གི་སྟོད་ཐོན་པ་ཡིན། དུས་མཇུག་ཏུ་ནད་འགོས་འབྲས་བུའི་ཕྱི་ངོས་གས་པའམ་ཤིང་རྫས་ཀྱི་ཆ་ཤས་ཁ་གྱེས་པ་དང་། ནད་ལྡན་ཡལ་གའི་སྐྱི་འཚར་རྗེ་ཞན་དུ་གྱུར་ནས། ཚབས་ཆེ་བའི་སྐབས་སུ་སྐམ་ཤིར་འགྲོ་བ་ཡིན། ནད་གཞི་ནི་ལོ་མའི་སྟེང་དུ་མང་ཆེ་བ་ལོ་མའི་མཐའ་མཚམས་དང་རྨ་ཁ་ཡོད་སའི་གནས་སུ་བྱུང་སྟེ། ཙུང་ཆེ་བའམ་སྐོར་དབྱིབས་ཅན་གྱི་ཁམ་མདོག་གི་ཁྲ་ཐིག་ཆགས་པ་དང་འཁོར་རིས་ཡོད་ལ། མཇུག་མཐར་ནད་ཀྱི་ཕུང་གྲུབ་གས་པ་ཡིན་ནོ། །

(2) འགོག་བཅོས་བྱེད་ཐབས། ①ཞིང་ལས་འགོག་བཅོས། ཉལ་འབུའི་ནད་འགོག་བཅོས་བྱེད་དུས་སུ་ནད་ཀྱི་འབྱུང་ཁུངས་མེད་པར་བཟོ་བ་དང་ས་ངོས་ཀྱི་བཞའ་ཚན་རྗེ་ཆུང་དུ་གཏོང་བ། སྲོམ་ངོས་རྗེ་མཐོར་གཏོང་བ། ལྟུང་རྒྱུག་པ་དང་འོད་འཕྲོའི་ཆ་རྐྱེན་རྗེ་ལེགས་སུ་གཏོང་བ། རྨ་ཁ་མི་བཏོག་པ་དང་འབུ་ཕྲ་གསོད་བྱེད་ཀྱི་སྨན་རྫས་གཏོར་བ་སོགས་ཕྱོགས་བསྡུས་རང་བཞིན་གྱི་འགོག་བཅོས་བྱེད་ཐབས་སྤྱད་ན་ད་གཟོད་ཕན་འབྲས་ལེགས་པོར་ཐོན་ཐུབ། འདེབས་འཛུགས་ལྷུམ་ར་གཙང་དག་བྱེད་དགོས་ཤིང་རྒྱུན་འཁྲུམ་བཟང་བསྡུ་བྱས་རྗེས། དུས་ཐོག་ཏུ་ས་ངོས་ཀྱི་མཁྲེགས་འབྲས་དང་སྐེ་མའི་རྟེན་རྐང་སོགས་གཙང་སེལ་བྱེད་དགོས། རྒྱུན་འཁྲུམ་ཡལ་བཞུར་བརྒྱབ་རྗེས་ས་ངོས་སུ་ལུས་པའི་ནད་ལྡན་མཁྲེགས་འབྲས་དང་སྐེ་མའི་རྟེན་རྐང་། སྤུ་དཀར། སར་ལྷུར་ལོ་མ་སོགས་རྩ་བ་ནས་མེད་པར་བཟོ་དགོས། ནད་ཕོག་པའི་ཐོག་མའི་དུས་སུ་ནད་ལྡན་སྐེ་མ་མཐོང་ན་མྱུར་དུ་བཏོག་སྟེ་ས་འོག་ཏུ་ཟབ་འཇུག་བྱེད་ཅིང་ཡང་བསྐྱར་འགོ་ཉུ་འཇུག་མི་ཉུང་། བཞའ་ཚན་རྗེ་ཆུང་

དུ་བཏང་ནས་སྒྲོམ་ངོས་སུ་ཆུང་རྒྱུག་པ་དང་འོད་གསལ་བའི་ཚ་རྐྱེན་ཇེ་ལེགས་སུ་གཏོང་དགོས། ཡལ་བཞུར་རྒྱུག་སྐབས་ཡལ་ག་འོས་འཚམ་སྒོས་སོར་འཛོག་བྱས་ཏེ་ཡལ་ག་ཕལ་བ་རྣམས་དུས་ཐོག་ཏུ་འདོར་དགོས། ②རྫས་འགྱུར་འགོག་བཅོས། འདེབས་འཇུགས་ལྷུམ་ར་ནང་དུ་པའོ་མེ་ཏུའུ0.3ཏུའུ་ཧྲི་ཝེའུ་བསྲེས་སྦྱོར་སྨན་རྫས་གཏོར་བ་དང་། སྨུ་གུ་འབུས་རྫེས་ནད་གནོད་འགོག་བཅོས་གཞན་རིགས་དང་ཟུང་འབྲེལ་བྱས་ཏེ་སྤུང་སྐྱོང་སྨན་རྫས་སྦྱོད་དགོས། དཔེར་ན50%པའོ་པའོ་པེ་ཐུ་མེ་ཧྲོང་བཞའ་ཚན་རང་བཞིན་གྱི་སྨན་ཕྱེ་པའི་ཡིས1500གཤེར་ཁུ་དང་། 30%ཏའི་སེན་མོན་ཞིན་གཡེང་འཕྲོ་སྨན་རྫས་པའི་ཡིས800གཤེར་ཁུ། 80%རྡོ་སྐྱུར་རྡོ་ཞོ་བཞའ་ཚན་རང་བཞིན་གྱི་སྨན་ཆུ་པའི་ཡིས800གཤེར་ཁུ་སོགས་ཡིན། སྔོན་འགོག་བཟང་པོ་བྱས་ན་ཏུལ་ནད་གཞི་རྩའི་ཆ་ནས་ཚོད་འཛིན་བྱེད་ཐུབ། ཏུལ་ནད་ཤིན་ཏུ་ཚབས་ཆེ་བའི་ས་ཁུལ་དང་ནད་འབྱུང་ཚད་མཐོ་བའི་སོན་རིགས་ཀྱི་སྟེང་དུ། 37%ཕུན་སྨི་ཅ་ཏོན་ཙོ་ཆུ་ཐོར་རིལ་སྨན་རྫས་པའི་ཡིས3000གཤེར་ཁུ་དང40%ཐུལ་སེལ་ཙོའོ་ཕྱིས་མ་པའི་ཡིས8000གཤེར་ཁུ་སྤྱད་ཆོག

7. སྨུག་པོའི་ནད།

(1) ནད་རྟགས། འབྲེལ་ཡོད་གནས་ཚུལ་སྤྱིལ་བར་གཞིགས་ན། རྒྱུན་འབྲུམ་གྱི་སྨུག་པོའི་ནད་ཀྱིས་གཙོ་བོ་ཡལ་ག་ལ་གནོད་འཚེ་ཐེབས་བཞིན་ཡོད་པས། སྔོང་བོའི་སྐྱེ་སྟོབས་ཇེ་ཞན་དུ་གཏོང་བ་དང་ཐ་ན་ཤི་འགྲོ་བའི་གནས་ཚུལ་ཡང་ཡོད། འབྲས་བུ་དང་ལོ་མ་ལའང་གནོད་འཚེ་ཐེབས་པ་ཡིན།

འབྲས་བུ་ལ་ནད་བྱུང་ནས་འབྲས་བུ་ཏུལ་བ་དང་འབྲས་བུ་ཐོར་བའི་སྣང་ཚུལ་འབྱུང་བ་དང་། སྙེ་མའི་རྟེན་ཁང་ལ་ནད་བྱུང་ན་སྙེ་མའི་རྟེན་ཁང་སྟེང་དུ་ཁམ་མདོག་གི་ཁྲ་ཐིག་བྱུང་ནས་འབྲས་བུ་སྐམ་པའམ་འབྲས་བུ་ཏུལ་བ་དང་ཡང་ན་སར་ལྷུང་བ་ཡིན། འབྲས་བུའི་གཞུང་རྟ་སྐམ་ན་འབྲས་བུ་སར་མི་ལྷུང་ན་ཡང་རིམ་གྱིས་སྐམ་འགྲོ་ཡིན། ཡལ་གའི་སྟེང་དུ་གནོད་འཚེ་ཐེབས་ན་ལོ་དེའི་གསར་སྐྱེས་ཡལ་གའི་སྟེང་དུ་མདོག་དཀར་སྐྱའི་འཕང་དབྱིབས་ཅན་གྱི་ནད་ཐིག་འབྱུང་བ་དང་། ནད་ཐིག་སྟེང་དུ་མདོག་ནག་པོའི་ཁྲ་ཐིག

ཆུང་དུ་འགྱུར་ཞིང་ཡང་ན་ཡལ་གའི་སྟེང་དུ་མདོག་ཁམ་དམར་གྱི་ནད་ཐིག་འབྱུང་ངོ་།།

(2) འགོག་བཅོས་བྱེད་ཐབས། ①ནད་གཞིའི་འབུ་སྲིན་གྱི་གྲངས་ཀ་ཇེ་ཉུང་དུ་གཏོང་བ། གདན་ཁོག་གི་འབུ་སྲིན་ནི་ཉམས་ཞན་རང་བཞིན་གྱི་གཞན་བརྟེན་ནད་གཞིའི་འབུ་སྲིན་ཞིག་ཡིན་པར་མ་ཟད། རྩི་ཤིང་གི་འཆི་བྱེད་ཕུང་གྲུབ་སྟེང་དུ་འཚོ་ཐུབ་པ་དངབརྒྱུད་སྤེལ་བྱེད་ཐུབ་པས། ཞིང་ཁ་ནས་ཡལ་བཞུར་བརྒྱབ་པའི་ཡལ་ག་དང་ནད་ལྡན་ཕུང་གྲུབ་གཙང་སེལ་བྱས་ནས་སྐྱོན་ལྡན་འདིའི་རིགས་ཐག་གཅོད་བྱེད་རྒྱུ་ནི་ཏ་ཅང་གལ་ཆེའི་བྱེད་ཐབས་ཤིག་ཡིན། ②ཐོན་ཚད་དང་ཆུ་ལུད་ཚོད་འཛིན། ཉམས་ཞན་རང་བཞིན་གྱི་གཞན་བརྟེན་ནད་འབུ་ཡིན་པས་འདེབས་འཛུགས་དོ་དམ་ལ་ཤུགས་སྟོན་དང་། ཐོན་ཚད་ཚོད་འཛིན། ལུགས་མཐུན་གྱིས་ལུད་འཛོག་པ་དང་ཆུ་བཏང་ན་སྨུག་པོའི་ནད་འབྱུང་བར་ཕན་ནུས་ལྡན་པའི་སྒོ་ནས་སྔོན་འགོག་བྱེད་ཐུབ། ③རྨ་ཁ་ཐག་གཅོད་དང་བྱུག་པ། དགུན་ཁར་ཡལ་བཞུར་རྒྱག་སྐབས་ཡལ་བཞུར་རྨ་ཁའི་སྟེང་དུ་སྨན་རྫས་བྱུག་པའམ་ཡང་ན་ཡལ་བཞུར་མཇུག་སྒྲིལ་རྗེས་ལྷུམ་ར་ཡོངས་ལ་སྨན་གཏོར་དགོས། སྐེ་རྩབ་སྟེང་དུ་རྨ་ཁ་མང་པོ་ཡོད་དུས་ལ་གསོ་བཅོས་བྱེད་པ་སོགས་ནི་ཕན་ནུས་ལྡན་པའི་འགོག་བཅོས་བྱེད་ཐབས་ཤིག་ཡིན། ④ཐག་གཅོད་བྱེད་པའི་ཞིང་སྨན་གྱི་རིགས། མེ་ཏོག་མ་བཞད་པའི་སྔོན་དང་མེ་ཏོག་བཞད་པའི་རྗེས་སུ་ཐེངས2~3ལ50%པའོ་པེ་ཐྲུའུ་མེ་སྟོང་བཞའ་ཚན་རང་བཞིན་གྱི་སྨན་ཕྱེ་པའི་ཡིས1500གཤེར་ཁུ་སྦྱོད་དགོས། སད་སྐྱོན་དང་རྡུལ་ནད། དཀར་ཕྱེ་ནད་སོགས་གནོད་སྐྱོན་གཙོ་བོ་འགོག་བཅོས་བྱེད་པའི་དུས་མཚུངས་སུ། གདན་ཁོག་འབུ་སྲིན་ཇེ་ཉུང་དུ་གཏོང་དགོས། སྐེ་རྩབ་ཀྱི་དབྱིབས་གཟུགས་གྲུབ་པ་དང་ཁ་དོག་ཚོས་འགྱུར་བྱུང་ཚར་བའི་སྐབས་སུ16%སྐྱི་ཞན་བཀོལ་ཚོག དབྱི་ཅིན་ཉའོ་གཡེང་འཕྱོའི་གཤེར་གཟུགས་འདྲེ་རྫས(ཧྭའི་ཕུ)པའི་ཡིས1500གཤེར་ཁུ+22%དབྱང་མེ་ཙོའོ་གཤེར་གཟུགས་འདྲེ་རྫས་པའི་ཡིས1500གཤེར་ཁུ་སྦྱུད་ནས་འབྲས་བུའི་སྐེ་རྩབ་ཐག་གཅོད་བྱེད་དགོས།

8. རྒྱུན་འབྲུམ་གྱི་རྩ་བའི་འབྲས་སྐྲན།

(1) ནད་རྟགས། རྩི་ཤིང་ལ་རྩ་བའི་འབྲས་སྐྲན་གྱི་ནད་འབུ་འགོས་རྗེས། རྩི་ཤིང་

གི་རྩ་བ་ནས(སྐབས་འགར་སྡོང་རྐང་གི་སྟེང་དུ་འགོ་བས་འདི་ལ་ཀོན་ལྷའི་ནད་ཀྱང་ཟེར) ཆེ་ཆུང་མི་འདྲ་བའི་སྐྲན་ནད་གྲུབ་པ་དང་། ཐོག་མའི་དུས་སུ་མཉེན་པོ་ཡིན་ཞིང་དུས་མཐུག་ཏུ་ཤིང་རྒྱུ་ཅན་དུ་འགྱུར་ཞིང་ཚབས་ཆེ་བའི་དུས་སུ་རྩ་བ་གཙོ་བོ་ནི་སྐྲན་ཆེན་ཞིག་ཏུ་འགྱུར་བ་ཡིན། ནད་ཐོག་ན་སྡོང་རྐང་གི་སྐྱེ་སྟོབས་ཞན་པ་དང་སྐྱེ་འཚར་དལ་བ། ཐོན་འབབ་ཉུང་བ། ཚ་ཚད་ཇེ་ཐུང་དུ་འགྲོ་བ་ཡིན། སོག་ཤུལ་གྱི་ཤིང་སྡོང་ར་བའི་ནང་དུ་ནད་འབྱུང་ཚད་ནི20%~100%ཡིན་པ་དང་། སྐབས་འགར་འདེབས་འཛུགས་ར་བར་གཏོར་བརླག་རང་བཞིན་གྱི་གནོད་འཚེ་ཐེབས་པ་ཡིན།

རྒུན་འབྲུམ་གྱི་རྩ་བའི་འབྲས་སྐྲན་རྒུན་འབྲུམ་གྱི་སྡོང་རྐང་ཡོངས་ལ་འགོས་ན། ས་རྒྱུར་ཉེ་བའི་རྩ་བ་དང་ཡལ་གའི་སྟེང་དུ་ནད་རྟགས་འབྱུང་བར་མ་ཟད། ད་དུང་ཡན་ལག་དང་སྡོང་རྐང་གི་རྩ་བ་ནས་ཀྱང་ནད་རྟགས་འབྱུང་བ་ཡིན་མོད། འོན་ཀྱང་འཁྲིལ་རྐང་གཙོ་བོའི་སྟེང་དུ་སྐྲན་དབྱིབས་ཀྱི་ནད་རྟགས་འབྱུང་བ་ཡིན།

(2) འགོག་བཅོས་བྱེད་ཐབས། རྩ་བའི་འབྲས་སྐྲན་གྱི་ཁྱད་ཆོས་དང་ནད་སློང་བའི་ནང་རྐྱེན་ལ་གཞིགས་ནས་རྩ་བའི་འབྲས་སྐྲན་གྱི་ནད་རྟགས་མངོན་པ་ཤེས་ན། འབུ་སྲ་གསོད་བྱེད་ཀྱི་སྨན་རྫས་སྤྱད་ནས་ནད་གཞིའི་འབུ་སྲ་བསད་ན། རྩི་ཤིང་སྲ་ཕུང་གི་འཕར་སྐྱེས་བཀག་འགོག་བྱེད་མི་ཐུབ་ལ། སྐྲན་ནད་ཀྱི་ནད་རྟགས་ཀྱང་ཡལ་མི་ཐུབ་པ་ཡིན། དེ་བས། རྩ་བའི་འབྲས་སྐྲན་འགོག་བཅོས་བྱེད་པར་ངེས་པར་དུ་སྔོན་འགོག་གཙོ་བོར་འཛིན་དགོས། ①རྩ་བའི་འབྲས་སྐྲན་མེད་པའི་ས་ཁུལ་དང་ཞིང་ཁར་སྡོང་ཕྲུག་ནང་འདྲེན་བྱེད་དུས་རིམས་ནད་ཡོད་མེད་ལ་ཞིབ་བཤེར་ནན་མོ་བྱེད་དགོས་ཤིང་། སྐྲན་ནད་ཐོག་ཡོད་པའི་ས་ཁུལ་ལམ་ཡང་ན་སྡོང་ཕྲུག་ར་བ(རིམས་ནད་བྱུང་ཁུལ)ནས་སྡོང་ཕྲུག་ནང་འདྲེན་བྱེད་མི་རུང་བར་མ་ཟད། འདེབས་འཛུགས་མ་བྱས་པའི་སྔོན་དུ་དུག་སེལ་བྱེད་དགོས། དུག་སེལ་བྱེད་ཐབས་ནི་པའི་ཡིས100ལིའུ་སོན་ཟངས་ཆུ་ཡིན་ལ། ཚ་བ་རྒྱས་ནས52~54℃བར་དུ་སླེབ་དུས་སྡོང་ཕྲུག་དེའི་ནང་དུ་སྐར་མ5སྦྲང་དགོས། ཡང་ན52~54℃ཆུ་གཙང་མའི་ནང་དུ་སྡོང་ཕྲུག་སྐར་མ5ལ་སྦྲངས་རྗེས། 1.8%ཞེན་ཞིའུ་ཨན(མེ་ཨན)པའི་

ཡིས200བཀོལ་ནས་སྨྱུ་གུ་བཀུས་ཏེ། སྔོང་ཕྲུག་གི་རྩ་བ་དང་ཡལ་གའི་སྟེང་དུ་ཆ་སྙོམས་ཀྱིས་སྨན་རྫས་ལྟོ་རུ་འཇུག་དགོས། སྨྱུ་གུ་ཐག་གཅོད་བྱས་རྗེས་འདེབས་འཛུགས་བྱེད་དགོས། ②ནད་འགོག་རང་བཞིན་གྱི་སོན་རིགས་དང་ནད་འགོག་རང་བཞིན་གྱི་སྔོང་ཤིང་སྤྱོད་པ་ནི་རྩ་བའི་འབྲས་སྐྲན་འགོག་བཅོས་བྱེད་པའི་ཐབས་ཤེས་ལེགས་པོ་ཞིག་ཡིན། ཡིན་ན་ཡང་། མིག་སྔར་ད་དུང་ནད་འགོག་རང་བཞིན་ཤིན་ཏུ་བཟང་བའི་སོན་རིགས་དང་ཡང་ན་སྔོང་ཤིང་རྙེད་མེད། ③ཐོན་སྐྱེད་དོ་དམ་ཁྲིད་དུ་རྨ་ཁ་ཇེ་ཉུང་དང་རྨ་ཁ་སྲུང་སྐྱོབ་བྱེད་དགོས། འབྲུགས་སྐྱོན་གནོད་འཚེ་ཇེ་ཉུང་དུ་གཏོང་བ་ནི་རྨ་ཁ་ཇེ་ཉུང་དུ་གཏོང་བའི་ཐབས་ལམ་གཙོ་བོ་ཞིག་ཡིན། སྔ་མོ་ནས་ལོ་མ་ལྷུང་བར་སྔོན་འགོག་བྱས་ཏེ།(དུས་མཐུག་གི་ནད་སྐྱོན་སྔོན་འགོག) ཡལ་ག་ཡོངས་སུ་སྨིན་པ་དང་འཚོ་བཅུད་ལེགས་པོ་གསོག་འཇོག་བྱེད་པ་ནི་འབྲུགས་སྐྱོན་ཇེ་ཉུང་དུ་གཏོང་བའི་རྨང་གཞི་ཡིན། དེ་བཞིན་དུ་དགུན་དུས་ཀྱི་གྲང་འགོག་བྱེད་ཐབས་ནི་འབྲུགས་སྐྱོན་གནོད་འཚེ་ཇེ་ཉུང་དུ་གཏོང་བའི་རམ་འདེགས་ཀྱི་ཆ་རྐྱེན་ཡིན། རྨ་ཁ་ལ་རྫས་འགྱུར་གྱིས་སྲུང་སྐྱོབ་བྱེད་པ་དང་རྫས་འགྱུར་གྱིས་ལས་སྣོན་བྱས་ཚོག་ཅིང་། སྐྱེ་དངོས་ཀྱིས་ལས་སྣོན་བྱས་ཀྱང་ཚོག

9. རྒུན་འབྲུམ་གྱི་ནད་དུག་ནད།

(1) ནད་དུག་གི་ཁྱད་ཆོས། ནད་དུག་ནད་ཀྱི་འབྱུང་རྐྱེན་དང་གནོད་འཚེ་ནི་ནད་གཞན་པ་དང་མི་འདྲ་བར་གཤམ་གྱི་ཁྱད་ཆོས་འགའ་ལྡན་ཏེ། ①ནད་དུག་འགོས་ཚ་བཟ་བརྒྱུ་བྱེད་རག་བར་དུ་དུག་ལྡན་ཞིང་། དུས་ཡུན་རིང་པོར་གནོད་འཚེ་ཐེབས་ཏེ་སྔོང་བོའི་ཡག་ལག་སོ་སོར་ནད་དུག་ཐོག་ནས་སྔོང་བོའི་རྒྱུན་གཏན་གྱི་ལུས་ཁམས་ནུས་པར་གནོད་འཚེ་ཐེབས་ནས་སྔོང་ཁང་གི་སྐྱེ་སྟོབས་ཉམས་པ་དང་ཐ་ན་ཤི་འགྲོ་བ་ཡིན། ②མཐུད་སྦྱོར་བྱེད་པ་ནི་ཤིང་སྔོང་སྟེང་དུ་ནད་དུག་ཁྱབ་པའི་ཐབས་ལམ་གཙོ་བོ་ཞིག་ཡིན། མཐུད་སྦྱོར་ཡལ་ག་དང་སྔོང་ཕྲུག་སོགས་བརྒྱུད་ནས་ཕྱོགས་སོ་སོར་མཆེད་ཅིང་། ནད་དུག་གི་ཁྱབ་ཁྱོན་ཇེ་མགྱོགས་སུ་སོང་བ་དང་བསྟུན་ནས་གནོད་འཚེ་ཐེབས་པའི་མངའ་ཁོངས་ཀྱང་ཇེ་ཆེར་འགྲོ་བ་ཡིན། ③ནད་དུག་གི་གནོད་སྐྱོན་ནི་འབུ་ཕྲ་ངོ་མ་དང་དུག་སྲིན་ཕྲ་མོའི་

གནོད་སྐྱོན་ལ་མི་འདྲ་བར། རྫས་འགྱུར་སྨན་རྫས་དང་སྐྱེ་དངོས་སྨན་རྫས་ཀྱིས་འགོག་བཅོས་བྱེད་དཀའ། དེའི་གནོད་འཚེའི་ཁྱད་ཆོས་ལ་གཞིགས་ན། གབ་ཡིབ་མ་ཡིན་པའི་ནད་དུག་དང་ཡིབ་སྐྱུང་ནད་དུག་སྟེ་རིགས་ཆེན་པོ་གཉིས་སུ་དབྱེ་ཡོད། གབ་ཡིབ་མ་ཡིན་པའི་ནད་དུག་འགོས་རྗེས། འདེབས་འཛུགས་བྱས་པའི་སོན་རིགས་མང་ཆེ་བའི་སྟེང་དུ་མངོན་གསལ་གྱི་ནད་རྟགས་མངོན་པས། ནད་འགོས་པའི་སྡོང་པོ་ཡིན་ན་དབྱེ་བ་འབྱེད་སླ་བ་དང་། ཡིབ་སྐྱུང་ནད་དུག་འགོས་ན་འདེབས་འཛུགས་བྱས་པའི་སོན་རིགས་ཀྱི་སྟེང་དུ་མངོན་གསལ་གྱི་ནད་རྟགས་མེད་པས། ངེས་པར་དུ་ཞིབ་བཤེར་བྱས་ན་ད་གཟོད་ཤིང་འབྲས་སྟེང་དུ་ནད་དུག་འགོས་ཡོད་མེད་ཀྱི་གནས་ཚུལ་གསལ་པོར་ཤེས་ཐུབ། གབ་ཡིབ་མ་ཡིན་པའི་ནད་དུག་གི་ཤིང་འབྲས་ལ་གནོད་འཚེ་ཐེབས་རྗེས། ཉུང་ཤས་ཤིག་གི་ཐོན་ཚད་ཇེ་དམའ་རུ་གཏོང་བ་ལས་གཞན། མང་ཆེ་བས་ནད་ཕོག་པའི་སྡོང་ལག་ལ་འདེབས་འཛུགས་ཀྱི་རིན་ཐང་ཤོར་དུ་འཇུག་པ་དང་། ནད་ཕོག་པའི་སྡོང་ལག་ནི་ཕྱིར་བཏང་དུ་རེ་གཉིས་ལས་མེད་པས་དབྱེ་འབྱེད་བྱེད་སླ་བ་ཡིན། ཡིབ་སྐྱུང་ནད་དུག་ལ་ནད་རྟགས་མེད་མོད། འོན་ཀྱང་ཤིང་འབྲས་ཀྱི་སྐྱེ་འཕེལ་ལ་ཤུགས་རྐྱེན་མངོན་གསལ་ཡོད། ཕྱིར་བཏང་དུ་སྐྱེ་འཚར་གྱི་ཚད20%~50%དང་ཐོན་ཚད20%~60%ཇེ་དམའ་རུ་གཏོང་བར་མ་ཟད། ཡོངས་ཁྱབ་ཏུ་འབྱུང་བཞིན་ཡོད་ཅིང་། ཞིང་སའམ་ལྡུམ་རའི་ནང་དུ་ནད་དུག་ལྡན་པའི་སྡོང་པོའི་གྲངས་ཀའི་ཕྱིར་བཏང་དུ70%~90%ཟིན་ནོ།།

རྒུན་འབྲུམ་གྱི་ནད་དུག་ནད་ཀྱི་དབྱེ་བ་དང་ནད་རྟགས། གནོད་སྐྱོན། ནད་ཀྱི་འབྱུང་ཁུངས། མཆེད་ལམ། རྒུན་འབྲུམ་གྱི་ནད་དུག་ནད་ལ་དབྱེ་བ་ཧ་ཅང་མང་སྟེ། ད་ལྟའི་བར་དུ་ཤེས་རྟོགས་བྱུང་བའི་རྒུན་འབྲུམ་གྱི་ནད་དུག་ནད་དང་། དེ་དང་རིགས་འདྲའི་ནད་རིགས40ལྷག་ཡོད། དེའི་ནང་དུ་ནད་འབྱུང་བའི་ཁྱབ་ཁོངས་ཅུང་རྒྱ་ཆེ་ཞིང་། གནོད་འཚེ་ཚད་ཅུང་ཆེ་བ་ནི་ལོ་མ་གཡབ་པའི་ནད་དང་། ལོ་མ་འཁྱིལ་བའི་ནད། གཞུང་རྔའི་འབྲུམ་ནད། པགས་པའི་ནད་སོགས་རིགས4ཡོད།

1) རྒུན་འབྲུམ་གྱི་ལོ་མ་གཡབ་པའི་ནད། རྒུན་འབྲུམ་གྱི་ལོ་མ་གཡབ་པའི་ནད་

རྟགས་མངོན་ཚུལ་གཙོ་བོ་ནི་ལོ་མ་ རླུང་གཡབ་དང་ལོ་མ་སེར་མདོག་ཅན་དུ་འགྱུར་བ། རྩ་ལམ་འཁྱིལ་བ་སོགས་ནད་རྟགས་རིགས3འབྱུང་བ་ཡིན། ནད་འགོས་སྟོང་ཕང་གི་ལོ་མ་འཁྱོག་པོར་འགྱུར་ལ། ལོ་མའི་ཆེ་ཆུང་དེ་སྙོམས་མ་ཡིན། ལོ་མའི་ཡུ་པ་པ་ཞོང་བར་འགྱུར་ཞིང་། ལོ་མའི་གཞུང་གི་རྩ་རིས་ཕྱོགས་གཅིག་ཏུ་འདུས་པ། སོག་ལེའི་སོ་རྐྱོང་བ་དང་། རླུང་གཡབ་ཀྱི་དབྱིབས་སུ་འགྱུར་བ་ཡིན། ལོ་མ་སྟེང་དུ་དབྱིབས་སྣ་ཚོགས་ཀྱི་མདོག་ལྗང་ཁུ་ཅན་གྱི་ཁྲ་ཐིག་བྱུང་ནས་མདོག་ལྗང་སེར་གྱི་ཁྲ་ཐིག་ཅན་གྱི་ལོ་མར་འགྱུར་བ་དང་། དབྱར་དུས་ཀྱི་དུས་མགོའམ་དུས་དཀྱིལ་དུ་ལོ་མའི་གཞུང་གི་རྩ་རིས་སེར་མདོག་ཏུ་འགྱུར་བ་ཡིན། ལོ་འདབ་སྟེང་དུ་ནད་རྟགས་མངོན་པ་ལས་གཞན། ནད་སྟོང་གི་ཡལ་ག་ཡང་ཡ་མ་གཟུགས་སུ་འགྱུར་བཞིན་ཡོད་ཅིང་། ཡལ་ག་གསར་བའི་ཚིགས་བར་ཐེ་ཐུང་དུ་འགྲོ་བ་དང་ལོ་མ་མང་པོ་སྐྱེས། ཡལ་གའི་སྟེང་དུ་སྐབས་འགར་སྨྱུ་གུ་འབུས་པའི་གནས་ཡུལ་འགྱུར་བར་མ་ཟད། འཁྱིལ་སྤུ་རྩ་ཕྲན་སྐྱེས་ནས་ཟུར་སྐྱེས་ཡལ་གར་འགྱུར་བ་སོགས་ཀྱི་སྣང་ཚུལ་འབྱུང་ངོ་།།

ལོ་མ་གཡབ་པའི་ནད་ཀྱིས་བསྐྱེད་པའི་གནོད་འཚེ་ཆེ་ཤོས་ནི་འབྲས་བུ་ཐོགས་པར་ཤུགས་རྐྱེན་ཚབས་ཆེན་བཟོས་ནས་སྐྱེ་ཊུབ་ཐེ་ཙུང་ཡིན་པ་དང་། སྨིན་འབྲས་ཀྱི་ཆེ་ཆུང་དོ་སྙོམས་པོ་མིན་ལ། སྨིན་པའི་དུས་སྐབས་མི་འདྲ་བ་སོགས་ཀྱི་སྐྱོན་འབྱུང་བ་ཡིན། ནད་འགོས་པའི་སྟོང་བོའི་མེ་ཏོག་ལྷུང་སླ་བས་འབྲས་བུ་མེད་པར་འགྱུར་བ་དང་། སྟོང་ཕང་སྟེང་དུ་ནད་འགོས་རྗེས། སྐྱེ་འཚར་གྱི་ནུས་ཤུགས་རིམ་གྱིས་ཉམས་པར་མ་ཟད། ཐོན་ཚད་དང་སྤུས་ཀ་ཇེ་ཞན་དུ་འགྲོ་ཞིང་། ཚབས་ཆེ་དུས་ཐ་ན་སྟོང་ཕང་ཧྲིལ་པོ་སྐམ་འགྲོ་བ་ཡིན། ལོ་མ་གཡབ་པའི་ནད་མཐུད་སྦྱོར་བྱས་ནས་འགོས་པ་ལས་གཞན། ས་རྒྱུའི་སྐྱུད་སྲིན་བརྒྱུད་ནས་ཀྱང་འགོ་བ་ཡིན།

2) རྒུན་འབྲུམ་གྱི་ལོ་མ་འཁྱིལ་བའི་ནད། རྒུན་འབྲུམ་གྱི་ལོ་མ་འཁྱིལ་བའི་ནད་ནི་འཛམ་གླིང་སྟེང་དུ་ཁྱབ་ཁྱ་ཆེས་ཆེ་བའི་རྒུན་འབྲུམ་གྱི་ནད་དུག་ནད་ཅིག་ཡིན་ལ། རྒུན་འབྲུམ་འདེབས་འཛུགས་བྱེད་པའི་ས་གནས་གང་ཡིན་རུང་ལོ་མ་འཁྱིལ་བའི་ནད་ཡོད།

ལོ་མ་འཁྱིལ་བའི་ནད་ལ་ཡིབ་སྐྱུང་རང་བཞིན་ཕྱེད་ཙམ་ཡོད་པ་དང་། མང་ཆེ་བའི་སྐྱེ་འཚར་དུས་ཚིགས་སུ་ནད་རྟགས་མི་མངོན། གནོད་འཚེ་ཐེབས་པའི་རྒྱུན་འབྲུམ་ལ་སྨྱིར་བཏང་དུ་སྐྱེ་འཚར་གྱི་དུས་མཇུག་ཏུ་ནད་རྟགས་མངོན་པ་ཡིན། འདིའི་དཔེ་མཚོན་རང་བཞིན་གྱི་ཁྱད་ཆོས་ནི་རྩ་བའི་ལོ་མ་སྟེང་ནས་ལོ་མའི་གཞུང་གི་རྩ་རིས་སུ་མཆེད་ཅིང་། ལོ་མ་དམར་པོར་འགྱུར་བ་དང་།(མདོག་མེད་པའི་འབྲས་བུའི་སོན་རིགས) ཡང་ན་ལོ་མའི་མཐའ་མཚམས་འོག་རིམ་ལ་འཁྱིལ་ལ།(མདོག་སྐྱ་བོའི་འབྲས་བུའི་སོན་རིགས) སྐབས་འགར་སེར་མདོག་ཏུ་འགྱུར་བ་མངོན་གསལ་མིན། སོན་རིགས་ལ་ལ་ཞིག་ནི་རིམ་གྱིས་སྐམ་ནས་སླུག་པོར་འགྱུར་ཞིང་། ནད་ཀྱི་གནོད་སྐྱོན་ཚབས་ཆེན་ཐེབས་པའི་སྡོང་པོ་རྣམས་ཟུར་བཞི་ཡི་དབྱིབས་སུ་འགྱུར་ལ། མཁྲེགས་པོར་འགྱུར་བ་དང་ཐ་ན་རིམ་གྱིས་སྐམ་ཤི་རུ་འགྲོ་བ་ཡིན།

ནད་ཕོག་པའི་སླེ་ཏུབ་ཀྱི་གྲངས་འབོར་ཇེ་ཉུང་དང་ཁྱབ་ཡུལ་ཇེ་ཆུང་དུ་སོང་ནས་ཐོན་འབབ25%ཇེ་ཉུང་དུ་འགྲོ་བཞིན་ཡོད། འབྲས་བུའི་ཚོས་མདོག་མི་ལེགས་པ་དང་འབྲས་བུ་སྨིན་པའི་དུས་ཡུན་ནར་འགྱངས་བྱེད་པ། སྲུས་ཚད་ཇེ་ཞན་དུ་འགྲོ་བ། མངར་ཆའི་འདུས་ཚད་ཇེ་དམའ་རུ་འགྲོ་བ། ནད་འགོས་པའི་སོན་རིགས་འགའི་གཤེར་ལྡན་འབྲས་བུའི་མངར་ཆའི་འདུས་ཚད་ནི22%ནས་ཇེ་དམའ་རུ་སོང་སྟེ16%བར་ཆག་པ་དང་བྲོ་བ་ཡང་མེད་པར་འགྱུར་བ་ཡིན། ནད་འགོག་རང་བཞིན་ཡང་ཇེ་ཆུང་དུ་འགྲོ་བ་དང་། མཐུད་སྦྱོར་བྱས་རྗེས་ཀྱི་གསོན་ཚད་དང་ཤིང་སོན་བཙུགས་ནས་རྩ་བ་ཚུགས་པའི་ནུས་པ་ཇེ་ཆུང་དུ་སོང་ནས་འཁྲུགས་སྐྱོན་གནོད་འཚེ་ཐེབས་སླའོ།།

རྒྱུན་འབྲུམ་གྱི་ལོ་མ་འཁྱིལ་བའི་ནད་དུག་ནི་གཙོ་བོ་མིས་འདེབས་འཛུགས་ཀྱི་བྱ་འགུལ་སྤེལ་བ་བརྒྱུད་ནས་ཁྱབ་སྤེལ་བྱེད་པ་ཡིན། འདིའི་ཁྱབ་སྤེལ་བྱེད་སྟངས་ལ་རིགས་གཉིས་ཡོད་དེ། གཅིག་ནི་ནད་སྡོང་གི་ཡལ་ག་དང་མྱུ་གུ་བེད་སྤྱད་ནས་མཚན་མེད་རྒྱུད་འཕེལ་བྱེད་པ་དང་། སྡོང་ཕྲུག་བརྒྱུད་ནས་བར་ཐག་རིང་པོར་མཆེད་པ་ཡིན། འདིའི་རིགས་རང་རྒྱལ་ནས་ལྷག་ཏུ་འཕུར་ཐོན་ཡིན། གཉིས་ནི་དུག་ལྡན་ཤིང་སྡོང་མཐུད་སྦྱོར་

བྱས་པ་རྒྱུད་ནས་མཆེད་པ་ཡིན།

3) རྒུན་འབྲུམ་གྱི་གཞུང་རྟའི་འབྲུམ་ནད། རྒུན་འབྲུམ་གྱི་གཞུང་རྟའི་འབྲུམ་ནད་ནི་འཛམ་གླིང་ཡོངས་ཀྱི་རྒུན་འབྲུམ་ཐོན་ཁུལ་སོ་སོ་ནས་འབྱུང་བ་ཡིན། གནོད་འཚེ་ཁེབས་པའི་རྒུན་འབྲུམ་ཡིན་ན་དཔྱིད་ཀྱི་སྨྱུ་གུ་འབུས་ཡུན་འགོར་བ་དང་སྡོང་རྐང་ཇེ་ཆུང་། སྡོང་པོའི་འཁྲིལ་རྐང་མཐུག་ཅིང་པགས་པ་སྲབ་པ། སྐེ་མ་དང་ཐོ་གདན་གྱི་སྐྱེ་འཚར་དོ་མི་མཉམ་པ། སྐེ་མ་དང་ཐོ་གདན་གྱི་རྒྱས་སྤོས་ཚད་ལས་བརྒལ་བ་དང་། འཕར་སྐྱེ་དང་སྐྱེ་འཚར་འགག་པ་སོགས་ཀྱི་དབང་གིས། པགས་རིམ་གྱི་ཕྱི་ངོས་སུ་སོ་དབྱིབས་སམ་རྒྱུངས་དབྱིབས་ཀྱི་འབུར་ཐོན་དངོས་པོ་ཆགས་པ་དང་། མཐུད་སྦྱོར་བྱེད་སའི་ཉེ་འཁོར་དུ་ཤིང་རྒྱུའི་སྟེང་དུ་རྡིབ་ཐིག་དང་ཤུར་གཞོང་འབྱུང་། ནད་ཕོག་པའི་སྡོང་རྐང་གི་སྐྱེ་སྟོབས་ཇེ་ཞན་དུ་འགྲོ་བ་དང་སྲིར་བཏང་དུ་ནད་རྟགས་མི་མངོན། འོན་ཀྱང་བྱེ་ཐང་གི་རྒུན་འབྲུམ་མཐུད་གཞིའི་ཤིང་སྡོང་བྱེད་པའི་སྐབས་སུ། མཐུད་སྦྱོར་བྱེད་ས་རིམ་གྱིས་གསོན་མེད་དུ་གྱུར་ན། དུག་ལྡན་སྡོང་རྐང་གིས་ཚོར་དགའ་བས། ལོ་རེ་བཞིན་དུ་གཞུང་རྟའི་འབྲུམ་ནད་ཀྱི་ཁྱབ་རྒྱ་ཤིན་ཏུ་ཆེ།

གཞུང་རྟའི་འབྲུམ་ནད་ནི་མཐུད་སྦྱོར་བྱས་ནས་འགོས་པའི་རྒུན་འབྲུམ་གྱི་ནད་དུག་ནད་ཅིག་ཡིན། ནད་ལྡན་མཚན་མེད་སྐྱེ་འཕེལ་གྱི་རྒྱུ་ཆ་ནི་ནད་འདིའི་འགོ་ཁྱབ་ཀྱི་ཐབས་ལམ་གཙོ་བོ་ཡིན།

4) རྒུན་འབྲུམ་གྱི་པགས་ནད། པགས་ནད་ཀྱི་ནད་རྟགས་ནི་ལོ་མ་འཁྱིལ་བའི་ནད་དང་གཅིག་མཚུངས་ཡིན། ཡིན་ཡང་སྐྱེ་འཚར་གྱི་དུས་སུ་ཙུང་སྔ་མོ་ནས་ཐོན་པར་མ་ཟད་མངོན་གསལ་ཡིན། ནད་ཕོག་པའི་སྡོང་རྐང་གི་སྐྱེ་སྟོབས་ཇེ་ཞན་དུ་འགྲོ་བ་དང་དཔྱིད་མགོའི་སྨྱུ་གུ་འབུས་པའི་དུས་ཡུན་ཕྱིར་འགྱངས་བྱེད་ཅིང་། སྡོང་པོའི་འཁྲིལ་རྐང་མཐུག་ཅིང་ཤུན་པགས་སྲབ་ལ། རྩ་བ་ནས་གཞུང་ཕྱོགས་ཀྱི་གས་རིས་ཐོན་ནས་སྡོང་པོ་རྡིལ་པོའི་ཤིང་རྒྱུའི་སྟེང་དུ་རྡིབ་ཐིག་འབྱུང་བ་ཡིན། དཔྱིད་ཀའི་དུས་མཇུག་ནས་དབྱར་མགོའི་དུས་སུ་ལོ་མ་སེར་པོར་འགྱུར་ལ་རིམ་གྱིས་ལྟོག་ཕྱོགས་སུ་འཁྱིལ་བ་དང་། ནད་

ཐོག་གནས་ཡུལ་དུ་སོ་ཕག་ལྷ་བུའི་ཁ་དོག་དམར་པོའམ་ཁམ་སེར་དུ་འགྱུར། ལོ་མ་འཁྱིལ་བའི་ནད་དང་མི་འདྲ་ས་ནི། ལོ་མ་འཁྱིལ་བའི་ནད་ཀྱི་ལོ་མའི་ཡུ་རྐང་སྔར་བཞིན་ལྡང་ཁུ་ཡིན་ལ། ཕགས་པའི་ནད་ནི་ལོ་མ་རྩེལ་པོ་སེར་པོར་འགྱུར་བ་དང་། ནད་ཐོག་པའི་སྡོང་བོའི་ལོ་མའི་ལྷུང་ཚད་རྒྱུན་ལྡན་མིན་པར། སྐབས་འགར་སད་སྐྱོན་ཐེབས་ནས་ལོ་མ་སྐམ་པོར་གྱུར་ནའང་སྔར་བཞིན་སྡོང་མགོ་ནས་མར་མི་ལྷུང་ངོ་།།

སྡོང་རྐང་སྟེང་དུ་ཕགས་ནད་འགོས་ན་སྡོང་བོའི་སྐྱེ་སྟོབས་རིམ་གྱིས་ཉམས་པ་དང་། ཡལ་ག་མཉེན་པོར་འགྱུར་བ། ཆག་སླ་བ། ཐོན་འབབ་ཇེ་དམའ་རུ་འགྲོ་བ། གཤེར་ལྡན་འབྲས་བུ་སྨིན་པའི་དུས་ཡུན་ཕྱིར་འགྱངས་བྱེད་པ། སྤུས་ཚད་མངོན་གསལ་སྒྲོས་ཇེ་དམའ་རུ་འགྲོ་བ། ལོ་དུ་མའི་རྗེས་སུ་ས་ངོས་ཀྱི་སྡོང་རྐང་ཤི་བ་དང་མཐུད་གཞིའི་ཤིང་སྡོང་རང་ས་ནས་སྐྱེ་འཚར་འབྱུང་བ་དང་། ཕགས་ནད་ནི་མཐུད་སྦྱོར་དང་ཤིན་སོན་འདེབས་འཛུགས་ཀྱི་རྒྱུ་ཆ་བརྒྱུད་ནས་འགོ་ཁྱབ་བྱུང་བ་ཡིན།

(2) འགོག་བཅོས་བྱེད་ཐབས། ནད་འདིར་ད་ལྟ་ད་དུང་སྨན་བཅོས་བྱེད་པའི་ཐབས་ལམ་ལེགས་པོ་ཞིག་མེད་པས། ཐོན་སྐྱེད་བྱེད་དུས་གཙོ་བོར་དུག་མེད་སྡོང་ཕྲུག་སྤྱད་ནས་འདེབས་འཛུགས་བྱེད་བཞིན་ཡོད།

(གཉིས) སྐྱེ་ལུགས་རང་བཞིན་གྱི་གནོད་སྐྱོན།

1. ཆེ་གྱུའོ།

ཏུན་འབྲུམ་གྱི་ཆེ་གྱུའོ་ནད་ལ་འབྲས་འབུམས་ནད་ཀྱང་ཟེར། འདི་ནི་དམིགས་བསལ་གྱི་གནམ་གཤིས་ཆ་རྐྱེན་དང་ཐད་ཀར་རམ་བར་བརྒྱུད་འབྲེལ་བ་ཡོད་པའི་སྐྱེ་ལུགས་རང་བཞིན་གྱི་ནད་ཅིག་ཡིན། ཆེ་གྱུའོ་ནད་ནི་ངོ་བོའི་ཐད་ནས"སྐྱེ་ལུགས་རང་བཞིན་གྱི་བཞའ་ཟླན་གསོ་བཅུད་ཤོར་ནད"ཀྱི་མངོན་ཚུལ་ཞིག་ཡིན། ཆེ་གྱུའོ་ནད་ནི་ཧོང་ཏེ་ཆིག་ཏུན་འབྲུམ་གྱི་སྟེང་དུ་དུས་རྒྱུན་འབྱུང་བའི་ནད་སྐྱོན་ཞིག་ཡིན་ལ། ལྷག་པར་དུ་ཏུན་འབྲུམ་གྱི་སྟེང་དུ་འཁྱིག་ཁུག་གཡོགས་རྗེས་འབྱུང་བ་ཡིན། ཏུན་འབྲུམ་གྱི་སོན་རིགས་གཞན་པའི་སྟེང་དུའང་ཆེ་གྱུའོ་ནད་རྒྱུན་དུ་འབྱུང་བཞིན་ཡོད་ལ། ལོ་ལ་ལར་ཧ་

ཅང་ཚབས་ཆེན་ཡིན། འཁྲིག་གཡོག་རྒྱུན་འབྲུམ་ལ་མཚོན་ན། འཁྲིག་ཁུག་མ་གཡོགས་པའི་སྔོན་དུ་སྐྱེ་ནུབ་ཇེ་ཉུང་དང་ཤིང་འབྲས་ཇེ་ཉུང་དུ་གྱུར་ཟིན་ན། གལ་ཏེ་འཁྲིག་ཁུག་གིས་གཡོགས་རྗེས་ཆི་ཀྲུའོ་ནད་བྱུང་ན་གྱོང་གུན་ལྷག་ཏུ་ཆེའོ།།

(1) ནད་རྟགས། ཆི་ཀྲུའོ་ནད་ནི་སྤྱིར་བཏང་དུ་འབྲས་བུ་ཆུང་དུས་སུ་འབྱུང་བ་ཡིན། མེ་ཏོག་ལྷུང་རྗེས་ཀྱི་ཉིན45ཡས་མས་ནས་ཚོས་མདོག་མ་མངོན་པའི་སྔོན་ལ་འབྱུང་སྲིད། འོན་ཀྱང་འབྲས་བུ་ཇེ་ཆེར་སྨིན་པའི་དུས་དང་སྐྱེ་ནུབ་སྨིན་པའི་དུས་སུ་ལྷག་ཏུ་ཚབས་ཆེན་ཡིན། ཐོག་མར་ཆུ་ཤོར་བ་དང་ཞོམ་རིབ་འབྱུང་ལ། ཁྲ་ཐིག་ཆུང་དུ་མངོན་པར་མ་ཟད། ནད་ཐིག་གི་རྒྱ་ཁྱོན་སྦྱར་དུ་རྒྱ་ཇེ་ཆེར་འགྲོ་བ་དང་། གོ་རིམ་རྫིལ་པོ་ཐལ་ཆེར་དུས་ཚོད2ལས་མི་དགོས་པར་ཡོད་ཚད་འགྲུབ་པ་ཡིན། ནད་ཐིག་གི་འཁྲིད་བཅད་ཕྱི་ངོས་ཀྱི་པགས་པའི་འོག་རིམ་དུ་འཁྲིག་བལ་དང་འདྲ་བའི་ཕུང་གྲུབ་ཆགས། ནད་ཐིག་གི་རྒྱ་ཁྱོན་གྱིས་སྤྱིར་བཏང་དུ་འབྲས་བུ་ཏོག་བུའི་རྒྱ་ཁྱོན་གྱི5%~30%ཟིན་པ་ཡིན། ཚབས་ཆེ་བའི་དུས་སུ་འབྲས་བུ་གཅིག་གི་སྟེང་དུ་ནད་ཕོག་པའི་ཁྲ་ཐིག2~5ཡོད་པས་འབྲས་བུ་ཚང་མ་རྣམ་བཞིན་ཡོད། ནད་ཕོག་པའི་ཁྲ་ཐིག་ཐོག་མའི་དུས་སུ་ཁམ་སྐྱའི་མདོག་ཡིན་ལ། དེའི་རྗེས་སུ་ཁ་དོག་ཇེ་ནག་ཏུ་གྱུར་ནས་རིམ་གྱིས་རྨ་ཤུལ་རྨམ་པོ་ཆགས་པ་དང་། (འབྲས་བུའི་ནད་ཐིག་མང་ན་ཤིང་འབྲས་ཡོངས་རྨམ་པར་འགྱུར)ནད་ཐིག་གི་ཁྱབ་སྟངས་ནི་ངེས་མེད་རང་བཞིན་ཡིན་ལ། སྤྱིར་བཏང་དུ་འབྲས་ཏོག་གི་གཞོགས་ངོས་སུ་ཡོད་པ་དང་། འབྲས་ཏོག་དང་ཉེ་བའི་གནས་དང་ཞབས་མཐིལ་དུའང་ཡོད། ས་རྒྱུར་བཞའ་ཚན་ཆེ་བ་དང(ཆུའི་ནང་དུ་སྦྲངས་ནས་དུས་ཚོད་ངེས་ཅན་ཞིག་འགོར་རྗེས)དེའི་འཕྲོར་ཡང་བསྐྱར་ཆར་ཆུ་བབས་རྗེས(རྒྱུན་འབྲུམ་གྱི་འབྲས་ཏོག་སྟེང་དུ་ཆུ་ཐིགས་ཡོད་པ)སྐྱོ་བུར་དུ་དྲོད་ཚད་ཇེ་མཐོ་ཏུ་སོང་ན། འབྲས་ཏོག་ངོས་སུ་ཆུ་ཐིགས་ཡོད་པའི་ཆ་ཤས་ཀྱི་ཆུ་ཐིགས་ཀྱི་འོག་རིམ་དུ་ཆི་ཀྲུའོ་ནད་འབྱུང་སླ། དྲོད་ཚད་མཐོ་བའི་དུས་སུ་སྨན་གཏོར་ནའང་འབྲས་ཏོག་འོག་གི་སྨན་ཆུའི་ཤུལ་ནས་ཆི་ཀྲུའོ་ནད་འབྱུང་སླ་བ་ཡིན།

1) ཆི་ཀྲུའོ་ནད་ཀྱི་ཉེ་སྲིག་དང་ནད་སྐྱོན་གཞན་དག་གི་ཁྱད་པར། ཉེ་སྲིག་ནད་

ནི་ཉེ་མའི་སྨུག་ཕྲེའི་འོད་དང་ཉེ་མའི་འོད་ཟེར་དྲག་ས་པས་བཟོས་པའི་འཚོག་རྨས་ཡིན་ལ། ཁ་དོག་ཙུང་ཟབ་པ་དང“མེ་སྲེག”གི་དབྱིབས་དང་འདྲ། ཆེ་ཀྲུའོ་ནད་ནི་བཞར་ཚན་སྐྱེ་ལུགས་ཀྱི་ནད་ཡིན་པ་དང་ནད་ཐིག་གི་མདོག་གསལ་པོ་མེད། “ཚུ་ཁོལ་གྱིས་འཚོག་པ་ལྟ་བུའི་དབྱིབས”དང་འདྲ།

2) ཆེ་ཀྲུའོ་ནད་དང་སྐྱེ་ལུགས་རང་བཞིན་གྱི་ནད་གཞན(ཚ་ལ་དཀོན་པ་སོགས)གྱི་ཁྱད་པར། ཆེ་ཀྲུའོ་ནད་འབྱུང་བའི་དུས་ཡུན་ཧ་ཅང་མགྱོགས་ལ། སྤྱིར་བཏང་དུ་དུས་ཚོད2ནང་དུ་ནད་གྲུབ་པ་ཡིན། གཞན་པའི་ནད་བྱུང་བའི་དུས་ཡུན་ཙུང་དལ་བ་དང་ནད་ཐིག་ནི་ཆུང་དུ་ནས་ཇེ་ཆེར་འགྱུར་བར་ཉིན་འགའ་དང་ཡང་ན་ཉིན་བཅུ་ལྷག་གི་གོ་རིམ་དགོས།

3) ཆེ་ཀྲུའོ་ནད་དང་གཅག་འཇིབ་རང་བཞིན་གྱི་འབུའི་གནོད་འཚེའི་ནད་རྟགས་ཀྱི་ཁྱད་པར། ཆེ་ཀྲུའོ་ནད་ཀྱི་ཁྲ་ཐིག་ཆེ། གནོད་འབུས་གཅག་འཇིབ་བྱས་ནས་གྲུབ་པའི་ནད་ཀྱི་ནད་ཐིག་ཆུང་། ཆེ་ཀྲུའོ་ནད་ཀྱི་ནད་ཐིག་གི་ཁ་དོག་རིམ་གྱིས་ཇེ་ཟབ་ཏུ་གྱུར་ནས་སྐམ་འཆིའི་ཁྲ་ཐིག་ཆགས་པ་དང་། གནོད་འབུས་གཅག་འཇིབ་བྱས་ནས་གྲུབ་པའི་ནད་ཀྱི་ནད་ཐིག་ཞོམ་རྗེབ་དང་ལྤང་མདོག་ཤོར་བ། མཁྲིགས་ཐིག་འབྱུང་ཞིང་སྤྱིར་བཏང་དུ་སྐམ་ནས་ཤི་བའི་སྣང་ཚུལ་མེད།

(2) འགོག་བཅོས་བྱེད་ཐབས། རྒྱུན་འབྲུམ་གྱི་ཆེ་ཀྲུའོ་ནད་རིགས་སྔོན་འགོག་བྱེད་དུས། གཞི་རྩའི་ཆ་ནས་ཆུའི་འདོན་སྤྲོད་དང་དགོས་མཁོ་དོ་མཉམ་ཡོང་བར་རྒྱུན་འཁྱོངས་བྱེད་དགོས། དེ་བས་ཆེ་ཀྲུའོ་ནད་འགོག་བཅོས་བྱེད་ན་ཐོག་མར་ཞིང་སྡོང་གི་རྩ་བ་གསོ་དགོས་པ་དང་། དེ་ནས་ཆུའི་འདོན་སྤྲོད་དང་རྩ་ལག་གི་བྱེད་ནུས་རྒྱུན་ལྡན་ངང་འདོན་སྤེལ་བྱེད་པར་ཁག་ཐེག་བྱེད་དགོས།

1) ཞིང་སྡོང་གི་རྩ་བ་གསོ་བའི་བྱེད་ཐབས། དང་ཐོག་སྐྱེ་ལྡན་ལུད་མང་དུ་འཇོག་པ་དང་། ས་རྒྱུའི་སོབ་སོབ་རང་བཞིན་ཇེ་མཐོར་གཏོང་བ། ལུགས་མཐུན་གྱིས་ཐིག་པ། འབྲས་བུ་བསྡུས་རྗེས་ཀྱི་ནད་འབུའི་གནོད་པ་འགོག་བཅོས་སོགས་བྱེད་དགོས། གཉིས་ནས་རྩ་

ལག་གི་ནད་འབུའི་གནོད་སྐྱོན(དཔེར་ན་སྐྲུད་འབུའི་ནད་དང་རྩ་རུལ་ནད་སོགས)འགོག་བཅོས་ལ་མཉམ་འཛོག་དགོས།

2) ཆུ་མགོ་སྲིད་བྱེད་པར་ཁག་ཐེག་བྱེད་དགོས། ཆི་གྲུའོ་ནད་འབྱུང་སླ་བའི་དུས་སྐབས(འབྲས་ཏོག་ཆེར་སྨིན་གྱི་དུས་སྐབས)དང་། ལྷག་པར་དུ་འཁྲིག་ཁུག་གཡོགས་པའི་རྩ་གཞུག་ཏུ་བཞར་ཚན་འདོན་སྲིད་འདང་ངེས་རྒྱུན་འཁྱོངས་བྱེད་དགོས་ཤིང་། གལ་ཏེ་ཆུ་ཆེན་ཁེབས་གཏོང་བྱེད་ན་ཆུ་གཏོང་བའི་དུས་ཚོད་ལ་དོ་སྣང་བྱེད་དགོས་ཏེ། སྤྱིར་བཏང་དུ་ཆུ་ཚོད18:00ནས་ཕྱི་ཉིན་གྱི་ཞོགས་པའི་བར་དུ་ཆུ་གཏོང་དགོས་པ་ལས། ཉིན་གུང་ལ་ཆུ་གཏོང་བར་འཛེམ་དགོས། ས་རྒྱུའི་སོབ་སོབ་སྲུང་འཛིན་རྒྱུན་འཁྱོངས་བྱས་ན་རྩ་ལག་གི་བྱེད་ནུས་རྒྱུན་ལྡན་དང་འདོན་སྤེལ་བྱེད་ཐུབ། ཆུ་འབུད་པར་སྟབས་བདེ་ཡིན་དགོས་ཤིང་དུས་ཡུན་རིང་པོར་ཆུའི་ནང་དུ་སྦང་མི་རུང་བར་དུས་ཐོག་ཏུ་ཡུར་མ་ཡུར་བ་དང་ས་སོབ་སོབ་ཏུ་གཏོང་དགོས། ས་རྒྱུའི་སོབ་སོབ་ཡིན་ན་རྩ་ལག་གི་འཕྲིན་རྟབ་ལ་ཕན་པ་དང་། རྩ་ལག་གི་བྱེད་ལས་རྒྱུན་ལྡན་ཡིན་ན(ལུད་རྫས་ཀྱི་གནོད་འཚེ་ཐེབས་མི་རུང)ཆི་གྲུའོ་ནད་མ་བྱུང་སྔོན་འགོག་དང་ཇེ་ཉུང་དུ་གཏོང་ཐུབ། གལ་ཏེ་རྩ་ལག་གི་སྐྱེ་སྟོབས་ཞན་ན། ས་ངོས་ཀྱི་ཡལ་ག་དང་ལོ་མ། འབྲས་བུ་སོགས་ཇེ་ཉུང་དུ་གཏོང་དགོས། ས་ངོས་དང་ས་འོག་མཐུན་སྦྱོར་གཅིག་གྱུར་སྲུང་འཛིན་བྱས་ན། ཚད་ངེས་ཅན་ཞིག་གི་སྟེང་ནས་ཆི་གྲུའོ་ནད་འབྱུང་ཚད་ཇེ་ཉུང་དུ་གཏོང་བའམ་སྔོན་འགོག་བྱེད་ཐུབ།

2. མེ་ཏོག་དང་འབྲས་ཏོག་ལྷུང་བ།

མེ་ཏོག་དང་འབྲས་ཏོག་ལྷུང་བ་ནི་སྤྱིར་བཏང་དུ་མེ་ཏོག་མ་བཞད་པའི་གཟའ་འཁོར1སྔོན་གྱི་མེ་ཏོག་གི་གང་བུ་དང་མེ་ཏོག་བཞད་རྗེས་ཀྱི་སོན་སྡོད་འཁོར་ཆེན་ལྷུང་བ་ལ་ཟེར། མེ་ཏོག་གི་སྙེ་མའི་སྟེང་དུ་མེ་ཏོག་གི་གང་བུ་མང་བའམ་ཟེའུ་འབྲུ་འཐེན་པ་དང་འབྲས་བུ་ཆགས་ཚད20%~40%མ་གཏོགས་མེད་པས། གཞན་པའི་མེ་ཏོག་རྣམས་ཀྱིས་ཟེའུ་འབྲུ་འཐེན་མི་ཐུབ་པར་སར་ལྷུང་བ་དང་། འདི་ནི་ཤིང་སྡོང་རང་སྟེང་གི་ནད་སྐྱོན་ཇེ་ཉུང་དུ་གཏོང་བའི་སྣང་ཚུལ་ཞིག་ཡིན་ལ། རྒྱུན་འབྱམ་རང་གིས་རང་ལ་སྙོམ་སྒྲིག

བྱེད་པའི་རྒྱུན་ལྡན་གྱི་སྐྱེ་ལུགས་སྣང་ཚུལ་ཞིག་ཀྱང་ཡིན་པས། འདི་ལ་རྒྱུན་ལྡན་གྱི་མེ་ཏོག་དང་འབྲས་རྫོག་ལྷུང་བ་ཟེར། གལ་ཏེ་མེ་ཏོག་དང་འབྲས་རྫོག་ལྷུང་ཚད80%ཡན་ཟིན་ན། དེ་ལ་མེ་ཏོག་དང་འབྲས་རྫོག་ལྷུང་བའི་ནད་ཟེར།

(1) རྒྱུ་མཚན། སོན་རིགས་ཁ་ཤས་ལ་ལྷན་སྐྱེས་ཀྱི་རྒྱུད་འདེད་རང་བཞིན་གྱི་ཞན་ཆ་ཡོད་དེ། དཔེར་ན་ཙུས་རྫིང་ཏུན་འབྲུམ་གྱིས་རང་རྒྱུད་ཀྱི་མེ་ཏོག་དང་འབྲས་བུ་ལྷུང་སླ་བའི་ཁྱད་ཆོས་རྒྱུན་འཛིན་བྱས་ཡོད། མེ་ཏོག་བཞད་པའི་དུས་སྐབས་དང་འབྲས་བུ་ཆུང་དུ་ཆགས་པའི་དུས་སྐབས་སུ་ཐན་པ་ཆེ་བ་དང་དྲོད་ཚད་མཐོ་བ། དྲོད་ཚད་དམའ་བ། ཡང་ན་ཆར་བ་བསྟུད་མར་འབབ་པའི་གནམ་གཤིས་དང་འཕྲད་ཚེ་མེ་ཏོག་དང་འབྲས་རྫོག་ལྷུང་བཞིན་ཡོད། འོས་འཚམ་མིན་པའི་ཞིང་ལས་ལག་རྩལ་གྱི་བྱེད་ཐབས་སྤྱད་ན་ཤིང་སྡོང་སྟེང་དུ་འཚོ་བཅུད་མི་འདང་བ་དང་། སྡོང་རྐང་གི་འཚོ་བཅུད་མཆེད་ཚུལ་ལུགས་མཐུན་མིན་པ་སོགས་ཀྱི་སྣང་ཚུལ་འབྱུང་བ་ཡིན། དཔེར་ན་ཧན་ལུད་རྒྱག་ཚད་མང་དྲགས་པ་དང་ཡལ་གའི་བར་ཐག་དམ་དྲགས་པ་སོགས་ཀྱིས་སྐྱེ་འཚར་ཧྲུས་དྲགས་པའི་སྣང་ཚུལ་འབྱུང་། ཚ་ལ་མི་འདང་བའི་དུས་སུ་ཏུན་འབྲུམ་གྱི་ཟེའུ་འབྲུ་སྡེབ་སྦྱོར་མི་ལེགས་པ་དང་། ཟེའུ་འབྲུ་ཕོ་མོ་སྡེབ་སྦྱོར་ལེགས་པོ་མ་བྱུང་བའི་འབྲས་རྫོག་དང་བདེ་ཐང་གི་འབྲས་རྫོག་འགྲན་རྩོད་བྱས་ན་འཚོ་བཅུད་ཞན་པའི་ཕྱོགས་དེའི་མེ་ཏོག་དང་འབྲས་བུ་ལྷུང་སླ་བ་ཡིན། ས་རྒྱུའི་ནང་དུ་ཏི་ཚ་ཆད་པའམ་ཏི་ཚ་མ་འདང་ཚེ་ཟེའུ་འབྲུ་ཕོ་མོ་སྡེབ་སྦྱོར་ལེགས་པོ་ཡོང་མི་སྲིད། སྐུལ་རྫས་ལ་ལ་ཞིག་ལ་མེ་ཏོག་ཇེ་ཉུང་དུ་གཏོང་བའི་ནུས་པ་ཡོད་པ་དང་ཟེའུ་འབྲུ་ཕོ་མོ་སྡེབ་སྦྱོར་ལེགས་པོ་བྱེད་མི་ཐུབ་པས། བཀོལ་སྤྱོད་བྱེད་སྐབས་ང་ཙང་གཟབ་ནན་བྱེད་དགོས་ཏེ། གྲངས་ཚད་དང་བཀོལ་སྤྱོད་བྱེད་པའི་དུས་སྐབས་མ་འཁྲིག་ཚེ་མེ་ཏོག་དང་འབྲས་བུ་ལྷུང་ངེས་ཡིན། གཞན་ཡང་ལུའི་མང་ཁྲུན་དང་ཙི་མ། རྫོ་སྦོག་རིགས་ཀྱི་གནོད་འཚེ། སད་ཧྲགས་ནད། སྐེ་མའི་རྟེན་རྐང་གི་ཁམ་མདོག་སྐམ་འགྱུར་ནད་སོགས་ཀྱི་གནོད་འཚེ་བྱུང་ནའང་མེ་ཏོག་དང་འབྲས་བུ་ལྷུང་སྲིད་པ་ཡིན།

(2) འགོག་བཅོས་བྱེད་ཐབས།

1) སོན་རིགས་དང་ལག་རྩལ། འབྲས་བུ་ཐོགས་ཚད་མཐོ་བའི་སོན་རིགས་བཟང་པོ་འདེམ་གསོ་བྱེད་པ་དང་། སོན་རིགས་ཀྱི་ཁྱད་ཆོས་དང་འཚམ་པའི་འདེབས་འཛུགས་ལག་རྩལ་སྤྱོད་དགོས། དཔེར་ན་སྐྱེ་འཚར་ལེགས་པའི་སོན་རིགས་ཡིན་ན་ཡལ་པ་ལྗུར་ཀྱག་པར་མཉམ་འཛོག་བྱེད་དགོས་པ་དང་། འཚོ་བཅུད་ཇེ་ཞན་དུ་བཏང་ནས་སྟོང་ཤང་གི་སྐྱེ་སྟོབས་ཇེ་སྨོམས་སུ་གཏོང་དགོས། མེ་ཏོག་དང་འབྲས་ཏོག་ལྷུང་ཚད་ཚབས་ཆེ་བའི་སོན་རིགས་ལ་མེ་ཏོག་མ་བཞད་པའི་སྔོན་གྱི་ཉིན3~5ནང་དུ་རྩེ་བཏོག་པ་དང་། ཡང་ན་མེ་ཏོག་མ་བཞད་པའི་སྔོན་ལ་ཨའི་ཀྲིང་སུའུ་གཏོར་དགོས།

2) ལུགས་མཐུན་གྱིས་སྐོམ་ནས་ལུད་འཛོག་པ། སྐྱེ་ལྡན་ལུད་མང་ཙམ་འཛོག་པ་དང་གཏིང་ལུད་ཙུང་ཟད་མོ་ནས་འཛོག་དགོས། འོས་འཚམ་སྐོམ་ཀན་ལུད་འཛོག་པར་ཚོད་འཛིན་བྱེད་པ་དང་། ཟླ་ལུད་དང་ཚ་ལའི་ལུད་མང་ཙམ་བཞག་ནས་སྟོང་ཤང་གི་སྐྱེ་སྟོབས་ཇེ་ཆེར་གཏོང་དགོས། མེ་ཏོག་མ་བཞད་གོང་དང་མེ་ཏོག་བཞད་རྗེས་ཚ་ལའི་ལུད་དང་ཟླ་ལུད་འཛོག་དགོས་ཤིང་། ལུགས་མཐུན་སྐོམ་ལེན་ལུད་སྤྱོད་པ་དང་ཀན་ལུད་བེད་སྤྱོད་བྱེད་པར་ཚོད་འཛིན་ནན་མོ་བྱེད་དགོས། ཆུ་གཏོང་དགོས་མིན་ནི་ངེས་པར་དུ་སོན་རིགས་དང་གནམ་གཤིས་ཀྱི་གནས་ཚུལ་ལ་བལྟས་ནས་ཐག་གཅོད་བྱེད་དགོས། མེ་ཏོག་དང་འབྲས་ཏོག་ལྷུང་སླ་བའི་སོན་རིགས་ནི་ཀན་ལུད་མང་དྲགས་པའི་གནས་ཚུལ་འོག་ཏུ། མེ་ཏོག་མ་བཞད་གོང་ནས་མེ་ཏོག་བཞད་རྗེས་ཀྱི་ཉིན20ནང་ཙུན་དུ་ཆུ་གཏོང་བར་ཚོད་འཛིན་ནན་མོ་བྱེད་དགོས།

3) སྟོང་ཤང་གི་སྐྱེ་སྟོབས་རྒྱས་པ། སྟོང་ཤང་གི་སྐྱེ་སྟོབས་འབྲིང་རིམ་འགན་སྲུང་དང་སྟོང་གཟུགས་འཚོ་བཅུད་ཀྱི་ཆ་རྐྱེན་ལེགས་བཅོས་བྱས་ཏེ། འཚོ་བཅུད་ཀྱི་སྐྱེ་འཚར་དང་འབྲས་བུ་སྨིན་ཚད་བར་གྱི་འགལ་བ་སྙོམ་སྒྲིག་བྱས་ནས་འབྲས་བུ་ཐོགས་ཚད་ཇེ་མཐོར་གཏོང་རྒྱུ་ནི་ཧ་ཅང་གལ་ཆེའོ། །

4) ཕྲ་ཞིབ་ཀྱི་སྐོམ་ནས་དབྱར་ཡལ་བཞུར་བ། དུས་ཐོག་ཏུ་མྱུ་གུ་འབྲིག་གཅོད་དང་ཡལ་གར་རྩ་སྤྱོས་བརྒྱབ་ནས་དུས་མཚམས་བདམས་ཏེ་རྩེ་མོ་བཏོག་དགོས། དུས་ཐོག་ཏུ

མེ་ཏོག་གི་སྙེ་མ་ཇེ་སྲབ་ཏུ་གཏོང་བ་དང་མེ་ཏོག་གི་བང་རིམ་ལེགས་བཅོས་བྱས་ནས། འཚོ་བཅུད་ཀྱི་ཟད་གྲོན་ཇེ་ཆུང་དུ་གཏོང་བ་དང་། མེ་ཏོག་གི་སྙེ་མའི་སྐྱེ་འཚར་ལེགས་པོ་ཡོང་བར་སྐུལ་འདེད་བྱེད་པ། མེ་ཏོག་བཞད་ཅིང་ཟེའུ་འབྲུ་ཕོ་མོ་སྦྱོར་བྱེད་པ། ཟེའུ་འབྲུ་འཛིན་པ་བཅས་ཀྱི་དགོས་མཁོ་ཁག་ཐེག་བྱེད་དགོས།

5) སྙོར་གཙོད་དམ་ཡང་ན་སྙོར་བཤུ་བྱེད་པ། མེ་ཏོག་བཞད་པའི་དུས་མགོར། སྙོར་བཤུའི་ཞེང་ཚད་ཏའོ་སྨི2~3ཡིན་ལ་འགྲིག་ཁུག་སྲབ་མོས་དཀྲི་དགོས། སྙོར་བཤུ་ནི་ལག་རྩལ་རང་བཞིན་ཤིན་ཏུ་མཐོ་བའི་བྱེད་ཐབས་ཤིག་ཡིན་པས་གང་འདོད་དུ་བཀོལ་མི་ཆོག་ཅིང་། སྙོར་གཙོད་ཀྱིས་སྙོར་བཤུའི་ཚབ་བྱས་ཆོག སྡོང་རྐང་གཙོ་བོའི་སྟེང་དུ་སྙོར་གཙོད་དང་ཡང་ན་སྙོར་བཤུ་བྱེད་མི་རུང་། སྤྱིར་བཏང་དུ་འབྲས་བུ་སྨིན་པའི་སྡོང་བོའི་ཡལ་གའི་སྟེང་དུ་སྤེལ་དགོས།

6) ཚ་ལའི་ལུད་གཏོར་བ། མེ་ཏོག་དང་འབྲས་བུ་ལྷུང་བའི་སོན་རིགས་ཡིན་ན་མེ་ཏོག་མ་བཞད་པའི་སྔོན་གྱི་ཉིན10ནང་དུ། ལོ་མའི་ངོས་ལ21%པའོ་པེ་ཐིན་པའི་ཡིས2000གཤེར་ཁུ་གཏོར་ནས། མེ་ཏོག་གི་རྩལ་ཕྲུག་སྐྱེ་འཚར་དང་མེ་ཏོག་གི་རྩལ་འབྱུང་བར་སྐུལ་འདེད་བྱས་ན། ཟེའུ་འབྲུ་ཕོ་མོ་སྦྱོར་བྱེད་པར་ཕན་པ་དང་། འབྲས་བུ་སྨིན་ཚད་མཐོར་འདེགས་སུ་གཏོང་ཐུབ། སྨན་ཆུ་གཏོར་དུས་ཆ་སྙོམས་ཞིབ་ཚགས་ཡིན་དགོས།

7) ནད་དང་འབུའི་གནོད་པ་འགོག་བཅོས་བྱེད་པར་ཤུགས་སྣོན་དགོས། མེ་ཏོག་མ་བཞད་པའི་སྔོན་གྱི་ནད་དང་འབུའི་གནོད་པ་འགོག་བཅོས་བྱེད་པར་མཐོང་ཆེན་བྱས་ཏེ། འགོག་བཅོས་ཀྱི་ཚད་གཞི་ལྟར་ལོ་རྒྱུན་པོར་ཕྱོགས་བསྡུས་འགོག་བཅོས་བྱས་ནས་ནད་དང་འབུས་མེ་ཏོག་གི་བང་རིམ་ལ་གནོད་པ་མི་ཡོང་བར་བྱེད་དགོས།

3. འབྲས་ཇོག་ཆེ་ཆུང་།

ཀུན་འབྲུམ་གྱི་སོན་རིགས་ཁ་ཤས་ཏེ། ལྷག་པར་དུ་ཅུས་རྫིང་ཀུན་འབྲུམ་ལ་རྒྱུན་པར་འབྲས་ཇོག་ཆེ་ཆུང་གི་སྣང་ཚུལ་བྱུང་ནས། ཐོན་ཚད་ལ་གནོད་པ་ཚབས་ཆེན་ཐེབས་བཞིན་ཡོད། དེའི་རྩ་བའི་རྒྱུ་རྐྱེན་ནི་ཀུན་འབྲུམ་མེ་ཏོག་གི་དུས་སུ་ཟེའུ་འབྲུ་སྦྱོར་

ཞིགས་པོ་བྱེད་མ་ཐུབ་པས་ཡིན།

(1) རྒྱུ་རྐྱེན་གཙོ་བོ།

1) སྲོན་རིགས་ཀྱི་རྒྱུ་རྐྱེན། སྲོན་རིགས་ཁ་ཤས་ཏེ། དཔེར་ན་ཙུལ་སྤྲིང་ཀྱུའ་འབྲུམ་སོགས་ལྷན་སྐྱེས་ཀྱི་ཟེའུ་འབྲུ་ཕོ་མོ་སྡེབ་སྦྱོར་མི་ཞིགས་པའི་རིགས་ཡོད།

2) ཟེའུ་འབྲུ་ཕོ་མོའི་སྡེབ་སྦྱོར་མི་ཞིགས་པ། མེ་ཏོག་བཞད་པའི་དུས་སུ་གནམ་གཤིས་ཀྱི་ཤུགས་རྐྱེན་ངན་པ་ཐེབས་ཤིང་། ཆུ་ལུད་དོ་དམ་ཞིགས་པོ་མ་བྱས་ན་སྐྱེ་འཚར་རྒྱས་དྲགས་པ་དང་ཅུང་ཞན་པར་གྱུར་ནས། སྐྱེ་མའི་འཚོ་བཅུད་ལྷོས་བཅས་ཀྱིས་མི་འདང་བ་ཡིན། སྔོང་རྐང་ལ་ཚ་ལ་དང་ཧྲི་ཚ་མི་འདང་ན། ཟེའུ་འབྲུ་ཕོ་མོའི་སྡེབ་སྦྱོར་ལ་ཤུགས་རྐྱེན་ཐེབས་པ་དང་། འབྲས་བུ་མེད་པ་དང་འབྲས་བུ་ཉུང་བའི་འབྲས་ཇོག་ཇེ་མང་དུ་འགྲོ་བར་མ་ཟད། འབྲས་ཇོག་ཀྱང་ཆུང་བ་ཡིན།

3) ཡལ་བཞུར་མི་ཞིགས་པ། དབྱར་དུས་ཡལ་བཞུར་བརྒྱབ་ཚུལ་མ་ཞིགས་ན། འཚོ་བཅུད་སྐྱེ་འཚར་དང་སྐྱེ་འཕེལ་མཐུན་སྦྱོར་མིན་པའམ་ཡང་ན་ནུས་ལྡན་ལོ་མ་མང་པོ་སོར་འཇོག་བྱེད་མ་ཐུབ་ཅིང་། སྐྲེ་ཏུབ་ཀྱི་འཚོ་བཅུད་ལྷོས་བཅས་ཀྱིས་མི་འདང་བ་ཡིན།

4) སྐྱུལ་རྩིའི་བཀོལ་སྤྱོད་མ་འཁྲིག་པ། སྐྲེ་ཏུབ་ཚགས་དམ་པའི་སྲོན་རིགས་ཁ་ཤས་ནི་སྐྱུལ་རྩི་བཀོལ་ནས་མེ་ཏོག་གི་བང་རིམ་ཇེ་རིང་དུ་བཏང་ཚུལ་མ་འཁྲིག་ན། སྐབས་དེའི་མེ་ཏོག་གི་འདབ་མ་ཁ་ཤས་ཀྱི་ཟེའུ་འབྲུའི་ཕོ་མོ་སྡེབ་སྦྱོར་བྱས་པ་མི་ཞིགས་པའམ། ཡང་ན་མེ་ཏོག་གི་རྗེས་སུ་སྐྱུལ་རྩི་བཀོལ་ཡུན་ སྔ་དྲགས་དང་མང་དྲགས་ན། སྲོན་རིགས་ཀྱི་སྐྱེ་འཚར་མི་ཞིགས་པར་གྱུར་ནས་འབྲས་ཇོག་ཆེ་ཆུང་གི་ཚབས་ཆེན་དུ་འགྱུར་བ་ཡིན།

(2) སྔོན་འགོག་བྱེད་ཐབས།

1) ཚོང་རའི་དགོས་མཁོ་དང་རང་སྡེང་གི་གནས་ཚུལ་ལ་གཞིགས་ནས་སྲོན་རིགས་བཟང་པོ་བདམས་ཏེ། དུག་བྲལ་སྔོང་ཕྲུག་འདེབས་འཛུགས་བྱེད་དགོས།

2) ཆུ་ལུད་དོ་དམ་ལ་ཤུགས་སྣོན་བྱས་ཏེ། མེ་ཏོག་བཞད་པ་དང་འབྲས་བུ་ཐོགས་

པ། འབྲས་བུ་སྨི་འཚར་སོགས་ལ་མགོ་བའི་འཚོ་བཅུད་ཁག་ཐེག་བྱེད་དགོས། ཚན་རིག་དང་མཐུན་པའི་སྒོས་ནས་དབྱར་དུས་ཡལ་བཞུར་རྒྱག་པ་དང་། ཡལ་ག་གསར་བའི་རྩེ་མོ་བཏོག་པའི་དུས་ཚོད་དང་ཤེད་ཤུགས་ཀྱི་ཚད་འོས་འཚམ་ཡིན་དགོས་པར་མ་ཟད། དེ་མིན་ཟུར་སྐྱེས་ཡལ་གའི་ཐག་གཅོད་བྱེད་སྟངས་ནི་ངེས་པར་དུ་སོན་རིགས་ཀྱི་ཁྱད་ཆོས་ལ་གཞིགས་ནས་གཏན་ཁེལ་བྱེད་དགོས། སོན་རིགས་མི་འདྲ་བའི་དབང་གིས། མེ་ཏོག་མ་བཞད་པའི་སྔོན་དང་མེ་ཏོག་བཞད་པ། ཡང་ན་མེ་ཏོག་བཞད་པའི་རྗེས་སུ་འབྲས་བུ་ཐོགས་པའི་ཡལ་གའི་རྩེ་མོ་བཏོག་དགོས། དུས་མཚུངས་སུ་ཟུར་སྐྱེས་ཡལ་ག་ཕལ་བ་སྔོན་ལ་ཐག་གཅོད་བྱེད་དགོས།

3) མེ་ཏོག་གི་བང་རིམ་ཁ་གྲེས་པའི་དུས་དང་མེ་ཏོག་མ་བཞད་པའི་སྔོན་གྱི་ཉིན2~3ནང་དུ། 21%པའོ་ཕེ་ཕིན་པའི་ཡིས2000གཤེར་ཁུ་དང་། ཡང་ན0.3%ཚ་ལའི་གཤེར་ཁུ་ཐེངས1~2གཏོར་ནས། མེ་ཏོག་གི་རྡུལ་ཕྲུག་གི་སྨྱུ་གུ་རྒྱས་པར་སྐུལ་འདེད་བྱས་ཏེ་ཟེའུ་འབྲུ་འཐེན་ཚད་མཐོར་འདེགས་བྱེད་དགོས། ཏེ་ཚ་མི་འདང་བའི་དུས་སུ་མེ་ཏོག་མ་བཞད་པའི་སྔོན་དང་མེ་ཏོག་བཞད་པའི་དུས་སྐབས་རེ་རེར་ཞིན་ཕིན་ཨན་ཅི་སོན་པའི་ཡིས300གཤེར་ཁུ་གཏོར་དགོས།

4) དུས་ཐོག་ཏུ་མེ་ཏོག་དང་འབྲས་བུ་ཇེ་ཉུང་དུ་གཏོང་དགོས་པ་དང་། འབྲས་བུ་དང་སྐྱེ་མ་བཟོ་བཅོས་བྱེད་དགོས།

4. གས་འབྲས།

གཙོ་བོ་གཤེར་ལྡན་འབྲས་བུ་སྨིན་ལ་ཉེ་བའི་དུས་སུ་བྱུང་བ་དང་། ཤིང་འབྲས་ཀྱི་ཤུན་པགས་གས་ནས་ཚོང་ཟོག་གི་རིན་ཐང་མེད་པར་འགྱུར་བ་ཡིན། དུས་མཚུངས་སུ་ཤིང་ཏོག་གི་ཁུ་བ་ཕྱིར་བཞུར་ནས་ནད་འབུའི་གནོད་འཚེ་མཆེད་སླ་བས་གྱོང་གུན་ཆེར་ལས་ཇེ་ཆེར་འགྲོའོ། །

 སྤྱིར་བཏང་དུ་ཆུ་འདྲེན་ཆ་རྐྱེན་ཞན་པ་དང་། ས་བབ་དམའ་ཞིང་ས་ཚ་ཞིང་འབྱར་གྱི་ཤིང་འབྲས་ལྗུམ་རའི་ནང་དུ། སྐྱེ་ཁམས་གས་སྤུབས་འབྱུང་ཚད་ཅུང་མཐོ། ལུས་ཁམས་

གས་སྲུབས་ཁ་ཤས་ནི་གཤེར་ལྡན་འབྲས་བུའི་བསྐར་ཕྲེང་དམ་དྲགས་པ་དང་། འབྲས་ཏོག་ཡན་ཆད་བཅིར་གནོན་བྱས་པའམ་ཡང་ན་ཤུན་པགས་ཀྱི་མཉེན་གཤིས་ཞན་པས་གས་འབྲས་ཀྱི་སྣང་ཚུལ་བྱུང་བ་ཡིན།

(1) རྒྱུ་རྐྱེན་གཙོ་བོ།

1) སོན་རིགས་ཀྱི་ཁྱད་ཆོས། རྒྱུན་འབྱམ་གྱི་སོན་རིགས་ཁ་ཤས་ནི་གས་འབྲས་འབྱུང་སླ་སྟེ། དཔེར་ན་ཐྲེ་ཧོང་དང་ལི་ཀྲ་མ་ཐི་སོགས་ལྟ་བུའོ།།

2) འབྲས་བུ་རྒྱས་སྨིན་གྱི་དུས་སྐབས། དུས་སྐབས་འདིར་ཐན་པ་འབྱུང་ཞིང་། འབྲས་བུ་སྨིན་པའི་དུས་སུ་ཆར་ཆུ་མང་བ་དང་། མཁའ་དབུགས་ཀྱི་བཞའ་ཚན་ཅུང་ཆེ་ན། འབྲས་བུ་གས་སླ་བ་ཡིན།

3) ཇོ་དམ་མི་ལེགས་པ། སྡོང་རྐང་གི་ཚགས་མཐུག་པོའི་ལྗུམ་རར་ཏན་ལུད་གཏོར་ཚད་མང་དྲགས་པ་དང་། ཡལ་གའི་ལོ་མ་སྐྱེས་དྲགས་པ། རླུང་རྒྱུག་པ་དང་ཉི་ཟེར་འཕྲོ་བའི་ཆ་རྐྱེན་མི་ལེགས་པ། ས་རྒྱུའི་བཞའ་ཚན་ཆ་སྙོམས་མིན་པའམ་འགྱུར་ལྡོག་ཆེ་ན་འབྲས་བུ་གས་སླ་བ་ཡིན། ཐོན་ཚད་མཐོ་དྲགས་པ་དང་ཡང་ན་རྒྱས་སྨིན་རིགས་ཀྱི་སྐྱུལ་རྫིའི་སྤྱོད་ཚད་མང་དྲགས་ན་འབྲས་བུའི་ཤུན་པགས་ཇེ་སྲབ་ཏུ་འགྲོ་བ་ཡིན། གཞན་ཡང་ནད་འབུའི་གནོད་འཚེ་དཔེར་ན་ཙའི་སྣ་དང་ཁྲིན་མང་ལིའུ་སོགས་ཐེབས་པ་དང་། ཡང་ན་དཀར་ཕྱེ་ནད་འགོས་པའི་འབྲས་བུར་གས་པ་འབྱུང་སླ་བ་ཡིན།

4) འབྲས་བུ་ཆུང་ངུའི་དུས་སྐབས། འབྲས་བུའི་ཕྱི་ངོས་ལ་ཤུགས་རྐྱེན་ཐེབས་པའི་སྨན་བརྒྱབ་ནས་འབྲས་བུ་ལ་རྨས་ཕོག་ན་དུས་མཇུག་ཏུ་རྨ་ཁ་གས་སླ་བ་ཡིན། འབྲས་བུ་ཆུང་ངུའི་དུས་ནི་ཤུན་པགས་ཆེས་མཉེན་པོའི་དུས་སྐབས་ཡིན། དཔེར་ན་ཐུས་ཀ་ཞན་པའི་ཏའེ་སེན་མིན་ཞིན་སོགས་བཀོལ་སྤྱོད་བྱེད་མི་རུང་ཞིང་། ལོ་རེར་རྒྱུན་འབྱམ་སྟེང་དུ་སྨན་གནོད་འབྱུང་བའི་ཆ་འཕྲིན་ཐོས་ཐུབ་པ་བཞིན་ནོ།།

(2) སྔོན་འགོག་བྱེད་ཐབས།

1) ནད་དང་འབུའི་གནོད་པའི་འགོག་བཅོས་ལ་ཤུགས་སྣོན་བྱེད་དགོས། གང་

ཐུབ་ཅི་ཐུབ་ཀྱིས་བདེ་འཛགས་དང་སྤུས་ལེགས་ཞིང་སྨན་བདམས་ནས་འགོག་བཅོས་ཀྱི་ཚད་གཞི་ལྟར་ལོ་ཧྲིལ་པོར་ཕྱོགས་བསྡུས་འགོག་བཅོས་བྱེད་དགོས་ཤིང་། ལྷག་པར་དུ་མེ་ཏོག་མ་བཞད་གོང་དང་མེ་ཏོག་བཞད་པའི་རྗེས་ནས་འབྲས་བུ་ཆུང་ངུའི་དུས་སུ། འབྲས་བུའི་ཕྱི་ངོས་ཤུན་པགས་ལ་གནོད་པ་མེད་ཅིང་བདེ་འཛགས་ཡིན་པའི་སྨན་རྫས་འདེམ་དགོས། སྨན་གཏོར་བའི་སྐབས་སུ་འབྲས་ཇོག་གི་ཞབས་ཀྱི་སྨན་ཐིགས་ས་ནི་སྨན་སྐྱོན་འབྱུང་སླ་བའི་གནས་ཡིན་མིན་ལ་མཉམ་འཇོག་བྱེད་དགོས། རབ་ཡིན་ན་སྨན་གཏོར་རྗེས་ལྕུགས་སྐྱུད་ཅིག་དཀྲུགས་ནས་སྨན་གྱི་ཐིགས་པ་སར་ལྷུང་དུ་འཇུག་དགོས། དྲོད་ཚད་མཐོ་བའི་དུས་སུ་སྨན་རྒྱག་མི་རུང་ཞིང་། དྲོད་ཚད་མཐོ་བའི་དུས་སུ་དུས་ཚོད9:00~16:00ལ་སྨན་རྒྱག་མི་རུང་།

2) འདེབས་འཛུགས་དོ་དམ་གྱི་ལག་རྩལ་ལེགས་བཅོས་བྱེད་དགོས། དུས་ཐོག་དང་འོས་འཚམ་གྱིས་དབྱར་དུས་ཀྱི་ཡལ་བཞུར་བརྒྱབ་ནས་སྒྲོམ་ངོས་སུ་རླུང་རྒྱུག་པ་དང་འོད་གསལ་ཡོང་བར་བྱེད་དགོས། ལུགས་མཐུན་གྱིས་ཆུ་ལུད་མགོ་སྤྲོད་བྱས་ཏེ། ཐན་སྐམ་དུས་ཚིགས་སུ་གནས་བབ་ལ་བསྟུན་ནས་ཆུ་གཏོང་བ་དང་། ཆར་ཆུའི་དུས་སུ་དུས་ཐོག་ཏུ་ཆུ་འབུད་དགོས་ཤིང་། ཐན་པ་བྱུང་ན་ཆུ་གཏོང་ཐུབ་པ་དང་ཞོད་སྐྱོན་བྱུང་ཚེ་ཕྱིར་འབུད་ཐུབ་པ་ཞིག་བྱེད་དགོས་པར་མ་ཟད། ཆུ་ཆེན་ཁེབས་གཏོང་བྱེད་མི་རུང་། འབྲས་བུའི་རྒྱས་སྨིན་མགྱོགས་པའི་དུས་སུ་ས་རྒྱུའི་ཆུ་འདང་ཚད་བརྟན་པོ་ཡིན་པའི་རྣམ་པ་རྒྱུན་འཁྱོངས་བྱེད་དགོས། དུས་མཚུངས་སུ་གཏིང་སློག་དང་སྐྱེ་ལྡན་ལུད་རྫས་བརྒྱབ་ནས་ས་རྒྱུའི་དངོས་ཁམས་ཀྱི་ངོ་བོ་དང་གཟུགས་དབྱིབས་ཇེ་ལེགས་སུ་བཏང་སྟེ་ས་རྒྱུའི་བཞའ་ཚན་གྱི་འགྱུར་ལྡོག་ཇེ་ཉུང་དུ་གཏོང་དགོས། འོས་འཚམ་གྱིས་ཐིག་འཕྲུར་བྱས་ནས་འབྲས་ཇོག་སྐྱེ་འཚར་གྱི་སྟུག་ཚད་སྙོམ་སྒྲིག་བྱེད་དགོས།

3) འགྲིག་ཁྲུག་འགེབས་པ། རྒུན་འབྲུམ་གྱི་ལྡུམ་རར་འགྲིག་ཁྲུག་བཀབ་ན། རྩ་ལག་གིས་ཆར་ཆུ་ཚད་བརྒལ་སྡུད་ལེན་བྱེད་པ་འགོག་ཐུབ་པར་མ་ཟད། ས་ངོས་ཀྱི་ཆུའི་རླངས་འགྱུར་ཡང་འགོག་ཐུབ། ཐན་སྐམ་དུས་ཚིགས་སུ་འགྲིག་ཁྲུག་འགེབས་པ་དང་ཆུ་

གཏོང་བ་ཟུང་འབྲེལ་བྱེད་དགོས།

4) རྩི་ཤིང་གི་འཚོ་བཅུད་ཁ་སྣོན་བྱེད་པ། རྒུན་འབྲུམ་གྱི་གཤེར་ལྡན་འབྲས་བུ་སྨིན་པའི་དུས་སྐབས་སུ། ལོ་མའི་ངོས་སུ་གཱལ་ལུད་དང་གཱའོ་གཱལ་མའི་ཆུ་བཞུས་ལུད་ཧྲས་པའི་ཡིས1000གཤེར་ཁུ་ཐེངས2~3ལ་བརྒྱབ་ན། ཕན་འབྲས་ལྡན་པའི་སྒོ་ནས་གས་ཐོར་འབྱུང་བར་སྔོན་འགོག་བྱེད་ཐུབ། ཡང་ན་མུའུ་རེར་ཐིགས་གཏོར་དང་ཆུ་གཏོར་བྱེད་པའི་ཐབས་ལམ་སྤྱད་ནས་གཱའོ་གཱལ་མའི་ཆུ་བཞུས་ལུད་སྟོང་ཁེ3~5གཏོར་དགོས།

5. ཆུ་སྣོད་ནད།

རྒུན་འབྲུམ་གྱི་ཆུ་སྣོད་ནད་ལ་མདོག་བསྒྱུར་ནད་དང་ཆུ་དམར་ནད་ཀྱང་ཟེར། འདི་ནི་རྒུན་འབྲུམ་འདེབས་འཛུགས་བྱེད་པའི་སྐབས་སུ་དུས་རྒྱུན་དུ་འབྱུང་བའི་ལུས་ཁམས་ཀྱི་ནད་ཅིག་ཡིན། ལྷག་པར་དུ་རྒྱ་སེ་མེ་ཏོག་གི་དྲི་ཞིམ་དང་ཧོང་ཏེ་ཆེག འོ་མ་དཀར་པོ་སོགས་ཀྱི་སོན་རིགས་སྟེང་དུ་འབྱུང་ཚད་ཏ་ཅང་ཚབས་ཆེན་ཡིན། སྤྱིར་བཏང་དུ་སྟོང་ཐང་གི་སྐྱེ་སྟོབས་ཞན་པ་དང་། སྙིང་པོའམ་རྩེ་མོ་ལྷི་བ། ཐིག་ཚད་མང་བ། ལུད་རྫས་མི་འདང་བ། ཕན་ལྡན་རྒྱ་ཁྱོན་ཆུང་བ་བཅས་ཀྱི་དུས་སུ་ནད་འདི་འབྱུང་སླ་བ་ཡིན། ས་འོག་གི་ཆུ་གནས་མཐོ་བའམ་འབྲས་བུ་སྨིན་པའི་དུས་སུ་ཆར་བར་འཕྲད་པ་དང་། ལྷག་པར་དུ་དྲོད་ཚད་མཐོ་བའི་སྐབས་སུ་ཆར་བར་འཕྲད་ཅིང་ཞིང་ཁའི་བཞའ་ཚན་ཆེ་དུས་ནད་འདིའི་འབྱུང་ཚད་ཚབས་ཆེན་ཡིན། འབྱུང་རྐྱེན་གཙོ་བོ་ནི་འཚོ་བཅུད་མི་འདང་བ་དང་ལུས་ཁམས་དོ་སྙོམས་མིན་པས་བྱུང་བ་ཡིན།

(1) ནད་རྟགས། ཆུ་སྣོད་ཀྱི་ནད་ནི་གཙོ་བོ་འབྲས་ཪོག་གི་སྟེང་དུ་འབྱུང་ཞིང་། སྤྱིར་བཏང་དུ་འབྲས་ཪོག་ལ་མདོག་བྱུག་རྗེས་ནད་རྟགས་མངོན་བཞིན་ཡོད། ནད་བྱུང་རྗེས་མདོག་ལྡན་སོན་རིགས་ཀྱི་ཁ་དོག་རྒྱུན་ལྡན་མིན་པ་དང་ཁ་དོག་སྐྱ་བོར་འགྱུར་ལ། སོན་རིགས་དཀར་པོ་ཡིན་ན་འབྲས་ཪོག་ནི་ཆུའི་ནང་དུ་སྦང་བའི་དབྱིབས་མངོན། ནད་ལྡན་འབྲས་བུའི་ཤ་རྒྱུ་མཉེན་པོར་འགྱུར་བ་དང་མངར་ཚད་ཇེ་དམའ་རུ་འགྲོ་བ། བྲོ་བ་སྐྱུར་བ། འབྲས་བུའི་པགས་ཤ་དང་ཤུན་པགས་གཉིས་ག་ཁ་གྱེས་སླ་བས། སྐྱུར་ཆུའི་ཐུམ་སྒྲིལ་

ཞིག་ཏུ་གྱུར་ཏེ། ལག་པས་བཟིས་པ་ཙམ་གྱིས་ཆུ་ཐིགས་ཐེང་བ་འགྱུར་བས། "ཆུ་སྣོད"ཅེས་འབོད་པ་ཡིན། ནད་བྱུང་བའི་རྗེས་སུ་འབྲས་བུའི་ཡུ་རྐང་འབྲས་རྡོག་གི་གནས་སུ་གྱིས་རིམ་འབྱུང་སླ་བས་འབྲས་བུ་སར་ལྷུང་བ་ཡིན།

(2) སྔོན་འགོག་བྱེད་ཐབས།

1) ས་དང་ལུད། ཆུ་བཅས་ཀྱི་དོ་དམ་ལ་ཤུགས་སྣོན་བྱས་ཏེ་སྔོན་ཆད་སྐྱི་ལྡན་ལུད་རྫས་དང་རྩ་བའི་ཕྱི་རིམ་ལ་ལིན་དང་ཛྷ་ལུད་གཏོར་སྦྱོང་ན། དུས་དང་བསྟུན་ནས་ཏན་ལུད་འོས་འཚམ་འཛོག་དགོས།

2) སྡོང་རྐང་གི་ཕྱོགས་བསྡུས་དོ་དམ་ལ་ཤུགས་སྣོན་བྱས་ཏེ། སྡོང་རྐང་སྟོབས་དང་ལྡན་པའི་སྒོ་ནས་སྐྱེ་འཚར་འབྱུང་བར་ཁག་ཐེག་བྱེད་དགོས། ཡལ་ག་གཙོ་བོའི་རྩེ་མོ་བཏོག་པ་དང་ཡལ་ག་ཕལ་བ་གཅོད་སྐབས་ལོ་མ་འཛོག་ཚད་ཁག་ཐེག་བྱེད་དགོས།

3) ཁྱུར་པོའི་ལྗིད་ཚད་ཚོད་འཛིན་བྱས་ནས་ལོ་མ་དང་འབྲས་བུའི་བསྡུར་ཚད་ཇེ་མཐོར་གཏོང་དགོས། ནད་འབུའི་གནོད་འཚེ་འགོག་བཅོས་བྱེད་པར་ཤུགས་སྣོན་བརྒྱབ་ནས་ལོ་མ་སྲུང་སྐྱོབ་ཡག་པོ་བྱེད་དགོས།

4) འབྲས་བུ་ཆུང་དུའི་སྐྱེ་འཚར་དུས་སྐབས་སུ། ཉིན7~10རེའི་ནང་དུ་ལོ་མའི་ངོས་ལ་ཨན་ཅི་སོན+ལིན་སོན་ཨེར་ཆིང་ཛྷ་པའི་ཡེས300གཤེར་ཁུ་གཏོར་ན། ཕན་ནུས་ལྡན་པའི་སྒོ་ནས་ཆུ་སྣོད་ནད་འབྱུང་བར་སྔོན་འགོག་བྱེད་ཐུབ།

(གསུམ) འབུའི་གནོད་འཚེ་གཙོ་བོ་འབྱུང་བ་དང་འགོག་བཅོས།

1. རྒུན་འབྲུམ་རྩ་སྲན་གྱི་གནོད་འབུ།

རྒུན་འབྲུམ་རྩ་སྲན་གྱི་གནོད་འབུ་ནི་རྒུན་འབྲུམ་སྟེང་གི་གཏོར་བརླག་རང་བཞིན་གྱི་གནོད་འབུ་ཞིག་ཡིན་ལ། འཛམ་གླིང་སྟེང་གི་འགོས་ནད་ཞིབ་བཤེར་རང་བཞིན་གྱི་གནོད་ལྡན་སྐྱེ་དངོས་ཨང་དང་པོ་ཡིན།

(1) གནོད་སྐྱོན་གྱི་ཁྱད་ཆོས། འབུ་འདི་ནི་ཟས་གཅིག་རང་བཞིན་ཡིན་ལ་རྒུན་འབྲུམ་ཚན་ཁོངས་ཀྱི་རྩེ་ཤིང་ཁོ་ནར་གནོད་པ་ཡིན།(རི་སྐྱེས་རྒུན་འབྲུམ་དང་འདེབས་

འཇུགས་རྒྱུན་འབྲུམ) རྒྱུན་འབྲུམ་རྩ་སྨན་གྱི་གནོད་འབུ་ཡིས་གཙོ་བོ་རྩ་བ་ལ་གནོད་འཚེ་ཐེབས་པ་དང་ཕོ་མ་ལའང་གནོད་འཚེ་ཐེབས་བཞིན་ཡོད། ཡོ་རོབ་གླིང་ནས་ཐོན་པའི་རྒྱུན་འབྲུམ་གྱི་རྩ་བ་ཁོ་ནར་མ་གཏོགས་གནོད་འཚེ་མི་ཐེབས་མོད། ཨེ་གླིང་ནས་ཐོན་པའི་འདེབས་འཇུགས་རྒྱུན་འབྲུམ་དང་རི་སྐྱེས་རྒྱུན་འབྲུམ་གྱི་རྩ་བ་དང་ཕོ་མ་སོགས་ལའང་གནོད་འཚེ་ཐེབས་པ་ཡིན། ཨ་རར་འདྲ་བའི་རྩ་བར་གནོད་འཚེ་ཐེབས་རྗེས། གཟེ་དབྱིབས་སམ་བྱའི་མགོ་དབྱིབས་ཀྱི་རྩ་བའི་སྐྲན་ཆགས་པ་དང་། འབུ་མང་ཆེ་བ་ཞོམ་རིབ་ཀྱི་གཞོགས་གཅིག་ན་ཡོད།(རྩ་བའི་སྐྲན་གྱི་ནང་ངོས་སུ་མེད་ཀྱང་ཕྱི་རོལ་ན་ཡོད) གཞོགས་སྐྱེས་རྩ་བ་དང་རྩ་བ་གཙོ་བོར་གནོད་འཚེ་ཐེབས་རྗེས་ཚོགས་དབྱིབས་ཀྱི་སྐྲན་ཆགས་པ་དང་འབུ་མང་ཆེ་བ་སྐྲན་གྱི་བར་གསེང་ན་ཡོད། རྩ་བའི་འཚོ་བཅུད་ལ་གཅག་འཛིབ་ཐེབས་པ་དང་གནོད་འཚེ་ཐེབས་ན་རྩ་ལག་སྡུད་ལེན་དང་བཞའ་ཚན་སྐྱེལ་འདྲེན། འཚོ་བཅུད་ཀྱི་ནུས་པ་ཇེ་ཞན་དུ་འགྲོ་བར་མ་ཟད། གཅག་འཛིབ་ཐེབས་རྗེས་ཀྱི་རྨ་ཁ་ཡིས་རྩ་ལག་སྟེང་དུ་སྐྱེ་དངོས་ཕྲ་རབ་རྒྱུད་ སྲིལ་དང་བཙན་འཇུལ་བྱུང་ནས། གནོད་འཚེ་ཐེབས་པའི་རྩ་ལག་རུལ་བ་དང་ཤི་བར་འགྱུར་བ་ཡིན་པས། རྩ་ལག་གི་བཞའ་ཚན་དང་འཚོ་བཅུད་སྡུད་ལེན་བྱེད་པ། སྐྱེལ་འདྲེན་སོགས་ལ་གཏོར་བརླག་ཚབས་ཆེན་བཟོས་ཏེ། སྡོང་ཁང་གི་སྐྱེ་སྟོབས་ཉམས་པར་གྱུར་ནས། སྦུ་གུ་འབུས་པ་དང་མེ་ཏོག་གི་སྦུ་གུ་རྒྱས་པར་ཤུགས་རྐྱེན་ཐེབས་ཤིང་། ཚབས་ཆེ་བའི་སྐབས་སུ་སྡོང་ཁང་ཤི་འགྲོ་བ་ཡིན།

(2) འགོག་བཅོས་བྱེད་ཐབས། ཐོག་མར་རིམས་ནད་ཞིབ་བཤེར་བྱེད་ཐབས་སྤྱད་དེ་གནོད་འབུ་མཆེད་པར་སྔོན་འགོག་བྱེད་དགོས། དེའི་འཕྲོར་སྡོང་ཕྲུག་སྐྱེལ་འདྲེན་མ་བྱས་པའི་སྔོན་དང་མ་བཏབ་པའི་སྔོན་ལ་དུག་སེལ་བྱེད་དགོས། མཇུག་མཐར་རིམས་ནད་བྱུང་བའི་ས་ཁུལ་དུ་ནད་འབུ་འགོག་བྱེད་ཀྱི་མཐུད་གཞིའི་ཤིང་སྡོང་སྤྱད་ནས་སྦུ་གུ་མཐུད་སྦྱོར་བྱེད་པ་དང་། སྨན་རྫས་ཀྱིས་འགོག་བཅོས་བྱེད་པ་སོགས་ཕྱོགས་བསྡུས་བྱེད་ཐབས་སྤྱོད་དགོས། དེ་མིན། བྱི་སའི་ས་ཞིང་ནི་རྒྱུན་འབྲུམ་རྩ་སྨན་གྱི་གནོད་འབུ་སྐྱེ་འཚར་ལ་མི་ཕན་པ་དང་། རིམས་ནད་བྱུང་ཁུལ་གྱི་བྱི་སའི་སྦུ་གུ་གསོ་བ་ནི་འགོག་བཅོས་

བྱེད་ཐབས་ཤིག་ཡིན།

1) སྔོང་ཕྲུག་དང་ཤིང་ཕྲན་ལ་དུག་སེལ་བྱེད་ཐབས།

①སྐྱེ་ལྡན་ལིན་ཞིང་སྨན་གྱི་དུག་སེལ།

a. ཞིན་ལིའུ་ལིན་གྱིས་ཐག་གཙོད་བྱེད་ཐབས། 40%ཞིན་ལིའུ་ལིན་པའི་ཡིས800~1000གཤེར་ཁུའི་ནང་དུ་ཡལ་ག་དང་ཡང་ན་སྔོང་ཕྲུག་སྐར་མ15སྦངས་རྗེས། ཕྱིར་བཏོན་ནས་སྐམ་དུ་བཙུག་སྟེ་དབོར་འདྲེན་བྱེད་དགོས།(དབོར་འདྲེན་མ་བྱས་པའི་སྔོན་ནམ་ཡང་ན་སྔོང་ཕྲུག་དམིགས་སར་དྲངས་རྗེས་འདེབས་འཛུགས་བྱེད་དགོས)

b. ཏའེ་ཏའེ་ཟེ་སྒྲིས་མས་ཐག་གཙོད་བྱེད་ཐབས། 80%ཏའེ་ཏའེ་ཟེ་པའི་ཡིས600~800གཤེར་ཁུའི་ནང་དུ་ཡལ་ག་དང་སྔོང་ཕྲུག་སྐར་མ15སྦངས་རྗེས། སྐམ་དུ་བཙུག་ནས་དབོར་འདྲེན་བྱེད་དགོས།(དབོར་འདྲེན་མ་བྱས་གོང་དང་ཡང་ན་སྔོང་ཕྲུག་དམིགས་སར་དབོར་འདྲེན་བྱས་རྗེས་འདེབས་འཛུགས་བྱེད་དགོས)

②ཞིའུ་ཐྲ་ཕན་གྱིས་ཚ་དངད་ལ་བརྟེན་ནས་ཐག་གཙོད་བྱེད་པ། དྲོད་ཚད20~30℃ཁོར་ཡུག་འོག་ཏུ་སྨི་གྲུ་བཞི་ལྷམ་པ་རེར་སྤྱོད་ཚད་ནི་ཁེ30ཡས་མས་ཡིན་པ་དང་། ཚ་དངད་ཐོག་ཡུན་དུས་ཚོད3~5ཡིན། ཆ་རྐྱེན་ཡོད་ན་གློག་ཆས་ རླུང་གཡབ་དང་རླུང་བརྒྱུད་སྒྲིག་ཆས་གཞན་དག་སྤྱད་ནས་ཚ་དངད་དྲི་མ་ཕྱོགས་སོ་སོར་མཆེད་དུ་འཇུག་དགོས། དྲོད་ཚད་དམའ་བའི་ཁོར་ཡུག་གམ་ཆ་རྐྱེན་འོག་ཏུ་བེད་སྤྱོད་གཏོང་ཚད་ཇི་མཐོར་བཏང་ཆོག དེ་ལས་ལྡོག་ན་སྤྱོར་ཚད་ཇི་ཉུང་དུ་གཏོང་དགོས།

③ཆུ་དྲོན་མོས་ཐག་གཙོད་བྱེད་ཐབས། 52~54℃ཆུ་དྲོན་མོའི་ནང་དུ་ཡལ་ག་དང་རྩ་ལག་སྐར་མ5ལ་སྦང་དགོས། རབ་ཡིན་ན་དང་ཐོག་དྲོད་ཚད43~45℃ནང་དུ་སྐར་མ20~30སྦངས་རྗེས། དྲོད་ཚད52~54℃ཆུའི་ནང་དུ་སྦངས་ནས་ཐག་གཙོད་དགོས།

2) ཐར་ཐོར་འབྱུང་བའི་སྐབས་སུ་རྒྱུན་འབྲུམ་སྔོང་པོ་གཙོད་པ་དང་སྨན་རྫས་ལ་ བྲུང་འབྲེལ་བྱས་ནས་འགོག་བཙོས་བྱེད་དགོས།

3) ཁྲབ་རྒྱ་ཅུང་ཆེ་བའི་ས་ཁུལ(རིམས་ནད་ཁུལ)ནས་རིམ་བཞིན་རྩ་མེད་དུ་གཏོང་

བའི་བྱེད་ཐབས་སྤྱད་ཆོག་པའམ་ཡང་ན་ཕྱོགས་བསྡུས་རང་བཞིན་གྱི་བྱེད་ཐབས་སྤྱད་ནས་གནོད་འཚེ་ཚོད་འཛིན་བྱེད་པའི་ཐབས་ཇུས་བཏོན་ཆོག གལ་ཏེ་ཁྱབ་རྒྱ་ཆེ་ན་རྩ་མེད་དུ་གཏོང་བར་མ་གནས་ཏ་ཙང་མཐོ་བས། སྐབས་འགར་སྲིད་གཞུང་དང་ཞིང་པས་འགན་འཁུར་དགའ། རིམ་གྱིས་མེད་པར་བཟོ་བའི་ཐབས་ཇུས་སྤྱོད་སྐབས། ཐོག་མར་སྨན་རྫས་བཀོལ་ནས་ཁྱུ་ཚོགས་ཀྱི་སྟུག་ཚད་ཚོད་འཛིན་བྱེད་དགོས་ཤིང་། དེ་ནས་འཆར་གཞི་དང་གོ་རིམ་ཡོད་པའི་སྒོ་ནས་རྒྱུན་འབྲུམ་གཙོད་པ་དང་། བཙད་རྗེས་སྐྱེ་དངོས་གཞན་དག་འདེབས་འཛུགས་བྱེད་ཅིང་ཡང་བསྐྱར་འདེབས་འཛུགས་བྱེད་དུས་རྒྱུན་འབྲུམ་གྱི་རིགས་སུ་གཏོགས་པའི་རྩི་ཤིང་བདམས་མི་རུང་། རིམས་ནད་བྱུང་བའི་ས་ཁུལ་དུ་ཕྱོགས་བསྡུས་རང་བཞིན་གྱི་བྱེད་ཐབས་སྤྱོད་དགོས་ཏེ། ནད་འགོག་རང་བཞིན་ལྡན་པའི་མཐུད་གཞིའི་ཤིང་སྡོང་སྤྱད་ནས་སྡོང་ཕྲུག་མཐུད་སྦྱོར་བྱེད་པ་དང་། ནད་བྱུང་བའི་ཆོས་ཉིད་ལ་དམིགས་ཏེ་སྨན་རྫས་སྤྱད་ནས་སའི་སྟེང་གི་ནད་འབུའི་གནོད་འཚེ(གཞོག་ལྡན་གནོད་འབུ། མཆན་ལྡན་གནོད་འབུ། འབུས་རྨས་འཛེར་བ)དང་ས་འོག་གི་སྐྱེ་དངོས་གནོད་འབུ(རྩ་བའི་སྐྲན་ནད)འགོག་བཅོས་བྱེ་དགོས། དུས་མཚུངས་སུ་འདེབས་འཛུགས་བྱེད་ཐབས་སྤྱད་ནས(ཆུ་གཏོང་བ)འགོག་བཅོས་བྱེད་པ་དང་བྱེ་སར་སྦྱུ་གུ་གསོ་བ་སོགས་དང་ཟུང་འབྲེལ་བྱེད་དགོས། སྨན་རྫས་འགོག་བཅོས་ཀྱི་ཐད་ནས་ཞིན་ཞིའུ་ཞིན་དང་ཨ་ལེ་ཙུན་སུའུ། ལུའུ་ཧྭ་ཁུའུ། ཞིའུ་ལུའུ་ཏིན་ཨར་ཞི་སོགས་སྤྱད་ནས་ས་རྒྱུ་ཐག་གཅོད་བྱས་ཆོག

རིམས་ནད་བྱུང་ཁུལ་མ་ཡིན་པའི་ས་གནས་སུ་རིམས་ནད་ཞིབ་བཤེར་གཙོ་བོར་བཟུང་ནས། རིམས་ནད་བྱུང་ཁུལ་ནས་སྡོང་ཕྲུག་དབོར་འདྲེན་མི་བྱེད་པ། སྡོང་ཕྲུག་ཐག་གཅོད་བཟང་པོ་དང་དུག་སེལ་བྱེད་པ། རང་ལྡན་རྩ་བའི་སྡོང་ཕྲུག་འདེབས་འཛུགས་བྱེད་པ་སོགས་ཀྱི་བྱེད་ཐབས་སྤྱད་དེ་རྒྱུན་འབྲུམ་རྩ་སྐྲན་གྱི་གནོད་འབུ་མཆེད་པ་དང་འགོ་བར་སྔོན་འགོག་བྱེད་དགོས།

འོན་ཀྱང་ཐབས་ཇུས་གང་ཞིག་སྤྱད་རུང་ཞིབ་བཤེར་ནན་མོ་དང་། སྡོང་ཕྲུག་ཕྱིར་སྐྱེལ་འདྲེན་མི་བྱེད་པ། སྐྱེལ་འདྲེན་ཡོ་བྱད་ལ་དུག་སེལ་བྱེད་པ་སོགས་ནི་རྒྱུན་འབྲུམ་རྩ་

སྨན་གྱི་གནོད་འབུ་འགོག་བཅོས་བྱེད་པའི་རྨང་གཞི་ཡིན།

2. ལུའི་མང་ཁྲུན།

(1) ཁྱབ་སྤྲངས་དང་གནོད་འཚེ། ཧྭའི་ནན་དང་བོད་ལྗོངས་ལས་གཞན། ལུའི་མང་ཁྲུན་ནི་རང་རྒྱལ་གྱི་ཞིང་ཆེན་གཞན་པར(རང་སྐྱོང་ལྗོངས། ཐད་སྐྱོང་གྲོང་ཁྱེར)ཁྱབ་ཡོད།

ལུའི་མང་ཁྲུན་གྱི་འབུ་དར་མ་དང་ཕྲུའོ་འབུ་གཉིས་ཀས་གཙུག་འཛིབ་གནོད་འཚེ་གཏོང་བ་ཡིན། གཙོ་བོར་སྲིན་འབུ་རྟེན་ཡུལ་གྱི་རྩི་ཤིང་སྐྱེ་འཚར་གྱི་མཉེན་པོའི་གནས་ཡུལ་དང་རྒྱུད་འཕེལ་དབང་པོར་གནོད་པ་ཡིན། ལུའི་མང་ཁྲུན་གྱི་གཟན་ཆས་ཟ་བའི་གོམས་འདྲིས་སྦྱོར་ཆེ་ཞིང་། འབུ་དར་མ་དང་ཕྲུའོ་འབུ་ཡིས་རྩི་ཤིང་ཟ་བ་ལས་གཞན། ད་དུང་ཁྲབ་གཤོག་ཅན་གྱི་འབུ་སྲིན་གྱི་སྒོ་ང་དང་། སྐྱེ་དངོས་གནོད་འབུ། ཅི་མ་དང་མན་འབུ་སོགས་འབུ་སྲིན་ཆུང་གྲས་ཟ་བར་མ་ཟད། ཐ་ན་རིགས་འདྲའི་འབུ་སྲིན་ཆུང་ངུ་ཡང་ཟ་བ་ཡིན།

(2) འགོག་བཅོས་བྱེད་ཐབས། རྒུན་འབྲུམ་འདེབས་འཛུགས་ལྷུམ་རའི་ལུའི་མང་ཁྲུན་འགོག་བཅོས་ཀྱི་ཐབས་ལམ་ནི།

1) དཔྱིད་མགོའི་འབུ་ཁུངས་མེད་པར་བཟོ་བ། ལུའི་མང་ཁྲུན་ནི་རྒུན་འབྲུམ་གྱི་ཡལ་བཞུར་རྒྱག་སའི་ཆང་མར་དགུན་བཀལ་བྱས་ན། དགུན་དུས་ཡལ་བཞུར་བརྒྱབ་དུས་སྒོ་ང་ཡོད་པའི་ལྷུག་མ་ལྷུམ་རའི་ཕྱི་རོལ་ལ་ཁྱེར་བ་དང་། དཔྱིད་མགོའི་རྩྭ་ལྷུམ་སྟེང་གི་སྲིན་འབུ་རྟེན་ཡུལ་གཙང་སེལ་བྱེད་པ་སོགས་ཀྱི་བྱེད་ཐབས་དང་ཟུང་འབྲེལ་བྱས་ནས། ལུའི་མང་ཁྲུན་དགུན་བཀལ་དང་དཔྱིད་མགོའི་འབུ་ཁུངས་ཚོད་འཛིན་བྱེད་དགོས།

2) ཐོག་མའི་དུས་ཀྱི་འགོག་བཅོས་ལ་དམ་འཛིན་ནན་པོ་བྱེད་དགོས། རྒུན་འབྲུམ་གྱི་སྨྱུ་གུ་འབུས་པ་ནས་མེ་ཏོག་མ་བཞད་པའི་སྔོན་གྱི་ལུའི་མང་ཁྲུན་གྱིས་རྒུན་འབྲུམ་ལ་གནོད་འཚེ་ཐེབས་པའི་དུས་སྐབས་གཙོ་བོ་ཞིག་ཡིན་པས། ཐོག་མའི་དུས་ཀྱི་འགོག་བཅོས་ལ་དམ་འཛིན་ནན་པོ་བྱས་ཏེ་རིམས་ནད་འབྱུང་ཚད་དང་གནོད་འཚེ་ཐེབས་ཚད་ཇི་དམའ་རུ་གཏོང་དགོས།

3) གནས་སྤྱོས་འབུ་དར་མ་ནན་མོས་འགོག་བཅོས་བྱེད་པ། ལུའི་མང་ཁྲུན་ལ་སྐྱེ་འཕེལ་གྱི་ནུས་པ་ཉུང་ཆེན་པོ་ལྡན་ཞིང་། སྔོ་ང་ཚུང་དུ་རྩི་ཤིང་གི་ཕུང་གྲུབ་ནང་དུ་གནས་པས། འབུ་སྲིན་གྱི་གནོད་པ་ཐེབས་ཚུལ་ཤེས་དུས་འགོག་བཅོས་ཀྱི་གོ་སྐབས་ཕལ་ཆེར་ཕོར་ཚར་བ་ཡིན། མེ་ཏོག་བཞད་པའི་སྔ་གཞུག་ཏུ་འབུ་དར་མར་ཚུར་སྤྱོས་པར་འགོག་བཅོས་བྱས་ན་ཕན་ནུས་ལྡན་པའི་ངང་ལུའི་མང་ཁྲུན་སྔོན་འགོག་བྱེད་ཐུབ།

སྔོན་འགོག་ཆོད་འཛིན་གྱི་བྱེད་ཐབས་གཞན་པ་འགའ་ཡོད་དེ། གཅིག་ནི་ལུའི་མང་ཁྲུན་གྱི་འབུ་དར་མའི་རིགས་ནི་སྲན་ལྡང་ལ་ཉུང་དགའ་སྟེ། རྒུན་འབྲུམ་འདེབས་འཛུགས་ལྷུམ་རའམ་དྲོད་ཁང་གི་མཐའ་བསྐོར་དུ་སྲན་ཚུང་བཏབ་ན། བར་ཐག་ཆོད་པའི་ལུའི་མང་ཁྲུན་གྱི་འབུ་དར་མའི་གནས་སྤོར་གྱི་བར་མཚམས་གཅོད་ཐུབ། དུས་མཚུངས་སུ་འབུ་དར་མ་སྲན་ལྡང་སྟེང་དུ་བསྡུ་བཀུག་བྱས་རྗེས་ཇུས་འགྱུར་འགོག་བཅོས་དང་ཟུང་འབྲེལ་སྒོས་འགོག་བཅོས་བྱས་ན། རྒུན་འབྲུམ་འདེབས་འཛུགས་ལྷུམ་རའི་ནང་དུ་ལུའི་མང་ཁྲུན་འབྱུང་ཚད་དང་གནོད་འཚེ་ཐེབས་ཚད་ཇེ་ཉུང་དུ་གཏོང་ཐུབ། གཉིས་ནི་ལུའི་མང་ཁྲུན་དར་འབུ་ལ་འོད་ཞེན་རང་བཞིན་མངོན་གསལ་ལྡན་པས། ཐོན་སྐྱེད་བྱེད་དུས་ཐློས་འདར་རྣམ་པའི་འབུ་གསོད་གློག་སྒྲོན་བེད་སྤྱད་ནས་བསྡུ་གསོད་བྱས་ཆོག་ལ། འབུ་དར་མའི་ཁྱུ་ཚོགས་འདུས་ཚད་དང་དེའི་རྒྱུད་ཕྱི་མའི་གྲངས་ཚད་ཇེ་ཉུང་དུ་གཏོང་ཐུབ། གསུམ་པ་ནི་བསྡུ་ཐབས་ལ་བརྟེན་དགོས།

མིག་སྔར། ལུའི་མང་ཁྲུན་འགོག་བཅོས་བྱེད་དུས། ཇུས་འགྱུར་ཞིང་སྨན་གྱི་སྨན་འགོག་རང་བཞིན་གྱི་ཆུ་ཚད་ད་དུང་ཧ་ཅང་དམའ་བས། འགོག་བཅོས་ཕན་འབྲས་ཉུང་བཟང་བའི་རིགས་དང་སྤྱོད་ཚད་ནི། 50%སེ་འབུ་ཅིན་པའི་ཡིས3000གཤེར་ཁུ་དང10%ཝེན་ཕུན་ཉུས་ཀྲི་པའི་ཡིས3000གཤེར་ཁུ་སྤྱོད་དགོས།

3. མན་འབུའི་རིགས།

རྒུན་འབྲུམ་ལ་གནོད་འཚེ་ཐེབས་པའི་མན་འབུའི་རིགས་ལ་གཙོ་བོར་རྒུན་འབྲུམ་གྱི་གཡན་འབུ(བལ་ཕྱིང་ནད)དང་རྒུན་འབྲུམ་གྱི་སྦུ་ཐུང་མན་འབུ། གཞོགས་སྐྱེས་ཟས་མང་

ཟ་སྐྱད་རྐང་ཐུར་གཡན་འབུ་དང་ཛ་སེར་མན་འབུ་སོགས་ཡོད། ཞོལ་ནས་རུན་འབྲུམ་གྱི་གཡན་འབུ་དང་སྣུ་ཐུང་མན་འབུ་ངོ་སྤྲོད་བྱེད་རྒྱུ་ཡིན་ཏེ།

(1) རུན་འབྲུམ་གྱི་གཡན་འབུ།

རུན་འབྲུམ་གྱི་གཡན་འབུ་ནི་གཡན་འབུ་ངོ་མའི་རིགས་དང་ལྤྲ་མན་འབུ་ཡི་རིགས་སུ་གཏོགས། མིང་གཞན་ལ་རུན་འབྲུམ་གྱི་ཚིགས་མེད་གཡན་འབུ་དང་། རུན་འབྲུམ་གྱི་བཙའ་ཤིག་མན་འབུ། རུན་འབྲུམ་གྱི་ལོ་མའི་མདོན་མེད་འབུ་ཤིག བལ་ཕྱིང་ནད། རུན་འབྲུམ་གྱི་ལོ་མའི་འབྲུམ་ནད། ལྤྲ་བ་ཅན་གྱི་མན་འབུ། སྦུ་གུའི་མན་འབུ། ལོ་འཁྱིལ་མན་འབུ་སོགས་ཡོད།

1) གནོད་འཚེ་ཐེབས་སའི་གནས་དང་ནད་རྟགས། རུན་འབྲུམ་དང་འདྲེ་ཚོར་ཁོ་ནའི་སྟེང་དུ་བྱུང་བ་དང་། ཆེད་དམིགས་རང་བཞིན་གྱི་གཞན་བརྟེན་དུ་གཏོགས། རུན་འབྲུམ་གྱི་གཡན་འབུ་ཡིས་གཙོ་བོ་རུན་འབྲུམ་གྱི་ལོ་མར་གནོད་འཚེ་ཐེབས་པ་དང་། ཚབས་ཆེ་བའི་སྐབས་སུ་ཡལ་ག་གསར་བ་དང་འབྲས་བུ་ཆུང་ངུ། སྨུ་དཀར། མེ་ཏོག་གི་ཡུ་རྐང་སོགས་ལའང་གནོད་འཚེ་ཐེབས་པ་ཡིན། ལོ་མ་ནི་འདབ་ཆུང་དང་ལོ་མ་གསར་བར་ལྷག་ཏུ་གནོད་པ་ཡིན། ཐོག་མར་ལོ་མའི་རྒྱབ་ངོས་སུ་དབྱིབས་ངེས་མེད་ཀྱི་དཀར་ཐིག་མང་པོ་བྱུང་ནས་རིམ་བཞིན་ཇེ་ཆེར་འགྲོ་བ་དང་། ལོ་མའི་ཕྱི་ངོས་ཡར་འབུར་ནས་ལྦུ་དབྱིབས་མངོན་ཞིང་། ལོ་མའི་རྒྱབ་ཀྱི་ཞོམ་རྗེབ་ཀྱི་མཚམས་སུ་ཙུང་མཐུག་པའི་སྤུ་མདོག་དཀར་པོ་སྐྱེས་པ་ཡིན། ཕྱིང་པ་དང་འདྲ་བས་བལ་ཕྱིང་ནད་ཟེར། སྤུ་འཛམ་པོ་དང་ཐོག་དཀར་པོ་ཡིན་པ་དང་དེ་ནས་རིམ་བཞིན་སྨུག་པོར་འགྱུར་ལ། ནད་ཐེག་གི་མཐའ་ངོས་ནི་རྒྱུན་དུ་ལོ་མའི་ཡུ་རྐང་གིས་ཚད་བཀག་ཐེབས་ནས་དབྱིབས་ངེས་མེད་མངོན་པ་ཡིན། གནོད་འཚེ་ཚབས་ཆེན་ཐེབས་པའི་སྐབས་སུ། ནད་ལྡན་ལོ་འདབ་གཉེར་འཁུམ་ཅན་དང་། སྲ་མཁྲེགས། གོང་འབུར་མི་སྙོམས་པར་འགྱུར་ཞིང་། ཐ་ན་སྐམ་གས་སུ་གྱུར་ཏེ་ལོ་མ་ལྷུང་ནས་རུན་འབྲུམ་གྱི་འཚོ་བཅུད་གསོག་འཛོག་ལ་ཤུགས་རྐྱེན་ཚབས་ཆེན་ཐེབས་ཏེ། སྡོང་རྐང་གི་སྐྱེ་སྟོབས་ཉམས་ཞན་དུ་འགྱུར། མེ་ཏོག་གི་ཡུ་རྐང་དང་འབྲས་བུ་

མཉེན་པོ། སྡོང་རྐང་མཉེན་པོ། འཁྱིལ་སྦུ་རྩ་ཕྲན་བཅས་ལ་གནོད་འཚེ་ཐེབས་རྗེས་དེའི་སྟེང་དུ་འབང་མདོག་དཀར་པོའི་སྤུ་སོབ་སོབ་སྐྱེ་བ་དང་། ཡལ་ག་ལ་གནོད་འཚེ་ཐེབས་ན་རྒྱུན་དུ་སྐྲངས་ནས་སྐྲན་གཟུགས་སུ་གྱུར་ཏེ་ཏུས་སྤལ་གྱི་རྒྱབ་ངོས་ཀྱི་གས་རིས་ལྟ་བུ་མཛོད།

2) འགོག་བཅོས་བྱེད་ཐབས།

①ཆུ་དྲོན་མོས་དུག་སེལ་བྱེད་པ། སྡོང་ཕྲུག་ལ་བརྟེན་ནས་གཡན་ནད་མཆེད་པར་སྔོན་འགོག་བྱེད་དགོས། དེ་བས། གཡན་འབུ་ཡོད་པའི་ས་ཁུལ་ནས་སྡོང་ཕྲུག་ནང་འདྲེན་བྱས་ན་རྩ་སྦྱོས་རྒྱག་པའི་སྔོན་ལ་ངེས་པར་དུ་ཆུ་དྲོན་མོ་བཀོལ་ནས་དུག་སེལ་བྱེད་དགོས་ཤིང་། སྡོང་ཕྲུག་དྲོད་ཚད30~40℃ཆུ་དྲོན་མོའི་ནང་དུ་སྐར་མ5~7ལ་སྦང་དགོས་པ་དང་། དེ་ནས་དྲོད་ཚད50℃ཆུ་དྲོན་པོའི་ནང་དུ་སྐར་མ5~7ལ་སྦང་དགོས།

②རྒུན་འབྲུམ་ལྷམ་ར་གཙང་སེལ་བྱེད་པ། རྒུན་འབྲུམ་སྐྱེ་འཚར་གྱི་དུས་ཚིགས་སུ། གལ་ཏེ་གནོད་འཚེ་ཐེབས་པའི་ལོ་མ་ཡོད་པ་ཤེས་ཚེ། མྱུར་དུ་སྲིག་པའམ་ས་འོག་ཏུ་བཙུག་ནས་མུ་མཐུད་དུ་ཁྱབ་པར་སྔོན་འགོག་བྱེད་དགོས། དགུན་དུས་ཡལ་བཞུར་བརྒྱབ་པའི་ཡལ་ག་དང་སར་ལྷུང་ལོ་མ། ཤུན་པགས་སོགས་ཕྱོགས་གཅིག་ཏུ་བསྡུས་ཏེ་སྒོ་ཕྱིར་འཁྱེར་ནས་ཐག་གཅོད་བྱེད་དགོས།

③རྫས་འགྱུར་འགོག་བཅོས། དཔྱིད་མགོའི་རྒུན་འབྲུམ་གྱི་ལོ་མ་རྒྱས་སྦྱོས་བྱུང་ནས་སྤུ་མང་དུ་སྐྱུག་སྐབས། པོ་མེ་ཏུའུ་ཧྲི་ལུའུ་བསྲེས་སྦྱོར་སྨན་རྫས(0.3%འདག་བྱི)གཏོར་དགོས། འདི་ནི་འགོག་བཅོས་ཀྱི་གནད་འགག་དུས་སྐབས་ཡིན་པས། སྨན་རྫས་ངེས་པར་དུ་སྙོམས་པོར་གཏོར་དགོས། གལ་ཏེ་ལོ་གོང་མར་ནད་བྱུང་ཚད་ཚབས་ཆེན་ཡིན་ན། རྒུན་འབྲུམ་ལ་སྨྱུ་གུ་འབུས་རྗེས་པོ་མེ་ཏུའུ་ཧྲི་ལུའུ་བསྲེས་སྦྱོར་སྨན་རྫས་གཏོར་དགོས། རྒུན་འབྲུམ་གྱི་གཡན་འབུ་འབྱུང་ཚད་མཐོ་བའི་དུས་སུ་མན་འབུ་གསོད་བྱེད་ཀྱི་སྨན་རྫས་ཏེ། ཨ་ཕེའི་ཅིན་སུའུ་དང་། 5%ཙོ་མན་ཀྲི་པའི་ཡིས300གཤེར་ཁུ། ལེན་སུན་ཛུས་ཀྱི། སི་མན་ཐུང་། འཕྲུལ་རྫས་གཤེར་གཟུགས་སྨན་རྫས་སོགས་བེད་སྤྱོད་བྱེད་དགོས།

(2) རྒུན་འབྲུམ་གྱི་སྤུ་ཐུང་མན་འབུ།

རྒྱུན་འབྲུམ་གྱི་སྤུ་ཐུང་མན་འབུ་ནི་གཡན་འབུ་ངོ་མའི་རིགས་སུ་གཏོགས་ཤིང་། སྤུ་ཕྲའི་མན་འབུའི་ཚན་ཁོངས་ཡིན་ལ། རྒྱུན་འབྲུམ་གྱི་སྨོམ་དམར་པོའང་ཟེར།

1) གནོད་འཚེ་ཐེབས་ས་དང་ནད་རྟགས། མན་འབུ་འདི་ནི་མན་འབུ་དར་མ་དང་རོའུ་མན་འབུ་ཡིས་ཡལ་ག་གསར་བ་དང་ལོ་ཕྱུ་གསར་བ། ལོ་མ། འབྲས་རྒྱ། སྙེ་སྡོང་། འབྲས་བུ་བཅས་ལ་གནོད་འཚེ་གཏོང་བ་ཡིན། ཡལ་ག་གསར་བའི་རྩ་བར་གནོད་འཚེ་ཐེབས་སྐབས། ཕྱི་ངོས་ཁམ་མདོག་ཏུ་འགྱུར་བ་དང་། ལོ་ཕྱུ་ལ་གནོད་འཚེ་ཐེབས་པའི་རྣམ་པ་ནི་ཡལ་ག་གསར་བ་དང་གཅིག་འདྲ་ཡིན། ལོ་མར་གནོད་འཚེ་ཐེབས་ན་ལོ་མའི་ཡུ་རྐང་གི་གཞོགས་གཉིས་ལ་བཙའ་ཁྲ་ཆགས་པ་དང་། ཚབས་ཆེ་བའི་སྐབས་སུ་ལོ་མའི་ལྗང་ཁུ་ཤོར་ཞིང་སེར་པོར་འགྱུར་ཏེ་འཚིག་སྐམ་དུ་གྱུར་ནས་སར་ལྷུང་བ་ཡིན། ཤིང་འབྲས་ཀྱི་སྡོང་རྐང་དང་སྙེ་ཏུབ་ལ་གནོད་འཚེ་ཐེབས་རྗེས་ཁམ་མདོག་ནས་ནག་པོར་འགྱུར་བ་དང་། ཕུང་གྲུབ་རྣམས་སོབ་པོར་གྱུར་ནས་ཆག་སླ་བ་ཡིན། འབྲས་བུ་ཆགས་པའི་དུས་སྐབས་སུ་གནོད་འཚེ་ཐེབས་རྗེས། འབྲས་བུའི་ངོས་སུ་ཁམ་མདོག་གི་བཙའ་ཆགས་པ་ལྟ་བུའི་ཁྲ་ཐིག་མངོན་ཞིང་ཤུན་པགས་སྲ་མཁྲེགས་སུ་གྱུར་ཅིང་། སྐབས་འགར་འབྲས་བུའི་སྦྲེལ་མཚམས་ནས་ཐུར་དུ་གས་པ་ཡིན། འབྲས་བུ་ཐོགས་པའི་དུས་མཇུག་ཏུ་གནོད་འཚེ་ཐེབས་ན་འབྲས་བུའི་ཚོས་མདོག་མངོན་པར་ཤུགས་རྐྱེན་ཐེབས་པར་མ་ཟད། འབྲས་བུའི་མངར་ཆའི་འདུས་ཚད་མངོན་གསལ་དོད་པོས་ཇེ་ཉུང་དུ་འགྲོ་བ་དང་། སྐྱུར་ཚད་ཇེ་མཐོར་སོང་ནས་རྒྱུན་འབྲུམ་གྱི་ཐོན་ཚད་དང་སྤུས་ཚད་ལ་ཤུགས་རྐྱེན་ཚབས་ཆེན་ཐེབས་པ་ཡིན།

2) འགོག་བཅོས་བྱེད་ཐབས། རྒྱུན་འབྲུམ་གྱི་གཡན་འབུ་དང་འདྲ།།

4. ཉ་ཕྱིས་འབུ།

(1) ཤར་ཕྱོགས་ཀྱི་རྩོག་ཆུང་ཉ་ཕྱིས། ཤར་ཕྱོགས་ཀྱི་རྩོག་ཆུང་ཉ་ཕྱིས་ཀྱི་མིང་གཞན་ལ་ཡོན་ཏུང་གི་རྩོག་ཆུང་ཉ་ཕྱིས་དང་ལེབ་མོ་གོང་བུའི་ཉ་ཕྱིས་སོགས་ཀྱང་ཟེར། ཤིང་སྡོང་དང་ལྗོན་ཤིང་གི་གནོད་འབུ་གཙོ་བོ་ཞིག་ཡིན།

1) གནོད་འཚེ་ཐེབས་ས་དང་ནད་རྟགས། མོ་མཚན་དར་འབུ་དང་རོའུ་འབུ་སོགས་

ཀྱིས་རྒྱུན་འབྲུམ་གྱི་ཡལ་ག་དང་པོ་མ། འབྲས་བུ་བཅས་ལ་གནོད་འཚེ་ཐེབས་པ་ཡིན། མོ་མཚན་དར་འབུ་དང་རོའུ་འབུ་ཡལ་ག་དང་པོ་མ། སྙེ་མ་སོགས་ཀྱི་སྟེང་དུ་འཁྱུར་ནས་གཤེར་ཁུ་གཅིག་འཛིན་བྱེད་པར་མ་ཟད། བེ་སྣབས་སམ་འཁྱུར་ཁུ་མང་པོ་ཕྱིར་བཏོན་ཏེ། འབུ་ཕྲ་ངོ་མའི་སྲིན་འབུ་རྐྱེན་ཡུལ་བསྐྲུན་པ་དང་། ཕྱི་ངོས་ནས་དུ་ལྷན་རྗེ་སོལ་གྱི་རྣམ་པ་མངོན་པས། ལོ་མའི་འོད་སྦྱོར་ནུས་པར་ཤུགས་རྐྱེན་ཚབས་ཆེན་ཐེབས་པ་དང་། ཡལ་ག་ལ་གནོད་འཚེ་ཚབས་ཆེན་ཐེབས་རྗེས་སྐམ་ནས་ཤི་འགྲོ། འབྲས་བུའི་ངོས་ལ་འབབ་བཙོག་ཐེབས་ན། སྟོང་ཁང་གི་སྐྱེ་སྟོབས་ཉམས་ནས་ཐོན་ཚད་དང་སྤུས་ཀར་ཤུགས་རྐྱེན་ཆེན་པོ་ཐེབས་པ་ཡིན།

2) འགོག་བཅོས་བྱེད་ཐབས། འབུ་ཁུངས་མེད་པར་བཟོ་དུས་ངེས་པར་དུ་འབུ་ཡོད་པའི་མཐུད་སྦྱོར་ཡལ་ག་མི་སྤྱོད་པ་དང་། སྟོང་ཕྲུག་དང་མཐུད་སྦྱོར་ཡལ་ག་སྟོང་ཕྲུག་ར་བ་ནས་ཕྱིར་འདོན་པའི་སྐབས་སུ་དུས་ཐོག་ཏུ་ཐག་གཅོད་བྱེད་དགོས། ལྷུམ་རའི་ཉེ་འཁོར་གྱི་ རླུང་འགོག་ར་བའི་ནང་དུ་ཚེར་ཅན་ཚོས་སེར་སྟོང་པོ་སོགས་སྲིན་འབུ་རྐྱེན་ཡུལ་གྱི་ནགས་སྟོང་འཛུགས་མི་རུང་།

དགུན་དུས་ལྷུམ་ར་གཙང་སེལ་བྱས་ཏེ་རྒྱུན་འབྲུམ་ས་འོག་ཏུ་བཙུག་ནས་གྲང་འགོག་བྱེད་པའི་སྔོན་དུ། ཡལ་ག་སྟེང་གི་པགས་རྩིང་རྣམས་གཙང་སེལ་བྱས་ཏེ་དགུན་བརྒྱལ་འབུ་སྲིན་གྱི་རྨ་ཁ་ཡི་གཞི་གྲངས་ཇེ་ཉུང་དུ་གཏོང་དགོས། དཔྱིད་དུས་སྨུ་གུ་མ་འབུས་པའི་སྔོན་ལ་པའོ་མེ་ཏུའུ་ལིའུའམ་ཡང་ན3%~5%ཁྲའི་ཡིའུ་རྫུམ་གྱི་གཤེར་ལྷན་སྨན་རྫས་གཏོར་ནས་དགུན་བརྒྱལ་རོའུ་འབུ་མེད་པར་བཟོ་དགོས།

རང་བྱུང་ཁམས་ལ་ལྷན་སྐྱེས་ཀྱི་ཚུལ་དུ་ཡོད་པའི་འཇོམས་བྱེད་སྲུང་སྐྱོང་དང་བེད་སྤྱོད་བྱེད་ཅིང་། ཁྱབ་རྒྱ་ཆེ་བའི་ཞིང་སྨན་ཉུང་ཙམ་སྤྱོད་པའམ་ཡང་ན་མི་སྤྱོད་པར་མཐའ་ངོས་ནག་པོའི་གཟར་འབུ་དམར་པོ་སོགས་རང་བྱུང་ཁམས་ལ་ལྷན་སྐྱེས་ཀྱི་ཚུལ་དུ་ཡོད་པའི་འཇོམས་བྱེད་གསོད་རྨས་སུ་གཏོང་མི་རུང་།

སྐྱེ་འཚར་དུས་ཚིགས་སུ་སྨན་རྫས་འགོག་བཅོས་བྱེད་དུས་འགོག་བཅོས་ཀྱི་འགག་རྩ་

གཉིས་དམ་འཛིན་བྱེད་དགོས་པ་སྟེ། གཅིག་ནི་སྦུ་གུ་འབུས་པའི་དུས་ནས་ལོ་མ2~3སྐྱེས་པའི་དུས་སྐབས་ཀྱི་བར་ཡིན། གཉིས་ནི་མེ་ཏོག་སར་ལྷུང་རྗེས་ཀྱི་རོའུ་འབུས་སྔོ་ང་ཙམ་པའི་དུས་སྐབས་ཡིན། རྒྱུན་སྤྱོད་སྨན་རྫས་ནི་ཁོང་ཆོ་དང་ཕི་ཁྲུང་ལིན། ཏིན་ཁྲུང་མིའུ། ཧྥ་ཕི་ལིན། ཕུན་དབྱང་ལྷེ། ཕི་ཡ་ཐོང་། ཏུའུ་སི་པེ་སོགས་ཀྱི་སྨན་ཆུ་གཏོར་ནས་འགོག་བཅོས་བྱེད་དགོས། སྨན་གཏོར་བའི་སྐབས་སུ་སིམ་འཇུལ་སྨན་རྫས་བསྲེས་ན་འགོག་བཅོས་ཀྱི་ཕན་འབྲས་ཇེ་མཐོར་གཏོང་ཐུབ།

(2) ཧྥུན་ཅེ། དཔྱད་གཞིའི་ཡིག་ཆའི་སྟེང་དུ་བཀོད་པ་ལྟར་ན། ཀྲུན་འབྲུམ་ལ་གནོད་འཚེ་གཏོང་བའི་ཧྥུན་ཅེ་ཁྱོན་བསྡོམས་རིགས་བཞི་ཡོད་དེ། ཀྲུན་འབྲུམ་ཧྥུན་ཅེ་དང་ཁང་ཧྲི་ཧྥུན་ཅེ། ཁྲང་ཝེ་ཧྥུན་ཅེ། མུན་མདོག་ཧྥུན་ཅེ་སོགས་ཡིན། འདིར་གཙོ་བོ་ཁང་ཧྲི་ཧྥུན་ཅེ་དང་ཀྲུན་འབྲུམ་ཧྥུན་ཅེ་ངོ་སྤྲོད་བྱེད་དེ།

1) ཁང་ཧྲི་ཧྥུན་ཅེ་ནི་ཟས་གཞིས་ཧ་ཅང་མང་ཞིང་། ཀྲུན་འབྲུམ་ལ་གནོད་པར་མ་ཟད། ད་དུང་ཀུ་ཤུ་དང་ལི། སྐྱུ་རུ་ར། ཁམ་བུ། མངར་ཁམ། སེའུ། སྟར་ག ཙོ་རིལ་སོགས་ཤིང་འབྲས་མང་པོ་དང་། སིན་ཤིང་དང་དབྱང་ཐའོ། ལྕང་མ་དང་སྔོ་ཚལ་སོགས་རྩི་ཤིང་སྔོ་ཚོགས་ལ་གནོད་པ་ཡོད།

①གནོད་འཚེ་ཐེབས་ས་དང་ནད་རྟགས། མོ་མཚན་དར་འབུ་དང་རོའུ་འབུ་ཡལ་ག་དང་ལོ་མ། སྙེ་མ་སོགས་ཀྱི་སྟེང་དུ་འཁྱུར་ནས་གཤེར་ཁུ་གཅིག་འཛིན་བྱེད་པ་ཡིན། ཡལ་ག་གསར་བར་གནོད་འཚེ་ཐེབས་རྗེས། གནོད་པ་ཐེབས་ཡུལ་སྐྲངས་ཤིང་ཚབས་ཆེ་བའི་སྐབས་སུ་ཤིང་པགས་འཕྲེད་དུ་གས་པ་དང་སྐམ་ནས་ཤི་འགྲོ་བ་ཡིན། འབྲས་བུ་ལ་གནོད་འཚེ་ཐེབས་སྐབས། ཕུང་གྲུབ་ཤི་ནས་ཆེ་ཆུང་མི་འདྲ་བའི་ཚོས་མདོག་ཡལ་བའི་ཁྲ་ཐིག་གམ་ནག་ཐིག ཡང་ན་ནག་ཁྲ་འབྱུང་། གནོད་པ་ཐེབས་པའི་གནས་སུ་འབུ་དེས་བཟོས་པའི་མདོག་དཀར་སྲིང་བལ་དབྱིབས་ཀྱི་སྦྲ་ཚིལ་ཕྱེ་མ་སོགས་ཐོན་ནས་འབྲས་བུ་ལ་འབབ་བཙོག་བཟོ་བ་ཡིན། སྦྲང་རྩི་དང་འདྲ་བའི་འཁྱུར་ཁུ་ཕྱིར་བཏོན་ནས་འབྲས་བུ་དང་ལོ་མ། ཡལ་ག་བཅས་ཀྱི་སྟེང་དུ་འགོས་ནས་འབབ་བཙོག་བཟོ་བ་དང་། བཞའ་ཚན་ཆེ་བའི་

སྐབས་སུ་འཕྱུར་སྦྲང་སྟེང་དུ་འབུ་སྲིན་ཐོན་ནས་འབག་བཙོག་བཟོས་ཏེ། རྡོ་སོལ་འབག་བཙོག་ནད་འབྱུང་བ་ཡིན། རྡོ་སོལ་འབག་བཙོག་ནད་ཡོད་པའི་འབྲས་བུ་ནི་ཟ་བ་ནས་བཟའ་བྱའི་རིན་ཐང་དང་བེད་སྤྱོད་ཀྱི་རིན་ཐང་མེད་པར་འགྱུར་རོ།།

②འགོག་བཅོས་བྱེད་ཐབས།

a. དགུན་དཔྱིད་འགོག་བཅོས། འབྲས་བུ་བཏཟ་བསྡུ་བྱས་རྗེས་དུས་ལྟར་འདེབས་འཛུགས་ལྷམ་ར་གཙང་སེལ་བྱས་ཏེ། འབུ་ཞུགས་འབྲས་བུ་དང་ཤོག་ཐུམ་རྙིང་བ། སར་ལྷུང་ལོ་མ་སོགས་གཅིག་བསྡུས་ཀྱིས་སྲེག་པའམ་ས་འོག་ཏུ་སྦས་དགོས། རྒྱུན་འབྲུམ་ས་འོག་ཏུ་བཙུག་ནས་ཀྱང་འགོག་མ་བྱས་པའི་སྔོན་དུ།(ཡང་ན་ས་འོག་ནས་བཏོན་ནས་སྒྲོམ་བུའི་སྟེང་དུ་འགེབས་དུས) ཡལ་ག་སྟེང་གི་པགས་རྩིང་རྣམས་གཙང་སེལ་བྱས་ཏེ། དགུན་བཀལ་འབུ་སྲིན་གྱི་ཚ་ཁའི་གྲངས་ཀ་ཇེ་ཉུང་དུ་གཏོང་དགོས། དཔྱིད་དུས་སྨུ་གུ་མ་འབུས་པའི་སྔོན་ལ་པའོ་མེ་ཏུའུ་ལིའུའམ་ཡང་ན3%~5%ཁྲའི་ཡིའུ་རྫས་ཀྱི་གཤེར་ལྡན་སྨན་རྫས་གཏོར་ནས། དགུན་བཀལ་སྒོ་ང་དང་ཙའོ་འབུ་ཙ་མེད་དུ་གཏོང་དགོས།

b. སྐྱེ་འཚར་དུས་སྐབས་ཀྱི་འགོག་བཅོས། སྐྱེ་འཚར་དུས་སུ་རོའུ་འབུས་སྒོ་ང་ཙམ་པའི་དུས་སྐབས་སོ་སོ་དམ་འཛིན་བྱེད་དགོས། མེ་ཏོག་གི་བང་རིམ་ཁ་གྱེས་ནས་མེ་ཏོག་མ་བཞད་པའི་སྔོན་ནི་སྐབས་དང་པོའི་ཁང་ཧྲི་ཟླུན་ཅེ་འགོག་བཅོས་བྱེད་པའི་གནད་འགག་གི་དུས་སྐབས་ཡིན་ཞིང་། འདི་ནི་ཆེས་གལ་ཆེ་བའི་འགོག་བཅོས་ཐེངས་ཤིག་ཡིན་པས། འབུ་ཁུང་གི་སྡུག་ཚད་ལ་གཞིགས་ཏེ་དུས་དང་བསྟུན་ནས་སྨན་རྫས་ཐེངས1~2གཏོར་དགོས། འཁྱིག་ཁུག་མ་བཀབ་པའི་སྔོན་གྱི་འགོག་བཅོས་ཀྱང་ཧ་ཅང་གལ་ཆེ་སྟེ། འཁྱིག་ཁུག་ནང་དུ་བཙུག་རྗེས། ཁང་ཧྲི་ཟླུན་ཅེ་ཁུག་མའི་ནང་དུ་སྤྱོས་ནས་གནོད་འཚེ་ཐེབས་པའི་ཁྱད་ཆོས་ཡོད། དེའི་ཕྱིར་ཁུག་མའི་ནང་དུ་བཙུག་རྗེས་ཀྱི་ཉིན3~5ནི་འབུ་འདི་ཉིད་འགོག་བཅོས་བྱེད་པའི་ཆེས་ལེགས་པའི་དུས་སྐབས་གསུམ་པ་ཡིན། སྨན་རྫས་ཀྱི་རིགས་དང་སྤྱོད་སྟངས་ནི་ཤར་ཕྱོགས་ཀྱི་ཟློག་ཆུང་ཉ་ཕྱིས་དང་གཅིག་འདྲ་ཡིན།

c. ས་རྒྱུ་ཐག་གཅོད་འགོག་བཅོས། སྒོ་ང་ཙམ་པའི་དུས་སུ་ཟ་བའི་སྟེང་དུ་སྨན་

གཏོར་དགོས། རིལ་ཆུང་སྨན་རྫས་དང་ཕྱེན་ཚེ། གཤེར་ལྡན་སྨན་ཁུ་སོགས་ས་རྒྱུའི་སྟེང་དུ་ལྷུག་དགོས། སྤྱིར་བཏང་དུ་ནང་དུ་འཛིན་པའི་རང་བཞིན་ལྡན་པ་སྟེ་དཔེར་ན་ཁོང་ཚི་སོགས་ཡོད།

2) རྒུན་འབྲུམ་སྣུན་ཅེ། མིང་གཞན་ལ་ཏའི་སྣུན་ཅེ་ཟེར། གཤོག་འདྲ་ཅན་གྱི་རིགས་སུ་གཏོགས་ཤིང་ཅེ་ཙུང་ཚན་དང་སྣུན་ཅེ་ཚན་ཡིན། གཙོ་བོ་ནི་རྒུན་འབྲུམ་ལ་གནོད་པ་དང་། ད་དུང་སྲིང་ཤིང་སྡོང་པོ་དང་ཙོ་རིལ་སྡོང་པོ། ཚོས་སེར་སྡོང་པོ་སོགས་ལའང་གནོད་འཚེ་ཡོད། འདི་ནི་ཉེ་བའི་ལོ་འགའི་རིང་ལ་རྒུན་འབྲུམ་གྱི་སྟེང་ནས་གསར་དུ་རྙེད་པའི་སྣུན་ཅེ་འབུ་རིགས་ཤིག་ཡིན།

རོའུ་འབུ་དང་སོ་མཚན་འབུ་སྲིན་ཤིང་འཕྲིལ་རྙིང་པགས་པའི་འོག་དང་། ཡལ་ག་ཡི་གས་ཁ་དང་རྨ་ཁ། ས་རྡོས་དང་ཉེ་བའི་རྩ་བ་སོགས་ཀྱི་སྟེང་དུ་སྐྱུང་སྟེ་གཤེར་ཁུ་གཙག་འཛིན་བྱས་ནས་གནོད་འཚེ་བཟོ་བ་དང་། གནོད་འཚེ་ཐེབས་པའི་གནས་སུ་ཆེ་ཆུང་མི་འདྲ་བའི་དེའུ་དབྱིབས་འབྱུར་ཡོད། རྒུན་འབྲུམ་གྱི་ཡལ་ག་གསར་བའི་སྐྱེ་འཚར་བྱུང་བ་དང་བསྟུན་ནས། གནོད་འབུ་རིམ་གྱིས་ཡལ་ག་གསར་བའི་སྟེང་དུ་སྤོས་ནས་གནོད་སྐྱོན་བཟོ་བ་དང་། ཡལ་ག་གསར་བའི་རྩ་བའི་གནས་སུ་ཕྱོགས་གཅིག་ཏུ་འདུས་ཏེ་ཁུ་བ་འཛིན་ནས་གནོད་སྐྱོན་བཟོ་བས། གནོད་འཚེ་ཚབས་ཆེན་ཐེབས་པའི་ཡལ་ག་གསར་བའི་ཆུ་ཟད་དེ་སྐམ་ནས་ཤི་བ་དང་། གནོད་འཚེ་ཅུང་ཡང་བའི་ཡལ་ག་རྣམས་ཀྱི་སྟེང་དུ་འབྲས་བུ་སྨིན་མི་ཐུབ་པས་དགུན་བརྒྱལ་དཀའ། གནོད་འཚེ་ཐེབས་པའི་ལོ་མ་དང་ལོ་མའི་ཡུ་ཀང་སོགས་ཀྱི་ལྗང་མདོག་ཤོར་ནས་སེར་པོར་འགྱུར་བ་དང་སྐམ་ནས་ཤི་འགྲོ། སྙེ་མའི་རྟེན་ཀང་དང་འབྲས་བུ་ལ་གནོད་འཚེ་ཐེབས་ན་འབྲས་བུ་ཡ་མ་གཟུགས་སུ་འགྱུར་བ་དང་འབྲས་བུར་རྒྱུས་སྦྲོས་བྱུང་ནས་རྩུབ་རྡུལ་དུ་འགྱུར། གཙག་འཛིན་གྱིས་གནོད་སྐྱོན་ཐེབས་པའི་དུས་མཚུངས་སུ། འབྱར་ཁུ་ཟགས་ཐོན་བྱེད་པ་དང་འབུ་སྦྲ་གཞན་བརྟེན་བྱེད་ཅིང་། ཤིང་འབྲས་ཀྱི་ཕྱི་ངོས་འབག་བཙོག་བཟོས་ནས། འབྲས་བུའི་ཚོང་ཟོག་གི་ངོ་བོར་ཤུགས་རྐྱེན་ཐེབས་སོ།།

མཚོ་བོད་མཐོ་སྒང་ས་ཁུལ་ནས་དགུན་དུས་སུ་དྲོད་ཚད་དམའ་ཞིང་དགུན་གྱི་དུས་ཡུན་རིང་བས་དགུན་བགྲལ་བྱེད་དུས་སྒོ་ང་དང་འབུ་སྲིན་ཇེ་ཉུང་དུ་འགྲོ་བར་ཕན་པ་ཡོད། ཞིང་ནང་གི་གནོད་འབུའི་གྲངས་ཀ་ཇེ་ཉུང་དུ་གཏོང་ན་ཟླ་6པ་དང་ཟླ་7པ། ཟླ་8པ་བཅས་ཀྱི་ནང་དུ་རྒུན་འབྲུམ་གྱི་ཡལ་ག་ལ་ལུགས་མཐུན་གྱི་དབྱར་དུས་ཀྱི་ཡལ་བཞུར་བརྒྱབ་ན། ཡལ་ག་དང་ལོ་མའི་སྟེང་དུ་གཞན་བརྟེན་བྱེད་པའི་སྒོ་ང་དང་འབུ་སྲིན་མེད་པར་བཟོ་ཐུབ། སྐབས་ཐོག་དེར་ཤིང་སྡོང་གི་ཤུན་པགས་རྙིང་བ་བཤུ་བ་དང་ཐུང་འཕྲེལ་བྱས་ན་ཤིན་ཏུ་ལེགས། ཟླ་10མཇུག་ནས་ཟླ་11སྟོད་དུ་སྟོན་དུས་ཀྱི་ཡལ་བཞུར་རྒྱག་སྐབས། འབུ་སྲིན་ཡོད་པའི་ཡལ་ག་གཙོད་པ་དང་ཤིང་སྡོང་གི་ཤུན་པགས་རྙིང་བ་བཤུ་དགོས། དུས་མཚུངས་སུ་སྡོང་ཕྲུག་སྐྱིལ་འདྲིན་བྱེད་སྐབས་ཀྱི་ནད་ཡམས་ཞིབ་བཤེར་བྱེད་པར་ཤུགས་སྣོན་དང་སྡོང་ཕྲུག་གི་སྐྱེ་སྟོབས་ཇེ་ཆེར་གཏོང་བའང་ནུས་ལྡན་གྱི་བྱེད་ཐབས་ཤིག་ཡིན། སྨན་རྫས་ཀྱིས་འགོག་བཅོས་བྱེད་དུས་སུ་ཁོང་ཚོ་དང་ཕུན་དབྱང་ལྷེ། ཧྲའེ་ཧྲའེ་ལྷེ། ཏྲུའུ་སི་པའེ། ཏིན་འབུ་སྨི་འབྲུམ། ཕེ་ཁྲོན་ལིན། ཨ་ལྷེ་ཙུན་སུའུ། ཏྲ་ཕེ་ལིན། ཕེ་ཡ་ཐུང་སོགས་སྤྱོད་དགོས།

5. གཤོག་སིངས་འབུ་མེ་ལྕེབ།

(1) འབྱུང་རྐྱེན་དང་གནོད་འཚེ། རྒུན་འབྲུམ་གྱི་གཤོག་སིངས་འབུ་མེ་ལྕེབ་ནི་རང་རྒྱལ་དུ་ཁྱབ་ཁྱོན་ཆེན་པོ་ཡོད། འབུ་ཕྲུག་གིས་རྒུན་འབྲུམ་གྱི་ཡལ་ག་གསར་བ་དང་སྐྱེ་འཚར་ལོ1~2བར་གྱི་ཡལ་གར་གནོད་པ་དང་། ཐོག་མར་ལོ་ལ་སོན་པའི་འབུ་ཕྲུག་གིས་ཡལ་ག་གསར་བའི་ནང་དུ་འཛུལ་ནས་རྐང་གཟན་ཟ་བ་དང་ཡལ་ག་གསར་བ་སྐམ་པར་བྱེད། ནར་སོན་ན་ཙུང་སྦོམ་པའི་ཡལ་གའི་སྟེང་དུ་སྤོས་ནས་གནོད་འཚེ་བཟོ་བ་དང་། གནོད་འཚེ་ཐེབས་ཡུལ་ཇེ་ཆེར་སོང་ནས་སྨྲན་དུ་འགྱུར་ལ། ཁུང་བུའི་ཕྱི་ནས་ཁམ་མདོག་རིལ་བུའི་དབྱིབས་ཀྱི་སྐྱག་རྟུག་ཕྱིར་བཏོན་ནས་ཡལ་ག་ཆག་སླ་བར་འགྱུར། དེའི་སྟོད་ཕྱོགས་ཀྱི་ལོ་མ་སེར་པོར་གྱུར་ནས་རྙིད་འགྲོ་བ་དང་སླེ་ཏབ་སྐམ་པར་མ་ཟད། འབྲས་བུའང་སར་ལྷུང་སླ་བ་ཡིན། ཡང་ན་སྡོང་བོའི་སྐྱེ་སྟོབས་ཉམས་པ་དང་། ཐོན་རྫས་ཀྱི་

སྤུས་ཀ་ཇེ་ཞན་དུ་འགྲོ་བ་ཡིན། ཚབས་ཆེན་ཡིན་ན་ཡལ་ག་སྐམ་འགྲོ་བ་དང་ཐ་ན་སྡོང་པོ་ཧྲིལ་པོ་སྐམ་འགྲོ་བ་ཡིན།

(2) འགོག་བཅོས་བྱེད་ཐབས། སྤྱིར་བཏང་དུ་བཤད་ན་ཤིང་སྡོང་གི་ལོ་ཚད་ཇེ་མཐོར་སོང་བ་དང་བསྟུན་ནས་ཚབས་ཇེ་ཆེར་འགྲོ་བཞིན་ཡོད། རྒྱུ་མཚན་ནི་དར་འབུ་སྐྱེ་འཚར་ལེགས་པ་དང་ཡལ་འདབ་རྒྱས་པའི་སྡོང་རྐང་གི་སྟེང་དུ་སྒོ་ང་གཏོང་རྒྱུར་དགའ་བས། སྡོང་པོའི་ལོ་ཚད་ཇེ་མཐོར་སོང་བ་དང་བསྟུན་ནས་སྡོང་ལག་ཀྱང་ཇེ་སྦོམ་དུ་འགྲོ་བ་དང་། ཡལ་གའི་སྐྱེ་འཚར་ཡང་ཤིན་ཏུ་རྒྱས་པས་འཚོ་བཅུད་ཕུན་སུམ་ཚོགས་ལ། གནོད་འཚེ་ཐེབས་ཤུགས་ཀྱང་ཇེ་ཆེར་འགྲོ་བཞིན་ཡོད། སོན་རིགས་མི་འདྲ་བ་དང་སྐྱེ་འཚར་དུས་རིམ་མི་འདྲ་བས་གནོད་སྐྱོན་ཐེབས་ཚུལ་ཡང་མི་འདྲ། མྱུ་གུ་འབུས་པ་ནས་བཟུང་མེ་ཏོག་མ་བཞད་པའི་སྔོན་དང་གཤེར་ལྡན་འབྲས་བུའི་དུས་སུ་གནོད་འཚེ་ཐེབས་ཚུལ་ཆེས་མང་ཞིང་། གཤེར་ལྡན་འབྲས་བུ་སྨིན་པའི་དུས་སུ་གནོད་འཚེ་ཐེབས་ན་རྗེས་སུ་རིམ་གྱིས་ཇེ་ཡང་དུ་འགྲོ་བ་ཡིན། འབུ་ཁུངས་ཇེ་ཉུང་དུ་གཏོང་ན་དགུན་དཔྱིད་གཉིས་ཀྱི་དུས་སུ་ཡལ་བཞུར་རྒྱག་དུས་ནད་འབུ་འགོས་ཡོད་པའི་ཡལ་ག་གཙོད་དོར་བྱས་ཚོག དགུན་དཔྱིད་གཉིས་སུ་ཡལ་བཞུར་རྒྱག་པ་དང་ཟུང་འབྲེལ་བྱས་ཏེ་འབུ་སྲིན་འགོས་པའི་ཡལ་ག་རྣམས་མེད་པ་བཟོས་ནས་མེ་སྲེག་གཏོང་དགོས། དཔྱིད་དུས་ཡང་བསྐྱར་ཞིབ་བཤེར་བྱེད་དུས། མྱུ་གུ་འབུས་མེད་པའམ་ཡང་ན་མྱུ་གུ་འབུས་རྗེས་སྐམ་པོར་གྱུར་པའི་འབུ་ལྡན་ཡལ་ག་བཅད་ནས་དོར་དགོས། སྐྱེ་འཚར་དུས་ཚིགས་སུ་འབུ་ཕྲུག་གིས་སོ་བཏབ་སྐྱེ་ཚོགས་བར་གྱི་ཁ་དོག་ཁམ་མདོག་ཏུ་གྱུར་ནས་ཡལ་ག་གསར་བ་སྐམ་ཤི་རུ་འགྱུར་བ་ཡིན། ལོ་མ་སྐམ་པ་དང་ཡང་ན་ཐོག་མར་སྐྱེས་པའི་ལོ་མ་སྐམ་པའི་སྣང་ཚུལ་བྱུང་ན་ཚང་མ་གནོད་འཚེ་ཐེབས་པའི་ཡལ་ག་ཡིན་པས་གཙོད་དོར་བྱེད་དགོས། ཟླ7~8པའི་བར་འབུ་སྲིན་གྱི་འབུ་སྒྲོག་ཡོད་པའི་ཁུང་བུ་མཐོང་ཚེ་ལྕགས་སྐུད་ཀྱིས་གསོད་པའམ་ཡང་ན་ལྕགས་ཀྱུ་ཡིས་གསོད་དགོས།

རྫས་འགྱུར་འགོག་བཅོས་བྱེད་ཐབས་ནི། སྨན་ཁབ་རྒྱག་ན10%ལེན་ཕུན་ཙུས་ཀྱི་

པའི་ཡིས400གཤེར་ཁུ་གཏོར་དགོས། དེ་ནས་ས་འདམ་རློན་པས་ཁ་གཅོད་པ་དང་། སྔོ་ང་རུམ་པའི་དུས་སུ་སྨན་ཐུམ་གཏོར་དགོས། སྤྱིར་བཏང་དུ་ལོ་གཅིག་ལ་ཐེངས་གཅིག་ལ་གཏོར་ན་འགོག །བཅོས་བྱེད་ཐུབ། སྨན་རྫས་འདེབས་སྦྱོད་བྱེད་དུས་དཔེར་ན་ཕུན་དབྱང་ལེ་དང་ལེན་ཕུན་ཙུས་ཀྱི། ཙྪ་ལེ་ཡན་སོགས་སྤྱོད་ཆོག

གཉིས། ནད་འབྲུའི་གནོད་པ་ཕྱོགས་བསྡུས་འགོག་བཅོས་བྱེད་པའི་ལག་རྩལ།

ཕྱོགས་བསྡུས་འགོག་བཅོས་ནི་ཕྱོགས་བསྡུས་བྱེད་ཐབས་སྣ་ཚོགས་སྤྱད་ནས་ཕན་ཚུན་མཐུན་སྦྱོར་བྱས་ཏེ། དགེ་ལེན་སྐྱོན་སེལ་དང་དཔལ་འབྱོར་འགྲོ་གྲོན་དང་མཐུན་ཞིང་ནུས་ལྡན་གྱི་སྒོ་ནས་ནད་འབུ་རིགས་གཅིག་གམ་རིགས་མང་པོའི་གནོད་པ་ཆེས་དམའ་བའི་མཐའ་ཁོངས་སུ་ཚོད་འཛིན་བྱེད་ཐུབ། ཞིང་ལས་སྐྱེ་ཁམས་མ་ལག་ཡོངས་ལའང་ཤུགས་རྐྱེན་ངན་པ་མི་ཐེབས་པའི་འགོག་བཅོས་མ་ལག་ཅིག་ཡིན་པས། འདི་ལ་ཕྱོགས་བསྡུས་འགོག་བཅོས་ཟེར། ཕྱོགས་བསྡུས་འགོག་བཅོས་ཀྱི་བྱེད་ཐབས་གཙོ་བོ་ནི་སྐྱེ་དངོས་འགོག་བཅོས་དང་ཞིང་ལས་འགོག་བཅོས། དངོས་ལུགས་འགོག་བཅོས། རྫས་འགྱུར་འགོག་བཅོས་སོགས་ཡིན།

(གཅིག) སྐྱེ་དངོས་འགོག་བཅོས།

ཕན་ནུས་ལྡན་པའི་སྐྱེ་དངོས་སམ་སྐྱེ་དངོས་ཀྱི་སྙིང་ཚབ་གསར་འཕྲེད་ཐོན་རྫས་སྤྱད་ནས་ནད་འབུ་འགོག་པའི་ཐབས་ལམ་ལ་སྐྱེ་དངོས་འགོག་བཅོས་ཟེར། བྱེད་ཐབས་གཙོ་བོ་གཤམ་གསལ་ལྟར་ཏེ།

1. འབུ་སྲིན་སྤྱད་ནས་འབུ་སྲིན་འགོག་པ། གཞན་བརྟེན་རང་བཞིན་དང་ལྟོ་འཚོལ་རང་བཞིན་གྱི་རང་བྱུང་ཁམས་ན་ལྷན་སྐྱེས་ཀྱི་ཚུལ་དུ་ཡོད་པའི་འཇོམས་མེད་འབུ་སྲིན་སྤྱད་ནས་གནོད་འབུ་ཚོད་འཛིན་བྱེད་པ་ལ་ཟེར། དཔེར་ན་གཞན་བརྟེན་སྦྲང་མ་དང་གཞན་བརྟེན་སྦྲང་ནག་སོགས་བེད་སྤྱད་ནས་གནོད་འབུ་ཚོད་འཛིན་བྱེད་པ་ལྟ་བུ།

2. འབུ་ཕྲ་སྤྱད་ནས་འབུ་སྲིན་འགོག་པ། སྐྱེ་དངོས་ཕྲ་མོ་སྤྱད་ནས་གནོད་འབུ་ཚོད་འཛིན་བྱེད་པའི་ཐབས་ཤེས་ཤིག་ཡིན། དཔེར་ན། BTདང་སུའུ་ཡུན་ཅིན་དབྱུག་སྲིན། སྔོ་

འབྲུ་སོགས་ཀྱིས་ནད་འབྲུ་སྔོན་འགོག་བྱེད་དགོས།

3. འབྲུ་སྨན་སྦྱིད་ནས་ནད་བཅོས་བྱེད་པ། སྐྱེ་དངོས་སྨན་མོ་བཀོལ་ནས་གནོད་ལྡན་ནད་འབྲུ་ཚོད་འཛིན་བྱེད་པའི་ཐབས་ཤེས་ཤིག་ཡིན། དཔེར་ན་ཐོན་འཕར་འབྲུ་སྨན་སྦྱིད་ནས་ནད་སྐྱོན་འགོག་བཅོས་བྱེད་པ་ལྟ་བུ།

4. དུག་སྲིན་འགོག་སྨན་དང་འབྲུ་སྲིན་སྐྲུལ་རྩི་བཀོལ་བ། ལེན་མེ་སུའུ་བཀོལ་ནས་དུག་སྲིན་སྨན་མོ་ཁ་ཤས་ཀྱི་ནད་སྐྱོན་འགོག་པ། ཞིང་འགོག120སྦྱིད་ནས་རྒུན་འབྲུམ་གྱི་ཕྱི་དཀར་ནད་དང་ས་ནད་འགོག་བཅོས་བྱེད་པ་དང་། ཤུའུ་དབྱི་མེ་སུའུ་བེད་སྤྱིད་དེ་རྒུན་འབྲུམ་གྱི་ཧམ་ཙུལ་ནད་འགོག་བཅོས་བྱེད་པ་ཡིན།

5. རྩི་ཤིང་གི་འབྱུང་ཁུངས་སམ་རྩི་ཤིང་གི་འབྲུ་གསོད་དང་སྲིན་གསོད་སྨན་རྫས། དཔེར་ན་ཁྲིའུ་ཁྲིན་ཙུས་ཀྲི་དང་ཡུས་ཐེང་། པ་ཏུའུ། ཁུའུ་ཧྲེན་བཅས་སྤྱིད་ནས་འབྲུའི་གནོད་འཚེ་ཚོད་འཛིན་བྱེད་པ་ཡིན། སྐྱེ་དངོས་འགོག་བཅོས་ཀྱི་དགེ་མཚན་ནི་མི་ཕྱུགས་ལ་ཉུང་བདེ་འཇགས་དང་ཁོར་ཡུག་ལ་འབབ་བསྒོག་ཆུང་བས། འདི་ནི་དར་སྤེལ་དུ་གཏོང་བའི་ནད་འབྲུ་འགོག་བཅོས་དང་ཞིང་ཏོག་གི་རྒྱུ་སྤུས་མཐོར་འདེགས་སུ་གཏོང་བའི་ཁ་ཕྱོགས་ཀྱང་ཡིན།

(གཉིས) ཞིང་ལས་འགོག་བཅོས།

ཞིང་ལས་ཀྱི་སྐྱེ་ཁམས་མ་ལག་ཁྲོད་ཀྱི་ནད་འབྲུ་དང་ལོ་ཏོག ཁོར་ཡུག་བཅས་ཀྱི་ཆ་རྐྱེན་གསུམ་བར་གྱི་འབྲེལ་བར་གཞིགས་ནས། ལོ་ཏོག་ཐོན་སྐྱེད་བྱེད་པའི་གོ་རིམ་ཧྲིལ་པོའི་ཁྲོད་ཀྱི་དོ་དམ་ལག་རྩལ་དང་བྱེད་ཐབས་ལ་བྲུང་འབྲེལ་བྱས་ཏེ། དམིགས་ཡུལ་ཡོད་པའི་སྒོ་ནས་ནད་འབྲུའི་འཚོ་བའི་ཆ་རྐྱེན་དང་ཁོར་ཡུག་ཆ་རྐྱེན་བསྒྱུར་ནས། ནད་འབྲུ་འཕེལ་རྒྱས་སུ་འགྲོ་བར་མི་ཕན་པ་དང་ལོ་ཏོག་གི་སྐྱེ་འཚར་ལ་ཕན་པ་ཡོད་པའི་འགོག་བཅོས་བྱེད་ཐབས་ཤིག་ཡིན། རྒུན་འབྲུམ་གྱི་སྟེང་དུ་གཤམ་གྱི་བྱེད་ཐབས་འགའ་བཀོལ་དགོས་ཏེ།

1. ཚོང་རའི་དགོས་མཁོ་ལྟར་ས་བོན་འདེམ་དགོས་ཤིང་། རབ་ཡིན་ན་ནད་འགོག་ནུས་གཤིས་ཡོད་པ་དང་། གནོད་ལྡན་སྐྱེ་དངོས་འགོས་མེད་པའི་སོན་རིགས་དང་གསེབ་

མཐུད་མྱུ་གུ་འདེམ་དགོས།

2. ལྷུམ་ར་མ་བསྐྲུན་སྔོན་ལ་ས་ཞིང་ཁོད་སྙོམས་བྱེད་དགོས་པ་དང་། ཆུ་ཡུར་དང་ཆུ་འདོན་ཡུར་བུ་བཟོས་ནས་ཞིང་ཆུ་འཁྱིལ་པ་དང་ཕྱིར་ཕུད་པར་སྟབས་བདེ་སྒྲུབ་དགོས། ལྷུམ་རའི་ནང་དུ་ཆུ་གསོག་ཚད་ཇི་ཉུང་དུ་གཏོང་དགོས་ཤིང་། ཤིང་སྡོང་གི་སྐྱེ་འཚར་སྟོབས་ཤུགས་ཇི་ཆེར་བཏང་ནས། རྩ་ནད་དང་སྐྱིད་འབུའི་འགོས་ནད་ཇི་ཉུང་དུ་གཏོང་དགོས།

3. ལྷུམ་ར་འཛུགས་སྐྲུན་བྱེད་སྐབས་རྒྱུན་འབྲུམ་ར་བའི་འཚར་འགོད་རྩིས་འགོད་ལེགས་པོར་བྱས་ཏེ། ཚུལ་མཐུན་མཐུག་འདེབས་དང་སྐྱེ་ཁམས་ཀྱི་ཆ་རྐྱེན་ལེགས་བཅོས། རང་བྱུང་ཁམས་ན་ལྡན་སྐྱེས་ཀྱི་ཚུལ་དུ་ཡོད་པའི་འཛོམས་བྱེད་ཀྱི་གྲངས་འབོར་འཕར་སྔོན་ཡོང་བར་སྐྱལ་འདེད། ནད་འབུ་དང་གནོད་འཆེ་ཚོད་འཛིན་བཅས་བྱེད་དགོས།

4. སྔོན་དགུན་གྱི་དུས་སུ་དུས་ཐོག་ཏུ་ལྷུམ་ར་གཙང་སེལ་བྱེད་དགོས་ཤིང་། ནད་འགོས་ཡལ་ག་དང་ནད་ཐོག་ནས་འབྲས་བུ་ཤོར་བ་སོགས་ཀྱི་ནད་ཐོག་པའི་ཕུང་གྲུབ་གཙང་དག་བྱེད་དགོས། རྒྱུན་འབྲུམ་གྱི་སྐྱེ་འཚར་ལ་ལུགས་མཐུན་སྲོས་ལེགས་བཅོས་དང་ཡལ་བཞུར་བརྒྱབ་ནས་ཤིང་འབྲས་ལྷུམ་རའི་རླུང་རྒྱུག་དང་འོད་འཕྲོའི་ཆ་རྐྱེན་ཇི་ལེགས་སུ་གཏོང་དགོས།

5. སྐྱེ་ལྡན་ལུད་མང་དུ་གཏོར་ནས་ཧབ་རྒྱུ་ལུད་རྫས་ཚད་བརྒལ་གཏོར་སྤྱོད་མི་བྱེད་པར། སྡོང་རྐང་སྟེང་གི་ལོ་མ་སྐྱེས་དྲགས་པའི་སྣང་ཚུལ་སྔོན་འགོག་བྱས་ནས། རྒྱུན་འབྲུམ་རང་སྟེང་གི་ནད་འགོག་ནུས་གཤིས་ཇི་མཐོར་བཏང་ནས་ནད་འབུའི་གནོད་སྐྱོན་ཇི་ཉུང་དུ་གཏོང་དགོས།

(གསུམ) དངོས་ལུགས་འགོག་བཅོས།

དངོས་ལུགས་ཀྱི་རྒྱུ་རྐྱེན་སྤྱད་ནས་རྩི་ཤིང་གི་ནད་འབུ་འབྱུང་བ་ཚོད་འཛིན་བྱེད་པ་ཡིན་ལ། འདི་ནི་རྒྱུན་སྤྱོད་ཀྱི་ནད་འབུ་འགོག་བཅོས་བྱེད་པའི་ཐབས་ཤེས་ཤིག་ཀྱང་ཡིན། རྒྱུན་འབྲུམ་ར་བའི་ནང་ནས་རྒྱུན་དུ་བཀོལ་བཞིན་པའི་འོད་ནག་གློག་ཆས་ཅན་

ཀུའི་ཅི་དང་མཚན་མོའི་འབུ་མེ་ལྕེབ། རྒྱན་འབྲུམ་གྱི་འབུ་མེ་ལྕེབ། མྱུག་འབུ། ལོ་མའི་འབུ་འཛིང་འཛིང་སོགས་འཛུགས་པའམ་སྤྲུད་ནས་བསྣུ་གསོད་བྱེད་དགོས། སྲུང་སྐྱོབ་ས་ཁུལ་དུ་དུས་ངེས་གཏན་སྒྲོམས་དྲོད་ཚད་མཐོ་བའི་དྲོད་ཁང་བརྒྱུད་དེ་རྒྱན་འབྲུམ་གྱི་སད་ཕྱེ་ནད་འབྱུང་བ་དང་གནོད་འཚེ་འབྱུང་ཚད་ཇེ་ཉུང་དུ་གཏོང་ཐུབ། 40℃ཡས་མས་ཀྱི་ཆུ་དྲོན་མོ་སྤྲུད་ནས་སྡོང་ཕྲུག་དང་སླེ་མའི་སྟེང་དུ་འཁྱེར་བའི་ཚོགས་མེད་གཡན་འབུ་ལ་སོགས་པའི་གནོད་འབུ་གསོད་དགོས། དངུལ་མདོག་གི་འོད་ལྷོག་སྐྱི་མོའི་འབུ་འགོག་པང་ལེབ་དང་། སེར་པང་འབྲུར་འབུ་པང་ལེབ། མཚན་མའི་འཕྲིད་སྨན། དབྱང་ལིའུ་ཀྲི་སོགས་བཞག་ནས་གནོད་འབུ་བསྣུ་གསོད་བྱེད་དགོས། འབྲས་བུའི་སྟེང་དུ་འཁྲིག་ཤུབས་འགེབས་པའང་ནད་འབུའི་གནོད་འཚེ་ཇེ་ཉུང་དུ་གཏོང་བའི་བྱེད་ཐབས་ནུས་ལྡན་ཞིག་ཡིན།

(བཞི) རྫས་འགྱུར་འགོག་བཅོས།

རྫས་འགྱུར་གྱི་འགོག་བཅོས་ནི་ཉེ་བའི་ལོ་འགའི་ནང་དུ་ནད་འབུ་ཚོད་འཛིན་བྱེད་པའི་རྒྱུན་སྤྱོད་ཀྱི་བྱེད་ཐབས་ཤིག་ཡིན། བྱེད་ཐབས་འདིའི་བཟང་ཆ་ནི་ཕན་ནུས་ཆེ་ཞིང་མྱུར་ཚད་མགྱོགས་ལ་སྤྱབས་བདེ་བ་ཞིག་ཡིན། འོན་ཀྱང་ཉེ་བའི་ལོ་ཤས་རིང་ལ་རྫས་འགྱུར་སྨན་ལ་བརྟེན་དྲགས་པ་དང་བེད་སྤྱོད་བྱེད་སྟངས་མ་འགྲིག་པའི་དབང་གིས་གནད་དོན་མང་པོ་ཐོན་ཡོད་པ་དཔེར་ན། སྐྱེ་ཁམས་ཁོར་ཡུག་དང་ཤིང་འབྲས་སྦུས་ཚད། ནད་འབུ་འགོག་ནུས། རང་བྱུང་ཁམས་ན་ལྡན་སྐྱེས་ཀྱི་ཚུལ་དུ་ཡོད་པའི་འཇོམས་བྱེད་སྐྱེ་དངོས་སོགས་ལ་ཤུགས་རྐྱེན་ངན་པ་ཐེབས་པ་ལྟ་བུ་ཡིན། འོན་ཀྱང་རྫས་འགྱུར་བཟོ་ལས་ཀྱང་མུ་མཐུད་དུ་འཕེལ་རྒྱས་དང་ཡར་ཐོན་དུ་འགྲོ་བཞིན་ཡོད་པས། མིག་སྔར་ལྗང་མདོག་ཤིང་འབྲས་ནན་གྱིས་རྗོད་བཞིན་པའི་དུས་སྐབས་སུའང་ཚད་བརྒལ་གྱིས་རྫས་འགྱུར་འགོག་བཅོས་ཀྱི་ནུས་པར་དགག་བཞག་བྱེད་མི་ཉུང་བར། མུ་མཐུད་དུ་ཉམས་སྦྱོང་སྦྱོགས་བསྒོམས་བྱས་ན། ད་གཟོད་ལུགས་མཐུན་གྱིས་བེད་སྤྱོད་བྱས་ཏེ་རྫས་འགྱུར་ཞིང་སྨན་དང་སྐྱེ་དངོས་ཞིང་སྨན་གྱི་ལེགས་ཆ་འདོན་སྤེལ་བྱེད་ཐུབ།

1. ནད་འབུ་ལ་སྔོན་དཔག་དང་བརྟག་དཔྱད་བྱེད་པའི་ལག་རྩལ་ལ་ཤུགས་བསྣན་

ཏེ། ནད་འབུ་མི་འདྲ་བར་དམིགས་ནས་སྨན་རྫས་རིགས་མི་འདྲ་བ་སྤྱོད་དགོས། དཔེར་ན་ཨ་ཕེ་ཙུན་སུའུ་བཀོལ་ནས་གཡན་འབུའི་རིགས་ཀྱི་གནོད་འབུ་འགོག་བཅོས་བྱེད་པ་ལྟ་བུ་ཡིན།

2. ཕན་འབྲས་ཆེ་བ་དང་དུག་ཤེད་ཆུང་བ། སྙིགས་རོ་ཉུང་བ་བཅས་ཀྱི་ཞིང་སྨན་སྤྱོད་དགོས་ཤིང་། རབ་ཡིན་ན་ཁྱབ་རྒྱ་ཆེ་ལ་དུག་གཤིས་མཐོ་བའི་ཞིང་སྨན་བཀོལ་སྤྱོད་མི་བྱེད་པ་དང་། འཕྲོ་ལུས་མང་བ་དང་ཡ་མ་གཟུགས་སུ་འགྱུར་བ། སྨྲ་བུར་དུ་འགྱུར་བ་འབྱུང་བའི་ཞིང་སྨན་ཡང་ཉུང་སྤྱོད་བྱེད་དགོས། བྱེད་ཐབས་གཞན་པ་སྤྱད་ནས་ནད་འབུ་ཚོད་འཛིན་བྱེད་པའི་གནས་ཚུལ་འོག་ཏུ་སྔོན་ལ་རྫས་འགྱུར་ཞིང་སྨན་བེད་སྤྱོད་བྱེད་མི་ཉུང་། དཔེར་ན་སྲུང་སྐྱོབ་ས་ཁུལ་དུ་དྲོད་ཚད་མཐོ་བའི་དྲོད་ཁང་སྤྱད་ན་སད་ནད་ཚོད་འཛིན་བྱེད་ཐུབ་པས་རྫས་འགྱུར་ཞིང་སྨན་སྤྱོད་མི་དགོས་པ་ལྟ་བུའོ།

3. སྨན་རྫས་གཏོར་བའི་དུས་སྐབས་དང་བེད་སྤྱོད་གར་ཚད། བེད་སྤྱོད་ཀྱི་ཚད་གྲངས་དང་བདེ་འཇགས་ཀྱི་བར་ཐག་དུས་ཚོད་སོགས་ཚན་རིག་དང་མཐུན་པའི་སྒོ་ནས་ལག་བསྟར་བྱེད་དགོས།

ལེའུ་གཉིས་པ། རྫོང་ཁང་ནང་གི་འབྲི་ཏ་ས་འཛིན།

འབྲི་ཏ་ས་འཛིན་ནི་ལོ་མང་པོར་སྐྱེ་འཚར་བྱུང་བའི་རྩྭ་རིགས་ཤིག་ཡིན། མཐོ་ཚད་ལི་སྨི10~40ཡིན། སྡོང་རྐང་ནི་ལོ་མ་ལས་དམའ་བའམ་ཡང་ན་ཏ་ལམ་འདྲ་བ་དང་། སྨུག་ཚད་རྒྱ་ཆེར་སྤེལ་བ་དང་སེར་མདོག་གི་སྤུ་འཇམ་ཡོད། ལོ་མ་གསུམ་ཐོན་ཞིང་ལོ་འདབ་ཆུང་ལ་ཡུ་རྐང་ཐུང་བ། རྒྱ་སྤུས་ཅུང་མཐུག་པ། སྒོ་ངའི་དབྱིབས་སམ་གཟེ་དབྱིབས། སྟོད་ཕྱོགས་ལྗང་མདོག་ཆེ་བ་དང་སྤུ་མེད་པ། འོག་ཕྱོགས་སུ་ལྗང་མདོག་མེད་པ་དང་སྤུ་ཉུང་བ། འགྲམ་གྱི་སྩ་བ་ཅུང་མཐུག་པ། ལོ་མའི་ཡུ་རྐང་གི་སྨུག་ཚད་རྒྱ་ཆེར་སྤེལ་བ་དང་སེར་མདོག་གི་སྤུ་འཇམ་ཡོད། གདུགས་ཚོགས་ཀྱི་མེ་ཏོག་བང་རིམ་ལྡན་ལ་མེ་ཏོག་བང་རིམ་གྱི་འོག་ནས་ཡུ་ཐུང་གི་ལོ་འདབ་ཆུང་ངུ་ཡོད། མཚན་གཉིས་མེ་ཏོག་ཡིན། འདབ་མའི་ཁ་ཤུན་སྡོང་གཟུགས་སུ་གྲུབ་ཅིང་ཁ་ཤུན་ཕལ་བ་ལས་ཅུང་རིང་། འདབ་མ་དཀར་པོ་ཡིན་ལ་ཕལ་ཆེར་སྒོར་དབྱིབས་སམ་ཡང་ན་སྒོང་ལོག་གི་འཛོང་དབྱིབས་ཅན་ཡིན། འདུ་སྦྱོར་འབྲས་བུ་ཆེ་བ། སར་ལྷུང་འདབ་མའི་ཁ་ཤུན་དྲང་མོར་སྐྱེས་པ་དང་ཤིང་འབྲས་ལ་འཁྱུར་ནས་ཡོད་པ། སྨམ་འབྲས་རྩེ་ལྡན་འཛོང་དབྱིབས་སུ་གྲུབ་ཅིང་འཇམ་ཤ་ལྡན་ནོ། །

ཚན་པ་དང་པོ། སོན་རིགས་འདེམ་པ་དང་དོ་དམ།

གཅིག སོན་རིགས་འདེམ་པ།

རྫོང་ཁང་ནང་དུ་འབྲི་ཏ་ས་འཛིན་ཐོན་སྐྱེད་བྱེད་དུས་ས་སྨིན་དང་གྲང་ཐུབ་

པ། ནད་འགོག་པ། ཐོན་འབབ་མཐོ་བ། སྲུས་ཀ་དག་པ། ཚོང་རའི་དགོས་མཁོ་སྐོང་ཐུབ་པ་བཅས་ཀྱི་སོན་བཟང་འདེམས་སྤྱོད་བྱེད་དགོས་ཏེ། དཔེར་ན་ཆོན་མིང་ཞིང་དང་ཞིང་ཏུའུ་ཨང2པ། ཐེན་ཁྲ་ལོ་དང་མིང་པོའོ། ཁྲུན་ཞང་། ཀྲང་ཅི། ཏུང་ཡན་སོགས་ལྟ་བུ་ཡིན།

གཉིས། ཐྲོད་ཁང་གནམ་གཤིས།

ས་བབ་ཁོད་སྙོམས་པོ་དང་འཁྲིམ་འགྲུལ་སྟབས་བདེ་བ། ཆུ་ཁུངས་འདང་བ། ས་རིམ་མཐུག་པ། ས་རྒྱུ་གཤེན་པོ། ས་རྒྱུའི་སྦྱར་ཚྭའི་ཚད་འཕྲིང་རིམ་ཅན་དང་ཐྲོད་སྲུང་སྒྲིག་ཆས་ཆ་ཚང་བའི་ཐྲོད་ཁང་འདེམས་དགོས།

གསུམ། སྨུག་གསོ།

(གཅིག) སྔོང་ཕྲུག་ར་བ་འཛུགས་སྐྲུན།

སྟོན་དུས་ཀྱི་ཟླ9པའི་ཟླ་སྨད་དུ་ས་རྒྱུ་གཤེན་པོ་དང་ཞིང་ཆུ་འདྲེན་གཏོང་སྟབས་བདེ་བའི་ས་ཞིང་བདམས་ནས་འབྲི་ཏ་ས་འཛིན་གྱི་སྔོང་ཕྲུག་ར་བ་བྱེད་དགོས། མུའུ་རེར་སྲུས་ལྗགས་སྐྱེ་ལྡན་ལུད་སྟོང་ཁེ5000དང་། གཅིན་རྒྱུ་སྟོང་ཁེ5 གཏོར་ལིང་སོན་ཀེ་སྟོང་ཁེ25གཏོར་དགོས་ཤིང་། གཏིང་རྫོ་ལི་སྨི25བརྒྱབ་ནས་སྨི1.5~2ཁོད་སྙོམས་རྣང་མ་བཟོ་དགོས།

(གཉིས) མ་སྔོང་ལ་རྩ་སྦྱོས་རྒྱག་པ།

མ་སྔོང་ནི་ལོ་གཅིག་ལ་སྐྱེ་འཚར་བྱུང་བའི་སྔོང་བོ་བདེ་ཐང་ཅན་འདེམས་དགོས་པ་དང་། ལོ་མ་བཞི་ལས་མི་ཉུང་བའི་སར་ཉལ་སྔོང་ཀང་དང་སྨུ་གུ་ཡིན་དགོས། སྐྱེ་འཕེལ་གྱི་གྲངས་ཚད་མཐོ་བའི་སོན་རིགས་ཡིན་ན་མུའུ་རེར་སྔོང་ཀང1500འཛུགས་པ་དང་། སྐྱེ་འཕེལ་གྱི་གྲངས་ཚད་དམའ་བའི་སོན་རིགས་ཡིན་ན་སྔོང་ཀང2000འཛུགས་དགོས།

(གསུམ) སྔོང་ཕྲུག་ར་བའི་དོ་དམ།

ཟླ11པའི་ཟླ་སྨད་དུ་འཁྱག་ཆུ་ཐེངས་གཅིག་གཏོང་བ་དང་། འགྲིག་ཁུག་བཀབ་ནས་གྲང་འགོག་བྱེད་དགོས། ཟླ4པའི་ཟླ་མགོར་དུས་ཐོག་ཏུ་མེ་ཏོག་གི་བང་རིམ་བཅད་ནས་སར་ཉལ་སྔོང་བོ་སྐྱེ་འཚར་ཡོང་བར་སྐུལ་འདེད་གཏོང་དགོས། ཟླ5བའི་ཚེས20ཉིན།

གར་ཚད་སྟོང་ཁེ་རེར་ཏའོ་ཁེ30~50ཁྲི་མེ་སྲུའུ་གཏོར་བ་དང་། ཉིན15ནང་དུ་ཡང་བསྐྱར་ཐེངས་གཅིག་གཏོར་དགོས།

(བཞི) སྟོང་ཕྲུག་འདེབས་འཛུགས།

འབྲི་ཏ་ས་འཛིན་གྱི་ཐོན་སྐྱེད་ཁྲོད་དུ་གཙོ་བོ་སར་ཉལ་སྟོང་རྐང་གྲུབ་པའི་སྨྱུ་གུ་དང་མ་སྟོང་སོ་སོར་གྱིས་ནས་འབྲི་ཏ་ས་འཛིན་གྱི་སྟོང་ཕྲུག་གྲུབ་པའི་བྱེད་ཐབས་སྤྱད་དེ་སྨྱུ་གུ་འདེབས་འཛུགས་བྱེད་དགོས།

མ་སྟོང་ལ་བདག་གཉེར་བྱེད་སྐབས་འཚོ་བཅུད་གྲོན་ཆུང་བྱེད་པར་དམིགས་ནས། སར་ཉལ་སྟོང་བོའི་སྐྱེ་འཚར་དང་སྨྱུ་གུ་རྒྱས་པར་སྐུལ་འདེད་བྱེད་དགོས། མ་སྟོང་མེ་ཏོག་གི་བང་རིམ་མེད་པར་བཟོ་དགོས་ཤིང་། མ་སྟོང་སྐྱེ་འཚར་བྱུང་རྗེས་མེ་ཏོག་གི་བང་རིམ་དུས་ཐོག་ཏུ་མེད་པར་བཟོས་ཏེ་འཚོ་བཅུད་གསོག་འཇོག་བྱས་ནས་སྟོང་ཕྲུག་སྐྱེ་འཕེལ་ཇེ་ལེགས་དང་ཇེ་མཐོར་གཏོང་དགོས། མ་སྟོང་ལ་སར་ཉལ་སྟོང་བོ་སྐྱེ་སྐབས། དུས་ཐོག་ཏུ་སར་ཉལ་སྟོང་བོ་གནོན་དགོས་པར་མ་ཟད། སྐྱེ་གནས་ཡོད་པའི་སྡེགས་བུའི་ངོས་ལ་སར་ཉལ་སྟོང་བོ་སྐྱེ་བར་ཁྲིད་སྟོན་བྱེད་དགོས། སར་ཉལ་སྟོང་བོར་ལོ་མ་སྐྱེ་སྐབས། མདུན་སྣེའི་སྟེང་དུ་ས་ཞིབ་མོ་ཉུང་ཙམ་ཞིག་བླུགས་ནས་ས་ངོས་ལ་གནོན་དགོས་པ་དང་། ཕྱིའི་ཟེལ་བུའི་སྐྱེ་གནས་ཀྱིས་རྩ་བ་འབྱུང་བར་སྐུལ་འདེད་བྱེད་དགོས། ཟླ8པའི་ནང་དུ་སླེབས་རྗེས། སར་ཉལ་སྟོང་བོ་ནི་འདེབས་འཛུགས་སྡེགས་བུའི་ངོས་སུ་ཁེབས་ཡོད་དུས། རྩེ་མོ་བཏོག་པའི་ཐབས་སྤྱད་དེ་དུས་ཐོག་ཏུ་སར་ཉལ་སྟོང་བོ་ལྷག་མ་མེད་པར་བཟོས་ནས་སྐྱེ་འཚར་གྱི་གྲངས་ཚད་ཚོད་འཛིན་བྱེད་དགོས། སྤྱིར་བཏང་དུ་མ་སྟོང་རེ་ལ་སྟོང་བོ5~6ལ་འཇོག་དགོས་པ་དང་། སར་ཉལ་སྟོང་བོ་ལྷག་མ་རྣམས་སར་མ་ཐུག་སྔོན་དུ་གཅོད་དགོས། ཟླ9~10ཡི་ནང་དུ་སྨྱུ་གུ་སྐྱེ་སྟོབས་ཅན་གསོ་སྐྱོང་བྱེད་ཐུབ།

བཞི། རྩ་སྲོས་རྒྱག་པ།

(གཅིག) ས་ཁོད་སྙོམས་པ་དང་ལུད་འཇོག་པ།

འདེབས་འཛུགས་མ་བྱས་པའི་སྔོན་གྱི་གཟའ་འཁོར་གཅིག་གི་སྔོན་ལ་ས་ཁོད་སྙོམ་

དགོས། མུའུ་རེ་ལ་སྤུས་ལེགས་ཞིང་ཁྱིམ་ལུད་རྫས་སྟོང་ཁ4000~5000དང་། ཡིན་སོན་ཨེར་ཨན་སྟོང་ཁ30འཛོམ་དགོས། གཏིང་རྨོས་ལི་སྨི25བྱས་རྗེས་ཤལ་རྒྱག་ཕོད་སྙོམས་བྱེད་དགོས། རྣང་མ་མཐོན་པོའི་འཁྱིག་ཁེབས་སྤྱད་ནས་འདེབས་འཛུགས་བྱེད་དགོས། རྣང་མའི་མཐོ་ཚད་ལི་སྨི15དང་རྣང་མའི་ཞེང་ཚད་ལི་སྨི50 རྣང་མའི་བར་ཐག་ལི་སྨི20~30ཡིན།

(གཉིས) ཚ་སྲོས་རྒྱག་པའི་དུས་ཚོད།

ཉི་འོད་ཟྡོད་ཁང་དུ་འབྲི་ཏ་ས་འཛིན་འདེབས་འཛུགས་བྱེད་པའི་དུས་ཚོད་ནི་སྔོང་ཕྲུག་དང་ས་གནས་དེ་གའི་ཟྡོད་ཚད་ཀྱི་ཁོར་ཡུག་གམ་ཆ་རྐྱེན་ལ་གཞིགས་ནས་ཐག་གཅོད་བྱེད་དགོས། སྤྱིར་བཏང་གི་སྔོང་ཕྲུག་རྣམས་མེ་ཏོག་སྨུ་གུ་མ་འབུས་པའི་སྔོན་ནམ་མེ་ཏོག་སྨུ་གུ་གྲུབ་རྗེས་འདེབས་འཛུགས་བྱས་ཆོག འོན་ཀྱང་ཟྡོད་ཚད་དམའ་མོའི་གནམ་གཤིས་མ་སླེབས་པའི་སྔོན་ལ། འབྲི་ཏ་ས་འཛིན་གསར་བ་ངེས་པར་དུ་རྒྱུན་ལྡན་ངང་འཚར་སྐྱེ་འབྱུང་དུ་འཇུག་དགོས། སྤྱིར་བཏང་དུ་ཟླ8པའི་ཟླ་དཀྱིལ་ནས་ཟླ9པའི་ཟླ་སྟོད་དུ་ཚ་སྲོས་རྒྱག་པ་ཡིན།

(གསུམ) འདེབས་འཛུགས་སྟུག་ཚད།

སོན་རིགས་སྐྱེ་འཚར་གྱི་གནས་ཚུལ་ལ་གཞིགས་ནས་སྟུག་ཚད་གཏན་འཁེལ་བྱེད་དགོས། རྣང་མ་རེའི་ནང་དུ་ཕྲེང་བ་གཉིས་རེ་འཛུགས་དགོས། ཕྲེང་བའི་བར་ཐག་ལི་སྨི80དང་ལི་སྨི25ཡིན། སྔོང་རྐང་གི་བར་ཐག་ལི་སྨི15~20འཛོམ་དགོས།

(བཞི) ཚ་སྲོས་རྒྱག་པའི་ཐབས་ལམ།

ཐོག་མར་རྣང་སྟེགས་ལ་བརྟེན་ནས་འཁྱིག་ཁུག་འགེབས་པ་དང་། དེ་ནས་རྣང་མའི་སྟེགས་བུའི་སྟེང་གི་འདེབས་འཛུགས་སྟུག་ཚད་ལྟར་འཁྱིག་ཁུག་ལ་ཁུང་མིག་གཏོད་པ་དང་གསང་མིག་འབུར་ལེན་བྱེད་པ་ཡིན། ལོ་མ5ཡན་གྱི་སྨུ་གུ་སྐྱེ་སྟོབས་ཅན་བདམས་ནས་གང་ཐུབ་ཀྱིས་ཆར་འབབ་པའི་ཉིན་དང་གནམ་ངོ་དྭངས་པའི་ཉིན་གྱི་ཕྱི་ཟྡོའི་ཆུ་ཚོད4རྗེས་སུ་ས་དང་མཉམ་དུ་སྲོས་འཛུགས་བྱེད་དགོས། ཚ་སྲོས་རྒྱག་པའི་སྐབས་སུ་གཞུ་རྒྱབ་ནི་རྣང་མའི་ཕྱི་ལ་ཕྱོགས་དགོས། (རྣང་མའི་ཁ་ཕྱོགས) སྲོས་འཛུགས་བྱེད་དུས་ཟབ་

ན་རྩེ་མོ་མི་སྨས་པ་དང་གཏིང་ཐུང་ན་རྩ་བ་མི་མངོན་པར་བྱེད་དགོས། འདེབས་འཛུགས་བྱས་རྗེས་གསོན་པའི་བར་དུ་བསྲུང་མར་ཆུ་སྙན་གཏོང་དགོས།

(ལྔ) རྩ་སྦྱོས་བརྒྱབ་རྗེས་ཀྱི་ངོ་དམ།

རྩ་སྦྱོས་བརྒྱབ་ནས་ཉིན15འགོར་རྗེས་འདེབས་འཛུགས་སྔོང་བོའི་སའི་སྟེང་གི་ཡན་ལག་སྐྱེས་མགོ་ཚུགས་པ་དང་སྟེང་གི་ལོ་མ་ཐོན་པར་མ་ཟད་ཁྱབ་སྤེལ་བྱེད་ཐུབ། དུས་སྐབས་འདིར་ཆེས་འོག་ཕྱོགས་སུ་བྱུང་བའི་ཟུར་སྐྱེས་མྱུ་གུ་དང་གསར་དུ་བྱུང་བའི་སར་ཉལ་སྔོང་བོ་དང་ལོ་མ་སྐམ་པོ། ལོ་མ་སེར་པོ་སོགས་འཐོག་དགོས། འོན་ཀྱང་མ་མཐར་ཡང་བདེ་ཐང་གི་ལོ་མ5~6བར་འཇོག་དགོས། སྐྱེ་འཚར་རྒྱས་པའི་སྐབས་སུ་གཞོགས་སྐྱེས་མྱུ་གུ་མང་དུ་ཐོན་ནས་འཚོ་བཅུད་འཕྲོ་བརླག་ཏུ་འགྲོ་བཞིན་ཡོད་ཅིང་། འབྲི་ཏ་ས་འཛིན་ལ་མེ་ཏོག་བཞད་ནས་འབྲས་བུ་ཐོན་པར་ཤུགས་རྐྱེན་ཐེབས་པས་དུས་ཐོག་ཏུ་འཐོག་དགོས། སྔོང་རྐང་གི་རྩ་བའི་ལོ་མ་ནི་འོད་འདྲིས་ནུས་ཤུགས་ཇེ་ཞན་དུ་སོང་ཡོད་དུས་འཐོག་དགོས། སྔོང་བོ་རེར་བྱེད་ནུས་ལོ་མ4~6བར་སྲུང་འཛིན་བྱེད་དགོས།

༥། དུས་དང་བསྟུན་ནས་སྐྱིལ་བུའི་ཁ་གཡོགས་པ།

དུས་དང་བསྟུན་ནས་དྲོད་ཁང་གི་སྐྱིལ་བུ་གཡོགས་ནས་དྲོད་འཛིན་བྱེད་པ་ནི་སྔ་སྨིན་འབྲི་ཏ་ས་འཛིན་འདེབས་འཛུགས་བྱེད་པའི་ལག་རྩལ་ཁྲིད་ཀྱི་གནད་འགག་ཡིན། ས་ཁུལ་སོ་སོའི་གནམ་གཤིས་ཀྱི་ཁོར་ཡུག་མི་འདྲ་བས། འཁྱིག་ཁྱུག་བཀག་པའི་དུས་ཚོད་ཀྱང་མི་འདྲ་བ་ཡིན། སྤྱིར་བཏང་དུ་ཟླ11པའི་ཟླ་མགོ་ནས་ཟླ11པའི་ཟླ་དཀྱིལ་བར་དུ་མ་འཁྱུག་པའི་སྔོན་དུ་འཁྱིག་ཁྱུག་བཀག་ན་བཟང་། ཉི་འོད་དྲོད་ཁང་དུ་འཁྱིག་ཁྱུག་བཀག་པའི་རྗེས་སུ་དྲོད་ཚད་མགྱོགས་མྱུར་ངང་རྒྱས་ཤིང་། ཐོག་མའི་དུས་སུ་དྲོད་ཚད་མཐོ་ཤོས25℃ལས་བརྒལ་མི་རུང་བ་དང་། དྲོད་ཚད་དེ་ལས་ཇེ་མཐོར་སོང་ན་ རླུང་སྒྲུག་ཏུ་བཅུག་ནས་དྲོད་ཚད་ཇེ་དམའ་རུ་གཏོང་དགོས། མཚན་མོའི་དྲོད་ཚད་དམའ་ཤོས5℃ཡན་དུ་སྲུང་འཛིན་བྱས་ན་འོས་འཚམ་ཡིན་ཡང་། མུ་མཐུད་དུ་དྲོད་ཚད་ཇེ་དམའ་རུ་སོང་ན་འཁྱིག་ཁྱུག་སྲབ་མོའི་སྟེང་དུ་ཤོག་ཡོལ་ལམ་ཡང་ན་རྩྭ་ཁེབས་སོགས་བཀབ་ནས་དྲོད་འཛིན་

བྱེད་ཐབས་སྐྱོད་དགོས།

དྲུག ཁང་བའི་དྲོད་ཚད་དང་བཞའ་ཚན་ངོ་དམ།

(གཅིག) དྲོད་སྲུང་དུས་མགོར།

འབྲི་ཏ་ས་འཛིན་དགུན་ཉལ་དུས་སྐབས་སུ་ཞུགས་པར་སྔོན་འགོག་བྱེད་ཆེད། དྲོད་སྲུང་དུས་མགོར་དྲོད་ཚད་ཅུང་མཐོ་དགོས། སྤྱིར་བཏང་དུ་ཉིན་མོའི་དྲོད་ཚད28~30℃བར་དུ་ཚོད་འཛིན་བྱེད་པ་དང་ཆེས་མཐོ་ན35℃ལས་བརྒལ་མི་རུང་། མཚན་མོའི་དྲོད་ཚད12~15℃དང་ཆེས་དམའ་ན8℃ལས་དམའ་མི་རུང་། སྐབས་འདིའི་ཁང་བའི་ནང་གི་གཤེར་ཚད85%~90%ཚོད་འཛིན་བྱེད་དགོས།

(གཉིས) མེ་ཏོག་བཞད་པའི་དུས་སྐབས།

མེ་ཏོག་བཞད་པའི་དུས་སྐབས་སུ་དྲོད་ཚད་དང་བཞའ་ཚན་གྱི་བླང་བྱ་ཅུང་ནན་མོ་ཡིན། སྤྱིར་བཏང་དུ་ཉིན་མོའི་དྲོད་ཚད22~25℃ཚོད་འཛིན་བྱེད་པ་དང་། ཆེས་མཐོ་ན28℃ལས་བརྒལ་མི་རུང་། དྲོད་ཚད་མཐོ་དྲགས་ན་ཟེའུ་འབྲུ་ཕོ་མོ་སྦྱོར་བྱེད་པར་མི་ཕན། མཚན་མོའི་དྲོད་ཚད10℃ཡས་མས་ཡིན་ན་འཚམ་ལ། ཆེས་དམའ་ནའང8℃ལས་དམའ་མི་རུང་། མཚན་མོའི་དྲོད་ཚད13℃ལས་བརྒལ་ན་ཟུར་སྐྱེས་མེ་ཏོག་གི་སྨུ་གུ་ཉམས་པ་དང་། ཕོ་མོའི་ཟེའུ་འབྲུའི་སྐྱེ་འཚར་ལ་བཀག་འགོག་ཐེབས་པ་ཡིན། ཁང་བའི་ནང་གི་བཞའ་ཚན40%ཡས་མས་སུ་ཚོད་འཛིན་བྱས་ན་འཚམ་པོ་ཡོད་པ་དང་། བཞའ་ཚན་ཆེ་དྲགས་པའམ་ཡང་ན་ཆུང་དྲགས་ན་ཟེའུ་འབྲུའི་ཕོ་མོ་སྦྱོར་ལེགས་པོ་ཡོང་མི་ཐུབ།

(གསུམ) འབྲས་བུ་རྒྱས་སྨོས་དང་འབྲས་བུ་སྨིན་པའི་དུས་སྐབས།

དྲོད་ཚད་ཀྱི་ཤུགས་རྐྱེན་ཐེབས་ཚད་ཅུང་ཆེ་བ་དང་། དྲོད་ཚད་མཐོ་དྲགས་ན་ཤིང་འབྲས་ཀྱི་སྐྱེ་འཚར་མགྱོགས་པ་ཡིན། འོན་ཀྱང་འབྲས་རྡོག་ཇེ་ཆུང་དུ་འགྲོ་བར་མ་ཟད་ཚོང་ཟོག་རིན་ཐང་ཡང་ཇེ་དམའ་རུ་འགྲོ་བ་ཡིན། ཅུང་འཚམ་པའི་དྲོད་ཚད་ནི་ཉིན་དཀར20~25℃དང་མཚན་མོར6~8℃ཚོད་འཛིན་བྱེད་དགོས། བཞའ་ཚན60%~70%ཚོད་

འཛིན་བྱེད་དགོས།

བདུན། མེ་ཏོག་དང་འབྲས་བུའི་དོ་དམ།

(གཅིག) སྦྲང་མ་བཏང་ནས་ཟེའུ་འབྲུ་ཕོ་མོའི་སྦེལ་སྦྱོར་ལ་སྐུལ་འདེད་བྱེད་པ།

སྲིལ་བུའི་ནང་དུ་སྦྲང་མ་གསོ་སྐམ1~2བཞག་ན་འབྲས་བུ་ཐོགས་ཚད་མཐོར་འདེགས་བྱེད་ཐུབ། ཟེའུ་འབྲུ་ཕོ་མོ་སྦེལ་སྦྱོར་བྱེད་པའི་དུས་སྐབས་སུ་སྲིལ་བུའི་ནང་གི་ཉིན་མོའི་དྲོད་ཚད20~25℃རྒྱུན་འཁྱོངས་བྱེད་དགོས། དུས་མཚུངས་སུ་ཕོ་སྦྲང་ཕྱིར་གཏོང་བྱེད་པའི་ཐབས་ལམ་བདམས་ཆོག་པ་དང་། མུའུ་རེར་སྦྲང་མ་གསོ་སྐམ་གཅིག་རེ་འཛུག་དགོས།

(གཉིས) མེ་ཏོག་གང་བུ་ཇི་ཙམ་དུ་གཏོང་བ།

འོས་འཚམ་སྒོས་མེ་ཏོག་གང་བུ་བཏོག་ན་འབྲས་རྡོག་རྒྱང་བའི་ལྗིད་ཚད་མཐོར་འདེགས་དང་། ཞིང་འབྲས་ཀྱི་ཐོན་ཚད་ཇེ་མཐོ། འབྲས་བུའི་ཆེ་ཆུང་འདྲ་མཉམ། ཐོ་སྨིན་དུས་ཡུན་སྔོན་སྣུར་ཡོང་ཐུབ།

(གསུམ) སྡོང་རྐང་དོ་དམ།

དུས་དང་བསྟུན་ནས་འོས་འཚམ་སྒོས་ལོ་མ་ཉེང་བ་དང་ལོ་མ་སྐྱོན་ཅན། ནད་ལྡན་ལོ་མ། སར་ཉལ་སྡོང་རྐང་སོགས་བཅད་ནས། འཚོ་བཅུད་ཟད་གྲོན་ཇི་ཆུང་དུ་གཏོང་བ་དང་། རླུང་རྒྱུག་པ་དང་ཉི་འོད་འགྲོ་བའི་ཁོར་ཡུག་ཇི་ལེགས་སུ་གཏོང་དགོས། མེ་ཏོག་བཞད་པའི་དུས་སུ་མེ་ཏོག་ཇི་ཙམ་དང་འབྲས་བུ་ཇི་ཙམ་དུ་གཏོང་བའི་བྱེད་ཐབས་སྤྱོད་དགོས་ཤིང་། རིམ་པ་མཐོ་བའི་མེ་ཏོག་ཕལ་བ་དང་སྐྱེ་འཚར་ཞན་པའི་མེ་ཏོག་ཇི་ཙམ་དུ་གཏོང་དགོས། འབྲས་བུ་སྨིན་རྗེས་ཡ་མ་གཟུགས་ཀྱི་འབྲས་བུ་དང་ནད་ལྡན་འབྲས་བུ། འབྲས་བུ་ཆུང་དུ་སོགས་མེད་པར་བཟོ་དགོས།

བརྒྱད། ཆུ་ལུད་དོ་དམ།

(གཅིག) གཏིང་ལུད།

དྲོད་ཁང་ནང་གི་འབྲི་ཏ་ས་འཛིན་གྱི་འབྲས་བུ་སྨིན་པའི་དུས་ཡུན་རིང་བས། ལོ་

མ་ལྷུང་བ་དང་སྡུ་རྒྱུད་དུ་འགྲོ་བར་སྔོན་འགོག་བྱེད་ཆེད། རྩ་སྦྱོས་མ་བརྒྱབ་པའི་སྔོན་ལ་ཡང་བསྐྱར་གཏིང་ལུད་གཏོར་ནས་འཚོ་བཅུད་ཀྱི་དགོས་མཁོ་སྐོང་དགོས། སྤྱིར་བཏང་དུ་མུ་ཙུ་རེར་ཕྲུལ་ལེགས་ཞིང་ལུད་སྐྱོང་ཁེ4000-5000འཇོག་དགོས་པ་དང་བསྲེས་སྦྱོར་ལུད་རྫས་སྐྱོང་ཁེ50འཇོག་དགོས། གཏིང་རིམ་ལ་ལི་སྨི30ཡན་སློག་དགོས།

(གཉིས) སྟེང་ལུད།

འབྲི་ཏ་ས་འཛིན་དྲོད་སྲུང་བྱས་རྗེས། མེ་ཏོག་གི་སྦུ་གུ་རྒྱས་པའི་དུས་སྐབས་ཡིན་ཞིང་། དེའི་རྗེས་སུ་མགྱོགས་མྱུར་ངང་གང་བུ་མངོན་པ་དང་མེ་ཏོག་བཞད་པ། འབྲས་བུ་ཐོགས་པ་ཡིན། རྩེ་མོའི་མེ་ཏོག་བང་རིམ་སྟེང་གི་འབྲས་བུ་བསྡུས་རྗེས། ཟུར་སྐྱེས་མེ་ཏོག་བང་རིམ་སླར་ཡང་སྐྱེ་འཚར་འབྱུང་བར་མ་ཟད། མེ་ཏོག་བཞད་ཅིང་འབྲས་བུ་སྨིན་པ་ཡིན། མེ་ཏོག་གི་འདབ་མ་ལྡིད་ན་དུས་ཐོག་ཏུ་ལུད་མ་བཞག་ན། ཉམས་ཞན་དང་ཛེ་དམའ་རུ་འགྱུར་སླ་བ་ཡིན། སྟེང་ལུད་རྒྱག་དུས"གྲངས་ཉུང་ཐེངས་མང"གི་རྩ་དོན་ལག་བསྟར་བྱས་ཏེ། མེ་ཏོག་གི་རྩེ་ནས་མེ་ཏོག་གི་འདབ་མ་ཐོར་བ་ནས་མགོ་བརྩམས་ཏེ། ཉིན20རེའི་ནང་དུ་སྟེང་ལུད་ཐེངས་རེ་འཇོག་དགོས། མུ་ཙུ་རེར་ཏན་དང་ཞིབ། ཚྭ་བསྲེས་ལུད་རྫས་སྐྱོང་ཁེ15དང་། ཡང་ན་གཅིན་རྒྱུ་དང་གའོ་ལིན་སོན་ཀལ་སོ་སོར་ཁེ15རེ་འཇོག་དགོས། ཐེངས་དང་པོར་བཛ་བསྡུ་བྱས་རྗེས་ཉིན30རེའི་ནང་དུ་སྟེང་ལུད་ཐེངས་རེ་འཇོག་དགོས།

(གསུམ) ཆུ་གཏོང་བ།

སྤྱིལ་བུའི་ཁ་གཡོགས་ནས་དཔྱིད་ཀ་སླེབས་པའི་བར་དུ་སྤྱིར་བཏང་དུ་སྟེང་ལུད་མི་འཇོག་པ་དང་ཆུའང་གཏོང་མི་དགོས། ཐན་སྐམ་བྱུང་བའི་དུས་སྐབས་སུ་ཆུ་གཏོང་ན་འཁྱིག་སྐྱིའི་འོག་ཏུ་སྦུ་གུས་ཐིགས་གཏོང་བྱས་ན་ལེགས་ཤིང་། ཁང་བའི་ནང་གི་མཁའ་དབུགས་ཀྱི་བཞའ་ཚན་ཛེ་དམའ་རུ་གཏོང་ཐུབ། མེ་ཏོག་བཞད་པའི་དུས་སུ་ཆུ་གཏོང་བར་ཚོད་འཛིན་བྱེད་པ་དང་། འབྲས་བུ་ཐོགས་ནས་སྨིན་རག་བར་དུ་བསྡད་རྗེས་དུས་ཐོག་ཏུ་ཆུ་བཏང་ནས་ས་རྒྱུའི་བཞའ་ཚན་རྒྱུན་འཁྱོངས་བྱེད་དགོས། ལྷག་པར་འབྲས

བུ་མ་བསྐྱུའི་སྔོན་ལ་ཆུ་གཏོང་ཚད་ཚོད་འཛིན་བྱེད་དགོས།

(བཞི) རྩི་ཤིང་སྐྱེ་འཚར་སྙོམ་སྒྲིག་སྨན་རྫས་བེད་སྤྱོད་བྱེད་པ།

འབྲི་ཏ་ས་འཛིན་དྲོད་ཁང་ནང་དུ་འདེབས་འཛུགས་བྱེད་དུས་རྩི་ཤིང་སྐྱེ་འཚར་སྙོམ་སྒྲིག་གི་སྨན་རྫས་སྤྱད་ནས་དགུན་ཞལ་དུས་ཡུན་གཏོར་བ་དང་། སྤྲིལ་བུའི་ཁ་བཀབ་རྗེས་སྡོང་ཁེ་རེར་ཏའོ་ཁེ2~5ཕྲི་མི་སུའུ་གཏོར་དགོས། སྨན་རྫས་གཏོར་དུས་གཙོ་བོ་སྡོང་ཁང་གི་འདབ་མའི་དཀྱིལ་སྙིང་དུ་གཏོར་དགོས་ཤིང་། སྤྱོད་ཚད་མང་མི་རུང་ཞིང་དེ་མིན་སྡོང་ཁང་སྐྱེ་འཚར་བརྒྱལ་དྲགས་པའི་སྣང་ཚུལ་འབྱུང་བ་ཡིན།

ཚན་པ་གཉིས་པ། ནད་དང་འབུའི་གནོད་པ་གཙོ་བོ་འགོག་བཅོས།

གཅིག ནད་སྐྱོན།

(གཅིག) ཕུ་དཀར་ནད།

ནད་འབྱུང་བའི་རྒྱུ་རྐྱེན། སྤྱིར་བཏང་དུ་ནད་འབུ་ལས་བྱུང་བ་ཡིན་ལ། གཙོ་བོ་ས་རྒྱུའམ་ནད་སྐྱོན་ཅན་གྱི་སྐྱེ་དངོས་དགུན་སྐྱོལ་བའམ་དབྱར་བརྒྱལ་བར་དུ་གསོན་ཐུབ་པ་བྱུང་ནས། གཙོ་བོ་ནད་ཕོག་པའི་འབྲི་ཏ་ས་འཛིན་གྱི་སྨྱུ་གུ་དང་རླུང་ལ་བརྟེན་ནས་མཆེད་པ་ཡིན། ཆེས་འཚམ་པའི་ཐོན་བྱུང་དྲོད་ཚད20℃ཡས་མས་དང་། འབབ་བསྒོག་དང་འགོ་ཁྱབ་བྱེད་པའི་དྲོད་ཚད15~25℃ཡིན། དྲོད་ཚད5℃ལས་དམའ་བའམ35℃ལས་མཐོ་ན་ནད་འབྱུང་མི་ཐུབ། ལྟོས་བཅས་ཀྱི་བཞའ་ཚན40%~80%ཡིན་དུས་ནད་འབྱུང་ཚད་ཅུང་མཐོ་བས། དྲོད་ཚད་མཐོ་བའི་རླན་ནད་ཀྱི་ཁོངས་སུ་གཏོགས།

ནད་རྟགས། ཕུ་དཀར་ནད་ཀྱི་གནོད་འཚེ་ཐེབས་ཡུལ་གཙོ་བོ་ནི་ལོ་མ་དང་སྙེ་རྩེ་ཡིན། མེ་ཏོག་དང་འབྲས་བུ། འབྲས་བུའི་གཞུང་ཁང་། ལོ་མ་སོགས་ལའང་གནོད་འཚེ་ཐེབས་བཞིན་ཡོད། ནད་བྱུང་བའི་དུས་མགོར། ལོ་མའི་ངོས་སུ་སྲིན་སྐྱུད་དཀར་པོ་རིམ་པ་སྲབ་མོ་ཞིག་སྐྱེས་པ་དང་། ནད་གཞི་ཇེ་ལྗིད་དུ་སོང་བ་དང་བསྟུན་ནས། ལོ་མའི་

མཐའ་ངོས་རིམ་བཞིན་ཡར་འབུར་ནས་ཐོམ་བུའི་དབྱིབས་སུ་མངོན་པ་དང་། ལོ་མའི་སྙིང་དུ་ཆེ་ཆུང་མི་འདྲ་བའི་ནག་ཐིག་རབ་རིབ་དང་མདོག་དཀར་སྐྱ་དབྱིབས་ཀྱི་དངོས་པོ་འབྱུང་ལ། དུས་མཇུག་ཏུ་ཁམ་མདོག་གི་ནད་ཐིག་མངོན་ནས། ལོ་མའི་མཐའ་མཚམས་ཉིད་འཁུམ་དང་འཚིག་སྐམ་དུ་འགྲོ་བ་ཡིན། མེ་ཏོག་གི་གང་བུ་ལ་གནོད་འཚེ་ཐེབས་ན། མེ་ཏོག་གི་འབྲས་བུ་རྒྱུན་ལྡན་ལྟར་སྨིན་མི་ཐུབ་པར་སྐམ་ནས་ཤི་འགྲོ་བ་དང་། ཕྱིས་སུ་གནོད་འཚེ་ཐེབས་པའི་འབྲས་བུའི་ངོས་ལ་སྐྱ་དཀར་རིམ་པ་ཞིག་གཡོགས་ནས་འབྲས་བུའི་བཀྲག་མདངས་ཉམས་པ་དང་མཁྲེགས་པོར་གྱུར་ནས་ཚོང་ཟོག་རིན་ཐང་ཤོར་བ་ཡིན།

འགོག་བཅོས་བྱེད་ཐབས། 75%པེ་ཙུན་ཆིང་བཞའ་ཚན་རང་བཞིན་གྱི་སྨན་ཕྱེ་པའི་ཡིས600གཤེར་ཁུ་དང་། 250ཁེ/ཧྲིན་མིན་ཙུན་ཀྱི་གཡེང་འཐྲོ་སྨན་རྫས་པའི་ཡིས1500གཤེར་ཁུ། 50%མིན་ཙུན་ཀྱི་ཆུ་ཐོར་རང་བཞིན་གྱི་རིལ་བུའི་སྨན་རྫས་པའི་ཡིས2500གཤེར་ཁུ། 25%དབྱི་སྒྲི་ཐུན་གཡེང་འཐྲོ་སྨན་རྫས་པའི་ཡིས800གཤེར་ཁུ། 45%ཕིའུ་གཡེང་འཐྲོ་སྨན་རྫས་པའི་ཡིས500གཤེར་ཁུ། 42.8%ཐུའུ་ཙུན་ཞན་ཨན་ཨོལ་ཙུན་ཀྱི་གཡེང་འཐྲོ་སྨན་རྫས་པའི་ཡིས1500གཤེར་ཁུ་བཅས་སྦྱད་ནས་འགོག་བཅོས་བྱེད་དགོས།

(གཉིས) ཏམ་ཙུལ་ནད།

ནད་འབྱུང་བའི་རྒྱུ་རྐྱེན། འཕྲི་ཏ་ས་འཛིན་གྱི་ཏམ་ཙུལ་ནད་ནི་གཙོ་བོ་འབུ་ཕྲ་ངོ་མཚམ་ཏམ་སྤུའི་ནད་ཡིན། འབུ་ཕྲ་ངོ་མའི་པན་ཀྱི་ཙུན་ཡ་མིན་གྱི་ཐལ་མདོག་རྒྱུན་འབྲུམ་ཀྱི་ཐུམ་འབུའི་གནོད་འཚེ་བརྒྱུད་ནས་བསྐྱེད་པ་དང་། དེ་ནི་དཔེ་མཚོན་རང་བཞིན་གྱི་དྲོད་ཚད་མཐོན་པོ་དང་བཞའ་ཚན་མཐོན་པོའི་ནད་ཅིག་ཡིན་ལ། དྲོད་ཚད20℃ཡས་མས་ཀྱི་བཞའ་ཚན་མཐོ་བའི་ཁོར་ཡུག་འོག་ཏུ། ཆར་འབབ་པའི་གནམ་གཤིས་བསྟུད་མར་བྱུང་ན་ནད་འབྱུང་ཚད་ཀྱང་ཤིན་ཏུ་མཐོ། དྲོད་ཚད31℃ཡན་དམ2℃མན་ཡིན་ན་ནད་འབྱུང་དཀའ། འདེབས་འཛུགས་བྱེད་དུས་སྟུག་ཚད་མཐུག་དྲགས་པ་དང་། ཨེམ་ལུད་མང་བ། སྔོན་རྗང་གི་རླུང་རྒྱུག་དང་ཉི་ཟེར་འཕྲོ་བའི་ཁོར་ཡུག་མི་ལེགས་པ། བཞའ་ཚན་ཆེ་དྲགས་པའི་དུས་སུ་ནད་གཞི་ལྡིད་མོ་ཐོག་པ་ཡིན།

ནད་རྟགས། གཙོ་བོར་ལོ་མ་དང་མེ་ཏོག འབྲས་བུའི་ཡུ་བ། མེ་ཏོག་གི་གང་བུ་དང་འབྲས་བུ་སོགས་ལ་གནོད་འཚེ་ཐེབས་པ་ཡིན། ལོ་མའི་སྟེང་དུ་ཁམ་མདོག་དང་ཁམ་སྐྱའི་ཆུ་སིམ་པའི་དབྱིབས་ཀྱི་ནད་ཐིག་འབྱུང་བ་དང་། ནད་འབྱུང་སའི་གནས་ཡུལ་དུ་འཁོར་རིས་རབ་རིབ་ཅིག་མངོན། མཁའ་དབུགས་སྐམ་དུས་ཁམ་མདོག་སྐམ་ཉུལ་གྱི་དབྱིབས་དང་། བཞའ་ཚན་ལྷན་དུས་ལོ་མའི་རྒྱབ་ངོས་སུ་སྔུ་མདོག་དཀར་པོ་ཅན་གྱི་སྲིན་སྐྱད་ཡོད། མེ་ཏོག་དང་མེ་ཏོག་གི་སྡོང་རྩར་ནད་བྱུང་ན། ནད་ཕོག་སའི་གནས་ཁམ་སྐྱར་འགྱུར་བ་དང་། ཕྱིས་སུ་རྒྱ་ཧྲེ་ཆེར་སོང་ནས་ནད་ཕོག་ས་སྐམ་ནས་ཤི་བར་མ་ཟད། མེ་ཏོག་བརྒྱུད་ནས་འབྲས་བུ་ཆུང་ངུའི་སྟེང་དུ་མཆེད་པ་ཡིན། འབྲས་བུ་ལ་གནོད་འཚེ་ཐེབས་སྐབས། ཐོག་མར་སྨུག་རྩ་དབྱིབས་ཀྱི་ཁྲ་ཐིག་ཆུང་ངུ་ཐོན་པ་དང་། དེ་ནས་ཁྲ་ཐིག་ཆེ་རུ་ཕྱིན་ནས་འབྲས་བུ་མཉེན་པོར་འགྱུར་ལ། དེའི་སྟེང་དུ་མདོག་སྐྱ་བོ་དང་ཧུམ་དབྱིབས་ཅན་གྱི་དངོས་པོ་ཐོན་པ་ཡིན།

འགོག་བཅོས་བྱེད་ཐབས། ནད་འགོག་ཐུབ་པའི་སྨན་རིགས་བདམས་ནས་རྩ་སྦྱོས་མ་བརྒྱབ་པའི་སྔོན་ལ་ཤུའུ་རེར85%ཧྲུའོ་ཅིན་ལིན་བཞའ་ཚན་རང་བཞིན་གྱི་སྨན་ཐྲེ་སྦྱོང་ཁེ3~5ས་ནང་དུ་གཏོར་དགོས། 430ཁེ/ཧྲིན་ཐྲི་མེ་ལི་གཡེང་འཕྱོ་སྨན་རྫས་པའི་ཡིས600གཤེར་ཁུ་དང་། 400ཁེ/ཧྲིན་མིན་མེ་ཨན་གཡེང་འཕྱོ་སྨན་རྫས་པའི་ཡིས800གཤེར་ཁུ། 50%དབྱི་ཅིན་ཤའོ་གཡེང་འཕྱོ་སྨན་རྫས་པའི་ཡིས700གཤེར་ཁུ་དང་། ཡང་ན་པེ་ཙུན་ཆིང་ངམ་མེ་ཐྲུ་ལི་དུ་བདུག་སྨན་རྫས་སོགས་སྤྱོད་དགོས།

(གསུམ) ས་ནད།

ནད་འབྱུང་བའི་རྒྱུ་རྐྱེན། འབྲི་ཧྲ་ས་འཛིན་ལ་རྩ་སྦྱོས་བརྒྱབ་རྗེས་དྲོད་ཚད་མཐོ་ཞིང་བཞའ་ཚན་ཆེ་དུས། ས་རྒྱུའི་ནད་འབུ་མང་དུ་འབྱུང་བའི་དུས་སྐབས་སུ་སླེབས་པ་ཡིན། འབྲི་ཧྲ་ས་འཛིན་གྱི་ས་བོན་གྱི་སྟེང་དུ་ནད་འབུ་ཡོད་པ་དང་ས་རྒྱུའི་ནང་དུ་ནད་དུག་ལུས་ཡོད་པའི་དབང་གིས་ནད་འབྱུང་བའི་ཆ་རྐྱེན་འཛོམས་ཚེ་མགྱོགས་མྱུར་སྐྱོས་འགོ་ཁྱབ་བྱེད་པ་ཡིན།

ནད་རྟགས། སྔོང་རྐང་དང་ལོ་མའི་སྟེང་དུ་ལྷེབ་རིས་དབྱིབས་ཀྱི་ཁྲ་ཐིག་ཡོད་ཅིང་། འཕྲེད་གཅོད་རྩ་ལག་ནི་གཞུ་དབྱིབས་སྐལ་འབུར་གྱི་ཆ་ཤས་ཡིན། རྩ་ལག་གི་མཐའ་བསྐོར་དུ་དམར་མདོག་གི་ཕྲ་སྐྲུད་དཔྱིབས་ཡོད་པར་ལ་ཟད། རིམ་གྱིས་ཕྱི་ཕྱོགས་ནས་ནང་ལ་སྐྱུམ་པ་དང་། དུས་མགོར་ལོ་མ་གསར་བ1~2སྐྱི་སྐྱོབས་མེད་པར་གྱུར་ནས་མར་སྐྱུམ་ཞིང་། ས་སྒོད་དུས་སུ་རྒྱུན་ལྡན་ལྟར་སྐྲར་གསོ་བྱེད་ཐུབ། དེའི་འཕྲོར་དུས་ཡུན་ཐུང་ངུའི་ནང་དུ་སྔོང་རྐང་མགྱོགས་མྱུར་ངང་སྐམ་ནས་ཤི་འགྲོ་བ་ཡིན།

འགོག་བཅོས་བྱེད་ཐབས། སྨྱི་ཞན་ཨན་དང་མིན་ཙུན་ཀྲི་གཉིས་ཀྱིས་འགོག་བཅོས་བྱས་ཆོག་པ་དང་། 30%སྨྱི་ཞན་ཨན་གྱི་སྨན་ཆུང་སྦྱིན་ཐུམ་གཡེང་འཕྱོ་སྨན་རྫས་པའི་ཡིས1000གཤེར་ཁུ་དང་། 50%སྨྱི་ཞན་ཨན་གྱི་སྣུན་རྫ་བཞའ་ཚན་རང་བཞིན་གྱི་སྨན་ཕྱེ་པའི་ཡིས1500གཤེར་ཁུ། 10%པུན་སྨྱི་ཙར་ཙ་ཙོ་ཆུ་སྦྱོར་རིལ་སྨན་པའི་ཡིས1500གཤེར་ཁུ་སྦྱུད་ནས་སྨན་བཅོས་བྱེད་དགོས། 80%ཧའི་སེན་མོན་ཏི་ཚའི་བཞའ་ཚན་རང་བཞིན་གྱི་སྨན་ཕྱེ་པའི་ཡིས600~800གཤེར་ཁུ་དང་། 60%ཕི་ཙོའོ་ཐར་སྲིན་ཞང་ཧའི་སེན་ལིན་ཆུ་ཐོར་རིལ་སྨན་པའི་ཡིས800 25%མིན་ཙུན་ཀྲི་གཡེང་འཕྱོ་སྨན་རྫས་པའི་ཡིས1500གཤེར་ཁུ། 25%ཕི་ཙོའོ་མེ་ཙུན་ཀྲི་ཐྲིས་མ་པའི་ཡིས1500གཤེར་ཁུ་སྦྱུད་ནས་སྔོན་འགོག་བྱེད་དགོས།

(བཞི) ཧོང་ཀྲུང་ཀྲོ་རྩ་ཙུལ་ནད།

ནད་འབྱུང་བའི་རྒྱུ་རྐྱེན། ས་རྒྱུའི་རླུང་རྒྱུག་ཚད་ཞན་ཞིང་ནད་འབུ་ལུས་པའི་གནས་ཚུལ་ཡོད་པ་དང་། ཡང་ན་འཕྲི་ཧ་ས་འཛིན་གྱི་སྦུ་གུ་ལ་ནད་འབུ་ཡོད་པ། དྲོད་ཚད་མཐོ་ཞིང་བཞའ་ཚན་ཆེ་བའི་གནས་ཚུལ་འོག་ཏུ་རྩ་ཙུལ་ནད་རྒྱ་ཁྱབ་ཏུ་འབྱུང་སྲིད་པ་ཡིན།

ནད་རྟགས། འཕྲི་ཧ་ས་འཛིན་གྱི་སྐྱེ་འཚར་གོ་རིམ་ཁྲོད་དུ་སྔོང་རྐང་གི་སྐྱེ་འཚར་ཇེ་དལ་དུ་འགྲོ་བ་དང་། སྔོང་རྐང་སྨད་ཕྱོགས་ཀྱི་ལོ་མ་རྙིང་བ་མདོག་སེར་པོའམ་དམར་པོ་ཙ་འགྱུར། ལོ་མ་གསར་བ་ལ་ལའི་སྟེང་དུ་མདོག་སྔོ་སེར་མངོན་ཞིང་། སར་ཉལ་སྔོང་པོ་ཇེ་ཹུང་དུ་སོང་སྟེ་ནད་སྔོང་མགྱོགས་མྱུར་ངང་སྐམ་འགྲོ་བ་ཡིན། རྩ་ལག་ནག་པོར་གྱུར་

རྗེས་འཕྲེད་གཏུབ་བྱས་ན་རྩ་བའི་དཀྱིལ་དུ་ཁྲ་ཐིག་དམར་པོ་ཡོད་པར་མ་ཟད། མཐའ་འཁོར་ཀུན་ལ་མཆེད་ནས་རྩ་བ་རྡིལ་པོར་འགོས་པ་ཡིན།

འགོག་བཅོས་བྱེད་ཐབས། ཅིན་ཙ་ལུའོ་ཙུན་ཅིན+ཕུན་སླི་ཙ་ཧོན་ཙོ+དབྱི་སོན་སུའུ་སྨྱུད་ཆོག ཐེས་ཙུན་ཀྲི+ཙ་ཤིའུ་ཧྭའི་མེ་ལིང+ལོ་མའི་ངོས་ཀྱི་ལུད་སོགས་སྨྱུད་ཀྱང་ཆོག ཉིན7~10ནང་དུ་རྩ་བར་གཏོར་ནས་སྨན་བཅོས་བྱས་ནས་རྒྱུག་དགོས།

(ལྔ) སེར་འབུམ་ནད།(ལོ་མ་དམར་པོའི་ནད)

ནད་འབྱུང་བའི་རྒྱུ་རྐྱེན། སེར་འབུམ་ནད་ནི་ཡུ་ཤང་གི་སྦུག་ཆུན་ལ་གནོད་པའི་ནད་ཅིག་ཡིན། སྦུ་གུ་འབུས་པ་ནས་སྐྱེ་འཚར་གྱི་བར་དུ་ནད་འགོ་བ་དང་། ས་རྒྱུའི་ནང་གི་སྐྱོན་ཅན་སྙིགས་རོ་དང་ཏུལ་བསླལ་མ་བྱུང་བའི་སྐྱེ་ལྡན་ལུད་དཀྲུན་སྐྱེལ་སྐབས། ས་རྒྱུའི་ནང་དུ་ལོ5~10བར་གསོན་ཐུབ་པ་དང་། རྨ་ཁ་དང་རྩ་ལག་གི་རྩ་སྤུ་སྦྲ་ཕུང་གི་བར་དུ་ནང་ལ་འཛུལ་ནས། སྦུག་ཆུན་ནང་དུ་འཛུལ་བ་དང་ཆབས་ཅིག་སྦུག་ཆུན་ནང་དུ་སྐྱེ་འཚར་བྱུང་སྟེ། འདྲེན་སྦུག་འགག་པ་ལས་སྡོང་པོ་མགྱོགས་མྱུར་ངང་སྐམ་ནས་རིམ་གྱིས་ཤི་འགྲོ་བ་དང་། ནད་བྱུང་བར་འཚམ་པའི་དྲོད་ཚད་ནི22~32℃ཡིན། སོག་ཤུལ་དང་སོག་གཉིས་མ། ས་རྒྱུ་སྐམ་ཤས་ཆེ་བ། རླུང་དབུགས་འཐེན་གཤིས་ཞན་པའི་ས་རྒྱུའི་སྟེང་དུ་ནད་འབྱུང་ཚད་ཚབས་ཆེན་ཡིན། སོན་རིགས་སོ་སོའི་ནད་འགོག་རང་བཞིན་ལ་ཁྱད་པར་ངེས་ཅན་ཡོད་དོ།།

ནད་རྟགས། འབྲི་ཏ་ས་འཛིན་གྱི་སེར་འབུམ་ནད་ཡིན་ན་དུས་མགོར་སྙིང་གི་ལོ་མ་སེར་པོར་འགྱུར་བ་དང་། ལ་ལ་ནི་སྔོན་ལ་གཞོགས་ཀྱི་ལོ་མ་ནས་སེར་པོར་འགྱུར་ཞིང་། འདི་ལ“པན་པེན་ཚྭིན”ཡང་ཟེར། ལོ་མ་སྙིང་བ་ནི་ཁ་དོག་སྨུག་པོར་གྱུར་ནས་སྙིད་སྐམ་དུ་འགྱུར་ཞིང་། དེའི་རྒྱུ་རྐྱེན་ནི་སྐྱེལ་འདྲེན་ཕུང་གྲུབ་ཀྱི་སྦུག་ཆུན་གྱི་ནད་བབ་ལ་འགྱུར་ལྡོག་བྱུང་ནས། སྡོང་ཤང་གི་སྐྱེ་འཚར་ཐུང་དུར་འགྱུར་བ་དང་དུས་མགོའི་འདབ་མ་རྫོབ་པོའི་འཁྲིལ་དབྱིབས་ཡིན། དུས་དཀྱིལ་དུ་འཚོ་བཅུད་དང་ཆུའི་མཁོ་འདོན་མི་འདང་བས། ཡུ་ཤང་ལ་ནད་ཕོག་པའི་གནས་ཡུལ་ཐོག་མ་རིམ་གྱིས་སེར་པོར་གྱུར་ནས

འཚོ་བཅུད་མི་ལེགས་པའི་སྣང་ཚུལ་མངོན་པ་དང་། དུས་མཚུངས་ཏུ་ཉིན་གུང་ཚ་བ་ཆེ་བས་ཡུ་ཀང་སྟེང་གི་ཆུ་ཤོར་ནས་རྙིད་སྐམ་གྱི་རྣམ་པ་མངོན་ཞིང་། རིམ་གྱིས་སྡོང་ཀང་ཡོངས་ལ་ཁྱབ་ནས་སྡོང་པོ་ཧྲིལ་པོ་རྙིད་ནས་སྐམ་འགྲོ་པ་ཡིན།

འགོག་བཅོས་བྱེད་ཐབས། སྨྱུ་གུ་འདེབས་འཛུགས་བྱེད་དུས་སུ་སྨན་རྫས་སྦྱད་ནས་འབུ་སྲ་གསོད་པ་ཡིན་ན། ཏའོ་ཧྲེང10དང2.5%ཧྲི་ལེ་ཧྲི་གཡེང་འཐྱོ་ཀྲུང་ཡེ་སྨན་ཁུ་པའི་ཡེས800གཤེར་ཁུ་སྦྱད་ནས་སྨྱུག་སོན་གྱི་རྩ་བར་སྐར་མ3~5བར་སྦྲངས་ན་ནད་རིམས་འགོག་ཐུབ། 98%ཏའི་སྙི་ལིན་བཞའ་ཚན་རང་བཞིན་གྱི་སྨན་ཕྱེ་པའི་ཡེས2000གཤེར་ཁུ་དང་། 45%ཐེ་ཁི་ཏའོ་གཡེང་འཐྱོ་སྨན་སྨན་རྫས་པའི་ཡེས100གཤེར་ཁུ། 2%ཉུང་ཁང120སྨན་ཁུ་པའི་ཡེས200གཤེར་ཁུ། 75%ཏ་ཁོ་ཉིང་བཞའ་ཚན་རང་བཞིན་གྱི་སྨན་ཕྱེ་པའི་ཡེས800གཤེར་ཁུ། 70%ཅ་ཅི་ཐའོ་སྤུའུ་ཅིན་བཞའ་ཚན་རང་བཞིན་གྱི་སྨན་ཕྱེ་པའི་ཡེས500གཤེར་ཁུ། 50%ཏུའོ་ཅིན་ལིན་བཞའ་ཚན་རང་བཞིན་གྱི་སྨན་ཕྱེ་པའི་ཡེས500གཤེར་ཁུ་སོགས་སྦྱད་ནས་འགོག་བཅོས་བྱས་ཆོག

(དྲུག) སྦྲུལ་མིག་ནད།

ནད་འབྱུང་བའི་རྒྱུ་རྐྱེན། ནད་ལྡན་འབུ་སྲ་ལས་འབྱུང་བ་དང་། ནད་འབུ་ནི་ནད་གཞིའི་སྟེང་དུ་དགུན་སྐྱེལ་བའམ་དབྱར་བརྒལ་རྗེས། སྟོན་དགུན་གྱི་དུས་ཚིགས་སུ་ཐུམ་རྡུལ་གྲུབ་པར་མ་ཟད། མཁའ་རླུང་ནང་དུ་ཆར་རླུང་བརྒྱུད་ནས་འགོ་ཁྱབ་བྱུང་བ་ཡིན་ལ་ནད་འདི་ནི་དྲོད་ཚད་ཅུང་དམའ་བ་དང་། བཞའ་ཚན་ཆེ་བའི་ཁོར་ཡུག་ནང་དུ་བྱུང་བའི་ནད་སྐྱོན་ཞིག་ཡིན། མེ་ཏོག་བཞད་པའི་ཟླ་གཞུག་གི་མེ་ཏོག་སྨྱུ་གུ་འབུས་པའི་དུས་སྐབས་ནི་ནད་འབྱུང་ཚད་མཐོ་བའི་དུས་སྐབས་ཤིག་ཡིན། དྲོད་ཚད28℃ཡན་ཡིན་ན་ནད་འབྱུང་ཚད་ཧ་ཅང་ཉུང་།

ནད་རྟགས། གཙོ་བོ་ལོ་མ་རྙིང་བའི་སྟེང་དུ་འབྱུང་ཞིང་། ལོ་མའི་ཡུ་བ་དང་འབྲས་བུའི་སྡོང་ཀང་། གསར་བྱུང་ཡན་ལག གཤེར་ལྡན་འབྲས་བུ་བཅས་ལའང་གནོད་འཚེ་ཐེབས་པ་ཡིན། ལོ་མ་སྟེང་གི་ནད་ཐིག་ནི་དང་ཐོག་སྨུག་སྐྱའི་ཁྲ་ཐིག་ཡིན་པ་དང་། དེའི་

འཕྲོར་ཇེ་ཆེར་སོང་ནས་ཧའོ་སྨི2~5ཡི་ཆེ་ཆུང་གི་སྒོར་དབྱིབས་ནད་ཀྱི་ཁྲ་ཐིག་ཆགས་པ་ཡིན། མཐའ་ངོས་དམར་མདོག་དང་ལྟེ་བ་ནི་དཀར་སྐྱ་ཡིན་ལ། འཁོར་རིས་རབ་རིབ་མངོན་པས་སྦྲུལ་མིག་དང་འདྲའོ།།

འགོག་བཅོས་བྱེད་ཐབས། 25%ཧྲུའོ་ཅིན་ལིན་བཞའ་ཚན་རང་བཞིན་གྱི་སྨན་ཕྱེ་པའི་ཡིས300གཤེར་ཁུ་དང་། 40%མེ་པེང་ལྷེ་གཡིང་འཇྱོ་སྨན་རྫས་པའི་ཡིས300གཤེར་ཁུ། 80%ཏའེ་སེན་ཞིན་བཞའ་ཚན་རང་བཞིན་གྱི་སྨན་ཕྱེ་དང70%ཅ་ཅི་ཐྲུའོ་ཕུའུ་ཅིན་བཞའ་ཚན་རང་བཞིན་གྱི་སྨན་ཕྱེ་པའི་ཡིས600གཤེར་ཁུ་སྦྱད་ནས་འགོག་བཅོས་བྱས་ཚོག ཉིན5~7བར་དུ་ཐེངས1ལ་གཏོར་བ་དང་། ཐེངས2~3གཏོར་བས་ཚོག

(བདུན) ཁམ་མདོག་འཁོར་རིས་ཁྲ་ཐིག་ནད།

ནད་འབྱུང་བའི་རྒྱུ་རྐྱེན། ཁམ་མདོག་འཁོར་རིས་ཁྲ་ཐིག་ནད་ཀྱི་ནད་འབུ་ནི་སྲིན་སྐུད་དང་གྱེས་སྐྱེས་མཚན་མེད་འཕེལ་ནུས་ཕྲ་ཕུང་ནད་ལྡན་སྐྱིགས་རོའི་སྟེང་དུ་དགུན་སྐྱོལ་རྗེས། ཆར་རླུང་དང་ཞིང་ནང་དུ་ཆུ་འདྲེན་པ། ཞིང་ལས་སྒྲུབ་དུས་སོགས་སུ་འགོས་པ་ཡིན། ནད་འབྱུང་བར་འཚམ་པའི་དྲོད་ཚད་ནི22~26℃ཡིན། བཞའ་ཚན་ཆེ་བ་དང་ཆར་ཆུ་མང་བའི་དུས་ཚིགས་སུ་ནད་འབྱུང་ཚད་མཐོ་བ་དང་། དེ་མིན་རྩལ་མེད་པའི་སྐྱེ་ལྡན་ལུད་རྫས་གཏོར་བ་དང་ཡང་ན་ལྗང་སྨྱུག་གསོ་བྱེད་ཀྱི་སྟེགས་བུ་རྙིང་བ་ཡིན་པ། འདེབས་འཛུགས་སྟུག་ཚད་མཐོ་དྲགས་པ། ཏན་ལུད་མང་དྲགས་པ་སོགས་ཀྱིས་ཀྱང་ནད་འགོ་སླ་བ་ཡིན།

ནད་རྟགས། གཙོ་བོར་ལོ་མ་ལ་གནོད་པ་ཡིན། ནད་ལྡན་ལོ་མ་ནི་ཐོག་མར་ལོ་མའི་མཐའ་ངོས་ནས་མགོ་ཚུགས་ཏེ་འགོས་ཤིང་། ཐོག་མའི་དུས་སུ་ནད་ལྡན་ལོ་མ་ནི་ཁམ་སྨུག་གི་ཁྲ་ཐིག་གྲུབ་པ་དང་། དེ་ནས་ལོ་མའི་འདབ་རྙེན་གྱི་ཕྱོགས་སུ་ཁྱབ་ནས་ཇེ་ཆེར་སོང་སྟེ་ཆེ་ཆུང་མི་འདྲ་བའི་སྒོར་དབྱིབས་སམVདབྱིབས་ཀྱི་ནད་རིས་ཁྲ་ཐིག་ཆགས་པས། ནད་གཞིའི་ཁ་དོག་རིམ་གྱིས་ཁམ་ནག་ཏུ་གྱུར་ནས་འཁོར་ལོའི་རི་མོ་མཐོང་ཐུབ། ལོ་མ་ཆུང་ངུའི་སྟེང་དུ་ནད་འགོས་ན་ཐོག་མར་ལོ་མའི་རྩེ་ནས་མགོ་ཚུགས་ཏེ། ལོ་མ་གཙོ་བོའི་རྩ་བ

བརྒྱུད་ནས་ལོ་མའི་ངོས་ལ་འཕེལ་ནས་ཁམ་ནག་གི་ནད་ཐིག་མངོན་པ་ཡིན། ནད་ཕོག་པའི་དུས་མཇུག་ཏུ་ནད་ཕོག་པའི་ཁྲ་ཐིག་གིས་ལོ་མའི་རྒྱ་ཁྱོན་གྱི1/3~1/2ཟིན།

འགོག་བཅོས་བྱེད་ཐབས། 25%ཨ་མི་ཞི་ཏ་གཡེང་འཕྲོ་སྨན་རྫས་པའི་ཡིས1500གཤེར་ཁུ་དང་། 75%ཏ་ཁོ་ཉིང་བཞའ་ཚན་རང་བཞིན་གྱི་སྨན་ཕྱེ་པའི་ཡིས600གཤེར་ཁུ། 10%རྡི་ཀའོ་ཚུ་ཐོར་རིལ་བུའི་སྨན་རྫས་པའི་ཡིས1500གཤེར་ཁུ། 32.5%ཨ་སྦྱི་མའི་རྡིག་གཡེང་འཕྲོ་སྨན་རྫས་པའི་ཡིས1000གཤེར་ཁུ། 70%ཕིན་ཉུན་ཀན་གཡེང་འཕྲོ་སྨན་རྫས་པའི་ཡིས600གཤེར་ཁུ། 50%ཕུ་ཏའི་དབྱིང་བཞའ་ཚན་རང་བཞིན་གྱི་སྨན་ཕྱེ་པའི་ཡིས1000གཤེར་ཁུ། 70%ཅ་ཅི་ཐུའོ་ཕུཙུ་ཅིན་བཞའ་ཚན་རང་བཞིན་གྱི་སྨན་ཕྱེ་པའི་ཡིས500གཤེར་ཁུ་སྤྲུད་ནས་འགོག་བཅོས་བྱེད་དགོས།

(བརྒྱད) ཕྲ་སྲིན་རང་བཞིན་གྱི་ཟུར་ཁྲའི་ནད།

ནད་འབྱུང་བའི་རྒྱུ་རྐྱེན། ནད་འབུ་ལས་བྱུང་བ་ཡིན་ལ་དྲོད་ཚད་མཐོ་བའི་ཁོར་ཡུག་འོག་ཏུ་ནད་འབྱུང་ཚད་མཐོ་བ་དང་། འབུ་ཕྲ་སྲིར་བཏང་དུ་ས་ངོས་དང་རྩ་ལག་གི་འབྲེལ་མཚམས་ནས་ནང་དུ་འཛུལ་ཏེ། ལུས་ཀོན་ཚུན་དུ་སླེབས་པར་མ་ཟད་གོང་འོག་ཏུ་ཁྱབ་པ་ཡིན། དུས་རྒྱུན་དུ་ཞིང་ལས་ཀྱི་བྱ་བ་སྒྲུབ་པ་དང་། ཆར་ཆུ་དང་ཆུ་གཏོང་བ་བརྒྱུད་ནས་འགོ་ཁྱབ་བྱེད་པ་ཡིན།

ནད་རྟགས། ཐོག་མར་འགོ་དུས་ལོ་མའི་འོག་ཏུ་ཆུས་སྣང་བ་ལྗང་བུའི་ཁམ་དམར་གྱི་མདོག་མངོན་ཞིང་དབྱིབས་ངེས་མེད་ཀྱི་ནད་ཐིག་འབྱུང་བ་དང་། ནད་ཀྱི་ཁྲ་ཐིག་ཇེ་ཆེར་སོང་ཚེ་ལོ་མའི་ཡུ་རྐང་ལ་ཚད་བཀག་ཐེབས་ནས་ལོ་མའི་སྟེང་དུ་ཟུར་དབྱིབས་ཀྱི་ཁྲ་ཐིག་འབྱུང་། ནད་ཐིག་གི་སྟེང་དུ་ཉི་མའི་འོད་ཟེར་འཕྲོས་ན་ཕྱི་ནང་གསལ་བ་ཡིན་སོང་། འོན་ཀྱང་ལྟོག་འཕྲོའི་འོད་ནི་ལྗང་མདོག་ཡིན་ལ། བཞའ་ཚན་ཆེ་བའི་དུས་སུ་ལོ་མའི་རྒྱབ་ཕྱོགས་སུ་འབུ་ཕྲའི་རྣག་ཧུག་ཡོད་པ་མཐོང་ཐུབ། སྐམ་ཤས་ཆེ་བའི་ཆ་རྐྱེན་འོག་ཏུ་འགྲིག་ཁུག་སྲབ་མོ་ཞིག་ཏུ་གྲུབ་ཡོད།

འགོག་བཅོས་བྱེད་ཐབས། 2%ནུང་ཁང120སྨན་ཁུ་པའི་ཡིས200དང་། 90%ཞིན་

ཀྱི་མེ་སུའུ་བཞའ་ཚན་རང་བཞིན་གྱི་སྨན་སྦྱེ་པའི་ཡིས4000གཤེར་ཁུ། 3%ཀྲུང་ཧྲེང་ཙུན་སུའུ་བཞའ་ཚན་རང་བཞིན་གྱི་སྨན་སྦྱེ་པའི་ཡིས1000གཤེར་ཁུ། 72%ཞིང་སྦྱོད་ལེན་མེ་སུའུ་བཞའ་ཚན་རང་བཞིན་གྱི་སྨན་སྦྱེ་པའི་ཡིས3000~4000གཤེར་ཁུ་སྦྱད་ནས་འགོག་བཅོས་བྱེད་དགོས།

གཉིས། འབྲུའི་གནོད་པ།

(གཅིག) ཅི་མླ།

གནོད་འཚེ་ཐེབས་ཚད་མཐོ་བའི་དུས་སྐབས། སྤུང་སྐྱོང་ས་ཁུལ་དུ་གཙོ་བོ་ཟླ3པ་དང་ཟླ5པའི་ཟླ་སྨད་ནས་ཟླ6པའི་ཟླ་དཀྱིལ། ཟླ9པ་ནས་ཟླ10པའི་བར་ཡིན། ལྷག་པར་དུ་དཔྱིད་ཀ་དང་སྟོན་དུས་སུ་གནོད་འཚེ་ཚབས་ཆེན་ཡིན།

ནད་རྟགས། ཅི་མླ་ནི་རྩི་ཤིང་གི་ཁུ་བ་ལ་བརྟེན་ནས་སྐྱེས་ཤིང་འཚོ་བའི་འབུ་སྲིན་ཞིག་ཡིན་ལ། ལོ་མ་གསར་བ་ལ་གནོད་འཚེ་ཐེབས་རྗེས་ལོ་མ་ཐེ་སྒྲབ་ཏུ་འགྱུར་བ་དང་། ལོ་མའི་དཀྱིལ་གཞུང་གི་རྩའི་གཡས་གཡོན་གཉིས་སུ་དཀར་སྐྱ་དང་ཁམ་སྐྱའི་ཁྲ་ཐིག་འབྱུང་། ཕྱི་ཤུན་ཡང་ཁམ་སྐྱར་འགྱུར་ཞིང་དབྱིབས་འགྱུར་བ་དང་འཁྱིལ་བར་མ་ཟད། སྐྱེ་འཚར་ཇེ་ཞན་དུ་འགྲོ་བ་ཡིན། ཚབས་ཆེ་བའི་སྐབས་སུ་ལོ་མ་ཧྲིལ་པོ་ནག་པོར་འགྱུར་བ་དང་མཉེན་པོར་གྱུར་ཏེ་འཆི་བར་འགྱུར་རོ། །

འགོག་བཅོས་བྱེད་ཐབས། 60ཁེ/ཧྲིན་དབྱི་ཧོ་ཅི་ཏུའོ་ཙུན་སུའུ་གཡིང་འཁྱོ་སྨན་རྫས་པའི་ཡིས1000གཤེར་ཁུ་ནང་དུ25%སི་ཁྲུན་ཅིན་ཆུ་ཐོར་རིལ་བུའི་སྨན་རྫས་པའི་ཡིས2000གཤེར་ཁུ་དང་། ཡང་ན19%ཞིའུ་ཐུན་ཁྲུན་ཞན་ཨན་གཡིང་འཁྱོ་སྨན་རྫས་པའི་ཡིས3000གཤེར་ཁུ། ཡང་ན22%ཐུལ་ཧིན་ཁྲུན་ཨན་ཆིན་གཡིང་འཁྱོ་སྨན་རྫས་པའི་ཡིས3000གཤེར་ཁུ། ཡང་ན10%ཐུལ་ཧིན་ཁྲུན་ཞན་ཨིན་གཡིང་འཁྱོ་སྨན་རྫས་པའི་ཡིས2500གཤེར་ཁུ་བསྲེས་ནས་འགོག་བཅོས་བྱས་ཆོག

(གཉིས) སྐྱི་དངོས་གནོད་འབུ།

ནད་རྟགས། སྐྱི་དངོས་གནོད་འབུ་ལ་སྲིན་འབུ་སྔོང་གཟུགས་མའང་ཟེར། འབྲི་ཏ་

ས་འཛིན་ལ་གནོད་འཚེ་ཐེབས་མཁན་གཙོ་བོ་ནི་སྲིང་བལ་གྱི་གནོད་འབུ་དང་ཁམ་བུའི་གནོད་འབུ་ཡིན་ལ། དེ་མིན་ད་དུང་འབྲི་ཏ་ས་འཛིན་གྱི་ཅིན་མའོ་གནོད་འབུ་དང་འབྲི་ཏ་ས་འཛིན་གྱི་རྩ་བའི་གནོད་འབུ་སོགས་ཡོད། སྲིང་བལ་གྱི་གནོད་འབུའི་གྱི་གཟུགས་ལྗང་ཁུ་ཡིན་ལ་འོད་མདངས་མེད། ཁམ་བུའི་གནོད་འབུ་ནི་ལྗང་ཁུ་དང་དམར་སྨུག་ཡིན། སྐྱེ་དངོས་གནོད་འབུ་ནི་འབྲི་ཏ་ས་འཛིན་གྱི་ལོ་མ་གསར་བའི་རྒྱབ་ངོས་དང་། ལོ་མའི་ཡུ་བ། མེ་ཏོག་གི་ཡུ་བའི་སྟེང་དུ་གནས་ཤིང་ཁུ་བ་འཇིབ་པ་དང་། ཕྱིར་བཏོན་པའི་བེ་སྣབས་ཀྱིས་ཤིང་འབྲས་ཀྱི་ཕྱི་ངོས་དང་ལོ་མར་འབག་བཙོག་བཟོ་བཞིན་ཡོད་ཅིང་། ལོ་མར་གནོད་འཚེ་ཚབས་ཆེན་ཕོག་དུས་འཁྱིལ་བར་འགྱུར་བ་ཡིན།

འགོག་བཅོས་བྱེད་ཐབས། མེ་ཏོག་མ་བཞད་པའི་སྔོན་དུ10%པི་ཁྲུན་ལིན་བཞའ་ཚན་རང་བཞིན་གྱི་སྨན་ཕྱེ་པའི་ཡིས1500གཤེར་ཁུ་དང3%ཏིན་ཁྲུན་སྦྲི་སྤྲིས་མ་པའི་ཡིས2000གཤེར་ཁུ། 27.5%ཡིཙུ་སོན་ཡན་ཅན་པའི་ཡིས500གཤེར་ཁུ་སྦྱུད་ཚོག ནྲོད་ཁང་ངམ་སྤྱིལ་བུའི་ནང་དུ་སྐྱེ་དངོས་གནོད་འབུ་ཅིན་དང་དབྱི་པིང་ཕའི་སོགས་ཀྱི་དུ་བདུག་སྨན་རྫས་སྦྱུད་ནས་འགོག་བཅོས་བྱེད་དགོས། འབྲས་བུ་བཇ་བསྡུ་མ་བྱས་པའི་སྔོན་གྱི་ཉིན15ཡི་ནང་དུ་བཀོལ་སྤྱོད་བྱེད་མཚམས་འཇོག་དགོས།

(གསུམ) སྔོམ་དམར།

གནོད་འཚེ་ཐེབས་ཚད་མཐོ་བའི་དུས་སྐབས། གནོད་འཚེ་ཐེབས་པའི་དུས་ཚོད་གཙོ་བོ་ནི་དྲོད་ཚད་མཐོན་པོ་དང་ཐན་པ་ཆེ་བའི་དུས་སྐབས་ཡིན་པས། དྲོད་ཚད་འཚམ་པོ་ཡིན་ན་ལོ་གཅིག་ལ་འབྲས་བུ་ཐེངས་མང་པོར་སྨིན་ཞིང་སྐྱེ་འཕེལ་གྱི་ནུས་པ་བཟང་ངོ་།།

ནད་རྟགས། གཡན་འབུ་དར་མ་དང་གཡན་འབུ་ཆུང་ངུ་ལྷན་དུ་འདུས་ནས། སྐྱེ་དངོས་ཀྱི་མཉེན་ལྷུག་ཆེ་བའི་གནས་སུ་འཇིབ་ནས་གནོད་སྐྱོན་བཟོ་བ་ཡིན། གནོད་འཚེ་ཐེབས་པའི་སྔོང་རྐང་གི་ལོ་མ་དོག་པོར་འགྱུར་བ་དང་གཉེར་མ་འཁྱུམ་པ། འཁྱོག་ནས་ཡ་མ་གཟུགས་སུ་འགྱུར་བར་མ་ཟད། ཚབས་ཆེ་བའི་དུས་སུ་སྐྱེ་འཚར་གྱི་གནས་དང་ལོ་མ་གསར་བ་ཟོས་ནས་ཚར་འགྲོ་བ་ཡིན། འཛིབ་ཟིན་པའི་གསར་བྱུང་སྔོང་རྐང་མཁྲེགས་པོར

འགྱུར་ནས་དྲང་གེར་ལངས་ཤིང་། ནད་གཞི་ལྷི་བའི་སྦོང་བོ་ནི་དུས་རྒྱུན་དུ་ཉོར་འཁྲུལ་ཐུང་ནས་ནད་དུག་གི་ནད་དུ་ངོས་འཛིན་བཞིན་ཡོད། ཁ་མ་འཁྲིད་པའི་མྱུ་གུ་དང་ལོ་མ་ཆུང་ངུ། གང་བུ་བཅས་ནི་གནོད་འཚེ་ཐེབས་ཡུལ་གཙོ་བོ་ཡིན་པས། འབྲི་ཏ་ས་འཛིན་གྱི་སྐྱེ་འཚར་གནས་ལ་གནོད་འཚེ་ཐེབས་ཏེ་རྒྱུན་ལྷན་ལྟར་སྐྱེ་མི་ཐུབ་པ་ཡིན། གཙག་འཇིབ་བྱས་ཟིན་པའི་ལོ་མ་ནི་ལྗང་མདོག་ཤོར་ནས་བྱེ་དབྱིབས་སུ་མངོན། ནད་གཞི་ལྷི་བའི་སྐབས་སུ་སྐྱེ་འཚར་གྱི་གནས་སུ་འཇིབ་སྐམ་དུ་གྱུར་ནས་ཤི་བ་ཡིན།

འགོག་བཅོས་བྱེད་ཐབས། 1.8%ཁྲུན་མན་ཁེ་ཤིན་སྨན་ཁུ་པའི་ཡིས2000~3000དང་། 20%ཏ་མན་ལིང་སྦྲིས་མ་པའི་ཡིས1500གཤེར་ཁུ། 40%ཐེན་བང་ཞིན་སྦྲིས་མ་པའི་ཡིས3000གཤེར་ཁུ། 73%ཁེ་མན་ཐེ་སྦྲིས་མ་པའི་ཡིས2000གཤེར་ཁུ། 40%ཉི་སུའོ་ལང་སྦྲིས་མ་པའི་ཡིས2000གཤེར་ཁུ། 40%ལེན་ཅིན་དབྱི་མན་ཙོ་པའི་ཡིས2000གཤེར་ཁུ་སྦྱུད་ནས་འགོག་བཅོས་བྱས་ཆོག

(བཞི) ཟྭ་ཞན་མན།

ནད་རྟགས། ཟྭ་ཞན་མན་ནི་དབྱར་དུས་ཀྱི་འབྲི་ཏ་ས་འཛིན་སྟེང་དུ་འབྱུང་བའི་གནོད་འཚེ་སྟེ། ནད་རྟགས་མངོན་སྟངས་གཙོ་བོ་ནི་ལོ་མ་འཁྱིལ་བ་དང་འོད་མདངས་མེད་པར་འགྱུར་བ། མེ་ཏོག་ཟེ་ནག་དང་འབྲས་བུ་མཁྲེགས་པོར་འགྱུར་བ་སོགས་ཡིན། ཟྭ་ཞན་མན་གྱིས་དགུན་ཁའི་འབྲི་ཏ་ས་འཛིན་ལའང་གནོད་པ་དང་། མིག་སྟར་ཧོང་ཡན་དང་ཞང་ཡེ། ཧྲེན་ཏན་ཧོང་། གྲང་ཅི་སོགས་གཙོ་བོར་འདེབས་འཛུགས་བྱེད་པའི་སོན་རིགས་ཀྱི་སྟེང་དུ་མཐོང་རྒྱུ་ཡོད། ཟྭ་ཞན་མན་འགོག་བཅོས་བྱེད་པར་རྒྱལ་སྤྱིའི་འབྲི་ཏ་ས་འཛིན་འདེབས་འཛུགས་ཁྲིད་དུ་མཐོང་ཆེན་བྱེད་བཞིན་ཡོད་ཅིང་། རྒྱུ་མཚན་ནི་གནོད་འབུ་འདིའི་རིགས་ཤིན་ཏུ་ཉེད་དཀའ་བ་དང་ནད་གཞི་ལངས་པའི་དུས་ཡུན་འགོར་བར་མ་ཟད། དུས་དཀྱིལ་དང་དུས་མཇུག་ཏུ་ཤེས་རྟོགས་འབྱུང་དུས་ཕལ་ཆེར་གཙང་སེལ་བྱེད་ཐབས་མེད་པས། ཡང་ནས་བསྐྱར་དུ་སྨན་གཏོར་བ་ལས་ཐབས་གཞན་པ་ཅི་ཡང་མེད། མན་འབུ་ཁོ་ནར་བརྟེན་པ་ལས་ཐག་གཅོད་བྱེད་ཐབས་མེད་པ་དང་ངེས་པར་དུ

ཕྱོགས་བསྡུས་འགོག་བཅོས་བྱེད་ཐབས་སྤྱོད་དགོས། ཐོག་མར་སྨུག་དུས་འགོ་ནད་ཀྱི་འབྱུང་ཁུངས་གཏན་འགོག་བྱེད་དགོས་པ་དང་། དེ་འཕྲོར་སྤྱོས་འཇུགས་བྱས་ནས་གསོན་རྫེས་སྨན་རྫས་ཐེངས་དང་པོ་གཏོར་བ་ནི་གནད་འགག་ཡིན།

འགོག་བཅོས་བྱེད་ཐབས། སྨན་རྫས་འགོག་བཅོས་བྱེད་དུས། ཨ་ཕེ་དང་ཨེ་ཁ་མན+ཉེ་སུའོ་ལང+ལུའོ་ཁྲུན་དབྱི་ཀྲི་སོགས་སྤྱོད་དགོས། ངེས་པར་དུ་ལོ་མའི་རྩེ་མོའི་གསར་བྱུང་ལོ་མ་ཆུང་དུའི་སྟེང་དུ་འདང་ངེས་ཤིག་གཏོར་དགོས་ཏེ། རྒྱུ་མཚན་ནི་ནད་འབུ་ལོ་མའི་དཀྱིལ་སྙིང་དུ་ཡོད་པས་སྨན་སྤྱོད་ཚད་ཇི་མང་དུ་གཏོང་དགོས་པར་མ་ཟད། དམིགས་ཡུལ་ཡོད་པའི་སྒོ་ནས་སྨན་གཏོར་ན་ད་གཟོད་མ་གཞི་ནས་ཚོད་འཛིན་ཚད་ངེས་ཅན་བྱེད་ཐུབ། གལ་ཏེ་སྤྱིར་བཏང་གི་སྟོམ་དམར་འགོག་བཅོས་བྱེད་པ་ལྟར་ལོ་མའི་རྒྱབ་ལ་སྨན་གཏོར་བའི་བྱེད་ཐབས་སྤྱད་ན་ནུས་པ་མེད། གལ་ཏེ་སྨན་མ་གཏོར་བའི་སྔོན་ལ་ནད་རྟགས་བྱུང་ཡོད་པ་ཤེས་ཚེ། ཐོག་མར་འཁྱིལ་བའི་ལོ་མའི་རྣམས་གཅོད་དགོས་ཤིང་བྱེད་ནུས་ཀྱི་ལོ་མ་ཡིན་ནའང་གཅོད་དགོས་སོ།།

(ལྔ) ས་འོག་གི་གནོད་འབུ(ས་འབུ་དཀར་པོ་དང་ས་འབུ་མགོ་སེར། གསེར་ཁབ་འབུ)

ནད་རྟགས། གསེར་ཁབ་འབུ་ནི་ཐོག་མར་རུལ་མེད་པའི་ཞིང་ཁྲིམ་ལུད་རྫས་ནང་དུ་སྐྱུང་ནས་ཡོད་པ་དང་། དེའི་འཕྲོར་འབྲི་ཏ་ས་འཛིན་གྱི་སྨྱུ་གུའི་རྩ་བའམ་སྡོང་ཀང་གི་རྩ་བ་སྐྱེ་ས་ངོས་དང་ཉེ་སར་འཇུལ་ནས་སྨུག་པས་ཟོས་ནས། འབྲི་ཏ་ས་འཛིན་གྱི་ས་ངོས་ཀྱི་སྡོང་ཀང་རྣམས་རྡིད་ནས་ཤི་བར་འགྱུར་བ་ཡིན། སྤྱིར་བཏང་དུ་གནོད་འཚེ་ཐེབས་པའི་སྡོང་ཀང་གི་རྩ་བ་གཙོ་བོ་གཅོད་པ་ཙུང་ཞིང་གནོད་འཚེ་ཐེབས་ཡུལ་ཆ་མི་སྙོམས་པ་དང་། སྐྱུད་དབྱིབས་མངོན་པས། འདི་ནི་གསེར་ཁབ་འབུའི་གནོད་འཚེ་ཐེབས་རྗེས་ཀྱི་མངོན་གསལ་དོད་པའི་ཁྱད་ཆོས་ཤིག་ཡིན། འབྲས་བུ་སྨིན་པའི་དུས་སྐབས་སུ། གསེར་ཁབ་འབུ་སྲིན་གྱིས་ད་དུང་འབྲས་བུ་ཟོས་ནས་ཁུང་བུའི་རྨ་ཁ་བཟོས་ན། ནད་འབུ་ནང་དུ་འཇུལ་ནས་རུལ་བར་འགྱུར་རོ།།

འགོག་བཅོས་བྱེད་ཐབས། འབྲི་ཏ་ས་འཛིན་གྱི་འདེབས་འཛུགས་ར་བ་བེད་མེད་དུ་

ལུས་པའི་དུས་སུ། ས་ཞིང་རྫོ་སློག་བྱས་ནས་ཉི་མར་སྐམ་དགོས་པ་དང་། དགུན་བཀྱལ་འབུའི་འབྱུང་ཁུངས་ཇེ་ཉུང་དུ་གཏོང་དགོས། ཞིང་ཁྲིམ་ཙུལ་ལུད་དང་སྐྱེ་དངོས་ཀྱི་སྐྱེ་ལྡན་ལུད་མང་དུ་གཏོར་དགོས། སྨན་རྫས་ཀྱིས་འགོག་བཅོས་ནི་འབྲི་ཏ་ས་འཛིན་ལ་ཙ་སྦྱོས་རྒྱག་པའི་སྐབས་སུ5%ཤིན་ལིའུ་ལིན་རིལ་བུའི་སྨན་རྫས0.1~0.13སྟོང་ཁེ/སྤྱི་ཚེང་ཙ་སྦྱོས་རྒྱག་དུས་ཤུར་ནང་དུ་གཏོར་དགོས། 48%ལེ་སི་པིན་སྦྲིས་མ་པའི་ཡིས1000~2000གཤེར་ཁུ་ཙ་བར་ལྷུག་དགོས། 15%ཏུའུ་སི་པི་རིལ་བུའི་སྨན་རྫས(མུའུ་རེར་ཁེ1000)གཏོར་དགོས། དེའི་རྗེས་སུ་ཆུ་གཏོར་བའམ་ཡང་ན་ཆར་བ་མ་བབས་པའི་སྔོན་དུ་གཏོར་དགོས།

(དྲུག) ལུས་མཉེན་སྲོག་ཆགས།

ནད་རྟགས། འབྲི་ཏ་ས་འཛིན་ལ་གནོད་པ་ཐེབས་པའི་ལུས་མཉེན་སྲོག་ཆགས་ནི་གཙོ་བོ་སྣབས་འབུ་ཡིན་ལ། ལུས་མཉེན་སྲོག་ཆགས་རིགས་ཀྱི་སྣབས་འབུ་ལ་གཏོགས་པ་དང་། སྤྲིལ་བུའི་ནང་ནས་རྒྱུན་དུ་མཐོང་བའི་སྣབས་འབུ་ལ་རི་སྐྱེས་སྣབས་འབུ་དང་ཧྲོང་ཞན་ཧྲི་འབྱར་གཤེར་སྣབས་འབུ་སོགས་ཡོད། སྣབས་འབུ་ནི་སྤྱིར་བཏང་དུ་ཉིན་མོར་སྐུང་ནས་མཚན་མོར་སྐོར་འབུད་པ་དང་། ཉིན་མོར་ཕལ་ཆེ་བ་ཙ་དངོས་ཀྱི་ས་སྦུབས་དང་ས་འབྲུམ། རྩྭ་གསེབ་སོགས་ཀྱི་ནང་དུ་ཡིབ་ནས་བསྡད་ཡོད། གནམ་ངོ་འཐིབས་པའི་གནམ་གཤིས་ལ་འཕྲད་ན་ཉིན་མོར་ཡང་ཕྱི་ལ་ཡོང་ནས་ཟས་ཟ་བ་ཡིན། མུན་ནག་དང་བཞའ་ཚན་གྱི་ཁོར་ཡུག་འོག་ཏུ་ནད་འདི་འབྱུང་བ་དང་གནོད་འཚེ་ཐེབས་པ་ཡིན།

འགོག་བཅོས་བྱེད་ཐབས། སྣབས་འབུ་འགོག་བཅོས(སྣ་ཆུའི་འབུ་ཡང་ཟེར)བྱེད་དུས་སི་ཅུ་དབྱི་ཆོན་རིལ་བུའི་སྨན་རྫས་ཞིང་ནང་དུ་གཏོར་བ་དང་། དེ་ནས་ས་སྦྲོད་ཀྱི་མཚམས་སུ་ལོ་མའི་ངོས་ལ་སི་ཅུས་དབྱི་ཆོན་སྨན་ཕྱེ་གཏོར་ནས་འགོག་བཅོས་བྱེད་པ་དང་ཟུང་འབྲེལ་བྱེད་དགོས། ས་ངོས་ཀྱི་ཕྱོགས་བཞི་ལ་རྫ་ཐལ་གཏོར་ན་གཞན་པའི་སྣབས་འབུ་འཛུལ་བར་སྔོན་འགོག་བྱེད་ཐུབ།

(བདུན) མཚན་འབུ་མི་ལྡེབ་ཀྱི་འབུ་ཕྲུག་སོགས་ཁྲབ་གཤོག་ཅན་གྱི་གནོད་འབུ།

འགོག་བཅོས་བྱེད་ཐབས། ཅ་ལེའི་ཚྭ་རིགས་དཔེར་ན་ཅ་ལེའི་ཚྭ་དང་ཅ་ལེའི་

ཚྭ+གའོ་ཁིལ་དང་དཔྱིན་ཁྲིན་ལེ་སོགས་སྤྱོད་དགོས། ཡང་ན་ཨ་ལེའི་རྩུན་སུའུ་ཡི་རིགས་ཏེ་དཔེར་ན་ཨ་ལེའི་རྩུན་སུའུ་དང་ཨ་ལེའི་རྩུན་སུའུ+གའོ་ཁིལ་སོགས་སྤྱོད་དགོས། ཡང་ན་ལུའུ་ཁྲུན་ཕུན་ཅ་ཤན་ཨེན་སོགས+སྐྱེ་ལྡན་སྦལ་གྱི་རིགས་འདིགས་སྨན་རྫས་སྤྱད་ཀྱང་ཆོག གལ་ཏེ་སྣང་མ་ཡོད་ན་ཨ་ལེ་རྩུན་སུའུ་དང་ལུའུ་ཁྲུན་ཕུན་ཅ་ཤན་ཨེན། ཡང་ན་ཛྷུལ་ཉའོ་སྤྱོད་པར་བསམ་འཆར་བཏོན་པ་ཡིན།

ལེའུ་གསུམ་པ། ཛོད་ཁང་གི་སྐམ་ཁམ།

སྐམ་ཁམ་ལ་ཐའོ་པོ་ཟེའང་ཟེར། སྐམ་ཁམ་ནི་སྤྱིར་བཏང་གི་ཁམ་བུའི(ཤིང་འབྲས་ཀྱི་ཕྱི་ངོས་སུ་སྤུ་འཇམ་པོ་ཡོད་པ)རྒྱུད་འགྱུར་ཞིག་ཡིན་ལ། འདི་ནི་ཤིང་འབྲས་སིལ་ཏོག་ཏུ་གྱུར་པའི་ལོ་མ་ལྷུང་བའི་སྡོང་རིང་ལྡོན་ཤིང་ཆུང་ངུ་ཞིག་ཡིན་པ་དང་། སྐམ་ཁམ་ནི་ཀྲུང་གོ་ནས་ཐོག་མར་ཐོན་ཞིང་ཡ་གླིང་དང་ཨ་གླིང་བྱང་མ་སོགས་སུ་ཁྱབ་ཡོད། ཀྲུང་གོའི་ནུབ་བྱང་ས་ཁུལ་དུ་རི་སྐྱེས་ཀྱི་སྐམ་ཁམ་ཡོད། སྐམ་ཁམ་ནི་ལོ་མ་ལྷུང་བའི་སྡོང་རིང་ལྡོན་ཤིང་གི་ཁོངས་སུ་གཏོགས་པ་དང་། ལོ་མ་ནི་འཛོང་དབྱིབས་དོག་པོ་ནས་ཁབ་དབྱིབས་སུ་མངོན་ལ། རིང་ཚད་ལི་སྨི15དང་ཞེང་ཚད་ལི་སྨི4ཡོད། མེ་ཏོག་ཇོག་གཅིག་མ་ཡིན། མེ་ཏོག་གི་ཁ་དོག་ནི་ཟིང་དཀར་ནས་ཟིང་སྐྱ་དང་ཡང་ན་དམར་པོ་ཡིན། སྐབས་འགར་ཁ་དོག་དཀར་པོའང་ཡོད། ཡུ་ཀང་ཐུང་ངུ་ཡོད་ཅིང་ཚངས་ཐིག་ལི་སྨི4ཡིན། དཔྱིད་མགོའི་དུས་སུ་མེ་ཏོག་བཞད། ཀླུམ་གཟུགས་དང་ཉེ་བའི་ཤིང་འབྲས་ཚི་གུ་ཅན་དང་ཕྱི་ངོས་སུ་སྤུ་འཇམ་པོ་མེད་ལ། ཤ་རྒྱུ་ཟས་རིགས་སུ་ལོངས་སྤྱོད་བྱས་ཆོག ཁ་དོག་སེར་པོ་ནས་དམར་པོ་དང་ཚངས་ཐིག་ལ་ལི་སྨི7.5ཡོད། ཁྲ་ཐིག་དང་ཤུར་རིས་ལྡན་པའི་ནང་སྙིང་ཡོད་པ་དང་། དེའི་ནང་དུ་ཁ་དོག་དཀར་པོའི་ས་བོན་འདུས་ཡོད། ཀྲུང་གོའི་སྐམ་ཁམ་ཐོན་སྐྱེད་བྱེད་ཡུལ་ཙུང་འགོར་ཡོད་དེ། སྔ་དུས་ཀྱི་སོན་རིགས་མང་ཆེ་བ་ནི་ཡོ་རོབ་དང་ཨ་མེ་རི་ཁ་ནས་ནང་འདྲེན་བྱས་ཤིང་ཐྲོ་བ་ཙུང་སྐྱུར་བོ་ཡིན། ཤར་ཕྱོགས་ན་འཚོ་གནས་བྱེད་པའི་མི་རྣམས་ཀྱི་འཇད་སྤྱོད་གོམས་གཤིས་དང་མི་མཐུན་པས། ཐོན་སྐྱེད་ཀྱི་ཐད་ནས་

ཤུགས་རྐྱེན་ཚབས་ཆེན་ཐེབས་ཡོད་ལ། མི་རྣམས་ལ“སྨུམ་ཁམ་ནི་སྨྱུར་པོ་ཡིན”ཞེས་པའི་བག་ཆགས་ཀྱང་བཞག་ཡོད། འོན་ཀྱང་། ཁམ་བུའི་འཚོ་བཅུད་ཀྱི་རིན་ཐང་མཐོ་ཞིང་འཚོ་བཅུད་འདུས་པས། བཟའ་བྱའི་རིན་ཐང་ཆེན་པོ་ལྡན་ནོ།།

གཅིག སོན་རིགས་འདེམ་པ།

སོན་རིགས་འདེམ་སྐབས། ཐོག་མར་ཤིང་ཏོག་གི་རྒྱུ་ཕྲུས་དང་འབྲུག་ཚད། སྨིན་པའི་དུས་སྐབས། ཐོན་ལེགས་རང་བཞིན། གསོག་ཉར་རང་བཞིན་སོགས་ཕྱོགས་མང་པོར་བསམ་བློ་གཏོང་དགོས། འབྲས་བུའི་ཕྲུས་ཚད་ནི་འབྲས་ཏོག་གི་ལྗིད་ཚད་དང་ཚོས་མདོག་མདོན་ཚད། མངར་སྐྱུར་བསྡུར་ཚད། བཞའ་ཚན་རང་བཞིན་གྱི་སྲ་གཟུགས་དངོས་པོ། ཤིང་འབྲས་ཀྱི་ཤ་རྒྱུའི་ཁ་དོག་དང་མཁྲེགས་ཚད་སོགས་ཀྱི་དམིགས་ཚད་ཐོག་ནས་མཚོན་པ་ཡིན། སོན་རིགས་ཀྱི་འབྲུག་གྲང་མཁོ་ཚད་ནི་སྤྱིལ་བུ་བཀབ་ནས་དྲོད་ཚད་འཕར་བའི་དུས་ཚོད་དང་འབྲས་བུ་སྨིན་ནས་ཚོང་རར་བཀྲམ་པ་ལ་འབྲེལ་བ་ཡོད། སྤྱིར་བཏང་དུ་ཀྱང་སྨུམ་ཨང4པ་དང་ཧྲུའུ་གོང་། ཧྲུའི་གོང་ཨང2པ། ཨ་མེ་རི་ཁའི་ཡིའུ–2པ། ཕྲུའུ་ཡུའི་ཧྲུ་སོགས་ཀྱི་མངར་ཆའི་སྨུམ་ཁམ་གྱི་སོན་རིགས་འདེམ་དགོས།

གཉིས། ཞིང་ཁང་གནམ་གསེས།

ས་བབ་ཁོད་སྙོམས་པོ་དང་འཁྱིམ་འགྲུལ་སྟབས་བདེ་ཡིན་པ། ཆུ་ཁུངས་འདང་བ། ས་རིམ་མཐུག་པ། ས་རྒྱུ་གཤིན་པ། ས་རྒྱུའི་སྐྱུར་ལྕའི་ཚད་འབྲིང་བ། ཞིང་སྲུང་སྒྲིག་ཆས་ཆ་ཚང་བའི་ཞིང་ཁང་འདེམ་དགོས།

གསུམ། འདེབས་འཛུགས།

(གཅིག) འདེབས་འཛུགས་བྱེད་ཐབས་དང་སྟུག་ཚད།

ལྷོ་བྱང་ཕྱོགས་སུ་འཕོར་ནས་འདེབས་འཛུགས་བྱེད་དགོས་ཤིང་། སྡོང་ཀང་གི་བར་ཐག་ནི་སྨི1×སྨི1.5དང་ཡང་ན་སྨི1×སྨི2ཡིན་ཞིང་། སྤྱི་ཆེང་རེར་སྡོང་པོ4995~6660(སྡོང་ཀང333~444/མུའུ)འདེབས་འཛུགས་བྱེད་དགོས།

(གཉིས) ས་བོན་སློམས་པ།

ཕྲེང་བསྐར་བར་ཐག་ནི་ཞེང་ལ་སྨི0.8དང་། ཟབ་ཚད་ལ་སྨི0.6ཡོད་པའི་ཡུར་བུ་བརྐོས་ནས་རྩ་སྤྲོས་རྒྱག་དགོས། བརྐོས་ཟིན་པའི་ས་ནི་རུལ་བའི་སྐྱི་ལྷན་ལུད་དང་འདྲེས་སྦྱོར་ལུད་ལ་བསྲེས་སྦྱོར་བྱས་ཏེ་མུའུ་རེར་སྐྱི་ལྷན་ལུད་སྟོང་ཁི3000~4000ཚ་སློམས་སྐོམས་གཏོར་བ་དང་། ཏན་དང་ཤིན། ཙྭ་འདྲེས་ལུད་རྫས་སོགས་སྟོང་ཁི20རྩ་སྤྲོས་རྒྱག་སའི་ཡུར་བུའི་ནང་དུ་འཛོག་དགོས།

(གསུམ) ཟེའུ་འབྲུ་ཕོ་མོ་སྡེབ་སྦྱོར་བྱེད་པའི་སྡོང་པོ་བཀོད་སྒྲིག་བྱེད་པ།

འདེབས་འཛུགས་བྱེད་པའི་སོན་རིགས་གཙོ་བོའམ་ཟེའུ་འབྲུ་ཕོ་མོ་སྡེབ་སྦྱོར་བྱེད་པའི་ཤིང་འབྲས་ཀྱི་དཔལ་འབྱོར་རིན་ཐང་གཅིག་མཚུངས་ཡིན་དུས། ཚད་མཚུངས་ཕྲེང་བསྐར་བཀོད་སྒྲིག་བྱེད་དགོས། དེ་ལྟར་མ་བྱས་ན་སྡོང་རྐང་གི་བར་དུ་ཁྱད་གྲངས་ཤོར་ནས་འདེབས་འཛུགས་བྱེད་པའི་སོན་རིགས་གཙོ་བོ་དང་ཟེའུ་འབྲུ་ཕོ་མོ་སྡེབ་སྦྱོར་བྱེད་པའི་ཤིང་འབྲས་འདེབས་འཛུགས་བྱེད་པའི་བསྡུར་ཚད་ནི4~5 : 1ཡིན། ཏྲོད་ཁང་རེའི་ནང་དུ་སོན་རིགས་ཀྱི་དབྱེ་བ2~3འདེབས་འཛུགས་བྱེད་དགོས།

(བཞི) འདེབས་འཛུགས་བྱེད་ཐབས།

རྒྱུམ་ཁམ་འདེབས་འཛུགས་བྱེད་པའི་དུས་ཡུན་ནི་སྤྱིར་བཏང་དུ་དཔྱིད་ཀ་ཡིན། འདེབས་འཛུགས་མ་བྱས་པའི་སྔོན་ལ་སྡོང་ཕྲུག་ལ་གཟབ་ནན་གྱིས་བསལ་འདེམ་བྱེད་དགོས་པར་མ་ཟད། སྡོང་རྐང་གི་ཆེ་ཆུང་ལྟར་རྩ་ལག་ཆ་ཚང་ཡིན་པའི་གནས་ཚུལ་ལ་གཞིགས་ནས་རིམ་པ་དུ་མར་དབྱེ་དགོས། སོ་སོར་ལྗོ་བྱང་ཕྱོགས་སུ་འཕོར་ནས་འདེབས་འཛུགས་བྱེད་དགོས། ལྷོ་ཕྱོགས་ཀྱི་སྡོང་བོའི་ཕྲེང་བསྐར་དང་པོའི་མདུན་གྱི་སྡོང་རྩར་སྨི1བར་ཐག་ཏུ་མྱུ་གུ་ཆུང་དུ་འཛུགས་དགོས། བྱང་ཕྱོགས་ཀྱི་སྡོང་བོའི་ཕྲེང་བསྐར་གྱང་དང་བར་ཐག་སྨི1.5ཡོད་སར་མྱུ་གུ་ཆེན་པོ་འཛུགས་དགོས། སྡོང་ཕྲུག་རྣམས་འདེབས་འཛུགས་ཡུར་བུའི་དཀྱིལ་དུ་བཞག་ནས་རྩ་ལག་བཀྲམ་པ་དང་། སྡོང་ཕྲུག་ཀྲོང་ངེར་ལངས་སུ་བཙུག་ནས། འཕྲེད་གཞུང་ཕྲེང་བསྐར་བསྒྲིགས་ནས་ས་འདེབས་ཞོར་དང་

སྡོང་རྐང་སྐྱུལ་ཞོར་བྱས་ཏེ་བཅག་གནོན་བྱེད་དགོས། ས་བཀབ་རྗེས་མྱུར་དུ་ཆུ་གཏོང་བ་དང་། ཆུ་བཏང་ཚར་རྗེས་འགྲིག་ཁུག་བཀབ་ནས་བརྟན་སྲུང་བྱེད་དགོས། འདེབས་འཛུགས་ཀྱི་ཟབ་ཚད་ནི་མཐུད་ཁ་ལས་ཅུང་མཐོ་བའི་ས་ངོས་ཚད་གཞིར་འཛིན་པ་དང་། འདེབས་འཛུགས་བྱས་རྗེས་མྱུར་དུ་ཡལ་བཞར་བརྒྱབ་ནས་སྡོང་རྐང་གཙོ་བོ་གཏན་འཁེལ་བྱེད་དགོས། སྡོང་རྐང་གི་མཐོ་ཚད་ནི་མདུན་ཕྱོགས་ལི་སྨི30~40དང་། རྒྱབ་ཕྱོགས་ལི་སྨི50~60ཡིན་པས་གཟར་ངོས་གྲུབ་པ་ཡིན། ནྡོད་ཁང་ཁྲོན་ཡོངས་ལ་བརྟེན་ནས་འོད་ཟེར་འཕྲོ་བ་དང་དོ་དམ་བྱེད་དགོས།

བཞི། ཆུ་ལུད་དོ་དམ།

(གཅིག). ས་རྒྱུའི་དོ་དམ།

ལོ་རེའི་སྟོན་དུས་སུ་གཏིང་ལུད་འཇོག་པ་དང་ཟུང་འབྲེལ་བྱས་ནས་ཕྲེང་བསྐར་རྣམས་གཏིང་ཟབ་པོར་སློག་དགོས། ཟབ་ཚད་ལི་སྨི40ཡས་མས་དགོས། དུས་རྒྱུན་དུ་ཡུར་མ་ཡུར་ནས་རྩྭ་ལྷུམ་མེད་པར་བཟོས་ཏེ། ས་རྒྱུ་སོབ་སོབ་དང་རྩྭ་ལྷུམ་མེད་པར་སྲུང་འཛིན་བྱེད་པ་དང་། ཡུར་མ་ཡུར་བའི་གཏིང་ཚད་ལི་སྨི5~10ཡིན།

(གཉིས) ལུད་འཇོག་པ།

1. སྟོན་ཁར་གཏིང་ལུད་འཇོག་པ།

ཟླ9པའི་ཟླ་དཀྱིལ་དང་ཟླ་སྨད་དུ་སྐྱི་ལྡན་ལུད་འདང་ངེས་ཤིག་འཇོག་དགོས། ལུད་འཇོག་ཚད་ནི་མུའུ་རེར་ནྡོད་ཁང་ནང་དུ་སྐྱི་ལྡན་ལུད་སྟོང་ཁེ4000~6000གཏོར་བ་ཡིན་ལ། སྐྱི་ལྡན་ལུད་ནི་ཕྲ་ཞིབ་ཡིན་དགོས་ཤིང་ས་རྒྱུ་དང་བསྲེས་སྦྱོར་སྙོམས་པོར་བྱེད་དགོས། དེའི་ནང་དུ་སྟོང་ཁེ40ཀའོ་ལིན་སོན་ཀལ་དང་སྟོང་ཁེ2ཏི་ཚ་ལུད། སྟོང་ཁེ2ཚ་ལ་ལུད་བསྲེས་ནས་འཇོག་དགོས།

2. ལུགས་མཐུན་སྐོམ་སྐྱེང་ལུད་འཇོག་པ།

འབྲས་བུ་ཐོགས་པའི་དུས་མགོ་དང་འབྲས་བུ་ཐོགས་པའི་དུས་སྐབས། འབྲས་བུ་བཏྲ་བརྡུ་དང་ཡལ་བཞུར་བརྒྱབ་པའི་རྗེས་སོགས་ཐེངས་གསུམ་ལ་བགོས་ནས་སྐྱེང་ལུད་

འཛོག་དགོས་ཤིང་། ཐེངས་རེར་སྤོང་བོ་རེར་གཅིན་རྒྱ་ཁེ50དང་ཡིན་སོན་ཨེར་ཆིང་ཙྭ་ཁེ50གཏོར་དགོས། མེ་ཏོག་བཞད་རྗེས་ཀྱི་གཟའ་འཁོར་གཉིས་ཀྱི་རྗེས་སུ། 0.2%གཅིན་རྒྱ་དང0.2%ཡིན་སོན་ཨེར་ཆིང་ཙྭ། 0.2%ཀོང་ཧྲོ་བའི་ལྡུད། གཟའ་འཁོར་གཉིས་རེའི་ནང་དུ་ཐེངས་རེར་གཏོར་བ་དང་། བསྡོམས་པས་ཐེངས3~4གཏོར་དགོས། ཤིང་འབྲས་བཟང་བསྐྱུ་བྱས་རྗེས་ཡལ་ག་གསར་བ་སྐྱེས་པ་དང་། དུས་ཐོག་ཏུ་ལོ་མའི་ངོས་སུ་ལྡུད་རྫས་གཏོར་བ་དང་ཉིན5~7བར་ནས་ཐེངས་རེར་གཏོར་དགོས། སྤེལ་སྦྱོར་བྱེད་ཚུལ་ནི་གཅིན་རྒྱ0.3%དང་ཡིན་སོན་ཨེར་ཆིང་ཙྭ0.3%འཛོག་དགོས།

3. རྩི་ཤིང་སྐྱེ་འཚར་སྙོམ་སྒྲིག་སྨན་རྫས་སྤྱད་ནས་སྤོང་བོའི་སྐྱེ་སྟོབས་ཚོད་འཛིན་བྱེད་པ།

ལོ་རེའི་ཟླ7པའི་ཟླ་དཀྱིལ་ནས་མགོ་ཚུགས་ཏེ། ལོ་མའི་ངོས་སུ15%ཏུའོ་ཞའོ་ཅའོ་པའི་ཡིས300~500གཤེར་ཁུ་གཏོར་བ་དང་ཐེངས2~3ལ་གཏོར་དགོས། བར་མཚམས་ཀྱི་དུས་ཡུན་ནི་ཉིན10~15ཡིན། སྤོང་བོའི་སྐྱེ་འཚར་བཟང་ན་ཐེངས3གཏོར་བ་དང་། ཕྱིར་བཏང་གི་སྤོང་བོ་ལ་ཐེངས1~2གཏོར་དགོས། སྤོང་བོའི་སྐྱེ་སྟོབས་ཞན་ན་གཏོར་མི་དགོས།

(གསུམ) ཆུ་གཏོང་བ།

ཟླ7པའི་ཟླ་མགོའི་སྔོན་ལ་ལྡུད་གཏོར་བ་དང་ཆབས་ཅིག་ཏུ་ཆུ་ཡང་གཏོང་དགོས། ཆུ་གཏོང་བའི་དུས་ཚོད་ནི་སྔ་དྲོའམ་ཡང་ན་ས་སྲོད་ཡིན་ན་བཟང་། ཆུ་ཉུང་དུ་བཞུར་དུ་བཅུག་ནས་གཏོང་དགོས། ཞིང་ནང་དུ་ཆུ་གཏོང་ཚད60%~70%རྒྱུན་འཁྱོངས་བྱེད་དགོས། ཟླ7པའི་ཟླ་དཀྱིལ་ནས་བཟུང་ཆུ་གཏོང་ཚད་ལ་ཚོད་འཛིན་བྱེད་དགོས་ཤིང་། ཐན་སྐམ་མ་བྱུང་ན་གཏོང་མི་དགོས། སྟོན་དགུན་གྱི་དུས་སུ་ཆུ་འདང་ངེས་ཤིག་གཏོང་དགོས།

ལྔ། སྤོང་དབྱིབས་ལེགས་བཅོས་དང་ཡལ་བཞུར་རྒྱག་པ།

(གཅིག) སྤོང་དབྱིབས་ལ་འཚམ་པ།

ཉི་འོད་དྲོད་ཁང་གི་སྒྲུམ་ཁམ་ནི་རང་བྱུང་ལ་དུངས་པའི་སྤོང་དབྱིབས་ལ་འཚམ་པ་དང་། མདུན་ཕྱོགས་ཀྱི་མཐོ་ཚད་ལི་སྨི20~30དང་རྒྱབ་ཕྱོགས་ཀྱི་མཐོ་ཚད་ལི་སྨི40~50ཡིན་

ཞིང་གཟར་ངོས་གྲུབ་པ་ཡིན། སྔོང་དབྱིབས་ཀྱི་ཁྱད་ཆོས་ནི་ཡལ་ག་གཙོ་བོའི་གྲངས་ཀ3~4ཡིན། རིམ་པ་གཅིག་གི་ནང་དུ་ཆ་སྙོམས་ཀྱིས་ཁྱབ་ཅིང་། ཡལ་ག་གཙོ་བོའི་སྟེང་དུ་ཐད་ཀར་འབྲས་བུ་ཐོགས་པ་དང་ཡན་ལག་སྐྱེ་བཞིན་ཡོད།

(གཉིས) རྩ་སྒྱོས་རྒྱག་པའི་ལོ་དེར་ཡལ་བཞུར་རྒྱག་པ།

1. དབྱར་ཁར་ཡལ་བཞུར་རྒྱག་པ།

སྐྱེ་འཚར་དུས་སུ་རྩ་བའི་སྟེང་དུ་སྐྱེས་པའི་གསར་བྱུང་ཡལ་ག་གཙོད་དགོས། ཡལ་ག་གསར་བ་སྐྱེ་འཚར་བྱུང་ནས་ལི་སྨི30ཡས་མས་སུ་སླེབ་དུས། འཁོར་ཕྱོགས་མི་འདྲ་བའི་ཡལ་ག3~4བདམས་ནས་ཡན་ལག་གཙོ་བོ་བྱས་ཏེ་སྟེང་པོ་ལེན་པའམ་རྩེ་བཏོག་དགོས། རྩེ་བཏོག་ནས་ཡལ་ག་གཙོ་བོར་ཟུར་བྱུང་ཡལ་ག་ཐེངས་གཉིས་པ་སྐྱེས་ནས་ལི་སྨི20ལ་སླེབ་དུས། ཡལ་ག་གཙོ་བོའི་ཡན་ལག་སྐྱེས་ནས་ལི་སྨི50~60ལ་སླེབ་དུས། ཐེངས་གཉིས་པར་སྟེང་པོ་ལེན་པའམ་རྩེ་བཏོག་དགོས།

2. དགུན་ཁར་ཡལ་བཞུར་རྒྱག་པ།

དགུན་ཁར་ཡལ་བཞུར་རྒྱག་དུས"ཡལ་ག་ཇེ་ཉུང་དང་ཡལ་ག་རིང་པོ་འཇོག་པའི"རྩ་དོན་ལྟར། རྐང་འཛིན་ཡལ་གའི་སྟེང་གི་འབྲས་བུའི་ཡལ་ག་རིང་པོ་བྱིལ་ནས། མེ་ཏོག་མེད་ཅིང་སྐྱེ་འཚར་བཟང་བའི་འཚོ་བཅུད་ལྡན་པའི་ཡལ་ག་དང་ནད་འབུ་ཅན་གྱི་ཡལ་ག སྟུག་ཚད་ཆེ་བའི་ཡལ་ག ཡལ་ག་རིམ་བརྩེགས་ཅན། ཟུར་སྐྱེས་ཡལ་ག་སོགས་མེད་པར་བཟོས་ནས་ཡལ་གའི་གྲངས་ཀ་ནི་སྤྱིའི་བསྡོམས་འབོར་གྱི10%ཡས་མས་སུ་ཚོད་འཛིན་བྱེད་པ་དང་། རྐང་འཛིན་ཡལ་ག་རིང་བ་བཞུར་ནས་ཟུར་སྐྱེས་ཡལ་གའི་འབྲས་བུ་ཐོགས་པའི་ཡལ་ག་འཁྲིད་པའམ་རིང་པོ་ཟུར་འཇོག་བྱེད་དགོས། འཕུམ་པ་དང་ཐུར་དུ་གུག་པའི་སྐྱེ་སྟོབས་ཞན་པའི་ཡལ་ག་ཆུང་དུ་རྣམས་གཙོད་གཏུབ་བྱེད་དགོས།

(གསུམ) འབྲས་ཐོགས་སྔོང་བོར་ཡལ་བཞུར་རྒྱག་པ།

"དགུན་ཁར་ཉུང་འཇོག་དང་དཔྱིད་ཀར་བསྐྱར་བཞུར། དབྱར་དུས་གསར་སྤྱུར། སྟོན་དུས་ཚོད་འཛིན"སོགས་ཀྱི་ཡལ་བཞུར་རྒྱག་པའི་ཐབས་ཤེས་སྤྱད་དེ། སྐྱེ་སྟོབས་ཆེ་

བའི་ཐེངས་གཅིག་ཡལ་ག་སྐྱེད་སྲིང་བྱེད་པ་དང་། ཐེངས་གཅིག་ཡལ་ག་སྲུད་ནས་འབྲས་བུ་ལེན་དགོས།

1. སྤྱིལ་བུ་མ་གཡོགས་པའི་སྟོན་ལ་ཡལ་བཞུར་རྒྱག་པ།

སྤྱིལ་བུ་མ་གཡོགས་པའི་སྟོན་གྱི་དགུན་ཁའི་ཡལ་བཞུར་རྒྱག་པའི་རྩ་དོན་ནི་དགུན་དུས་ཇེ་ཉུང་དུ་བཏང་ནས་འཇོག་པ་སྟེ། “ཡལ་ག་ཉུང་འཇོག་དང་འབུམ་གཅོད་ཉུང་བ། འབྲས་ཐོགས་ཡལ་ག་སོར་འཇོག འབྲས་བུ་ཇེ་ཉུང་དུ་བཏང་ནས་འཇོག་པ་གཙོར་འཛིན་དགོས། ཡལ་ག་མང་པོ་མི་འཇོག་པར་ཡལ་ག་རྐྱང་མའི་སྟེང་དུ་འབྲས་བུ་སྨིན་པར”སྐྱུལ་འདེད་བྱེད་དགོས་ཤིང་། སྐྱེ་འཚར་བཟང་བའི་ཡལ་ག་རིང་པོའི་ཟུར་སྐྱེས་ཡལ་ག ཐེངས་མང་པོར་འབྲས་བུ་སྨིན་པའི་ཡལ་ག ཡལ་གའི་སྐྱེ་འཚར་སྡུག་པ། སྐྱེ་སྟོབས་ཞན་པའི་ཡལ་ག་ཆུང་ངུ་རྣམས་གཅོད་པའམ་གཏུབ་ནས་མེད་པར་བཟོ་དགོས། སོར་འཇོག་བྱས་པའི་འབྲས་ཐོགས་ཡལ་ག་རྣམས་ཇེ་ཉུང་དུ་གཏོང་ཚད་སྙོམས་པོར་འཇོག་དགོས། ཡལ་ག་གཙོ་བོ་རེའི་ལི་སྨི15~20བར་དུ་ཡལ་ག་རེ་དང་ཡོངས་སུ་སྐྱེས་པའི་ཡལ་གའི་སྟེང་དུ་ལི་སྨི10རེའི་བར་དུ་ཡལ་ག་རེ་འཇོག་དགོས། དབྱར་ཁར་གསར་བྱུང་ཡལ་ག་ཆུང་ངུ1~2འཇོག་དགོས་ཤིང་། གཞན་པ་རྣམས་ཇེ་ཉུང་དུ་བཏང་ནས་ཐར་ཐོར་དུ་འཇོག་དགོས།

2. དཔྱིད་དུས་སུ་ཡལ་བཞུར་རྒྱག་པ།

དཔྱིད་ཀར་བསྐྱར་དུ་ཡལ་བཞུར་རྒྱག་པ། སྣུམ་ཁམ་སྒྲིག་བཀོད་འདེབས་འཛུགས་བྱས་ན་ལོ་གསར་བ་མ་ཚོས་པའི་སྟོན་ལ་མེ་ཏོག་བཞད་པ་ཡིན། མེ་ཏོག་བཞད་རྗེས་དྲོད་ཚད་འཕར་བ་དང་བསྟུན་ནས་སྐྱེ་འཚར་ཡང་ཇེ་ལེགས་སུ་འགྲོ་བས། དུས་ཐོག་ཏུ་སོག་ལེའི་ཁའི་སྨྱུ་གུ་རྣམས་བྱིལ་དགོས། འབྲས་བུ་མེད་པའི་ཡལ་ག་དང་སྐྱེ་འཚར་ཚད་ལས་བརྒལ་བའི་ཡལ་ག འབུམས་ཚད་བརྒལ་བའི་ཡལ་ག་སོགས་ཇེ་ཉུང་དུ་གཏོང་དགོས། ལྷག་པར་དུ་བཟ་བསྡུ་མ་བྱས་པའི་གཟའ་འཁོར2~3སྔོན་ལ་འབྲས་བུར་ཚོས་མདོག་མདོན་པའི་སྐབས་སུ། དེ་བས་ཀྱང་ཡལ་བཞུར་རྒྱག་ཤུགས་ཇེ་ཆེར་བཏང་སྟེ། འབྲས་བུ་ཡན་གྱི་སྨྱུ་གུ་གསར་བ་ཚང་མ་གཅོད་དགོས། ཡལ་ག་གཙོ་བོའི་སྟེང་གི་གསར་བྱུང་ཡལ་ག་རྣམས་ཇེ་

ཞུང་དུ་བཏང་ནས་རིང་པོར་སྐྱེས་པ་རྣམས་སོར་འཇོག་བྱེད་དགོས། སུ་མཐུད་དུ་ཟུར་སྐྱེས་ཡལ་ག་དང་སྐྱེ་འཚར་ཚད་ལས་བརྒལ་བའི་ཡལ་ག་སོགས་ཕན་མེད་ཡལ་ག་རྣམས་གཙང་སེལ་བྱས་ཏེ། ཉི་འོད་འགྲོ་བའི་ཁོར་ཡུག་ལེགས་བཅོས་བྱས་ནས་ཟད་གྲོན་ཉུང་འཕྲི་དང་། འཚོ་བཅུད་གཅིག་སྡུད་བྱས་ན་འབྲས་བུ་ལ་མདོག་བྱུག་པ་དང་འབྲས་བུ་ཇེ་ཆེར་འཕེལ་བར་ཕན་པ་ཡོད་དོ།།

3. དབྱར་དུས་སུ(འབྲས་བུ་བཟ་བསྡུ་བྱས་རྗེས)ཡལ་བཞུར་རྒྱག་པ།

ཟླ5པའི་ཟླ་སྨྲོད་དམ་ཟླ་དཀྱིལ་དུ་འབྲས་བུ་བཟ་བསྡུ་བྱས་ཚར་རྗེས། སྤྱིལ་བུའི་སྒོ་མོ་དུས་ཐོག་ཏུ་མི་བཤུ་བར་སྤྱིལ་བུའི་ནང་གི་དྲོད་ཚད་ཅུང་མཐོན་པོ་ཁག་ཐེག་བྱེད་དགོས། སྣུམ་ཁམ་གྱི་ལོ་དེའི་ཡལ་གར་ལོ་དེར་མེ་ཏོག་བཞད་པའི་ཁྱད་ཆོས་བེད་སྤྱད་ནས་མྱུར་དུ་གསར་སྐྱུར་ཆེན་པོ་བྱེད་དགོས། ཚད་གཞི་ནི་སྔོང་རྐང་གཙོ་བོའི་ཡལ་ག་བཞུར་ནས་དབྱུག་པ་ལྟ་བུར་གཏོང་བ་དང་། ཟུར་སྐྱེས་ཡལ་གའི་སྟེང་དུ་ཕུར་བ་ཚུང་ངུ་དང་འབྲས་བུ་ཐོགས་པའི་ཡལ་གའི་སྟེང་དུ། གོང་རིམ་གྱི་རྩེ་མོའི་ཡལ་ག་མི་འགྱུལ་བར་སོར་འཇོག་བྱེད་དགོས། བྱེད་ཐབས་ནི་ཡན་ལག་གཙོ་བོར་བར་གསེང་འདང་ངེས་ཤིག་འཇོག་པའམ་ལོ་འདབ་ཀྱི་བར་གསེང་འཇོག་མཚམས་ལི་སྨི50ཡས་མས་ཀྱི་མཚམས་སུ་ཡལ་ག་ཞན་པ་ཞིག་བདམས་ནས་སྟེ་ཁྲིད་དེ་སླར་ཡང་ཕྱིར་འཕྲུམ་པར་བྱེད་པ་དང་། འབྲས་བུ་ཐོགས་པའི་ཡལ་གར་ལི་སྨི10ཡས་མས་བཞག་ནས་ཕྱིར་འཕྲུམ་བྱེད་དགོས། སྔོམ་པའམ་སྐྱེ་འཚར་ཆེ་དྲགས་པའི་ཡན་ལག་གཙོ་བོ་ནི་རྩ་བའི་ཡན་ལག་རྒྱུས་སར་ཕྱིར་འཕྲུམ་བྱེད་ཅིང་། སྟུག་པོར་སྐྱེ་དུས་ཇེ་ཞུང་དུ་གཏོང་བ་དང་། སྐྱེ་སྟོབས་རྒྱས་པའི་ཡལ་ག་གསར་བའི་སྐྱེ་ཚད་སྟུག་ན་ཇེ་ཞུང་དུ་གཏོང་དགོས། ཐར་ཐོར་ཡིན་ན་མྱུ་གུ1~2བཞག་ནས་ཇེ་ཐུང་དུ་བཏང་སྟེ་གཙོད་དགོས། སྐྱེས་མཚམས་ཆད་པའི་ཡལ་ག་རིང་པོ་སྦྱིར་བཏང་དུ་སོར་འཇོག་བྱེད་དགོས།

མྱུ་གུའི་གནས་ཚུལ་ལ་གཞིགས་ནས་ཡལ་ག་གཏན་འཁེལ་བྱེད་པ། ཡལ་བཞུར་བརྒྱབ་པ་དང་གསར་དུ་བཟེ་བའི་ཡལ་ག་གཙོ་བོའི་སྟེང་དུ་ལི་སྨི10~15བར་མཚམས་ནས་

ཡལ་ག་རེ་འཇོག་པ་དང་། འབྲས་བུའི་ཡལ་གའི་སྟེང་དུ་སྦུ་གུ1~2འཇོག་དགོས། ཡལ་ག་གསར་བ་ཐུང་གཅོད་བྱས་རྗེས་སྦུ་གུ་འབུས་པའི་གནས་ཚུལ་ལ་བལྟས་ནས་སྦུ་གུ་འབུས་ཚད་ཐར་ཐོར་ཡིན་ན་སོར་འཇོག་དང་སྟུག་པོ་ཡིན་ཇེ་ཉུང་དུ་གཏོང་དགོས། སྦུའུ་རེར་སྦུ་གུ་ཁྲི3~4འཇོག་པ་དང་ལྷག་མ་རྣམས་སྔ་མོ་ནས་འབྲེག་གཅོད་བྱས་ཏེ། ཡལ་ག་ཐར་ཐོར་དང་ཆུང་རྒྱག་ཐུག་པར་ཁག་ཐེག་བྱེད་དགོས། སོར་འཇོག་བྱས་པའི་སྦུ་གུ་ནི་ཕྱི་ལོའི་འབྲས་བུ་ཐོགས་པའི་ཡལ་ག་ཡིན།

4. སྟོན་དུས་ཀྱི་ཡལ་བཞུར་རྒྱག་པ།

སྟོན་དུས་ཚོད་འཛིན་བྱེད་པའི་དམིགས་ཡུལ་ནི་བྱེད་ཐབས་སྣ་ཚོགས་སྤྱད་ནས་བདམས་འཇོག་བྱས་པའི་ཡལ་ག་གསར་བ་སྐྱེ་འཚར་རྒྱས་དྲགས་པའི་གནས་ཚུལ་མི་འབྱུང་བ་དང་ཡལ་ག་ཐེངས་གཉིས་པ་མི་ཐོན་པའི་ཆེད་དུ་ཡིན། ཟླ8པའི་ནང་དུ་ཡལ་ག་གསར་བ་སྔར་བཞིན་སྐྱེ་འཚར་རྒྱས་དྲགས་ན་སུ་མཐུད་དུ་ཏའོ་ཞའོ་ཅའོ་གཏོར་ནས་ཚོད་འཛིན་བྱེད་དགོས། ཡལ་ག་ཐེངས་གཉིས་པ་དང་ལོ་མའི་སྐྱེ་འཚར་རྒྱས་དྲགས་པའི་ཡལ་ག ཡལ་ག་སྟུག་པོ། ཡལ་ག་རྒྱས་དྲགས་པ་སོགས་དུས་ཐོག་ཏུ་མེད་པར་བཟོ་དགོས། ཟུར་ཚད་ཆུང་བའི་ཡལ་ག་ཡིན་ན་ལག་པས་བཟུང་ནས་འཁྱིད་པ་དང་ཡང་ན་སྐྱེ་འཚར་ཁ་ཕྱོགས་སྒྱུར་དགོས་པར་མ་ཟད། ཆུ་དང་ལུད་ཚོད་འཛིན་བྱས་ཏེ་སྐྱེ་འཚར་ཚོད་འཛིན་འབྱུང་བར་གཞོགས་འདེགས་བྱེད་དགོས། ཟླ9པར་སྐྱེ་ལྡན་ལུད་མང་དུ་འཇོག་པ་དང་ཤུར་བུ་བཀོས་ནས་རྩ་བ་བཅད་དེ་སྐྱེ་འཚར་རྒྱས་དྲགས་པར་ཚོད་འཛིན་བྱེད་དགོས། སྐྱེ་འཚར་མཚམས་མ་ཆད་པའི་ཡལ་ག་གསར་བ་ཡོད་ན་ཡང་བསྐྱར་རྩེ་བཏོག་དགོས་པ་དང་སྐྱེ་འཚར་སྟུག་པ་རྣམས་ཇེ་ཉུང་དུ་བཏང་ནས་སུ་མཐུད་དུ་སྐྱེ་སྟོབས་ཚོད་འཛིན་དང་སྐྱེ་འཚར་གཏན་འཇགས་ཡོང་བར་སྐུལ་འདེད་བྱེད་པ་དང་ཉི་འོད་འཕྲོ་བའི་ཁོར་ཡུག་ཇེ་ལེགས་སུ་བཏང་ནས། ཡལ་ག་སྐྱེ་སྟོབས་ལྡན་པ་དང་སྦུ་གུ་རྒྱས་པར་ཁག་ཐེག་བྱེད་དགོས།

དྲུག ཐོད་ཚད་ངོ་དམ།

(གཅིག) དུས་མཐུན་སྙོམས་སྒྲིལ་བྱ་འགེབས་པ།

ཡོ་མ་ལྷུང་རྗེས། ཟླ11པའི་ཟླ་མགོར་དྲོད་ཁང་སྟེང་དུ་སྐྱི་མོས་གཡོགས་དགོས་ཤིང་། ཉིན་མོར་རྩ་ཡོལ་བཀབ་ནས་བསིལ་གྲིབ་ཆགས་པར་བྱེད་པ་དང་། རླུང་རྒྱུག་སའི་སྒོ་བསྐྱབ་ནས་དྲོད་ཚད་ཅི་དམའ་རུ་གཏོང་དགོས། མཚན་མོར་རྩ་ཡོལ་ཕྱེ་པའམ་རླུང་རྒྱུག་སའི་སྒོ་ཕྱེ་ནས་དྲོད་ཚད་ཇེ་དམའ་རུ་གཏོང་དགོས། དྲོད་ཚད་དམའ་མོ་བརྒྱུད་ནས་དགུན་ཉལ་གཏོར་དགོས། དྲོད་ཚད0~7.2℃ཚོད་འཛིན་བྱེད་དགོས། ཉིན35~40ཡི་ནང་དུ་འཁྱག་ཚད་ཀྱི་དགོས་མཁོ་སྐོང་ཐུབ་ཚེ་དགུན་ཉལ་གྱི་དུས་ཚོད་མེད་པར་བཟོ་ཐུབ། དྲོད་ཁང་གི་དྲོད་ཚད་མ་འཕར་གོང་གི་ཉིན20སྔོན་ལ་འདེབས་འཛུགས་བྱེད་སའི་དྲོད་ཁང་ནང་གི་ས་ཞིང་གཏིང་ཐུང་སྐོས་བསློགས་ནས། ཆུ་ལུད་ཁེབས་སའི་གནས་སམ་ཡང་ན་ས་ངོས་ཚང་མར་འཁྱིག་ཁུག་བཀབ་ནས་སའི་དྲོད་ཚད་ཇེ་མཐོར་གཏོང་དགོས།

(གཉིས) མེ་ཏོག་མ་བཞད་པའི་སྔོན་གྱི་དྲོད་ཁང་གི་དྲོད་ཚད་དོ་དམ།

ཟླ12པའི་ཟླ་དཀྱིལ་ནས་དྲོད་ཚད་རྒྱས་ཤིང་། ཉིན་མོར་རྩ་ཡོལ་ཅུང་ཤས་ལས་བཤུ་མི་དགོས་ཤིང་། མདུན་གྱི་རྩ་ཡོལ་ཁ་ཤས་ཡར་བཏེགས་ནས་མཚན་མོའི་དྲོད་ཚད6~8℃དང་ཉིན་མོའི་དྲོད་ཚད13~15℃ཚོད་འཛིན་བྱེད་དགོས། 0~10ལི་སྨིའི་སའི་དྲོད་ཚད་ཏ་ལམ5~13℃ཉིན5~7ལ་ཚོད་འཛིན་བྱེད་དགོས། དུས་དཀྱིལ་དུ་དྲོད་ཚད་ཇེ་མཐོར་འགྲོ་བ་དང་། རྩ་ཡོལ་ཁག་ཅིག་འཐེན་ནས་མཚན་མོའི་དྲོད་ཚད7~10℃དང་ཉིན་མོའི་དྲོད་ཚད16~18℃ཚོད་འཛིན་བྱེད་དགོས། 0~10ལི་སྨིའི་སའི་དྲོད་ཚད་ཏ་ལམ14~18℃ཉིན5~7ལ་ཚོད་འཛིན་བྱེད་དགོས། དུས་མཇུག་ཏུ་དྲོད་ཚད་ཇེ་མཐོར་སོང་སྟེ། ཉིན་དཀར་རྩ་ཡོལ་མང་ཙམ་འཐེན་ཞིང་། དྲོད་ཚད་མཐོ་དྲགས་ན་གོང་ཕྱོགས་ཀྱི་རླུང་སྒོ་ཕྱེ་ནས་དྲོད་ཚད་ཇེ་དམའ་རུ་གཏོང་དགོས། མཚན་མོའི་དྲོད་ཚད7~10℃དང་ཉིན་མོའི་དྲོད་ཚད20~23℃ཚོད་འཛིན་བྱེད་དགོས། 0~10ལི་སྨིའི་སའི་དྲོད་ཚད་ཏ་ལམ14~20℃བར་ཏེ་ཁམ་སྔོང་གི་མེ་ཏོག་བཞད་པའི་བར་དུ་བསྐུད་མར་ཉིན16~20ལ་ཚོད་འཛིན་བྱེད་དགོས།

(གསུམ) མེ་ཏོག་བཞད་པའི་དུས་དང་མེ་ཏོག་བཞད་རྗེས་ཀྱི་དྲོད་ཁང་གི་དྲོད་ཚད།

མེ་ཏོག་བཞད་པའི་དུས་སྐབས་ཀྱི་མཚན་མོའི་དྲོད་ཁང་གི་དྲོད་ཚད10~12℃དང་

ཉིན་མོའི་དྲོད་ཚད20~22℃ སའི་དྲོད་ཚད14~20℃ཡིན། མེ་ཏོག་བཞད་རྗེས་ཀྱི་གཟའ་འཁོར4ཡི་ནང་དུ་དྲོད་ཁང་གི་དྲོད་ཚད་ནི8~26℃ཡིན། མེ་ཏོག་བཞད་རྗེས་ཀྱི་གཟའ་འཁོར6~9ཡི་ནང་དུ་དྲོད་ཁང་གི་དྲོད་ཚད་ནི10~28℃ཡིན། བཟ་བསྡུ་མ་བྱས་པའི་སྔོན་གྱི་ཟླ་གཅིག་གི་ནང་གི་དྲོད་ཚད15~30℃ཡིན།

(བཞི) དུས་བསྟུན་སྔོས་སྐྱེ་མོ་བཤུ་བ།

འབྲས་བུ་བཟ་བསྡུ་བྱས་རྗེས་ཀྱི་ཉིན7~15ནང་དུ། ཉིན་མོར་དྲོད་ཁང་གི་ཕྱོགས་གསུམ་གྱི་རླུང་རྒྱུག་སའི་སྒོ་ཕྱེ་ནས། མདུན་ཕྱོགས་ཀྱི་ཡོལ་བ་ཕྱེ་སྟེ་བར་སྐྱེད་དུ་བཤུས་ནས་རླུང་རྒྱུག་ཚད་ཇེ་མཐོར་བཏང་ན། དྲོད་ཁང་ནང་གི་དྲོད་ཚད་དུས་སྔའི15~30℃ནས་མར་བབས་ནས10~25℃བབས་པས། དྲོད་ཁང་ནང་གི་དྲོད་ཚད་རིམ་གྱིས་དྲོད་ཁང་ཕྱིའི་དྲོད་ཚད་དང་འདྲ་མཚུངས་སུ་འགྱུར་བ་ཡིན། ཕྱི་རོལ་གྱི་ཉིན་རེའི་ཆ་སྙོམས་དྲོད་ཚད15~20℃ལ་སླེབ་སྐབས། དྲོད་ཁང་གི་སྐྱེ་མོ་བརྩོལ་ནས་ཁམ་སྟོང་གི་ཞིས་བཟོས་ཁོར་ཡུག་ནས་རང་བྱུང་ཁོར་ཡུག་གི་སྐྱེ་འཚར་སྣར་གསོ་བྱེད་དགོས།

(ལྔ) དྲོད་ཁང་གི་དྲོད་ཚད་དང་རླན་ཚད།

དྲོད་ཁང་གི་སྐྱེ་མོ་གཡོགས་པ་ནས་མེ་ཏོག་མ་བཞད་པའི་སྔོན་དུ། དྲོད་ཁང་ནང་གི་མཁའ་རླུང་གི་བཞའ་ཚན70%~80%ཡིན། མེ་ཏོག་བཞད་པའི་དུས་སུ་བཞའ་ཚན40%~50%རྒྱུན་འཁྱོངས་བྱེད་དགོས། མེ་ཏོག་བཞད་པའི་རྗེས་ནས་འབྲས་བུ་སྨིན་ཏེ་འབྲས་བུ་བསྡུ་བའི་དུས་སྐབས་ཀྱི་དྲོད་ཁང་གི་བཞའ་ཚན60%མན་དུ་རྒྱུན་འཁྱོངས་བྱེད་དགོས། དྲོད་ཁང་ནང་གི་བཞའ་ཚན་མཐོ་དྲགས་པའི་སྐབས་སུ། རླུང་བཏང་སྟེ་བཞའ་ཚན་སེལ་དགོས། དུས་མགོར་ཆུ་བཏང་རྗེས་འགྲིག་ཁུག་བཀབ་ནས་དྲོད་ཁང་གི་བཞའ་ཚན་ཇེ་དམའ་རུ་གཏོང་དགོས།

བདུན། མེ་ཏོག་དང་འབྲས་བུའི་དོ་དམ།

(གཅིག) ཟེའུ་འབྲུ་ཕོ་མོ་སྦེལ་སྦྱོར་བྱེད་པ།

འདེབས་འཛུགས་བྱེད་སྐབས་སོན་རིགས་ཀྱི་མེ་ཏོག་གི་ཟེའུ་འབྲུ་ཕོ་མོ་སྦེལ་སྦྱོར་

ལ་བརྟེན་པ་ལས་གཞན། ཐོད་ཁང་ནང་གི་མཁའ་རླུང་འགྲོ་རྒྱུག་ཞན་པ་དང་། མེ་ཏོག་གི་རྩལ་རྫོག་འཐོར་བས་ཀྱང་ཚོད་འཛིན་ཐེབས་པས། ཟེའུ་འབྲུ་ཕོ་མོ་སྦྱེལ་སྦྱོར་བྱེད་པའི་སོལ་རིགས་ལུགས་མཐུན་གྱིས་བཀོད་སྒྲིག་བྱེད་པའི་སྐབས་གཞིའི་སྟེང་དུ་མིས་རམ་འདེགས་བྱས་ནས་ཟེའུ་འབྲུ་ཕོ་མོ་སྦྱེལ་སྦྱོར་བྱེད་དགོས། བྱེད་ཐབས་གཙོ་བོ་ནི་མེ་ཏོག་བཞད་ནས་ཉིན་གཉིས་འགོར་རྗེས། སྦུ་འཇམ་པོའི་སྨྱུག་གུའམ་སྤུ་ཤད་ཀྱིས་མིའི་ཐབས་ལ་བརྟེན་ནས་སྦྱེལ་སྦྱོར་བྱེད་དགོས། ཡང་ན་བྱ་སྤུའི་ཕྱགས་མས་མིའི་ཐབས་ལ་བརྟེན་ནས་སྦྱེལ་སྦྱོར་བྱེད་དགོས། ཡང་ན་མིའི་ཐབས་ལ་བརྟེན་ནས་སྦྲང་མས་ཟེའུ་འབྲུ་སྦྱེལ་སྦྱོར་བྱས་ན། འབྲས་བུ་ཐོགས་ཚད་ཇེ་མཐོར་གཏོང་བར་ཕན་འབྲས་མངོན་གསལ་དོད་པོ་ཐོན་པ་ཡིན།

(གཉིས) མེ་ཏོག་དང་འབྲས་བུ་ཇེ་ཉུང་དུ་གཏོང་བ།

མེ་ཏོག་བཞད་པའི་དུས་སུ་ཚགས་དམ་པའི་མེ་ཏོག་ཇེ་ཉུང་དུ་གཏོང་བ་དང་། ཡ་མ་གཟུགས་ཀྱི་མེ་ཏོག་དང་ནད་འབུ་ཡོད་པའི་མེ་ཏོག བཞད་ཡུན་འཕྱི་དྲགས་པའི་མེ་ཏོག་སོགས་འཐོག་ནས། མེ་ཏོག་ཟུང་ལས་གཅིག་བཏོག་དགོས། མེ་ཏོག་བཞད་རྗེས་ཀྱི་གཟའ་འཁོར3ནང་དུ། དུས་ལྟར་འབྲས་བུ་ཇེ་ཉུང་དུ་གཏོང་བ་དང་། ཡ་མ་གཟུགས་ཀྱི་འབྲས་བུ་དང་འབྲས་བུ་ཆུང་ངུ་ཇེ་ཉུང་དུ་བཏང་ནས་འབྲས་བུ་ཟུང་ལས་གཅིག་བཏོག་པར་མ་ཟད། འབྲས་བུ་ཆ་སྙོམས་པོར་ཁྲབ་ཏུ་འཇུག་དགོས། འབྲས་བུ་ཐོགས་པའི་ཡལ་ག་རིང་ན་འབྲས་བུ3~4འཛོག་པ་དང་། འབྲས་བུ་ཐོགས་པའི་ཡལ་ག་འབྲིང་ཙམ་ཡིན་ན་འབྲས་བུ2འཛོག་དགོས་ཤིང་། འབྲས་བུ་ཐོགས་པའི་ཡལ་ག་ཐུང་ན་འབྲས་བུ1འཛོག་དགོས།

བརྒྱད། ནད་དང་འབུའི་གནོད་པ་འགོག་བཅོས།

(གཅིག) ནད་སྐྱོན་འགོག་བཅོས།

ནད་ཀྱི་གནོད་སྐྱོན་ནི་གཙོ་བོར་ཕྲ་སྲིན་རང་བཞིན་གྱི་བུག་རྫོལ་ནད་དང་། ཏམ་ཙུལ་ནད། ས་ནད་སོགས་ཡིན། 70%ཏའེ་སེན་སོན་ཞིན་པའི་ཡིས1000གཤེར་ཁུ་དང་། 20%ལེན་མའི་སུ་པའི་ཡིས2500གཤེར་ཁུ། 70%ཙ་ཅི་ཐུའོ་པུའུ་ཅིན་གྱི་བཞའ་ཚན་རང་བཞིན་གྱི་སྨན་ཕྱེ་པའི་ཡིས1000གཤེར་ཁུ་སོགས་སྦྱད་ནས་འགོག་བཅོས་བྱས་ཆོག སྨན་

གཏོར་བའི་གྲངས་ཀ་དང་དུས་ཚོད་གཉིས་ནི་དྲོད་ཁང་གི་དོན་དངོས་ལ་ཟུང་འབྲེལ་བྱས་ཏེ་གཏན་ཁེལ་བྱེད་དགོས། རྒྱུན་ལྡན་གྱི་གནས་ཚུལ་འོག་ཏུ་ཉིན20ཡས་མས་སུ་ཐེངས1ལ་གཏོར་དགོས། སྨན་རྫས་སྣ་ཚོགས་རེས་འཕོར་གྱིས་སྤྱོད་དགོས།

(གཉིས) འབུའི་གནོད་པ་འགོག་བཅོས།

གནོད་འབུ་གཙོ་བོ་ནི་ཁམ་བུའི་གནོད་འབུ་དང་སྔོམ་དམར། ཆན་ཡི་ཨོ་སོགས་ཡོད། འགོག་བཅོས་སྨན་རྫས་ནི10%ཡི་ཁྲུན་ཞིན་བཞའ་ཚན་རང་བཞིན་གྱི་སྨན་ཕྱེ་པའི་ཡིས2000གཤེར་ཁུ་དང་། 1.8%ཨ་ཕེ་ཙུན་སུའུ་པའི་ཡིས4000གཤེར་ཁུ་སྤྱོད་དགོས། དྲོད་ཚད་འཕར་རྗེས་ཡལ་བཞུར་རྒྱག་པ་དང་བསྟུན་ནས་ཤིང་འབྲས་ལྟེམ་རར་གཙང་སྦྲ་བྱེད་པ་དང་། ཉིན7~10ནང་དུ་ཕོ་མེ་ཏུའུ3ཏུའུ་ཧྲི་ཞིའུ་བསྲེས་སྦྱོར་སྨན་གཏོར་ན་འབུ་སྲ་གསོད་ཅིང་འབུ་འགོག་པའི་ནུས་པ་ཐོན་ཐུབ།

དགུ། ཉར་ཚགས་དང་སོ་ཉར།

སྤྱིར་བཏང་དུ་སྐྱུམ་ཁམ་ནི་ཉར་ཚགས་བྱེད་མི་ཐུབ་ཅིང་། འབྲས་བུ་བསྡུས་རྗེས་མྱུར་དུ་ཚོང་རར་སྐྱེལ་དགོས། སྐྱུམ་ཁམ་ཉར་ཚགས་ཁོར་ཡུག་གི་འོས་འཚམ་གྱི་དྲོད་ཚད་ནི0~5℃ཡིན། འོན་ཀྱང་སོན་རིགས་མི་འདྲ་བ་ཉར་ཚགས་བྱེད་དུས་དྲོད་ཚད་ལའང་ཁྱད་པར་མངོན་གསལ་ཡོད། ལག་ལེན་ཁྲོད་དུ་བྱེ་བྲག་གི་གནད་དོན་ལ་བྱེ་བྲག་གི་དབྱེ་ཞིབ་བྱེད་དགོས་ཤིང་། གསོག་ཉར་བྱེད་པའི་ཁོར་ཡུག་གི་རླུང་གཟུགས་གྲུབ་ཆས་སྐྱུམ་ཁམ་འབྲས་བུ་གསོག་ཉར་བྱེད་པར་ཤུགས་རྐྱེན་མངོན་གསལ་ཡོད། སྐྱུམ་ཁམ་ཉར་ཚགས་བྱེད་པར་འཚམ་པའི་ཁོར་ཡུག་ནང་གི་དབུགས་རླུང་གི་འདུས་ཚད་ནི1%~2%དང་དབྱུང་གཉིས་ཐན་རྫས་འདུས་ཚད་ནི3%~5%ཡིན།

ལེའུ་བཞི་པ། ཙོ་རིལ།

ཙོ་རིལ་ནི་རང་རྒྱལ་གྱི་རྨ་ཆུའི་དབུས་རྒྱུད་དང་སྨད་རྒྱུད་ས་ཁུལ་ནས་ཐོན་པ་དང་། ལོ7000ལྷག་རིང་གི་འདེབས་འཛུགས་དང་ཟས་སྤྱོད་བྱས་པའི་ལོ་རྒྱུས་ཡོད། འདིར་ཕུན་སུམ་ཚོགས་པའི་འཚོ་བཅུད་རིན་ཐང་དང་སྨན་སྤྱོད་བདེ་སྲུང་གི་རིན་ཐང་ཆེན་པོ་ལྡན་པས། རང་རྒྱལ་གྱིས་ཙོ་རིལ་གྱི་ཕུན་སུམ་ཚོགས་པའི་སྨན་རྫས་དང་ཟས་རིགས་ཀྱི་རིག་གནས་བསགས་ཡོད། ཙོ་རིལ་གྱི་འདེབས་འཛུགས་ལོ་རྒྱུས་ཀྱི་བརྒྱུད་རིམ་ཁྲོད་དུ་ཙོ་རིལ་གྱི་སོན་རིགས་ནང་འདྲེན་དང་ཁྱབ་གདལ། གཞན་འགྱུར་གྱི་འདུལ་གསོ་དང་འཕེལ་འགྱུར་ལ་བསྟུན་ནས། ཙོ་རིལ་སྔོན་པོའི་འདེབས་འཛུགས་ཀྱི་སོན་རིགས་ཀྱང་ཉིན་རེ་བཞིན་ཕུན་སུམ་ཇེ་ཚོགས་དང་ཁྱབ་རྒྱ་ཇེ་ཆེར་སོང་ཡོད་ཅིང་། རང་རྒྱལ་གྱི་ཙོ་རིལ་གྱི་སོན་རིགས700ལྷག་གི་ཁྲོད་དུ། སོན་རིགས་གཙོ་བོ50ལྷག་རྒྱལ་ཡོངས་ཀྱི་ཞིང་ཆེན་དང་རང་སྐྱོང་ལྗོངས། ཐད་སྐྱོང་གྲོང་ཁྱེར་སོགས་ས་གནས28(ཧེ་ལུང་ཅང་དང་ཅི་ལིན། བོད་ལྗོངས་ཕུད)ནས་འདེབས་འཛུགས་བྱེད་བཞིན་ཡོད་དོ། །

ཚན་པ་དང་པོ། སྲིག་བཀོད་ལ་བརྟེན་ནས་འདེབས་འཛུགས་བྱེད་པའི་སོན་རིགས་གདམ་གསེས་བྱེད་སྟངས།

གཅིག སྲིག་བཀོད་ལ་བརྟེན་ནས་འདེབས་འཛུགས་བྱེད་པའི་སོན་རིགས་གདམ་

སྔིག་བཀོད་ལ་བརྟེན་ནས་འདེབས་འཛུགས་བྱེད་པའི་སོན་རིགས་གདམ་གསེས་བྱེད་པའི་སྐབས་སུ། གཅིག་ནས་སོན་རིགས་ཀྱིས་ས་ཁོངས་ཀྱི་ནམ་ཟླ་དང་འདེབས་འཛུགས་ས་གནས་ཀྱི་ཆ་རྐྱེན་མཐུན་འཕྲོད་རང་བཞིན་ལ་བསམ་བློ་གཏོང་དགོས། གཉིས་ནས་སོན་རིགས་ཀྱི་དཔལ་འབྱོར་ངོ་བོ་དང་གཟུགས་དབྱིབས་ལ་བསམ་བློ་གཏོང་དགོས་ཏེ། དངུལ་གཏོང་ཚད་མང་ན་ཕན་འབྲས་ཆེན་པོ་ཐོན་མིན་ལ་བསམ་བློ་གཏོང་དགོས། ཙོ་རིལ་སྔོན་པོ་ནི་ས་ཁོངས་རང་བཞིན་ཅུང་ཆེ་བའི་སྔོན་རིགས་ཤིག་ཡིན་ལ། ས་ཁོངས་མི་འདྲ་བའི་ཁོར་ཡུག་དང་རང་བྱུང་ཆ་རྐྱེན་མི་འདྲ་བའི་དབང་གིས། འདེབས་འཛུགས་བྱེད་པར་འཚམ་པའི་སོན་རིགས་ཀྱང་མི་འདྲ་སྟེ། ཙོ་རིལ་འདེབས་འཛུགས་ལག་རྩལ་སྔ་མཐུད་དུ་འཕེལ་རྒྱས་སུ་སོང་བ་དང་བསྟུན་ནས། ཙོ་རིལ་གྱི་སོན་རིགས་ཁྱབ་ཚུལ་ཡང་སྔ་མཐུད་དུ་འགྱུར་ལྡོག་འབྱུང་བཞིན་ཡོད་ལ། ཙོ་རིལ་འདེབས་འཛུགས་མཁན་གྱིས་འདེབས་འཛུགས་ཕན་འབྲས་ཆེས་ཆེ་ཤོས་བཙོན་ལེན་བྱེད་པའི་གོ་རིམ་ཁྲོད་དུ། གདམ་གསེས་བྱས་པ་བརྒྱུད་ནས་རང་ཉིད་ཀྱི་ཁོར་ཡུག་དང་འཚམ་པའི་སྤུས་ལེགས་ཀྱི་སོན་རིགས་བདམས་ནས་ས་གནས་སོ་སོའི་ཙོ་རིལ་གྱི་སོན་རིགས་མི་འདྲ་བར་གྱུར་ཡོད། འདེབས་འཛུགས་བྱ་ཡུལ་གཙོ་བོར་གྱུར་པའི་སོན་རིགས་འདི་དག་གི་འབྱུང་ཁུངས་ནི། གཅིག་ནི་ས་གནས་ཁྲོད་ཆོས་ལྡན་པའི་སོན་རིགས་གསོ་སྐྱོང་དང་གཞི་ཁྱོན་ཅན་གྱི་འདེབས་འཛུགས་ཡིན། དཔེར་ན། ཧྲའན་པེ་ཡི་ཙོ་རིལ་དམར་པོ(མུའུ་ཙོ་སོན་རིགས)དང་ཞིན་ཀྲེན་ཧུའེ་ཙོ། ཀྲན་ཧྭ་ཧུང་ཙོ། ལིན་དབྱི་ལི་ཙོ། ལིན་པའོ་ཏ་ཙོ(ལིན་པའོ་ཡོན་ཙོ)། སུའེ་ཧྲན་པན་ཙོ་སོགས་ཡིན། གཉིས་ནི་ཕྱི་ནས་འོང་བའི་སོན་རིགས་སམ་སོན་རིགས་གསར་བ་ཁ་ཤས་ནང་འདྲེན་ཚོ་འདེབས་བྱས་རྗེས། འདེབས་འཛུགས་ས་ཁོངས་གསར་བ་དང་སྔོན་ཐོན་གྱི་འདེབས་འཛུགས་ཆ་རྐྱེན་འོག་ཏུ་ཁྱད་ཆོས་དགེ་མཚན་མངོན་པ་དང་སྤུས་ཚད་སྤར་ལས་ལེགས་པ། ཕན་འབྲས་མངོན་གསལ་ཡོད་དུས། གཞི་ཁྱོན་ཅན་གྱི་འདེབས་འཛུགས་བྱས་པ་བརྒྱུད་ནས་འདེབས་འཛུགས་བྱ་ཡུལ་གཙོ་བོར་གྱུར་པའི་སོན་རིགས་གསར་བ་བྱུང་

ཡོད་དེ། དཔེར་ན་ཅའོ་ཁྲིང་ཅོན་ཙོ་དང་ཤིན་ཀྲིན་ཧྲའེ་ཙོ། ཆེ་ཡུའི་ཞན་སོགས་ཤིན་ཅང་དུ་འདེབས་འཛུགས་བྱས་ནས་ཤིན་ཅང་ཙོ་རིལ་ཐོན་ཁུལ་ནས་འདེབས་འཛུགས་བྱ་ཡུལ་གཙོ་བོར་ཀྱུར་པའི་སོན་རིགས་སུ་ཀྱུར་ཡོད་པ་དང་། ཀྲན་ཏྭ་ཧྲུང་ཅོ་ཅི་ཧྲུའན་ཞི་ཞིང་ཆེན་ཏ་ལི་རྫོང་དུ་འདེབས་འཛུགས་བྱས་རྗེས་ཏ་ལི་རྫོང་གི་འདེབས་འཛུགས་བྱེད་པའི་སོན་རིགས་སུ་གྱུར་ཡོད།

ཙོ་རིལ་གྱི་སྙིག་བཀོད་འདེབས་འཛུགས་ནི་ཙོ་རིལ་གསར་བ་འདེབས་འཛུགས་བྱེད་པ་གཙོ་བོ་ཡིན་ཞིང་། མིག་སྔར་ཙོ་རིལ་གསར་བ་ཚོང་རར་བྲིན་འཚོང་གནས་བབ་ཡག་པ་དང་ཐོན་སྐྱེད་ཀྱི་ཕན་འབྲས་ཅུང་ཆེ་བས། སྙིག་བཀོད་འདེབས་འཛུགས་ཀྱི་ཆ་རྐྱེན་འོག་ཏུ་མ་དཔུལ་གཏོང་ཚད་མཐོ་ན་ཕན་འབྲས་དེ་བས་ཡག་པོ་ཐོན་བཞིན་ཡོད། དེ་བས་ཙོ་རིལ་སྙིག་བཀོད་འདེབས་འཛུགས་བྱེད་པ་ནི་དོན་དངོས་སུ་ཙོ་རིལ་གསར་བ་སྙིག་བཀོད་འདེབས་འཛུགས་བྱེད་པ་ཡིན་ལ། འོས་འཚམ་གྱིས་སོན་རིགས་འདེམ་པ་ནི་དཔལ་འབྱོར་ཕན་འབྲས་ལེགས་པོ་ཐོབ་པའི་གནད་འགག་ཡིན་པས། གཤམ་གྱི་རྩ་དོན་རྣམས་བརྩི་སྲུང་བྱེད་དགོས་ཏེ།

(གཅིག) གསར་བའི་སོན་རིགས་གཙོ་བོར་འཛིན་དགོས།

སྙིག་བཀོད་ཞིང་ལས་ནི་མ་འཛོག་མཐོ་བ་དང་ཐོན་འབབ་མང་བ། ཕན་འབྲས་ལེགས་པ་བཅས་ཀྱི་ཐོན་ལས་ཤིག་ཡིན་པ་དང་། ཙོ་རིལ་གསར་བའི་སོན་རིགས་ཀྱི་ལེགས་ཆ་ནི་བཟ་བསྐྱུ་དུས་ཡུན་ཐུ་བ་དང་ཐོན་ཚད་མཐོ་བ། འབྲས་བཟང་ཐོན་འབབ་མཐོ་བ་སོགས་ཀྱི་ཁྱད་ཆོས་ལྡན། དུས་མཚུངས་སུ་ཙོ་རིལ་གསར་བར་ཉར་གསོག་དུས་ཡུན་ཐུང་ངུའི་ཚོད་འཛིན་ཐེབས་པས། ཙོ་རིལ་གསར་བའི་ཚོང་རའི་མཁོ་སྤྲོད་འཁོར་ཡུན་ཤིན་ཏུ་ཐུང་ཞིང་། གཙོ་བོ་རང་བྱུང་སྨིན་པ་འབྱུང་བའི་དུས་ཚིགས་ཏེ་ཟླ9པ་ནས་ཟླ10པའི་བར་ཡིན། དེ་མིན་དུས་ཚོད་གཞན་པའི་ནང་དུ་ཚོང་ར་ནས་དངོས་ཟོག་མེད་པ་དང་ཡང་ན་དཀོན་པས། སྐྱུལ་ལྕུག་འདེབས་འཛུགས་བྱེད་པའམ་ཡང་ན་འདེབས་འཛུགས་ཕྱིར་འགྱངས་བྱས་ཏེ་ཐོན་སྐྱེད་བྱས་ན་ཙོ་རིལ་ཚོང་རར་མཁོ་སྤྲོད་བྱེད་ཐུབ་པར་མ་ཟད། རིན་

གོང་ཡང་ཅུང་མཐོན་པོའི་སྒོ་ནས་འཚོང་ཐུབ་པས་ཐོན་ཚད་ཀྱང་ཇེ་མཐོར་གཏོང་ཐུབ་པ་ཡིན། དཔེར་ན། 2010~2014ལོར། ཏ་ལི་ཏུང་ཙོ་ཐོན་སྐྱེད་ས་ཁུལ་དུ་ སྤྱིལ་བུའི་ནང་དུ་འདེབས་འཛུགས་བྱས་པས། ཟླ7ཟླ་དཀྱིལ་དུ་བཟ་བསྡུ་བྱེད་ཐུབ་པ་བྱུང་ཞིང་མུའུ་རེའི་ཐོན་རྫས་རིན་ཐང་སྒོར་ཁྲི3ཡན་ཟིན་པ་དང་། འཁྲིག་ཁུག་རྟོད་ཁང་ནང་དུ་འདེབས་འཛུགས་བྱས་ན་ཟླ8པའི་ཟླ་དཀྱིལ་དུ་བཟ་བསྡུ་བྱེད་ཐུབ་པ་བྱུང་ཞིང་མུའུ་རེར(སྨི་གྲུ་བཞི་མ667)ཐོན་རྫས་རིན་ཐང་སྒོར་ཁྲི2ཡས་མས་ཟིན་ལ། མཐོངས་ཡངས་འདེབས་འཛུགས་བྱས་ན་ཟླ9པའི་ཟླ་སྨད་དུ་བཟ་བསྡུ་བྱེད་ཐུབ་པ་བྱུང་ཞིང་མུའུ་རེར་ཐོན་རྫས་རིན་ཐང་སྒོར་ཁྲི0.6~1བྱུང་ངོ་།།

(གཉིས) རྒྱུ་སྤུས་ལེགས་པ།

འབྲས་བུའི་ཕྱི་ངོས་འཇམ་ཞིང་འོད་ལྡན་པ། ཚོས་མདངས་ལེགས་ཤིང་སྨུག་ནག་ངོད་པ། ཆེ་ཆུང་དོ་སྙོམས་ཡིན་པ། དུས་མཚུངས་སུ་འབྲས་བུ་སྨིན་པའི་དུས་ཡུན་གཅིག་གྱུར་ཡིན་ལ། འབྲས་བུའི་ཤུན་པགས་སྲབ་མོ་དང་ཤ་རྒྱུ་སོབ་སོབ་ཡིན་པ། ཁུ་བ་མང་ཞིང་བྲོ་བ་ཞིམ་པ། ཟོས་ཆོག་ཚད95%ཡན་ཟིན་པ། སྤུས་ཚད་ལེགས་ཤིང་གསོག་འཇོག་ཐུབ་པ། སྐྱེལ་འདྲེན་ཐུབ་པ་བཅས་ཀྱི་སོན་རིགས་ཡིན་དགོས།

(གསུམ) འབྲས་བུ་སྔ་མོ་ནས་ཐོགས་པ་དང་ཐོན་འབབ་ལེགས་པ།

སྤྱིར་བཏང་གི་དོ་དམ་ཆུ་ཚད་ཀྱི་ཆ་རྐྱེན་འོག་ཏུ། སྡོང་ཕྲུག་གི་སྐྱེ་འཚར་ཤིན་ཏུ་ལེགས། ལོ3ལ་སྐྱེས་པའི་སྡོང་རྐང་གཅིག་གི་སྟེང་དུ་ཙོ་རིལ་སྟོང་ཁ3~5ཐོན། ལོ1~2ལ་སྐྱེས་པའི་ཡལ་གའི་འབྲས་བུ་ཐོགས་ཚད་མཐོ་བར་མ་ཟད་འབྲས་བུ་ཆགས་ཚད་ཀྱང་མཐོ། ལོ4རྗེས་སུ་ཤིང་འབྲས་རྒྱས་པའི་དུས་སུ་སླེབས་པ་དང་། ཙོ་རིལ་གྱི(ལོ3~7སྐྱེས་པ)བསྡུད་མར་འབྲས་བུ་ཐོགས་པའི་ནུས་ཤུགས་ཇེ་ཆེ་སོང་ནས་སྨི་གྲུ་བཞི་མ667རེར་ཙོ་རིལ་གསར་བ་སྟོང་ཁ1000~1500བར་ཐོན་སྐྱེད་བྱུང་ཐུབ། དཔྱད་འབྲས་ཀྱི་བསྡུར་ཚད་ནི། འབྲས་བུ་ཆེན་པོའི་རིགས་ཏེ(ཁ20ཡན)ཙོ་རིལ་འདེགས་དཔྱད3ལ་ཆ་སྙོམས་བྱས་ན་འབྲས་བུ1དང་། འབྲས་བུ་འབྲིང་བའི་རིགས་ཏེ(ཁ10ཡན)ཙོ་རིལ་འདེགས་དཔྱད2ལ་ཆ་སྙོམས་བྱས་ན་

འབྲས་བུ1 འབྲས་བུ་ཆུང་ངུའི་རིགས་ཏེ(ཁེ10མན)ཅོ་རིལ་འདེགས་དཔྱང1ལ་ཆ་སྙོམས་བྱས་ན་འབྲས་བུ1ཡོད།

(བཞི) ནད་འགོག་རང་བཞིན་ལེགས་པ།

ཅོ་རིལ་གྱི་བཙའ་ནད་དང་ཅོ་རིལ་སྨྱོན་ནད། ཅོ་རིལ་འབྲས་འབྲུམ་ནད། ཅོ་རིལ་ས་ནད་བཅས་ལ་འགོག་རྒོལ་རང་བཞིན་ཅུང་ཆེན་པོ་ལྡན་པ། འོད་ཞན་ཡང་ཐེག་ཐུབ་པ་དང་འཕྲོད་ཤུགས་ལེགས་སོ།།

(ལྔ) སྐྱེ་འཚར་དུས་ཡུན་ཐུང་བ་དང་འབྲས་བུ་སྨིན་ཡུན་སྔ་བའམ་འཕྱི་བ།

སྐལ་ལྡུག་འདེབས་འཛུགས་ནི་འབྲས་བུ་སྔ་མོ་ནས་སྨིན་པ་དང་ཚོང་རར་འདོན་ཆེད་ཡིན་ལ། འབྲས་བུ་སྨིན་ཡུན་ཤིན་ཏུ་སྔ་བ་དང་ཡང་ན་ཅུང་སྔ་བའི་གསར་བའི་སོན་རིགས་གཙོ་བོར་འཛིན་དགོས། འདེབས་འཛུགས་ཕྱིར་འགྱངས་བྱེད་པའི་དམིགས་ཡུལ་ནི་སྨིན་ཡུན་ནར་འགྱངས་བྱེད་པ་དང་ཚོང་སྒྲོམ་ཌེ་རིང་དུ་གཏོང་བ་ཡིན་པས། འཕྱི་སྨིན་གྱི་སོན་རིགས་གཙོ་བོར་འཛིན་དགོས། དཔེར་ན་ཏུན་ཅོ་དང་ཞང་ཧྲུན་ཡོན་ཅོ་སོགས་ལྟ་བུ་ཡིན།

གཉིས། སྲིག་བཀོད་འདེབས་འཛུགས་བྱེད་པར་འཚམ་པའི་ཅོ་རིལ་གསར་བའི་སོན་རིགས།

(གཅིག) ཏུང་ཅོ།

ཀྲན་ཏྲ་ཏུང་ཅོ། མིང་གཞན་ལ་ལྭུའུ་པེ་ཏུང་ཅོ་དང་ཧོང་ཏྲ་ཏུང་ཅོ་ཡང་ཟེར། འདི་ནི་མིག་སྔར་འདེབས་ཁྱོན་ཆེ་ཤོས་ཀྱི་སོན་རིགས་ཤིག་ཡིན།

སོན་རིགས་འདིའི་སྡོང་ལག་གི་སྐྱེ་སྟོབས་འབྲིང་ཙམ་དང་། སྡོང་གཟུགས་ཆེ་འབྲིང་། སྐམ་གཤིས་འབྲིང་བ། ཡལ་ག་ཅུང་སྟུག་པ། སྡོང་པོའི་རྩེ་མོ་ནི་རང་བྱུང་གི་སྒོར་དབྱིབས་ཕྱེད་ཀ་ཡིན། འབྲས་བུའི་ཆེ་ཆུང་འབྲིང་ཙམ་དང་ཕལ་ཆེར་སྒོར་དབྱིབས་ཡིན་པ་དང་། འབྲས་ཇོག་གཅིག་གི་ཆ་སྙོམས་ཀྱི་ལྗིད་ཚད་ལ་ཁེ13དང་། ཆེས་ཆེ་བའི་འབྲས་ཇོག་གཅིག་གི་ལྗིད་ཚད་ལ་ཁེ23.2དང་ཆེ་ཆུང་ཆ་སྙོམས་ཡིན། འབྲས་བུའི་ཤ་རྒྱུ་མཐུག་ཅིང་དཀར་བ། ཤ་སྙི་ལ་སོབ་སོབ་ཡིན་ཞིང་བྲོ་བ་ཞིམ་པ། ཁུ་བ་མང་བ། བཞའ་ཚན་རང་བཞིན་སྲ་

གཟུགས་དངོས་པོ་འདུས་ཚད38%~42%ཡིན་པས་སྨུས་ཚད་ལེགས་པར་མ་ཟད། འཕྲོད་འཚམ་རང་བཞིན་ཅུང་ཆེ། ཐོན་ཡུལ་དངོས་མའི་འབྲས་བུ་ཟླ10བའི་སྟོད་དུ་སྨིན་པ་དང་འབྲས་བུ་སྐྱེ་འཚར་གྱི་དུས་ཡུན་ཉིན120ཡན་ཡིན།

སྟོང་གཟུགས་ཐུང་ངུ་སྡུག་པོར་འདེབས་འཛུགས་བྱེད་པར་འཚམ་པ་དང་། སྟོང་དབྱིབས་ནི་གཙོ་རྐང་ཅན་དང་རང་བྱུང་སྤྲོ་སྐྱིད་དབྱིབས། རང་མོས་འཁྱིལ་བཏགས་ཐོ་བ་ཅན་སོགས་སྟོང་དབྱིབས་མང་པོ་སྒྲུད་ཆོག

(གཉིས) ཙའོ་ཆུའི་ཕང་།

སོན་རིགས་འདི་ནི་ཧོ་པེ་ཞིང་ཆེན་ཚང་ཇོང་ནགས་ལས་ཅུས་ཙོ་རིལ་བཟང་སྤེལ་རྟེན་གཞི་ནས་འདེམ་གསོ་བྱས་པ་ཞིག་ཡིན་པ་དང་། སྨ་སྨིན་ཟས་རིགས་གསར་བའི་རིགས་ཡིན་ཞིང་། ཐོན་ཡུལ་ནས་ཟླ9པའི་ཟླ་དཀྱིལ་དུ་བཟ་བསྟུ་བྱེད་བཞིན་ཡོད།

འབྲས་བུ་སྒོར་དབྱིབས་ཡིན་པ་དང་། འབྲས་བུ་གཅིག་གི་ཆ་སྙོམས་ལྗིད་ཚད་ཁེ30.9དང་། ཆེས་ཆེ་བའི་འབྲས་རྡོག་གཅིག་གི་ལྗིད་ཚད་ལ་ཁེ87ཡོད་ཅིང་། ཆེ་ཆུང་ཅུང་ཆ་སྙོམས་སམ་གྲལ་དག་ཡིན། ཤིང་འབྲས་ཀྱི་ཕྱི་དོས་འཇམ་པ་དང་ཤུན་པགས་སྲབ་ཅིང་དམར་པོ་ཡིན། ཤིང་འབྲས་ཀྱི་ཤ་རྒྱུ་ལྡང་དཀར་ཡིན་པ་དང་། ཤ་རྒྱུ་སོབ་སོབ་དང་སྙི་མོ་ཡིན་ཁུ་བ་མང་བ། མངར་ཞིང་བྲོ་བ་ཞིམ་པ། རྒྱུ་སྤུས་རབ་འབྱིང་ཡིན། ཙོ་རིལ་གསར་བའི་མངར་ཆའི་ཚད39%ཡིན་པ་དང་། བཟའ་རུང་ཚད་གྲངས96.7%ཡིན།

སོན་རིགས་འདིའི་འཕྲོད་འཚམ་རང་བཞིན་ཅུང་བཟང་བས། རང་རྒྱལ་བྱང་ཕྱོགས་ཀྱི་ཙོ་རིལ་འདེབས་འཛུགས་ས་ཁུལ་སོ་སོ་ནས་འདེབས་འཛུགས་བྱས་ཆོག་ཅིང་། སྐྱུལ་ལྷུག་འདེབས་འཛུགས་བྱེད་པར་འཚམ་མོ། །

(གསུམ) ཆི་ཡུའི་ཞན།

སོན་རིགས་འདི་ནི་ནུབ་བྱང་ཞིང་ནགས་ཚན་རྩལ་སློབ་ཆེན་གྱིས་ཧྲའན་ཞི་ཀོན་ཀྲང་ས་ཁུལ་དུ་བདམས་པའི་སྨ་སྨིན་དང་འབྲས་བུ་ཆེ་གྲས་ཀྱི་སོན་རིགས་ཤིག་ཡིན། ཐོན་ཁུལ་དངོས་མ་ནས་འདེབས་འཛུགས་བྱས་ན་ཟླ8པའི་ཟླ་སྨད་དུ་འབྲས་བུ་བཟ་བསྟུ་བྱས་

ནས་ཚོང་རར་བཀྲམ་ཐུབ་པ་དང་། འབྲས་བུའི་སྐྱེ་འཚར་དུས་ཡུན་ཉིན85ཡས་མས་ཡིན། རྟ་ན་ཞི་ཞིང་ཆེན་ལིན་དབྱི་རྫོང་གི་ལི་ཙོ་དང་བསྡུར་ན་ཉིན20~30སྔ་སྨིན་འབྱུང་། རྒྱལ་ཁབ་ཀྱི་ཚོ་རིལ་ལྷུམ་རའི་ཐོན་ཁུངས་བཟང་བརྒྱུད་ཀྱས་པའི་སོན་རིགས150ཡི་ཁྲོད་དུ་འབྲས་བུ་སྨིན་པའི་དུས་ཡུན་ཨང་གཉིས་པ་ཡིན། ཚིགས་བར་ཐུང་བ་དང་སྡོང་རྐང་ཐུང་ལ་འབྲས་བུ་སྨིན་པའི་རང་བཞིན་བཟང་བར་མ་ཟད་ཐོན་འབབ་ལེགས་པ་དང་། སྡོང་ཐུང་མཐུག་འདེབས་དང་སྐྱུལ་ལྕུག་འདེབས་འཛུགས་བྱེད་པར་འཚམ་པ་ཡིན།

སྡོང་རྐང་གི་སྐྱེ་འཚར་སྟོབས་དང་ལྡན་ལ་སྡོང་གཟུགས་ཁ་འབྱེད་ཡོད། འབྲས་བུ་སྒོར་ཟླུམ་གྱི་དབྱིབས་དང་། འབྲས་བུའི་ཕྱི་ངོས་འཇམ་ཞིང་ཤིང་འབྲས་ཀྱི་སྟེང་དུ་འབུར་ཐིག་ཡོད་པ། འབྲས་རྡོག་གཅིག་གི་ཆ་སྙོམས་ལྗིད་ཚད་ཁེ29.8དང་། ཆེས་ཆེ་བའི་འབྲས་རྡོག་གི་ལྗིད་ཚད་ཁེ74.1ཡིན། འབྲས་བུའི་ཆེ་ཆུང་ཆ་སྙོམས་ཡིན་ཞིང་ཤུན་པགས་སྲབ་མོ་ཡིན། ཁ་དོག་དམར་ནག་དང་ཕྱི་ངོས་སུ་སྤྲ་ཚིལ་ཆུ་ཉུང་། བཞའ་ཚན་རང་བཞིན་གྱི་སྤྲ་གཟུགས་དངོས་པོའི་འདུས་ཚད28.9%ཟིན་ལ་བཟའ་རུང་བའི་ཚད་གྲངས97.8%ཡིན། སྦྲོ་བ་ཞིམ་ལ་ཤ་རྒྱུ་ལེགས་སོ། །

སོན་རིགས་འདིའི་མཐུན་འཕྲོད་རང་བཞིན་ཆེ་ཞིང་། གྲང་ངར་དང་ཐན་པ་འགོག་ཅིང་། ལྷ་བུལ་ཐིག་ཐུབ་པ། སྔ་སྨིན་གྱི་རིགས་སུ་གཏོགས་ཤིང་ཐོན་འབབ་ཧ་ཅང་ལེགས། ཚོང་རྫས་ཤིང་འབྲས་ཀྱི་འབྲས་བུ་སྨིན་ཚད90%~95%ཡིན། བཞའ་ཚན་ཆེ་བའི་ཁོར་ཡུག་འོག་ཏུ་འབྲས་བུ་འགྲུམ་པའི་ནད་འབྱུང་སླ་བ་དང་། འབྲས་བུ་སྨིན་དུས་ཟླ་5སོན་ལེན་མི་སྲུང་དང་ཆིང་དབྱུང་དགོས་ཐུང་། ནོར་ཐུལ་རྟ་ཞིན་སོགས་གཏོར་ནས་འགོག་བཅོས་བྱེད་དགོས། སོན་རིགས་འདིའི་རིགས་རང་རྒྱལ་གྱི་བྱང་ཕྱོགས་ཚོ་རིལ་འདེབས་འཛུགས་ས་ཁུལ་དུ་འདེབས་འཛུགས་བྱེད་པར་འཚམ་པ་ཡིན།

(བཞི) སྨི་གོང་ཞིན་ཨང1པ།

ཉུབ་བྱང་ཞིང་ནགས་ཚན་རྩལ་སློབ་ཆེན་གྱིས“སྦྲང་རྩིའི་སྡོད་ཆས”ནང་ནས་འདེམ་གསོ་བྱས་པའི་སྔ་སྨིན་སྲུས་ལེགས་ཀྱི་ཙོ་རིལ་གསར་བའི་སོན་རིགས་ཤིག་ཡིན། ཐོན་ཡུལ་

ཏུ་མཐོངས་ཡངས་འདེབས་འཛུགས་བྱས་ན་ཟླ8པའི་ཟླ་སྨད་དུ་འབྲས་བུ་སྨིན་པ་དང་ཚོང་རར་བཀྲམ་དགོས། འབྲས་བུའི་ཆེ་ཆུང་འབྲིང་བའམ་ཆུང་ངུ་ཡིན་ལ་སྒོར་དབྱིབས་དང་ཉེ། འབྲས་ཇོག་གཅིག་གི་ཆ་སྙོམས་ལྗིད་ཚད་ཁེ7.7དང་། ཆེས་ཆེ་བའི་འབྲས་ཇོག་གཅིག་གི་ལྗིད་ཚད་ཁེ11ཡོད། འབྲས་བུའི་ངོས་སྙོམས་ཤིང་ཅུང་འབུར་བ་དང་། ཤུན་པགས་སྲབ་ལ་དམར་པོ་འོད་མདངས་ལྡན། འབྲས་བུའི་ཤ་རྒྱུའི་མདོག་ནི་ལྗང་དཀར་ཡིན་ཞིང་། རྒྱུ་ཆ་སླི་ཞིང་སོབ་ལ་ཞིབ་ཚགས་ཡིན་པ་དང་ཁུ་བ་ཅུང་མང་། བཞའ་ཚན་རང་བཞིན་གྱི་སྲ་གཟུགས་དངོས་པོའི་འདུས་ཚད་ནི25%~28%ཡིན། ཙོ་རིལ་གྱི་འབྲས་བུའི་མངར་ཤས་ཆེ་བ་དང་དྲི་ཞིམ་ཆེ་བ་དང་། འབྲས་བུའི་ཤ་རྒྱུའི་མངར་ཚད70.7%ཡིན། དྲི་ཞིམ་པོ་སྦྲང་རྩི་དང་འདྲ་བ། རོ་མངར་བ། ཟས་པ་ཙམ་གྱིས་ཁམས་དྭངས་པས“སྦྲང་རྩིའི་སྣོད་ཆས”ཞེས་འབོད་ཅིང་རྒྱུ་སྤུས་ཤིན་ཏུ་ལེགས། ཡིན་ཡང་དུས་མཇུག་ཏུ་འབྲས་བུ་ས་ལྷུང་ཚད་ཅུང་ཚབས་ཆེན་ཡིན་ལ། འབྲས་བུའི་ཆེ་ཆུང་མི་འདྲ་བས། འདེབས་འཛུགས་བྱེད་དུས་ས་མོ་ནས་རྩེ་བཏོག་པ་དང་། མེ་ཏོག་དང་འབྲས་བུ་ཐེ་ཉུང་དུ་གཏོང་བ་སོགས་ཀྱི་བྱེད་ཐབས་སྤྱད་ན་ཚོད་འཛིན་བྱེད་ཐུབ།

སོན་རིགས་འདིའི་འཕྲོད་འཚམ་རང་བཞིན་བཟང་བས་རྒྱལ་ཡོངས་ཀྱི་ཙོ་རིལ་འདེབས་འཛུགས་བྱེད་པའི་ས་གནས་སོ་སོ་ནས་འདེབས་འཛུགས་བྱས་ཆོག་ཅིང་། སྐྱུལ་ལྟུག་འདེབས་འཛུགས་བྱེད་པར་འཚམ།

ཚན་པ་གཉིས་པ། སྒྲིག་བཀོད་འདེབས་འཛུགས་དང་དེའི་སྐྱིལ་བུའི་སྒྲིག་གཞི།

ཙོ་རིལ་གསར་བའི་སྒྲིག་ཆས་འདེབས་འཛུགས་བྱེད་པ་ནི་མ་དངུལ་གཏོང་ཚད་མཐོ་བ་དང་ཐོན་ཚད་མཐོ་བ། མ་དངུལ་དང་ལག་རྩལ། ངལ་རྩོལ་ནུས་ཤུགས་ལྡན་འདུས་རང་བཞིན་གྱི་ཐོན་ལས་ཤིག་ཡིན་ཞིང་། མིའི་ཐབས་ཀྱིས་བསྐྱུན་པའི་ཁོར་ཡུག་ལ་བརྟེན་ནས་

ཙ་རིལ་སྤོང་བོའི་སྐྱེ་འཚར་ལ་མཁོ་བའི་ཆ་རྐྱེན་སྐོང་ཅི་ཐུབ་བྱེད་པ་ཡིན་པས། སྤྲོལ་རྒྱུན་གྱི་འདེབས་འཛུགས་བྱེད་ཐབས་ཏེ་གནམ་རྒྱན་མ་ལ་བརྟེན་དགོས་པའི་ཞན་ཆ་ཁྱད་གསོད་བྱས་ཡོད། ཙ་རིལ་གསར་བའི་ཞིང་ཆས་འདེབས་འཛུགས་བྱས་ན། གཅིག་ནས་འབྲས་བུ་སྨིན་དུས་སུ་གནམ་ངོ་ཉུབ་པ་དང་ཆར་བ་བབས་ན་འབྲས་ཧྲོག་གས་འགྲོ་བའི་གནད་དོན་ནུས་ལྡན་སྒོས་ཐོད་འཛིན་བྱེད་པ་དང་། གཉིས་ནས་སྐྱལ་ལྷག་འདེབས་འཛུགས་བྱེད་པའམ་ཡང་ན་འདེབས་འཛུགས་ཕྱིར་འགྱངས་བྱས་པ་བརྒྱུད་ནས་ཙ་རིལ་སྔ་སྨིན་དང་འཕྱི་སྨིན་བྱས་ཏེ། ཙ་རིལ་གསར་བ་སྔ་སྦྱར་དང་ཕྱིར་འགྱངས་བྱས་ནས་ཚོང་རར་འདོན་པའི་སྣང་ཚུལ་མངོན་འགྱུར་བྱེད་པས། རྒྱུ་སྤུས་ལེགས་པ་དང་ཕན་འབྲས་ཆེ་བའི་དམིགས་ཡུལ་འགྲུབ་པ་ཡིན་ནོ། །

འདེབས་འཛུགས་དམིགས་ཡུལ་མི་འདྲ་བར་གཞིགས་ནས། ཙ་རིལ་གྱི་ཞིག་ཆས་འདེབས་འཛུགས་ལ་ཆར་གཡོལ་འདེབས་འཛུགས་དང་སྐྱལ་ལྷག་འདེབས་འཛུགས། འདེབས་འཛུགས་ཕྱིར་འགྱངས་བཅས་རིགས་གསུམ་ཡོད། ཙ་རིལ་སྤོང་བོའི་སྐྱལ་ལྷག་འདེབས་འཛུགས་ནི་སྔ་མོ་ནས་འབྲས་བུ་སྨིན་ཏེ་ཚོང་རར་འགྲེམས་པ་དམིགས་ཡུལ་དུ་བཟུང་བའི་ཞིག་ཆས་འདེབས་འཛུགས་ཡིན་ལ། ཙ་རིལ་སྤོང་བོའི་སྐྱལ་ལྷག་འདེབས་འཛུགས་ལ་གཙོ་བོ་རིགས་གཉིས་ཡོད་དེ། བསིལ་སྒྲིལ་གྱི་འདེབས་འཛུགས་དང་དྲོད་སྒྲིལ་གྱི་འདེབས་འཛུགས་ཡིན། མཚོ་བོད་མཐོ་སྒང་ས་ཁུལ་གྱི་གནམ་གཤིས་རྩུབ་འཁྲུགས་པས་གཙོ་བོར་ཕྱིར་འགྱངས་འདེབས་འཛུགས་དང་དྲོད་སྒྲིལ་འདེབས་འཛུགས་བྱེད་པ་ངོ་སྤྲོད་བྱ་རྒྱུ་ཡིན།

གཅིག ཞིག་བཀོད་དྲོད་སྒྲིལ་འདེབས་འཛུགས།

དྲོད་སྒྲིལ་ལ་དཔྱིད་དུས་དྲོད་ཁང་ཡང་ཟེར། རིགས2ཡོད་དེ་རིགས་གཅིག་ནི་འཁྱིག་ཁུག་གི་དྲོད་སྒྲིལ་ཁང་བ་དང་། རིགས་གཞན་ཞིག་ནི་ཤེལ་གྱི་དྲོད་ཁང་དང་ཉི་འོད་པང་ལེབ་ཀྱི་དྲོད་ཁང་ཡིན། ཤེལ་གྱི་དྲོད་ཁང་དང་ཉི་འོད་པང་ལེབ་ཀྱི་དྲོད་ཁང་གི་རིན་གོང་མཐོ་བས། ཐོན་སྐྱེད་ཐད་ནས་བཀོལ་སྤྱོད་བྱེད་པ་ཧ་ཅང་ཉུང་། མིག་སྔར་གྱི་ཙ་རིལ་སྤོང་

པོའི་དྲོད་སྤྱིལ་འདེབས་འཇུགས་བྱེད་དུས་འགྲིག་ཁུག་དྲོད་ཁང་གཙོ་བོར་འཛིན་པ་ཡིན།

འགྲིག་ཁུག་དྲོད་ཁང་ཞེས་པ་ནི་བྱང་དང་ཤར་དང་། ནུབ་སོགས་ངོས་གསུམ་ནས་གྱང་གིས་བསྐོར་ཞིང་། གཞོགས་གཅིག་ཏུ་ཐུར་ངོས་ཡོད་པ་དང་། འོད་འཕྲོའི་གཤིས་ནུས་ཆུང་བཟང་བའི་འགྲིག་ཁུག་གིས་གཡོགས་པ། ཚ་ཚད་ནི་གཙོ་བོར་ཉི་མའི་ཁྲབ་འགྱེད་ལ་བརྟེན་དགོས་པར་མ་ཟད། སྲིང་བལ་གྱི་ཉལ་ཆས་དང་རྩྭ་ཡིས་ཁེབས་བཀབ་ནས་དྲོད་འཛིན་བྱེད་དགོས།

འགྲིག་ཁུག་དྲོད་ཁང་གི་རིང་ཚད་ལ་སྨི60~80དང་། བར་ཞེང་སྨི7.0~10ཡིན་ན་འཚམ། གནས་ཕྱོགས་ནི་ལྷོ་ནུབ་ལ་ཕྱོགས་ཚད2° མང་ཆེ་བར་ས་འོག་ཕྱེད་ཙམ་གྱི་སྒྲིག་གཞི་བཀོལ་དགོས། འདེབས་འཇུགས་ཕྲེང་བསྐར་ནི་རང་བྱུང་ས་ངོས་མན་གྱི་སྨི0.5~1.0དགོས།

(གཅིག) ལྷག་གྱང་།

སའི་བརྩིགས་པ་གཙོ་བོ་བྱེད་པའམ་ཡང་ན་སོ་ཕག་དང་རྡོ་རྩིག་བརྒྱབ་ནས་དྲོད་འཛིན་བྱེད་པ་དང་། ཆ་སྙོམས་ཀྱི་མཐུག་ཚད་ས་གནས་དེ་གའི་ཆེས་ཆེ་བའི་འཁྱག་སའི་མཐུག་ཚད་ཀྱི་ལྷབ2ཡན་ཟིན་དགོས་པ་དང་། སྤྱིར་བཏང་དུ་སྨི1.0ལས་དམའ་མི་རུང་།

(གཉིས) རི་རྩའི་གྱང་།

སའི་བརྩིགས་པ་གཙོ་བོ་བྱེད་པའམ་ཡང་ན་སོ་ཕག་དང་སའི་འདྲིལ་སྦྱོར་སྒྲིག་གཞི་གཙོ་བོར་བཟུང་ནས་དྲོད་འཛིན་བྱེད་པ་དང་། སྤྱིའི་མཐུག་ཚད་ས་གནས་དེ་གའི་ཆེས་ཆེ་བའི་འཁྱག་སའི་མཐུག་ཚད་ཀྱི་ལྷབ1.5ཡན་ཟིན་དགོས།

(གསུམ) རྒྱབ་ཁང་གི་ཕྱི་ངོས།

སྐེ་མ་ཅན་གྱི་ལོ་ཏོག་གི་སོག་མ་དང་ས་འདམ་གྱི་འདྲིལ་སྦྱོར་སྒྲིག་གཞི་སྤྱད་ནས། མཐུག་ཚད་ལི་སྨི40~60ཡོད་དགོས།

(བཞི) མདུན་ཁང་གི་ཕྱི་ངོས།

1. རུས་སྒྲོམ་ནི་རབ་ཡིན་ན་བཙད་ངོས་ཆུང་ཞིང་དྲག་ཚད་མཐོ་བའི་རྒྱུ་ཆ་སྤྱད་དེ་

གཞུ་དབྱིབས་ཏུས་སྒྲོམ་བཟོས་ཏེ། དཔེར་ན་ཏུའུ་ཞིན་སྲུ་གུ་དང་ཞུགས་སྒོར་སོགས་ཡིན།

2. སྐྱི་མོའི་འཁྲིག་ཁུག་སྐྱབ་མོ་ནི་སྨུག་པ་འགོག་པ་དང་དྲོད་འཛིན་པ། རྒས་རྙིང་དུ་འགྱུར་དཀའ་བ། ཉི་འོད་འཕྲོ་ཤིང་གསལ་བའི་ཁེབས་ཀྱི་སྤྱོད་དགོས།

3. ཉི་འགོག་དྲ་བ་ནི་མཉེན་གཤིས་བཟང་ཞིང་ཉི་འོད་སྒྲིབ་ནུས་ལེགས་པའི་ཉི་འགོག་དྲ་བ་སྤྱོད་དགོས།

4. རྩྭ་ཡོལ་ནི་སྨི་གྲུ་བཞི་མ་རེར་སྟོང་ཁེ5ལས་མི་ཉུང་བའི་རྩྭ་ཡོལ་ལམ་ཕྱིང་པ་ཉིས་བརྩེགས་འགེབས་དགོས། རྩྭ་ཡོལ་ནི་གོང་འོག་ཚང་མར་སྨི1ཡས་མས་བརྐྱལ་དགོས་ཤིང་། རྒྱབ་ཀྱི་གཟར་ངོས་དང་དྲོད་ཁང་མདུན་གྱི་ས་ངོས་སུ་བཀབ་རྗེས། རྩྭ་ཡོལ་གྱིས་ཕྱི་རིམ་ལ་ཡང་བསྐྱར་སྐྱི་མོའི་འཁྲིག་ཁུག་རིམ་པ་གཅིག་འགེབས་དགོས།

(ལྔ) བར་ཚོད་ཁང་བ། རི་རྩའི་གྱང་ངོས་སུ་སྒོ་ཕྱེ་སྟེ་བར་ཚོད་ཁང་བརྩུགས་ནས། ཕྱི་ནང་གཉིས་ཀར་སྒོ་ཡོལ་དཔྱངས་ནས་འགེལ་དགོས་པར་མ་ཟད། སྒོ་ཁ་ཏུ་ལི་སྨི30སྒོ་ཐེམ་འཛོག་དགོས།

གཉིས། ཕྱིར་འགྱངས་འདེབས་འཛུགས།

ཕྱིར་འགྱངས་འདེབས་འཛུགས་བྱེད་པ་ནི་འབྲས་བུ་སྨིན་པ་དང་བཟ་བསྟུའི་དུས་ཡུན་ཕྱིར་འགྱངས། འབྲས་བུའི་རྒྱུ་སྤུས་མཐོར་འདེགས་སུ་གཏོང་བ་དམིགས་ཡུལ་དུ་འཛིན་པའི་འདེབས་འཛུགས་བྱེད་སྟངས་ཤིག་ཡིན། འདིས་ཙ་རིལ་གསར་བའི་ཚོང་སྒྲོམ་གྱི་དུས་ཚོད་ཇེ་རིང་དུ་གཏོང་བ་དང་། གསོག་ཉར་གྱི་མ་གནས་ཇེ་དམའ་རུ་གཏོང་བའི་ནུས་པ་ཐོན་པར་མ་ཟད། ད་དུང་ཚོང་རའི་རིན་གོང་གི་བར་ཁྱད་ཐོན་ཐུབ།

ཙ་རིལ་གསར་བ་ནི་འཕྲུག་བསིལ་ལྡན་པའི་ས་ཁུལ་ཁ་ཤས་སུ་ཕྱིར་འགྱངས་འདེབས་འཛུགས་བྱས་ཆོག་སྟེ། སྔ་སྨིན་དང་འཕྱི་སྨིན་གྱི་སོན་རིགས་འདེམ་དགོས་ཤིང་། དཔེར་ན་ཧུང་ཙོ་དང་ཞུའི་ཁྲིང་ཧུང་ཙོ། ཞང་ཧྲུན་ཡོན་ཙོ། ཏ་ཞུའི་ཙོ་སོགས་ལྟ་བུ། སོན་རིགས་འདི་དག་འཁྱག་བསིལ་ས་ཁུལ་དུ་ནང་འདྲེན་བྱས་ནས(ལོ་རེའི་ཆ་སྙོམས་དྲོད་ཚད10℃མན) འདེབས་འཛུགས་བྱས་ན། སོན་རིགས་ཀྱི་སྐྱེ་འཚར་དུས་ཡུན་ཇེ་རིང་དུ་གཏོང་ཐུབ། གལ་

ཏེ་སོན་རིགས་འདི་དག་འཁྱག་བསིལ་ས་ཁུལ་དུ་ནང་འདྲེན་བྱས་ནས། རང་བྱུང་འདེབས་འཛུགས་ཀྱི་ཆ་རྐྱེན་འོག་ཏུ་བསྒོམས་ཐྲོད་མི་འདང་བས་འབྲས་བུ་སྨིན་མི་ཐུབ། སྔོན་དུས་སུ་འབྲས་བུའི་སྐྱེ་འཚར་རྒྱས་ཚར་རྗེས་སྒྲིག་བཀོད་ལ་བརྟེན་ནས་འདེབས་འཛུགས་བྱས་ན། ཐྲོད་གསབ་བྱེད་ཐབས་སྤྱད་ན་འབྲས་བུ་སྨིན་པའི་དུས་ཡུན་ཕྱིར་འགྱངས་བྱེད་ཐུབ།

ཁམ་བུའི་སྡོང་པོ་འདེབས་འཛུགས་བྱེད་པའི་སྐབས་སུ། མི་སྐོར་ཞིག་གིས་འཁྱིག་ཁུག་ཐྲོད་ཁང་གི་གྲུང་ངོས་ཀྱི་རྒྱབ་ཕྱོགས་སུ་འཁྱགས་རོམ་བཞག་ནས། ཁམ་སྡོང་གི་སྨུ་གུ་འབུས་ཡུན་ཕྱིར་འགྱངས་བྱས་ཏེ། འབྲས་བུ་བཙ་བསྐྱེའི་ཕྱིར་འགྱངས་སུ་གཏོང་བར་གྲུབ་འབྲས་ལེགས་པོ་ཐོབ་ཀྱང་། ཙོ་རིལ་དམར་པོས་ད་དུང་དེའི་ཕྱོགས་ལ་ཚོད་ལྟ་བྱས་མེད།

འདེབས་འཛུགས་དོ་དམ་གྱི་ལག་རྩལ་སྟེང་ནས། ཡང་སྐོར་བརྒྱབ་ནས་བཤུ་བ་དང་ཡང་ན་སྐོར་བཤུ་མི་བྱེད་པ། དུས་དང་བསྟུན་ནས་ཆུ་གཏོང་བ། ས་བཅུའི་བཞའ་ཚན་ཧྲེ་མཐོར་གཏོང་བ། ཏན་ལུད་འོས་འཚམ་སྐོས་ཁ་སྟོན་བྱེད་པ་སོགས་ཀྱི་བྱེད་ཐབས་བརྒྱུད་ནས། ཙོ་རིལ་གྱི་འབྲས་བུ་སྨིན་པ་དང་འབྲས་བུ་བཙ་བསྐྱེའི་དུས་ཡུན་ཕྱིར་འགྱངས་བྱས་ཆོག

ཙོ་རིལ་གསར་བའི་འདེབས་འཛུགས་ལག་རྩལ་ནི། མིག་སྔར་ཐོན་སྐྱེད་ཐད་ནས་ད་དུང་བེད་སྤྱོད་ཆེན་པོ་བྱེད་བཞིན་མེད།

ཚན་པ་གསུམ་པ། སྒྲིག་བཀོད་འདེབས་འཛུགས་ལྷུམ་ར་སྐྲུན་པ།

གཅིག ལྷུམ་ར་འདེམ་པ།

(གཅིག) འོད་འཕྲོ་ཚད།

ཙོ་རིལ་སྡོང་པོ་ནི་ཉི་མའི་འོད་ཟེར་ལ་དགའ་བའི་སྡོང་རིགས་ཤིག་ཡིན་ལ། འོད་འཕྲོའི་ཐོན་ཁུངས་ཀྱི་ཆླང་བྱ་ཙུང་མཐོ་བས། ཉི་མར་ཕྱོགས་པའི་ཁོད་ཡངས་ས་ཁུལ་དང་སྐྱིབ་སྒྲིབ་མེད་པའི་ས་ཁུལ་འདེམ་དགོས། རི་ཁུལ་གྱི་ཙོ་རིལ་ལྷུམ་ར་འདེབས་པའི་དུས་སུ་

རི་ལྷེབས་སམ་རླུང་ཁར་གཏད་པའི་ལྷོ་ཕྱོགས་སུ་འཕོར་བའི་སྐས་རིམ་ས་ཞིང་ངམ་སྟེགས་བུའི་ས་ཞིང་འདེམ་དགོས། ཐད་ཀར་དུ་སྟེགས་བུའི་རྒྱབ་ངོས་ཀྱི་ལྷེབས་ཞིང་ལ་བརྟེན་ནས་དྲོད་ཁང་གི་རྒྱབ་ངོས་ཀྱི་གྱང་བྱས་ཆོག འདི་ལྟར་བྱས་ན་འཛུགས་སྐྲུན་རྒྱུ་ཆ་གྲོན་ཆུང་བྱེད་ཐུབ་པ་དང་། དྲོད་ཁང་གི་འཛུགས་སྐྲུན་མ་གནས་ཇེ་དམའ་རུ་གཏོང་ཐུབ་པར་མ་ཟད། དྲོད་འཛིན་གྱི་ཕན་འབྲས་བཟང་ཞིང་། དཔལ་འབྱོར་གྲོན་ཆུང་དང་སྤྱོད་ཤུགས་ཆེའོ།

(གཉིས) ས་རྒྱུའི་ཆ་རྐྱེན།

ཙོ་ཤིང་གི་ལྗོག་འགོག་རང་བཞིན་ཆེ་བ་དང་འཕྲོད་འཚམ་རང་བཞིན་ཆེ་ལ། ས་རྒྱུའི་ཆ་རྐྱེན་ལ་བླང་བྱ་ནན་མོ་མེད་མོད། འོན་ཀྱང་ཙོ་རིལ་གསར་བའི་སྒྲིག་བཀོད་སྤྱད་ནས་སྐྱུལ་ལྷུག་འདེབས་འཛུགས་བྱས་པའི་ཙོ་རིལ་ལྷུམ་ར་ཡིན་ན་ས་རྒྱུའི་སྦུས་ཀ་ལེགས་པ་དང་། ས་རིམ་མཐུག་པ། ཞིང་ཆུ་འདྲེན་གཏོང་སྟབས་བདེ་བའི་བྱེ་ས་བདམས་ན་ལེགས། བ་ཚྭ་ཅན་གྱི་ས་ཞིང་དང་གཤོང་ས་ཡིན་ན་ལེགས་བཅོས་བྱས་རྗེས་ལྷུམ་ར་བསྐྲུན་ན་བཟང་།

(གསུམ) རླུང་གཡོལ་ས་ཁུལ་འདེམ་པ།

རླུང་གིས་འཁྱིག་ཁུག་དྲོད་ཁང་གི་སྒྲིག་གཞི་ལ་གཏོར་བཤིག་རང་བཞིན་གྱི་ཤུགས་རྐྱེན་ཐེབས་པས་ལྷུམ་ར་འཛུགས་སྐྲུན་བྱེད་དུས་རླུང་གཡོལ་ས་ཁུལ་འདེམ་དགོས། རབ་ཡིན་ན་རླུང་ཁ་ནས་རི་ཁུལ་དང་རི་མ་ཐང་། རླུང་འགོག་ནགས་ཚལ། བཟོ་བཀོད་ཆེན་པོ་བཅས་ཡོད་ན་བཟང་།

(བཞི) འགྲིམ་འགྲུལ་སྐྱེལ་འདྲེན་སྟབས་བདེ་ཡིན་པ།

ཆུ་ཁུངས་དང་གློག་ཁུངས་ལ་བར་ཐག་ཐུང་ཉེ་བ་དང་། འགྲིམ་འགྲུལ་སྟབས་བདེ་བ། འབབ་བཙོག་མེད་པའི་ས་ཆ་ནས་ལྷུམ་རར་འཛུགས་སྐྲུན་བྱས་ན། སྐྱི་མོའི་འཁྱིག་ཁུག་སྲབ་མོའི་འབབ་བཙོག་དང་སྦུབས་རྫུལ་ཇེ་ཉུང་དུ་གཏོང་ཐུབ་པར་མ་ཟད། ཐོན་རྫས་འཚོང་བ་དང་སྐྱེལ་འདྲེན་བྱེད་པར་ཡང་ཕན་པ་ཡོད་ཅིང་། རབ་ཡིན་ན་ཐོན་ཡུལ་ནས་ཚོང་ར་ཡོད་དགོས།

གཉིས། ལྗུམ་ར་འཛུགས་སྐྱུན་བྱེད་སྐབས་ཅོ་རིལ་སྔོང་བོར་རྩ་སྲོས་རྒྱག་པ།

(གཅིག) ཅོ་རིལ་ལྗུམ་རར་ས་ཁོད་སྙོམས་པ།

འདེབས་འཛུགས་མ་བྱས་པའི་སྔོན་དུ། ཐོག་མར་ལྗུམ་རའི་ས་ཞིང་ཐེངས་གཅིག་ལ་བསློགས་རྗེས། ཆུ་གཏོང་བ་དང་སྐམ་རྗེས་ཤལ་རྒྱག་དགོས།

(གཉིས) སྔོང་ཕྲུག་གདམ་གསེས།

སྲུས་ལེགས་སོན་རིགས་བཟང་པོ་བདམས་ནས་མཐུད་སྦྱོར་སྨྱུ་གུ་འདེབས་འཛུགས་བྱས་ནས་ལྗུམ་ར་འཛུགས་དགོས་ཤིང་། སའི་ཐིག་ལེ་སྨྱི1ཡན་དང་སྨྱུ་གུའི་སྔོང་རྐང་གི་མཐོ་ཚད་སྨྱི1ཡན་གྱི་སྨྱུ་གུ་སྟོབས་ལྡན་འཛུགས་དགོས། དགུན་དུས་གྲང་དར་ཆེ་བའི་ས་ཁུལ(དྲོད་ཚད་དམའ་དུས–15℃མན)ཡིན་ན། སའི་ཐིག་ལེ་སྨྱི2ཡན་གྱི་སོན་རིགས་སྨྱུ་གུ་བདམས་ནས་ལྗུམ་ར་བསྐྱུན་པའམ་ཡང་ན་རང་ས་གནས་ཀྱི་སོན་རིགས་བདམས་ནས་ལྗུམ་ར་འཛུགས་དགོས། གསོན་པའམ་སྐྱེ་འཚར་བྱུང་རྗེས། ལོ་གཉིས་པར་སོན་བཟང་མཐུད་སྦྱོར་བྱེད་དགོས།

(གསུམ) འདེབས་འཛུགས་སྟུག་ཚད།

དྲོད་ཁང་ནང་དུ་འདེབས་འཛུགས་བྱེད་དུས་སྨྱི1×སྨྱི2ཅན་གྱི་སྔོང་རྐང་གི་བར་ཐྲེང་བཙུགས་ནས་འཛུགས་དགོས། ཆུ་ལུད་ཀྱི་ཆ་རྐྱེན་ལེགས་ཤིང་དོ་དམ་ཞིབ་ཚགས་ཡིན་པའི་ཅོ་རིལ་ར་བ་ཡིན་ན་འདེབས་འཛུགས་སྟུག་ཚད་ཇེ་ཆེར་བཏང་ཆོག འབྲས་བུ་ལོ་དུ་མར་ཐོགས་རྗེས་སྔོང་བོའི་ཆེ་ཆུང་ལ་གཞིགས་ནས། སྔོང་བོའི་བར་མཚམས་གཅོད་པ་དང་སྙོམ་སྒྲིག་བྱས་ཏེ། ཉི་འོད་འཕྲོ་ཚད་ཇེ་ལེགས་སུ་གཏོང་དགོས།

(བཞི) འདེབས་འཛུགས་དུས་ཚོད།

ཆུ་གཏོང་བའི་ཆ་རྐྱེན་འཛོམས་པའི་ས་ཁུལ་དུ། སྟོན་དུས་ལོ་མ་ལྷུང་རྗེས་ནས་ལོ་རྗེས་མར་སྨྱུ་གུ་མ་འབུས་པའི་སྔོན་དུ་འདེབས་འཛུགས་བྱས་ཆོག སྤྱིར་བཏང་དུ་སྟོན་ཁར་འདེབས་འཛུགས་བྱེད་ན་ཅུང་སྔ་དགོས་པ་དང་དཔྱིད་ཁར་འདེབས་འཛུགས་བྱེད་དུས་ཅུང་འཕྱི་ན་བཟང་། ཐན་སྐམ་དང་དྲོད་ཚད་ཅུང་དམའ་བའི་ས་ཁུལ་དུ་སྨྱུ་གུ་འབུས་

པའི་སྔོན་ལ་འདེབས་འཛུགས་བྱས་ན་བཟང་། འདེབས་འཛུགས་མ་བྱས་པའི་སྔོན་ལ་རྫ་ཐལ་གྱིས་རྒྱགས་རྒྱག་པ་དང་། འདེབས་འཛུགས་ཕྲེང་བསྟར་དང་འདེབས་འཛུགས་ཁྱོན་བུ་གཏན་འཁེལ་བྱས་ཏེ། འདེབས་འཛུགས་ཚད་ལྡན་དུ་སྒྱུར་ན་སྦྲུལ་བུའི་ནང་གི་འབྲུལ་ཆས་ཅན་གྱི་རྨོ་འདེབས་ལ་ཕན་པ་ཡོད།

(ལྔ) འཕྲེད་ཕྱོགས་བཀོད་སྒྲིག

ཚ་རིལ་ལྷུམ་རའི་ནང་དུ་ཀླུང་རྒྱག་པ་དང་འོད་གསལ་པོ་ཡོང་བའི་ཆེད་དུ་ལྷོ་བྱང་འཕྲེད་ཕྱོགས་ཀྱི་ལྷུམ་ར་འཛུགས་དགོས། གལ་ཏེ་དྲོད་ཁང་ནང་དུ་འདེབས་འཛུགས་བྱས་ན། སྦྲུལ་བུའི་བྱང་ཕྱོགས་ཀྱི་ས་བབ་ལྷོ་ཕྱོགས་ལས་ཅུང་མཐོ་དགོས།

རྨ་ཆུ་འབབ་རྒྱུད་ཀྱི་གཙན་ཚ་དང་ཁྲི་ཀ ཞིན་ཏྭ། དཔའ་ལུང་བཅས་སུ་མཐོང་ས་ཡངས་འདེབས་འཛུགས་བྱེད་ཅིང་། འདེབས་འཛུགས་ཀྱི་ཕྲེང་བསྟར་ནི་ཀླུང་གཡུག་ཕྱོགས་གཙོ་བོ་དང་དྲང་དཔྱང་ངམ་ཐད་གཏུག་ཡིན་དགོས། རྩ་སྤྱོས་རྒྱག་པའི་གནས་ནི“ཟུར་གཟུགས”ཀྱི་དབྱིབས་ལྟར་བཀོད་སྒྲིག་བྱེད་དགོས། ཐག་ཉེ་བའི་ཕྲེང་བསྟར་གཉིས་སུ་གནས་པའི་སྡོང་ལག་སོ་སོ་ལྟོས་བཅས་ཀྱི་རེས་འཛོག་ཏུ་གནས་ཤིང་ཕྲེང་བསྟར་སྒྲིག་ནས“ཟུར་གཟུགས”དབྱིབས་སམ་རིང་མཉམ་ཟུར་གསུམ་གྱི་དབྱིབས་སུ་གྲུབ་ན། རྩ་ལག་ཁྱབ་སྟངས་དང་ཆུ་ལུད་འཐིམ་པར་ཡང་ཕན་པ་ཡོད་དེ། ཉི་འོད་འཛྲོ་ཚད་ཀྱང་སྙོམ་སྒྲིག་བྱེད་ཐུབ།

(དྲུག) ཤུར་བཙུགས་ནས་རྩ་སྤྱོས་རྒྱག་པ།

རྩ་སྤྱོས་རྒྱག་པའི་སྐབས་སུ་ས་ཆ་དེ་གའི་གནམ་གཤིས་དང་ས་རྒྱུའི་གནས་ཚུལ་ལ་གཞིགས་ནས་རྣང་ཐོག་འདེབས་འཛུགས་སམ་ཡུར་བུར་འདེབས་འཛུགས་བྱེད་དགོས།

1. རྣང་ཐོག་འདེབས་འཛུགས་བྱེད་པ། འོས་འཚམ་སྣུམ་ཆར་ཆུ་མོད་ཅིང་ཆུ་འཁྱིལ་སླ་བའི་ས་ཁུལ་འདེམ་དགོས། རྣང་ཐོག་བཟོས་རྗེས་ས་རྒྱུའི་ཆུ་འཐིམ་ནུས་པ་བཟང་ཞིང་རྣང་ངོས་ཀྱི་དྲོད་འཁྱིན་ཚད་མགྱོགས་པས། ཚ་རིལ་སྡོང་པོའི་རྩ་ལག་རྒྱས་པར་ཕན་པ་ཡོད། རྩ་སྤྱོས་མ་བརྒྱབ་པའི་སྔོན་ལ་འཕྲེད་ཕྱོགས་ལ་རྡུས་འགོད་དང་སྡོང་ལག་གི་བར་

མཚམས་ཀྱི་རྩ་སྤྲོས་རྒྱག་སའི་ཡུར་བུ་སློག་དགོས། རྩ་སྤྲོས་རྒྱག་སའི་ཡུར་བུའི་ཞེང་ལ་སྤྱིར་བཏང་དུ་ལི་སྨི80དང་གཏིང་ཟབ་ཚད་ལ་ལི་སྨི60དགོས། རྩ་སྤྲོས་རྒྱག་སའི་ཡུར་བུ་བཀོས་རྗེས་ཤུར་ནང་དུ་མཐུག་ཚད་ལི་སྨི30~40སོག་མ་དང་རྩྭ་ལྡུམ་ལྷུག་པ་དང་དེའི་འཕྲོར་ཡང་བསྐྱར་ས་རིམ་པ་ཞིག་བཀབ་རྗེས་ཆུ་གཏོང་དགོས། སྨི་གྲུ་བཞི་མ667རེའི་ནང་དུ་རུལ་སྨིན་སྐྱེ་ལྡན་ལུད་སྟོང་ཁེ2000~3000དང་སྐྱེ་དངོས་ཀྱི་སྐྱེ་ལྡན་ལུད་སྟོང་ཁེ100ས་དངོས་ཀྱི་ས་ལ་བསྲེས་རྗེས། མཐོ་ཚད་ལི་སྨི40དང་ཞེང་ཚད་ལི་སྨི80ཡོད་པའི་རྩ་སྤྲོས་རྒྱག་སའི་རྣང་མ་བཟོ་དགོས།

2. ཡུར་བུར་འདེབས་འཛུགས་བྱེད་པ། མཚོ་སྔོན་ཞིང་ཆེན་གྱི་ཁྲི་ཀ་དང་གཙན་ཚ་སོགས་ས་ཁུལ་དུ་ཆར་ཆུ་ཉུང་ཞིང་སྐམ་ཤས་ཆེ་བའི་ས་ཁུལ་དང་ཡང་ན་བྱེ་མ་མང་དྲགས་པས་ཆུ་འཛག་སླ་བའམ་ས་འོག་གི་ཆུ་མཐོ་བའི་ས་ཁུལ་འདེམ་དགོས། རྩ་སྤྲོས་མ་བརྒྱབ་པའི་སྔོན་ལ། འཕོར་ཕྱོགས་དང་སྟོང་ཐང་གི་བར་ཐག་ལ་གཞིགས་ནས་རྩ་སྤྲོས་རྒྱག་སའི་ཡུར་བུ་སློག་དགོས། རྩ་སྤྲོས་རྒྱག་སའི་ཡུར་བའི་ཞེང་ཚད་ལ་སྨི1དང་ཟབ་ཚད་ལ་ལི་སྨི60~80ཡོད། རྩ་སྤྲོས་རྒྱག་སའི་ཡུར་བུ་བཀོས་རྗེས་ཤུར་ཞབས་དང་གཞོགས་གཉིས་ལ་འཁྱིག་ཁུག་སྲབ་མོ་བཏིང་བའི་རྗེས་སུ། ཡང་བསྐྱར་ལི་སྨི20~40ཡོད་པའི་རྩི་ཤིང་གི་སོག་མ་དང་རྩྭ་སྙིགས། ཡང་ན་བཟའ་བྱའི་ཤ་མོའི་བེད་མེད་རྒྱུ་ཆ། དེ་མིན་སྐྱེ་ལྡན་ལུད་རྫས་གཞན་པ་དེའི་ཐོག་ཏུ་བཀབ་སྟེ་ས་རིམ་ཞིག་གཏོར་ནས་བཙག་གནོན་བྱེད་དགོས། སྨི་གྲུ་བཞི་མ667རེའི་ནང་དུ་རུལ་བསླལ་ཐེབས་པའི་སྐྱེ་ལྡན་ལུད་སྟོང་ཁེ2000~3000དང་སྐྱེ་དངོས་སྐྱེ་ལྡན་ལུད་ཀྱི་སྟོང་ཁེ100དང་ས་དངོས་ཀྱི་ས་ལ་བསྲེས་རྗེས་ཡང་བསྐྱར་རྩ་སྤྲོས་རྒྱག་སའི་ཤུར་ནང་དུ་བླུགས་ནས་ཆུ་གཏོར་དགོས།

སྨྱུ་གུ་བདམས་རྗེས། དུས་འགོད་བྱས་པའི་སྟོང་ཐང་གི་བར་ཐག་ལྟར་རྩ་སྤྲོས་རྒྱག་པ་དང་ཡལ་བཞུར་གཏན་འཁེལ་བྱས་རྗེས། འཁྱིག་ཁེབས་སྒྲོད་དགོས།

གསུམ། ལྡུམ་ར་ཆུང་ངུའི་ངོ་དམ་དང་སྲིག་བཀོད་འཛུགས་སྐྲུན།

(གཅིག) ལྡུམ་ར་ཆུང་ངུའི་ངོ་དམ།

གཙོ་བོ་ནི་དུས་དང་བསྟུན་ནས་ཆུ་གཏོང་བ་དང་ས་རྒྱུ་ཇེ་སོབ་ཏུ་གཏོང་བ། ལུད་འཇོག་པ། ནད་འབུ་འགོག་བཅོས་བྱེད་པ་སོགས་ཡིན། ལྕུམ་ར་བསྐྱུན་རྗེས། ཐོག་མའི་ལོ2རིང་ལ་ཙོ་རིལ་ལྕུམ་རའི་ནང་དུ་འོས་འཚམ་སྔོས་ཆུ་གཏོང་བ་ར་ཉོ་སྣང་བྱེད་དགོས་པ་དང་། ལོ1ནང་དུ་ཉུང་མཐར་ཡང་ཆུ་འདང་ངེས་ཐེངས3~5གཏོང་དགོས། ཆར་བ་བབས་པའམ་ཆུ་བཏང་རྗེས་དུས་ཐོག་ཏུ་ཡུར་མ་ཡུར་ནས་རྩྭ་ལྕུམ་མེད་པར་བཟོ་བ་དང་ལུད་རྫས་འཇོག་དགོས་ཤིང་། ཕྱིར་བཏང་དུ་ལོ1ལ་ཐེངས2~3འཇོག་དགོས། སྔོན་ཐུག་ཡིན་པའི་དུས་སྐབས་ཀྱི་ནད་འབུ་ནི་གཙོ་བོ་ཙོ་རིལ་གྱི་དུག་སྦྲང་དང་སྲོམ་དམར་སོགས་ཡིན་པ་དང་། གཙོ་བོ་དཔྱིད་དུས་སྨུ་གུ་འབུས་པ་དང་སྟོན་དུས་སུ་འགོག་བཅོས་བྱེད་དགོས།

(གཉིས) སྲིག་བཀོད་བཟོ་སྐྲུན།

1. རྡོད་སྤྱིལ་འདེབས་འཛུགས་བྱེད་ན་སྔོན་ལ་སྲིག་བཀོད་འཛུགས་སྐྲུན་དང་རྗེས་སུ་ལྕུམ་ར་འཛུགས་སྐྲུན་བྱེད་པ། ས་ལས་ཅུང་མང་བའི་རྡོད་སྤྱིལ་ཡིན་ན་ལྕུམ་ར་འཛུགས་སྐྲུན་མ་བྱས་པའི་སྔོན་ལ། འཆར་འགོད་ཧུས་འགོད་བྱས་པའི་རྨང་གཞིའི་སྟེང་དུ་སྔོན་ལ་སྲིག་བཀོད་འཛུགས་སྐྲུན་ལེགས་པོར་བྱེད་དགོས། དེའི་ཁྲོད་དུ་ལྕུམ་ར་ནང་གི་ཞིང་ཆུ་འདྲེན་འབུད་མ་ལག་དང་བགྲོད་ལམ་མ་ལག རྡོད་སྤྱིལ་སོགས་འདུས། དེའི་འཕྲོར་དུ་གཟོད་ཙོ་རིལ་སྔོང་པོ་འདེབས་འཛུགས་བྱེད་དགོས།

2. ལྕུམ་ར་འཛུགས་སྐྲུན་བྱེད་ཞོར་དུ་སྲིག་བཀོད་འཛུགས་སྐྲུན་བྱེད་པ། ཙོ་རིལ་འདེབས་འཛུགས་བྱེད་མཁན་གྱི་ཞིང་པ་ཁ་ཤས་ཀྱིས་མ་དངུལ་ཁ་ཐོར་སྔོས་གཏོང་འཛུགས་བྱས་ནས་རྡོད་ཁང་འཛུགས་སྐྲུན་བྱེད་སྐབས་གོ་རིམ་བགོས་ནས་ལས་སྒྲུབ་བྱེད་པ་ཡིན། བྱེད་ཐབས་ནི་འདེབས་འཛུགས་མ་བྱས་པའི་སྔོན་ལ་རྒྱབ་ཀྱི་གྱང་དང་ཟུར་གྱི་གྱང་བརྩིགས་རྗེས་ད་གཟོད་ཙོ་རིལ་སྔོང་པོ་འདེབས་འཛུགས་བྱེད་པ་དང་། ཕྱི་ལོའི་སྟོན་དུས་སུ་ཉེ་འོད་རྡོད་ཁང་བསྐྲུན་ཞིང་ལོ་གསུམ་པར་ཐོན་འབབ་ཐོབ་པ་ཡིན། འདི་ལྟར་བྱས་ན་ཐེངས་གཅིག་རང་བཞིན་གྱི་མ་དངུལ་འཇོག་གྲངས་མང་དྲགས་པའི་སྣང་ཚུལ་ལས་གཡོལ་བ་དང་། མ་གནས་གྲོན་ཆུང་བྱེད་ཐུབ་པར་མ་ཟད། ཐོན་སྐྱེད་ལའང་

འཕྲུས་ཤོར་མི་འབྱུང་ངོ་།།

བཞི། རྩ་ལུད་དོ་དམ།

(གཅིག) ལྷམ་རའི་ས་རྒྱུའི་དོ་དམ།

ལྷམ་ར་འཛུགས་སྐྲུན་མ་བྱས་པའི་སྔོན་ལ་ས་རྒྱུ་ལེགས་བཅོས་བྱེད་པ་ནི་སྒྲིག་བཀོད་འདེབས་འཛུགས་བྱེད་པའི་གལ་ཆེའི་ལྷུ་ཚིགས་ཤིག་ཡིན་ཞིང་། ཙོ་རིལ་སྔོང་བོའི་ཐོན་འབབ་དང་སྤུས་ཚད་ལ་ཐད་ཀར་ཤུགས་རྐྱེན་ཐེབས་པ་ཡིན། དེ་བས། ངེས་པར་དུ་འཛུགས་སྐྲུན་མ་བྱས་པའི་སྔོན་དུ་ས་རྒྱུ་ལེགས་བཅོས་བྱ་བ་ལེགས་པོར་སྒྲུབ་དགོས། ལྷག་པར་དུ་ས་རྒྱུའི་ཁྲོད་དུ་བྱེ་མ་མང་དྲགས་པ་དང་ས་རྒྱུའི་འབྱར་ཤུགས་ཆེ་དྲགས་པ། ས་རྒྱུའི་ཁྲོད་དུ་ཚྭ་འདུས་ཚད་ཅུང་མཐོ་བའི་སྐབས་སུ། ས་གཤིས་མི་འདྲ་བར་དམིགས་ནས་ལེགས་བཅོས་བྱེད་ཐབས་མི་འདྲ་བ་སྣེ་གང་ལ་གང་འཚམ་སྤྱོད་དགོས། བྱེ་མ་ཅུང་མང་བའི་ས་རྒྱུ་ཡིན་ན། བྱེ་མ་དང་ས་ནག་མཉམ་བསྲེས་ཀྱི་བྱེད་ཐབས་སྤྱད་དེ་ལེགས་བཅོས་བྱེད་དགོས། འབྱར་གཤིས་ཅུང་སྲི་བའི་ས་རྒྱུ་ཡིན་ན་བྱེ་མ་བསྲེས་ནས་ལེགས་བཅོས་བྱེད་པ་དང་། བ་ཚྭ་ཆེ་བའི་ས་ཞིང་ཡིན་ན་ཚྭ་མེད་ཆུ་བཏང་ནས་ཚྭ་བཀྲུ་བའམ་རྫ་ཡོལ་བཀབ་ནས་བ་ཚྭ་གནོན་པ་སོགས་ཀྱི་བྱེད་ཐབས་སྤྱད་ནས་ལེགས་བཅོས་བྱེད་དགོས། སྐྱེ་ལྡན་ལུད་མང་དུ་འཇོག་པ་དང་ས་རྒྱུའི་སྐྱེ་ལྡན་རྫས་བཅུད་མང་དུ་འཇོག་པ་ནི་ས་རྒྱུ་ལེགས་བཅོས་བྱེད་པའི་གཙོ་གནད་ཡིན་ཞིང་། ས་རྒྱུའི་སྐྱེ་ལྡན་རྫས་བཅུད་འདུས་ཚད་མཐོ་བའི་ཙོ་རིལ་ལྷམ་རའི་ཙོ་རིལ་སྔོང་བོའི་རྩ་ལག་རྒྱས་པ་དང་ལྷང་མྱུག་གི་སྐྱེ་སྟོབས་རྒྱས་ཤིང་། སྐྱེ་འཚར་མགྱོགས་པས་དུས་ཡུན་ཐུང་ངུའི་ནང་དུ་ཐོན་འབབ་ལེགས་པའི་དུས་སྐབས་སུ་སླེབས་ཐུབ། སྤྱིར་བཏང་དུ་རྩ་སྦྱོས་མ་བརྒྱབ་པའི་སྔོན་ལ་སྨི་གྲུ་བཞི་མ667རེའི་ནང་དུ་ཅུལ་སླའི་ཞིང་ཁྱིམ་ལུད(ཕྱི་བྲུན་དང་ལུག་གི་རིལ་མ། ཕག་རྟུག་སོགས་ཡིན)སྟོང་ཁ5000འཇོག་དགོས་པར་མ་ཟད། སྟོང་ཁ50~100ཀའོ་ལིན་སོན་ཀལ་དང་སློམས་པོར་བསྲེས་རྗེས་ས་དོས་སུ་གཏོར་བ་དང་། དེའི་འཕྲོར་གཏིང་སློག་རྒྱག་དགོས།

(གཉིས) ལྷུམ་རའི་ལུད་འཇོག་དོ་དམ།

1. སྔོན་ཁར་གཏིང་ལུད་འཇོག་པ། ཚོ་རིལ་གསར་བ་བཟ་བསྡུ་བྱས་རྗེས། ཚོ་རིལ་ར་བའི་ལུད་འཇོག་ཚད་ལྟར་ལུད་རྫས་རྒྱག་དགོས། ཏུལ་སླའི་སྐྱེ་ལྡན་ལུད་གཙོ་བྱས་ཏེ། ཡིན་དང་ཚྭ་ལུད་འོས་འཚམ་སྣོན་མང་འཇོག་བྱེད་དགོས། ལུད་འཇོག་ཚད་ནི་སྤྱི་གྲུ་བཞི་མ667རེར་སྐྱེ་ལྡན་ལུད་སྟོང་ཁི3000~5000འཇོག་དགོས། ལུད་བཞག་རྗེས་དུས་ཐོག་ཏུ་ཆུ་ཐེངས1གཏོང་དགོས།

སྐྱེ་ལྡན་ལུད་ནི་ངེས་པར་དུ་ཏུལ་བསླལ་དུ་གྱུར་རྗེས་འཇོག་དགོས། ཞིང་ཁྱིམ་ལུད་དང(མིའི་གཅིན་སྐྱག་དང་བྱ་བྲུན། ལུག་གི་རིལ་མ། ཕག་རྟུག་སོགས)དང་ཀའོ་ལིན་སོན་ཀལ་དང་ཆུ། སྐྱེ་དངོས་འབུ་ཕྲའི་སྨན་རྫས(དཔེར་ནEMསོགས་འབུ་ཕྲའི་ལུད་རྫས)སོགས་རིགས་འདེབས་རྒྱུ་ཆ100 : 5 : 30 : 0.1བསྡུར་ཚད་ལྟར་བསྲེས་སྦྱོར་ཆ་སྙོམས་བྱེད་དགོས། འཁྱིག་ཁུག་སྲབ་མོས་ཉིན30~60བཀབ་ནས་དུས་དཀྱིལ་དུ་ཐེངས2~3དཀྲུགས་རྗེས་ད་གཟོད་བེད་སྤྱོད་བྱས་ཆོག

2. སྙིང་ལུད་འཇོག་པ། སྙིང་ལུད་འཇོག་པའི་གྲངས་ཀ་དང་ལུད་འཇོག་ཚད་ནི་ཤིང་སྡོང་གི་ལོ་ཚད་དང་ས་རྒྱུའི་རིགས་མི་འདྲ་བའི་དབང་གིས་གཅིག་མཚུངས་མིན། སྤྲིག་བཀོད་འདེབས་འཛུགས་བྱས་པའི་ཚོ་རིལ་གྱི་ལྷུམ་རར་སྤྱིར་བཏང་དུ་ལུད་ཐེངས3འཇོག་དགོས་ཏེ། མེ་ཏོག་མ་བཞད་པའི་སྔོན་ལ་སྙིང་ལུད་འཇོག་པ་དང་། འབྲས་བུ་ཆུང་དུའི་དུས་སུ་སྙིང་ལུད་འཇོག་པ། འབྲས་བུ་ཇེ་ཆེར་རྒྱས་པའི་དུས་སུ་སྙིང་ལུད་འཇོག་པ་བཅས་ཡིན། མེ་ཏོག་མ་བཞད་པའི་སྔོན་ལ་སྙིང་ལུད་འཇོག་དུས་སུའུ་ཞའོ་ཏན་གཙོ་བོར་འཛིན་པ་དང་། ཡིན་ལུད་འོས་འཚམ་ཞིག་བསྲེས་ནས་འཇོག་དགོས་ལ། མིའི་གཅིན་སྐྱག་ཏུལ་དུ་བཙུག་ཀྱང་ཆོག འབྲས་བུ་ཐོགས་པའི་སྡོང་རྐང་རེའི་སྙིང་དུ་གཅིན་རྒྱུ་སྟོང་ཁི0.2འཇོག་དགོས། འབྲས་བུ་ཆུང་དུའི་དུས་སུ་སྙིང་ལུད་འཇོག་དུས་ཏན་དང་ལིན། ཚྭ་སོགས་གཞི་རྒྱུ་གསུམ་འདུས་པའི་འདྲེས་སྦྱོར་ལུད་བཞག་ན་ཤིན་ཏུ་འཕྲོད་ཡོད་པས། ཏན་ལུད་གཅིག་པུ་འཇོག་མི་རུང་། དཔེར་ན་གཅིན་རྒྱུ་དང་ཐྣ་སོན་ཆེང་ཨན་སོགས་ཡིན། སྡོང་རྐང་རེ་ལ

ཞིན་སོན་ཨེར་ཨན་སྟོང་ཁ0.15~0.3དང་། ཡང་ན་ཏན་ཞིན་ཧྭ་འདུས་ཚད་སོ་སོ10%མཉམ་འདུས་རྫས་ལུད་སྟོང་ཁ0.2~0.4འཇོག་དགོས། འབྲས་བུ་རྗེ་ཆེར་རྒྱས་པའི་དུས་སུ་སྟོང་ཆ་རེ་ལ་ཞིན་སོན་ཨེར་ཨན་དང་། ཞིའུ་སོན་ཧྭ་སྟོང་ཁ0.5ཡས་མས་འཇོག་དགོས།

3. ལོ་མའི་ངོས་སུ་ལུད་གཏོར་བ། ལོ་མའི་ངོས་སུ་ལུད་གཏོར་ན་འཛིན་ཐིམ་ཚུང་མགྱོགས་ཤིང་། ལོ་མའི་ངོས་སུ་ལུད་གཏོར་བའི་འོས་འཚམ་གྱི་གར་ཚད་ནི། གཅིན་རྒྱ0.3%~0.5%དང་། མིའི་གཅིན་སྐྱག་ཐལ་བ5%~10% ཞིན་སོན་ཨན0.3%~0.5% ཞིའུ་སོན་ཨན་དང་ལུའུ་ཧྭ་ཙ་སོ་སོ0.3% རྩི་ཤིང་གི་གོ་ཐལ1%~6% ཞིའུ་སོན་ཙ0.3%~0.5% ཞིན་སོན་ཨེར་ཆིང་ཧྭ0.2%~0.5% གཱའོ་ཞིན་སོན་ཀལ1%~3% ཕུན་ཧྥ0.2%~0.3% ཕུན་སོན0.1%~0.3% ཞིའུ་སོན་ཡ་ཐིའེ0.3%~0.5% ཞིའུ་སོན་ཞིན0.2%~0.4% ལུའུ་ཧྭ་ཀལ0.5%ཡིན།

(གསུམ) ལྷུམ་རའི་ཆུ་གཏོང་ངོ་དམ།

སྤྱིར་བཏང་དུ་ལོ་རེར་ཆུ་ཐེངས4~5གཏོང་བར་ཁག་ཐེག་བྱེད་དགོས།

1. དགུན་དུས་སུ་འཁྱག་ཆུ་གཏོང་བ། སྟོན་དུས་སུ་གཉེར་ལུད་འཇོག་པ་དང་ཟུང་འབྲེལ་བྱས་ཏེ་གཉེར་ལུད་བཞག་ནས་དར་མ་ཆགས་པའི་སྔོན་ལ་ལྷུམ་ར་ཡོངས་སུ་ཆུ་གཏོང་དགོས།

2. སྨུ་གུ་འབུས་པར་སྐྱལ་འདེད་བྱེད་དུས་ཆུ་གཏོང་བ། སྨུ་གུ་མ་འབུས་པའི་སྔོན་ལ་ཆུ་བཏང་ན། ཙོ་རིལ་སྔོང་བོའི་སྨུ་གུ་འབུས་པ་དང་ཡལ་ག་རྒྱས་ཤིང་ལོ་མ་དང་མེ་ཏོག་གི་གང་བུ་འདོན་པར་ནུས་པ་གལ་ཆེན་ཐོན་པས། ཕྲེང་བསྟར་རེ་བསྐྱར་ནས་ཆུ་གཏོང་བའམ་ཆུ་གཉེར་ཕུང་གཏོང་དགོས།

3. མེ་ཏོག་བཞད་པའི་དུས་སྐབས་སུ་ཆུ་གཏོང་བ། སྤྱིར་བཏང་དུ་སྙེ་མའི་དུས་དང་ཟུང་འབྲེལ་བྱས་ཏེ་སྙིང་ལུད་བཞག་རྗེས་ཆུ་གཏོང་དགོས། ཙོ་རིལ་གྱི་སོན་རིགས་སྔར་ཞིག་སྟེ། དཔེར་ན་ཧྲུང་ཙོ་ལ་འབྲས་བུ་ཆགས་དུས་ཚུང་མཐོ་བའི་མཁའ་དབུགས་ཀྱི་ལྟོས་བཅས་བཞའ་ཚན་ཡིན(70%ཡན)དགོས་ཤིང་། ཡིན་ནའང་ཧྲུང་ཙོ་ལ་མེ་ཏོག་བཞད་

པའི་དུས་སྐབས་ནི་རྒྱུན་དུ་དྲོད་ཚད་མཐོ་བའི་ཐན་སྐམ་དུས་ཚིགས་ཡིན་པས། "མེ་ཏོག་འཚིག་འགྲོ་བའི"སྣང་ཚུལ་འབྱུང་སླ། མེ་ཏོག་བཞད་པའི་དུས་སྐབས་སུ་ཆུ་བཏང་ན་ཚོ་རིལ་ལྷུམ་རའི་མཁའ་དབུགས་མདོན་གསལ་གྱིས་ལེགས་བཅོས་བྱེད་ཐུབ་ཅིང་། མེ་ཏོག་བཞད་པ་དང་འབྲས་བུ་ཆགས་པ། འབྲས་བུའི་སྐྱེ་འཚར་སོགས་ལ་ཕན་ནུས་ཆེན་པོ་ལྡན། སྤྱིར་བཏང་དུ་ཆུ་ཐིགས་འཛེར་ནས་གཏོང་བ་ཡིན།

4. འབྲས་བུ་ཐོགས་པར་སྐྱལ་འདེད་བྱེད་དུས་ཆུ་གཏོང་བ། སྤྱིར་བཏང་དུ་མེ་ཏོག་ལྷུང་རྗེས་ནས་ལུས་ཁམས་ཀྱི་སྨིན་མེད་འབྲས་བུ་སར་མ་ལྷུང་བའི་སྔོན་དུ་སྙིང་ལུད་འཛོག་པ་དང་ཟུང་འབྲེལ་བྱས་ནས་ཆུ་བཏང་ན། སྡོང་པོའི་སྐྱེ་འཚར་དང་འབྲས་བུ་ཆུང་དུ་སྐྱེས་པར་སྐྱལ་འདེད་བྱེད་པར་ནུས་པ་ཆེན་པོ་ལྡན། དུས་སྐབས་འདིར་ཆར་ཆུའི་དུས་སྐབས་སུ་སླེབས་ཡོད་པས། སྐབས་དེའི་གནམ་གཤིས་གནས་ཚུལ་ལ་གཞིགས་ནས་གཏན་འཁེལ་བྱེད་དགོས་ཤིང་། ཆུ་འོས་འཚམ་སྐོམས་ཙམ་གཏོང་བྱས་ན་བཟང་།

5. འབྲས་བུ་སྨིན་པའི་སྔོན་དུ་ཆུ་གཏོང་བ། སོན་རིགས་ལ་ལ་སྟེ་དཔེར་ན་ཏུང་ཚོ་འབྲས་བུ་སྨིན་པའམ་སྨིན་གྲབས་ཡོད་པའི་དུས་སུ་ཆུ་བཏང་ན། སྡོང་པོའི་སྐྱེ་སྟོབས་ཉམས་པ་དང་འབྲས་བུ་འགྱུམ་པའི་ནད་སྔོན་འགོག་བྱེད་པར་ཕ་ཅང་གལ་ཆེ། དུས་སྐབས་འདིར་ཆུ་གཏོང་དུས་འཕྱི་མི་རུང་ཞིང་དེ་མིན་སྔོ་ལོག་བྱུང་ནས་འཕྱི་སྨིན་དུ་འགྱུར་རོ།།

ལྔ། ཚོ་རིལ་སྡོང་པོར་ཡལ་བཞུར་རྒྱག་ཐབས།

(གཅིག) དགུན་ཉལ་དུས་སྐབས་སུ་ཡལ་བཞུར་རྒྱག་པ།

དགུན་ཉལ་དུས་སྐབས་སུ་ཡལ་བཞུར་རྒྱག་ན་སྤྱིར་བཏང་དུ་ལོ་མ་ལྷུང་བའི་རྗེས་ནས་སྡོང་པོའི་གཤེར་ཁུ་མ་བཞུར་བའི་སྔོན་ལ་རྒྱག་པ་དང་། སྤྲིག་བཀོད་འདེབས་འཛུགས་ནི་སྤྱིར་བཏང་དུ་ཟླ11~12རྒྱག་བཞིན་ཡོད།

1. ཡལ་ག་རྗེ་ཉུང་དུ་གཏོང་བ། ཤིང་སྡོང་གི་ཡལ་འདབ་སྟེང་གི་ཡལ་ག་སྐམ་པོ་དང་བེད་སྤྱོད་རིན་ཐང་མེད་པའི་ལོ་མ་སྐྱེས་དྲགས་པའི་ཡལ་ག ཐུར་དུ་དཔྱང་བའི་ཡལ་ག་དང་ཚགས་དམ་དྲགས་པའི་བསྐོལ་མའི་ཡལ་ག་རྣམས་རྩ་བ་ནས་གཅོད་དགོས།

2. ཐུང་དུར་གཅོད་པ། གཙོ་བོ་ཙོ་རིལ་གྱི་རྩེ་མོ་དང་ཡང་ན་ཐེངས་གཉིས་པར་སྐྱེས་པའི་ཡལ་གའི་ཆ་ཤས་ཤིག་གཅོད་པ་ཡིན། ཐུང་དུར་གཅོད་པའི་ནུས་པ་ནི་ཙོ་རིལ་གསར་བའི་རྩེ་ཐོན་པར་སྐུལ་འདེད་དང་ཡལ་གའི་ཡན་ལག་ཇེ་མང་དུ་གཏོང་བ་ཡིན། གཙོ་བོར་སྐྱེ་སྟོབས་ཞན་པའི་སྡོང་བོ་དང་རྒས་ཉིང་དུ་གྱུར་པའི་ཤིང་སྡོང་། སྐྱེ་སྟོབས་ཞན་པའམ་རྒས་ཉིང་དུ་གྱུར་པའི་ཡལ་ག་སླར་གསོ་དང་གསར་དུ་བརྗེ་བའི་ཆེད་དུ་བཀོལ་པ་དང་། སྡོང་རྐང་གི་སྐྱེ་སྟོབས་རྒྱས་པ་དང་རྒྱུན་ལྡན་ངང་འབྲས་བུ་སྨིན་པར་ཁག་ཐེག་བྱེད་དགོས། ཐུང་དུར་གཅོད་པ་ལ་ཡང་མོའི་ཐུང་གཅོད་དང་འབྲིང་རིམ་ཐུང་གཅོད། ལྕི་མོའི་ཐུང་གཅོད། ཤིན་ཏུ་ལྕི་བའི་ཐུང་གཅོད་སོགས་ཡོད། ཐུང་དུར་བཅད་ཚད་ཇི་ལྟར་ལྕི་ན། གསར་དུ་འབུས་པའི་ཙོ་རིལ་གྱི་མྱུ་གུའི་སྐྱེ་འཚར་དེ་ལྟར་བཟང་།

ཙོ་རིལ་སྡོང་བོ་ལ་སྐྱེས་ཐེངས་གཉིས་པའི་ཡལ་ག་ཡོད་པས། ཐེངས་དང་པོར་སྐྱེས་པའི་ཡལ་ག་ཐུང་དུར་བཅད་ཆོག་པ་དང་ཐེངས་གཉིས་པར་སྐྱེས་པའི་ཡལ་ག་ཇེ་ཐུང་དུ་བཏང་ནའང་ཆོག སྡོང་རྐང་གཙོ་བོའི་ཡལ་ག་གསོ་སྐྱོང་བྱེད་སྐབས་རྒྱུན་དུ་བཀོལ་བའི་བྱེད་ཐབས་ནི། ཙོ་རིལ་གྱི་རྩེ་མོ་ལ་ཡང་མོར་ཐུང་གཅོད་བྱེད་པ་དང་། དེའི་འོག་རིམ་གྱི་ཐེངས་གཉིས་པར་སྐྱེས་པའི་ཡལ་གར་ལྕི་བའི་ཐུང་གཅོད་བྱེད་དགོས།(ཟྐྵིར་བཏང་དུ་ཡལ་ལག1བཞག་པས་ཆོག) འདི་ལྟར་བྱས་ན་ཐེངས་གཉིས་པར་སྐྱེས་པའི་ཡལ་གའི་བཅད་མཚམས་ནས་མྱུ་གུ་གསར་བའི་ཙོ་རིལ་གྱི་རྩེ་མོ་སྐྱེས་པར་སྐུལ་འདེད་བྱེད་ཐུབ་ཅིང་། ཟུར་ཚད་ཕྱེ་བའི་སྡོང་རྐང་གི་ཡལ་ག་གཙོ་བོ་གསོ་སྐྱོང་བྱེད་ཐུབ།

3. ཕྱིར་འཐུམ། ལོ་མང་པོར་སྐྱེས་པའི་ཡལ་གའི་སྐྱིད་དང་སྨད་ཀྱི་ཤུན་པགས་བཤུ་བ་དང་སྔོན་ལ་སྐྱེས་པའི་ལྷུག་མའི་སྐྱེ་སྟོབས་ཇེ་ཞན་དུ་འགྱུར་ནས་ཐུར་དུ་འཕྱང་བའི་སྐབས་སུ། སྡོང་བོའི་སྐྱེ་འཚར་སླར་གསོ་དང་ཟུར་ཚད་ཡར་འདེགས་པའི་ཆེད་དུ། ཡལ་ག་རྒྱས་པའམ་ཡང་ན་མྱུ་གུ་རྒྱས་སར་ཕྱིར་འཐུམ་བྱེད་དགོས། བཅད་མཚམས་ཀྱི་འོག་རིམ་དུ་ཐེངས་གཉིས་པར་སྐྱེས་པའི་ཡལ་ག་ཡོད་ན། ཐེངས་གཉིས་པར་སྐྱེས་པའི་ཡལ་ག་རྩ་བ་ནས་གཅོད་དགོས་ཤིང་། ཙོ་རིལ་གསར་བ་སྐྱེ་བར་སྐུལ་འདེད་བྱེད་དགོས།

4. སོར་འཛོག ཙ་རིལ་སྟོང་བོའི་ཐེངས་དང་པོར་སྐྱེས་པའི་ཡལ་གར་ཡལ་བཞུར་མི་རྒྱག་པར་ཟེར། ཕྱིར་བཏང་དུ་སྟོང་རྐང་གཙོ་བོའི་ཡལ་ག་ཇེ་རིང་དུ་གཏོང་བའི་རྩེ་མོ་སོར་འཛོག(ཡལ་བཞུར་མི་རྒྱག་པ)བྱས་ན་འབྲས་བུ་སྨིན་པར་ཕན་པ་ཡོད།

5. བཀོས་ནས། བཀོས་ནས་ལ་སྨུ་གུའི་སྟེང་རིམ་བཀོས་ནས་དང་སྨུ་གུའི་འོག་རིམ་བཀོས་ནས་གཉིས་སུ་དབྱེ་ཆོག སྨུ་གུའི་སྟེང་རིམ་ལ་བཀོས་ནས་བྱུང་ཚེ་སྨུ་གུ་སྐྱེས་པར་ཕན་པར་མ་ཟད། བཀོས་ནས་བྱུང་སའི་འོག་རིམ་གྱི་ཡལ་ག་སྐྱེས་པར་ཕན་པ་ཡོད། སྨུ་གུའི་འོག་རིམ་བཀོས་ནས་བྱུང་ན་བཀོས་ནས་སྟེང་རིམ་གྱི་སྨུ་གུ་འབུས་པ་དང་ཡལ་ག་སྐྱེས་པར་བཀག་འགོག་གམ་ཚོད་འཛིན་བྱེད་ཐུབ།

ཙ་རིལ་སྟོང་བའི་སྟོང་རྐང་གཙོ་བོའི་ལྷུག་མ་ག་གེ་མོ་ཞིག་ལ་ཡལ་ག་མེད་ཅིང་ཡལ་ག་སྐྱེ་དགོས་ཚེ། སྨུ་གུ་གཙོ་བོའི་སྟེང་རིམ་གྱི་ལི་སྒྲི1སར་གྲིས་འཕྲེད་གཅོད་བྱེད་པ་དང་། ཟབ་ཚད་ཤིང་རྒྱུར་སླེབས་སུ་བཙུག་ནས་སྨུ་གུ་འབུས་པར་སྐུལ་འདེད་བྱེད་དགོས། ཕྱིར་བཏང་དུ་སྟོང་ཕྲུག་གི་ཟུར་སྐྱེས་ཡལ་ག་གཙོ་བོ་གསོ་སྐྱོང་བྱེད་སྐབས་བེད་སྤྱོད་གཏོང་བ་ཡིན། སྨུ་གུ་བཀོ་བའི་ཆེས་ལེགས་པའི་དུས་སྐབས་ནི་ཙ་རིལ་གྱི་སྨུ་གུ་འབུས་པའི་སྔ་རྗེས་སུ་ཡིན། གལ་ཏེ་སྨུ་གུ་བཀོ་བའི་དུས་ཚོད་སྔ་བའམ་འཕྱི་བ་གང་ཡིན་ཡང་ཕན་འབྲས་མི་བཟང་།

ཡལ་ག་དང་སྨུ་གུའི་འོག་རིམ་བཀོས་ནས་བྱུང་ན། སྨུ་གུ་འབུས་པའམ་ཡལ་ག་སྐྱེས་པར་ཚོད་འཛིན་བཀག་འགོག་བྱེད་ཐུབ། སྟོང་རྐང་གཙོ་བོ་དང་ཟུར་སྐྱེས་ཡལ་ག་ལ་ལ་སྐྱེ་ཚད་རྒྱས་དྲགས་ན། ཡལ་གའི་འོག་རིམ་དུ་བཀོས་ནས་བྱེད་པའི་ཐབས་ལམ་སྤྱད་ན་དེའི་སྐྱེ་སྟོབས་ཇེ་སྐྱོམས་སུ་གཏོང་ཐུབ།

(གཉིས) སྐྱེ་འཚར་དུས་སྐབས་སུ་ཡལ་བཞུར་རྒྱག་པ།

1. རྩེ་བཏོག་པ། སྐྱེ་འཚར་དུས་ཚིགས་སུ་ཙ་རིལ་སྟོང་བོའི་རྩེ་མོའི་ཡལ་ག་གསར་བ་ཆ་ཤས་བཏོག་པ་ཡིན། སྐྱེ་འཚར་དུས་ཚིགས་གང་ཉུང་ལ་རྩེ་འཐོག་ཆོག སྨུ་གུ་འབུས་པའི་དུས་སུ་ཙ་རིལ་སྟོང་བོའི་མ་རྐང་སྟེང་དུ་གསར་འབུས་བྱུང་བའི་སྨུ་གུའི་རྩེ་བཏོག་ནས

ཞིང་རྒྱུ་ཅན་གྱི་ཐུར་དཔྱང་ཙོ་རིལ་གྱི་གྲངས་ཀ་ཇེ་མང་དུ་གཏོང་དགོས། དབྱར་དུས་སུ་གཙོ་བོ་རིམ་པ་སོ་སོའི་རྐང་འཛིན་ཡལ་གའི་རྩེ་བཏོག་དགོས་ཤིང་། སྡོང་གཟུགས་ཀྱི་འཚོ་བཅུད་འཕེལ་བར་ཚོད་འཛིན་བྱས་ཏེ། སྡོང་རྐང་གཙོ་བོའི་ཡལ་ག་འཐུས་ཚང་དུ་གཏོང་དགོས། དབྱར་དུས་སུ་ད་དུང་ཐུར་དཔྱང་ཙོ་རིལ་གྱི་རྩེ་བཏོག་ནས་ཐུར་དཔྱང་ཙོ་རིལ་ཇེ་རིང་དུ་སྐྱེ་འཚར་འབྱུང་བར་ཚོད་འཛིན་བྱས་ཏེ། འཚོ་བཅུད་རྣམས་གཅིག་བསྡུས་ཀྱིས་ཙོ་རིལ་གྱི་ཞིང་འབྲས་སྟེང་དུ་མཐོ་སྒྲིད་བྱེད་དགོས།

①སྨུ་གུ་འབུས་པའི་དུས་སུ་རྩེ་བཏོག་པ། ཙོ་རིལ་གྱི་སྨུ་གུ་འབུས་པའི་དུས་སུ་ཙོ་རིལ་སྡོང་རྐང་གཙོ་བོའི་སྟེང་དུ་ཙོ་རིལ་གྱི་ཐུར་དཔྱང་དང་ཙོ་རིལ་གྱི་རྩེ་མགོ་ཐོན་པ་དང་། ཙོ་རིལ་གྱི་རྩེ་མགོའི་སྐྱེས་ཐེངས་གཉིས་པའི་ཡལ་ག2~3སྐྱེ་སྐབས། རྩ་བ་ཐེངས་གཉིས་པར་སྐྱེས་པའི་ཡལ་ག1~3སོར་འཇོག་བྱས་ནས་ཡང་བསྐྱར་རྩེ་བཏོག་དགོས། ཡང་ན་རྩ་བའི་ཙོ་རིལ་གྱི་ཐུར་དཔྱད་ཁོ་ན་བཞག་ནས་རྩེ་བཏོག་དགོས།

②སྐྱེ་འཚར་དུས་སུ་རྩེ་བཏོག་པ། འབྲས་བུ་ཐོགས་པའི་ཡལ་གར་བཞག་པའི་ཙོ་རིལ་གྱི་རྩེ་མགོ་ཡིན་ན། བར་སྟོང་ཆེ་ཆུང་དང་ཡལ་གའི་སྐྱེ་སྟོབས་བཟང་ངན་ལ་གཞིགས་ནས་ཚད་མི་འདྲ་བའི་རྩེ་བཏོག་དགོས། བར་སྟོང་ཆེ་བ་དང་ཡལ་གའི་སྐྱེ་སྟོབས་བཟང་ན། ཡལ་ག4~7སྐྱེ་དུས་རྩེ་བཏོག་དགོས། བར་སྟོང་ཆུང་བ་དང་ཡལ་གའི་སྐྱེ་སྟོབས་འབྲིང་ཙམ་ཡིན་ཞིང་ཡལ་ག་འབྲིང་ཆུང་གསོ་སྐྱོང་བྱེད་དགོས་པའི་སྐབས་སུ། ཙོ་རིལ་གྱི་རྩེ་མགོ་ནས་ཐོན་པའི་སྐྱེས་ཐེངས་གཉིས་པའི་ཡལ་ག3~5སྐྱེ་དུས་རྩེ་བཏོག་དགོས། སྐྱེ་འཚར་ཏ་ཅང་བཟང་ན་ཐེངས2~3ལ་རྩེ་བཏོག་ནས་སྐྱེ་འཚར་ཚོད་འཛིན་དང་། འཚོ་བཅུད་གསོག་འཇོག་བྱས་ནས་འབྲས་བུ་ཐོགས་ཚད་ཇེ་མཐོར་དགོས།

སྡོང་རྐང་གཙོ་བོ་དང་དང་ཟུར་སྐྱེས་ཡལ་གའི་རིང་ཐུང་རྩེ་མོའི་སྐྱེ་འཚར་མཚམས་མ་བཞག་པའི་སྔོན་ལ་རྩེ་མོ་བཏོག་དགོས། སྡོང་བོའི་རྩེ་མོའི་ཡལ་ག་གསར་བ1~2བཅད་ནས། ཡལ་ག་གསར་བའི་སྐྱེ་འཚར་སྔར་ལས་ཇེ་ལེགས་སུ་གཏོང་དགོས།

2. སྨུ་གུ་འབྲེག་གཅོད། སྨུ་གུ་འབུས་པའི་དུས་སུ་སྨུ་གུ་འབྲེག་གཅོད་བྱེད་པ་དང་

སྐྱི་འཚར་དུས་སུ་སྨྱུ་གུ་འབྲེག་གཅོད་བྱེད་པ་རིགས་གཉིས་སུ་དབྱེ་ཡོད།

སྨྱུ་གུ་འབུས་པའི་དུས་སུ་སྨྱུ་གུ་འབྲེག་གཅོད་བྱེད་པ། སྨྱུ་གུ་འབུས་པ་མང་ཞིང་སྨྱུ་གུ་འབུས་པའི་གནས་ཡུལ་མི་འགྲིག་པ་ཡིན་ན། འཚོ་བཅུད་གྲོན་ཆུང་དང་ཡལ་ག་གསར་པ་རྒྱས་པར་སྐྱེལ་འདེད་བྱེད་ཆེད་དེ་རྣམས་འབྲེག་གཅོད་བྱེད་དགོས། སྨྱུ་གུ་འབྲེག་གཅོད་བྱེད་སྐབས"སྨྱུ་གུའི་སྐྱི་སྟོབས་རྒྱས་པ་རྣམས་བཞག་ནས་སྨྱུ་གུའི་སྐྱི་འཚར་ཞན་པ་རྣམས་འབྲེག་གཅོད་བྱེད་པའི"རྩ་དོན་ཁོང་དུ་ཆུད་དགོས།

སྐྱི་འཚར་དུས་སུ་སྨྱུ་གུ་འབྲེག་གཅོད་བྱེད་པ། ཙོ་རིལ་གྱི་སྨྱུ་གུ་འབུས་རྗེས་རིམ་པ་ཁག་གི་རྐང་འཛིན་ཡལ་ག་དང་འབྲས་བུ་ཐོགས་པའི་ཡལ་གའི་བར་གྱི་སྨྱུ་གུ་འབུས་ཚད་སྡུག་དྲགས་པའི་ཙོ་རིལ་གྱི་རྩེ་མགོ་རྣམས་རྩ་བ་ནས་འབྲེག་གཅོད་བྱེད་དགོས།

3. སྙོར་བཤུ་དང་སྙོར་གཅོད། སྙོར་བཤུའི་མིང་གཞན་ལ་ཁའི་ཅ་དང་ཨ་ལོང་དབྱིབས་ཅན་གྱི་པགས་པ་བཤུ་བ་ཡང་ཟེར། གཙོ་བོ་ཨ་ལོང་དབྱིབས་ཅན་གྱི་པགས་པ་བཤུ་བར་བརྟེན་ནས་མཉེན་པའི་པགས་པ་བཤུས་ཏེ། འོད་འདྲེས་ཐོན་དངོས་དུས་ཡུན་ཐུང་དུའི་ནང་དུ་འོག་རིམ་དུ་སྤོ་མི་ཐུབ་པ་དང་། ས་ཁར་བུད་པའི་ཆ་ཤས་ཀྱི་འཚོ་བཅུད་རྗེ་མང་དུ་བཏང་ན། མེ་ཏོག་གི་སྨྱུ་གུ་དང་མེ་ཏོག་བཞད་ནས་འབྲས་བུ་ཆགས་པར་འཚོ་བཅུད་ཀྱི་དགོས་མཁོ་བསྐང་བར་ཕན་ཐོགས་པས། མེ་ཏོག་སར་ལྷུང་ཚད་དང་འབྲས་བུ་སར་ལྷུང་ཚད་རྗེ་ཉུང་དུ་གཏོང་ཐུབ་པར་མ་ཟད། འབྲས་བུ་ཐོགས་ཚད་རྗེ་མཐོར་གཏོང་ཐུབ། ཙོ་རིལ་གྱི་སོན་རིགས་ཚང་མར་སྙོར་བཤུ་བྱས་ན་འབྲས་བུ་ཐོགས་ཚད་རྗེ་ལེགས་སུ་འགྲོ་ཐུབ་པ་མ་ཡིན་པར། སྐྱི་འཚར་ལེགས་པ་དང་འབྲས་བུ་སྨིན་དཀའ་བའི་སོན་རིགས་ཡིན་ན་སྙོར་བཤུ་བྱེད་པར་འཚམ་པ་སྟེ། དཔེར་ན་ཧུང་ཙོ་དང་ཅིན་ཙོ་ལྔ་བུ་ཡིན། སྐྱི་འཚར་མི་ལེགས་པ་དང་འབྲས་བུ་ཐོགས་སླ་བའི་སོན་རིགས་ཡིན་ན་སྙོར་བཤུ་བྱེད་དགོས། དཔེར་ན་ལི་ཙོ་དང་ཆི་ཡུའི་ཞན་ལྔ་བུའོ། །

①སྙོར་བཤུ་བྱེད་པའི་དུས་ཚོད། རབ་ཡིན་ན་མེ་ཏོག་ལྷམ་མེར་བཞད་པའི་དུས་མགོར་སྙོར་བཤུ་བྱས་ན་ལེགས་ཤིང་ཐུར་དཔྱང་ཙོ་རིལ30%མེ་ཏོག་བཞད་དུས་ཡིན།

སྐབས་འདིར་བཞད་པའི་མེ་ཏོག་ནི་གོར་ཐིག་རིམ་པ་དང་རིམ་པ་དང་པོའི་མེ་ཏོག་ཡིན་ལ། མེ་ཏོག་གི་རྒྱུ་ སྲུས་བཟང་བས། འབྲས་བུ་ཐོགས་པའི་སྐྱེ་འཚར་དུས་ཡུན་རིང་བ་དང་། ཚོ་རིལ་གྱི་འབྲས་བུ་སྨིན་ཚད་ལེགས་པར་མ་ཟད། འབྲས་བུ་ཆེན་པོའི་ཚད་མཐོ་བ་དང་ཚོ་རིལ་བཟང་གྲས་མང་ལ་ཚོང་ཟོག་གི་རང་བཞིན་ཤིན་ཏུ་བཟང་།

②སྐོར་བཤུ་བྱེད་པའི་གནས་ཡུལ། གཙོ་བོ་སྡོང་རྐང་གི་སྟེང་དུ་སྐོར་བཤུ་བྱེད་ཅིང་། ཟུར་སྐྱེས་ཡལ་གའི་སྟེང་ངམ་རོགས་སྐྱོང་ཡལ་གའི་གོང་རིམ་དུ་སྐོར་བཤུ་བྱས་ཀྱང་ཆོག ཐེངས་དང་པོར་ས་ངོས་སྟེང་གི་ལི་སྨི20ཡན་གྱི་ས་གནས་ནས་མགོ་བརྩམས་ཏེ་ལོ་རེའམ་ཡང་ན་ལོ་གཉིས་རེའི་ནང་དུ་ལི་སྨི5ཡས་མས་ཡར་སྤོ་དགོས། ཡལ་ག་གཙོ་བོ་དང་པོར་ཉེ་བའི་དུས་སུ། སྡོང་རྐང་གཙོ་བོའི་འོག་རིམ་ནས་ཡང་བསྐྱར་སྐོར་བཤུ་བྱེད་པ་དང་། བཤུ་སའི་གནས་ཡུལ་ཕན་ཚུན་སྟོལ་དགོས།

③སྐོར་བཤུ་བྱེད་ཐབས། སྐོར་བཤུའི་ཞེང་ཚད་ནི་སོན་རིགས་དང་སྡོང་ལག་གི་མང་ཉུང་ལ་གཞིགས་ནས་ཐག་གཅོད་བྱེད་དགོས་ཤིང་། སྤྱིར་བཏང་དུ་སྡོང་བོའི་ཚངས་ཐིག་གི 1/10~1/5ཡིན། སྐོར་བཤུའི་ཞེང་ཚད་ནི་ལི་སྨི0.5~0.8ཡིན། སོན་རིགས་སྐོར་ཞིག་ནི་ཡང་མོར་བཤུ་བའམ་ཡང་ན་མ་བཤུ་ན་ཆོག་སྟེ། དཔེར་ན་ཧྲུ་ཚུའི་སྨི་སོགས་ཡིན། སོན་རིགས་ཁ་ཤས་ངེས་པར་དུ་སྐོར་བཤུ་བྱེད་དགོས་ཏེ། དཔེར་ན་ཧྲུང་ཙོ་དང་ཅིན་ཙོ་སོགས་ཡིན། ཤིང་སྡོང་ཆེན་པོ་དང་ཆུ་ལུད་ཆ་རྐྱེན་བཟང་བ། ཤིང་སྡོང་གི་སྐྱེ་སྟོབས་ཆེ་ན་ཞེང་ཆེན་པོས་སྐོར་བཤུ་བྱེད་ཅིང་། ཤིང་སྡོང་ཆུང་བའམ་ལོ་མང་པོར་སྐྱེས་པའི་ཤིང་སྡོང་། ཆུ་ལུད་ཀྱི་ཆ་རྐྱེན་ཞན་པ་དང་སྐྱེ་འཚར་ཞན་པའི་སྡོང་བོ་ཡིན་ན་ཞེང་དོག་མོས་སྐོར་བཤུ་བྱེད་པའམ་ཡང་ན་སྐོར་བཤུ་མ་བྱས་ན་ཆོག

སྐབས་འགར། ཡལ་ག་རྒྱས་དྲགས་པར་ཚོད་འཛིན་དང་སྡོང་བའི་སྐྱེ་འཚར་ངོ་མཉམ་ཡོང་བའི་ཆེད་དུ། ཡལ་ག་སྐམ་པོའི་སྟེང་ནས་སྐོར་བཤུ1~3རྒྱག་དགོས།

སྤྱིར་བཏང་དུ་སྐྱེ་ལུགས་ལེགས་སྒྲིག་བྱས་ཚར་བ་དང་། སྡོང་བོའི་ཚངས་ཐིག་ལི་སྨི10ཡས་མས་སམ་སྐྱེ་འཚར་བཟང་བའི་སྡོང་རྐང་གི་སྟེང་དུ་སྐོར་བཤུ་རྒྱག་དགོས། དུས་

མཚུངས་སུ་ཆུ་ལུད་དོ་དམ་ལ་ཤུགས་སྣོན་དགོས།

སྙིང་བཤུ་རྒྱུག་སྐབས་ཐོག་མར་ཟོར་བས་ཕྱི་ངོས་ཀྱི་པགས་ནག་བཤུས་ན་ཁ་དོག་སྐྱ་དམར་གྱི་པགས་པ་མངོན་པ་དང་། དེའི་འཕྲོར་སྙིང་བཤུ་རལ་གྲིས་ཀླང་བྱ་སྟར་ཞེང་ཚད་ལ་གཞིགས་ཏེ་གོང་འོག་ནས་སྙིང་བཤུ་སྙིང་བ་གཉིས་རྒྱུག་དགོས།

4. ཡལ་ག་ལག་ཏུ་ལེན་པ། ཡལ་ག་ལག་ཏུ་ལེན་པ་ནི་སྐྱེ་འཚར་དུས་ཚིགས་སུ་ཙོ་རིལ་གྱི་རྩེ་མགོ་ལག་པས་འཇུས་ནས་ཡལ་གའི་དཀྱིལ་དང་སྨད་ནས་དལ་གྱིས་མར་མནན་ན། ཡལ་ག་དྲང་མོར་སྐྱེ་བ་ནས་ངོས་སྙོམས་སྐྱེ་འཚར་དུ་བསྒྱུར་ཏེ། སྐྱེ་འཚར་རྣམ་པ་ཇེ་བཟང་དུ་བཏང་བའི་རྒྱང་གཞིའི་སྟེང་དུ་སྐྱེ་འཚར་སྙོམ་སྒྲིག་བྱས་ནས། མེ་ཏོག་བཞད་ཅིང་འབྲས་བུ་སྨིན་པར་སྐུལ་འདེད་བྱེད་པ་ཡིན། ཡལ་ག་ལག་ཏུ་ལེན་པའི་དུས་ཚོད་ནི་ཕྱིར་བཏང་དུ་ཟླ6~7དང་། ཡལ་གའི་ཤིང་རྒྱུ་ཕྱེད་ཙམ་ཅན་དུ་འགྱུར་བའི་དུས་སུ་ཡིན། ཡལ་ག་ལག་ཏུ་ལེན་ཡུན་སྔ་དྲགས་ན་ཡལ་ག་གསར་བའམ་མཉེན་པོ་ཡིན་པས་ཆག་སླ་བ་དང་། འཕྱི་དྲགས་པའི་ཡལ་ག་ཤིང་རྒྱུ་ཅན་དུ་འགྱུར་བས་མི་བཟང་ངོ་།།

5. ཡལ་ག་འཐེན་པའམ་ཡལ་ག་འདེགས་པ། སྐྱེ་འཚར་དུས་ཚིགས་སུ་ལྕུགས་སྐྱུད་དམ་ཡང་ན་ཐག་པས་ཡལ་ག་ཆེ་བའི་ཟུར་ཚད་དང་ཁ་ཕྱོགས་བསྒྱུར་ཏེ། གཙོ་བོ་སྡོང་རྐང་གི་ཡལ་ག་གཙོ་བོའི་སྐྱེ་འཚར་ཁ་ཕྱོགས་སྒྱུར་དུས་སུ་སྤྱོད་དགོས།

དྲང་མོར་ལང་བའི་ཡལ་ག་ནི་ཐག་པས་འཐེན་ནས་ངོས་སྙོམས་པོའི་རྣམ་པར་བསྒྱུར་ནས། མེ་ཏོག་དང་སྦུ་གུ་ཁ་གྱེས་སུ་འགྲོ་བར་སྐུལ་འདེད་བྱས་ཏེ། མེ་ཏོག་བཞད་པ་དང་འབྲས་བུ་སྨིན་པའི་དུས་ཡུན་སྔ་སྐྱུར་བྱེད་པ་ཡིན། སྡོང་མགོ་འཁྱོག་སྐྱེས་དང་ཡལ་ག་མི་ལྡེང་བའམ་ཡང་ན་བར་སྟོང་ཡོད་ན། སྦུ་གུ་མ་འབུས་པའི་སྔོན་དང་མེ་ཏོག་བཞད་པའི་དུས་སུ་སྡོང་རྐང་སྟེང་དུ་སྐྱེས་པའི་ཡལ་ག་ཆུང་ངུ་དང་གསར་སྐྱེས་ཙོ་རིལ་གྱི་རྩེ་མགོ་ཕྱིར་བཀུག་ནས་བར་མཐོངས་ཁ་སྐོང་དང་འཁྱོག་སྐྱེས་ལེགས་སྒྲིག འབྲས་བུ་ཐོགས་པའི་ཁྲབ་ཁོངས་ཇེ་ཆེར་གཏོང་བ་ཡིན། འབྲས་བུ་ཆེ་ཞིང་གྲུག་པའི་ཡལ་ག་ཡིན་ན་ཡལ་ག་འདེགས་པའི་ཐབས་ལ་བརྟེན་ནས་ཟུར་ཚད་ཀྱི་ཡལ་ག་ཡར་འདེགས་པ་ཡིན།

ཡལ་ག་འཛིན་དུས་ངོས་ཤིན་ཏུ་སློམས་མི་ཉུང་བ་དང་། ཡང་ན་ཡལ་ག་དཔྱང་ནས་ཐུར་དཔྱངས་ཡལ་གར་སྒྱུར་མི་ཉུང་། ལྷག་པར་དུ་ཡལ་ག་གཙོ་བོ་འཛིན་ནས་སློམས་དྲགས་པ་དང་ཐུར་དུ་དཔྱངས་དྲགས་ན། ཡལ་གའི་རྒྱབ་ངོས་སུ་མྱུ་གུ་མང་པོ་སྐྱེས་སླ་བས། ཤིང་གཟུགས་ཀྱི་འཚོ་བཅུད་ཟད་གྲོན་དུ་གཏོང་བར་མ་ཟད། ངལ་རྩོལ་ནུས་ཤུགས་ཀྱང་རྗེ་མང་དུ་གཏོང་བ་ཡིན།

(གསུམ) ཡལ་བཞུར་རྒྱག་ཐབས་ཀྱི་བཀོལ་སྤྱོད།

1. སྡོང་རྐང་གི་ཡལ་བཞུར་རྒྱག་ཐབས་ལ་ཤུགས་སྣོན་རྒྱག་དགོས།

①སྡོང་རྐང་གི་ཡལ་ག་གཙོ་བོའི་སྐྱེ་འཚར་གྱི་ཟུར་ཚད་ཡར་འདེགས་ནས་སྡོང་རྐང་གི་སྐྱེ་སྟོབས་འཕེལ་བར་ཤུགས་སྣོན་བྱེད་དགོས། ②སྡོང་རྐང་གཙོ་བོ་དང་བར་ཐག་ཉུང་ཉེ་བའི་ཡལ་ག་ནི་ཡལ་ག་གཙོ་བོའི་རིང་ཐུང་རྩེ་མགོ་བྲུས་ནས། སྡོང་རྐང་གི་སྐྱེ་སྟོབས་འཕེལ་བར་ཤུགས་སྣོན་བྱེད་དགོས། ③འབྲིག་གཅོད་མྱུ་གུའི་སྟེང་དུ་གོང་མྱུག་བཞག་ནས་མྱུ་གུ་འབུས་པར་སྐུལ་འདེད་བྱེད་པ་དང་། གོང་མྱུག་སྟེང་དུ་འབུས་པའི་ཡལ་གའི་སྐྱེ་སྟོབས་ཉུང་བཟང་། ④དཔྱིད་དུས་མྱུ་གུ་འབྲིག་གཅོད་བྱེད་སྐབས་ཡར་སྐྱེ་བའི་ཙོ་རིལ་མྱུ་གུའི་རྩེ་མགོ་སོར་འཇོག་བྱེད་དགོས། ⑤ཡལ་ག་གཙོ་བོ་བསྐྱུར་དུ་གཅོད་དགོས།

2. སྐྱེ་འཚར་ཞི་སྙོད་དུ་བཏང་ན་འབྲས་བུ་སྨིན་པར་ཕན་པའི་ཡལ་བཞུར་རྒྱག་ཐབས།

①ཙོ་རིལ་གྱི་རྩེ་མགོ་ལ་ཡང་གཅོད་བྱེད་དགོས། འབྲིག་གཅོད་བྱེད་སའི་འོག་རིམ་གྱི་ཐེངས་གཉིས་པར་སྐྱེས་པའི་ཡལ་གར་ཡལ་བཞུར་མི་རྒྱག་པ། ②ཡལ་ག་རྗེ་ཉུང་དུ་གཏོང་བ། ③སོར་འཇོག་བྱེད་པ། ④ངོས་སློམས་པའམ་གསེག་པའི་ཡལ་ག་མང་དུ་བཞག་ནས་དྲང་དོར་གསེག་འཇོག་བྱེད་དགོས། ⑤ཐེངས་གཉིས་པར་སྐྱེས་པའི་ཡལ་གའི་ཚིགས་མགོ1~2བཅད་ནས་མྱུ་གུ་འཇོག་དུས། སྡོང་རྐང་གཙོ་བོའི་ཡལ་གའི་ཟུར་ཚད་ཡངས་འཇོག་བྱེད་པ་དང་། ཙོ་རིལ་གྱི་མགོ་རྩེའི་ཟུར་ཚད་ཆེ་ན་སྡོང་པོ་སྐྱེ་འཚར་སློམ་སྒྲིག་བྱེད་ཐུབ་ཅིང་། ཙོ་རིལ་གྱི་མགོ་རྩེའི་ཟུར་ཚད་ཆུང་ན་སྐྱེ་སྟོབས་རྒྱས་སོ།།

ཚན་པ་བཞི་པ། ནད་དང་འབུའི་གནོད་པ་གཙོ་བོའི་འགོག་བཅོས།

གཅིག ནད་ཀྱི་གནོད་པ་གཙོ་བོའི་འགོག་བཅོས།

(གཅིག) ས་ནད།

1. ནད་རྟགས། འབྲས་བུ་དང་ཡལ་ག ལོ་མ་སོགས་ལ་གནོད་འཚེ་ཐེབས་པ་དང་། འབྲས་བུ་ལ་གནོད་འཚེ་ཐེབས་རྗེས་ཐོག་མར་ཤིང་འབྲས་ཀྱི་ཐྲག་པའམ་འབྲས་བུའི་རྐེད་པའི་མཚམས་སུ་ཆུ་དྲིག་སེར་པོ་དང་འདྲ་བའི་ཁྲ་ཐིག་བྱུང་ནས། རིམ་གྱིས་དབྱིབས་ངེས་མེད་ཀྱི་ཁྲ་ཐིག་འབྱུང་ཞིང་། དུས་དཀྱིལ་དུ་སྐོར་དབྱིབས་ཞོམ་རྡིབ་ཅན་གྱི་ནད་ཐིག་འབྱུང་བ་དང་། ནད་ཀྱི་ཁྲ་ཐིག་ཇེ་ཆེར་སོང་རྗེས་ཡུགས་གཅིག་ཏུ་འབྲེལ་ནས་ཁམ་དམར་མདོག་ཏུ་གྱུར་ཏེ་འབྲས་བུ་སར་ལྷུང་བའི་སྣང་ཚུལ་འབྱུང་། ལོ་མར་གནོད་འཚེ་ཐེབས་ན་ལོ་མ་ལྗང་སེར་དུ་གྱུར་ཏེ་སྔ་མོ་ནས་སར་ལྷུང་བ་དང་། ལ་ལའི་མདོག་ཁམ་ནག་ཏུ་གྱུར་ནས་སྐམ་དབྱིབས་མངོན་ཞིང་ཡལ་ག་སྟེང་དུ་དཔྱང་བ་ཡིན།

2. ནད་འབྱུང་བའི་ཆོས་ཉིད། ནད་འབུ་ནི་འབྲས་བུ་ཆེ་རུ་ཕྱིན་པའི་དུས་ནས་མགོ་བརྩམས་ཏེ་ཚོས་མདོག་དཀར་པོ་མངོན་པའི་དུས་སྐབས་ནི་ནད་འབྱུང་ཚད་ཆེས་མཐོ་བའི་དུས་ཡིན་པས། འབྲས་བུ་ཆུང་དུ་ཐོགས་པའི་དུས་སྐབས་ནི་འགོག་བཅོས་ཀྱི་གནད་འགག་གི་དུས་སྐབས་ཡིན། ནད་འབྱུང་ཚད་ཚབས་ཆེན་ཡིན་མིན་ནི་སྐྱིལ་བུའི་ནང་གི་བཞའ་ཚན་གྱི་ཆེ་ཆུང་དང་འབྲེལ་བ་ཡོད་ཅིང་། འབྲས་བུ་སྨིན་པའི་སྐབས་སུ་དུས་ཡུན་རིང་པོར་རྒྱུན་མཐུད་ནས་ཆར་པ་བབས་ན་ནད་ཐོག་ཚད་ཚབས་ཆེན་ཡིན།

3. འགོག་བཅོས་བྱེད་ཐབས།

(1) ལུགས་མཐུན་སྙོམས་ལུད་འཛུགས་པ། སྐྱི་ལྡན་ལུད་མང་དུ་བཞག་ནས་སྡོང་བོའི་སྐྱེ་སྟོབས་ཇེ་ཆེར་གཏོང་བ་དང་། ཙ་རིལ་སྡོང་བོའི་ནད་འགོག་ནུས་པ་ཇེ་མཐོར་གཏོང་དགོས།

(2) སྨན་རྫས་ཀྱི་འགོག་བཅོས་བྱེད་ཐབས། འབྲས་བུ་ཆེ་རུ་ཕྱིན་པའི་དུས་སྐབས་

ནས་ཚོས་མདོག་དཀར་པོ་མདོན་པའི་དུས་སྐབས་སུ་ཐེངས2ལ་འབུ་སྲ་གསོད་སྨན་གཏོར་ནས་འབྲས་བུ་སྲུང་སྐྱོབ་བྱེད་དགོས། 70%ཅ་ཅི་ལིའུ་ཙུན་ལིང་བཞའ་ཚན་རང་བཞིན་གྱི་སྨན་སྦྱེ་པའི་ཡིས800གཤེར་ཁུ་དང་། ཡང་ན50%ཧུའོ་ཅིན་ལིན་བཞའ་ཚན་རང་བཞིན་གྱི་སྨན་སྦྱེ་པའི་ཡིས800གཤེར་ཁུ། ཡང་ན40%ཞིན་ཞིང་ཐྲིས་མ་པའི་ཡིས800གཤེར་ཁུ་བདམས་ནས་གཏོར་དགོས།

(གཉིས) ཙོ་རིལ་གྱི་བཙའ་ནད།

1. ནད་རྟགས། ཐོག་མའི་དུས་སུ་ལོ་མའི་སྟེང་དུ་མདོག་ལྗང་སྐྱའི་ཁྲ་ཐིག་འབྱུང་བ་དང་། དེའི་འཕྲོར་མདོག་སྐྱ་བོ་རུ་གྱུར་ནས་ཡར་འབྱུར་བ་ཡིན། མང་ཆེ་བ་ལོ་མའི་རྩ་བའི་གཡས་གཡོན་དུ་འབྱུང་བ་དང་། ཚབས་ཆེ་དུས་སུ་ལོ་མ་ལྷུང་བར་མ་ཟད། སྡོང་ཁང་གི་སྐྱེ་སྟོབས་ཉམས་ནས་འབྲས་བུ་རྒྱུན་ལྡན་ལྟར་སྨིན་མི་ཐུབ།

2. ནད་འབྱུང་བའི་ཚོས་ཉིད། སྤྱིལ་བུའི་ནང་གི་བཞའ་ཚན་ཆེ་དྲགས་པའམ་རླུང་རྒྱུག་པའི་ཆ་རྐྱེན་ཞན་པའི་སྒྲིག་བཀོད་དྲོད་ཁང་ནང་དུ་ཙོ་རིལ་གྱི་བཙའ་བའི་ནད་འབྱུང་སླ་བ་ཡིན། ལྷག་པར་དུ་ཙོ་རིལ་སྡོང་པོ་འདེབས་འཛུགས་སྟུག་ཚད་ཆེ་བ་དང་། སྤྱིལ་བུའི་ནང་དུ་བཞའ་ཚན་ཆེ་བ། རླུང་མི་རྒྱུག་པའི་དྲོད་ཁང་ཆེན་པོའི་ནང་དུ་ནད་འབྱུང་ཚད་ཚབས་ཆེན་ཡིན། ཙོ་རིལ་བཙའ་ནད་ནི་ཙོ་རིལ་གྱི་སོན་རིགས་ཀྱི་ནད་འགོག་ནུས་པར་འབྲེལ་བ་ཡོད། འགོག་ནུས་ཆེ་བའི་སོན་རིགས་ལ་ནད་འབྱུང་ཚད་ཉུང་ཞིང་། འགོག་ནུས་ཞན་པའི་སོན་རིགས་ལ་ནད་འབྱུང་ཚད་ཚབས་ཆེན་ཡིན།

3. འགོག་བཅོས་བྱེད་ཐབས།

(1) ཚུལ་མཐུན་གྱི་འདེབས་འཛུགས་བྱེད་པ། འདེབས་འཛུགས་སྟུག་ཚད་མཐོ་མི་རུང་བ་དང་ཡལ་ག་འཇོག་དུས་མང་མི་རུང་། དྲོད་ཚད་མཐོ་བའི་གནམ་གཤིས་ལ་འཕྲད་ན་དུས་ཐོག་ཏུ་འཁྱིག་ཁུག་གི་སྐྱི་མོ་ཕྱེ་ནས་རླུང་རྒྱུག་ཏུ་འཇུག་དགོས།

(2) སྨན་རྫས་ཀྱིས་འགོག་བཅོས་བྱེད་ཐབས། ཙོ་རིལ་བཙའ་ནད་ནི་སྔོན་འགོག་གཙོ་བོར་འཛིན་དགོས་པས། ཤིང་འབྲས་ཆུང་དུ་ཡིན་པའི་དུས་སྐབས་སུ25%མེན་ཙུན་

ཀྱི་གཡེང་འཕྱོ་སྨན་རྫས་པའི་ཡིས1500གཤེར་ཁུ་སྦྱད་ནས་སྔོན་འགོག་བྱེད་དགོས། གལ་ཏེ་དུས་མགོའི་ལོ་འདབ་ལ་ལྷུང་མདོག་གི་ཁྲ་ཐིག་བྱུང་ན། དུས་ཐོག་ཏུ40%ཐྲུའུ་ཀུའི་ཙའོ་སྦྱིས་མ་པའི་ཡིས8000གཤེར་ཁུ་དང་། ཡང་ན25%ཕུའུ་ཙའོ་ཁྲུན་པའི་ཡིས3000~4000གཤེར་ཁུ། 12.5%ཞི་ཙའོ་ཁྲུན་པའི་ཡིས2000གཤེར་ཁུ། ཡང་ན25%ཆེན་ཅིན་ཙའོ་པའི་ཡིས5000~6000གཤེར་ཁུ་སོགས་སྦྱད་ནས་འགོག་བཅོས་བྱེད་དགོས།

(གསུམ) སྐྱི་ལུགས་གས་འབྲས།

(1) ནད་རྟགས་དང་ནད་འབྱུང་བའི་ཆོས་ཉིད། ཙོ་རིལ་སྡོང་བོ་ནི་ཆོས་མདོག་དཀར་པོ་མངོན་པ་ནས་སོབ་སོབ་ཏུ་འགྱུར་བའི་དུས་སྐབས(ཆོས་མདོག་མངོན་དུས)སུ་ཐན་སྐམ་བྱུང་ན། ཙོ་རིལ་འབྲས་བུའི་ཤུན་པགས་ཕྲ་ཕུང་དང་འབྲས་བུའི་ཤ་རྒྱུ་ཕྲ་ཕུང་སོགས་ཚང་མ་སྐྱེ་མཆམས་ཆད་པ་ཡིན། གལ་ཏེ་ཆར་བབས་པའམ་ས་རྒྱུའི་ནང་དུ་ཆུ་སིམ་ན། འབྲས་བུའི་ཤའི་ཕྲ་ཕུང་མགྱོགས་མྱུར་དང་སྐྱེ་འཚར་སླར་གསོ་བྱུང་ནས། ཤུན་པགས་སྦྲོས་པའམ་གས་པར་འགྱུར་བ་ཡིན། དུས་མཚུངས་སུ། ཙོ་རིལ་ཤིང་འབྲས་ཀྱི་ཤུན་པགས་ཕྲ་ཕུང་གི་བར་གསེང་ཙུང་ཆེ་བས། མཁའ་དབུགས་ཀྱི་བཞའ་ཚན་ཙུང་ཆེ་བའི་ཁོར་ཡུག་འོག་ཏུ། ཤིང་འབྲས་ཀྱི་ཤ་རྒྱུས་ཆུ་འཇིབ་སྟེ་སྦྲོས་པས་ཀྱང་འབྲས་བུའི་ཤུན་པགས་གས་པར་འགྱུར་རོ།།

(2) སྔོན་འགོག་བྱེད་ཐབས། ①གསེང་རྫོད་བྱས་ནས་བརྟན་སྲུང་བྱེད་པ་དང་། ས་རྒྱུའི་བཞའ་ཚན་རྒྱུན་འཁྱོངས་དང་ཙོ་རིལ་ལྷུམ་ར་ནང་ལ་ཆུ་གཏོར་ནས། ས་རྒྱུའི་བཞའ་ཚན་དང་མཁའ་དབུགས་ཀྱི་རླན་ཚད་ལ་འགྱུར་བ་ཆེན་པོ་མི་ཡོང་བར་བྱེད་དགོས། ②འབྲས་བུ་ཆུང་དུའི་དུས་སུ་སྐྱི་ལྷན་ཀལ་ལུད་ལོ་མའི་ངོས་ལ་ཐེངས2~3གཏོར་བ་དང་། ཉིན7རེའི་ནང་དུ་ཐེངས་རེར་གཏོར་ན་ཕན་འབྲས་ཙུང་བཟང་།

གཉིས། འབྲུའི་གནོད་པ་འགོག་བཅོས།

(གཅིག) ཙོ་རིལ་གྱི་ལྦ་སྐྲང་།

1. ནད་རྟགས། གཙོ་བོ་ལོ་མ་བརྒྱངས་པའི་དུས་སུ་གནོད་འཚེ་ཐེབས་པ་དང་།

གནོད་འཚེ་ཐེབས་རྗེས་ལོ་མ་ཀུག་པའམ་འཁྱིལ་ནས། གཡས་གཡོན་དུ་དབྱུག་དབྱིབས་དམར་སྨུག་མདོན་པ་ཡིན། དེའི་ནང་དུ་འབུ་ཕྲུམ་གཅིག་གམ་དུ་མ་འབྱུང་བས་ལོ་མ་མཁྲིགས་པོར་འགྱུར་བ་དང་ལོ་མ་གསར་བའི་འོད་འདྲིས་ཕན་ནུས་ཤོར་འགྲོ་བར་མ་ཟད། སྦུ་གུའི་རྩེ་མོའི་སྐྱི་འཚར་ལ་འགོག་རྐྱེན་བཟོ་བས། དུས་མཇུག་གི་ལོ་མའི་རྩེ་མོ་ནག་པོར་གྱུར་ནས་རྨམ་པ་ཡིན།

2. འགོག་བཅོས་བྱེད་ཐབས།

①དཀྱུན་བརྒྱལ་འབུ་ཕྲུག་འགོག་བཅོས། འབུའི་གནོད་པ་འབྱུང་ཚད་ཚབས་ཆེ་བའི་ཙོ་རིལ་ལྟུམ་ར་ཡིན་ན། སྤྱིལ་བུ་མ་གཡོགས་པའི་སྔོན་ལ་སྔོང་བོའི་རྩ་བར་ཙུའུ་ཀྱི་རིགས་ཀྱི་ཙ་པི་ཁྲུན་ཅིན་སོགས་འབུ་གསོད་བྱེད་ཀྱི་སྨན་རྫས་པའི་ཡིས1000གཏོར་དགོས།

②འབུ་ཕྲུག་གི་གནོད་འཚེ་ཆེ་བའི་དུས་སྐབས་ཀྱི་འགོག་བཅོས། 20%པི་ཁྲུན་ཅིན་བཞའ་ཚན་རང་བཞིན་གྱི་སྨན་སྦྱི་ཁར10%ཅིན་ཕུན་ཙུའུ་ཀྱི་སྦྲིས་མ་པའི་ཡིས 1500~2000གཤེར་ཁུ་དང་། ཡང་ན5%ཙ་ཕེ་ཡན་བཞའ་ཚན་རང་བཞིན་གྱི་སྨན་སྦྱི་པའི་ཡིས1000~1500གཤེར་ཁུ་བསྟན་ནས་འགོག་བཅོས་བྱེད་དགོས།

(གཉིས) སྔོམ་དམར།

1. རྣམ་པའི་ཁྱད་ཆོས། སྔོམ་དམར་ནི་ཙོ་རིལ་འདེབས་འཛུགས་ས་ཁུལ་སོ་སོའི་སྤྱིག་བཀོད་འདེབས་འཛུགས་ཁྲོད་ཀྱི་རྒྱུན་མཐོང་གི་འབུའི་གནོད་འཚེ་ཞིག་ཡིན། གཡན་འབུ་དར་མ་དང་རའོ་གཡན་གྱིས་སྔོང་རྐང་གི་ལོ་མ་དང་རྒྱུང་ཞིང་མཉེན་པའི་གནས་ཡུལ་ལ་གནོད་འཚེ་བཟོ་བས། ཚབས་ཆེ་བའི་དུས་སུ་སེར་སྐམ་དུ་གྱུར་ནས་སྔ་མོ་ནས་ལོ་མ་དང་འབྲས་བུ་སར་ལྷུང་ནས་ཐོན་ཚད་ལ་ཤུགས་རྐྱེན་ཐེབས་པ་ཡིན།

མོའི་གཡན་འབུའི་གཟུགས་ཀྱི་རིང་ཚད་ལ་ཧའོ་སྨི0.53དང་ཞེང་ཚད་ལ་ཧའོ་སྨི0.32ཡོད། གཟུགས་ནི་འཇོང་དབྱིབས་དང་ཁ་དོག་བཙའ་དམར་དང་ཡང་ན་དམར་ནག་ཡིན། ཕོའི་གཡན་འབུའི་གཟུགས་ཀྱི་རིང་ཚད་ལ་ཧའོ་སྨི0.359དང་ཞེང་ཚད་ལ་ཧའོ་སྨི0.195ཡོད་པ་དང་། གཟུགས་ནི་གཟེ་དབྱིབས་དང་འདྲ། གཡན་འབུ་རྒྱུང་དུ་སུག་ཚ3དང་།

རའོ་གཡན་འབུ་དང་གཡན་འབུ་དར་མར་སུག་ཆ4ཡོད། འཛོང་མོ་སྡོང་དབྱིབས་ཡིན།

བྱང་ཕྱོགས་ཀྱི་ཙོ་རིལ་འདེབས་འཛུགས་ས་ཁུལ་དུ་ལོ1ལ་ཐེངས12~15སྐྱེས་པ་ཡིན། འཕེལ་འགྲིབ་ནི་ཁོར་ཡུག་ལ་འབྲེལ་བ་ཡོད། དེའི་འགྲུལ་སྐྱོད་ཀྱི་ཆེས་འཚམ་པའི་དྲོད་ཚད་ནི25~35℃ཡིན། ཆེས་འཚམ་པའི་མཁའ་དབུགས་ཀྱི་རློན་བཅས་བཞའ་ཚན་ནི35%~55%ཡིན། དྲོད་ཚད་མཐོ་བ་དང་སྐམ་ཤས་ཆེ་ན་ནད་འབྱུང་ཚད་མཐོའོ།།

2. འགོག་བཅོས་བྱེད་ཐབས།

(1) དགུན་བཀྲལ་འབུའི་འབྱུང་ཁུངས་མེད་པར་བཟོ་བ། དགུན་ཁར་ཤིང་ཤུན་རྙིང་བ་བཤུས་པ་དང་གཡུགས་ནས། ལྷམ་རའི་ནང་གི་སར་ལྷུང་བའི་ཡལ་གའམ་ལོ་མ་སྐམ་པོ་དང་རྩྭ་ལྷམ་མེད་པར་བཟོ་བ། ཤིང་སྡོང་གི་ཤུན་པགས་རྙིང་བ་དང་སར་ལྷུང་ལོ་མ། རྩྭ་ལྷམ་སོགས་གཅིག་བསྡུས་ཀྱིས་མེར་བསྲེགས་ན། ཕན་ནུས་ལྡན་པའི་སྒོ་ནས་གནོད་འབུའི་གྲངས་འབོར་ཇེ་ཉུང་དུ་གཏོང་ཐུབ།

(2) སྨན་རྫས་འགོག་བཅོས། དྲོད་ཁང་ནང་གི་དྲོད་ཚད་ཇེ་མཐོར་སོང་རྗེས། དྲོད་ཁང་ནང་གི་དྲོད་ཚད་ཇེ་མཐོར་སོང་བ་དང་བསྟུན་ནས། སྲོམ་དམར་འགྲུལ་སྐྱོད་བྱས་ཏེ་སོ་རྒྱག་པའི་དུས་སུ་སླེབས་ཡོད་པས། འདི་ནི་ཆེས་ལེགས་པའི་འགོག་བཅོས་དུས་སྐབས་ཡིན་པས། དུས་སྐབས་འདིར་སྨན་གཏོར་ན་ལོ་ཏོག་ཕོར་ཕལ་ཆེར་གནོད་འཚེ་མི་ཐེབས་པ་ཡིན། གཤམ་གྱི་སྨན་རྫས་རྣམས་འདེམ་ཆོག་སྟེ། 1%ཨ་ཕེ་ཙུན་སུའུ་ཐྲིས་མ་པའི་ཡིས5000གཤེར་ཁུ་དང་། ཡང་ན་གཏེར་རྣུམ་མུའུ་རེར་ཏའོ་ཕྲིན200དང30%མེ་ལྷེབ་མན་ལིང་པའི་ཡིས2000གཤེར་ཁུ། 10%ཝིའུ་དབྱང་མའི་སུའུ་ཐྲིས་མ་པའི་ཡིས1000གཤེར་ཁུ། ཡང་ན1%ཆི་མན་སུའུ་པའི་ཡིས4000 50%སི་མན་ཅིན་གཡིང་འཕྱོ་སྨན་རྫས་པའི་ཡིས4000~5000གཤེར་ཁུ་གཏོར་དགོས། འབྲས་བུ་ཐོགས་རྗེས་གནོད་སྐྱོན་ཚབས་ཆེན་བྱུང་ན་ཡང་བསྐྱར་སྨན་རྫས་ཐེངས2~3ལ་གཏོར་ན་རྩ་བ་ནས་ཚོད་འཛིན་བྱེད་ཐུབ་བོ།།

ལེའུ་ལྔ་པ། སྲེའུ།

སྲེའུ། སེ་རྒོད་པོའུ། ལི་ཡ་པོའུ། སྲེའུ་པོངས་ཀྱི་རྩི་ཤིང་ཡིན། སྡོང་རིང་ལྗོན་ཤིང་ཡིན་ལ་མཐོ་ཚད་ལ་སྨི2~6དང་། སྡོང་པོའི་ཤུན་པགས་ཀྱི་མདོག་ནི་དཀར་སྐྱ་ཡིན། ཡལ་ག་ཆུང་དུ་ཁམ་སྐྱ་དང་གསར་སྐྱེས་ཡལ་ག་མཉེན་པོ་ལྡང་ཁུ་ཡིན། སྤུ་མེད་པའམ་པེ་ཧྲའུ་སྤུ་འཇམ་པོ་ཡིན། དགུན་དུས་མྱུ་གུ་སྒོང་དབྱིབས་སུ་སྣང་བ་དང་སྤུ་མེད། འབྲས་བུ་ནི་སིལ་ཏོག་བྱས་ནས་ཟླུམ་ཆག་སྐྱེ། ཕྱི་ངོས་སུ་ཚོན་མདངས་བཀྲ་བ་དང་འོད་ཆིལ་ཆིལ་དུ་བཀྲ་ཞིང་མིག་ལ་མཛེས་པ། དམར་པོ་མ་ན་ཧོ་དང་འདྲ་བ། སེར་པོ་ཚིལ་འདུས་དང་འདྲ་བ། འབྲས་བུའི་ནང་དུ་མངར་ཆ་དང་སྐྱི་དཀར་ཛམས། འཚོ་བཅུད་དང་ཀལ། ལྕུགས། ཟིན། ཏྲ་སོགས་གཞི་རྒྱུ་མང་པོ་འདུས་ཡོད། དབྱེ་བ་གཙོ་བོ་ནི་ཀྲུང་གོའི་སྲེའུ་དང་ཡོ་རོབ་ཀྱི་སྲེའུ་མངར་མོ།(བསྡུས་མིང་ལ་སྲེའུ་མངར་མོ་ཟེར)ཡོ་རོབ་གླིང་གི་སྲེའུ་སྐྱུར་མོ(བསྡུས་མིང་ལ་སྲེའུ་སྐྱུར་མོ)བཅས་རིགས་གསུམ་ཡོད། ཐོན་སྐྱེད་ཀྱི་ཐད་ནས་འདེབས་འཛུགས་བྱས་པ་མང་ཆེ་བ་ནི་སྲེའུ་མངར་མོ་ཡིན། སྲེའུ་མངར་མོ་ལ་སྲེའུ་ཆེན་པོ་ཡང་ཟེར། མིག་སྔར་བདམས་པའི་ཐོན་འབབ་མཐོ་བ་དང་སྤུས་ཀ་དག་པ། ཕན་འབྲས་ཆེ་བ། ལྟོག་འགོག་རང་བཞིན་ཆེ་བ་བཅས་ཀྱི་སོན་རིགས་ནི། དཔེར་ན་ཧྲུང་ཏེང་དང་། ཙའོ་ཧྲུང་པའོ་ཧྲི། ཏ་ཙི(ཏ་ཧྲུང་པའོ)། ཙའོ་ཏ་ཀུའོ། ཞན་ཐུན། ལ་པིན་སི་སོགས་ཡོད།

ཆ་ཤས་དང་པོ། སོན་རིགས་གཙོ་བོ་ངོ་སྤྲོད།

གཅིག ཧྲུང་ཧྲེང་།

ཧྲུང་ཧྲེང་ནི་འབྲས་བུ་ཆེན་པོ་དང་སྨིན་སྔ་བ། ཤ་རྒྱུ་སྲ་མོ་ཕྱེད་ཙམ་བཅས་ཀྱི་དམར་མདོག་གི་སོན་རིགས་ཤིག་ཡིན། ལོ20ལྷག་ཙམ་གྱི་རིང་ལ་རྒྱལ་ཡོངས་ཀྱི་ས་གནས་སོ་སོ་ནས་འཕེལ་རྒྱས་མགྱོགས་ཤོས་ཀྱི་སོན་རིགས་ཤིག་ཏུ་གྱུར་ཡོད། ཧྲུང་ཧྲེང་གི་འབྲས་བུ་ཆེ་ཞིང་། ཆ་སྙོམས་འབྲས་བུ་གཅིག་གི་ལྗིད་ཚད་ཁེ9.6དང་། འབྲས་བུ་ཆེ་ཤོས་ཀྱི་ལྗིད་ཚད་ལ་ཁེ13ཡོད། འབྲས་བུ་ཐོགས་པའི་གཞུང་རྡ་ཐུང་ཞིང་སྦོམ་ལ། རིང་ཐུང་ལ་ལི་སྨི2.5ཙམ་ཡོད་པ་དང་། ཤིང་འབྲས་ཀྱི་ཁ་དོག་དམར་ནག་ཡིན། སྨིན་པའི་འབྲས་བུ་ཁམ་དམར་དང་མིག་ལ་མཛེས་པའི་བཀྲག་མདངས་ལྡན། ཤིང་འབྲས་ནི་མཁལ་མའི་དབྱིབས་དང་ཤ་མཉེན་པ། མཐུག་ཅིང་ཁུ་བ་མང་བ། ཐྲོ་བ་ཞིམ་པ་བཅས་ཀྱི་ཁྱད་ཆོས་ལྡན། བཞའ་ཚན་རང་བཞིན་གྱི་སྲ་གཟུགས་དངོས་པོ་ནི14.5%~15%ཡིན། གྱེས་ཉིང་ཕྱེད་ཙམ་དང་། ཉིང་རྟུལ་ཙུང་ཆུང་སྒོར་དབྱིབས་ཡིན། འབྲས་བུ་སྨིན་ཡུན་ཉིན45ཡས་མས་ཡིན་པ་དང་། སྡོང་བོའི་སྐྱེ་སྟོབས་ལེགས་ཤིང་སྐྱེ་འཚར་བཟང་བ། བསྟུད་མར་འབྲས་བུ་ཐོགས་པའི་ནུས་པ་ཆེ་བ། ཐོན་འབབ་ཡག་པོ་ཡིན། ཧྲུང་ཧྲེང་ཐོག་མའི་དུས་སུ་འབྲས་བུ་སྨིན་པའི་དུས་ཡུན་སྔོན་བཏང་དུ་ཙུང་འཕྱི། ལོ4ནས་བཟུང་འབྲས་བུ་ཐོགས་པ་སྟེ། ལོ6རྗེས་སུ་དགཟོད་འབྲས་བུ་སྨིན་ཚད་དར་རྒྱས་ཆེ་བའི་ཐོག་མའི་དུས་སུ་ཐོན་པ་ཡིན།

གཉིས། ཏ་ཅི།(ཏ་ཧྲུང་ཕའོ)

ཏ་ཅིའི་མིང་གཞན་ལ་ཏ་ཧྲུང་ཕའོ་དང་སྤྲིའུ་དམར་པོའང་ཟེར། འདི་ནི་རང་རྒྱལ་གྱི་འདེབས་འཛུགས་བྱེད་པའི་སོན་རིགས་གཙོ་བོ་ཞིག་ཡིན། སྔོར་བཏང་དུ་ན་ཕྱུན་དང་ཟེའུ་འབྲུ་ཕོ་མོ་སྤེལ་སྦྱོར་བྱེད་པའི་སོན་རིགས་ཤིག་ཡིན། ཏ་ཅི་ནི་ཁ་དོག་དམར་སྨུག་དང་ཤ་མཉེན་པོ། སྨིན་སྔ་བའི་སོན་རིགས་ཡིན། འབྲས་བུ་ཙུང་ཆེ་ཞིང་འབྲས་བུ་གཅིག་ལ་

ཁྲི6ཡོད་པ་དང་ཆེ་གྲས་ལ་ཁྲི9ཡན་ཡོད། སྙིང་གི་དབྱིབས་ནས་ཞེང་ཆེའི་སྙིང་དབྱིབས་ཡིན། འབྲས་བུའི་རྩེ་མོ་མར་གཞོང་བའམ་ཡང་ན་ཧ་ལམ་སྙོར་མོ་སྙོམས་ངོས་ཡིན། གས་སྦུབས་ཀྱི་ཐིག་དབྱིབས་ཅུང་མངོན་གསལ་ཡིན། འབྲས་བུ་ཐོགས་པའི་གཞུང་རྟ་རིང་ཞིང་ཕྲ་བ། འབྲས་བུའི་ཤུན་པགས་ཐོག་མར་ཚོས་དུས་དམར་སྐྱ་ཡིན་པ་དང་། ཡོངས་སུ་སྨིན་པའམ་ཚོས་ན་སྨུག་པོར་འགྱུར། འབྲས་བུའི་ཤ་རྒྱུ་དམར་སྐྱ་ནས་དམར་པོ་ཡིན། རྒྱུ་ཆ་མཉེན་ལ་བྲོ་བ་མངར་བ། ཁུ་བ་མང་ངོ་།།

གསུམ། ལ་པིན་སི།

འབྲས་བུ་ཆེ་ཞིང་འབྲས་བུ་གཅིག་གི་ལྗིད་ལ་ཁྲི8དང་འབྲས་བུ་ཆེ་གྲས་ལ་ཁྲི12ཡོད། འབྲས་བུའི་དབྱིབས་ནི་སྒོར་དབྱིབས་དང་སྒོ་ངའི་དབྱིབས་ཡིན། འབྲས་བུ་ཐོགས་པའི་གཞུང་རྟའི་རིང་ཐུང་དང་སྦོམ་ཕྲ་འབྲིང་ཙམ་ཡིན། འབྲས་བུ་སྨིན་དུས་འབྲས་བུའི་ཤུན་པགས་སྨུག་དམར་དང་། མིག་ལ་མཛེས་ཤིང་བཀྲག་མདངས་ལྡན། འབྲས་བུའི་ཤུན་པགས་མཐུག་ཅིང་སྲ་བ། འབྲས་བུའི་ཤ་རྒྱུ་དམར་སྐྱ་དང་མཐུག་པ། ཁུ་བ་མང་བ། བྲོ་བ་ཞིམ་པ། སྐྱུས་ཚད་མཐོ་བ་སོགས་ཀྱི་ཁྱད་ཆོས་ལྡན། བཞའ་ཚན་རང་བཞིན་གྱི་སྲ་གཟུགས་དངོས་རྫས་ཀྱིས16.5%ཟིན་ཡོད། སོན་རིགས་འདིའི་སྡོང་པོའི་སྐྱེ་སྟོབས་ཆེ་ཞིང་། སྡོང་རྐང་ཀྲོང་ངེར་ལངས་པ། ཟུར་སྐྱེས་ཡལ་གའི་སྐྱེ་འཚར་བཟང་བ། སྡོང་གཟུགས་ལ་འབྲུ་རྗོག་ཆགས་པའི་གྲུབ་ཆ་གང་ལེགས་ལྡན། གྲང་དར་ཐེག་ཐུབ་ཅིང་། མེ་ཏོག་རང་ལ་འབྲས་བུ་ཐོགས་ཅིང་མེ་ཏོག་གི་རྡུལ་མང་བས། མེ་ཏོག་གི་དུས་རིམ་གཅིག་པའི་ནང་དུ་ཟེའུ་རྡུལ་སྦྱར་ཚིག་ལ། ཡོངས་ཁྱབ་ཏུ་ཟེའུ་རྡུལ་སྦྱོར་བའི་སོན་རིགས་ཤིག་ཡིན།

ཚན་པ་གཉིས་པ། སྨུམ་ར་འདེམ་པ་དང་དོ་དམ།

གཅིག ལྷུམ་ར་འདེམ་པ།

སྲིའུ་མངར་མོ་ནི་ས་རིམ་མཐུག་ཅིང་ས་གཤིས་སོབ་སོབ། རླུང་རྒྱུག་ཚད་བཟང་བའི་བྱེ་རྒྱུའི་ས་རྒྱུ་གཤིན་པོའི་སྟེང་དུ་འདེབས་འཛུགས་བྱེད་པར་འཚམ་པ་ཡིན། ཆུ་འབུད་དཀའ་བ་དང་འབྱར་ཆོ་ཆེ་བའི་ས་རྒྱུའི་སྟེང་དུ་འདེབས་འཛུགས་བྱས་ན་ཤིང་སྡོང་གི་སྐྱེ་སྟོབས་ཞན་པ་དང་རྩ་ལག་གཏིང་ཐུང་དུ་འགྱུར། སྲིའུ་མངར་མོ་འོད་ལ་དགའ་བས། སྲིའུ་ལྷུམ་ར་འཛུགས་སྐྲུན་བྱེད་ན་ངེས་པར་དུ་ཉི་འོད་འཕྲོ་སའི་ཆ་རྐྱེན་ཅུང་བཟང་བའི་ཉིན་ཕྱོགས་རི་ལྡེབས་དང་ཡང་ན་ཉིན་ཕྱོགས་རི་ལྡེབས་ཕྱེད་ཅན་ཡིན་དགོས། རླུང་ཆེན་གཡུགས་པའི་ས་ཁུལ་དུ་ར་དུང་རླུང་འགོག་ནགས་ཚལ་འཛུགས་དགོས།

གཉིས། འདེབས་འཛུགས།

(གཅིག) འདེབས་འཛུགས་སྟུག་ཚད།

ས་རྒྱུའི་གཤིན་ཚད་མི་འདྲ་བ་དང་ལྗོན་ཤིང་གི་དབྱིབས་མི་འདྲ་བར་གཞིགས་ནས་འདེབས་འཛུགས་སྟུག་ཚད་འཚམ་མིན་གཏན་འཁེལ་བྱེད་དགོས། ཕྱིར་བཏང་གི་གནས་ཚུལ་འོག་ཏུ། ཆའོ་ཧྲ་ཙོན་མུའུ་ཡི་སྡོང་ཐང་གི་བར་ཐག་ནི་སྨི3×སྨི4ཡང་ན་སྨི3×སྨི5དང་མུའུ་རེར་སྡོང་ཐང33~56འཛུགས་དགོས། གལ་ཏེ་སྲིའུ་མངར་མོའི་སྲུང་སྐྱོབ་ས་ཁུལ་དུ་འདེབས་འཛུགས་བྱས་ན། སྡོང་ཐང་གི་བར་ཐག་འོས་འཚམ་གྱིས་ཇེ་ཆུང་དུ་བཏང་སྟེ། སྨི2×སྨི3ཡིན་ན་འཚམ་པ་དང་། མུའུ་རེར་སྡོང་ཐང111འཛུགས་དགོས།

(གཉིས) ཟེའུ་འབྲུ་ཕོ་མོ་སྦེལ་སྦྱོར་གྱི་སྡོང་པོ་འདེབས་འཛུགས།

ཟེའུ་འབྲུ་ཕོ་མོ་སྦེལ་སྦྱོར་བྱེད་པའི་སྡོང་པོའི་བསྡུར་ཚད་ནི་གཙོ་བོ་འདེབས་འཛུགས་བྱེད་པའི་སོན་རིགས་ཀྱི20%~30%དང་། རི་ཁུལ་དུ་འདེབས་འཛུགས་བྱེད་པའི་སོན་རིགས་གཙོ་བོ་དང་འདྲེས་འཛུགས་བྱས་ཆོག འདེབས་འཛུགས་བྱེད་པའི་སོན་རིགས་གཙོ་བོ3རེར་

ཟེའུ་འབྲུ་ཕོ་མོ་སྡེབ་སྦྱོར་གྱི་སོན་རིགས1རེ་འཛུགས་དགོས། རོང་ས་དང་ཆུ་ཡོད་པའི་ས་ཁུལ་དུ་དེབས་འཛུགས་བྱེད་པའི་སོན་རིགས་གཙོ་བོ་ཕྲེང་བསྟར3རེར་ཟེའུ་འབྲུ་ཕོ་མོ་སྡེབ་སྦྱོར་གྱི་སོན་རིགས་ཕྲེང་བསྟར1རེ་འཛུགས་དགོས།

(གསུམ) འདེབས་འཛུགས།

སྔོན་བཀོད་གཏན་འཁེལ་བྱས་པའི་སྡོང་ཁང་གི་བར་ཐག་ལ་ཁུང་བརྐོ་བའམ་ཤུར་བུ་བརྐོས་ནས་རྩ་སྦྱོས་རྒྱག་པ་དང་གཏིང་ལུད་འཇོག་དགོས། མཚོ་བོད་མཐོ་སྒང་ས་ཁུལ་དུ་དཔྱུན་དུས་གྲང་ངར་དང་ཐན་པ་ཆེ་བ། ཧྲུང་གཡུག་ཚད་མང་བ་བཅས་ཀྱི་དབང་གིས་སྔོན་དུས་སུ་སྡོང་ཕྲུག་བཙུགས་ན་ཆུ་ཤོར་སླ་བ་དང་། དཔྱིད་དུས་སུ་ས་རྒྱུ་འཁྱགས་བཞུ་བྱས་རྗེས་སྔ་མོ་ནས་བཙུགས་ན་འཚམ་ཞིང་སྤྱིར་བཏང་དུ་ཟླ3པའི་ཟླ་སྟོད་དོ།།

ཁུང་འཛུགས་ཚད་གཞི། ས་དོང་ཆེན་པོ་བརྐོས་ནས་ཟབ་ཚད་ལི་སྨི60~100དང་ཚངས་ཐིག་ལི་སྨི100ཡིན། གལ་ཏེ་ཡུར་བ་འདྲུ་ནས་འདེབས་འཛུགས་བྱས་ན་གཏིང་ཟབ་ཚད་དང་ཞེང་ཚད་སོ་སོ་ལི་སྨི100ཆུ་ཀ་བརྐོ་དགོས། ས་ངོས་ཀྱི་ས་དང་སའི་གཏིང་རིམ་གྱི་ས་གཉིས་སོ་སོར་འཇོག་རྒྱུར་དོ་སྣང་བྱེད་དགོས་ཤིང་། དེའི་འཕྲོར་རྩ་སྦྱོས་རྒྱག་པའི་ཁུང་ངམ་རྩ་སྦྱོས་རྒྱག་པའི་ཤུར་བུའི་ནང་དུ་མཐུད་ཚད་ལི་སྨི20~30ཡོད་པའི་ས་དང་ས་ངོས་ཀྱི་ས་དང་མཉམ་བསྲེས་བྱས་པའི་སྐྱི་ལྷན་དངོས་རྫས་ཏེ། དཔེར་ན་ལོ་མ་དང་སོག་མ། རྩྭ་ལྷམ་དང་ལུད་སོགས་ཡང་བསྐྱར་ཁང་པས་བཅག་གནོན་བྱེད་པ་དང་། དེའི་འཕྲོར་ཡང་བསྐྱར་ས་ངོས་དང་བར་ཐག་ལི་སྨི30ཙམ་ཡོད་པའི་ས་ཁ་སྐོང་བྱས་ནས་དཀྱིལ་གཞུང་ནི་ཕྱོགས་བཞི་ལས་ཅུང་མཐོ་དགོས་ལ། སྡོང་ཕྲུག་ཁུང་བུའམ་ཤུར་བུའི་ནང་དུ་བཙུགས་ནས་རྩ་ལག་ཕྱོགས་བཞིར་བཀྲམ་པ་དང་། ས་འདེད་ཞོར་དུ་སྡོང་ཕྲུག་སྒུལ་ནས་བཅག་གནོན་བྱས་ཏེ་རྩ་ལག་ས་རྒྱུ་ནང་དུ་འཐིམ་པར་བྱེད་དགོས། སྡོང་ཕྲུག་ལ་ཆུ་བཏང་རྗེས་ས་རྒྱུ་གཏིང་དུ་ནུབ་པའམ་ཧྲུང་གཡུགས་ནས་སྡོང་ཕྲུག་འགྲིལ་བར་སྔོན་འགོག་བྱེད་ཆེད། བཙུགས་རྗེས་ཤིང་ཐུར་དང་སྨྱུག་ཐུར་གྱིས་སྐྱོར་འདེགས་བྱེད་པ་དང་དུས་ལྟར་ཆུ་གཏོང་དགོས། ཆུ་སིམ་རྗེས་སྡོང་རྩའི་ས་ཕུང་རྒྱག་པའམ་ཡང་ན་ཞིང་

ཚད་སྨི1.2ཡོད་པའི་འཁྱིག་ཁུག་བཀབ་ཆེ་གྲང་འགོག་དང་ཐན་འགོག་གི་ནུས་པ་ཐོན་པ་ཡིན་པས་སྔོང་ཕྲུག་གསོན་ཚད་ཇེ་མཐོར་གཏོང་ཐུབ།

གསུམ། རྩ་ལུད་དོ་དམ།

(གཅིག) ས་རྒྱུའི་དོ་དམ།

1. གཏིང་སློག་ས་སྒྱུར།

ས་དོང་གཏིང་སློག་དང་ཇེ་ཆེར་གཏོང་བ་དང་ལྷུམ་ར་ཡོངས་རྫོ་སློག་གི་བྱེད་ཐབས་སྤྱོད་དགོས། ས་དོང་གཏིང་སློག་དང་ཇེ་ཆེར་གཏོང་བ་དང་ལྷུམ་ར་ཡོངས་རྫོ་སློག་བྱེད་པའི་སྐབས་སུ། སྤྱིར་བཏང་དུ་སྟོན་དུས་གཏིང་ལུད་འཛུགས་པ་དང་ཟུང་འབྲེལ་བྱས་ནས་སྤེལ་དགོས། གཏིང་སློག་བྱེད་དུས་ས་ངོས་ཀྱི་ས་འོག་རིམ་དུ་འཛུགས་པ་དང་། འོག་རིམ་གྱི་ས་ས་ངོས་ལ་འཛུགས་དགོས། ཟབ་ཚད་ལི་སྨི25ཡས་མས་ཡིན་ན་རབ་ཡིན།

2. ཡུར་མ་ཡུར་ནས་ས་སོབ་སོབ་ཏུ་གཏོང་བ།

རྫོ་འདེབས་ལྷུམ་ར་ཡིན་ན་ཞིང་འབྲས་ལྷུམ་ར་ཁྲོན་ཡོངས་སུ་རྫོ་སློག་རྒྱག་དགོས་ཤིང་། ཞིང་འབྲས་དང་འབྲུ་རིགས་ཀྱི་བར་ནས་ལྷུམ་ར་བསྐྱུན་ན་འཚོ་བཅུད་ས་གནས(ས་རྒྱུད)རྫོ་སློག་བྱས་ཏེ། ས་རྒྱུའི་སོབ་སོབ་རྒྱུན་འཁྱོངས་དང་རྩྭ་ལྷུམ་མེད་པར་བཟོ་དགོས། ལོ་རེའི་དཔྱིད་ཀ་དང་དབྱར་ཁ་གཉིས་ཀར་རྫོ་འདེབས་ཐེངས་རེ་བྱེད་པ་དང་། རྫོ་སློག་གི་གཏིང་ཚད་ལི་སྨི20ཡས་མས་ཡིན་ན་རྩ་ལག་རྒྱ་སྐྱེད་པར་ཕན་པ་ཡོད། སྐྱེ་འཚར་དུས་ཚིགས་སུ་ཆར་བ་བབས་པའམ་ཆུ་བཏང་རྗེས་དུས་ཐོག་ཏུ་གསེང་རྫོད་དམ་ཡུར་མ་ཡུར་ནས་ས་སོབ་པོར་བཟོས་ནས་ས་རྒྱུ་སོབ་སོབ་དང་རྩྭ་ལྷུམ་མེད་པ་རྒྱུན་འཁྱོངས་བྱེད་དགོས། ཡུར་མ་ཡུར་བའི་གཏིང་ཚད་ལི་སྨི5~10ཡིན་ན་དྲོད་སྙོམ་དང་བརླན་སྲུང་ལ་ཕན་པ་ཡོད།

3. རྩྭ་འགེབས་པ་དང་རྩྭ་སྤྲས་པ།

དཔྱིད་དུས་སུ་ལུད་འཛུགས་པ་དང་ཆུ་བཏང་བའི་རྗེས་སུ་རྩྭ་འགེབས་དགོས། ཁེབས་བཀབ་རྒྱ་ཆ་ནི་གྲོ་སོག་དང་མ་རྩོས་ལོ་ཏོག་གི་སོག་མ། རྩ་སྐམ་སོགས་སྤྱད་ཆོག ཁེབས་

བཀབ་དངོས་པོ་ཞིང་སྟོང་གི་ཡལ་འདབ་སྟེང་དུ་བཀབ་ནས། མཐུག་ཚད་ནི་ལི་སྨི10~15 བར་ཡིན་པ་དང་། དེའི་སྟེང་དུ་ས་ཉུང་ཙམ་གཏོར་ནས་གནོན་དགོས། བསྟུད་མར་ལོ3~4 བར་ལ་བཀབ་རྫེས་སྟེང་དུ་ཐེངས1ལ་སློག་དགོས།

(གཉིས) ལུད་འཛུག་པ།

འབྲས་བུ་ཐོགས་པའི་སྟོང་བོའི་སྤྱིར་བཏང་དུ་ལོ་རེར་སྤྱིའུ་མངར་མོ་སྟོང་ཁ100ཐོན་སྐྱེད་བྱེད་ན་ཁྲུང་ཏན་སྟོང་ཁ1དང་། ཁྲུང་ལིན(P_2O_5)སྟོང་ཁ0.5 ཁྲུང་ཙྰ(K_2O)སྟོང་ཁ1 འཛུག་དགོས།

1. གཏིང་ལུད།

གཏིང་ལུད་ནི་ལོ་རེའི་ཟླ8པའི་ཟླ་དཀྱིལ་ནས་ཟླ9པའི་ཟླ་དཀྱིལ་དང་ཟླ་སྨད་དུ་འཛུག་དགོས། ཁྱིམ་ལུད་གཙོ་བོ་དང་ཏན་རྒྱུ་རྫས་ལུད་ཉུང་ཙམ་བསྲེས་ནས་འཛུག་དགོས། འབྲས་བུ་ཐོགས་པའི་སྟོང་པོ་རེར་སྤུས་ལེགས་ཁྱིམ་ལུད་སྟོང་ཁ30~50དང་གཅིན་རྒྱུ་སྟོང་ཁ0.5 གའོ་ལིན་སོན་ཀལ་སྟོང་ཁ1.2བཅས་འཛུག་དགོས། ལུད་འཛུག་སྟངས་ནི་ཤུར་མོའི་ནང་དུ་གཏོར་བ་དང་གཏོར་བཤོས་གཙོ་བོར་འཛིན་ཞིང་། ལུད་འཛུག་གནས་ཡུལ་ནི་ཞིང་སྟོང་གི་ཡལ་འདབ་ཀྱི་གྲིབ་གཟུགས་ཐོག་མའི་མངའ་ཁོངས་སམ་མཐའ་བསྐོར་ཡིན། ཤུར་མོའི་ནང་དུ་གཏོར་ན་འགྱེད་འཁྲོ་དབྱིབས་ཀྱི་ཤུར་བུ་བརྐོས་ཆོག་པའམ་ཡང་ན་ཞིང་སྟོང་གི་ཡལ་འདབ་ཀྱི་མཐའ་བསྐོར་དུ་གདུབ་དབྱིབས་ཤུར་བུ་བརྐོས་ཆོག ཤུར་བུའི་གཏིང་ཚད་ལི་སྨི20~30ཡིན། གཏོར་བཤོས་བྱེད་དུས་ལུད་རྣམས་ཆ་སྙོམས་ཀྱིས་ཞིང་སྟོང་གི་ཡལ་འདབ་འོག་ཏུ་གཏོར་ཆོག་པར་མ་ཟད། གཏིང་ཚད་ལི་སྨི20སློག་དགོས། དེ་ལྟར་བྱས་ན་ཕྱི་ལོའི་དཔྱིད་ཀར་ཞིང་སྟོང་གི་སྐྱེ་འཚར་ལ་ཕན་པ་ཡོད།

2. སྟེང་ལུད།

ལོ་རེར་ཐེངས3ལ་འཛུག་པ་དང་། ཐེངས་དང་པོ་ནི་མྱུ་གུ་འབུས་པའི་སྔ་གཞུག་ཡིན་ལ་ཏན་རྒྱུ་གཙོར་འཛིན་དགོས། འབྲས་བུ་སྨིན་དུས་སྟོང་པོ་རེར་གཅིན་རྒྱུ་སྟོང་ཁ0.3~0.4འཛུག་དགོས། ཐེངས་གཉིས་པ་ནི་མེ་ཏོག་དང་མྱུ་གུ་ཁ་གྱེས་པའི་དུས་ཡིན་ལ།

ཞིབ་ཐ་ལུད་གཙོ་བོར་འཛིན་དགོས། ཧབ་དང་ཞིབ། ཐ་བསྲེས་ནས་བཀོལ་དགོས། སྟོང་བོ་རེར་ཧབ་དང་ཞིབ། ཐ་འདྲེས་ལུད་དམ་ཤིང་འབྲས་ཀྱི་ཆེད་སྦྱོད་ལུད་རྫས་སྟོང་ཁ0.8~1ཡིན། ཐེངས་གསུམ་པ་ནི་འབྲས་བུ་སྐྱེ་འཕར་གྱི་དུས་མཚུག ཡིན་ལ། ཐ་ལུད་གཙོ་བྱས་ཏེ་སྟོང་རྐང་རེར་ཞིའུ་སོན་ཐ་སྟོང་ཁ0.6~0.8འཇོག་དགོས།

3. ལོ་མའི་ངོས་སུ་ལུད་གཏོར་བ།

ལོ་རྒྱལ་བོར་ཐེངས4~5གཏོར་དགོས་ཤིང་། སྤྱིར་བཏང་དུ་སྐྱེ་འཕེལ་དུས་མགོར་ཐེངས2དང་ཧབ་ལུད་གཙོ་བོར་འཛིན་དགོས། དུས་མཇུག་ཏུ་ཐེངས2~3ཡིན་ལ་ཞིབ་དང་ཐ་ལུད་གཙོ་བོར་འཛིན་དགོས། ཤིང་འབྲས་ཀྱི་སྐྱེ་འཚར་ལ་མཁོ་བའི་ཚད་ཙུང་མ་རྒྱུ་གསབ་གཏོར་བྱས་ཀྱང་ཆོག་སྟེ། རྒྱུན་དུ་སྤྱོད་པའི་གར་ཚད་ནི། གཅིན་རྒྱུ0.3%~0.5%དང་ཞིབ་སོན་ཨེར་ཆིང་ཐ0.2%~0.3% ཕིན་ཧྲ0.1%~0.3%བཅས་ཡིན། ཆེས་མཇུག་མཐར་ལོ་མའི་ངོས་སུ་ལུད་གཏོར་དུས་འབྲས་བུ་མ་བསྡུ་བའི་ཉིན20སྔོན་ལ་གཏོར་དགོས།

(གསུམ) ཆུའི་དོ་དམ།

ཆུ་དོ་དམ་བྱེད་པའི་ཐད་ནས་སླིའུ་ཡིས་ཞོད་མི་ཐེག་པ་དང་ཐན་པ་མི་ཐེག་པའི་ཁྱད་ཆོས་ལ་བསྟུན་དགོས་ཤིང་། ས་རྒྱུའི་ལྟོས་བཅས་ཀྱི་བཞའ་ཚན60%~80%ཚོད་འཛིན་བྱེད་དགོས། ཆུ་གཏོང་དུས་གཙོ་བོ་དུས་སྐབས་བཞི་དམ་འཛིན་བྱེད་དགོས་པ་སྟེ། མེ་ཏོག་མ་བཞད་པའི་སྔོན་དུ་ཆུ་དང་། འབྲས་བུ་སྨིན་དུས་ཀྱི་ཆུ། བཟ་བསྡུ་བྱས་རྗེས་ཀྱི་ཆུ། དགུན་དུས་ཀྱི་འཁྱག་ཆུ་བཅས་ཡིན།

བཞི། སྐྱེ་ལུགས་ལེགས་སྒྲིག་དང་ཡལ་བཞུར་རྒྱག་པ།

(གཅིག) སྟོང་ཕྲུག་ཡལ་བཞུར་རྒྱག་པ།

སླིའུ་མངར་མོའི་སྐམ་གཤིས་ཆེ་བ་དང་སྐྱེ་འཚར་མགྱོགས་ལ། སྨྱུ་གུ་འབུས་ཤུགས་ཆེ་བ། སྟོང་ཕྲུག་དུས་སྐབས་ཀྱི་ཡལ་གའི་སྐྱེ་འཚར་ལེགས་པོ་ཡོད་པར་མ་ཟད། ཡལ་གར་འགྱུར་ཤུགས་ཆེ་བ་བཅས་ཀྱི་དབང་གིས་འཕང་ལོའི་དབྱིབས་སྐྱུད་ན་སྔ་མོའི་དུས་ཀྱི་ཐོན་འབབ་ཡག་པོ་དང་ཐོན་འབབ་བརྟན་པོ་ཡོང་བར་ཕན་པ་ཡོད། སྟོང་དབྱིབས་

འདིའི་ཕྱིར་བཏང་གི་སྟོང་ཁང་གི་མཐོ་ཚད་ལ་ལི་སྨི60~70དང་སྟོང་བོའི་མཐོ་ཚད་སྨི3.5~4ཡིན་དགོས། སྟོང་ཁང་གཙོ་བོའི་སྟེང་དུ་ལི་སྨི20~25རེའི་བར་ཐག་གི་ཕན་ཚུན་བསྡོལ་མཚམས་ནས་ཡལ་ག་གཙོ་བོ12~15གསོ་སྐྱོང་བྱེད་དགོས། ཡལ་ག་གཙོ་བོའི་ཟུར་ཚད་ཏུའུ70~80བར་ཡིན་ལ། ཟུར་སྐྱེས་ཡལ་ག་གསོ་སྐྱོང་མི་བྱེད་པར་ཡལ་ག་གཙོ་བོའི་སྟེང་དུ་ཡལ་ག་ཆེ་འབྲིང་ཆུང་གསུམ་གསོ་སྐྱོང་བྱེད་དགོས།

སྡིའུ་མངར་མོའི་སྟོང་ཕྲུག་གི་དུས་སུ་ཡལ་བཞུར་རྒྱག་དུས་གཙོ་བོ་སྟོང་གཟུགས་ཀྱི་སྒྲོམ་གཞི་བརྟན་པོར་འཛུགས་དགོས་པ་དང་། སྐྱེ་ལུགས་ལེགས་བཅོས་བྱས་པའི་རྨང་གཞིའི་ཐོག་ཏུ། ཡལ་ག་རིགས་མི་འདྲ་བ་རྣམས་ཡང་མོར་འབྲིག་དགོས་ཤིང་། ཡལ་ག་མཐུག་དྲགས་པ་དང་སྡོལ་སྡེབ་བྱས་རིགས་འོས་འཚམ་སྒྲོས་ཇི་ཙུང་དུ་གཏོང་དགོས་པར་མ་ཟད། ཡལ་ག་འབྲིང་གྲས་དང་ཆུང་རིགས་གང་མང་འཇོག་དགོས་པ་དང་། ལོ1ལ་སྐྱེས་པའི་ཡལ་ག་ཡང་མོས་ཐུང་གཅོད་བྱས་ན་དེ་ལས་མང་བའི་ཡལ་ག་སྐྱེས་པར་སྐུལ་འདེད་བྱེད་ཐུབ་ཅིང་། སྟོང་ཁང་གི་ཡལ་ག་གཙོ་བོ་སྐྱེ་བར་ཕན་པ་ཡོད། ལོ3~4ལ་སྐྱེས་པའི་སྟོང་ཕྲུག་ཡིན་ན། བསྲིངས་པའི་ཡལ་ག་ཕྱིར་བཏང་དུ་འབྲིག་གཅོད་བྱས་ཏེ་ལི་སྨི40~50སོར་འཇོག་བྱེད་དགོས། བསྲིངས་པའི་ཡལ་ག་ཡིན་ན་ཕྱིར་བཏང་དུ་ཕྱི་སྨུག་སོར་འཇོག་བྱེད་དགོས།(ཡལ་ཁང་དྲང་མོར་ལངས་པའི་སོན་རིགས་ཡིན་ནའང་ནང་སྨུག་བཞག་ཆོག་ཅིང་། ཕྱི་ལོར་དགུན་དུས་ཡལ་བཞུར་རྒྱག་དུས་ནང་སྨུག་བཅད་དེ་ཕྱི་སྨུག་སྤྱད་ནས་བསྲིངས་པའི་ཡལ་ག་བྱས་ཆོག) འདི་ལྟར་བྱས་ན་ཟུར་ཚད་ཕྱེ་ཐུབ་པ་དང་སྐྱེ་འཚར་རྒྱས་དྲགས་པའི་སྣང་ཚུལ་ཚོད་འཛིན་བྱེད་ཐུབ། ཤིང་སྟོང་གི་ཡལ་འདབ་ཀྱི་རིམ་པ་སོ་སོའི་ཡལ་གའི་སྟེང་གི་ཡལ་ག་ཆུང་དུ་རྣམས་ཕལ་ཆེར་འགྲུལ་མི་དགོས་ཤིང་། སྔ་མོ་ནས་འབྲས་བུ་ཐོགས་པ་དང་སྔ་མོ་ནས་ཐོན་འབབ་ལེགས་པོ་ཡོང་བར་ཕན་པ་ཡོད་དོ། །

(གཉིས) འབྲས་བུ་ཐོག་མར་སྨིན་དུས་སུ་ཡལ་བཞུར་རྒྱག་པ།

གཅིག་ནི་རིམ་བཞིན་ཇི་ཙུང་དུ་གཏོང་ཚད་མང་དྲགས་པ་དང་མཐུག་དྲགས་པའི་ཡན་ལག་གཙོ་བོ་རྣམས་བཅད་ནས་ཡན་ལག་གཙོ་བོ་ཕན་ཚུན་བར་ཤུགས་རྐྱེན་མི་ཐེབས་

པར་བྱེད་དགོས། གཉིས་ནི་འོས་འཚམ་གྱིས་ཕྱིར་འཁུམ་བྱས་མེད་པའི་ཡལ་གའི(གཞོགས་སྐྱེས་ཡལ་ག)ཡན་ལག་གི་ཡལ་ག་གཙོ་བོ་ཇེ་རིང་དུ་བཏང་སྟེ་ཡལ་ག་སྐྱེད་པར་སྐུལ་འདེད་བྱེད་པ་དང་། གསུམ་ཝེ་སྐྱེ་སྟོབས་ཞན་དྲགས་པའི་གཞོགས་སྐྱེས་ཡལ་ག་ལ་ཕྱིར་འཁུམ་བྱེད་པའམ་ཐུང་གཅོད་བསྐྱར་རྒྱས་བྱས་ཏེ། ཚད་ལས་བརྒལ་བའི་ཕྱེ་འབྱེད་ཟུར་ཚད་སྐོམ་སྒྲིག་བྱས་ནས་སྐྱེ་འཚར་ཇེ་ལེགས་སུ་བཏང་སྟེ་མེ་ཏོག་བཞད་པར་སྐུལ་འདེད་བྱེད་དགོས།

(གསུམ) འབྲས་བུ་སྨིན་ཚད་དར་རྒྱས་ཆེ་དུས་ཡལ་བཞུར་རྒྱག་པ།

སྡོང་གཟུགས་ཀྱི་སྒྲིག་གཞི་ལེགས་སྒྲིག་ཡག་པོ་བྱས་ནས། ཤིང་སྡོང་གི་ཡལ་འདབ་ནང་ཁུལ་གྱི་འོར་ཡུག་ཇེ་ལེགས་སུ་གཏོང་བ་དང་། སྡོང་རྐང་གི་ཡལ་ག་གཙོ་བོའི་སྐྱེ་འཚར་སླར་གསོ་བྱེད་དགོས། འབྲས་བུ་ཐོགས་པའི་ཡལ་གའི་སྐྱེ་འཚར་དང་འབྲས་བུ་སྨིན་པའི་ནུས་པ་རྒྱུན་མཐུད་དང་སླར་གསོ་བྱས་ན་འབྲས་བུ་རྒྱས་པའི་ལོ་ཚད་ཇེ་རིང་དུ་གཏོང་ཐུབ། ཉི་འོད་འཁྱོ་བར་ཤུགས་རྐྱེན་ཚབས་ཆེན་ཐེབས་པའི་ཡལ་ག་ཆེན་པོ་དང་ནུས་པ་ཉོར་བའི་རོགས་སྐྱོང་ཡལ་ག་ཡིན་ན། ཤིང་སྡོང་གི་ཡལ་འདབ་ནང་ཁུལ་གྱི་ལྷག་མར་གྱུར་པའི་དྲང་སྐྱེས་ཡལ་ག་དང་སྐྱེ་འཚར་སྟུག་དྲགས་པའི་ཡལ་ག རིམ་བརྩེགས་ཡལ་ག སྐོལ་མའི་ཡལ་ག་སོགས་བཅད་ནས་ཇེ་ཉུང་དུ་གཏོང་དགོས། སྐྱེ་འཚར་རྒྱས་པའི་ཡལ་ག་གཙོ་བོའི་རིང་སྲིད་ཡལ་ག་ཡང་སོར་ཐུང་གཅོད་བྱེད་དགོས། སྐྱེ་འཚར་བཏང་སྐོམས་ཀྱི་ཡལ་ག་གཙོ་བའི་རིང་སྲིད་ཡལ་ག་ཡིན་ན། གལ་ཏེ་ལོ་རེའི་སྐྱེ་འཚར་ཚད་གཞི་ལི་སྨི20ལས་མི་བརྒལ་ཚེ་ཐུང་གཅོད་བྱེད་མི་དགོས། སྐྱེ་འཚར་གྱི་ནུས་སྟོབས་ཞན་ཞིང་འབྲས་བུ་ཐོགས་པའི་ནུས་པ་མེད་ན་འོས་མཚམ་གྱིས་བསྡུས་གཅོད་བྱེད་དགོས། སྡོང་བོའི་ཡལ་གའི་རྒྱབ་ངོས་སྐྱེ་འཚར་རྒྱས་དྲགས་པ་དང་། དྲང་མོར་ལངས་ནས་ལོ་མང་འགོར་བའི་ཡལ་ག་དང་ཕྲུགས་མའི་དབྱིབས་སུ་ཆགས་པའི་ཡལ་ག་སོགས་དུས་ཐོག་ཏུ་རྩ་བ་ནས་གཅོད་དགོས་ཤིང་། མདུན་འགོག་ཇེས་སྐུལ་བྱས་ནས་ནང་རིམ་ཕོག་སྟོང་དུ་འགྱུར་བར་སྔོན་འགོག་བྱེད་དགོས། ཡལ་འདབ་ནང་གི་མེ་ཏོག་ཚོམ་བུའི་དབྱིབས་དང་མེ་ཏོག་འདུས་མའི་དབྱིབས། སྐྱེ་འཚར་ཅུང་ཞན་ཞིང་འབྲས་བུ་ཐོགས་པའི་ཡལ་ག་ཐུང་དུ་ཡིན་ན། ཞན་

གཅོད་བཟང་འཛོག་དང་མང་བཅད་ཉུང་འཛོག ཟུར་ཚད་ཡར་འདེགས། ཡལ་ག་རྒྱས་དགོས་ནས་སྨུ་གུ་རྒྱས་དགོས་པ་སོགས་ཀྱི་བྱེད་ཐབས་སྤྱད་དེ་སྔར་གསོ་དང་སྐྱེ་སྟོབས་ཇེ་ཆེར་གཏོང་དགོས། སྐྱེ་འཚར་རྒྱས་དྲག་པའི་ཡལ་ག་ཡིན་ན། རྒྱས་གཅོད་ཞན་འཛོག་དང་དྲང་གཅོད་གསེག་འཛོག ཡང་གཅོད་སོར་འཛོག སྐྱེ་འཚར་སྙོམ་སྒྲིག་བྱེད་དགོས། བཏང་སྙོམས་ཀྱི་ཡལ་ག་ཡིན་ན་གཅོད་འཛོག་ཟུང་འབྲེལ་བྱས་ནས་ཡལ་གའི་སྐྱེ་འཚར་ས་ཐོག་མཐའ་བར་གསུམ་དུ་བཏང་སྙོམས་ཡོང་བར་རྒྱུན་འཁྱོངས་བྱེད་དགོས།

ཟླ4~8པའི་བར་དུ། འགྲན་སྐྱེས་ཡལ་ག་དང་སྐྱེ་འཚར་རྒྱས་དྲགས་པའི་ཡལ་ག་ཡིན་ན་སྨུ་གུ་འབྲེག་གཅོད་དང་སྨུ་གུ་བརྫིས་པ། ཡལ་ག་འཐེན་པ། རྩེ་བཏོག་པ། ཡལ་ག་གཙུས་པ། ཡལ་ག་གཅོད་པ་སོགས་ཀྱི་ལག་རྩལ་བྱེད་ཐབས་སྤྱོད་དགོས། སོ་སོར་ཟླ5པའི་ཟླ་སྨད་དང་ཟླ6པའི་ཟླ་སྟོད་དུ་ཐེངས་དང་པོར་རྩེ་བཏོག་པ་དང་། ཟླ7པའི་ཟླ་སྟོད་དུ་ཐེངས་གཉིས་པར་རྩེ་བཏོག་ནས་ཡལ་ག་རྒྱས་པར་སྐུལ་འདེད་བྱེད་དགོས། མེ་ཏོག་དང་སྨུ་གུ་ཐོར་འགྱུར་ལ་སྐུལ་འདེད་བྱེད་ཆེད། དཔྱིད་མགོའི་ཡལ་ག་སྐྱེས་ནས་རིང་ཐུང་ལི་སྨི15~20ལ་སླེབ་དུས། ལོ་མ་ཆེན་པོ5~6བཞག་ནས་རྩེ་བཏོག་དགོས། ཐེངས་གཉིས་པའི་ཡལ་ག་གསར་བ་སྐྱེས་ནས་ལི་སྨི15ཡས་མས་ཡོད་དུས། ཡང་བསྐྱར་ཐེངས་གཉིས་པར་རྩེ་བཏོག་དགོས། ཡལ་ག་ཟུར་ཚད་མི་འཐེད་ན་དབྱར་ཁར་ཡལ་ག་ལག་ཏུ་ལེན་པ་དང་ཡལ་ག་འཐེན་དགོས། སྐྱེ་འཚར་རྒྱས་དྲགས་པའི་ཡལ་ག་ཡིན་ན་ཡལ་གའི་སྐྱེ་འཚར་སྙོམ་སྒྲིག་བྱེད་ཆེད་ཟུར་ཚད་འཐེད་པ་དང་། སྨུ་གུ་བརྫིས་ནས་འཚོ་བཅུད་ཇེ་ཉུང་དུ་བཏང་ནས། མེ་ཏོག་དང་སྨུ་གུ་ཁ་གྱེས་སུ་འགྲོ་བར་སྐུལ་འདེད་བྱེད་དགོས།

༣། མེ་ཏོག་དང་འབྲས་བུའི་དོ་དམ།

མེ་ཏོག་བཞད་པའི་དུས་སྐབས་ཀྱི་ཟེའུ་འབྲུ་ཕོ་མོ་སྦེལ་སྦྱོར་བྱེད་པ་དང་། མེ་ཏོག་དང་འབྲས་བུ་ཇེ་ཉུང་དུ་གཏོང་བ་གཙོ་གནད་དུ་བཟུང་ནས། སད་སྲུང་སྔོན་འགོག་དང་ཚན་རིག་ཆུ་གཏོར་བྱེད་དགོས། མེ་ཏོག་མ་བཞད་པའི་སྔོན་ལ་ཆུ་བླུགས་ན་མེ་ཏོག་བཞད་པའི་དུས་ཚོད་ནར་འགྱངས་བྱས་ནས་དགུན་མོའི་སད་ཀྱི་གནོད་འཚེ་ཇེ་ཉུང་དུ་གཏོང་

བའམ་ཡང་ན་ཇེ་ཡང་དུ་གཏོང་ཐུབ། མེ་ཏོག་བཞད་པའི་དུས་སུ་སྒྲོ་ཕྱགས་བཀོལ་ཏེ་མིའི་ཐབས་ལ་བརྟེན་ནས་ཟེའུ་འབྲུ་ཕོ་མོ་སྦེལ་སྦྱོར་བྱེད་པ་དང་། མེ་ཏོག་བཞད་པའི་དུས་སུ་སྤྲང་མ་བཏང་ནས་ཟེའུ་འབྲུ་ཕོ་མོ་སྦེལ་སྦྱོར་བྱེད་པར་རོགས་འདེགས་བྱས་ནས་འབྲས་བུ་ཆགས་པའི་གྲངས་ཚད་ཇེ་མཐོར་གཏོང་དགོས། མེ་ཏོག་བཞད་པའི་དུས་སུ་རྒྱུ་ཞན་མེ་ཏོག་དང་ཡ་མ་གཟུགས་ཀྱི་མེ་ཏོག་དུས་ཐོག་ཏུ་ཇེ་སྲབ་ཏུ་གཏོང་བ་དང་། ལུས་ཁམས་འབྲས་བུ་སྨིན་རྗེས་འབྲས་བུ་ཆུང་དུ་དང་ཡ་མ་གཟུགས་ཀྱི་འབྲས་བུ་མེད་པར་བཟོ་དགོས།

རྣམ། ཉར་ཚགས་དང་སོ་ཉར།

(གཅིག) དྲོད་ཚད་དམའ་མོས་གྲང་ཉར།

སྒེའུ་གྲང་ཉར་བྱེད་པར་ཆེས་འཚམ་པའི་དྲོད་ཚད་ནི−1~−0.5℃ཡིན་ལ། རློན་བཅས་ཀྱི་བཞའ་ཚན་ནི90%~95%ཡིན། གོང་བརྗོད་ཁོར་ཡུག་ནང་དུ། ཉར་ཚགས་དུས་ཡུན་ཉིན30~40ལ་སླེབས་ཐུབ། སྒེའུ་སྡོན་གསོག་མ་བྱས་པའི་སྔོན་ལ་འཁྱག་འཇོག་བྱས་ཏེ། བཟ་བསྡུ་བྱས་རྗེས་ཐུམ་རྒྱག་པ་དང་། དུས་མཚུག་ཏུ་མཛོད་དུ་བཅུག་ནས་ཉར་ཚགས་བྱེད་དགོས། གྲང་འཁྱག་དྲོད་འཇགས་མྱུར་ཚད་ཇི་ལྟར་མགྱོགས་ན་ཉར་ཚགས་ཕན་འབྲས་དེ་ལྟར་བཟང་ལ། གསོག་ཉར་བྱས་རྗེས་འབྲས་བུའི་དྲོད་ཚད་མགྱོགས་མྱུར་སྒོས2℃མན་ལ་ཆག་པར་བྱེད་ཅིང་། རྟག་བརྟན་གྱི་དྲོད་ཚད་དམའ་ཞིང་བཞའ་ཚན་གྱི་ཁོར་ཡུག་ཁག་ཐེག་བྱེད་དགོས།

(གཉིས) དབུགས་སློམ་གསོག་ཉར།

སྒེའུ་ཡིས་གར་ཚད་ཅུང་མཐོ་བའི་དབྱུང་གཉིས་ཐན་རྫས་ཐེག་ཐུབ་ཅིང་། དབུགས་སློམ་གསོག་ཉར་གྱི་དམིགས་ཚད་ནི། དྲོད་ཚད0℃དང་། དབྱུང་གཉིས་ཐན་རྫས20%~25% དབྱུང་རླུང3%~5% རློན་བཅས་ཀྱི་བཞའ་ཚན90%~95%ཡིན། མིག་སྔར་གཞི་ཁྲོན་ཆེ་བའི་དབུགས་སློམ་མཛོད་ཁང་བཀོལ་སྤྱོད་བྱེད་ཚད་ཅུང་ཉུང་ལ། མང་ཆེ་བསMAགསོག་ཉར(རང་འཕེལ་དབུགས་སློམ་གསོག་ཉར)གྱི་བྱེད་ཐབས་སྤྱོད་བཞིན་ཡོད།

ཚན་པ་གསུམ་པ། ནད་དང་འབུའི་གནོད་པ་གཙོ་བོ་འགོག་བཅོས།

གཅིག འབྲུའི་གནོད་པ་གཙོ་བོ།

(གཅིག) སྦོམ་དམར།

གཡན་འབུ་དར་མ་དང་ཅུའོ་གཡན། གཡན་འབུ་ཆུང་ངུ་སོགས་ཀྱིས་སྨྱུ་གུ་དང་ལོ་མ། འབྲས་བུ་བཅས་ཀྱི་ཁུ་བ་བཅོགས་འཇིབ་བྱེད་པ་ཡིན། ལོ་མར་གནོད་འཚེ་ཐེབས་ན་ཐོག་མའི་དུས་སུ་ལྷང་ཁུ་ཤོར་བའི་ཁྲ་ཐིག་མང་པོ་ཐོན་པ་དང་། རིམ་བཞིན་ལོ་འདབ་ཧྲིལ་པོའི་སྟེང་དུ་རྒྱ་བསྐྱེད་པ་ཡིན། ཚབས་ཆེ་དུས་སུ་ལོ་འདབ་ཡོངས་སྐྱ་བོར་འགྱུར་ཞིང་སྐམ་སྟེ་སྤྲ་མོ་ནས་སར་ལྷུང་ངོ་།།

འགོག་བཅོས་བྱེད་ཐབས། སྨྱུ་གུ་མ་འབུས་པའི་སྔོན་ལ་ཡལ་ག་སྐམ་པོ་དང་ཤིང་ཚགས་ཀྱི་ཤུན་པགས་སོགས་བཀོག་ནས་གཅིག་སྡུད་སྲེག་མེ་སྲེག་བཏང་སྟེ་དགུན་བཀལ་སྦོམ་ཁུངས་མེད་པར་བཟོ་དགོས། སྨིན་བལ་མ་ཐོན་པའི་སྔོན་ལ་སྡོང་རྩར་ས་བཀབ་ནས་བཙག་གནོན་བྱེད་པ་དང་། དགུན་བཀལ་མོའི་གཡན་འབུ་ས་ཁར་བུད་ནས་སྡོང་མགོར་ཁྱབ་པར་སྔོན་འགོག་བྱེད་དགོས།

སྨྱུ་གུ་འབུས་པའི་དུས་སུ་པོ་མེ་ཏུའུ་ཧྲི་ལིའུ་འདྲེས་སྦྱོར་སྨན་ཆུའམ་ཡང་ན5%ཁྲའི་ཡིའུ་སྦྲིས་མ། སྨིན་བལ་རྒྱས་པའི་དུས་སུ་པའོ་མེ་ཏུའུ་ཧྲི་ལིའུ་བསྲེས་སྦྱོར་སྨན་ཆུ་གཏོར་དགོས། སེའུ་ཆེན་པོའི་མེ་ཏོག་བཞད་རྗེས་ཀྱི་གཟའ་འཁོར1~2རྗེས་སུ། གཡན་འབུ་ཆུང་ངུ་དང་ཅུའོ་དབྱིའི་འགྲུལ་སྐྱོད་བྱེད་སྐབས20%ཏ་མན་ལིང་པའི་ཡིས1000~1500གཤེར་ཁུ། 0.65%རུའི་ཀའོ་སུའུ་སྨན་ཆུ་པའི་ཡིས450~700གཤེར་ཁུ། 1%ཨ་ཕེའི་ཁྲུང་ཆེན་གཤེར་གཟུགས་སྨན་ཆུ་པའི་ཡིས4000གཤེར་ཁུ། 10%ཝིའུ་དབྱང་མའི་སུའུ་སྦྲིས་མ་པའི་ཡིས1000གཤེར་ཁུ་གཏོར་དགོས།

(གཉིས) ཅེ་ཁོ་ཁྲུང་རིགས་དཔེར་ན་སང་པའི་ཅེ་དང་ལི་ཡོན་ཅེ། ཚའོ་ཁའི་ཅེ། ཀུའི་ལ་ཅེ་སོགས་ཡོད།

ནང་ཆེ་བ་ནི་མོའི་གཡན་འབུ་དར་མ་དང་རོའུ་གཡན་གྱིས་ཡལ་ག་དང་ལོ་མ། འབྲས་བུ་བཅས་ཀྱི་ཁུ་བ་འཇིབ་ནས་སྔོན་པོའི་སྐྱི་སྐྱོབས་ཇེ་ཞན་དང་། ཐོན་ཚད་དང་སྤུས་ཚད་ཇེ་དམའ་རུ་གཏོང་བ་ཡིན།

འགོག་བཅོས་བྱེད་ཐབས། ཤིང་འབྲས་ཀྱི་སྐྱི་མཚམས་ཆད་པའི་དུས་སུ་སྤྲ་སྤུ་མོའི་སྤྲ་ཤད་ཀྱིས་ཡལ་གའི་སྟེང་གི་དགུན་བཀལ་འབུ་སྒྲོད་འབྲུད་བྱེད་པ་དང་། གནོད་འཚེ་ཐེབས་པ་ཚབས་ཆེན་ཡིན་པའི་ཡལ་ག་མེད་པར་བཟོས་ནས་སྲེག་དགོས། དགུན་དུས་སུ་ཁྲའི་ཡིའུ་སྦྱིས་མ5%གཏོར་བ་དང་། སྨུ་གུ་རྒྱས་པའི་དུས་སུ་པའོ་པོ་ཨའི་ཧུའོ་ཡེ་ཧྲི་ལུའུ་བསྲེས་སྦྱོར་སྨན་ཆུ་པའི་ཡིས30གཤེར་ཁུ་དང་ཡང་ན་སྨུམ་འདྲིས་ཚད4%~5%གཏེར་རྒྱུའི་གཤེར་གཟུགས་སྨན་ཆུ་གཏོར་དགོས། རོའུ་འབུ་ཁ་ཐོར་གནས་སྤོ་བའི་དུས་སུ་པྲ་ཆོལ་གྱི་སྐོགས་ཤུན་ཟགས་ཐོན་མ་བྱུང་བའི་སྔོན་ལ། 25%བཞང་ཚན་རང་བཞིན་གྱི་སྨན་ཕྱེ་མིའི་ཡིའུ་བྱུང་པའི་ཡིས1500གཤེར་ཁུ་དང་། 20%མིའི་སའོ་ལི་སྦྱིས་མ་པའི་ཡིས4000གཤེར་ཁུ་སོགས་སྦྱུད་ནས་འགོག་བཅོས་བྱེད་དགོས། གོང་ནས་བཤད་པའི་སྨན་རྫས་ནང་དུ01.%~0.2%འདག་རྫས་བསྲེས་ན། པྲ་ཆོལ་ཕྱེ་མ་སྐོགས་ཤུན་ཟགས་ཐོན་བྱེད་མགོ་ཚུགས་པའི་རོའུ་འབུ་གསོད་རྨས་ཀྱི་བྱེད་ནུས་ཆེན་པོ་ལྡན།

གཉིས། གནོད་སྐྱོན་གཙོ་བོ།

(གཅིག) ཕྲ་སྲིན་རང་བཞིན་གྱི་ཁུང་རྗོལ་ནད།

ལོ་མ་ལ་ནད་འགོས་ན། དང་ཐོག་ལོ་མའི་རྒྱབ་ཕྱོགས་ལ་ཉེ་བའི་ལོ་མའི་རྩ་རིས་ཀྱི་ཁ་དོག་ནི་ཁམ་སྐྱའི་ཚུ་དྲིག་དབྱིབས་ཀྱི་ཁྲ་ཐིག་བྱུང་ལ། དེའི་འཕྲོ་ནས་ལོ་མའི་ངོས་སུབ་འབྱུང་བ་དང་། མང་ཆེ་བ་ལོ་མའི་རྩེ་དང་ལོ་མའི་མཐའ་རུ་ཐོར་ཡོད། ནད་ཐིག་རྗེ་ཆེར་སོང་རྗེས་ཁམ་སྐྱུག་གི་མདོག་ནས་ནག་པོའི་སྐོར་དབྱིབས་སམ་དབྱིབས་ངེས་མེད་ཀྱི་ནད་ཁྲ་ཐིག་འབྱུང་བ་ཡིན། མཐའ་འཁྲམ་སྐོགས་ཤུན་ཅན་དུ་འགྱུར་ལ་ཚངས་ཐིག་ལ་

ཧའོ་སྨི2ཡས་མས་ཡོད། ནད་ཐིག་གི་མཐའ་འཁོར་དུ་ཆུ་དྲིག་དབྱིབས་ཀྱི་ལྷང་ཁྲུའི་ཨ་ལོང་ཡོད། མཇུག་མཐར་ནད་ཐོག་པའི་ཁྲ་ཐིག་སྐམ་ནས་ལྷུང་སྟེ་ཁྲུང་རྡོལ་འབྱུང་བ་དང་། ལ་ལ་ཞིག་ནི་ནད་ཀྱི་ཁྲ་ཐིག་ཕན་ཚུན་འབྲེལ་ནས་ཁྲ་ཐིག་ཆེན་པོ་ཞིག་ཏུ་གྲུབ་ལ། འཚོག་སྐམ་དུ་གྱུར་ནས་སར་ལྷུང་རྗེས་ཁྲུང་བུ་ཆེན་པོ་ཞིག་རྡོལ་ཞིང་ཁྲུང་བུའི་མཐའ་དོ་སྙོམས་མིན། ནད་འདི་ཟླ5ནས་མགོ་བརྩམས་ཤིང་ཟླ7པར་ནད་ཐོག་ཚད་ཚབས་ཆེ། ཆར་ཆུ་མང་བ་དང་སྨུག་པ་མང་བ། རླུང་མི་རྒྱུག་པ་དང་དཀར་གསལ་མིན་པ། ཆུ་འབུད་མི་ཐུབ་པ། སྟོང་བོའི་སྐྱེ་སྟོབས་ཞན་པ། ཧྭན་ལུད་ཉུང་བ་སོགས་ཀྱི་སྲིའུ་ལྷུམ་རའི་ནང་དུ་ནད་ཐོག་ཚད་ཆུང་ལྷི་མོ་ཡིན། སྐབས་འགར་ཡལ་ག་ལའང་གནོད་པ་ཡོད།

ནད་འབུས་སར་ལྷུང་ལོ་མའམ་ཡལ་གའི་སྟེང་དུ་དགུན་སྐྱོལ་ན། དཔྱིད་ཀ་ཚུགས་ནས་སྟོང་བོར་སེ་ཧོག་བཞད་པའི་ཟླ་གཞུག་ཏུ། ནད་འབུ་ནི་ཤི་འབྲུལ་བྱུང་བའི་ཕུང་གྲུབ་ནས་ཕྱིར་མཆེད་དེ་ཆར་རླུང་དམ་འབུ་སྲིན་ལ་བརྟེན་ནས་འགོ་བ་དང་། ལོ་འདབ་རླུང་ཁྲུང་བརྒྱུད་ནས་མཆེད་པ་ཡིན། མཁའ་རླུང་གི་རློས་བཅས་ཀྱི་བཞའ་ཚན70%~90%ཡིན་པའི་སྐབས་སུ་ནད་འབྱུང་ཚད་ཆུང་མཐོའོ། །

འགོག་བཅོས་བྱེད་ཐབས། ཤིང་འབྲས་ལྷུམ་རའི་དོ་དམ་ལ་ཤུགས་སྣོན་བྱས་ནས་ཤིང་སྟོང་གི་སྐྱེ་སྟོབས་ཇེ་ཆེར་གཏོང་དགོས་ཤིང་། སྐྱེ་ལྡན་ལུད་མང་དུ་འཛོག་པ་དང་ལུགས་མཐུན་དང་ཡལ་བཞུར་རྒྱུག་དགོས། རླུང་རྒྱུག་པ་དང་ཉི་འོད་འཕྲོ་བའི་ཁོར་ཡུག་ལེགས་བཅོས་དང་དུས་ཐོག་ཏུ་ཆུ་འབུད་ཐུབ་པར་བྱེད་དགོས། དགུན་གྱི་དུས་སུ་སར་ལྷུང་ལོ་མ་གཙང་སེལ་བྱེད་པ་དང་། ནད་སྨན་ཡལ་ག་བཅད་ནས་གཅིག་བསྡུས་ཀྱིས་སྲེག་དགོས།

སྨྱུ་གུ་འབུས་པའི་སྔོན་ལ་སྤུའུ་པོའོ་ཏུའོ་ཨེར་ཏུའོ་ཡེ་ཧྲི་ལིའུ་བསྲེས་སྦྱོར་སྨན་རྫས་སམ་ཡང་ན་པོའོ་ཨེར་ཏུའོ་ཡེ་ཧྲི་ལིའུ་བསྲེས་སྦྱོར་སྨན་རྫས་པའི་ཡིས30གཤེར་ཁུ་གཏོར་དགོས། སྨྱུ་གུ་འབུས་རྗེས72%ཞིང་སྦྱོད་ལེན་མེ་སུའུ་པའི་ཡིས3000གཤེར་ཁུ་དང་ལིའུ་སོན་ལེན་མེ་སུའུ་པའི་ཡིས4000གཤེར་ཁུ། ཡང་ན65%ཧའི་སེན་ཞིན་པའི་ཡིས500ཡི་

གཞིར་ཁུ་གཏོར་དགོས། ད་དུང་འཕྲུལ་སྨུམ་སྤྲིས་མ་དང་ཏའེ་སེན་མོན་ཞིན། ཆུ་སོགས་ཀྱི་བསྲུར་ཚད10:1:500ལྟར་གཏོར་དགོས། ནད་འདིའི་རིགས་སྔོན་འགོག་བྱེད་པ་ལས་གཞན། ད་དུང་རེ་ཁོ་ཁྲུང་དང་ཁོ་ཨའི་གཡན་འབུ་སོགས་ཀྱི་ནད་འབུ་འགོག་ཐུབ། ཐོད་ཁང་དུ་འདེབས་འཛུགས་བྱེད་སྐབས་ཞིང་སྦྱོད་ལེན་མེ་སུའུའམ་ལིའུ་མེ་སུའུ་བསྲེས་ནས་སྨན་ཕྱེ་སྡེབ་སྦྱོར་བྱས་ཏེ་གཏོར་དགོས།

(གཉིས) སྲིའུ་སྨུག་རུལ་ནད།

ནད་འདིས་གཙོ་བོ་མེ་ཏོག་དང་འབྲས་བུ་ལ་གནོད་འཚེ་ཐེབས་པ་དང་མེ་ཏོག་དང་འབྲས་བུ་རུལ་བར་འགྱུར་བ་ཡིན། ནད་ཕོག་པའི་དུས་མགོར། མེ་ཏོག་གི་ཕྱི་སྡོང་རིམ་བཞིན་ཁམ་མདོག་ཏུ་གྱུར་ནས་སྐམ་འགྲོ་བ་དང་། དུས་མཇུག་ཏུ་ནད་ཕོག་པའི་ས་ཁུལ་དུ་ཁམ་སྐྱའི་ཕྱེ་མའི་དབྱིབས་ཀྱི་དངོས་པོ་གྲུབ་པ་ཡིན། མེ་ཏོག་ལྷུང་རྗེས་ཀྱི་ཉིན10ནང་དུ་འབྲས་བུ་ཆུང་ངུ་ལ་ནད་ཕོག་པ་དང་། འབྲས་བུའི་ངོས་ལ་ཁམ་མདོག་གི་ཁྲ་ཐིག་ཆུང་ངུ་བྱུང་ནས་རིམ་གྱིས་ཁམ་ནག་གི་ཁྲ་ཐིག་ཆགས། འབྲས་བུ་ཆུང་ངུ་རུལ་མི་ཐུབ། སྨིན་ཟིན་པའི་འབྲས་བུ་ལ་ནད་ཕོག་ན། ཐོག་མའི་དུས་སུ་འབྲས་བུའི་ངོས་ལ་ཁམ་སྐྱའི་ཁྲ་ཐིག་བྱུང་ནས་མགྱོགས་མྱུར་ངང་ཁྱབ་གདལ་དུ་སོང་སྟེ་འབྲས་བུ་ཡོངས་མཉེན་རུལ་དུ་འགྱུར་བའོ།།

འགོག་བཅོས་བྱེད་ཐབས། ལྷུམ་ར་གཙང་དག་བྱས་ཏེ། སར་ལྷུང་ལོ་མ་དང་སར་ལྷུང་འབྲས་བུ་གཙང་སྦྲུགས་བྱེད་པ་དང་། ལུགས་མཐུན་གྱིས་ཡལ་བཞུར་བརྒྱབ་ནས་ཞིང་སྟོང་གི་ཡལ་འདབ་སྟེང་དུ་རླུང་རྒྱུག་པ་དང་འོད་འཕྲོའི་ཆ་རྐྱེན་ལེགས་པོ་ལྡན་པར་བྱེད་དགོས། སྦུ་གུ་མ་འབུས་པའི་སྔོན་ལ་པོ་ཨའི་ཏུའོ་ཡེ་ཧྲི་ལིའུ་བསྲེས་སྦྱོར་སྨན་རྫས་ཐེངས1གཏོར་དགོས། སྐྱེ་འཚར་དུས་ཚིགས་སུ་ཉིན10~15བར་དུ་སྨན་རྫས་ཐེངས་རེར་གཏོར་བ་དང་། ཁྱོན་བསྡོམས་ཐེངས4~6གཏོར་དགོས། སྨན་རྫས1:2:240པོ་ཨའི་ཏུའོ་ཡིའམ་ཡང་ན77%ཁོ་ཧྲ་ཏིག་པའི་ཡིས500གཞིར་ཁུ་དང50%ཁེ་ཇུན་ཏན་པའི་ཡིས500གཞིར་ཁུ་གཏོར་དགོས།

(གསུམ) སྲེའུ་སྨྱིན་ཟགས་ནད།

ནད་འདིས་སྲེའུ་ཡི་གཞུང་རྐང་དང་ཡལ་ག་གཙོ་བོར་གནོད་འཚེ་ཐེབས་པ་ཡིན། སྨྱིར་བཏང་དུ་དཔྱིད་དུས་སུ་སྡོང་བོའི་ཁུ་བ་བཞུར་བའི་དུས་ནས་བྱུང་མགོ་བཙུམས་ཤིང་། ཐོག་མའི་དུས་སུ་ཡལ་སྡོང་གི་ཡལ་གའི་སྟེང་ངམ་རྨ་ཁ་སྐྲངས་གནས་སུ་ཁ་དོག་དཀར་སེར་དང་དྭངས་གསལ་ཕྱེད་ཙམ་གྱི་འབྱུར་དངོས་བཞུར་བ་དང་། ཤུན་པགས་དང་ཤིང་རྒྱུའི་མདོག་ཁམ་པོར་གྱུར་ནས་རུལ་བས་སྡོང་བོའི་སྐྱེ་སྟོབས་ཉམས་པ་ཡིན། ཚབས་ཆེ་བའི་དུས་སུ་ཡལ་ག་སྐམ་ནས་ཤི་འགྲོ། ནད་ཐོག་པའི་རྒྱུ་རྐྱེན་གཅིག་ནི་ཡལ་སྡོང་ལ་ནད་སྐྱོན་དང་འབུའི་ནད། འཁྲུག་པའི་གནོད་སྐྱོན། འཕྲུལ་ཆས་ཀྱིས་བཟོས་པའི་རྨ་ཁ་ལས་ཐོན་པའི་སྨྱིན་ཟགས་བཞུར་བ་ཡིན། གཉིས་ནི་ཡལ་བཞུར་ཚད་ལས་བརྒལ་བ་དང་། ལུད་འཇོག་སྟངས་མ་འགྲིག་པ། བཞའ་ཚན་མཐོ་དྲགས་པ། ས་རྒྱུའི་དངོས་རྫས་རང་བཞིན་དང་གཟུགས་དབྱིབས་མི་ལེགས་པ་སོགས་ཀྱིས་དབང་གིས། སྡོང་གཟུགས་ལུས་ཁམས་ཀྱི་སྙིང་ཚབ་གསར་བྱེད་དོ་མི་སྙོམས་པའི་སྣང་ཚུང་བྱུང་ནས་སྨྱིན་ཟགས་ཐོན་པ་ཡིན།

འགོག་བཅོས་བྱེད་ཐབས། སྐྱེ་ལྡན་ལུད་མང་དུ་གཏོར་ནས་སྡོང་རྐང་གི་སྐྱེ་སྟོབས་ཇེ་ལེགས་སུ་བཏང་ནས། ཐན་པ་དང་འཁོད་སྐྱོན། འཁྲུགས་སྐྱོན་བཅས་མི་ཡོང་བར་སྔོན་འགོག་བྱེད་དགོས། ནད་དང་འབུའི་གནོད་པ་འགོག་བཅོས་ལེགས་པོ་བྱས་ནས་རྨ་ཁ་མང་པོ་མི་ཡོང་བར་བྱེད་དགོས། དགུན་དུས་སུ་ཡལ་བཞུར་རྒྱག་དུས་རབ་ཡིན་ན་སྡོང་བོའི་གཤེར་ཁུ་མ་བཞུར་བའི་སྔོན་ལ་གཙོད་དགོས། དབྱར་དུས་སུ་རབ་ཡིན་ན་ཡལ་བཞུར་གཏུབ་ཁ་ཆེན་པོ་འབྱུང་མི་རུང་། སྨྱིན་ཟགས་ཀྱི་ནད་ཡོད་པ་ཤེས་ཚེ་དུས་ཐོག་ཏུ་གཞོག་དོར་བྱེད་དགོས་པ་དང་། དེའི་རྗེས་སུ་སྨན་བྱུགས་ནས་སྲུང་སྐྱོབ་བྱེད་དགོས། རྒྱུན་སྤྱོད་སྨན་རྫས་ནི50%ཐེའུ་ཅིན་ཐེ1དང50%གཡིང་འཕྲོའི་ལིའུ5ཁར་ཆུ་བསྣན་ནས་མཉམ་བསྲེས་གཤེར་ཁུ་རུ་བསྒྱུར་བ། དེ་བཞིན་དུ་རྫི་ཐལ10དང་པོ་མེ་ཧུའུ་ཧྲི་ལིའུ་བསྲེས་སྦྱོར་སྨན་རྫས1 ཟས་རིགས་ཚྭ2 སྐྱེ་དངོས་སྣུམ0.3ནང་དུ་ཆུ་བསྣན་ནས་མཉམ་བསྲེས་གཤེར་ཁུ་རུ་བསྒྱུར་ནས་གཏོར་དགོས།

(བཞི) སྨིའུ་ལོ་མའི་ཁྲ་ཐིག་ནད།

ནད་འདིས་གཙོ་བོ་ལོ་མ་དང་ལོ་མའི་ཡུ་བ། འབྲས་བུ་སོགས་ལ་གནོད་འཚེ་ཐེབས་པ་ཡིན། ལོ་མར་ནད་ཐོག་པའི་དུས་མགོར། ལོ་མའི་མདུན་ངོས་ཀྱི་ལོ་མའི་རྩ་རིས་བར་དུ་སྨུག་པོའམ་ཁམ་མདོག་གི་ཁྲ་ཐིག་འབྱུང་བ་དང་། དེ་དང་མཉམ་དུ་ཁྲ་ཐིག་གི་རྒྱབ་ངོས་སུ་ཧྲགས་དབྱིབས་དམར་པོ་ཆགས་པ་ཡིན། དུས་མཇུག་ཏུ་ཁྲ་ཐིག་ཇེ་ཆེར་སོང་བ་དང་བསྟུན་ནས་ཐིག་ཞེ་མང་པོ་མཉམ་འདྲེས་བྱུང་ནས་ལོ་མ་མང་ཆེ་བ་སྐམ་འགྲོ། སྐབས་འགར་ལོ་མའི་སྟེང་དུ་ཁུང་རྡོལ་འབྱུང་བའི་སྣང་ཚུལ་ཐོན་ནས། ལོ་མ་སྤྲ་མོ་ནས་སར་ལྷུང་བར་བྱེད། ལོ་མའི་སྟེང་ལ་སྤྱིར་བཏང་དུ་ཟླ5པ་ནས་བཟུང་ནད་འབྱུང་བ་དང་། ཟླ7~8པར་དྲོད་ཚད་མཐོ་བ་དང་ཆར་ཆུ་མང་བའི་དུས་ཚིགས་སུ་ནད་འབྱུང་ཚད་ཚབས་ཆེན་ཡིན།

འགོག་བཅོས་བྱེད་ཐབས། འདེབས་འཛུགས་ལ་ཤུགས་སྣོན་བྱས་ནས་སྡོང་པོའི་སྐྱེ་སྟོབས་ཇེ་ལེགས་སུ་གཏོང་བ་དང་། སྡོང་གཟུགས་ཀྱི་ནད་འགོག་ནུས་པ་ཇེ་མཐོར་གཏོང་དགོས། ནད་ཐོག་པའི་ཡལ་ག་དང་ནད་ཐོག་པའི་ལོ་མ་གཙང་སེལ་བྱས་ནས་གཅིག་སྡུད་སྒོས་སྲེག་པའམ་ཡང་ན་ས་འོག་ཏུ་སྦས་དགོས། སྨུ་གུ་མ་འབུས་པའི་སྔོན་དུ་པོ་ཨེར་ཏུའོ་ཡེ་ཧྲི་ལིའུ་བསྲེས་སྦྱོར་སྨན་རྫས་གཏོར་བ་དང་། མེ་ཏོག་རྫོགས་པ་ནས་འབྲས་བུ་བཟ་བསྡུ་མ་བྱས་པའི་སྔོན་དུ། ཐེངས1~2ལ70%ཏའེ་སེན་མིན་ཞིན་པའི་ཡིས600གཤེར་ཁུ་དང་། ཡང་ན75%པེ་ཅུན་ཆིང་པའི་ཡིས500~600གཤེར་ཁུ་གཏོར་བའམ། ཡང་ན5%ཏུའོ་ཅིན་ལིན་བཞའ་ཚན་རང་བཞིན་གྱི་སྨན་ཐྲེ་པའི་ཡིས400~600གཤེར་ཁུ་གཏོར་དགོས། ཉིན10~14ནང་དུ་ཐེངས1ལ་གཏོར་དགོས།

ལེའུ་དྲུག་པ། སྐར་ཁ།

སྐར་གའི་མིང་གཞན་ལ་ཏུའུ་ཐའོ་དང་ཆའང་ཐའོ་ཡང་ཟེར། ཏུའུ་ཐའོ་ཚན་པའི་རྩི་ཤིང་ཡིན། སྐར་ཁའི་ནང་སྙིང་ལ་ཕུན་སུམ་ཚོགས་པའི་འཚོ་བཅུད་འདུས་ཡོད་ཅིང་། ཁེ་བརྒྱ་རེའི་ནང་དུ་སྤྲི་དཀར་ཁེ15~20འདུས། ཚིལ་མང་ལ་ཐན་ཆུའི་འདྲེས་སྦྱོར་དངོས་རྫས་ཏ་ལམ་ཁེ10འདུས་པ་དང་། དེ་མིན་མིའི་ལུས་ཕུང་ལ་མཁོ་བའི་ཀལ་དང་ཞིན། ལྕགས་སོགས་ཚད་ཅུང་མ་རྒྱུ་དང་གཏེར་རྒྱུ་མང་པོ་འདུས་ཡོད། གཞན་ད་དུང་གུང་ལ་ཕུག་གི་རྒྱུ་དང་ཉིང་སེར་རྒྱུ་སོགས་མིའི་ལུས་ཕུང་ལ་ཕན་པའི་འཚོ་བཅུད་མང་པོ་འདུས་ཡོད་པས། མང་ཚོགས་ཀྱིས་དགའ་བསུ་ཐོབ་པའི་ཤིང་འབྲས་རིགས་ཀྱི་བཟའ་བཅའ་ཞིག་ཡིན། གྲུང་གོ་ནི་འཛམ་གླིང་སྟེང་གི་སྐར་ཁའི་འབྱུང་ཁུངས་ཀྱི་ལྟེ་གནས་གྲས་ཀྱི་གཅིག་ཡིན་པ་དང་། འཛམ་གླིང་གི་སྐར་ཁའི་ཐོན་སྐྱེད་རྒྱལ་ཁབ་ཆེན་པོ་ཨང་དང་པོའང་ཡིན་པས། འདིབས་ཁྲོན་དང་ཐོན་ཚད་ཆེས་ཆེ་བའི་རྒྱལ་ཁབ་ཡིན་པ་དང་ཕྱིར་གཏོང་བྱེད་ཚད་ཀྱང་ཨ་རིའི་མན་གྱི་འཛམ་གླིང་གི་ཨང་གཉིས་པར་སླེབས་ཡོད།

ཚན་པ་དང་པོ། སོན་རིགས་ངོ་སྤྲོད། (འབྲས་འདོགས་སྔ་བའི་རིགས)

གཅིག གྲུང་ལིན་ཨང1པ།

སྟོང་བོའི་སྐྱེ་སྟོབས་རྒྱས་ཤིང་ཀྲོང་ངེར་ལངས་པ། ཤིང་སྟོང་གི་ལོ་འདབ་འཛོང་

དབྱིབས་རིང་པོ་ཡིན། ཆ་སྙོམས་སུ་འབྲས་བུ1.39ཐོགས་པ་དང་། མོ་སྟོན་རིགས་དང་བར་སྨིན་གྱི་སོན་རིགས་ཡིན། མཁྲིགས་འབྲས་ཀྱི་ཆེ་ཆུང་འབྲིང་རིམ་དང་སྒོར་དབྱིབས་གྲུ་བཞི་ཡིན། ཤུན་པགས་ཀྱི་ཕྱི་ངོས་ཅུང་འཇམ་པོ་དང་། པར་མཚམས་ཀྱི་ངོས་དོག་ཅིང་འབུར་བ། ཤིང་འབྲས་རྐྱང་མའི་ཆ་སྙོམས་ལྗིད་ཚད་ཁེ6.69ཡོད་ཅིང་། ནང་སྙིང་ཐོན་ཚད53%ཡིན། ནང་སྙིང་ལེན་སླ་བ་དང་ཁ་དོག་ཡག་ཅིང་། བྲོ་བ་ཞིམ་པོ་ཡིན། ནད་འགོག་ནུས་པ་ཆེ་སོད། ཡིན་ནའང་ཆུ་དང་ལུད་འདང་ངེས་ཤིག་མེད་པའི་སྐབས་སུ་འབྲས་བུ་སར་ལྷུང་བའི་སྣང་ཚུལ་ཡོད།

གཉིས། ཞང་ལིན།

སྟོང་པོའི་སྐྱེ་སྟོབས་འབྲིང་ཙམ་ཡིན། སྟོང་རྐང་ཀྲུང་ངེར་ལངས་པ། ཤིང་སྟོང་གི་ལོ་འདབ་སྒོར་མོ་མགོ་དབྱིབས་ཡིན། འབྲས་བུ་ཐོགས་པའི་ཡལ་ག་རེའི་སྟེང་དུ་ཆ་སྙོམས་སུ་འབྲས་བུ1.1ཡོད། ཕོ་སྟོན་རིགས་དང་འབྲིང་སྨིན་སོན་རིགས་ཡིན། མཁྲིགས་འབྲས་ཀྱི་ཆེ་ཆུང་འབྲིང་རིམ་དང་སྒོ་ངའི་སྒོར་དབྱིབས་ཡིན། ཤུན་པགས་ཀྱི་ཕྱི་ངོས་འཇམ་པོ་དང་མིག་ལ་མཛེས་པ། འབྲས་བུ་རྐྱང་མའི་ཆ་སྙོམས་ལྗིད་ཚད་ཁེ6.6ཡོད་ཅིང་། ནང་སྙིང་ཐོན་ཚད60%~65%ཡིན། ནང་སྙིང་ལེན་སླ་བ་དང་ཁ་དོག་ཡག་ཅིང་། བྲོ་བ་ཞིམ་པོ་ཡིན།

གསུམ། ཡོན་ཞྲེང་།

སྟོང་པོའི་སྐྱེ་སྟོབས་འབྲིང་ཙམ་ཡིན། ཤིང་སྟོང་གི་ལོ་འདབ་ཕྱོགས་བཞིར་ཁྱབ་ཡོད། ཡལ་ག་ཁ་དབྲག་ཏུ་འགྲོ་བའི་ནུས་ཤུགས་བཟང་ཞིང་ཡལ་འདབ་ཚགས་དམ་ཞིང་སྟུག་པོ་ཡིན། ཡལ་ག་ཐུང་འབྲིང་གི་སྟེང་དུ་འབྲས་བུ་ཐོགས་པ་གཙོ་བོ་ཡིན་པས། ཐོག་མའི་དུས་སུ་ཐོན་འབབ་ཡག་པོ་འབྱུང་། ཕོ་སྟོན་རིགས་དང་ཕོའི་མེ་ཏོག་གི་གྲངས་འབོར་ཅུང་མང་བ་དང་། མཁྲིགས་འབྲས་ཀྱི་ཆེ་ཆུང་འབྲིང་རིམ་ཅུང་སྒོར་དབྱིབས་སམ་སྒོ་ངའི་དབྱིབས་ཡིན། ཤུན་པགས་ཀྱི་ཕྱི་ངོས་འཇམ་པོ་འོད་མདངས་ལྡན། སན་ཅིང་གི་ཆ་སྙོམས་གྲངས་ཚད་ནི་ལི་སྨི3.42དང་། འབྲས་བུ་རྐྱང་མའི་ཆ་སྙོམས་ལྗིད་ཚད་ཁེ5.3ཡོད་ཅིང་། ནང་སྙིང་ཐོན་ཚད46.25%དང་སྣུམ་འདུས་ཚད68.66%ཡིན། སོན་རིགས་འདིའི་མཐུན་

འཕྲོད་རང་བཞིན་ཆེ་བ་དང་ལོ་བསྟུད་མར་ཐོན་འབབ་ལེགས། སྐྱོན་ཆ་ནི་མཁྲིགས་འབྲས་ཀྱི་ཤུན་པགས་ཅུང་མཐུག་པ་དང་། ནང་སྙིང་ཐོན་ཚད་ཅུང་དམའ་བ་ཡིན།

བཞི། ལུའུ་ཀོང་།

སྡོང་པོའི་སྐྱེ་སྟོབས་རྒྱས་པ་དང་ཤིང་སྡོང་གི་ལོ་འདབ་ཕྱོགས་བཞིར་ཁྱབ་ཡོད། སྒོར་དབྱིབས་ཕྱེད་ཙམ་ཡིན། ཕོ་སྟོན་རིགས་དང་འབྲིང་སྨིན་སོན་རིགས་ཡིན། མཁྲིགས་འབྲས་བུ་སྒོར་མོ་ཟླུམ་དབྱིབས་དང་། ཤུན་པགས་ཀྱི་ཕྱི་ངོས་འཇམ་པོ་ཡིན། འབྲས་བུ་རྒྱང་མའི་ཆ་སྙོམས་ལྗིད་ཚད་ཁ6.25ཡོད་ཅིང་། ནང་སྙིང་ཐོན་ཚད56%~68%ཡིན། ཚིལ་འདུས་ཚད66.4%དང་ནང་སྙིང་གི་བྲོ་བ་ཞིམ་པོ་ཡིན་ནོ།།

ལྔ། ཤིན་ཅང་གི་ཤུན་པགས་སྲབ་མོ།

སྡོང་པོའི་སྐྱེ་སྟོབས་རྒྱས་ཤིང་གཞུང་རྐང་གི་བང་རིམ་ཐར་ཐོར་གྱི་དབྱིབས་སུ་ཆགས། ཕོ་སྟོན་རིགས་དང་འབྲིང་སྨིན་སོན་རིགས་ཡིན། མཁྲིགས་འབྲས་ཀྱི་ཆེ་ཆུང་འབྲིང་རིམ་དང་སྒོར་མོ་ཟླུམ་དབྱིབས་ཡིན། ཤུན་པགས་ཀྱི་ཕྱི་ངོས་འཇམ་པོ་དང་མིག་ལ་མཛེས་པ། ནང་སྙིང་ཐོན་ཚད56.64%ཡིན་པ་དང་ནང་སྙིང་ལེན་སླ། ནང་སྙིང་ས་བོན་ཆེ་ཞིང་ནང་སྙིང་རྲིལ་པོའམ་ཕྱེད་ཀ་བླངས་ཆོག་ཅིང་བྲོ་བ་ཞིམ་པོ་ཡིན། སོན་རིགས་འདིའི་མཐུན་འཕྲོད་རང་བཞིན་ཆེ་བ་དང་། ཐོན་ཚད་མཐོ་ཞིང་སྲུས་ཀ་ལེགས། ནད་འབུ་འགོག་པ་དང་དགུན་མོའི་སད་འགོག་ཐུབ་པོ།།

ཚན་པ་གཉིས་པ། ལྕུམ་ར་འཛུགས་སྐྲུན་དང་འདེབས་འཛུགས།

གཅིག ལྕུམ་ར་འཛུགས་སྐྲུན།

(གཅིག) ལྕུམ་ར་འདེམས་པ།

སྟར་ཁའི་ས་རྒྱུར་མཐུན་འཕྲོད་རང་བཞིན་ཅུང་ཆེ་མོད། འོན་ཀྱང་འདི་ནི་རྩ་ཟབ་རང་བཞིན་གྱི་འབྲས་ལྡན་ཤིང་སྡོང་ཞིག་ཡིན་པར་མ་ཟད། འགོག་ནུས་ཅུང་ཞན་

པས། གཏིང་ཟབ་པའི་ས་རྒྱུ་གཤེན་པོ་དང་ཆུ་སྲུང་ནུས་ཤུགས་བཟང་བའི་ས་རྒྱུ་བདམས་ན་བཟང་། སྟར་ག་ནི་ཉི་མའི་འོད་ཟེར་ལ་དགའ་བའི་ཤིང་འབྲས་ཡིན་ཞིང་། ཉི་འོད་ལདང་ངེས་དགོས་པའི་ཞིང་ཁྱ་བཀོད་ཡོད། མཚོ་བོད་མཐོ་སྒང་ས་ཁུལ་གྱི་ རྡྲོད་ཁང་ནང་དུ་འདེབས་འཛུགས་བྱེད་པའམ་ཡང་ན་རི་ལྡེབས་ཀྱི་ཉི་མར་ཁ་ཕྱོགས་པའི་ས་གནས་འདེམ་དགོས།

(གཉིས) ས་ཁོང་སློམ་པ།

ས་ཁོང་སློམ་པའི་དུས་ཚོད་ནི་ལྗུམ་ར་འཛུགས་སྐྲུན་མ་བྱས་པའི་ལོ་ཕྱེད་ཀྱི་སྔོན་ལ་ཡིན། ས་ཁོང་སློམ་སྟངས་ནི་ལྗུམ་རའི་ཆ་རྐྱེན་ལ་གཞིགས་ནས་འདེམ་དགོས། སྤྱིར་བཏང་དུ་ཕྱོགས་ཡོངས་ནས་ས་ཁོང་སློམ་པ་དང་གྲེན་ལ་ལྡོག་ནས་ས་ཁོང་སློམ་པ། ཉ་ཁྲབ་དབྱིབས་ཀྱི་ས་དོང་ཇི་བཞིན་ས་ཁོང་སློམ་པ་ཡིན། ཤུན་པགས་སྲབ་མོའི་སྟར་ཀ་ས་རྒྱུ་མཐུག་པོར་དགའ་བས། འདེབས་འཛུགས་བྱེད་སྐབས་ས་དོང་བརྐོས་ན་ལེགས། སྡོང་པོ་འཛུགས་སའི་ས་དོང་བརྐོས་རྗེས་མྱུར་དུ་སྡོང་པོ་འཛུགས་མི་རུང་། སྤྱིར་བཏང་དུ་དཔྱིད་ཀའི་བཙུགས་སའི་ས་དོང་ནི་ལོ་སྔོན་མའི་སྟོན་དུས་སུ་བརྐོས་ཚར་དགོས།

གཉིས། འདེབས་འཛུགས།

(གཅིག) འདེབས་འཛུགས་དུས་སྐབས།

སྟར་ཁའི་འདེབས་འཛུགས་དུས་སྐབས་ལ་དཔྱིད་འཛུགས་དང་སྟོན་འཛུགས་རིགས་གཉིས་ཡོད། དཔྱིད་འཛུགས་ནི་ས་རྒྱུའི་དར་རོམ་ཞི་རྗེས་ནས་མྱུ་གུ་མ་འབུས་པའི་སྔོན་ལ་འདེབས་འཛུགས་བྱེད་པ་དང་། སྟོན་འཛུགས་ནི་ཟླ11པའི་ཟླ་དཀྱིལ་དུ་འདེབས་འཛུགས་བྱེད་དགོས། མཚོ་སྔོན་ས་ཁུལ་དུ་དགུན་དུས་རླུང་གཡུགས་པའི་དུས་སྐབས་མང་བ་དང་། དྲོད་ཚད་ཅུང་དམའ་བ། འཁྱགས་རིམ་ཟབ་པ་བཅས་ཀྱི་དབང་གིས་དཔྱིད་འདེབས་བྱེད་པར་འཚམ་པ་ཡིན། དཔྱིད་འཛུགས་ནི་དཔྱིད་མགོའི་དུས་སུ་ས་རྒྱུའི་དར་རོམ་ཞི་རྗེས་འདེབས་འཛུགས་བྱས་ཆོག

(གཉིས) འདེབས་འཛུགས་སྟུག་ཚད།

སྐར་ཁའི་འདེབས་འཛུགས་སྟུག་ཚད་ནི་ས་གནས་དེ་གའི་ཆ་རྐྱེན་དང་དོ་དམ་གྱི་ཆུ་ཚད་ལ་གཞིགས་ནས་གཏན་འཁེལ་བྱེད་དགོས། ས་རྒྱུ་དང་ཆུ་ལུད་ཆ་རྐྱེན་ཕྱིར་བཏང་ཡིན་པའི་ས་ཁུལ་དུ་སྡོང་ཀང་གི་བར་ཐག་སྨི3×སྨི4དང་ཡང་ན་སྨི4×སྨི5བྱེད་ན་འོས་འཚམ་ཡིན། ས་མཐུག་ཅིང་ས་གཤིས་བཟང་བ། ལུད་ཤུགས་ཅུང་ཆེ་བའི་ས་ཁུལ་དུའང་སྨི3×སྨི5དང་ཡང་ན་སྨི5×སྨི6སྡོང་ཀང་གི་བར་ཐག་བྱེད་ཆོག

(གསུམ) ཟེའུ་འབྲུ་ཕོ་མོ་སྤེལ་སྦྱོར་བྱེད་པའི་སྡོང་པོའི་སྒྲིག་བཀོད།

སྐར་ཀ་ནི་ཕོ་མོ་གཉིས་ལས་སྡོང་ཀང་གཅིག་དང་མེ་ཏོག་སོ་སོས་ཟེའུ་འབྲུ་ཕོ་མོ་སྤེལ་སྦྱོར་བྱེད་པ་དང་། སྡོང་ཀང་གཅིག་གི་སྟེང་དུ་མེ་ཏོག་མོ་དང་མེ་ཏོག་ཕོ་གཉིས་དུས་མཉམ་དུ་བཞད་མི་ཐུབ་པར་མ་ཟད། སྐར་ཁའི་མེ་ཏོག་ནི་རླུང་བརྟེན་མེ་ཏོག་གི་ཁོངས་སུ་གཏོགས་པས་མེ་ཏོག་གི་རྡུལ་ཆེ་ཞིང་ལྗིད། ཟེའུ་འབྲུ་ཕོ་མོ་སྤེལ་སྦྱོར་གྱི་བར་ཐག་ཐུང་བས་ལྷུམ་ར་འཛུགས་སྐྲུན་བྱེད་སྐབས་ཕན་ཚུན་ཟེའུ་འབྲུ་ཕོ་མོ་སྤེལ་སྦྱོར་གྱི་གོ་སྐབས་ཡོད་པའི་སོན་རིགས2བདམས་ན་ལེགས། ཕྲེང་བསྐར4~6བར་དུ་ཟེའུ་འབྲུ་ཕོ་མོ་སྤེལ་སྦྱོར་གྱི་སོན་རིགས་ཕྲེང་བསྐར1བཀོད་སྒྲིག་བྱས་ནས་འདེབས་འཛུགས་བྱེད་དགོས།

(བཞི) འདེབས་འཛུགས་བྱེད་ཐབས།

འདེབས་འཛུགས་མ་བྱས་པའི་སྔོན་དུ། ཐོག་མར་སྨི1གྲུ་བཞིའི་དབྱིབས་མདོན་པའི་རྩ་སྲོལ་རྒྱག་སའི་ཁུང་བུ་བརྐོས་ནས། ཕྱི་ངོས་ཀྱི་ས་རྣམས་ས་དོང་གི་ཟུར་ཕྱོགས་སུ་འཇོག་པ་དང་གཏིང་རིམ་གྱི་ས་རྣམས་ས་དོང་གི་ཕྱོགས་གཞན་ཞིག་ཏུ་འཇོག་དགོས། དུས་མཚུངས་སུ། སྡོང་ཕྲུག་གི་རྨས་སྐྱོན་བྱུང་བའི་རྩ་བ་དང་རུལ་བའི་རྩ་བ་རྣམས་གཅོད་དགོས་པར་མ་ཟད། ཆུའི་ནང་དུ་ཉིན་ཕྱེད་ཙམ་ལ་སྦང་བའམ་ཡང་ན་རྩ་ལག་གི་འདམ་རོར་ནས་ཆུ་འཛིབ་ཏུ་བཙུག་ན་རྩ་ལག་རྒྱས་པར་ཕན་ནོ།།

འདེབས་འཛུགས་བྱེད་སྐབས། ཕྱི་ངོས་ཀྱི་ས་དང་ས་ལུད། ལྷས་རའི་ལུད་སོགས་མཉམ་དུ་བསྲེས་ནས་ས་དོང་གི་ཞབས་ལ་འཇོག་པ་དང་། དེ་ནས་སྡོང་ཕྲུག་ནང་དུ

འཇོག་དགོས། འདེབས་འཛུགས་ཀྱི་ཟབ་ཚད་ནི་སྔར་གྱི་སྡོང་ཕྲུག་ར་བའི་ནང་གི་ཟབ་ཚད་དང་གཅིག་མཚུངས་ཡིན་དགོས། སྡོང་རྐང་གི་རྩ་ལག་ཡོད་ཚད་ས་ཞིབ་མོས་སྦྱས་རྗེས་ག་ལེར་ཡར་བཀྲུགས་ནས་མྱུ་གུ་ཡར་འཕེན་དགོས་ཤིང་རྩ་ལག་ཡའི་ནང་དུ་འཐིམ་དུ་བཅུག་རྗེས། ཡང་བསྐྱར་ས་བཀབ་ནས་བཅག་གནོན་བཟང་པོ་བྱེད་དགོས། འདི་ལྟར་བྱས་ན། རྩ་བ་ཚང་མ་བརྒྱངས་ནས་འཛུགས་ཐུབ་པ་དང་སྐྱིད་ལེན་གྱི་ཁྱབ་ཁོངས་ཆེ་ལ། སྡོང་ཕྲུག་གི་གསོན་ཚད་མཐོ་བ་ཡིན།

འདེབས་འཛུགས་བྱས་རྗེས་སྡོང་རྩ་ནས་ཆུ་གསོག་ས་སྐྲུན་པ་དང་། ཆུ་འདང་ངེས་ཤིག་གཏོང་དགོས། ཆུ་གཏོང་དུས་ངེས་པར་དུ་ཆུ་འདང་ངེས་ཤིག་གཏོང་བར་དོ་སྣང་བྱེད་དགོས། དེ་མིན་གསོན་ཚད་ལ་ཤུགས་རྐྱེན་ཐེབས་པ་ཡིན། ཆུ་ས་ནང་དུ་སིམ་རྗེས་སྡོང་སྡེར་སྟེང་དུ་ས་ཞུང་ཙམ་བཀབ་སྟེ་དཔྱིད་འཛུགས་འགྲིག་ཁུག་འགེབས་དགོས།

(ལྔ) འདེབས་འཛུགས་བྱས་རྗེས་ཀྱི་དོ་དམ།

1. གསོན་ཚད་ལ་ཞིབ་བཤེར་དང་གསབ་འཛུགས་བྱེད་པ། དུས་ཐོག་ཏུ་གསོན་པའི་གནས་ཚུལ་ལ་ཞིབ་བཤེར་བྱས་ཏེ་སྡོང་ཕྲུག་ཤི་ཟིན་ན་དུས་ཐོག་ཏུ་གསབ་འཛུགས་བྱེད་དགོས།

2. སྡོང་ཕྲུག་གི་གྲང་འགོག དཔྱིད་དུས་སུ་སྡོང་ཕྲུག་འདེབས་འཛུགས་བྱེད་ན། དཔྱིད་དུས་ཀྱི་རླུང་ཆེན་འགོག་ཆེད། གཙོ་རྐང་སྟེང་དུ་ཚགས་པར་འགེལ་དགོས། ཚགས་པར་ནི་སྣེ་གཅིག་གི་ཁ་བཅད་པའི་སྙོར་མདོང་གི་དབྱིབས་སུ་བཟོས་ཏེ། ཚངས་ཐིག་ལི་སྐྱི2ཡས་མས་དགོས། ཡང་ན་གྲང་འགོག་འགྲིག་ཁུག་སྦྱོད་དགོས།

3. གཞུང་རྐང་ལ་ཡལ་བཞུར་རྒྱག་པ། ལྷག་མ་ཆེན་པོའི་སྡོང་བོ་འདེབས་འཛུགས་བྱས་རྗེས་དུས་ཐོག་ཏུ་གཞུང་རྐང་ལ་ཡལ་བཞུར་རྒྱག་དགོས། ཡལ་བཞུར་རྒྱག་སའི་གནས་དང་མྱུ་གུ་བར་གྱི་བར་ཐག་ལ་ལི་སྐྱི2ཡས་མས་འཇོག་དགོས། གཞུང་རྐང་ལ་ཡལ་བཞུར་བརྒྱབ་རྗེས་རྨ་ཁར་རྫི་བྱུག་པར་མཉམ་འཇོག་དགོས།

གལ་ཏེ་སྔར་ཁའི་སྡོང་ཕྲུག་ཆུང་ན། འདེབས་འཛུགས་བྱས་རྗེས་ཀྱི་ལོ་དང་པོར་

གཞུང་རྐང་ལ་ཡལ་བཞུར་རྒྱག་མི་རུང་། ལོ་གཅིག་འགོར་ནས་སྡོང་གཟུགས་གྲུབ་རྗེས་སླར་ཡང་སྡོང་དབྱིབས་ཀྱི་བླང་བྱ་ལྟར་གཞུང་རྐང་ལ་ཡལ་བཞུར་རྒྱག་དགོས།

གསུམ། རྩ་ལུད་དོ་དམ།

(གཅིག) ས་རྒྱུའི་དོ་དམ།

སྟར་ཁའི་ལྷུམ་རར་རྫོ་འདེབས་གཏིང་ཟབ་བྱེད་པའམ་ཡང་ན་སྐྱེ་ལྡན་ལུད་རྫས་སྣོན་འཇུག་བྱ་རྒྱུ་ནི་སྡོང་ཕྲུག་སྦ་མོ་ནས་འབྲས་བུ་སྨིན་པ་དང་ཤིང་སྡོང་ཆེན་པོར་ཐོན་འབབ་ལེགས་པོ་ཡོང་བར་བྱེད་པའི་ཐབས་ལམ་ནུས་ལྡན་ཞིག་ཡིན། རྫོ་འདེབས་གཏིང་ཟབ་བྱེད་པའི་དུས་སྐབས་ནི་དཔྱིད་ཀ་དང་དབྱར་ཁ། སྟོན་ཁ་བཅས་དུས་ཚིགས་གསུམ་པོ་གང་རུང་ཡིན་ཆོག དཔྱིད་ཀ་སྨྱུག་མ་འབུས་པའི་སྔོན་དང་། དབྱར་ཁ་དང་སྟོན་ཁར་ཆར་རྗེས་ཡིན་དགོས་པར་མ་ཟད། ལུད་འཇོག་པ་དང་ཟུང་འབྲེལ་བྱས་ནས་རྩྭ་ལྷུམ་ས་ནང་དུ་སྦས་དགོས། རྩ་སྦྱོས་རྒྱག་པའི་ཁུང་བུ་ནས་ལོ་རེ་བཞིན་ཕྱི་ལ་རྫོ་འདེབས་གཏིང་ཟབ་བྱེད་དགོས་པ་དང་། གཏིང་ཚད་ལི་སྨི60~80ཡིན་ན་བཟང་མོད། འོན་ཀྱང་ངེས་པར་དུ་ཚངས་ཐིག་ལི་སྨི1ཡན་གྱི་རྩ་བ་སྦོམ་པོར་གནོད་སྐྱོན་མི་ཡོང་བར་བྱེད་དགོས།

སྟར་ཁའི་སྡོང་ཕྲུག་གི་སྐྱེ་འཚར་ཚུང་དལ་ཞིང་། སྟར་ཁའི་བར་ཐྲེང་གི་ས་ཆར་སྲན་མའི་རིགས་ཀྱི་ལོ་ཏོག་གམ་སྔོ་ལུད་སྐྱེ་དངོས་བཏབ་ཆོག འཛུགས་སྐྲུན་དུས་ཡུན་ཚུང་འགོར་བའི་ལྷུམ་ར་ཡིན་ན་ལོ་རེའི་ཟླ4~9བར་དུ་རྩྭ་ལྷུམ་མེད་པར་བཟོ་བའི་སྨན་རྫས་ཀྱིས་རྩྭ་ལྷུམ་ཐེངས2~3མེད་པར་བཟོ་བ་དང་། སྟོན་དགུན་ལ་གསེང་རྫོད་ཐེངས་རེ་རྒྱག་དགོས།

(གཉིས) ལུད་འཇོག་པ།

1. གཏིང་ལུད།

སྟོན་དུས་སུ་གཏིང་ལུད་འཇོག་ན་སྐྱེ་ལྡན་ལུད་གཙོ་བོར་བཟུང་ནས་འཇོག་དགོས། སྤྱིར་བཏང་དུ་ཟླ8པའི་ཟླ་དཀྱིལ་ནས་ཟླ9བའི་ཟླ་དཀྱིལ་བར་ཡིན། སྡོང་ཕྲུག་རེར་སྟོང་ཁེ20~30བར་འཇོག་དགོས། འབྲས་བུ་ཐོགས་པའི་དུས་མགོར་སྡོང་རྐང་རེར་སྟོང་ཁེ50~100བར་འཇོག་དགོས། འབྲས་བུ་རྒྱས་པའི་དུས་སུ་སྡོང་པོ་ཆེན་པོ་རེར་སྟོང་

ཁི150~200བར་འཇོག་དགོས། ལུད་འཇོག་སྟངས་ནི་གདུབ་དབྱིབས་དང་གདུབ་དབྱིབས་ཕྱེད་ཙམ། ཤུར་དབྱིབས། ཁྱུང་དབྱིབས་བཅས་གང་རུང་སྤྱད་ཆོག འོན་ཀྱང་རབ་ཡིན་ན་ཁྱུང་དབྱིབས་ལུད་འཇོག་ཐབས་སྤྱོད་དགོས་ཤིང་། ཤིང་སྡོང་གི་ལོ་འདབ་ཆུ་ཐིག་སྐྱུད་ལམ་ཚངས་ཐིག་ལི་སྨི30དང་ཟབ་ཚད་ལི་སྨི40ཡོད་པའི་ཁྲུང་བུ4~6བརྐོས་ཏེ། ལུད་བཞག་སྟེ་ས་བཀབ་ནས་ཆུ་གཏོར་དགོས།

2. སྟེང་ལུད།

སྟེང་ལུད་ལོ་རེར་ཐེངས2~3འཇོག་དགོས། ཐེངས་དང་པོར་མེ་ཏོག་མ་བཞད་པའི་སྔོན་ལ(ཟླ3པའི་ཟླ་སྨད)ཏན་ལུད་གཙོ་བོར་བཟུང་ནས་འཇོག་དགོས། སྨྱུ་གུ་རྒྱས་པར་སྐྱེལ་འདེད་བྱས་ཏེ། འབྲས་བུ་སྨིན་དུས་སྡོང་བོ་རེར་གཅིན་རྒྱུ་སྡོང་ཁི0.3~0.5འཇོག་པ་དང་། ཐེངས་གཉིས་པ་ནི་འབྲས་བུ་ཆུང་དུ་མགྱོགས་མྱུར་དང་སྐྱེ་འཚར་འབྱུང་བའི་དུས་སྐབས(ཟླ5པའི་ཟླ་དཀྱིལ་ནས་ཟླ6པའི་ཟླ་དཀྱིལ)ཡིན། བྱེད་ནུས་གཙོ་བོ་ནི་འབྲས་བུ་སར་ལྷུང་ཚད་ཇི་ཉུང་དུ་བཏང་ནས། འབྲས་བུ་ཆུང་དུ་མགྱོགས་མྱུར་དང་རྒྱས་སྤོས་བྱུང་བ་དང་། ཡལ་ག་གསར་བའི་སྐྱེ་འཚར་དང་མེ་ཏོག་གི་སྨྱུ་གུ་ཁ་ཕོར་དུ་འགྲོ་བར་སྐྱེལ་འདེད་བྱེད་པ་ཡིན། སྟེང་ལུད་ཀྱི་རིགས་ནི་མྱུར་ཕན་རང་བཞིན་གྱི་ཏན་ལུད་གཙོ་བོ་ཡིན་ལ། དུས་མཚུངས་སུ་ལིན་དང་ཙྪ་ལུད་འོས་འཚམ་འཇོག་དགོས། སྡོང་ཁང་རེར་ཏན་དང་ལིན། ཙྪའི་བསྲེས་སྦྱོར་ལུད་སྡོང་ཁི0.2~0.4འཇོག་དགོས། ཐེངས་གསུམ་པ་ནི་སྲ་ཉིང་གྲུབ་པའི་དུས(ཟླ7པའི་ཟླ་སྨད)སུ་ཏན་དང་ལིན། ཙྪ་བསྲེས་སྦྱོར་ལུད་བཅས་གཙོ་བྱས་ཏེ། སྡོང་ཁང་རེར་ཏན་ལིན་ཙྪ་བསྲེས་སྦྱོར་ལུད་སྡོང་ཁི0.2~0.3འཇོག་པ་དང་། དམིགས་ཡུལ་ནི་འབྲས་བུ་སྨིན་པར་སྐྱེལ་འདེད་བྱས་ཏེ། འབྲས་བུ་ལྷུང་ཚད་ཇི་ཉུང་དུ་བཏང་ནས། ཐོན་ཚད་དང་སྤུས་ཀ་ཇེ་མཐོར་གཏོང་དགོས།

3. ལོ་མའི་ངོས་སུ་ལུད་གཏོར་བ།

མེ་ཏོག་བཞད་པའི་དུས་སུ་ལོ་མའི་ངོས་སུ་ལུད་གཏོར་བ་སྟེ། སྡོང་བོ་ཡོངས་ཀྱི་མེ་ཏོག60%~70%བཞད་པའི་དུས་སུ། 0.5%གཅིན་རྒྱུ+0.2%སྤུན་ཧྲ+0.3%ལིའུ་སོན་ཞིན

+0.2%ཡིན་སོན་ཨེར་ཆིང་ཐྲ་གཏོར་ནས། མེ་ཏོག་གི་ཆེ་ཆུང་སྙོམས་པོར་བཞད་ཅིང་ཟེའུ་འབྲུ་སྐྱེབ་སྦྱོར་དང་ཟེའུ་འབྲུ་ཡིན་ཐུབ་པ། འབྲས་བུ་ཐོགས་ཚད་མཐོར་འདེགས་ཡོང་བར་སྐུལ་འདེད་བྱེད་དགོས།

(གསུམ) ཞིང་འབྲས་ལྷུམ་རའི་ནང་དུ་ཆུ་གཏོང་བ།

ཆུ་གཏོང་བའི་དུས་ཚོད་དང་ཐེངས་གྲངས། བྱེད་ཐབས་བཅས་ནི་ས་གནས་དེ་གའི་གནམ་གཤིས་ཆ་རྐྱེན་དང་ས་རྒྱུའི་བཞའ་ཚན་གྱི་གནས་ཚུལ། ཆར་པ་འབབ་པའི་གནས་ཚུལ། དེ་མིན་སྟར་ཁའི་སྐྱེ་འཚར་གྱི་གནས་ཚུལ་བཅས་ལ་གཞིགས་ནས་ཐག་གཅོད་བྱེད་དགོས། སྤྱིར་བཏང་དུ་ལོ་རེར་ཆུ་ཐེངས3~4བཏང་ན་ཆོག

མེ་ཏོག་མ་བཞད་པའི་སྔོན་དང་འབྲས་བུ་མགྱོགས་མྱུར་དང་ཧེ་ཆེར་འགྲོ་བ། ལུད་བརྒྱབ་པའི་རྗེས་དང་དེ་བཞིན་དགུན་བཀལ་མ་བྱས་པའི་སྔོན་སོགས་ཀྱི་དུས་སྐབས་སོ་སོར་དུས་དང་བསྟུན་ནས་ཆུ་གཏོང་དགོས།

བཞི། སྐྱེ་ལུགས་ལེགས་སྒྲིག་དང་ཡལ་བཞུར་རྒྱག་པ།

(གཅིག) ཡལ་བཞུར་རྒྱག་པའི་དུས་སྐབས།

སྟར་ཀའི་སྡོང་པོར་དགུན་དུས་སྐྱེ་མཚམས་ཆད་པའི་དུས་སུ་ཡལ་བཞུར་བརྒྱབ་ན་རྨས་སྐྱོན་འབྱུང་བ་དང་ཁུ་བ་བཞུར་བའི་སྣང་ཚུལ་ཐོན་པས་ཡལ་བཞུར་རྒྱག་མི་འོས། འདིའི་ཡལ་བཞུར་རྒྱག་པའི་དུས་ཚོད་ནི་སྟོན་དུས་ཀྱི་ལོ་འདབ་མ་ལྷུང་སྔོན་ནས་དཔྱིད་དུས་ཀྱི་མྱུ་གུ་འབུས་རྗེས་ནི་ཆེས་འཚམ་པའི་དུས་སྐབས་ཡིན། སྟར་ཁའི་འབྲས་བུ་བཟ་བསྡུ་བྱས་རྗེས་ནས་ལོ་མ་སེར་པོར་གྱུར་ཏེ་ལོ་མ་མ་ལྷུང་བའི་སྔོན་ལ(ཟླ9པའི་ཟླ་མཇུག་ནས་ཟླ11པའི་ཟླ་མགོར)ཡལ་བཞུར་རྒྱག་དགོས། སྐབས་ཐོག་འདིར་ཡལ་བཞུར་བརྒྱབ་ན་ལོ་མ་ལྷུང་མེད་པས་རྨས་སྐྱོན་འབྱུང་བ་དང་ཁུ་བ་བཞུར་བའི་སྣང་ཚུལ་མེད། ཡལ་བཞུར་བརྒྱབ་རྗེས་རྨ་ཁ་ནི་ལོའི་ནང་དུ་སྤྲ་མོ་ནས་གསོས་པར་ཕན་པ་ཡོད། སྡོང་པོའི་སྐྱེ་སྟོབས་ཞན་པ་དང་ལོ་མང་འགོར་བའི་སྡོང་པོ་རྙིང་བ། འབྲས་བུ་སྨིན་པའི་སྟར་སྡོང་ལ་ཡལ་བཞུར་རྒྱག་པའི་དུས་ནི་སྤྱིར་བཏང་དུ་སྟོན་དུས་ཆེས་འཚམ་པ་དང་། མྱུ་གུ་རྒྱས་དྲགས་

པའི་སྡོང་པོ་ནི་དཔྱིད་དུས་སུ་སྐར་སྡོང་ལ་སྨྱུ་གུ་འབུས་པ་ནས་མེ་ཏོག་གི་འདབ་ལོ་རྒྱས་པའི་སྔོན་ལ་ཡལ་བཞུར་རྒྱག་དགོས། སྐྱེ་འཚར་ལ་ཚོད་འཛིན་བྱེད་པ་དང་། ཤིང་སྡོང་གི་སྐྱེ་སྟོབས་ཇེ་ཞན་དུ་བཏང་སྟེ་སྔ་མོ་ནས་འབྲས་བུ་ཐོགས་པར་བྱེད་དགོས།

(གཉིས) སྡོང་ཕྲུག་གི་སྐྱེ་ལུགས་ལེགས་བཅོས།

སྐར་ཀའི་སྡོང་པོ་ནི་སྐམ་གཤིས་ཆེ་བ་དང་སྨྱུ་གུའི་རྩེ་མོ་ནས་ལྷག་ཏུ་མངོན་གསལ་ཡིན། རྩེ་སྨྱུག་གི་སྐྱེ་འཚར་ནི་གཞོགས་སྨྱུག་ལས་འཕྱུས་ཚང་ཞིང་རྒྱས་པ་དང་། ཤིང་སྡོང་གི་ལོ་འདབ་ཀྱི་བང་རིམ་རང་བཞིན་མངོན་གསལ་ཡིན། ཁྱད་ཆོས་འདིར་ཐུང་འབྲེལ་བྱས་ཏེ་སྡོང་རྐང་གི་བང་རིམ་ཐར་ཐོར་ཡིན་ན་བཟང་། སྡོང་རྐང་གི་མཐོ་ཚད་སྨི1.2~1.5ཡིན་ལ། བང་རིམ་དང་པོར་ཡན་ལག་གཙོ་བོ་གསུམ་དང་། བང་རིམ་ནང་གི་བར་ཐག་ལི་སྨི10~20དང་། སྡོང་པོའི་ཡན་ལག་གཙོ་བོའི་རྒྱང་ཐུར་ཏུ70 ཡན་ལག་གཙོ་བོ་རེ་རེའི་སྟེང་དུ་རིམ་པ་དང་པོའི་གཞོགས་སྐྱེས་ཡལ་ག3~4ཡོད། བང་རིམ་གཉིས་པར་ཡན་ལག་ཆེན་པོ2ཡོད། བང་རིམ་གསུམ་པ་དང་བཞི་བའི་ཡན་ལག་གཙོ་བོའི་དཀྱིལ་གཞུང་གི་ཡལ་ག་གཙོ་བོའི་སྟེང་དུ་སྐྱེས་ཡོད། བང་རིམ་དང་པོ་དང་གཉིས་པའི་ཡན་ལག་གཙོ་བོའི་བར་ཐག་ལི་སྨི80~120དང་། ཤིང་སྡོང་གི་མཐོ་ཚད་ལ་སྨི5~6བཅས་ཡོད། སྡོང་པོའི་དབྱིབས་གཟུགས་འདི་ལ་ཤིང་སྡོང་གི་ལོ་འདབ་ཆེན་པོ་དང་ཐོན་ཚད་མཐོན་པོ། ཚེ་ཐག་རིང་བ་བཅས་ཀྱི་ཁྱད་ཆོས་ལྡན།

(གསུམ) ཐོག་མར་འབྲས་བུ་སྨིན་པའི་སྡོང་པོར་ཡལ་བཞུར་རྒྱག་པ།

སྐར་ཀ་སྡོང་པོར་མཚོན་ན། འབྲས་བུ་ཐོགས་པའི་དུས་མགོ་ནས་འབྲས་བུ་མང་པོ་ཐོགས་པའི་དུས་སྐབས་སུ། སྡོང་གཟུགས་ཀྱི་འཚོ་བཅུད་སྐྱེ་འཚར་ཅུང་བཟང་བས། ཤིང་སྡོང་གི་ལོ་འདབ་ནི་ལོ་རེ་བཞིན་ཇེ་མང་དུ་ཕྱིན་ནས་འབྲས་བུ་ཐོན་ཚད་ལོ་རེ་བཞིན་ཇེ་མང་དུ་འགྲོ་བ་ཡིན། སྐབས་འདིར་ཡལ་བཞུར་རྒྱག་ན། སྔོ་མང་ཅན་གྱི་རྐང་འཛིན་ཡལ་ག་མུ་མཐུད་དུ་སྐྱེད་སྲིང་བྱེད་པ་ལས་གཞན། རོགས་སྐྱོང་ཡལ་ག་སོར་འཇོག་བྱེད་པར་ཡང་མཉམ་འཇོག་དགོས། ནུས་པ་མེད་པའི་སྨྱུག་ཅིང་བཅོར་བའི་ཡལ་ག་དང་ལོ་འདབ་

སྐྱེ་འཚར་རྒྱས་དྲགས་པའི་ཡལ་ག སྐྱེ་སྟོབས་ཞན་ཞིང་ཕྲ་བའི་ཡལ་ག་འབྲེག་གཅོད་བྱས་ཏེ། ཡལ་ག་རིགས་མང་པོ་ཆ་སྙོམས་སྙོམས་གནས་པར་བྱེད་དགོས། ཤིང་སྡོང་གི་ལོ་འདབ་ནང་རིམ་ནས་འོས་འཚམ་གྱི་འབྲས་བུ་ཐོགས་པའི་ཡལ་ག་མང་པོ་སོར་འཇོག་བྱེད་དགོས་པར་མ་ཟད། སྨུག་ཚད་རན་པོ་རྒྱུན་འཁྱོངས་བྱས་ནས་འབྲས་བུ་ཐོགས་པའི་རྒྱ་ཁྱོན་ཇེ་ཆེར་གཏོང་དགོས། ཡང་མོར་གཅོད་པ་དང་རྒྱས་གཅོད་ཞན་འཇོག་གི་བྱེད་ཐབས་ལ་བརྟེན་ནས་རིམ་པ་སོ་སོའི་ཡལ་ག་གཙོ་བོའི་སྐྱེ་འཚར་སྙོམ་སྒྲིག་བྱེད་དགོས་ཤིང་། སྡོང་གཟུགས་དོ་སྙོམས་ངང་སྐྱེ་འཚར་འབྱུང་བར་རྒྱུན་འཁྱོངས་བྱས་ནས། སྐྱེ་སྟོབས་བཟང་བའི་ཤིང་སྡོང་གི་ལོ་འདབ་གསོ་སྐྱོང་བྱེད་དགོས།

(བཞི) འབྲས་བུ་སྨིན་པའི་སྡོང་པོར་ཡལ་བཞུར་རྒྱག་པ།

འབྲས་བུ་སྨིན་དུས་སུ་ཡལ་བཞུར་བརྒྱབ་ན་ཤིང་སྡོང་གི་ལོ་འདབ་ནང་རིམ་ཁོག་སྟོང་དང་འབྲས་བུ་སྨིན་པའི་གནས་ཡུལ་ཕྱི་རུ་སྤོ་བར་སྔོན་འགོག་བྱེད་དགོས། ཡན་ལག་གི་གསོ་སྐྱོང་དང་སྣར་གསོར་ཤུགས་སྟོན་པ་གཙོ་གནད་དུ་འཛིན་དགོས། ཡལ་ག་གསོ་སྐྱོང་བྱེད་དུས"སྡོན་ལ་སོར་འཇོག་དང་རྗེས་སུ་འཕྲུམ་པ"དང"རྒྱབ་ཀྱི་ཡལ་ག་གཅོད་པ་དང་གསེག་པའི་ཡལ་ག་འཇོག་པའི"ཡལ་བཞུར་རྒྱག་པའི་བྱེད་ཐབས་སྤྱོད་དགོས། ལོ་མའི་སྐྱེ་འཚར་རྒྱས་དྲགས་པའི་ཡལ་ག་ཡིན་ན་འབྲས་བུ་སྨིན་པའི་དུས་མགོར་ཕྱིར་བཏང་དུ་མི་འཇོག་པ་དང་སྡོང་དབྱིབས་ལ་གཏོར་བརླག་ཐེབས་པར་གཡོལ་དགོས། འབྲས་བུ་རྒྱས་པའི་དུས་སུ་ཡལ་གའི་ཚན་པར་གསོ་སྐྱོང་བྱས་ཚོག ཤིང་སྡོང་གི་ལོ་འདབ་ནང་རིམ་དུ་སྨུག་པོར་སྐྱེས་པའི་སྒྲོ་ཕྲན་གྱི་ཡལ་ག་དང་སྐམ་པའི་ཡལ་ག ཉེས་བརྩེགས་ཅན་གྱི་ཡལ་ག ཐུར་དུ་དཔྱང་བའི་ཡལ་ག་དང་། ནད་འབུ་ཡོད་པའི་ཡལ་ག་སོགས་རྩ་བ་ནས་གཅོད་གང་ཐུབ་བྱས་ཏེ་རླུང་རྒྱུག་པ་དང་འོད་འཕྲོའི་ཆ་རྐྱེན་ཇེ་ལེགས་སུ་བཏང་ནས། སྐྱེ་སྟོབས་ཆེ་བའི་ཡལ་ག་སྐྱེ་བར་སྐུལ་འདེད་གཏོང་དགོས། ཤིང་སྡོང་གི་ལོ་འདབ་ནང་རིམ་དུ་སྐྱེས་པའི་ཡལ་ག་སྐྱེ་སྟོབས་ཅན་འོས་འཚམ་སྙོམས་སོར་འཇོག་བྱེད་པ་དང་། དེ་ལྟར་བྱས་ན་ནང་ཁོག་གི་འབྲས་བུ་ཐོགས་པར་ཕན་པ་ཡོད། སྨུག་ཚད་ཆེ་བའི་ཡལ་ག་རྣམས་

ལོ་རེ་བཞིན་ཇེ་ཉུང་དུ་གཏོང་དགོས་པ་དང་གཅོད་སྐབས་རྩ་ཁ་སློམས་པོར་འཁྲིག་ན་སྨ་ཁ་གསོས་པར་ཕན་པ་ཡོད།

(ལྔ) ལོ་མང་འགོར་བའི་སྡོང་རྐན་ལ་ཡལ་བཞུར་རྒྱག་པ།

གཙོ་བོ་ཤིང་སྡོང་གི་ལོ་འདབ་གསར་སྒྱུར་བྱས་ནས་ཤིང་སྡོང་གི་སྐྱེ་སྟོབས་དང་ཐོན་ཚད་སླར་གསོ་བྱས་ཏེ། ཤིང་སྡོང་གི་ཚེ་ཐག་ཇེ་རིང་དུ་གཏོང་དགོས། ཡལ་བཞུར་རྒྱག་པའི་བྱེད་ཐབས་གཙོ་བོ་ནི་ཡལ་ག་ཆེན་པོ་ཇེ་ཉུང་ཏུ་གཏོང་བ་དང་། སྡོང་རྐང་གི་ཡལ་ག་གཙོ་བོ་གསར་བསྒྱུར། ལོ་མའི་སྐྱེ་འཚར་རྒྱས་དྲགས་པའི་ཡལ་ག་རིང་པོ་སྦྱུད་དེ་ཡལ་ག་གསོ་སྐྱོང་བྱེད་པ་སོགས་ཡིན། ལོ་མང་པོར་སྐྱེས་པའི་ཡལ་གར་ཕྱིར་འཁུམས་ནས་ཡལ་བཞུར་རྒྱག་པ་དང་། ཕྱིར་འཁུམ་པའི་གནས་སུ་རོགས་སྐྱོང་ཡལ་ག་ཞིག་བཞག་ནས། རྩ་ཁ་གསར་བ་དང་སྟབས་སྒྲུང་སྦྱུ་གུ་འབུས་པར་སྐུལ་འདེད་བྱས་ཏེ། དེ་ཉིད་ཡལ་ག་གསར་བ་ཞིག་ཏུ་འགྱུར་དུ་འཇུག་པ་དང་། ཡང་བསྐྱར་སྡོང་པོའི་སྐྱེ་སྟོབས་རྒྱས་སུ་འཇུག་དགོས།

ལྔ། མེ་ཏོག་དང་འབྲས་བུའི་དོ་དམ།

སྟར་ག་ནི་ཕོ་མོ་སྡོང་གཅིག་དང་མེ་ཏོག་སོ་སོར་སྐྱེས་པའི་རྩི་ཤིང་ཞིག་ཡིན། མེ་ཏོག་མོ་ནི་འབྲས་བུ་ཐོགས་པའི་ཡལ་གའི་རྩེ་རུ་སྐྱེས་ཡོད་ལ། མེ་ཏོག་ཕོ་ནི་འབྲས་བུ་ཐོགས་པའི་ཡལ་ག་གཙོ་བོ་གཅིག་པའི་རྩ་བའམ་མེ་ཏོག་ཕོ་ཡི་ཡལ་གའི་སྟེང་དུ་སྐྱེས་ཡོད་ཅིང་། རླུང་ཤུགས་ལ་བརྟེན་ནས་མེ་ཏོག་གི་རྡུལ་མཆེད་རྗེས་མེ་ཏོག་མོར་ཟེའུ་འབྲུ་ལེན་དུ་འཇུག་པ་ཡིན། སྟར་ག་སྡོང་བོའི་མེ་ཏོག་ཕོའི་བང་རིམ་དང་མེ་ཏོག་ཕོ་སྐྱེ་འཚར་ཡོང་བའི་བརྒྱུད་རིམ་ཁྲོད་དུ། ཤིང་སྡོང་ནང་རིམ་གྱི་འཚོ་བཅུད་འཕོར་ཆེན་ཞིག་ཟད་གྲོན་བྱེད་དགོས། དེ་བས་སྟར་ཁའི་ཕོ་རིགས་ཀྱི་མེ་ཏོག་བང་རིམ་སྐྱེ་འཚར་དང་མེ་ཏོག་བཞད་པའི་བརྒྱུད་རིམ་ཁྲོད་དུ་མིའི་ཐབས་ཀྱིས་ཡལ་བཞུར་རྒྱག་པ་དང"སྟར་གའི་རྫས་འགྱུར་ཕོ་དོར་སྨན"གཏོར་ནས། 1/3~1/2ཕོའི་མེ་ཏོག་བང་རིམ་ཇེ་ཉུང་ངམ་ཐར་ཐོར་དུ་བཏང་ན། ཤིང་སྡོང་གི་འཚོ་བཅུད་ཇེ་ཉུང་དུ་གཏོང་བའི་ཕན་མི་ཐོགས་པའི་ཤིང་སྡོང་ནང་གི་བཞའ་ཚན་རོ་བཅུད་གཅིག་སྡུད་ཀྱིས་མེ་ཏོག་བཞད་པ་དང་འབྲས་བུ་ཐོགས་པར་སྐུལ་འདེད་བྱེད་

ཐུབ་པས། ཐོན་ཚད་དང་སྤུས་ཚད་མཐོར་འདེགས་ཆེན་པོ་བྱེད་ཐུབ།

༤ ཉར་ཚགས།

(གཅིག) སྐར་ཀ་བཟ་བསྐུ་བྱས་རྗེས་ཀྱི་ཐག་གཅོད་བྱེད་ཐབས།

1. སྤུངས་ནས་ཆུའི་ནང་དུ་སྦང་བའི་ཐབས།

བཟ་བསྐུ་བྱས་རྗེས་ཤུན་པགས་སྔོན་པོའི་སྐར་ཀའི་འབྲས་བུ་རྣམས་ཕྱོགས་གཅིག་ཏུ་སྤུངས་ནས་བསིལ་གྲིབ་དང་རླུང་རྒྱུག་སའི་ཁང་བའི་ནང་དུ་ཉར་བ་དང་། སྤུང་བའི་མཐོ་ཚད་ནི་ལི་སྨི50དང་། དེའི་སྟེང་དུ་མཐུག་ཚད་ལི་སྨི10ཡིན་པའི་རྩྭ་བསླས་ཁེབས་མ་དང་སོག་མའི་ཡོལ་ཁེབས་འགེབས་དགོས། ཉིན4~6འགོར་རྗེས། སྦོ་པགས་སྦྲོས་པའམ་གས་ནས། ཤིང་ཐུར་གྱིས་བརྡུངས་ནས་སྦོ་པགས་གས་ཐོར་དུ་གཏོང་དགོས། ཛ་ཐལ་ཆུ་དང་ཡང་ན་དཀར་ཕྱེའི་གཤེར་ཁུའི་ནང་དུ་བཞག་ནས་དཀར་བསྒྱུར་བྱས་རྗེས། གྲིབ་སྐམ་དང་བསིལ་སྐམ་བྱས་རྗེས་རིམ་པ་དབྱེ་ནས་ཐུམ་སྒྲིལ་བྱེད་དགོས།

2. དབྱི་ཞི་ལིས་ཤུན་པགས་བཤུ་ཐབས།

3000~5000ཡི་སྟོང་ཁེ/ཏའོ་ཧྲིན་ཡི་དབྱི་ཞི་ལིས་བཟ་བསྐུ་བྱས་རྗེས་ཀྱི་སྦོ་པགས་འབྲས་བུ་སྐར་མ་ཕྱེད་ཀར་སྦང་བ་དང་། ཡང་ན་སྨན་ཆུ་གཏོར་ཆས་ཀྱིས་དབྱི་ཞི་ལི་ཆ་སྙོམས་སྦོས་འབྲས་བུ་ཚང་མའི་སྟེང་དུ་གཏོར་ནས་ཉིན2ལ་སྦངས་ནས་རྩྭ་བསླས་ཁེབས་མ་བཀབ་རྗེས། སྦོ་པགས་སྦྲོས་གས་བྱུང་“ཉིང་གྲེས”ནས་འཕུད་མགོ་ཚུགས་པ་ཡིན། སྦོ་པགས་ཕུད་རྗེས་དུས་ཐོག་ཏུ་སྐར་ཀའི་ཤིང་ཏོག་གི་ཕྱི་ངོས་སུ་ལུས་པའི་སྦོ་ཤུན་དང་ས་འདམ། བཙོག་དངོས་གཞན་དག་གཙང་མར་བཀྲུ་དགོས།

(གཉིས) ཉར་ཚགས།

རྒྱུན་དྲོད་ཉར་ཚགས་བྱེད་སྐབས། སྐམ་རྗེས་ཀྱི་སྐར་ཀ་སོ་སྙེའི་ནང་དུ་བཙུག་ནས། རླུང་རྒྱུག་པ་དང་བསིལ་གྲིབ། གྲིབ་ཁུག་བཅས་ཀྱི་ཁང་བའི་ནང་དུ་བཞག་སྟེ། བྱི་བའི་གནོད་འཚེ་དང་རུལ་བ། ཚ་བ་རྒྱས་པ་སོགས་ཀྱི་གནད་དོན་སྔོན་འགོག་དང་ལྟ་སྐྱང་བྱེད་དགོས། གྲང་ཉར་བྱེད་སྐབས−2~0℃ཉར་ཚགས་དྲོད་ཚད་ཚོད་འཛིན་བྱེད་དགོས་

ཤིང་། སོ་སྐྱི་དང་ཤིང་སྐམ་གྱིས་ཐུམ་རྒྱག་པ་དང་། རིམ་པ་བགོས་ཏེ་མཛོད་ཁང་ནང་དུ་འཇོག་དགོས། ལྟོས་བཅས་ཀྱི་བཞའ་ཚན60%~70%ཚོད་འཛིན་བྱས་ན་དུས་ཡུན་ལོ2ཡན་ལ་ཉར་ཚགས་བྱེད་ཐུབ། གྲང་ཉར་བྱེད་སྐབས་བཞའ་ཚན་ཤིན་ཏུ་གལ་ཆེ་བ་དང་། བཞའ་ཚན་ཆེ་དྲགས་ན་འབྲས་བུ་རུལ་སླ་བ་དང་། བཞའ་ཚན་ཆུང་དྲགས་ན་སྟར་ཁའི་ནང་སྙིང་མཁྲེགས་པོ་ཆགས་ནས་སྤུས་ཚད་ཇེ་ཞན་དུ་འགྲོ་བ་ཡིན།

ཚན་པ་གསུམ་པ། ནད་དང་འབུའི་གནོད་པ་གཙོ་བོ་འགོག་བཅོས།

གཅིག སྟར་ཀའི་ཡལ་འདེགས་མེ་ལྕེབ།

(གཅིག) ནད་རྟགས།

འབུ་ཕྲུག་གིས་སྟར་ཁའི་འབྲས་བུ་དང་རྩི་ཤིང་གི་ནང་སྙིང་ཟ་བ་དང་། གནོད་འཚེ་ཐེབས་པའི་འབྲས་བུ་ནག་པོར་གྱུར་ནས་སྔ་མོ་ནས་བྲུལ་བ་ཡིན། ལོ་རེར་ཐེངས2ཙམ་ཐོན་ཞིང་། འབུ་ཕྲུག་རྣམས་ཤིང་སྡོང་གི་ལོ་འདབ་འོག་གི་ལི་སྨྱི1~3ས་རིམ་ནང་དང་རྩྭ་སྙིགས། རྫོ་བའི་གས་སྲུབས་སོགས་སུ་སྲིན་གོང་ཆགས་ནས་དགུན་སྐྱོལ་བ་ཡིན། ཟླ5པ་ནས་ཟླ6པའི་བར་འབུ་དར་མ་འབྱུང་བ་དང་། འབུ་དར་མ་ཉིན་མཚན་ཀུན་ཏུ་ཐོན་ཞིང་། སྒོ་ང་མང་ཆེ་བ་འབྲས་བུ་གཉིས་འབྲེལ་མཐུད་བྱེད་པའི་བར་གསེང་ནས་ཐོན་པ་ཡིན། ཏུང་ཤས་ཤིག་རྩ་བ་དང་འདབ་གཡབ། ལོ་མའི་ཡུ་བ་དང་ལོ་མའི་སྟེང་ནས་ཐོན་པ་ཡིན། ཉིན4~5འགོར་རྗེས་འབུ་ཕྲུག་གིས་སྒོ་ང་རུམ་པ་ཡིན།

(གཉིས) འགོག་བཅོས་བྱེད་ཐབས།

1. སྟོན་མཇུག་དང་དཔྱིད་མགོའི་དུས་སུ་སྡོང་རྩ་གཏིང་སློག་བྱས་ཏེ། ཡལ་ག་ཆག་རོ་དང་སར་ལྷུང་ལོ་མ་རྣམས་གཙང་སེལ་བྱས་ན། འབུ་ཕྲུག་སྐོར་ཞིག་རྩ་མེད་དུ་བཏང་ཆོག

2. ཟླ6~8འབྲས་བུ་ནག་པོ་འཐོག་ནས། དུས་ཐོག་ཏུ་འབུ་འགོས་འབྲས་བུ་བཏོག་པ་

དང་སར་ལྷུང་འབྲས་བུ་རྣམས་འཐུ་ནས་གཅིག་བསྡུས་ཀྱིས་མེད་པར་བཟོ་དགོས།

3. འབུ་དར་མར་གྱུར་ནས་ས་ཁར་མ་བུད་པའི་སྔོན་ལ། ཤིང་སྡོང་གི་ལོ་འདབ་འོག་གི་ས་ངོས་སུ་མུའུ་རེར་སྨྱི་ལི་ཨེར་སྡོང་ཁ4ས་རྒྱུའི་ཕྱི་ངོས་ལ་གཏོར་དགོས།

4. ཟླ6པའི་ཟླ་སྟོད་ནས་ཟླ7པའི་ཟླ་དཀྱིལ་དུ་འབུ་དར་མར་གྱུར་པའི་དུས་དང་སྒོ་ང་གཏོང་བའི་དུས་སྐབས་ཡིན་པས། 50%ཏྲ་སུང་ སྦྲིས་མ་པའི་ཡིས1000གཤེར་ཁུ་དང20%སོ་མིའི་ཏྲ་ཧིང་སྦྲིས་མ་པའི་ཡིས2000~3000གཤེར་ཁུ་སྦྱད་ནས་འགོག་བཅོས་བྱེད་དགོས། ཡང་ན་ཏའི་ཏྲ་སི་པའི་ཡིས2500གཤེར་ཁུ་ཤིང་སྡོང་གི་ལོ་འདབ་སྟེང་དུ་གཏོར་དགོས།

གཉིས། སྣར་ཁའི་ཁྲ་ཐིག་ནད།

(གཅིག) ནད་རྟགས།

ནད་འདིས་གཙོ་བོ་འབྲས་བུ་དང་ལོ་མ་ལ་གནོད་འཚེ་ཐེབས་པ་དང་། ཡལ་ག་གསར་བ་དང་མེ་ཏོག་གི་བང་རིམ་ལའང་གནོད་འཚེ་ཐེབས་པ་ཡིན། འབྲས་བུ་ཆུང་དུར་གནོད་འཚེ་ཐེབས་ན་དང་ཐོག་ཁམ་མདོག་གི་ཁྲ་ཐིག་ཆུང་དུ་ཐོན་ཞིང་། མཐའ་མཚམས་མི་གསལ་ལ། ཕྱིས་སུ་ཡུགས་གཅིག་ནག་པོར་གྱུར་ནས་ཤིང་འབྲས་ཀྱི་ཤ་རྒྱུ་ནས་ཤིང་ཏོག་གི་ནང་སྙིང་ལ་འཐིམས་རྗེས་ནག་པོ་ཆགས་ནས་རུལ་བ་དང་སར་ལྷུང་བ་ཡིན། ལོ་མ་ལ་གནོད་འཚེ་ཐེབས་དུས། ཐོག་མར་ལོ་མའི་ངོས་སུ་ཟླུར་མང་དབྱིབས་ཀྱི་ཁྲ་ཐིག་འབྱུང་ལ། མཐའ་བསྐོར་དུ་ཆུ་དྲིག་དབྱིབས་ཀྱི་གོར་ཐིག་འབྱུང་། ཚབས་ཆེ་བའི་དུས་སུ་ནད་ཐིག་ཡུགས་གཅིག་ཏུ་འབྲེལ་ནས་ལོ་མ་ཡོངས་ནག་པོར་གྱུར་ཏེ་སར་ལྷུང་བ་ཡིན། ཡལ་ག་གསར་བ་དང་ལོ་མའི་ཡུ་བའི་སྟེང་དུ་གནོད་འཚེ་ཐེབས་ན་རིང་དབྱིབས་ནད་ཐིག་དང་ཁམ་མདོག་རུང་ཞོམ་པ་དང་། མེ་ཏོག་གི་བང་རིམ་ལ་གནོད་འཚེ་ཐེབས་ན་ཁམ་ནག་གི་ཆུ་དྲིག་དབྱིབས་ཀྱི་ནད་ཐིག་འབྱུང་བ་ཡིན།

(གཉིས) འགོག་བཅོས་བྱེད་ཐབས།

1. ནད་འདིའི་གཞི་སྲིན་ནི་གཙོ་བོ་ཡལ་ག་ནད་ཐིག་སྟེང་དང་སྦུ་གུའི་ནང་དུ་སྐོར་

ནས་དགུན་སྐྱེལ་བ་ཡིན། ཕྱི་ལོའི་དཔྱིད་ཀར་ནད་གཞིའི་འབུ་ཕྲ་ནི་ཚར་ལྡང་བརྒྱུད་ནས་མཆེད་པས། ཡལ་བཞུར་རྒྱག་དུས་ནད་ལྡན་ཡལ་ག་དང་ནད་ལྡན་འབྲས་བུ་བཅད་པའི་ཁར། ནད་ཐོག་པའི་སར་ལྷུང་འབྲས་བུ་གཙང་མར་འཕྱ་སྟེ་གཅིག་བསྡུ་སྒོས་མེ་སྲེག་གཏོང་བ་ནི་ནད་འབུའི་འབྱུང་ཁུངས་རྩེ་ཉུང་དུ་གཏོང་བའི་ཐབས་ལམ་གལ་ཆེན་ཞིག་ཡིན།

2. ནད་འབུ་ནི་ཁུང་བུ་སྣ་ཚོགས(དབུགས་ཁུང་། པགས་ཁུང་། སྦྲང་རྩིའི་གཤེར་རྫེན)དང་རྨ་ཁ་སོགས་བརྒྱུད་ནས་ནང་དུ་ཞུགས་ཚོག་པས། འབུའི་གནོད་པ(ལྷག་པར་དུ་སྟར་ཁའི་ཡལ་འདེགས་མི་ལྷེབ)ཚབས་ཆེན་བྱུང་བའི་ས་ཁུལ་དུ། དུས་ཐོག་ཏུ་འབུ་སྲིན་སྔོན་འགོག་བྱས་ནས་གནོད་འབུ་རྩེ་ཉུང་དུ་གཏོང་དགོས། མེ་ཏོག་གི་འདབ་ལོ་རྒྱས་པ་དང་མེ་ཏོག་གི་འདབ་མ་ལྷུང་རྗེས། འབྲས་བུ་ཆུང་དུ་ཐོགས་པའི་དུས་སྐབས་སོ་སོར50%ཅ་ཅི་ཐུའོ་ཕུ་ཅིན་བཞར་ཚན་རང་བཞིན་གྱི་སྨན་ཕྱེ་པའི་ཡིས400~600གཤེར་ཁུ་གཏོར་ན། ནད་འདི་ཕན་ནུས་ལྡན་པའི་སྒོ་ནས་ཚོད་འཛིན་བྱེད་ཐུབ་བོ།།

ལེའུ་བདུན་པ། ཀུ་ཤུ།

ཀུ་ཤུ་ནི་ལོ་མ་ལྷུང་བའི་སྡོང་རིང་ལྗོན་ཤིང་ཡིན་ལ། སྤྱིར་བཏང་དུ་ཤིང་སྡོང་གི་མཐོ་ཚད་སྨི15ཙམ་ཡོད་མོད། འོན་ཀྱང་འདེབས་འཛུགས་བྱེད་པའི་ཤིང་སྡོང་གི་མཐོ་ཚད་ལ་སྨི3~5ཙམ་ལས་མེད། སྡོང་རྐང་གི་ཁ་དོག་ཁམ་སྐྱ་ཡིན་ལ་སྡོང་པོའི་ཤུན་པགས་ཚད་ངེས་ཅན་ཞིག་གི་སྟེང་ནས་བྲུལ་བ་ཡིན། འབྲས་བུ་སྤྱིར་བཏང་དུ་དམར་པོ་ཡིན་མོད། འོན་ཀྱང་སོན་རིགས་ལ་བལྟོས་ནས་ཐག་གཅོད་དགོས། ཀུ་ཤུའི་སྡོང་པོའི་འབྲས་བུ་ལ་གཏེར་རྒྱུ་དང་འཚོ་བཅུད་འདུས་ཡོད་པས། མི་རྣམས་ཀྱིས་རྒྱུན་དུ་ཟ་བའི་ཤིང་ཏོག་གི་རིགས་ཤིག་ཡིན། སྤྱིར་བཏང་དུ་ཀུ་ཤུ་འདེབས་འཛུགས་བྱས་རྗེས། ལོ2~3ནང་དུ་ད་གཟོད་འབྲས་བུ་ཐོགས་མགོ་བརྩམས་པ་ཡིན། སྔ་སྨིན་སོན་རིགས་ཀྱི་ཤིང་འབྲས་སྐྱེ་འཚར་དུས་ཡུན་ཉིན65~87དང་། བར་སྨིན་སོན་རིགས་ཀྱི་ཤིང་འབྲས་སྐྱེ་འཚར་དུས་ཡུན་ཉིན90~133 འཕྱི་སྨིན་སོན་རིགས་ཀྱི་ཤིང་འབྲས་སྐྱེ་འཚར་དུས་ཡུན་ཉིན137~168ཡིན།

ཚན་པ་དང་པོ། སོན་རིགས་ངོ་སྤྲོད།

གཅིག འདེབས་འཛུགས་བྱེད་པའི་མཚན་རྟགས་གཙོ་བོ།

(གཅིག) ཧུང་ཧྥུ་ཧྲི།

ཧུང་ཧྥུ་ཧྲི་ཡི་མིང་གཞན་ལ་ཚོས་མདོག་རིགས་ཀྱི་ཧྥུ་ཧྲི་ཞེས་ཀྱང་འབོད། འབྲས་བུ་

སྔོར་དབྱིབས་རིང་མོ་དང་འབྲས་བུ་གཅིག་གི་ཆ་སྙོམས་ལྗིད་ཚད་ལ་ཁེ240ཡོད། ཕྱི་ངོས་སུ་འོད་མདངས་བཀྲ་ཤིང་། གཏིང་རིམ་གྱི་ཁ་དོག་ལྗང་སེར་དང་ཉིན་ཕྱོགས་ནི་མཚམས་སྦྱིན་དམར་པོ་དང་འདྲ་ལ་ཁ་དོག་དམར་ནག་གི་ཐིག་ཤར་ཡོད། ཟླ10པའི་ཟླ་སྨད་ནས་ཟླ11པའི་ཟླ་སྟོད་དུ་འབྲས་བུ་སྨིན་པ་ཡིན། འབྲས་བུའི་ཤ་རྒྱུ་སེར་སྐྱ། ཤ་རྒྱུ་ཚགས་དམ་པ། སོབ་སོབ་ཡིན་ལ། བྲོ་བ་མངར་ཞིང་སྐྱུར་མོ་བཅས་ཡིན་པར་མ་ཟད། ཡོན་རྟོའི་ཡི་དྲི་ཞིམ་ཡང་ཡོད་པ་དང་། ཤིང་ཏོག་གི་ཁུ་བ་མང་ལ་སྤུས་ཀ་ཏ་ཅང་ལེགས། ཉེ་བའི་ལོ་འགའི་རིང་ལ། རང་རྒྱལ་དུ་འདེབས་འཛུགས་བྱེད་པ་ཉུང་མང་བའི་ཏུང་ སྤུ་ཏི་ཡི་རིགས་ལ་ཆིའུ་སྤུ1དང་ཁྲང་སྤུ2 ཁྲང་སྤུ6 ཡན་སྤུ10སོགས་ཡོད། ཁྲབ་སྤེལ་བྱེད་ཚད་ཉུང་མང་བ་ནི་ཡན་སྤུ1ནས6ཡིན།

(གཉིས) ཏུང་ཅང་ཉུན།

འཇར་པན་གྱི་སྔ་སྨིན་སྤུ་ཏིའི་སྨུག་འགྱུར་དམར་པོའི་སོན་རིགས་ཤིག་ཡིན། འབྲས་བུ་ནི་ཟླུམ་གོར་ལ་ཉེ་བ་དང་འབྲས་བུ་གཅིག་གི་ཆ་སྙོམས་ལྗིད་ཚད་ལ་ཁེ250དང་། དམར་ཁྲང་གི་མཚམས་སྦྱིན་དང་འདྲ་བའམ་ཡང་ན་ཁྱིན་ཡོངས་ནས་དམར་པོ་ཡིན། འབྲས་བུའི་ཤ་རྒྱུ་སེར་སྐྱ་དང་། བཞའ་ཚན་རང་བཞིན་གྱི་སྲ་གཟུགས་དངོས་པོའི་འདུས་ཚད15.9%ཡིན། བྲོ་བ་མངར་བ་དང་དྲི་ཞིམ་ཉུང་ལྡན་ལ། སྤུས་ཚད་ཤིན་ཏུ་མཐོ། བརྟ་བསྡུ་མ་བྱས་པའི་སྔོན་ལ་འབྲས་བུ་སར་ལྷུང་བའི་སྣང་ཚུལ་མེད། ཟླ9པའི་ཟླ་དཀྱིལ་དང་ཟླ་སྨད་ལ་འབྲས་བུ་སྨིན་པ་དང་། ལོ་སར་དུས་ཆེན་གྱི་སྔ་རྗེས་སུ་རང་བྱུང་ཉར་ཚགས་བྱས་ཆོག སྐྱེ་སྟོབས་འཕྲིང་ཙམ་དང་འབྲས་བུ་ཐོགས་པའི་ཡལ་ག་འཕྲིང་དང་ཐུང་དུ་གཙོ་བོར་འཛིན་པ་ཡིན། འབྲས་བུ་ཐོགས་ཚད་མཐོ་ལ་ཐོན་འབབ་མཐོའོ།།

(གསུམ) ཀ་ལ།

ཞིན་ཞི་ལན་གྱི་སོན་རིགས་ཤིག་ཡིན། འབྲས་བུ་སྒོར་མོར་ཉེ་བ་དང་རྩེ་མོ་ཟུར་ལྡ་མངོན་གསལ་ཡིན། འབྲས་བུ་གཅིག་གི་ཆ་སྙོམས་ལྗིད་ཚད་ལ་ཁེ130དང་། གཏིང་རིམ་གྱི་ཁ་དོག་སེར་པོ་དང་། ཉིན་ཕྱོགས་ཀྱི་ཕྱི་ངོས་དམར་པོ་ཡིན་ལ་དེའི་བར་དུ་ཁ་དོག་དམར་

པོའི་ཐིག་ཤར་ཡོད། འབྲས་བུའི་ཤུན་པགས་སྲབ་པ་དང་། འབྲས་བུའི་ཤ་རྒྱུ་འོ་མདོག་དང་སྐྱ་ཡིན། ཁུ་བ་འཁྱིང་ཅམ་དང་བཞའ་ཚན་རང་བཞིན་གྱི་སྣ་གཟུགས་དངོས་པོའི་འདུས་ཚད13%~15%ཡིན། སྤུས་ཚད་ལེགས་པོ་ཡིན། ཟླ8པའི་ཟླ་སྨད་དུ་སྨིན་ཞིང་སྡོང་པོའི་སྐྱེ་སྟོབས་འཁྱིང་ཅམ་ཡིན་ལ། སྡོང་གཟུགས་ཕྱོགས་བཞིར་ཁྱབ་ཡོད། འབྲས་བུ་ཐོགས་ཚད་མཐོ་བ་དང་ཐོན་འབབ་མཐོ། སྔ་སྨིན་ནམ་འཁྱིང་སྨིན་གྱི་སོན་རིགས་ཁྲོད་ཀྱི་འདེབས་འཛུགས་གཙོ་བོའི་སོན་རིགས་ཤིག་ཡིན།

གཉིས། ལྗུམ་ར་འདེམ་པ།

ཊུང་ཁར་ཞོག་པ་དང་ཉི་ཕྱོགས་ལ་གཏད་པ། ས་རྒྱུ་གཤིན་པའི་ས་རིམ་མཐུག་ཅིང་སྐྱེ་ལྡན་ལུད་ཀྱི་འདུས་ཚད་ནི1.0%ཡན་གྱི་བྱེ་རྫོའི་ས་རྒྱུ་ཡིན་པ་དང་། གཟར་ཚད་ཌུཨུ15ལས་ཆུང་བའི་ས་ཆ་འདེམ་དགོས། ས་རྒྱུའི་སྐྱུར་སྐྱའི་ཚད(pHཚད)ནི་སྐྱུར་གཤིས་ཕྲན་བུ་ནས་མ་ནིང་གི་བར་ཡིན་ན་འཚམ།

གསུམ། འདེབས་འཛུགས།

(གཅིག) འདེབས་འཛུགས་དུས་སྐབས་དང་སྟུག་ཚད།

སྤྱིར་བཏང་དུ་དཔྱིད་ཀར་འདེབས་འཛུགས་བྱས་ན་འཚམ་ཤོས་ཡིན་པ་དང་། སྡོང་ཐང་གི་རྩ་སྦྱོས་རྒྱག་པའི་བར་ཐག་སྨི3×སྨི4དང་ཡང་ན་སྨི4×སྨི5ཡིན། ཟེའུ་འབྲུ་སྟེབ་སྦྱོར་གྱི་སྡོང་པོ་འཛུགས་རྒྱུར་དོ་སྣང་བྱེད་དགོས།

(གཉིས) འདེབས་འཛུགས་མ་བྱས་གོང་གི་གྲ་སྒྲིག

ཁོད་སྙོམས་ས་ཞིང་དང་། འདེབས་འཛུགས་ཤུར་བུའམ་འདེབས་འཛུགས་ཁུང་བུ་བརྐོས་ནས། ཤུར་བུའི་ཞེང་དང་ཡང་ན་ཁུང་བུའི་ཞེང་ཚད་ལི་སྨི80~100བར་དང་། ཤུར་བུའམ་ཡང་ན་ཁུང་བུའི་ཟབ་ཚད་ལི་སྨི60~80བར་ཡིན། ཤུར་བུའམ་ཁུང་བུ་བརྐོ་བའི་སྐབས་སུ། ཕྱི་རོས་ཀྱི་ས་དང་གཏིང་རིམ་གྱི་ས་སོ་སོར་སྤུངས་རྗེས། སྐྱེ་ལྡན་ལུད་དང་ཕྱི་རོས་ཀྱི་ས་མཉམ་དུ་བསྲེས་ནས་ཕྱོགས་གཅིག་ཏུ་སྤུང་དགོས། འདེབས་འཛུགས་ཤུར་བུ་དང་ཡང་ན་ཁུང་བུ་ནི་སྟོན་དུས་སུ་བརྐོས་ནས་ས་རིམ་གྱི་ནང་སྙིང་ཡོངས་སུ་སྨིན་པར་

བྱས་ཏེ་དཔྱིད་ཀར་འདེབས་འཛུགས་བྱེད་དགོས།

(གསུམ) འདེབས་འཛུགས་བྱེད་པ།

སྔོན་ལ་ལུད་རྫས་བསྲེས་པའི་ཕྱི་དངས་ཀྱི་ས་ཕྱེད་ཙམ་བླངས་ནས་ཤུར་བུའམ་ཁུང་བུའི་ནང་དུ་བླུགས་ཏེ་འབུར་གཟུགས་མངོན་པ་དང་། དེའི་འཕྲོར་སྔོང་ཕྲུག་ཤུར་བུའི་ནང་དུ་བཞག་ནས་རྩ་ལག་ཆ་སྙོམས་ཀྱིས་ཤུར་བུའི་ཞབས་ཀྱི་འབུར་དབྱིབས་སྟེང་དུ་འཛུགས་པ་དང་། དུས་མཚུངས་སུ་སྤྱ་གཞུག་གཡས་གཡོན་ལ་དྲང་པོར་གནས་པར་བྱས་ཏེ། གནས་ཡུལ་གྱི་ཐིག་ཚད་སྒྲིག་དགོས། དེ་ནས་ལུད་རྫས་ནང་དུ་བསྲེས་པའི་ས་དངས་ཀྱི་ས་ཕྱེད་ཙམ་རིམ་པ་དབྱེ་ནས་ཤུར་བུའམ་ཁུང་བུའི་ནང་དུ་བླུགས་ཏེ། ས་རིམ་པ་རེ་རེ་བཞིན་བཙག་གནོན་བྱེད་དགོས་པར་མ་ཟད། དུས་ཐོག་ཏུ་སྔོང་ཕྲུག་རྣམས་ཡར་བཀྱུགས་ནས་རྩ་ལག་དང་ས་རྒྱུ་དམ་པོར་སྦྱོར་དགོས། མཇུག་མཐར་གཏིང་རིམ་གྱི་ས་ཤུར་ཁུང་བུར་བླུགས་ནས་རྩ་བ་ས་དངས་ལས་ལི་སྨི3ཀྱིས་མཐོ་བ་དང་། སྔོང་ཕྲུག་ཕྱོགས་བཞིར་ཚངས་ཐིག་སྨི1དང་མཐོ་ཚད་ལི་སྨི10ཡོད་པའི་ཞིང་ཆོག་བཟོས་ནས་ཆུ་གཏོང་བར་སྟབས་བདེ་སྐྲུན་དགོས། འདེབས་འཛུགས་བྱས་རྗེས་དུས་ཐོག་ཏུ་ཆུ་གཏོང་དགོས།

བཞི། ཆུ་ལུད་དོ་དམ།

(གཅིག) ས་རྒྱུའི་དོ་དམ།

ས་རྒྱུའི་དོ་དམ་ནི་ས་ཁུང་རྒྱ་ཇེ་ཆེར་བཏང་ནས་གཏིང་སློག་དང་སྐྱེ་དངོས་ཀྱི་སོག་མ་སྐྱོང་གནོན་བྱེད་པ། སྐྱེ་ལྡན་ལུད་ཇེ་མང་དུ་བཏང་ནས་གཏོར་བ། རྩྭ་འགེབས་པ་སོགས་ཀྱི་བྱེད་ཐབས་སྤྱད་དེ། ས་རྒྱུའི་སྐྱེ་ལྡན་རྫས་བཅུད་ཇེ་མང་དུ་གཏོང་བ་དང་། ས་རྒྱུའི་ཆུ་དང་ཚ་གྲང་། སོལ་གླངས། ཞིང་ལུད། སྐྱེ་དངོས་ཕྲ་རབ་སོགས་ཁོར་ཡུག་གི་ཆ་རྐྱེན་ཇེ་ལེགས་སུ་བཏང་ནས་ས་རྒྱུའི་གཤིན་ཚད་ཇེ་མཐོར་གཏོང་བ་ཡིན། ལོ་རེར་སྟོན་དགུན་དུས་ཚིགས་སུ་འབྲས་བུ་བཏ་བསྡུ་བྱས་རྗེས་སྔོང་རྐང་གི་རྩ་བའི་ས་གཏིང་སློག་བྱེད་དགོས། སྔོང་ཕྲུག་ཆུང་དུ་ཡིན་ན་ཁུང་བུའི་རྒྱ་ཇེ་ཆེར་བཏང་ནས་གཏིང་སློག་བྱེད་པ་གཙོ་བོ་ཡིན་ལ། འཛུགས་སྐྲུན་བྱས་ནས་ལོ་མང་འགོར་བའི་ལྷུམ་ར་ཡིན་ན་ཕྲེང་བསྐྱར་རེ་

སྐྱུར་ནས་ཟབ་སློག་བྱེད་པའམ་ཡང་ན་ཁྲོན་ཡོངས་ནས་གཏིང་སློག་བྱེད་དགོས། གཏིང་ཟབ་ཚད་ནི་ཀུ་ཤུའི་སྡོང་པོའི་རྩ་ལག་གཙོ་བོ་རྒྱས་ཚད་ཀྱི་ཆེས་ཟབ་པའི་རིམ་པ་ཚད་གཞིར་འཛིན་དགོས། (སྤྱིར་བཏང་གི་ཟབ་ཚད་ནི་ལི་སྨི50~60བར་ཡིན)འབྲས་བུའི་ལོའི་སྐྱེ་འཚར་འཁོར་ཡུན་ནང་ནས། སྤྱིར་བཏང་དུ་སྡོང་པོའི་རྩ་བར་ཟྭ་སློག་ཐེངས་གཉིས་ལ(ཤིང་འབྲས་དང་འབྲུ་རིགས། ཤིང་འབྲས་ལྗུམ་རའི་འཚོ་བཅུད་ཁུལ)རྒྱག་དགོས། ཐེངས་དང་པོ་ཟླ6པའི་ཟླ་དཀྱིལ་དང་། ཐེངས་གཉིས་པ་ཟླ9པའི་ཟླ་དཀྱིལ་དང་ཟླ་སྨད་དུ་སྟོན་ཁའི་གཏིང་ལུད་འཛོག་པ་དང་ཟུང་དུ་འབྲེལ་ནས་སློག་དགོས། ཟྭ་སློག་གཏིང་ཚད་ལི་སྨི20~30འཚམ་པོ་ཡིན།

(གཉིས) ཤིང་འབྲས་ལྗུམ་རར་ལུད་འཛོག་པ།

1. གཏིང་ལུད།

སྟོན་དུས(ཟླ9པའི་ཟླ་དཀྱིལ་དང་ཟླ་སྨད)དུས་ཐོག་ཏུ་གཏིང་ལུད་འདང་ངེས་ཤིག་འཛོག་དགོས། རྫིད་ཚད་མཐོན་པོས་སྐྱུར་བསླལ་དང་སྤུང་བའི་ཐབས་ལམ་སྤྱད་ནས་སྐྱེ་ལྡན་ལུད་རྫས་བཟོ་བ་གཙོ་བོར་འཛིན་དགོས་ཤིང་། དུས་མཚུངས་སུ་ད་དུང་ཏན་དང་ཞིན་རྒྱུའི་རྫས་ལུད་ཅུང་ཤས་བསྲེ་དགོས། རྫས་ལུད་ཀྱི་ཚད་གཞི་མ་མཐའ་ཡང་འབྲས་བུ་རྒྱ་མ་གང་རེའི་ལུད་རྫས་འདྲ་མཚུངས་སུ་སླེབས་པར་བྱེད་དགོས། ཉེ་བའི་ལོ་འགའི་རིང་ལ། ལྗུམ་རའི་དངོས་དམ་ལག་རྩལ་གྱི་ཆུ་ཚད་མུ་མཐུད་དུ་ཇེ་མཐོར་སོང་བ་དང་སྤྱི་གནོད་མེད་པའི་སིལ་ཏོག་ཐོན་སྐྱེད་ལག་རྩལ་ལག་བསྟར་བྱས་པ་དང་བསྟུན་ནས། གཏིང་ལུད་ཀྱི་གྲངས་ཚད་ཇེ་མཐོར་བཏང་ནས་འབྲས་བུ་སྟོང་ཁེ1རེ་ཐོན་སྐྱེད་བྱེད་པར་སྐྱེ་ལྡན་ལུད་སྟོང་ཁེ1.02སྦྱོད་དགོས་ཤིང་། ལུད་འཛོག་སྟངས་ནི་རྒྱུན་ལྡན་གྱི་འཁྱིད་འཁོར་འི་དབྱིབས་དང་གདུབ་དབྱིབས་ལྟར་ཡིན། ཟབ་ཚད་ལི་སྨི40~60ཡིན་པས། ལུད་འཛོག་དུས་ཆུ་གཏོང་བ་དང་ཟུང་འབྲེལ་བྱེད་དགོས།

2. སྙིང་ལུད།

མྱུར་ཕན་ལུད་གཙོ་བོར་འཛིན་དགོས། འབྲས་བུ་རྒྱས་པའི་དུས་སྐབས་སུ་སྤྱིར་

བཏང་དུ་ཀུ་ཤུ་སྟོང་ཁ100རེ་ཐོན་སྐྱེད་བྱེད་དུས་ཁྲུང་ཏན་སྟོང་ཁ0.7~1.0དང་། ཁྲུང་ལིན(ལྷུའུ་དབྱང་ཧྲ་ཨར་ལིན)སྟོང་ཁ0.3~0.5 ཁྲུང་ཙྭ(དབྱང་ཧྲ་ཙྭ)སྟོང་ཁ0.7~1.0སོགས་གཏོར་དགོས། ཏན་དང་ལིན། ཙྭ་བཅས་ཀྱི་འོས་འཚམ་སྡེབ་ཚད1 : 0.5 : 1ཡིན། སྟེང་ལུད་ནི་སྤྱིར་བཏང་དུ་ལོ་རེར་ཐེངས་གསུམ་ལ་རྒྱག་དགོས། ཐེངས་དང་པོ་ནི་སྨྱུ་གུ་མ་འབུས་པའི་སྔོན་ལ་འདེག་པ་དང(ཟླ4པའི་ཟླ་འགོར)ཏན་ལུད་གཙོ་བོ་བྱེད་དགོས། འབྲས་བུ་རྒྱས་པའི་དུས་སྐབས་སུ་སྡོང་པོ་རེར་གཅིན་རྒྱུ་སྟོང་ཁ0.5འདེག་དགོས། ཐེངས་གཉིས་པ་ནི་མེ་ཏོག་བཞད་པའི་རྗེས་སུ་འདེག་པ་དང་། ཏན་དང་ལིན་གཙོ་བོར་འཛིན་དགོས་ཤིང་། ཞོར་དུ་ཙྭ་ལུད་ཅུང་ཙམ་འདེག་དགོས། སྡོང་པོ་རེར་ལིན་སོན་ཨེར་ཨན་སྟོང་ཁ0.6དང་ལིའུ་སོན་ཙྭ་སྟོང་ཁ0.2གཏོར་དགོས། ཐེངས་གསུམ་པ་ནི་འབྲས་བུ་ཇེ་ཆེར་རྒྱས་པའི་དུས་སུ་གཏོར་བ་དང་ཙྭ་ལུད་གཙོར་བྱས་ཏེ་རྫས་ལུད་ཅུང་ཙམ་འདེག་དགོས། སྡོང་པོ་རེར་ལིའུ་སོན་ཙྭ་སྟོང་ཁ0.6དང་བསྲེས་སྦྱོར་ལུད་སྟོང་ཁ0.2འདེག་དགོས། ལུད་འདེག་སྟངས་ནི་གདུབ་དབྱིབས་སམ་འགྱེད་འཕྲོའི་དབྱིབས་ཀྱི་ལུད་འདེག་ཐབས་ལ་བརྟེན་ནས། གཏིང་ཚད་ལི་སྨི20ཡས་མས་ཡིན་པ་དང་། ལུད་འདེག་དུས་ཆུ་གཏོང་བ་དང་ཟུང་འབྲེལ་བྱེད་དགོས།

3. རྩ་བའི་ཕྱི་ངོས་སུ་སྟེང་ལུད་འདེག་པ།

རྩ་བའི་ཕྱི་ངོས་སུ་སྟེང་ལུད་འདེག་པའི་དམིགས་ཡུལ་ནི་མགྱོགས་མྱུར་དང་ཤིང་འབྲས་ཀྱི་འཚོ་བཅུད་ཁ་གསབ་བྱས་ནས། རྒྱུན་ལྡན་ལྟར་འབྲས་བུ་ཐོགས་པ་དང་དཀར་ཟས་མི་འདང་བའི་ནད་སྔོན་འགོག་བྱེད་པའི་ཆེད་ཡིན། གཅིན་རྒྱུ་དང་ལིན་སོན་ཨེར་ཆིང་ཙྭ། ཕུན་ཧྲ། ཞིན་ལུད། ལིའུ་སོན་ཡ་ཐིའི་སོགས་གཙོ་བོར་འཛིན་དགོས། གར་ཚད་ནི་གཅིན་རྒྱུ་དང0.3%ལིན་སོན་ཨེར་ཨན་དང་། 0.2%~0.3%ལིན་སོན་ཨེར་ཆིང་ཙྭ། 0.2%~0.3%ལིའུ་སོན་ཡ་ཐིའི། 0.2%ལིའུ་སོན་ཞིན། 0.2%ཕུན་ཧྲ་སོགས་ཡིན།

(གསུམ) ཤིང་འབྲས་ལྡུམ་རའི་ནང་དུ་ཆུ་གཏོང་བ།

ཀུ་ཤུའི་སྡོང་པོའི་ལྡུམ་རའི་སྤྱིའི་ཆུ་གཏོང་བའི་རྩ་དོན་ནི་དུས་མགོར་མང་ལ་དུས

མཇུག་ཤུང་བ་ཡིན། དུས་མགོར་ཆུ་གཏོང་ཚད་མང་ན་ཡལ་གའི་སྐྱེ་འཚར་དང་འབྲས་བུ་སྐྱེ་འཚར་ཁག་ཐེག་བྱེད་ཐུབ། དུས་མཇུག་ཏུ་ཆུ་ཤུང་གཏོང་བྱས་ན་ཡལ་ག་འཕྱུས་ཚང་དུ་གཏོང་བ་དང་འབྲས་བུའི་སྤུས་ཚད་རྗེ་མཐོར་གཏོང་ཐུབ། ས་ཁུལ་ཁ་ཤས་ཀྱི་ཤིང་འབྲས་ཐོན་ཁུལ་ལ་མཚོན་ན་དགུན་དཔྱིད་གཉིས་སུ་ཐན་པ་ཆེ་བས་ས་རྒྱུ་མ་འཁྱག་པའི་སྔོན་ལ་འཁྱག་ཆུ་ཐེངས་གཅིག་བཏང་ན་ཤིང་འབྲས་ཀྱི་བདེ་འཇགས་ངང་དགུན་བརྒལ་བྱེད་པར་ཕན་པ་ཡོད།

ལྔ། སྐྱེ་ལུགས་ལེགས་སྒྲིག་དང་ཡལ་བཞུར་རྒྱག་པ།

(གཅིག) སྟོང་ཕྲུག་གི་སྐྱེ་ལུགས་ལེགས་བཅོས།

སྟོང་ཕྲུག་ལ་རྩ་སྦྱོས་རྒྱག་པའི་ལོ་དེར་ཐོག་མར་ཡལ་བཞུར་བརྒྱབ་ནས་སྟོང་རྐང་གཙོ་བོ་གཏན་འཁེལ་བྱེད་དགོས། མཐོ་ཚད་སྤྱིར་བཏང་དུ་ལི་སྨི70~80བར་དང་སྨྱུ་གུ་འབུས་རྗེས་སྟོང་རྐང་གི་མཐོ་ཚད་ལི་སྨི40མན་ཆད་ཀྱི་སྨྱུ་གུ་དུས་ཐོག་ཏུ་འབྲེག་གཅོད་དང་གཙང་དོར་བྱེད་དགོས། འབྲེག་གཅོད་ཧྲ་ཁའི་འོག་གི་ལི་སྨི10ཡི་ལེགས་སྒྲིག་གནས་ཡུལ་དུ་ཁ་ཕྱོགས་འོས་འཚམ་དང་སྐྱེ་འཚར་ཤུང་ལེགས་པའི་ཡལ་ག་གཙོ་བོ3~5འདེམ་དགོས། རྩ་བའི་ཡན་ལག་གཙོ་བོ་གསུམ་ནི་ལོ་གཉིས་ནང་དུ་དུས་བགོས་འདེམ་ཉར་བྱས་ནས་ཆགས་པར་མ་ཟད། སྐྱེ་འཚར་གྱི་སྟོབས་ཤུགས་དོ་མཉམ་ཡོང་བར་རྒྱུན་འཁྱོངས་བྱེད་དགོས། རིམ་པ་གོང་མའི་ཡན་ལག་གཙོ་བོ་ནི་ལྟེ་འཁོར་ཡལ་ག་བདམས་ནས་འཇོག་མི་འོས། སྟོང་བོ་ཡོངས་ནི་ཁོངས་གཏོགས་ཀྱི་འབྲེལ་བ་མངོན་གསལ་ཞིག་སྲུང་འཛིན་བྱེད་དགོས་ཏེ། དཀྱིལ་སྙིང་གི་ཡལ་གའི་སྐྱེ་འཚར་གྱི་སྟོབས་ཤུགས་ནི་གཙོ་རྐང་གི་ཡལ་ག་ལས་བཟང་བ་དང་གཙོ་རྐང་གི་ཡལ་ག་ནི་ཟུར་སྐྱེས་ཡལ་ག་ལས་བཟང་། སྟེང་འོག་རིམ་གྱི་གཙོ་རྐང་གི་ཡལ་ག་ནི་སྟེང་ཆུང་འོག་ཆེ་བ་རྒྱུན་འཁྱོངས་བྱེད་དགོས། དཀྱིལ་སྙིང་གི་ཡལ་གའི་སྐྱེ་འཚར་རྒྱས་དྲགས་པའི་དུས་སུ་ཐེངས་གཉིས་པར་སྐྱེས་པའི་ཡལ་ག་ཐོག་མའི་ཡལ་གའི་སྐྱེ་འཚར་རིང་བསྲིང་བྱས་ནས་གུག་ཆུང་དབྱིབས་གཟུགས་སུ་འགྱུར་བས། གོང་རིམ་གྱི་སྐྱེ་སྟོབས་རྒྱས་པར་ཚོད་འཛིན་ནན་པོ་བྱེད་པ་དང་དུས་མཚུངས་སུ་རིམ་པ་དང་

པོའི་ཡན་ལག་གཙོ་བོ་སྐྱེ་འཚར་གྱི་སྟོབས་ཤུགས་ཇེ་ཆེར་གཏོང་དགོས།

(གཉིས) འབྲས་བུ་ཐོགས་པའི་དུས་སུ་ཡལ་བཞུར་རྒྱག་པ།

དུས་སྐབས་འདིར་ཡལ་བཞུར་རྒྱག་པའི་ལས་འགན་གཙོ་བོ་ནི་རིམ་པ་སོ་སོའི་རྐང་འཛིན་ཡལ་ག་གསོ་སྐྱོང་ཡག་པོ་བྱས་ནས། ཡན་ལག་གཙོ་བོ་མུ་མཐུད་དུ་གསོ་སྐྱོང་བྱས་ཏེ་མགྱོགས་མྱུར་དང་ཤིང་སྡོང་སྲ་ཞིང་བརྟན་པ་དང་ཐོན་འབབ་མཐོ་བ། ཐོན་འབབ་གཏན་འཇགས་ཡིན་པའི་སྡོང་དབྱིབས་ཤིག་བསྐྲུན་རྒྱུ་དེ་ཡིན། ཡན་ལག་གཙོ་བོ་དང་གཞོགས་སྐྱེས་ཡལ་གའི་རྒྱབ་ཕྱོགས་དང་། གཞོགས་གཉིས་དང་རྒྱབ་སོགས་སུ་དུས་ཐོག་ཏུ་ཡན་ལག་ཆེ་བ་དང་འབྲིང་བ། ཆུང་བ་བཅས་གསོ་སྐྱོང་བྱས་ནས་འབྲས་བུ་ཆགས་ཚུལ་བརྟན་པོ་ཡོང་བར་བྱེད་དགོས། ཡལ་ག་ནི་ཤིང་སྡོང་གི་ལོ་འདབ་ནང་རིམ་གྱི་བཀོད་སྒྲིག་ལྟར་གོང་རིམ་ཇེ་ཉུང་དང་འོག་རིམ་མཐུག་པོའམ་ཕྱི་ངོས་ཇེ་ཉུང་དང་བར་རིམ་མཐུག་པ་ཡིན་དགོས། རིམ་པ་སོ་སོའི་གཙོ་རྐང་དང་ཟུར་སྐྱེས་ཡལ་ག རིང་སྲིང་ཡལ་ག་སོགས་གཅོད་པ་དང་། སྐྱེ་འཚར་རྒྱགས་པའི་མྱུ་གུ་སོར་འཇོག་བྱེད་དགོས། མུ་མཐུད་དུ་ཕྱི་ལ་བསྲིངས་ན་རྐང་འཛིན་ཡལ་གའི་སྟེང་གི་དྲང་མོར་ལངས་པའི་འགྲན་ཟོད་ཡལ་ག་དང་སྟུག་སྐྱེས་ཡལ་ག དེ་མིན་འོད་འཕྲོ་བར་ཤུགས་རྐྱེན་ཐེབས་པའི་བསྙོལ་མའི་ཡལ་ག་མེད་པར་བཟོ་དགོས། ཐུང་དུར་གཅོད་ཡུལ་ནི་རྐང་འཛིན་མ་ཡིན་པའི་ཡལ་ག་དང་བཏང་སྙོམས་མིན་པའི་ཡལ་ག་ཡིན་པས། ཡལ་ག་སྐྱེས་པར་སྐྱུལ་འདེད་བྱས་ནས་འབྲས་བུ་ཡན་ལག་ཏུ་སྒྱུར་དགོས། ཤིང་སྡོང་གི་ལོ་འདབ་ནང་ངོས་ལ་ཁ་ཕྱོགས་པ་དང་གནས་ཡུལ་འོས་འཚམ་ཡིན་པའི་ཡལ་ག་སྐྱེས་པར་སོར་འཇོག་བྱེད་དགོས། དུས་མཚུངས་སུ་རོགས་སྐྱོང་ཡལ་ག་སྲིད་ནས་འབྲས་བུ་ཐོགས་པའི་ཡལ་ག་གསོ་སྐྱོང་བྱེད་དགོས།

(གསུམ) འབྲས་བུ་སྨིན་དུས་སུ་ཡལ་བཞུར་རྒྱག་པ།

འབྲས་བུ་སྨིན་དུས་སུ་ཡལ་བཞུར་རྒྱག་པའི་གཙོ་གནད་གཅིག་ནི་འཚོ་བཅུད་སྐྱེ་འཚར་དང་སྐྱེ་འཕེལ་སྐྱེ་འཚར་དོ་སྙོམས་ཡོང་བར་བྱས་ནས། ཐོན་ཚད་ངེས་ཅན་ཞིག་འགན་ལེན་བྱེད་དགོས་ལ་སྡོང་བོའི་སྐྱེ་སྟོབས་འོས་འཚམ་ཡང་འགན་ལེན་བྱེད་

དགོས། གཉིས་ནི་འབྲས་བུ་སྨིན་པའི་ཡལ་གར་ལུགས་མཐུན་གྱིས་སློམ་སྒྲིག་བྱས་ཏེ། བསྡུར་ཚད་འོས་འཚམ་ཞིག་རྒྱུན་འཁྱོངས་བྱེད་པ་དང་། (འཚོ་བཅུད་ཀྱི་ཡལ་ག་དང་འབྲས་བུ་ཐོགས་པའི་ཡལ་ག་གཉིས་ཀྱི་བསྡུར་ཚད། སྐྱེ་འཚར་བཟང་བའི་སྡོང་བོའི་བསྡུར་ཚད་ནི3:1དང་། སྐྱེ་སྟོབས་ཞན་པའི་སྡོང་བོའི་བསྡུར་ཚད4:1ཡིན) དུས་ཐོག་ཏུ་འབྲས་བུའི་ཡལ་ག་རྙིང་བ་དང་འབྲས་བུ་ཞན་པའི་ཡལ་ག་གསར་སྒྱུར་བྱེད་དགོས། གསུམ་ནི་རིགས་སྐྱོང་ཡལ་ག་དང་གནས་སྐབས་རང་བཞིན་གྱི་ཡལ་ག་ཐག་གཅོད་བྱས་ཏེ་འབྲས་བུ་ཐོགས་པའི་ཡན་ལག་ཏུ་བསྒྱུར་ནས། ཆུང་རྒྱུག་པ་དང་འོད་གསལ་བའི་ཁོར་ཡུག་ལེགས་བཅོས་བྱས་ཏེ། ལུགས་མཐུན་གྱིས་བར་སྟོང་འཛིན་དགོས། འབྲས་བུ་སྨིན་པའི་ཡལ་ག་ཚན་པར་ཡལ་བཞུར་རྒྱག་པ་ཡིན་ན། བཏང་སློམས་ཡལ་ག་བདམས་ནས་ཐུང་ཏུར་གཅོད་པ་དང་། དྲང་མོར་ལངས་ཤིང་སྐྱེ་སྟོབས་བཟང་བའི་ཡལ་གར་དབྱར་དུས་སུ་རྩེ་བཏོག་པ་དང་དགུན་དུས་ཡལ་ག་འཐེན་དུ་བཙུག་ནས་དེ་ཉིད་མེ་ཏོག་ཏུ་བསྒྱུར་བ་དང་། ཚགས་དམ་དྲགས་པའི་ཡལ་ག་དང་ཡལ་ག་ཚན་པ་ཡིན་ན། ཕྱིར་འཐུམ་བྱས་ནས་སྐྱེ་སྟོབས་ཅུང་ཞན་པའི་ཡལ་ག་གསར་སྒྱུར་བྱེད་དགོས། ཤིང་སྡོང་གི་ནང་རིམ་གྱི་སྐྱེ་སྟོབས་རྒྱས་པའི་ཡལ་ག་ཡིན་ན་དུས་ཐོག་ཏུ་རྩེ་བཏོག་དགོས་པ་དང་ཡལ་ག་འཐེན་ནས། དེ་ཉིད་མགྱོགས་མྱུར་སྨོས་འབྲས་བུ་ཐོགས་པའི་ཡན་ལག་ཏུ་གསོ་སྐྱོང་བྱེད་དགོས། འབྲས་བུ་སྨིན་པའི་གནས་ཡུལ་ཕྱི་རུ་སྤོ་བར་གཡོལ་དགོས།

(བཞི) ལོ་མང་འགོར་བའི་སྡོང་རྐན་ལ་ཡལ་བཞུར་རྒྱག་པ།

དུས་སྐབས་འདིར་ཡལ་བཞུར་རྒྱག་པའི་ལས་འགན་གཙོ་བོ་ནི་ཡལ་འདབ་གསར་སྒྱུར་དང་སྐྱེ་སྟོབས་སླར་གསོ་བྱས་ཏེ། སྡོང་བོའི་ཐོན་ཚད་ཅུང་མཐོན་པོ་རྒྱུན་འཁྱོངས་བྱ་རྒྱུ་དེ་ཡིན། ཆུ་ལུད་ལ་ཤུགས་སྣོན་བྱེད་དགོས་པ་ལས་གཞན། ཡལ་བཞུར་རྒྱག་དུས་ཡལ་ག་གཙོ་བོར་དོ་སྣང་བྱེད་དགོས་ཤིང་། ལྷག་པར་དུ་རིམ་བརྩེགས་ཅན་གྱི་ཡལ་ག་གཙོ་བོར་ཕྱིར་འཐུམ་འོས་འཚམ་བྱས་ཏེ། ལོ5~6ལ་སྐྱེས་པའི་ཡལ་གའི་བར་དུ་ཕྱིར་འཐུམ་བྱེད་དགོས། འབྲས་བུ་ཐོགས་པའི་ཡན་ལག་ལ་དུས་ཐོག་ཏུ་གསར་སྒྱུར་བྱེད་དགོས། གལ་ཏེ་

སྡོང་རྐང་གི་ཡལ་ག་གཙོ་བོའི་རྒྱབ་ཏུ་སྐྱེ་འཚར་རྒྱས་པའི་ཡལ་ག་དང་འཚར་སྐྱེའི་ཡལ་ག་ཡོད་ན། དེའི་བཟང་ཆ་སྤྱད་ནས་ཟུར་སྐྱེས་ཡལ་གའི་རིང་སྲིང་སྙེ་མོ་བྱས་ཆོག་ཅིང་། སྡོང་རྐང་གི་ཡལ་ག་གཙོ་བོའི་དགེ་མཚན་སླར་གསོ་བྱེད་དགོས།

དྲུག མེ་ཏོག་དང་འབྲས་བུའི་དོ་དམ།

(གཅིག) གསབ་འཛུགས་དང་ཟེའུ་འབྲུ་ཕོ་མོ་སྦེལ་སྦྱོར་བྱེད་པའི་སྡོང་པོ་མཐུད་སྦྱོར་བྱེད་པ།

ཞིང་འབྲས་ཀྱི་སོན་རིགས་མང་ཆེ་བར་ཟེའུ་འབྲུ་ཕོ་མོ་སྦེལ་སྦྱོར་བྱེད་པའི་སྡོང་པོ་བཀོད་སྒྲིག་བྱེད་དགོས་མེད། འོན་ཀྱང་ཐོན་སྐྱེད་བྱེད་དུས་རྒྱུན་དུ་ཟེའུ་འབྲུ་ཕོ་མོ་སྦེལ་སྦྱོར་བྱེད་པའི་སྡོང་པོ་བཀོད་སྒྲིག་བྱེད་པར་མཐོང་ཆུང་བྱེད་བཞིན་ཡོད། ཞིང་འབྲས་ལྷུམ་ར་གསར་སྐྲུན་བྱས་ན་ཟེའུ་འབྲུ་ཕོ་མོ་སྦེལ་སྦྱོར་གྱི་སྡོང་པོ་བཀོད་སྒྲིག་བྱེད་དགོས། ཟེའུ་འབྲུ་ཕོ་མོ་སྦེལ་སྦྱོར་གྱི་སྡོང་པོ་མང་པོ་མེད་པའི་ཞིང་འབྲས་ལྷུམ་ར་ཡིན་ན། ཟེའུ་འབྲུ་ཕོ་མོ་སྦེལ་སྦྱོར་གྱི་སྡོང་པོ་མཐུད་སྦྱོར་བྱས་ནས་གསབ་འཛུགས་བྱེད་ཐབས་སྤྱོད་དགོས།

(གཉིས) མེ་ཏོག་བཞད་པའི་དུས་སུ་སྦྲང་མ་དང་མིའི་ཐབས་ལ་རྟེན་ནས་ཟེའུ་འབྲུ་ཕོ་མོ་སྦེལ་སྦྱོར་བྱེད་པ།

མིས་རམ་འདེགས་བྱས་ནས་ཟེའུ་འབྲུ་ཕོ་མོ་སྦེལ་སྦྱོར་བྱེད་དུས། དྲོད་ཚད20~25℃བར་གྱི་ཆ་རྐྱེན་འོག་ཏུ་མེ་ཏོག་གི་རྡུལ་བརྗེ་བརྡུ་བྱས་ནས། སྤུ་ཕྱུགས་ཀྱིས་ཟེའུ་འབྲུ་ཕོ་མོ་སྦེལ་སྦྱོར་བྱེད་དགོས། མེ་ཏོག་བཞད་པའི་དུས་སུ་ལྷུམ་རའི་ནང་དུ་སྦྲང་མ་གསོས་ན། འབྲས་བུ་ཐོགས་ཚད་མངོན་གསལ་གྱིས་མཐོར་འདེགས་བྱེད་ཐུབ།

(གསུམ) མེ་ཏོག་དང་འབྲས་བུ་ཇེ་ཉུང་དུ་གཏོང་བ་དང་འབྲས་བུའི་སྙིང་དུ་འཁྱིག་ཁུག་འགེབས་དགོས།

1. མེ་ཏོག་དང་འབྲས་བུ་ཇེ་ཉུང་དུ་གཏོང་བ།

མེ་ཏོག་དང་འབྲས་བུ་ཇེ་ཉུང་དུ་བཏང་ན་ཀུ་ཤུའི་སྡོང་བོའི“འབྲས་བུ་འདོགས་མང་ཉུང་གི་ལོའི”འབྲས་བུ་སྨིན་པའི་སྣང་ཚུལ་ལ་གཡོལ་བ་དང་འབྲས་བུ་ཁ་ཤས་རྒྱས་སྤྲོས་ཆེ་

བ། འབྲས་བུའི་དབྱིབས་ལེགས་བཅོས། འབྲས་བུའི་སྦུས་ཚད་ཇེ་ལེགས་སུ་གཏོང་བར་ཕན་པ་ཡོད། མེ་ཏོག་དང་འབྲས་བུ་འཇོག་པའི་གྲངས་ཚད་གཏན་འཁེལ་བྱེད་ན། ལོ་མ་དང་འབྲས་བུའི་བསྡུར་ཚད་ནི(སྤྱིར་བཏང་དུ30~40:1)ཡིན། ཡལ་ག་དང་འབྲས་བུའི་བསྡུར་ཚད(འཚོ་བཅུད་ཡལ་ག/འབྲས་ཐོགས་ཡལ་ག)ནི3~4:1ཡིན། སྐྱེ་འཚར་ཞན་པའི་སྡོང་པོ་ཡིན་ན་བསྡུར་ཚད་འོས་འཚམ་སྒྲོས་ཇེ་མཐོར་གཏོང་དགོས། སྤྱིར་བཏང་གི་ཐོན་སྐྱེད་བྱེད་དུས་མེ་ཏོག་བང་རིམ6~7ནང་ནས་མེ་ཏོག་བང་རིམ1རེ་བཞག་ནས་འབྲས་བུ་ཐོགས་སུ་འཇུག་པ་དང་། ཕལ་ཆེར30~40:1ལོ་མ་དང་འབྲས་བུའི་བསྡུར་ཚད་ཀྱི་ཚད་གཞིར་སླེབས་ཐུབ། མེ་ཏོག་དང་འབྲས་བུ་ཇེ་ཉུང་དུ་གཏོང་ན་དུས་ཡུན་སྔ་མོ་ནས་ཇེ་ཉུང་དུ་གཏོང་དགོས། འོན་ཀྱང་ཡོད་ཚད་ཇེ་ཉུང་དུ་གཏོང་མི་རུང་། རང་བྱུང་གིས་སྨིན་པ་མ་ཡིན་པའི་འབྲས་བུ་སར་ལྷུང་རྗེས་འབྲས་བུ་ཐོགས་ཚད་གཏན་འཁེལ་བྱེད་དགོས། འབྲས་བུ་ཐོགས་ཚད་གཏན་འཁེལ་བྱས་རྗེས་སོར་འཇོག་བྱས་པའི་འབྲས་བུའི་གྲངས་ཚད་ནི་ཆེས་མཐའ་མཇུག་གི་འབྲས་བུ་སོར་འཇོག་གི་གྲངས་ཚད་ཡིན།

2. འབྲས་བུའི་སྟེང་དུ་འཁྱིག་ཁུག་འགེབས་པ།

འབྲས་བུའི་སྟེང་དུ་འཁྱིག་ཁུག་བཀབ་ན་འབྲས་བུའི་ཕྱི་དབྱིབས་མཛེས་པ་དང་འབྲས་བུའི་སྦུས་ཚད་ཇེ་མཐོར་གཏོང་བར་ཕན་པ་ཡོད། ཁུག་མའི་ནང་དུ་འཇུག་པའི་དུས་ཚོད་ནི་ལུས་ཁམས་འབྲས་བུ་སར་ལྷུང་བའི་རྗེས་ཡིན། སྔ་དྲགས་ན་འབྲས་བུ་ཆུང་བས་བཀོལ་སྤྱོད་བྱེད་དཀའ་བ་དང་འཕྱི་དྲགས་ན་ནད་འབུའི་གནོད་འཚེ་ཐེབས་པར་མགོ་བརྩམས་ཏེ་ཁུག་མ་བཀབ་པའི་ནུས་པ་ཇེ་ཆུང་དུ་གཏོང་བ་ཡིན། ཁུག་མ་བཤུས་པའི་དུས་ཚོད་ནི་འབྲས་བུ་བཏེ་བསྡུ་མ་བྱས་པའི་སྔོན་གྱི་ཉིན15~30(སྔ་སྨིན་སོན་རིགས་ཉིན15 དང་འཕྱི་སྨིན་སོན་སོགས་ཉིན30)སྔོན་ལ་བཤུ་དགོས། ཁུག་མ་བཤུ་བའི་དུས་ཡུན་སྔ་དྲགས་ན་ཤུན་པགས་རྩུབ་ཅིང་མདོག་མི་ཡག་པ་དང་། ཁུག་མ་བཤུ་བའི་དུས་ཡུན་འཕྱི་དྲགས་ན་འབྲས་བུའི་ཤུན་པགས་མཉེན་པོ་ཡིན་ལ་ཁ་དོག་བཀྲ་མོད། འོན་ཀྱང་ཉར་ཚགས་བྱེད་པའི་དུས་སུ་མདོག་ཡལ་སླ་བ་ཡིན།

ཁུག་མའི་ནང་དུ་མ་བཙུག་པའི་སྔོན་ལ། ཐོག་མར་འབྲས་བུའི་སྙིང་དུ་ཧ་ཁྲུང་དང་ཧ་ཅིན་སྨན་རྫས་གཏོར་བ་དང་། དེ་ནས་འབྲས་བུ་ཆགས་པ་ལེགས་ཤིང་འོད་ཐོག་ཚད་ལེགས་པའི་འབྲས་བུ་འདེམ་དགོས། ཐོག་མར་ཤོག་ཐུམ་ཡར་བཀུག་སྟེ་ཞབས་ཟུར་གཉིས་ཀྱི་དབུགས་རྒྱབ་པའམ་ཆུ་གཏོང་སའི་ཁ་ཕྱེས་ཏེ། ལག་པ་གཅིག་ནས་འབྲས་བུ་དང་ཡོ་མ་སོ་སོར་འགེར་ཞིང་།(ཟུར་སྐྱེས་ཡལ་ག་འགེབས་མི་རུང་) ལག་པ་གཅིག་གིས་ཤོག་ཁུག་ཡར་བཀུག་ནས་འབྲས་བུ་ཁུག་མའི་ནང་དུ་འཇུག་པ་དང་། འབྲས་བུའི་ཡུ་བ་ཕྱིར་འདོན་དགོས། དེ་ནས་ཁུག་མའི་དཀྱིལ་ནས་ཕྱོགས་གཉིས་སུ་རིམ་གྱིས"ལྕུང་གཡབ་ལྟེབ་པ"ཇི་བཞིན་ཁུག་མ་ལྟེབ་གནོན་བྱེད་དགོས། ཁུག་མའི་ཁ་སྒོར་བ་གཅིག་ལ་དཀྲིས་ནས་དམ་པོར་བསྡམ་པ་དང་། བསྡམ་པའི་གནས་ནི་ཁུག་མའི་ཁའི་ལི་སྨི2.5ཡི་མཚམས་སུ་འཇོག་དགོས།

བདུན། ཉར་ཚགས་དང་སོ་ཉར།

(གཅིག) ས་དོང་ནང་དུ་འཇོག་པ།

ཀུ་ཤུ་བཏང་བསྡུ་བྱས་རྗེས། ཕྱིར་བཏང་དུ་ཐད་ཀར་ས་དོང་ནང་དུ་འཇོག་མི་རུང་ཞིང་། ཐོག་མར་བསིལ་གྲིབ་དང་རླུང་རྒྱུག་ས་ནས་དྲོད་ཡལ་སྔོན་འགོག་བྱེད་དགོས། ཉིན་དཀར་ཉི་འོད་འགོག་བྱེད་ཀྱི་ཡོལ་བས་གཡོགས་ནས་ཉི་འོད་འཕྲོ་བར་སྔོན་འགོག་བྱེད་པ་དང་། མཚན་མོ་ཁེབས་ཡོལ་བཤུ་ནས་དྲོད་ཚད་མར་འབེབས་སུ་འཇུག་དགོས། དྲོད་ཚད་མར་ཆགས་རྗེས་ད་གཟོད་ཉར་ཚགས་བྱེད་དགོས། ཀུ་ཤུའི་ཉར་ཚགས་དང་གསོས་ཉར་ལ་འཚམ་པའི་དྲོད་ཚད་ནི0~1℃དང་བཞའ་ཚན85%~90%ཡིན།

(གཉིས) དབུགས་སློམ་གསོག་ཉར།

ཀུ་ཤུ་ནི་དབྱང་ཉུང་དང་དབྱང་གཉིས་ལྡན་རྫས་ཉུང་དུ་སྦྱུད་ནས་ཉར་ཚགས་བྱས་ན་འཚམ་པ་ཡིན། ཕྱིར་བཏང་གི་ཀུ་ཤུའི་དབུགས་སློམ་གསོག་ཉར་ལ་འཚམ་པའི་རླུང་གཟུགས་ཆ་རྐྱེན་ནི། དབྱང2%~3%དང་དབྱང་གཉིས་ལྡན་རྫས0%~5%ཡིན། དབུགས་སློམ་གསོག་ཉར་བྱེད་དུས་ཀྱི་དྲོད་ཚད་ནི་ཕྱིར་བཏང་གི་གྲང་ཉར་བྱེད་སྐབས་ལས0.5~1℃མཐོ་དགོས།

ཚན་པ་གཉིས་པ། ནད་འབུའི་གནོད་པ་གཙོ་བོའི་འགོག་བཅོས།

དཀྲུན་དཔྱིད་གཉིས་ཀྱི་དུས་སུ་ཡལ་ག་སྐམ་པོ་དང་སར་ལྷུང་ལོ་མ། སར་ལྷུང་འབྲས་བུ་སོགས་གཙང་སེལ་བྱེད་དགོས། སྐྱེ་འཚར་དུས་ཚིགས་སུ་ནད་འབུ་ཡོད་པའི་འབྲས་བུ་དང་ཡལ་ག ལོ་མ་སོགས་མེད་པར་བཟོ་དགོས། སྡོང་བོའི་གཞུང་རྐ་རྩ་ཡིས་གཡོགས་པ་དང་དཀར་རྩི་བྱུག་དགོས། དུས་མཚུངས་སུ་མིའི་ཐབས་ལ་བརྟེན་ནས་འཛིན་གསོད་བྱེད་པ་དང་སློག་འོད་བསླུ་གསོད། མངར་ཆ་དང་སྐྱུར་ཁུས་བསླུ་གསོད་བྱེད་དགོས།

གཅིག རྣལ་ནད།

རྣལ་ནད་ཀྱི་མིང་གཞན་ལ་ཤུན་པགས་རྣལ་ནད་དང་ཤུན་པགས་དྲི་ངན་གྱི་ནད་ཀྱང་ཟེར། གནོད་འཚེ་ཐེབས་ཡུལ་གཙོ་བོ་ནི་ཤིང་སྡོང་གི་གཞུང་རྐ་དང་ཡལ་ག་གཙོ་བོ་ཡིན། ནད་ཕོག་པའི་སྡོང་ཤུན་ནི་ཁམ་དམར་ཡིན་པ་དང་། ཆུ་དྲིག་གི་དབྱིབས་ཅུང་འབུར་ཡོད། སྐོར་དབྱིབས་ནས་འཛོང་འཛོང་གི་དབྱིབས་ཅན་གྱི་ཁྲ་ཐིག་ཡོད། རྒྱུ་སྲོས་སོབ་སོབ་ཏུ་གྱུར་ནས་གས་ཐོར་དུ་འགྲོ་སླ་བ། ལག་པས་མནན་ན་ཞོམ་རྡིབ་འབྱུང་བ་དང་ཁམ་སེར་གྱི་ཁུ་བ་བཞུར་ཞིང་། ཆང་གི་དྲི་མ་ཅུང་ཆེན་པོ་ལྡན།

འགོག་བཅོས་བྱེད་ཐབས་གཤམ་ལྟར།

1. ནད་ཕོག་ན་དུས་ཐོག་ཏུ་ནད་ཕོག་པའི་ཤུན་པགས་བཤུས་རྗེས། རྩ་པི་ཆེན་བཞའ་ཚན་རང་བཞིན་གྱི་སྨན་སྦྱེ་པའི་ཡིས10~20གཤེར་ཁུ་དང་རྩ་ལན་ཧི་པའི་ཡིས20~30གཤེར་ཁུ། རྩ་པི་ཆེན་ཐྲིས་མ་པའི་ཡིས2~3གཤེར་ཁུ། པོ་མེ་ཏུའུ3~5ཏུའུ་ཧྲི་ལིའུ་འདྲེས་སྦྱོར་སྨན་རྫས་དང་ཡང་ན843ཁང་རྩུ་ཅི་སོགས་སྐྱུད་ནས་དུག་སེལ་བྱེད་དགོས།

2. མྱུ་གུ་མ་འབུས་པའི་སྔོན་ལ་པོ་མེ་ཏུའུ3~5ཏུའུ་ཧྲི་ལིའུ་འདྲེས་སྦྱོར་སྨན་རྫས་གཏོར་དགོས། སྐྱེ་འཚར་དུས་ཚིགས་སུ5%ཅིན་ཏུའུ་ཆེན་རྒྱུའི་ཅི་པའི་ཡིས100གཤེར་ཁུ་ཡང་ན་པོ་མེ་ཏུའུ3~5ཏུའུ་ཧྲི་ལིའུ་འདྲེས་སྦྱོར་སྨན་རྫས་གཏོར་དགོས།

3. ཞིང་སྟོང་ཆེན་པོའི་སྟེང་གི་རྩ་ཁ་ཆེན་པོ་ནི་ཚའོ་ཅེ་ཡི་ཐབས་ལམ་ལ་བརྟེན་ནས། ཀུ་ཤུའི་སྟོང་པ་ལོ1ལ་སྐྱེ་བའི་ཡལ་གའི་འོག་རིམ་གྱི་རྩ་ཁའི་འོག་ལ་མཐུད་སྦྱོར་བྱེད་པ་དང་། ཡལ་གའི་གོང་རིམ་རྩ་ཁའི་གོང་ལ་མཐུད་སྦྱོར་བྱེད་དགོས།

གཉིས། ཀུ་ཤུའི་ཞའོ་ཅི་ཀྲིན་ཁྲུང་།

ཀུ་ཤུའི་ཞའོ་ཅི་ཀྲིན་ཁྲུང་གི་མིང་གཞན་ལ་ཁྲོན་ཕི་ཁྲུང་ཡང་ཟེར། གཙོ་བོ་ཀུ་ཤུ་དང་ཀུ་ཤུ་འདྲ་བའི་སྟོང་ཤིང་དང་ཡལ་ག་གཙོ་བོ། ལོ་མང་སྐྱེ་འཚར་གྱི་ཡལ་ག་སོགས་ལ་གནོད་འཚེ་ཐེབས་པ་ཡིན། འདིས་ནད་འགོས་པའི་ཡལ་ག་དང་སྟོང་པོ་ཤི་རུ་འཇུག་ཐུབ་པས། ཀུ་ཤུའི་གནོད་འབུ་གཙོ་བོ་ཞིག་ཡིན།

འགོག་བཅོས་བྱེད་ཐབས་གཤམ་ལྟར།

1. དཔྱིད་དུས་ཀྱི་ཟླ4~5ནང་དུ་གྲིས་གནོད་འཚེ་ཐེབས་པའི་གནས་ཡུལ་གཞོགས་ནས་འབུ་ཕྲུག་རྣམས་མེད་པར་བཟོ་བ་དང་། གྲིས་འབུ་སྲིན་བཀོས་རྗེས་རྩ་ཁའི་སྟེང་དུ་ཧྲི་ཤིའུ་འདྲིས་སྦྱོར་སྨན་རྫས་ཀྱི་མ་བཅོས་གཤེར་ཁུ་དང་མིའི་རྩྭ་ཤིན་བྱུག་དགོས།

2. དཔྱིད་དུས་སུ་འབུ་སྲིན་གྱི་རྩ་ཤུལ་ལ་མེ་ཡིའུ་ཧྭའི་ཧྭའི་ཕྲེ་བྱུག་དགོས་ཏེ། མེ་ཡིའུ་སྟོང་ཁེ0.5ཡི་ནང་དུ་ཧྭའི་ཧྭའི་ཕྲེ་ཁེ100བླུགས་ནས། གྲིས་འབུ་སྲིན་གྱི་རྩ་ཤུལ་གཤགས་རྗེས་བྱུགས་ནས་འབུ་ཕྲུག་གསོད་དགོས།

3. ཟླ7པའི་ཟླ་དཀྱིལ་དང་ཟླ་སྨད་ནི་འབུ་དར་མ་གཅིག་སྤུད་བྱས་ནས་སྒྲོ་འབུར་འགྱུར་བའི་དུས་སྐབས་ཡིན་ཞིང་། 80%ཏའི་ཏའི་ཕྲེ་པའི་ཡིས500~1000གཤེར་ཁུ་གཏོར་བའམ་ཡང་ན་ཞོགས་པར་སྟོང་པོ་སྐྱུལ་ནས་དར་འབུ་འཛིན་བཟུང་བྱེད་དགོས།

གསུམ། སྟོམ་དམར(ལོ་མའི་གཡན་འབྲུ)རིགས།

ཀུ་ཤུ་དང་ལི་ལ་གནོད་འཚེ་ཐེབས་པའི་སྟོམ་དམར་ལ་སྐྱུ་རུའི་སྟོམ་དམར་དང་ཀུ་ཤུའི་སྟོམ་དམར། འབུ་སུ་ཀྲང་སྟོམ་དམར་བཅས་རིགས་གསུམ་ཡོད།

འགོག་བཅོས་བྱེད་ཐབས་གཤམ་ལྟར།

1. སྟོང་པོའི་ཤུན་པགས་བཤུ་བ་དང་ཤིང་འབྲས་ལྷུམ་རའི་སར་ལྷུང་ལོ་མ་གཙང་

སེལ་བྱེད་པ། དགུན་བཀལ་གཡན་འབུ་གསོད་དགོས། སྟོན་ཀའི་དུས་མཇུག་དང་དགུན་ཁའི་དུས་མགོར། ཞིང་འབྲས་ལྷམ་རའི་སར་ལྷུང་ལོ་མ་གཙང་སེལ་བྱས་ནས་གཅིག་སྡུད་ཀྱིས་སྲེག་པ་དང་། དཔྱིད་མགོར་སྡོང་ལག་མ་འབུས་པའི་སྔོན་ལ་པགས་པ་རྩིང་པོ་བཤུས་ནས་མེར་བསྲེགས་ཏེ་གཡན་འབུ་དར་མ་གསོད་དགོས།

2. དཔྱིད་མགོར་ཞིང་འབྲས་ཀྱི་སྨྱུ་གུ་མ་འབུས་པའི་སྔོན་ལ་པོ་མེ་ཏུའུ3~5ཏུའུ་ཧྲི་ཝེའུ་བསྲེས་སྦྱོར་སྨན་རྫས་གཏོར་ནས་ཞིང་འབྲས་ཀྱི་དགུན་བཀལ་སྲོམ་དམར་མེད་པར་གཏོང་དགོས།

3. མེ་ཏོག་ལྷུང་རྗེས་ཀྱི་དུས་སྐབས་ནི་སྲོམ་དམར་འགོག་བཅོས་བྱེད་པའི་འགག་རྩའི་དུས་སྐབས་དང་པོ་ཡིན་ཞིང་། 20%མའི་སའོ་ལི་སྦྲིས་མ་པའི་ཡིས2000གཤེར་ཁུ་གཏོར་དགོས། ཟླ6པའི་ཟླ་མཇུག་ནས་ཟླ7པའི་ཟླ་སྨད་བར་ནི་འགོག་བཅོས་ཀྱི་འགག་རྩའི་དུས་སྐབས་གཉིས་པ་ཡིན་ཞིང་། ཉིན10རེའི་མཚམས་སུ20%མའི་སའོ་ལི་སྦྲིས་མ་པའི་ཡིས2000གཤེར་ཁུ་དང་ཡང་ན1.8%ཨ་ཕེ་ཅུན་སུའུ་པའི་ཡིས4000གཤེར་ཁུ་གཏོར་བ་དང་བསྟུད་མར་ཐེངས་གཉིས་ལ་གཏོར་དགོས།

བཞི། ཞིང་འབྲས་ཀྱི་ཚང་འབུ་མེ་ལྕེབ།

ཀུ་ཤུའི་ཚང་འབུ་མེ་ལྕེབ་ལ་ད྄་འབུ་ཡང་ཟེར། གཙོ་བོ་ཀུ་ཤུ་དང་ལི། ཀུ་ཤུ་འདུར་མ། ཏའི་ཐང་མངར་འབྲས་སོགས་ཞིང་འབྲས་ཀྱི་རིགས་མང་པོ་ལ་གནོད་འཚེ་ཐེབས་བཞིན་ཡོད་ཅིང་། མཚོ་སྔོན་གྱི་ཞིང་འབྲས་ཐོན་ཁུལ་དུའང་ནད་འདི་འབྱུང་ཚད་ཅུང་ཚབས་ཆེན་ཡིན། འབུ་ཕྲུག་རྣམས་ཁྱུ་དང་ཚོགས་བྱས་ནས་ལོ་མ་གསར་བ་སི་ཤན་གྱིས་དགྲི་བ་དང་། ཕྱིར་སླུག་སུ་ཤན་གྱིས་ད྄་བའམ་ཚང་གྲུབ་པ་ཡིན་ལ། ཚང་རེར་འབུ་ཕྲུག20~80ཡོད་པ་དང་། ཁྱུ་ཚོགས་བྱས་ནས་ལོ་མ་ཟ་བ་དང་ཡལ་ག་གསར་བ་ཟ་བ་ཡིན།

འགོག་བཅོས་བྱེད་ཐབས། དུས་ཐོག་ཏུ་འབུ་སྲིན་གྱི་ཚང་མེད་པར་བཏང་ནས་འབུ་ཕྲུག་དང་འབུ་ཐུམ་རྩ་མེད་དུ་གཏོང་བ། འབུ་ཕྲུག་འབྱུང་བའི་དུས་ཡུན་ནི་ཟླ5པའི་ཟླ་དཀྱིལ་དང་ཟླ་སྨད་ཡིན་ལ། 20%མའི་སའོ་ལི་སྦྲིས་མ་པའི་ཡིས2000གཤེར་ཁུ་གཏོར་བ་དང་། ཡང་ན2.5%ཞིའུ་ཆིན་ཅུས་ཀྲི་སྦྲིས་མ་པའི་ཡིས2000གཤེར་ཁུ་གཏོར་དགོས།

ལེའུ་བརྒྱད་པ། ལི།

ལི་ནི་ལོ་མ་ལྷུང་བའི་སྡོང་རིང་ལྗོན་ཤིང་ངམ་སྡོང་ཕྲན་ལྗོན་ཤིང་ཞིག་ཡིན། སོན་རིགས་ཤིན་ཏུ་ཅུང་ཤས་ཤིག་ནི་རྒྱུན་ལྡང་ཡིན། སོན་བཏུམས་རྩི་ཤིང་གི་ལོ་མ་ཟུང་ལྡན་རྩི་ཤིང་སྣ་ཁའི་སེ་རྒོད་རིགས་ཀྱི་ཀུ་ཤུའི་རྒྱུད་འགྱུར་རིགས་ཤིག་ཡིན། ལོ་མ་མང་ཆེ་བ་སྒོང་གཟུགས་ཡིན་པ་དང་། སོན་རིགས་མི་འདྲ་བའི་དབང་གིས་ཆེ་ཆུང་ཡང་མི་འདྲ་བ། མེ་ཏོག་ནི་དཀར་པོ་དང་ཡང་ན་ཅུང་སེར་པོ། སྙི་དམར་ཡིན། འདབ་མ་ལྔ་ཡོད། འབྲས་བུའི་དབྱིབས་སྒོར་མོ་ཡིན། ཆ་བ་ཅུང་ཕྲ་ཞིང་མཛུག་མ་སྦོམ་པོའང་ཡོད་དེ། མིང་ལ“ལི་དབྱིབས”ཟེར། སོན་རིགས་མི་འདྲ་བའི་ཤིང་ཏོག་གི་ཤུན་པའི་ཁ་དོག་ལ་གནམ་སའི་ཁྱད་པར་ཡོད་དེ། ཁ་དོག་སེར་པོ་དང་ལྗང་ཁུ། སེར་པོའི་ནང་དུ་ལྗང་སྨུག་འདྲེས་པ། ལྗང་ཁུའི་ནང་དུ་སེར་པོ་འདྲེས་པ། ཁམ་སེར། ཁམ་ལྗང་། ཁམ་ནག ཁམ་མདོག་སོགས་ཡོད་པ་དང་། སོན་རིགས་འགའ་རེའི་ནང་དུ་ཁ་དོག་དམར་སྨུག་ཀྱང་ཡོད། རི་སྐྱེས་ལིའི་འབྲས་བུའི་ཚངས་ཐིག་ཅུང་ཆུང་ལ་ལི་སྨི1~4བར་ཡིན། ཡིན་ཡང་མིའི་འདེབས་འཛུགས་བྱས་པའི་འབྲས་བུའི་ཚངས་ཐིག་ལི་སྨི8ལ་སླེབས་ཐུབ་པ་དང་། རིང་ཚད་ལི་སྨི18ལ་སླེབས་ཐུབ་པོ།།

ཆ༌ན་པ་དང་པོ། སོན་རིགས་འདེམ་པ་དང་དོ་དམ།

གཅིག སོན་རིགས་འདེམ་པ།

ཐོན་འབབ་མཐོ་བ་དང་ཐོན་ཚད་མཐོ་བའི་གཤིས་ནུས་ཅུང་བཟང་བའི་སོན་རིགས་འདེམ་དགོས། དཔེར་ན། ཙའོ་སུའུ་ལི་དང་ཧུང་ཞང་སུའུ་ལི། པ་ལི། མཚོ་སྔོན་ས་གནས་ཀྱི་ཁྲང་པ་ལི། རོན་ཨར་ལི། ཧོང་ཀུའོ་ལི། སུའུ་མེ་ལི། ཧུང་ཀུའོ་ལི་སོགས་ཡོད།

གཉིས། ལྷམ་ར་འདེམ་པ།

རླུང་ལ་རྒྱབ་གཏད་པ་དང་ཉི་མར་ཁ་གཏད་པ། ས་རྒྱ་གཤིན་པོ། ས་རིམ་མཐུག་པའི་གནས་འདེམ་དགོས། ཆུ་ལུད་སྲུང་ཤུགས་ཆེ་བ་དང་སྐྱེ་ལྡན་ལུད་འདུས་ཚད1.0%ཡན་ཟིན་པའི་བྱེ་སའི་ས་རྒྱ། གཞར་ཚད་ཏུའུ15ལས་ཆུང་བའི་ས་གནས་ཡིན་དགོས། ས་རྒྱུའི་སྐྱུར་ལྕའི་ཚད(pHཚད)ནི་སྐྱུར་གཤིས་ཕྲན་བུ་ནས་མ་ཉིང་བར་ཡིན་ན་འཚམ།

གསུམ། འདེབས་འཛུགས།

(གཅིག) འདེབས་འཛུགས་དུས་སྐབས་དང་སྟུག་ཚད།

སྤྱིར་བཏང་དུ་དཔྱིད་ཀར་འདེབས་འཛུགས་བྱས་ན་འོས་འཚམ་ཡིན་པ་དང་། རྩ་སྦྱོས་རྒྱག་པའི་སྡོང་རྐང་གི་ཕྲེང་བསྐར་བར་ཐག་ནི་སྨི3×སྨི4དང་། ཡང་ན་སྨི4×སྨི5ཡིན། ཟེའུ་འབྲུ་ཕོ་མོ་སྲེབ་སྦྱོར་གྱི་སྡོང་པོ་འཛུགས་པར་དོ་སྣང་བྱེད་དགོས།

(གཉིས) འདེབས་འཛུགས།

ས་ཞིང་ཁོད་སྒྲོམས་བྱས་རྗེས་འདེབས་འཛུགས་ས་ཤུར་རམ་འདེབས་འཛུགས་ཁུང་བུ་བརྐོ་དགོས་ཤིང་། ཤུར་བུའམ་ཁུང་བུའི་ཚངས་ཐིག་ལི་སྨི80~100དང་ཟབ་ཚད་ལི་སྨི60~80ཡིན། ཤུར་བུའམ་ཁུང་བུ་བརྐོ་དུས། ཕྱི་ངོས་ཀྱི་ས་དང་གཤིང་རིམ་གྱི་ས་སོ་སོར་ཕུང་རྗེས། སྐྱེ་ལྡན་ལུད་དང་ཕྱི་ངོས་ཀྱི་ས་མཉམ་དུ་བསྲེས་ནས་ཕྱོགས་གཅིག་ཏུ་ཕུང་དགོས། འདེབས་འཛུགས་བྱེད་དུས་སྔོན་ལ་ལུད་རྫས་བསྲེས་པའི་ཕྱི་ངོས་ཀྱི་ས་

བླངས་ནས་ཕྱེད་ཀ་ཤུར་བུ་དང་ས་དོང་ནང་དུ་བླུགས་ནས་འབྱུར་དབྱིབས་མངོན་པ་དང་། སྡོང་ཕྲུག་གི་རྩ་ལག་ཆ་སྙོམས་ཀྱིས་ས་དོང་ཞབས་ཀྱི་འབྱུར་དངོས་སྟེང་ལ་ཁྲབ་ཏུ་འཛུག་དགོས། དུས་མཚུངས་སུ་སྤྱན་གཞུག་དང་གཡས་གཡོན་ལ་དྲང་དུ་བཙུག་ནས་གནས་ཡུལ་ལ་ཞིབ་བཤེར་བྱེད་དགོས། དེ་ནས་ལྷག་མའི་ལུད་ནང་དུ་བསྲེས་པའི་ས་རྫོས་ཀྱི་ས་རིམ་པ་དབྱེ་ནས་ཤུར་བུ་དང་ས་དོང་ནང་དུ་བླུགས་ཏེ། ས་རིམ་པ་རེ་རེར་བཙག་གནོན་བྱེད་དགོས་པར་མ་ཟད། དུས་ཐོག་ཏུ་སྡོང་ཕྲུག་རྣམས་ཡར་བཀྱགས་ནས་རྩ་ལག་དང་ས་རྒྱུ་དམ་པོར་མཐུད་སྦྱོར་བྱེད་དགོས། མཇུག་མཐར་གཏིང་རིམ་གྱི་ས་ཤུར་བུ་དང་ས་དོང་ནང་དུ་བཙུག་ནས་རྩ་བ་ས་ངོས་ལས་ལི་སྨི5ཡས་མས་ཀྱིས་མཐོ་བ་དང་། སྡོང་ཕྲུག་གི་ཕྱོགས་བཞིར་ཚངས་ཐིག་ལ་སྨི1དང་མཐོ་ཚད་ལི་སྨི10ཙམ་གྱི་རྣང་མ་སྤྱངས་ནས་ཆུ་གཏོང་བར་སྟབས་བདེ་སྒྲུབ་དགོས། འདེབས་འཛུགས་བྱས་རྗེས་དུས་ཐོག་ཏུ་ཆུ་གཏོང་དགོས།

བཞི། ས་ལུད་ཆུའི་དོ་དམ།

(གཅིག) ས་རྒྱུའི་དོ་དམ།

ལི་སྡོང་ལ་རྩ་སྤྱོས་བརྒྱབ་རྗེས་ས་རྒྱུའི་དོ་དམ་ལ་ཤུགས་སྣོན་བྱེད་དགོས། དུས་ཐོག་ཏུ་ཡུར་མ་ཡུར་ནས་རྩྭ་ལྷུམ་མེད་པར་བཟོས་ཏེ། བཞའ་ཚན་དང་འཚོ་བཅུད་ཤོར་ཚད་ཇེ་ཉུང་དུ་གཏོང་དགོས། ལྷུམ་ར་བཙུགས་ནས་ལོ་མང་པོ་འགོར་མེད་ན་འོས་འཚམ་གྱིས་སྣོལ་འདེབས་བྱས་ཆོག ལི་སྡོང་གི་སྐྱེ་འཚར་ལ་ཤུགས་རྐྱེན་མི་ཐེབས་པའི་སྔོན་འགྲོའི་ཆ་རྐྱེན་འོག་ཏུ། ལི་སྡོང་གི་མཐའ་འཁོར་དང་སྨི་གྲུ་མ1ཙམ་གྱི་བར་ཐག་ཡོད་པའི་སར་སྲན་མའི་རིགས་དང་སྔོ་ལུད་ལུགས་མཐུན་སྔོས་བཏབ་ཆོག སྟོན་ཀར་སླེབ་དུས། ལུད་འཇོག་པ་དང་བྲུང་འབྲེལ་བྱས་ཏེ་ལིའི་ལྷུམ་རར་གཏིང་སློག་རྒྱག་དགོས། ཟབ་ཚད་སྤྱིར་བཏང་དུ་ལི་སྨི30~40འོས་འཚམ་ཡིན། བྱེད་ཐབས་ནི་ཁྲུང་བུའི་རྒྱ་ཆེ་རུ་གཏོང་བ་དང་ལྷུམ་ར་ཡོངས་གཏིང་སློག་བྱེད་པ། ཕྲེང་བསྟར་རམ་སྡོང་ཤང་གི་བར་ཕྲེང་བཞག་ནས་གཏིང་སློག་བྱེད་དགོས། ཆ་རྐྱེན་འཛོམས་པའི་ས་ཆར་ལོ་གཅིག་སོང་རྗེས་ཐེངས་རེར་གཏིང་སློག་བྱས་ཆོག་ཅིང་། ལོ་དང་པོ་དང་གསུམ་པ། ལྔ་པའི་སྐབས་སུ་སྔོན་གྱི་ཁྲུང་བུའི་གཡས

གཡོན་དུ་ཞེང་ཚད་ལི་སྨི80ཡོད་པའི་ཤུར་བུ་བསྐོས་ཆོག་པ་དང་། ལོ་གཉིས་པ་དང་བཞི་པ། དྲུག་པའི་སྐབས་སུ་གཞོགས་གཞན་གཉིས་སུ་ཟབ་ཤུར་སློག་པ་དང་སྦྲེལ་ནས་གཏིང་ལུད་འཇོག་དགོས།

(གཉིས) ལུད་འཇོག་པ།

1. གཏིང་ལུད།

སྟོན་དུས(ཟླ9པའི་ཟླ་དཀྱིལ་དང་ཟླ་སྨད)སུ་སྐྱི་ལྷན་ལུད་གཙོ་བོར་བཟུང་ནས། སྤྱིར་བཏང་དུ་ལིའི་འབྲས་བུ་སྟོང་ཁེ100རེ་ཐོན་སྐྱེད་བྱེད་པར་ཉུང་མཐར་ཡང་སྐྱི་ལྷན་ལུད་སྟོང་ཁེ100རེ་འཇོག་དགོས། སྟོང་ཁང་རེའི་འབྲས་བུ་སྟོང་ཁེ50ཐོན་སྐྱེད་བྱེད་པ་ལྟར་བརྩིས་ན། སྐྱི་ལྷན་ལུད་སྟོང་ཁེ50~60དང་། ཡིན་སོན་ཨེར་ཨན་སྟོང་ཁེ0.5དང་ཡང་ན་ཀའོ་ཡིན་སོན་ཀལ་སྟོང་ཁེ1དང་གཅིན་རྒྱ་སྟོང་ཁེ0.4~0.5གཏོར་དགོས།

(1) གདུབ་དབྱིབས་ལུད་འཇོག་ཐབས། ཤིང་སྡོང་གི་ལོ་འདབ་ཀྱི་དྲང་འཕྲང་གྲིབ་གཟུགས་ཕོག་སའི་འོག་རིམ་གྱི་ལི་སྨི20~30སར་གཏིང་ཚད་ལི་སྨི40~50ཡོད་པའི་གདུབ་དབྱིབས་ཤུར་བུ་བསྐོས་ཏེ། ལུད་འཇོག་པ་དང་སྦུབ་དཀྲུག་སྙོམ་པོ་བྱས་རྗེས་ས་འགེབས་དགོས།

(2) འཕྲེད་འཕྲོ་རང་བཞིན་གྱི་ཡུར་བུར་ལུད་འཇོག་ཐབས། སྡོང་ཁང་དཀྱིལ་སྙིང་དུ་བཟུང་ནས་སྨི1ཕན་ཆད་ནས་ཤིང་སྡོང་གི་ལོ་འདབ་ཕྱི་རིམ་ནས་འཕྲེད་འཕྲོ་རང་བཞིན་གྱི་ཤུར་བུ5~6བཀོ་བ་དང་། ནང་གི་གཏིང་ཚད་ལི་སྨི20ཡིན་པ་དང་ཕྱི་ཕྱོགས་ལ་རིམ་བཞིན་ལི་སྨི50རྗེ་ཟབ་ཏུ་གཏོང་དགོས། ཤུར་བུའི་ཞེང་ལི་སྨི40~50དང་རིང་ཚད་ནི་ཤིང་སྡོང་གི་ལོ་འདབ་ཀྱི་དྲང་འཕྲང་གྲིབ་གཟུགས་ཕོག་སའི་འོག་རིམ་བར་དུ་ཡིན།

2. སྙིང་ལུད།

(1) སྡོང་ཕྲུག་ལ་ལུད་འཇོག་པ། རྒྱུན་འཇོག་དང་ཉུང་འཇོག་བྱས་ནས་ཤིང་སྡོང་གི་ལོ་འདབ་གྲུབ་པར་སྐུལ་འདེད་བྱེད་དགོས།

(2) མེ་ཏོག་མ་བཞད་པའི་སྔོན་ལ་སྙིང་ལུད་འཇོག་པ། དཔྱིད་མགོའི་དུས་ནས་

མེ་ཏོག་བཞད་པའི་སྔོན་ལ་འཇོག་དགོས། ཏན་འདུས་པའི་སྦྱར་ཕན་ལུད་རྫས་གཙོ་བོར་བཟུང་ནས། ལུད་འཇོག་ཚད་ནི་སྡོང་པོ་རེའི་འབྲས་བུ་སྟོང་ཁ50རེ་ཐོན་སྐྱེད་བྱེད་པ་ལྟར་བརྩིས་ན། གཅིན་རྒྱ་སྟོང་ཁ0.3འཇོག་དགོས། གལ་ཏེ་གཏིང་ལུད་འཇོག་ཚད་ཉུང་མང་ན་མེ་ཏོག་གི་སྔོན་ལ་ལུད་མི་འཇོག་པའམ་ཉུང་འཇོག་བྱེད་དགོས།

(3) མེ་ཏོག་གི་རྗེས་སུ་སྙིང་ལུད་འཇོག་པ། མེ་ཏོག་རྫོགས་པའི་རྗེས་སུ་ཏན་ལིན་གཙོ་བོར་བཟུང་ནས་འདྲེས་སྦྱོར་ལུད་རྫས་སམ་ཡང་ན་ཤིང་འབྲས་ཀྱི་ཆེད་སྤྱོད་ལུད་རྫས་བཀོལ་ཆོག་ལ། སྡོང་རྐང་རེར་སྟོང་ཁ0.3བཀོལ་དགོས།

(4) འབྲས་བུ་རྒྱས་པའི་དུས་སུ་སྙིང་ལུད་འཇོག་པ། ཕོ་ལུད་གཙོ་བོར་འཛིན་པ་དང་ཡང་ན་ལིའུ་སོན་ཕོ་བསྲེས་སྦྱོར་ལུད་རྫས་སྤྱོད་ཆོག སྡོང་རྐང་རེར་སྟོང་ཁ0.3~0.5འཇོག་དགོས།

གོང་གི་སྙིང་ལུད་ཚང་མ་གཏུབ་དབྱིབས་སམ་ཡང་ན་འཁྱིད་འཁོར་རང་བཞིན་གྱི་ཤུར་བུའི་ཐབས་ལམ་སྤྱད་ནས་འཇོག་པ་དང་། ཟབ་ཚད་ལི་སྨི20ཡིན་ལ། གནས་ཡུལ་ནི་ཤིང་སྡོང་གི་ལོ་འདབ་ཀྱི་དྲང་འཕྱང་གྲིབ་གཟུགས་ཐོག་སའི་འོག་རིམ་གཙོ་བོ་ཡིན།

(གསུམ) ཆུའི་དོ་དམ།

ལི་ལ་ཆུ་མཁོ་ཚད་ཉུང་ཆེ་བས། སྐྱེ་འཚར་དུས་ཚིགས་སུ་ཐན་པ་བྱུང་ན་དུས་ཐོག་ཏུ་ཆུ་གཏོང་དགོས། སྤྱིར་བཏང་དུ་སྨུ་གུ་མ་འབུས་པའི་སྔོན་ལ་ཆུ་ཐེངས་གཅིག་གཏོང་བ་དང་དུས་མཚུངས་སུ། ཡལ་ག་གསར་པའི་སྨུ་གུ་རྒྱས་པའི་དུས་སྐབས་དང་འབྲས་བུ་ཐེ་ཆེར་སྐྱོས་པའི་དུས་སུའང་ཆུ་གཏོང་བར་དོ་སྣང་བྱེད་དགོས།

༤། མེ་ཏོག་དང་འབྲས་བུའི་དོ་དམ།

(གཅིག) ཟེའུ་འབྲུ་ཕོ་མོའི་སྦེལ་སྦྱོར་ལ་རམ་འདེགས་བྱེད་པ།

སོན་རིགས་སྣ་གཅིག་ཡིན་ན། ཟེའུ་རྡུལ་ཕོ་མོ་སྦེལ་སྦྱོར་བྱེད་པའི་སྡོང་པོ་མི་འདང་བའམ་ཡང་ན་འོས་འཚམ་མིན་པའི་ལི་སྡོང་ལྟམ་ར་ཡིན་ན་སྔ་མོ་ནས་ཟེའུ་འབྲུ་ཕོ་མོ་སྦེལ་སྦྱོར་བྱེད་པའི་སྡོང་པོ་གསབ་འཛུགས་བྱེད་པའམ། ཡང་ན་ཟེའུ་འབྲུ་ཕོ་མོ་སྦེལ་སྦྱོར་བྱེད་

པའི་སོན་རིགས་ཡལ་ག་ཚད་མཐོན་པོའི་མཐུད་སྦྱོར་བྱེད་དགོས། གནས་སྐབས་རང་བཞིན་གྱི་བྱེད་ཐབས་ཤིག་ཡིན་པའི་ཆ་ནས། མིས་རམ་འདེགས་བྱས་ནས་ཟེའུ་འབྲུ་ཕོ་མོ་སྦེལ་སྦྱོར་བྱས་ཆོག་སྟེ། 20~25℃ཆ་རྐྱེན་འོག་ཏུ་མེ་ཏོག་གི་རྫུལ་བཛ་བསྡུ་བྱེད་པ་དང་སྦུ་ཕྱུགས་ཀྱིས་ཟེའུ་འབྲུ་ཕོ་མོ་སྦེལ་སྦྱོར་བྱེད་དགོས། མིའི་ཐབས་ལ་བརྟེན་ནས་ཟེའུ་འབྲུ་ཕོ་མོ་སྦེལ་སྦྱོར་བྱེད་ན་ལི་སྡོང་ལ་མེ་ཏོག་བཞད་པའི་ཉིན3ནང་གི་ཕན་འབྲས་བཟང་ལ། སྡོང་པོ་ཡོངས་ལ་མཚོན་ནའང་སྔ་རྗེས་སུ་གཟའ་འཁོར1ཡས་མས་ལས་བརྒལ་མི་རུང་།

(གཉིས) མེ་ཏོག་རྗེ་ཉུང་དུ་གཏོང་བ།

1. མེ་ཏོག་གི་རང་བཞིན་རྒྱུད་འདྲེས་ཅན་ཡིན་ན་རྗེ་ཉུང་དུ་མང་གཏོང་དང་། མེ་ཏོག་ཞན་པ་དང་ཟུར་སྐྱེས་མེ་ཏོག་མང་ན་རྗེ་ཉུང་དུ་མང་གཏོང་དང་ཡང་ན་ཚང་མ་རྗེ་ཉུང་དུ་གཏོང་དགོས། ནང་རིམ་དང་ཡལ་གའི་རྩེ་མོའི་མེ་ཏོག་རྗེ་ཉུང་དུ་མང་གཏོང་བྱེད་པ་དང་དུས་མཚུངས་སུ་མེ་ཏོག་གི་བང་རིམ་ཕྱིལ་པོ་རྗེ་ཉུང་དུ་གཏོང་བ་གཙོ་བོར་འཛིན་དགོས།

2. སྐྱེ་འཚར་བཟང་བའི་མེ་ཏོག་དང་ཡལ་གའི་རྩེ་མོའི་མེ་ཏོག དེ་བཞིན་ཤིང་སྡོང་ལོ་འདབ་ཀྱི་དཀྱིལ་རིམ་དང་དཀྱིལ་རིམ་གྱི་ཕྱི་ཕྱོགས། ཤིང་སྡོང་གི་ལོ་འདབ་སྟེང་རིམ་གྱི་མེ་ཏོག་རྣམས་འོས་འཚམ་གྱིས་མང་འཛོག་བྱེད་པ་སྟེ། བང་རིམ་རེར་མེ་ཏོག2~3འཛོག་དགོས། བར་གྱི་མེ་ཏོག་རྗེ་ཉུང་དུ་བཏང་ནས་མཐའ་མཚམས་ཀྱི་མེ་ཏོག་སོར་འཛོག་བྱེད་དགོས།

3. མེ་ཏོག་རྗེ་ཉུང་དུ་གཏོང་བ་དང་ཆབས་ཅིག་ཏུ་ཡལ་བཞུར་བརྒྱབ་ནས་ཡལ་གའི་ལྡིད་ཚད་ལེགས་སྒྲིག་བྱེད་དགོས།

(གསུམ) འབྲས་བུ་རྗེ་ཉུང་དུ་གཏོང་བ།

1. འབྲས་བུ་རྗེ་ཉུང་དུ་གཏོང་བའི་དུས་ཚོད།

མེ་ཏོག་བཞད་རྗེས་ཀྱི་གཟའ་འཁོར་གཅིག་གི་རྗེས་ནས་འབྲས་བུ་རྗེ་ཉུང་དུ་གཏོང་དགོས། ཉིན30ནང་དུ་ལེགས་འགྲུབ་བྱུང་དགོས་ཤིང་། འབྲས་བུ་རྗེ་ཉུང་དུ་གཏོང་བའི་

དུས་ཚོད་སྔ་བ་ལས་འཕྱི་མི་རུང་།

2. ཐབས་ལམ།

(1) རྒྱུད་འདྲེས་འབྲས་བུ་ཐར་ཐོར་དུ་མང་གཏོང་དང་སོར་འཇོག་ཏུ་ཉུང་དུར་བྱེད་དགོས། སྐྱེ་སྟོབས་ཞན་པའི་ཡལ་ག་ཐར་ཐོར་དུ་མང་གཏོང་དང་སོར་འཇོག་ཏུ་ཉུང་དུར་བྱེད་དགོས། སྐྱེ་སྟོབས་རྒྱས་པའི་ཡལ་ག་སོར་འཇོག་མང་ཙམ་དང་ཐར་ཐོར་དུ་ཉུང་ཙམ་གཏོང་དགོས། འབྲས་བུ་ཐོགས་ཚད་ཆགས་དམ་ན་སོར་འཇོག་ཉུང་ཙམ་བྱེད་པ་དང་འབྲས་བུ་ཐོགས་ཚད་ཐར་ཐོར་ཡིན་ན་སོར་འཇོག་མང་ཙམ་དང་ཐར་ཐོར་དུ་ཉུང་ཙམ་གཏོང་དགོས། ཟུར་སྐྱེས་མེ་ཏོག་དང་འབྲས་བུ་ཡིན་ན་ཐར་ཐོར་དུ་མང་གཏོང་དང་སོར་འཇོག་ཉུང་དུར་བྱེད་པའམ་ཡང་ན་གཅིག་ཀྱང་མི་འཇོག རྩེ་མོའི་མེ་ཏོག་དང་འབྲས་བུ་ཐར་ཐོར་དུ་མང་གཏོང་དང་སོར་འཇོག་ཉུང་དུར་བྱེད་དགོས།

(2) ཤིང་སྡོང་གི་ལོ་འདབ་ཀྱི་ནང་རིམ་ཐར་ཐོར་དུ་མང་གཏོང་དང་སོར་འཇོག་ཉུང་དུར་བྱེད་དགོས། དཀྱིལ་གཞུང་གི་ཕྱི་རིམ་ཐར་ཐོར་དུ་ཉུང་ཙམ་གཏོང་བ་དང་སོར་འཇོག་མང་ཙམ་བྱེད་དགོས། གོང་རིམ་ཐར་ཐོར་དུ་མང་གཏོང་དང་སོར་འཇོག་ཉུང་དུར་བྱེད་དགོས། འོག་རིམ་ཐར་ཐོར་དུ་ཉུང་ཙམ་གཏོང་བ་དང་སོར་འཇོག་མང་ཙམ་བྱེད་དགོས། གཞོགས་སྐྱེས་ཡལ་ག་གཙོ་བོའི་རྩ་བ་དང་གོང་རིམ་ཐར་ཐོར་དུ་མང་གཏོང་དང་སོར་འཇོག་ཉུང་དུར་བྱེད་དགོས། དཀྱིལ་གཞུང་སོར་འཇོག་མང་ཙམ་དང་ཐར་ཐོར་དུ་ཉུང་གཏོང་བྱེད་དགོས།

དྲུག སྐྱེ་ལུགས་ལེགས་སྒྲིག་དང་ཡལ་བཞུར་རྒྱག་པ།

(གཅིག) སྡོང་ཕྲུག་དུས་སྐབས་སུ་ཡལ་བཞུར་རྒྱག་པ།

1. སྡོང་ཕྲུག་གི་སྐྱེ་ལུགས་ལེགས་སྒྲིག

ཐོན་སྐྱེད་བྱེད་དུས་ཁ་གྲམ་པའི་བང་རིམ་ཅན་གྱི་སྡོང་དབྱིབས་ཁྱབ་སྤེལ་མང་ཙམ་བྱེད་དགོས་པ་དང་། ཡལ་ག་གཙོ་བོའི་ཡན་ལག་གི་ཟུར་ཚད་ཅུང་ཆུང་བ་དང་གཞུང་རྟའི་སྡོང་རྐང་གི་སྟེང་དུ་གོང་རིམ་གྱི་གཙོ་རྐང་བཀོད་སྒྲིག་བྱེད་དཀའ་བའི་གནས་ཚུལ་དང་

འཕྲད་ན། གཞུང་རྩ་གཙོ་བོ་མ་བཞག་ནའང་ཆོག་པ་དང་ཡལ་ག་གཙོ་བོ་མང་བའི་ལྷམ་མེར་བཞད་པའམ་བཀྲ་བའི་སྡོང་དབྱིབས་སུ་གསོ་སྐྱོང་བྱེད་དགོས།

ཁ་གྲམ་པའི་བང་རིམ་ཅན་གྱི་སྡོང་དབྱིབས་ཡིན་ན། རིམ་པ་དང་པོར་ཡན་ལག་གཙོ་བོ3འཛོག་དགོས། ཡལ་ག་ཕྲེ་བའི་ཟུར་ཚད་ཆུང་ཞིང་ཡལ་ག་ཉུང་བའི་ལི་སྡོང་གི་སོན་རིགས་ཡིན་ན་འོས་འཚམ་གྱིས1མང་འཛོག་བྱེད་པའམ་ཡང་ན་གཞུང་རྩའི་སྟེང་དུ་རོགས་སྐྱོང་ཡལ་ག་བཞག་ནས་བར་སྟོང་སྐོང་དགོས། དུས་མཚུངས་སུ་ཡལ་ག་གཙོ་བོ་རིམ་པ2~3གསོ་སྐྱོང་བྱས་ཏེ། སྡོང་བོ་ཧྲིལ་པོར་ཡལ་ག་གཙོ་བོ6~8སྲུང་འཛིན་བྱེད་པ་དང་། སོན་རིགས་དང་སྡོང་བོའི་སྐྱེ་སྟོབས་ལ་གཞིགས་ནས་གཏན་འཁེལ་བྱེད་དགོས། གཙོ་ཕང་གི་ཡལ་ག་ཕལ་བ་ཡང་མང་ཙམ་འཛོག་དགོས་ཤིང་། སྔ་མོ་ནས་འབྲས་བུ་ཐོགས་པའི་ལྕུག་མ་རྒྱུ་ཇི་ཆེར་གཏོང་དགོས།

ཡལ་ག་གཙོ་བོ་ཕྱོགས་བཞིར་ཁྱབ་པའི་སྡོང་དབྱིབས་སྒྱུར་སྐབས། སྡོང་ཕང་གི་མཐོ་ཚད་ལི་སྨི50~70དང་། ཡན་ལག་གཙོ་བོ3~4གསེག་ནས་ཡར་ལ་སྐྱེ་ཞིང་། གཞུང་རྩ་གཙོ་བའི་སྡོང་ཕང་མེད། ཡལ་ག་གཙོ་བོའི་སྟེང་དུ་ཕྱིར་གྱིས་ཡལ་ག་ཕལ་བ་སྐྱེས་ནས་བསྒོམས་པས་བང་རིམ3~4ཡོད།

2. སྡོང་ཕྲུག་གི་སྐབས་སུ་ཡལ་བཞུར་རྒྱག་པ།

སྡོང་ཕྲུག་གི་སྐབས་སུ་སྐྱེ་ལུགས་ལེགས་སྒྲིག་གི་བླང་བྱ་ལྟར་རིམ་པ་སོ་སོའི་ཕང་འཛིན་ཡལ་ག་གཙོ་བོ་གསོ་སྐྱོང་བྱེད་པ་ལས་གཞན། ཡལ་ག་གཞན་པ་ཇི་ཉུང་དུ་གཏོང་ཚད་ཉུང་ཙམ་དང་སོར་འཛོག་མང་ཙམ་བཞག་ནས། འབྲས་བུ་ཐོགས་པའི་ཡལ་གའི་རྒྱུ་ཁྲོན་ཇི་ཆེར་གཏོང་གང་ཐུབ་བྱེད་དགོས། དུས་མཚུངས་སུ་ཧུར་ཐག་གིས་འབྲས་བུ་ཐོགས་པའི་ཡལ་གའི་ཚན་པ་ཆེ་འབྲིང་ཆུང་གསུམ་གསོ་སྐྱོང་བྱེད་དགོས། འབྲས་བུ་ཐོགས་པའི་ཡལ་གའི་ཚན་པ་གསོ་སྐྱོང་བྱེད་དུས་སུ། ལོ་དང་པོར་སྐྱེ་འཚར་ཡལ་གར་སྨྱུ་གུ4~6(ཀྲུང་གོའི་ལི)བར་འཛོག་པའམ་ཡང་ན་སྨྱུ་གུ6~8(ཕྱི་རྒྱལ་གྱི་ལི)བཞག་ནས་ཐུང་གཅོད་བྱེད་དགོས། ལོ་གཉིས་པར་ཐོག་མར་སྐྱེ་བའི་ཡལ་ག་རིང་པོའི་སྐྱེ་སྟོབས་ཆུས་པ་གཅོད་པ་དང་

ལྷན་པ་སོར་འཇོག་བྱས་ན། རྗེས་མར་ཡལ་ག་ཐུང་ངུའི་སྟེང་དུ་མྱུ་གུ་འབུས་ཤིང་མེ་ཏོག་བཞད་ནས་འབྲས་བུ་ཐོགས་པ་ཡིན། སྐྱེ་སྟོབས་ཆེ་ཞིང་མེ་ཏོག་གི་མྱུ་གུ་ཆགས་དཀའ་བའི་སོན་རིགས་ཡིན་ན་ཐོག་མར་སོར་འཇོག་དང་དེའི་འཁོར་ཕྱིར་འཁུམ་བྱེད་པའི་ཐབས་ལམ་སྤྱད་དེ་ཡལ་ག་གསོ་སྐྱོང་བྱེད་དགོས། ཡལ་གའི་སྐྱེ་སྟོབས་ཇེ་ལེགས་སུ་སོང་ན་མེ་ཏོག་གི་མྱུ་གུ་གྲུབ་རྗེས་ཕྱིར་འཁུམ་པའམ་ཐུང་བཅད་བྱེད་དགོས།

(གཉིས) འབྲས་བུ་ཐོག་མར་སྨིན་དུས་ཀྱི་སྡོང་པོར་ཡལ་བཞུར་རྒྱག་པ།

སྡོང་དབྱིབས་རྩ་བའི་ཆ་ནས་གྲུབ་པའི་རྗེས་སུ། སྐབས་དེར་གཞུང་རྟ་གཙོ་བོའི་སྐྱེ་ལུགས་ལེགས་སྒྲིག་བྱས་ནས་ཤིང་སྡོང་གི་མཐོ་ཚད་ཚོད་འཛིན་བྱེད་པར་མ་ཟད། གོང་རིམ་གྱི་འོད་འཕྲོའི་ཆ་རྐྱེན་ནམ་ཁོར་ཡུག་ཇེ་ལེགས་སུ་གཏོང་དགོས། དུས་མཚུངས་སུ་རོགས་སྐྱོང་ཡལ་ག་སྣ་ཚོགས་རིམ་བཞིན་གཙང་བཤེར་བྱེད་དགོས།

(གསུམ) འབྲས་བུ་རྒྱས་པའི་དུས་ཀྱི་སྡོང་བར་ཡལ་བཞུར་རྒྱག་པ།

ཐོན་ཚད་གཏན་འཇགས་ཡོང་བའི་ཆེད་དུ། སྡོང་པོ་གཅིག་གམ་ཡང་ན་འཇལ་བྱེད་རྒྱ་ཁྱོན་སྟེང་དུ་ལོ་རེར་ཡལ་གའི་སྤྱི་གྲངས་ངེས་ཅན་ཞིག་སྲུང་འཛིན་བྱེད་དགོས། དེའི་ནང་ནས་ཡལ་ག་རིང་པོས10%~15%ཟིན་དགོས་པར་མ་ཟད། ཤིང་སྡོང་གི་ལོ་འདབ་ཀྱི་ཕྱི་ནང་གི་ཁྱབ་ཚུལ་ཆ་སྙོམས་ཡིན་དགོས། ཡལ་གའི་སྟེང་དུ་འབྲས་བུ་ཐོགས་པའི་ཡལ་ག་ཉུང་མང་བའི་སྐབས་སུ། འོས་འཚམ་གྱིས་ཕྱིར་འཁུམ་པར་བྱེད་པ་ལས་གཞན། གྲ་སྒྲིག་ཡལ་ག་དང་འབྲས་ཐོགས་ཡལ་གའི2~3 : 1བསྡུར་ཚད་ལྟར་ཤིང་འབྲས་ཀྱི་ཡལ་ག་བཞུར་བ་དང་སོར་འཇོག་བྱེད་དགོས། སྐྱེ་འཚར་དུས་ཡུན་རིང་བའི་སྡོང་པོ་ཡིན་ན་ཡལ་ག་རིང་བ་དང་འབྲིང་ཙམ་གྱི་འབྲས་བུ་ཐོགས་པའི་ཡལ་ག་བཞུར་གཅོད་བྱེད་པ་དང་གྲ་སྒྲིག་ཡལ་ག་སོར་འཇོག་བྱེད་དགོས། དུས་མཚུངས་སུ་སྐྱེ་འཚར་ཡལ་ག་ཡང་གཅོད་བྱས་ནས་མེ་ཏོག་གྲུབ་པར་བྱེད་དགོས། སྐྱེ་འཚར་དུས་ཡུན་ཐུང་བའི་སྡོང་པོ་ཡིན་ན་འབྲས་བུ་ཐོགས་པའི་ཡལ་ག་ཕལ་ཆེར་གཅོད་མི་དགོས་པར་མ་ཟད། འབྲས་བུ་ཐོགས་པའི་ཡལ་ག་རིང་པོ་དང་འབྲིང་ཙམ་དང་ཟུར་སྐྱེས་མེ་ཏོག་གམ་ཡལ་ག་སོགས་ཀྱི་འབྲས་བུ་བེད་

སྐྱོད་གང་ལེགས་བྱེད་པ་དང་། དུས་མཚུངས་སུ་སྐྱི་འཚར་ཡལ་ག་བཞུར་གཙོད་བྱས་ཏེ་ལོ་རྗེས་མར་ཡལ་ག་གསར་པ་མང་དུ་སྐྱེས་ནས་མེ་ཏོག་གི་མྱུ་གུ་ཉུང་དུ་ཆགས་སུ་འཇུག་པ་དང་། སྐྱི་འཚར་དུས་ཡུན་རིང་བའི་སྡོང་པོའི་མེ་ཏོག་གི་གྲངས་ཚད་ཇེ་ཉུང་དུ་གཏོང་དགོས། ཡལ་ག་གཙོ་བོའི་ཟུར་ཚད་ཕྱི་འབྱེད་ཆེ་དྲགས་ན། ཡལ་ག་མར་དཔྱང་བ་དང་ཡང་ན་ཡལ་ག་ཆེ་བའམ་འཁྲིང་བའི་འབྲས་ཐོགས་ཡལ་ག་རྣམས་ཕྱི་ལ་སྐྱོས་ནས་ཚབས་ཆེར་ཕྱིན་རྗེས། དུས་ཐོག་ཏུ་ཕྱིར་འཐེན་བྱས་ནས་ཡལ་ག་ཇེ་ཉུང་དུ་གཏོང་དགོས་པ་དང་། སྟོན་འགོག་རྗེས་སྤེལ་དང་གསར་སྐྱུར་རྒྱས་གསོ་བྱས་ནས་འབྲས་བུ་ཐོགས་པའི་ལོ་ཚད་ཇེ་རིང་དུ་གཏོང་དགོས།

(བཞི) ལོ་མང་འགོར་བའི་སྡོང་རྒན་ལ་ཡལ་བཞུར་རྒྱག་པ།

ལི་སྡོང་གི་ནང་རིམ་ནས་སྐྱི་འཚར་རྒྱས་དྲགས་པའི་ཡལ་ག་འབྱུང་སླ་བས། ཤིང་སྡོང་གི་ལོ་འདབ་གསར་བ་གྲུབ་པ་དང་མུ་མཐུད་དུ་འབྲས་བུ་སྨིན་པ་ཡིན། འོས་འཚམ་གྱི་སྐྱི་འཚར་རྒྱས་དྲགས་པའི་ཡལ་ག་མེད་དུས། གཞུང་རྐང་གི་ཡལ་ག་གཙོ་བོའི་འོས་འཚམ་གྱི་གནས་ཡུལ་བདམས་ནས་གསར་དུ་བཟོ་དགོས། གཙོད་འབྲེག་བྱས་པའི་ཁའི་འོག་རིམ་ནས་ཟུར་ཚད་འོས་འཚམ་ཡིན་པའི་སྣེ་ཁྲིད་ཡལ་ག་བཞག་ནས་ཐུང་དུར་གཙོད་དགོས། དེའི་འོག་གི་ཡལ་ག་ཡང་དེར་བསྟུན་ནས་ཇེ་ཐུང་དུ་བཏང་སྟེ། སྐྱི་སྟོབས་སླར་གསོ་བྱེད་པའི་ནུས་པ་མཐོར་འདེགས་བྱེད་དགོས། འབྲས་བུ་ཐོགས་པའི་ཡལ་གར་ཕྱིར་འཕྲུམ་གསར་སྐྱུར་བྱེད་དགོས།

བདུན། ཉར་ཚགས་དང་སོ་ཉར།

(གཅིག) ས་དོང་ནང་དུ་འཇོག་པ།

ལི་ཐོན་སྐྱེད་ས་ཁུལ་དུ་མང་ཆེ་བ་ས་དོང་ནང་དུ་འཇོག་བཞིན་ཡོད། དུས་དང་བསྟུན་ནས་བཏུ་བསྡུ་བྱས་པའི་ལི་ལ་རིམ་པ་བགོས་ནས། ནད་ལྡན་འབྲས་བུ་རྣམས་མེད་པར་བཟོ་བ་དང་། ཤོག་བུས་འབྲས་རྡོག་རེ་རེ་བཏུམས་རྗེས་ཤོག་སྒམ་དང་གཟེབ་སྣོད་ནང་དུ་འཇོག་དགོས། ལི་བཏུ་བསྡུ་བྱེད་པའི་སྐབས་སུ་དྲོད་ཚད་ཅུང་མཐོ་བས། ཕྱིར་

བཏང་དུ་ཐད་ཀར་ས་དོང་ནང་དུ་འཛོག་མི་རུང་། ཐོག་མར་ས་དོང་གི་ཕྱིའི་བསིལ་གྲིབ་ཆེ་བའི་སར་བཞག་ནས་ཉར་ཚགས་ཀྱི་སྒྲིག་བྱེད་དགོས། ཉར་ཚགས་ཀྱི་སྒྲིག་བྱེད་དུས། ཉིན་དཀར་སྐྱུངས་དངོས་སྟེང་དུ་ཉི་སྒྲིབ་བཀབ་ནས་ཉི་མས་འཚིག་པར་སྔོན་འགོག་བྱེད་དགོས། དགོང་མོར་ཁེབས་བཀབ་དངོས་པོ་ཕྱེ་ནས་ཏླུང་རྒྱུག་ཏུ་འཇུག་པ་དང་། དུས་ཡུན་ཐུང་ངུའི་ནང་དུ་ལིའི་ དྲོད་ཚད་མར་ཆགས་སུ་འཇུག་དགོས། འབྲས་བུ་དང་ས་དོང་གི་དྲོད་ཚད0℃ལ་སླེབ་སྐབས་དོང་ནང་དུ་བཙུག་ཆོག ལི་དོང་ནང་དུ་སྐྱུང་གསོག་བྱེད་སྐབས། སྐྱུང་ས་དང་སྐམ། དེ་བཞིན་སྐྱུངས་སའི་ཕྱོགས་བཞི་ཚང་མར་ཏླུང་རྒྱུག་པའི་བར་གསེང་འཛོག་རྒྱུར་དོ་སྣང་བྱེད་དགོས།

(གཉིས) དབུགས་སློམ་གསོག་ཉར།

ལི་ཡི་དབུགས་སློམ་ཉར་ཚགས་བྱེད་དུས་དབྱང12%~13%དང་། དབྱང་གཉིས་ཐྣན་རྫས1%མན་གྱི་ཁོར་ཡུག་ཡིན་དགོས། འོན་ཀྱང་མཉམ་འཛོག་དགོས་པ་ཞིག་ནི་དབྱང་གཉིས་ཐྣན་རྫས་གསོག་འཛོག་བྱས་ན། འབྲས་བུའི་ཤ་རྒྱུ་དང་འབྲས་བུའི་ནང་སྙིང་སེར་ནག་ཏུ་འགྱུར་བ་ཡིན།

ཚན་པ་གཉིས་པ། ནད་འབུའི་གནོད་པ་གཙོ་བོའི་འགོག་བཅོས།

གཅིག ལིའི་གཟའ་ནད་ནག་པོ།

(གཅིག) ནད་རྟགས།

ནད་འདིའི་གནོད་འཚེ་གཙོ་བོ་ཐེབས་ས་ནི་ལོ་མ་དང་འབྲས་བུ། སྨྱུ་གུ། མེ་ཏོག་གི་བང་རིམ། ཡལ་ག་གསར་བ་སོགས་ཡིན། ནད་ཐོག་སའི་གནས་སུ་ཏམ་སྒྲུ་ནག་པོ་བྱུང་ནས་ལོ་མ་སྐམ་པ་དང་སྔ་མོ་ནས་སར་ལྷུང་བར་མ་ཟད། འབྲས་བུ་ཆུང་ངུ་མཁྲེགས་པོ་དང་སེར་ཁ་གས་པ། ཡ་མ་གཟུགས་སུ་འགྱུར་བ། སྔ་མོ་ནས་སར་ལྷུང་བའོ།།

(གཉིས) འགོག་བཅོས་བྱེད་ཐབས།

ཞིའི་མེ་ཏོག་ལྷུང་རྗེས། མེ་ཏོག་དང་འབྲས་བུ་ཇེ་ཉུང་དུ་གཏོང་བར་ཟུང་འབྲེལ་བྱས་ནས་ནད་ལྡན་ཡལ་ག་གཙོད་པ་དང་། མེ་ཏོག་ལྷུང་རྗེས་ཀྱི་ཉིན7~10ནང་དུ20%ཏའི་སེན་ཨན་པའི་ཡིས1000བཞར་ཚན་རང་བཞིན་གྱི་སྨན་ཕྱེ་དང་། 65%ཏའི་སེན་ཞིན་པའི་ཡིས800བཞར་ཚན་རང་བཞིན་གྱི་སྨན་ཕྱེས་འགོག་བཅོས་བྱེད་དགོས། སྟོན་ཁའི་དུས་སུ་སར་ལྷུང་ལོ་མ་དང་ནད་ཕོག་པའི་འབྲས་བུ། ནད་ཕོག་པའི་ཡལ་ག་སོགས་གཙང་སེལ་བྱས་ནས་དགུན་བརྒྱལ་འབུ་ཕྲའི་འབྱུང་ཁུངས་ཇེ་ཉུང་དུ་གཏོང་དགོས།

གཉིས། ཞིའི་བཙའ་ནད།

(གཅིག) ནད་རྟགས།

ཞིའི་བཙའ་ནད་ཀྱི་མིང་གཞན་སྐར་དམར་ནད་ཀྱང་ཟེར། གཙོ་བོར་ལོ་མ་ལ་གནོད་པ་དང་དེ་འཁྲོར་ཡལ་ག་གསར་བ་དང་འབྲས་བུ་ལ་གནོད་འཚེ་ཐེབས་པ་ཡིན། ནད་ཕོག་པའི་ལོ་མ་ནི་ཐོག་མར་ཁ་དོག་སེར་སྐྱའི་མདོག་གི་ཁྲ་ཐིག་ཆུང་ཆུང་ཡིན་ལ། རྗེས་སུ་འཛོང་དབྱིབས་ཀྱི་ནད་ཐིག་ཆེན་པོར་འགྱུར་བ་དང་། འོད་གོར་སེར་པོ་ཡོད་ཅིང་བདེ་ཐང་ཅན་གྱི་ཆ་ཤས་ལ་སོ་སོར་གྱེས་ཡོད། ནད་ཚབས་ཆེན་བྱུང་ན་ལོ་མ་སྐམ་པའམ་སར་ལྷུང་བ་དང་། ཡལ་ག་གསར་བ་དང་ཤིང་ཏོག་གི་ཡུ་བ། ལོ་མའི་ཡུ་བ་སོགས་ནད་ཕོག་པའི་ས་ཁུལ་དུ་སེར་ཁ་གས་ནས་ཆག་སླ་བར་མ་ཟད། ནད་འབྲས་ཡ་མ་གཟུགས་སུ་གྱུར་ནས་སྔ་མོ་ནས་སར་ལྷུང་བའོ།།

(གཉིས) འགོག་བཅོས་བྱེད་ཐབས།

ཞིའི་ལྷམ་རའི་ཉེ་འགྲམ་གྱི་སྟོང་སྐོ5ཡི་ཚུན་ཆད་དུ། གུབ་པའི་དང་ལུང་པའི་སོགས་བར་གནས་སྲིན་འབུ་རྟེན་ཡུལ་བཙུགས་ན་མི་འཚམ། ཞི་སྡོང་གི་སྨུ་གུ་འབུས་པ་ནས་ལོ་འདབ་རྒྱས་རྗེས་ཀྱི་ཉིན25ཡི་ནང་དུ། པོ་ཨའི་ཏུའོ་གཤེར་ཁུ་པའི་ཡིས200གཤེར་ཁུ་དང15%རྡིན་ཞིའུ་ཞིང་པའི་ཡིས1000གཤེར་ཁུ། ཡང་ན40%རྫུའུ་ཞིན་པའི་ཡིས800གཤེར་ཁུ་གཏོར་དགོས། ཐེངས2~3ལ་གཏོར་ནས་སྲུང་སྐྱོབ་བྱེད་དགོས། ཞིའི་མེ་ཏོག་བཞད་པའི་

དུས་སྐབས་སུ་སྨན་གཏོར་བ་གཡོལ་བཞག་གཟབ་དགོས།

གསུམ། ཤིའི་ཁ་དབྲག་གཉིས་ཅན་གྱི་གནོད་འབུ།

(གཅིག) ནད་རྟགས།

དཔྱིད་དུས་སུ། རོའུ་འབུ་དང་འབུ་དར་མའི་ཚོགས་སྤུ་གུ་དང་ལོ་མའི་སྟེང་དུ་འདུས་ནས་གནོད་སྐྱོན་བཟོ་བ་དང་། ལོ་འདབ་ཀྱི་གཞུང་དུ་འཁྱིལ་བར་བྱེད། ལོ་གཅིག་ལ་ཐེངས20ཡས་མས་འབྱུང་བ་ཡིན།

(གཉིས) འགོག་བཅོས་བྱེད་ཐབས།

དཔྱིད་དུས་པགས་པ་བགོག་ནས་དགུན་བཀལ་གྱི་སྒོ་ང་མེད་པར་བཟོ་དགོས། དཔྱིད་དུས་སུ་ཤིའི་མེ་ཏོག་གི་སྤུ་གུ་འབུས་རྗེས། རོའུ་འབུ་རྣམས་སྤུ་གུའི་སྟེང་དུ་འདུས་ནས་གནོད་འཚེ་གཏོང་དུས། 10%ཕི་ཁྲུང་ཤིན་པའི་ཡིས2500~3000གཤེར་ཁུ་དང་ཡང་ན་ཀུང་སྦྲ་རུས་ཀྲི་པའི་ཡིས2500གཤེར་ཁུ་གཏོར་དགོས། མེ་ཏོག་རྫོགས་ནས70%སླེབ་དུས་ཡང་བསྐྱར་ཐེངས་གཅིག་གཏོར་དགོས། ཟླ6པའི་ཟླ་སྨད་ནས་བཟུང་ཡང་བསྐྱར་གོང་གི་སྨན་རྫས་བཀོལ་ནས་འགོག་བཅོས་བྱེད་དགོས།

བཞི། ཤིའི་ཁོག་འབུ་ཆེ་བ།

(གཅིག) ནད་རྟགས།

འབུ་ཕྲུག་གིས་མེ་ཏོག་གི་སྤུ་གུ་དང་མེ་ཏོག་གི་བང་རིམ། འབྲས་བུ་ཆུང་དུ་བཅས་ལ་གནོད་པ་དང་། གནོད་འཚེ་གོམས་པའི་ངང་ཚུལ་ཅན་དུ་སྒོ་སྒྱུར་བྱེད་པའང་ཡོད། ལོ་གཅིག་གི་ནང་དུ་ཐེངས2~3ལ་ཐོན་པ་ཡིན། གནོད་འཚེ་ཐེབས་པའི་སྤུ་གུའི་ཁྲབ་བྱང་ཐར་ཐོར་གས་ཆག་ཏུ་འགྲོ་བ་དང་། གནོད་འཚེ་ཐེབས་པའི་འབྲས་བུ་སྐམ་ནས་སར་ལྷུང་བ་དང་། འོན་ཀྱང་སྐྱུད་ཐིག་འབྲས་བུའི་སྟེགས་བུའི་སྟེང་དུ་བཀལ་ཡོད།

(གཉིས) འགོག་བཅོས་བྱེད་ཐབས།

དགུན་དུས་ཀྱི་ཡལ་བཞུར་དང་ཟུང་འབྲེལ་བྱས་ཏེ་དགུན་བཀལ་འབུ་སྲིན་གྱི་སྤུ་གུ་གཙོད་པ་དང་། མེ་ཏོག་བཞད་པའི་དུས་དང་འབྲས་བུ་ཆུང་དུའི་དུས་སུ། གནོད་འཚེ

ཐེབས་པའི་མེ་ཏོག་གི་བང་རིམ་དང་འབུ་ལྡན་འབྲས་བུ་གཅོད་དགོས་པར་མ་ཟད། རང་བྱུང་ཁམས་ན་ལྷན་སྐྱེས་ཀྱི་ཚུལ་དུ་ཡོད་པའི་འཛོམས་བྱེད་སྲིད་ནས་ལིའི་ལྦུམ་རའི་ནང་དུ་བཏང་ནས་གཞན་བརྟེན་བྱེད་དགོས། འབུའི་གནོད་འཚེ་ཚབས་ཆེན་ཡིན་པའི་ལིའི་ལྦུམ་ར་ཡིན་ན་དགུན་བཀལ་འབུ་ཕྲུག་གིས་སྒོ་ག་འབུས་དུས་གནོད་འཚེ་ཐེབས་པ་དང་དཔྱིད་དུས་སུ་ཤིང་འབྲས་རྒྱས་དུས་སུ་གནོད་འཚེ་ཐེབས་ན། 50%ཧྲ་མིང་སོན་གཤེར་འདྲེས་སྦྱོར་སྨན་རྫས་པའི་ཡིས1000གཤེར་ཁུ་གཏོར་བའམ་ཡང་ན20%སུའུ་མེ་ཧྲ་ཧྲིང་སྤྲིས་མ་པའི་ཡིས2000གཤེར་ཁུ། ཡང་ན90%ཏྲི་པའི་ཁྲུང་སྤྲིས་མ་པའི་ཡིས800~1000གཤེར་ཁུ་གཏོར་དགོས།

ལྔ། ལིའི་ཁོག་འབྲུ་རྩུང་བ།

(གཅིག) ནད་རྟགས།

འབུ་ཕྲུག་མང་ཆེ་བ་འབྲས་བུའི་རྩེའམ་ཡང་ན་འདབ་གཤོང་ནས་ཟ་བ་དང་། ཟན་ཁུང་རྩུང་ལ་སྐོར་དབྱིབས་ནག་ཐིག་ཡོད། འབུ་ཕྲུག་གིས་བཟའ་མགོ་བཙམས་རྗེས་ཐད་ཀར་དུ་འབྲས་བུའི་ཁོག་ལ་འཛུལ་བ་དང་། ཁོག་སྙིང་དང་ས་བོན་ཟ་བ་ཡིན། གཏུབ་ན་ཁུ་བ་དང་གཅིན་སྐྱག་ཡོད། ལ་ལའི་ཁོག་འཛུལ་ཁུང་བུ་ཙུང་ཆེ་བ་དང་ཁུང་བུའི་མཐའ་བསྐོར་གྱི་འབྲས་བུའི་ཤ་རྒྱུ་ནག་པོར་གྱུར་ནས་རུལ་བ་ཡིན་པས། འདི་ལ"སྦྲུར་སྨན་ནག་པོ"ཟེར།

(གཉིས) འགོག་བཅོས་བྱེད་ཐབས།

1. སྟོང་པོ་རྒས་འགྱུར་གྱི་ཤུན་པགས་བཤུ་ནས་གཅིག་བསྡུས་ཀྱིས་མེར་བསྲེགས་པ། ཤིང་སྡོང་ནི་རྩ་གདུབ་ཇི་བཞིན་བསྡམས་ནས་སར་ལྷུང་འབྲས་བུ་སྟེང་གི་འབུ་ཕྲུག་བསྡུ་གསོད་བྱེད་པ་དང་། ལོ་རྗེས་མའི་དཔྱིད་མགོའི་དུས་སུ་དགུན་བཀལ་འབུ་ཕྲུག་རྣམས་ཕྱིར་མ་བུད་པའི་སྔོན་ལ་གྲོལ་ནས་མེར་སྲེག་དགོས།

2. ཤིང་འབྲས་ཀྱི་མེ་ཏོག་མ་བཞད་པའི་སྔོན་དང་འབྲས་བུ་ལྷུང་རྗེས་སོ་སོར2.5%ཞིའུ་ཆིན་ཙུས་ཀྲི་པའི་ཡིས2000གཤེར་ཁུ་དང་ཡང་ན50%ཧྲ་མིང་ལིའུ་ལིན་སྤྲིས་མ་པའི་ཡིས1000~1500གཤེར་ཁུ་གཏོར་དགོས། ཟླ7པར་སྔོམ་དམར་འགོག་པ་དང་ཟུང་འབྲེལ་

བྱུས་ཏེ20%མེ་སའོ་ལི་ཁྲིམ་ཆ་པའི་ཡིས2000གཤེར་ཁུ་གཏོར་དགོས།

3. ཤིང་འབྲས་ཀྱི་ལྡུམ་རའི་ནང་དུ་འོད་ནག་སློག་སྒྲོན་བཀལ་ནས་དར་འབུ་བསྣུ་གསོད་ཀྱིས་ཕྱིར་གཏོང་འདུས་ཚད་ཇེ་ཉུང་དུ་གཏོང་དགོས།

དྲུག ལིའི་སྙོར་དབྱིབས་སྐོགས་ཕྲུན་འབུ་སྲིན།

(གཅིག) ནད་རྟགས།

འབུ་གཟུགས་ཆུང་བ། འབུ་སྲིན་ལྷར་སྣང་དང་འབུ་དར་མ་ཡལ་ག་དང་ལོ་མ། འབྲས་བུ་བཅས་ཀྱི་སྟེང་དུ་སྟུག་པོར་འདུས་ནས་གནོད་པ་བྱེད་དུས། ཡལ་གའི་སྐྱེ་འཚར་ཞན་པའམ་སྐམ་ནས་ཤི་བར་འགྱུར་བ་ཡིན། འབྲས་བུའི་སྟེང་དུ་དམར་མདོག་གི་ཁྲ་ཐིག་དང་སེར་ཁ་གས་ནས་སྤུས་ཚད་ཇེ་ཞན་དུ་གཏོང་བ་ཡིན།

(གཉིས) འགོག་བཅོས་བྱེད་ཐབས།

སྨུ་གུ་མ་འབུས་པའི་སྔོན་ལ་པོ་མེ་ཏུའུ5ཏུའུ་རྡེ་ལིའུ་བསྲེས་སྦྱོར་སྨན་གཏོར་དགོས། ཐེངས་དང་པོའི་འབུ་སྲིན་ལྷར་སྣང་བྱུང་ན་པོ་མེ་ཏུའུ5ཏུའུ་རྡེ་ལིའུ་བསྲེས་སྦྱོར་རྫས་གཏོར་བ་ཡིན། གཞན་ཡང་སྡོང་བོ་རྙིང་བའི་པགས་པ་བཤུས་རྗེས40%དབྱང་འགྱུར་ལེ་ཀུའོ་ཡི་ཁར་ཆུ་ལྡེབ1བླུགས་ནས་གཏོར་ཆོག་པར་མ་ཟད། འཁྲིག་ཁུག་སྐྱི་མོས་དཀྲི་དགོས།

ལེའུ་དགུ་པ། མངར་ཁམ།

མངར་ཁམ་གྱི་འདེབས་འཛུགས་ལོ་རྒྱུས་ཤིན་ཏུ་རིང་། འོན་ཀྱང་མངར་ཁམ་སྡོང་པོ་མང་ཆེ་བ་རགས་ལས་བདག་གཉེར་བྱས་པས་ཐོན་ཚད་དམའ་ཞིང་བརྟན་པོ་མིན་ལ། དེའི་ཁར་མངར་ཁམ་གྱི་མེ་ཏོག་བཞད་པའི་དུས་ཡུན་སྟ་བའི་རྐྱེན་གྱིས། སྟོན་སད་ཀྱི་གནོད་འཚེ་ཐེབས་སླ་བ་སོགས་ཀྱིས་མངར་ཁམ་གྱི་འཕེལ་རྒྱས་ལ་ཤུགས་རྐྱེན་ཐེབས་པ་ཡིན། འབྲུག་གྲང་གི་གནོད་འཚེ་མི་ཐེབས་པ་དང་ཚོང་ར་སློམ་སྒྲིག་བྱེད་ཆེད། ད་ལྟ་སྲུང་སྐྱོང་ས་ཁུལ་གྱི་ལེགས་བསྒྱུས་འདེབས་འཛུགས་བྱས་པ་བརྒྱུད་ནས། ཤིང་འབྲས་ཀྱི་ཐོན་ཪྫོག་ཉུང་བའི་དུས་ཚིགས་ཀྱི་ཚོང་ར་ཕུན་སུམ་ཚོགས་སུ་ཕྱིན་པ་དང་། ཤིང་འབྲས་འདེབས་མཁན་གྱི་ཞིང་པའི་ཡོང་འབབ་ཀྱང་ཇེ་མཐོར་སོང་ཡོད།

གཅིག སོན་རིགས་འདེམ་པ།

འབྲས་བུ་སྦ་སྨིན་གྱི་རིགས་དང་འབྲས་རྗོག་ཆེ་བ། ཁ་དོག་ཡག་པ། སྲུས་ཀ་ལེགས་པ། གསོག་ཉར་བྱེད་ཐུབ་པ། སྡོང་གཟུགས་མེ་ཏོག་ཏུ་འགྱུར་སྟ་བ། ཐོན་འབབ་མཐོ་བ། ནད་འགོག་ནུས་པ་ཆེ་བ། གྲང་ངར་ཐེག་ཐུབ་པ། ངོ་དམ་བྱེད་བདེ་བ་བཅས་ཀྱི་སོན་རིགས་འདེམ་དགོས། དཔེར་ན། ཁེ་ཐེ་དང་ཅིན་ཐའི་དཀྱང་། ཅིན་ཧྲོའུ། ཧུང་ཧྲེང་། ཞང་པེ་ཞིན་སོགས་ཡོད།

གཉིས། འདེབས་འཛུགས།

རྫོང་ཁང་ཆེན་མོའི་ནང་དུ་མངར་ཁམ་སྡོང་པོ་འདེབས་འཛུགས་བྱེད་དུས། སྟོན་ལ་

མངར་ཁམ་སྡོང་པོ་འདེབས་འཛུགས་བྱས་པའི་རྗེས་སུ་དྲོད་ཁང་སྐྱུན་པའམ་ཡང་ན་སྡོན་ལ་དྲོད་ཁང་སྐྱུན་པ་དང་རྗེས་སུ་མངར་ཁམ་འདེབས་འཛུགས་བྱེད་པ་གང་ཡིན་རུང་ཆ་རྐྱེན་ལ་གཞིགས་ནས་གཏན་འཁེལ་བྱེད་དགོས། ས་སློག་པ་དང་གཏིང་ལུད་འཇོག་དུས་གཞན་པའི་དྲོད་ཁང་ནང་དུ་འདེབས་འཛུགས་བྱེད་པའི་ཤིང་ཏོག་གི་ལག་རྩལ་ལ་དཔེ་ལྟོས་བྱས་ཆོག རྩ་སྤྱོས་རྒྱག་པའི་སྡོང་རྐང་གི་བར་ཐག་ནི་སྡོང་གཟུགས་དང་། གོམས་གཤིས་ལྟར་སྨི1×སྨི2དང་། སྨི1.5×སྨི2.0སོགས་སྡོང་ཐག་མི་འདྲ་བར་གཞིགས་ནས་གཏན་འཁེལ་བྱེད་དགོས། འདེབས་འཛུགས་བྱས་རྗེས་ཡལ་བཞུར་བརྒྱབ་ནས་སྡོང་རྐང་གཙོ་བོ་གཏན་འཁེལ་བྱེད་དགོས། ལྷོ་ཕྱོགས་ཀྱི་གྲལ་ཐྲེང་ལི་སྨི30ལྟར་ཡལ་བཞུར་བརྒྱབ་ནས་སྡོང་རྐང་གཙོ་བོ་གཏན་འཁེལ་བྱེད་པ་དང་། བྱང་ཕྱོགས་ཀྱི་སྡོང་པོ་རེ་ལ་ལི་སྨི5འཕར་སྣོན་བྱེད་དགོས། ཆེས་བྱང་ཕྱོགས་ཀྱི་སྡོང་པོའི་མཐོ་ཚད་ལི་སྨི50~60ཡིན།

གསུམ། སྲིལ་བྲ་བཀབ་རྗེས་ཀྱི་ཪོ་དམ།

(གཅིག) སྲིལ་བུ་འགེབས་པའི་དུས་ཚོད།

དྲོད་འཛིན་ནུས་པ་དང་ས་གནས་དེ་གའི་གནམ་གཤིས་ཁྱད་ཆོས་སོགས་ཀྱི་རྒྱུ་རྐྱེན་ལ་གཞིགས་པའི་ཁར། ཚོང་རའི་མགོ་སྒྲིད་དང་བསྟུན་ནས་དཔལ་འབྱོར་འགྲོ་གྲོན་ཆེས་དམའ་བའི་དུས་ཚོད་ལེགས་ཤོས་བདམས་ནས་སྲིལ་བུའི་ཁ་འགེབས་དགོས། མཚོ་སྔོན་གྱི་ཟླ་ཆུའི་འགྲམ་རྒྱུད་དུ་ཟླ2པའི་རྗེས་སུ་སྲིལ་བུའི་ཁ་བཀབ་ཆོག་པ་དང་། ཙོང་ཆུའི་འགྲམ་རྒྱུད་དུ་ཟླ3པའི་རྗེས་སུ་སྲིལ་བུའི་ཁ་བཀབ་ཆོག གལ་ཏེ་དུས་ཚོགས་ལས་ལྡོག་སྐྱེ་ཚོང་རར་བཏོན་ན་ཟླ9~10པའི་བར་སྲིལ་བུའི་ཁ་བཀབ་ཆོག

(གཉིས) མེ་ཏོག་དང་འབྲས་བུའི་ཪོ་དམ།

མིའི་ཐབས་ལ་བརྟེན་ནས་ཟེའུ་འབྲུ་ཕོ་མོ་སྦེབ་སྦྱོར་བྱེད་པ་ནི་འགག་རྩ་ཡིན་པས། སྒྲང་མ་དང་ཡང་ན་མིའི་ཐབས་ལ་བརྟེན་ནས་ཟེའུ་འབྲུ་ཕོ་མོ་སྦེབ་སྦྱོར་བྱེད་སྐབས། དུས་ཐོག་ཏུ་མེ་ཏོག་གི་རྡུལ་འཚོལ་སྡུད་བྱེད་དགོས། འཚོལ་སྡུད་བྱས་པའི་མེ་ཏོག་གི་རྡུལ་རྣམས་ད་དུང་གཏོར་ནས་སྦེབ་སྦྱོར་བྱས་ཆོག ལུགས་མཐུན་སྨོས་འབྲས་བུ་སོར་འཇོག་བྱེད་

པ་དང་། འབྲས་བུ་ཇེ་ཉུང་དུ་གཏོང་བའི་དུས་ཚོད་ནི་མེ་ཏོག་བཞད་རྗེས་ཀྱི་གཟའ་འཁོར་གསུམ་གྱི་ནང་ཡིན། སྤྱིར་བཏང་དུ་འབྲས་བུ་ཐོགས་པའི་ཡལ་ག་ཐུང་ངུའི་སྟེང་གི་འབྲས་བུ་འཇོག་དགོས་པ་དང་། དེའི་འཕྲོར་མེ་ཏོག་ཚོམ་བུའི་དབྱིབས་ཀྱི་ཡལ་ག་དང་འབྲས་བུ་ཐོགས་པའི་ཡལ་ག་འབྲིང་བའི་སྟེང་གི་འབྲས་བུ་འཇོག་དགོས། འབྲས་བུ་ཐོགས་པའི་ཡལ་ག་རེ་ལ་འབྲས་བུ1~2བར་རམ་ཡང་ན་འབྲས་བུ་ཐོགས་པའི་ཡལ་ག་ཐུང་ངུ1~2 འབྲས་བུ་ཐོགས་པའི་ཡལ་ག་འབྲིང་བ3~4 འབྲས་བུ་ཐོགས་པའི་ཡལ་ག་རིང་བ6~8འཇོག་དགོས།

(གསུམ) ཆུ་ལུད་དོ་དམ།

ཧྲད་ཁང་ནང་གི་ལུད་དང་ཆུ་གཏོང་ཚད་ནི་མཐོངས་ཡངས་འདེབས་འཛུགས་དང་བསྡུར་ན་ཅུང་ཉུང་ལ། ལུད་འཇོག་ཚད་ནི་སྤྱིར་བཏང་དུ་མཐོངས་ཡངས་ཀྱི1/3ལས་མེད། ལོ་མའི་ངོས་ལ་ལུད་གཏོར་བར་མཐོང་ཆེན་ཐུབ་ཏེ། དུས་མགོར་གཅིན་རྒྱ་གཏོར་བ་གཙོར་འཛིན་དགོས་ཤིང་། དུས་མཇུག་ཏུ(ཚི་གུ་སྨ་མོའི་དུས་ཀྱི་རྗེས་སུ)གཅིན་རྒྱུའི་སྟེང་དུ་ལིན་སོན་ཨེར་ཆིང་ཀླ་དང་ཚད་ཉུང་མ་རྒྱ་གཏོར་བར་བསྒྱུར་དགོས། ཧྲད་ཁང་ཆེན་མོའི་ནང་དུ་ཆུ་མཁོ་ཚད་མི་མང་བས། སྤྱིར་བཏང་དུ་སྤྱིལ་བུ་མ་བཀབ་པའི་སྔོན་ལ་ཆུ་འདང་ངེས་ཤིག་བཏང་ན། སྨྱི་འཚར་དུས་ཚིགས་ཐེལ་པོར་ཆུ་གཏོང་མི་དགོས།

(བཞི) ཡལ་ག་གསར་བའི་དོ་དམ།

ཡལ་ག་གསར་བའི་སྨྱི་འཚར་སྟུག་པོར་སྐྱེས་པ་དང་འཚོ་བཅུད་ཟད་གྲོན་དུ་འགྲོ་བར་སྔོན་འགོག་བྱེད་དགོས། ཡལ་ག་ཇེ་སྲབ་ཇེ་ཉུང་དུ་གཏོང་བ་དང་ཡལ་ག་གཅུས་པ། ཡང་ན་བསྐྱུར་དུ་རྩེ་བཏོག་པ་སོགས་ཀྱི་ཐབས་ལམ་སྤྱད་ནས་ཡལ་ག་གསར་བ་སྐྱེ་བར་ཚོད་འཛིན་བྱེད་དགོས།

(ལྔ) ཧྲད་ཚད་དང་བཞའ་ཚན་ཚོད་འཛིན།

ཧྲད་ཚད་འཕར་བའི་གཟའ་འཁོར་དང་པོར་ཧྲད་ཚད་གློ་བུར་དུ་ཇེ་མཐོར་འགྲོ་མི་རུང་བ་དང་། སྤྱིར་བཏང་དུ1/2ཟླ་ཡོལ་བཤུས་ཚོག ཧྲད་ཚད15℃མན་ལ་ཚོད་འཛིན་བྱེད་དགོས་ཤིང་། སྔོས་བཅས་ཀྱི་བཞའ་ཚན80%ཡས་མས་ཡིན་དགོས། གཟའ་འཁོར་གཉིས་པ་

ནས་བཟུང་རྩ་ཡོལ་ཚང་མ་ཕྱེ་སྟེ། སྨྱུ་གུ་འབུས་པའི་དུས་སྐབས་ཀྱི་དྲོད་ཚད8~15℃ཚོད་འཛིན་བྱེད་དགོས་པ་དང་། དྲོད་ཚད་ཆེས་དམའ་ན5℃དང་བརླན་ཚན80%ལས་ཆུང་དགོས། མེ་ཏོག་བཞད་པའི་དུས་སྐབས་སུ་འཚམ་པའི་དྲོད་ཚད་ནི10~20℃ཡིན། དྲོད་ཚད22℃ལས་བརྒལ་ན་འོས་འཚམ་མིན། དྲོད་ཚད་ཆེས་དམའ་ན7℃དང་བརླན་ཚན60%ལས་ཆུང་དགོས། འབྲས་བུ་ཆུང་དུའི་དུས་སྐབས་སུ་འཚམ་པའི་དྲོད་ཚད་ནི15~20℃ཡིན། དྲོད་ཚད་ཆེས་དམའ་ན8℃དང་ལྷོས་བཅས་ཀྱི་བརླན་ཚན70%ལས་ཆུང་དགོས། འབྲས་བུ་རྒྱས་སྨིན་གྱི་དུས་སྐབས་སུ་འཚམ་པའི་དྲོད་ཚད་ནི18~28℃ཡིན། དྲོད་ཚད་ཆེས་དམའ་ན10℃དང་བརླན་ཚན70%ལས་ཆུང་དགོས། སྨིན་ལ་ཉེ་བའི་དུས་སྐབས་སུ་འཚམ་པའི་དྲོད་ཚད་ནི22~30℃ཡིན། དྲོད་ཚད་ཆེས་དམའ་ན15℃དང་བརླན་ཚན60%ལས་ཆུང་དགོས།

(དྲུག) ཞིང་སྡོང་གི་ལོ་འདབ་ལ་ཡལ་བཞུར་རྒྱག་དུས་ཀྱི་དོ་དམ།

དབྱར་ཁར་ཡལ་བཞུར་རྒྱག་དུས་གོང་གི་དོན་ཚན4དཔྱད་གཞིར་འཛིན་པ་ལས་གཞན། མེ་ཏོག་བཞད་ཇེས་པོ་མའི་སྨྱུ་གུ་འབུས་པའི་སྐབས་སུ། སྐྱེ་གནས་འོས་འཚམ་མིན་པའི་སྨྱུ་གུ་ཐུག་དགོས། ཡལ་ག་གསར་བ་སྐྱེས་ནས་རིང་ཚད་ལི་སྨི20~25བར་སླེབ་སྐབས་དུས་ཐོག་ཏུ་རྩེ་བཏོག་དགོས། ཐེངས་གཉིས་པར་ཡལ་ག་གསར་བ་སྐྱེས་ནས་རིང་ཚད་ལི་སྨི20ཙམ་ཡོད་དུས་རྩེ་བཏོག་པའམ་ཇེ་ཉུང་དུ་གཏོང་དགོས། ཡལ་ག་གཙོ་བོ་སྐྱེས་ནས་ལི་སྨི50ཡས་མས་སུ་སླེབ་དུས། ཡལ་ག་འཐེན་པ་དང་ཟུར་ཚད་འབྲེད་དགོས། ཡལ་ག་གསར་བ་སྐོར་ཞིག་ལ་སྐོར་གཙོད་དང་ཡལ་ག་གཅུས་ནས་ཐག་གཅོད་བྱེད་དགོས། རྒྱབ་ངོས་ཀྱི་སྐྱེ་འཚར་རྒྱས་པའི་ཡལ་ག་དང་སྟུག་པོར་སྐྱེས་པའི་ཡལ་ག་རྣམས་ཇེ་ཉུང་དུ་གཏོང་དགོས། དགུན་དུས་ཡལ་བཞུར་རྒྱག་པའི་རྩ་དོན་ནི་མེ་ཏོག་མེད་པའི་ཡལ་ག་དང་ནད་ལྡན་ཡལ་ག སྐྱོལ་མའི་ཡལ་ག བརྩེགས་མའི་ཡལ་ག ཕྱུར་དུ་དཔྱངས་པའི་ཡལ་ག་སོགས་མེད་པར་བཟོ་དགོས།

(བདུན) ནད་དང་གནོད་འབུ་འགོག་བཅོས།

སྲིལ་བུར་འདེབས་འཛུགས་བྱེད་པའི་མངར་ཁམ་སྟོང་བོའི་ནད་དང་གནོད་འབུའི་གནོད་པ་གཙོ་བོ་ནི། བུག་རྫོལ་གྱི་ནད་དང་གཟའ་ནད་ནག་པོ། སྔ་དུས་སུ་ལོ་མ་ལྷུང་བའི་ནད། སྨུག་ཚུལ་ནད། དམར་ཐིག་ནད། སྐྱི་དངོས་གནོད་འབུ། སྲོམ་དམར། ཁོག་འབུ། སྐོགས་ཤུན་ཅན་གྱི་འབུ་སོགས་ཡིན། གོང་བརྗོད་ནད་འབུ་རྣམས་ཕྱོགས་བསྡུས་འགོག་བཅོས་བྱེད་པར་གཙོ་བོར་འཛིན་དགོས་ཤིང་། ཉྲད་ཚད་ཇེ་མཐོར་སོང་རྗེས་ཀྱི་གཟའ་འཁོར་དང་པོར30%ཧྲི་ཡིའུ་བསྲེས་སྦྱོར་སྨན་རྫས་ཐེངས་གཅིག་གཏོར་དགོས། དེའི་རྗེས་སུ་གནོད་འབུའི་གནོད་འཚེ་ལ་གཞིགས་ནས་ཏའི་སེན་མིན་ཞིན་པའི་ཡིས600གཤེར་ཁུ་དང་ཏུའོ་ཟུན་ཡིང་བཞའ་ཚན་རང་བཞིན་གྱི་སྨན་ཕྱེ་པའི་ཡིས800གཤེར་ཁུ་སྦྱད་ནས་འགོག་བཅོས་བྱེད་དགོས། དབྱི་པེན་ཅིན་པའི་ཡིས15གཤེར་ཁུས་སྐྱི་དངོས་གནོད་འབུ་འགོག་བཅོས་བྱེད་པ་དང་། སའོ་མན་ཅིན་པའི་ཡིས1500གཤེར་ཁུ་དང་ཆི་མན་སའོ་པའི་ཡིས2500གཤེར་ཁུ་སྦྱད་ནས་སྲོམ་དམར་པོ་འགོག་བཅོས་བྱེད་དགོས།

བཞི། སྲིལ་བུ་བཀབ་རྗེས་ཀྱི་དོ་དམ།

(གཅིག) དབྱར་དུས་ཀྱི་དོ་དམ།

འབྲས་བུ་བསྡུས་རྗེས་མྱུར་མོར་སྲིལ་བུའི་སྐྱི་མོ་བཤུ་དགོས་ཤིང་། དབྱར་དུས་ཀྱི་དོ་དམ་དུས་ཚིགས་ལ་སླེབས་ན་གཙོ་བོ་ཡལ་བཞུར་རྒྱག་དགོས་ཤིང་། གཙོ་གནད་རྒྱབ་ངོས་ཀྱི་དྲང་མོར་ལང་བའི་ཡལ་ག་དང་སྟུག་པོར་སྐྱེས་པའི་ཡལ་ག ཕྱིར་འཁྱུམ་རིང་དྲགས་པའི་ཡལ་ག་གཙོ་བོ་ཇེ་ཉུང་དུ་གཏོང་དགོས། འབུ་སྲིན་འགོག་པའང་དབྱར་ཁའི་དོ་དམ་གྱི་ནང་དོན་གཙོ་བོ་ཞིག་ཡིན།

(གཉིས) སྟོན་དུས་ཀྱི་དོ་དམ།

ཡལ་ག་གསར་བའི་སྐྱེས་མཚམས་བཞག་རྗེས། ཟླ་མཇུད་དུ་སྟུག་དྲགས་པའི་ཡལ་ག་ཇེ་ཉུང་དུ་གཏོང་བ་དང་ཕྲ་ཞིང་ཆུང་བའི་ཡལ་ག་ཕྱིར་འཁྱུམ་བྱེད་པ། འབྲས་བུ་ཐོགས་པའི་ཡལ་ག་རིང་བ་ཐུང་གཅོད་བྱེད་དགོས། ཡལ་ག་འཐེན་ནས་གཙོ་རྐང་གི་ཟུར་ཚད་

ཕྱི་སྣེ་ཧྲོད་ཁང་ཡོངས་ཀྱི་ཉི་ཟེར་འཕྲོ་ཚད་ཧེ་ལེགས་སུ་གཏོང་དགོས། ཟླ8པའི་ཟླ་དཀྱིལ་དང་ཟླ་སྨད་དུ་སྡོང་རྐང་གི་ལུད་གཏོར་བ་དང་སྐྱེ་ལྡན་ལུད་གཙོ་བོར་བཟུང་ནས་གཏོར་དགོས། སྡོང་པོ་རེར་ཕྱུས་ལེགས་སྐྱེ་ལྡན་ལུད་སྐོང་ཁ25ཡན་དང་ལིན་སོན་ཆིང་ཨེར་ཨན། ལིའུ་སོན་ཙཱ་ཝུང་ཤས་རྒྱག་དགོས།

ལེའུ་བརྒྱ་པ། མངར་ཀུབ།

གཅིག སོན་རིགས་འདེམས་པ།

(གཅིག) དབྱི་ལི་ཧྲ་ཡེ།

ཤིན་ཏུ་སྨིན་སྔ་བའི་སོན་རིགས་ཤིག་ཡིན་ལ་འབྲས་བུ་འཚར་སྐྱེའི་དུས་ཡུན་ནི་ཉིན30ཡིན། འབྲས་བུ་སྒོར་དབྱིབས་ཡིན་ལ། འབྲས་བུའི་ཤུན་པགས་སེར་པོ་འཇམ་པོ་དང་། ཀུབ་འབྲས་རྡོག་གཅིག་གི་ལྗིད་ཚད་ཁེ500~600ཡིན། འབྲས་བུའི་དབྱིབས་གཟུགས་གཅིག་མཚུངས་གྲལ་དག་ཡིན། ཀུབ་འབྲས་ཆགས་ཚུལ་གཅིག་འདྲ་ཡིན། འབྲས་བུའི་ཤ་རྒྱུ་དཀར་ཞིང་ཤ་མཐུག་ཚད་ལི་སྨི2.5དང་། ཤ་སྙི་ཞིང་ཞིབ་པ། ཁུ་བ་མང་ཞིང་ཞིམ་པ། ཤའི་ཁ་དོག་སེར་སྐྱ། སྡོང་རྐང་གཅིག་གི་སྟེང་དུ་འབྲས་རྡོག2~3ཡོད། སྨི་གྲུ་བཞི་མ667རེའི་ཐོན་ཚད་སྟོང་ཁེ1500~1750ཡིན།

(གཉིས) རྨིང་ཐེན་ཨང་དང་པོ།

འཚར་སྐྱེ་དུས་ཡུན་ཉིན80ཡས་མས་དང་། མེ་ཏོག་མོ་བཞད་ནས་འབྲས་བུ་སྨིན་པའི་བར་དུ་ཉིན28དགོས། སྐྱེ་རྟེན་འཁྲིལ་ཤིང་ཡོངས་ཀྱི་སྟེང་དུ་འབྲས་བུ་ཐོགས་ཚོག་ཅིང་། སྐྱེ་རྟེན་འབྲས་བུ་ཐོགས་པ་གཙོ་བོར་འཛིན་དགོས། འབྲས་བུ་འཇོང་དབྱིབས་ཡིན་ལ་འབྲས་བུའི་ངོས་སུ་དངུལ་མདོག་གི་ཤུར་བུ10ཡོད། འབྲས་བུའི་ཤ་རྒྱུ་དཀར་པོ་དང་སོབ་སོབ། ཕྱི་ངོས་མཉེན་པོ་མིན། ཀུབ་འབྲས་རྡོག་གཅིག་གི་ལྗིད་ཚད་ཁེ1000དང་སྡོང་བོ་རེར་འབྲས་བུ3~4ཐོགས་པ་ཡིན། མུའུ་རེའི་ཐོན་ཚད་སྟོང་ཁེ2500ཡིན། སོན་རིགས་འདིའི་ཐོན་

འཕབ་མཐོ་བ་དང་ཐོན་འབབ་གཏན་འཇགས་ཡིན་ལ། འབྲས་བུ་ཐོགས་སླ་བ་དང་འབྲས་བུའི་ཆེ་ཆུང་སྙོམས་པོ་ཡིན་པས། ཚོང་ཟོག་གི་ཡོང་འབབ་མཐོ་བའོ།།

(གསུམ) ཡུས་ལུའུ་ཐེན་ཀུབ།

འཚར་སྐྱེ་དུས་ཡུན་ཉིན85ཡས་མས་ཡིན། སྔ་སྨིན་ནམ་འབྲིང་སྨིན་གྱི་སོན་རིགས་སུ་གཏོགས། ཡལ་ག་རེའི་སྟེང་དུ་འབྲས་བུ4~7ཐོན་པ་དང་། སྨིན་ཟིན་པའི་འབྲས་བུའི་ཤུན་པགས་ནི་ངང་སྐྱ་ཡིན། འབྲས་བུ་སྒོར་མོ་ཟླུམ་དབྱིབས་ཡིན། འབྲས་བུའི་ཤའི་ཁ་དོག་དཀར་པོ་ཡིན། ཁུ་བ་མང་ཞིང་ གྲོ་བ་མངར། སྤྱིར་བཏང་དུ་འབྲས་བུ་གསར་བའི་ལྗིད་ཚད་ཁེ1000~2000ཡིན། འབྲས་བུ་ཆེ་བར་ཁེ2950ཡོད། འབྲས་བུ་གསོག་ཉར་བྱེད་བདེ་བ་དང་། སྨི་གྲུ་བཞི་མ666.7རེའི་ཐོན་ཚད་སྟོང་ཁེ3500ཡིན། ཚོང་ཟོག་རང་བཞིན་ཤིན་ཏུ་བཟང་།

(བཞི) ཅིན་ལྷུའུ་ཨང་དང་པོ།

ཕྱི་དོས་དཀར་ཞིང་གཙང་བ་དང་འབྲས་བུ་སྒོར་དབྱིབས་ཡིན། འབྲས་བུའི་ཤ་རྒྱུ་དཀར་བ། ཀུབ་འབྲས་རྡོག་གཅིག་གི་ལྗིད་ཚད་སྟོང་ཁེ0.8~1.2ཡིན། སྔ་སྨིན་གྱི་རིགས་སུ་གཏོགས་པ་དང་འབྲས་བུ་ཐོགས་སླ་བས་རྟོད་ཁང་ནང་དུ་འདེབས་འཛུགས་བྱེད་པར་འཚམ།

(ལྔ) རྒྱུའི་མེན།

ཤིན་ཏུ་སྨིན་སྔ་བའི་རིགས་སུ་གཏོགས། འབྲས་བུ་ནི་སྒོར་དབྱིབས་ཡིན་པ་དང་། ཁ་དོག་ལྗང་སེར་ཡིན། ཀུབ་ཀྱི་ཆ་སྙོམས་ལྗིད་ཚད་ཁེ500ཡིན། འབྲས་བུའི་འཚར་སྐྱེ་དུས་ཡུན་ཉིན30ཡས་མས་ཡིན། སྨི་གྲུ་བཞི་མ667རེའི་ཐོན་ཚད་སྟོང་ཁེ3000ཡན་ཡིན།

གཉིས། འདེབས་འཛུགས་ལག་རྩལ།

(གཅིག) ས་བོན་སྦྱངས་ནས་མྱུ་གུ་འབུས་པར་སྐྱུལ་བ།

ས་བོན་གྱི་མྱུ་གུ་མ་འབུས་སྔོན་གྱི་གཉིས་ཀྱི་རིང་ལ་བསིལ་སྐམ་བྱེད་དགོས། དེའི་རྗེས་སུ་དྲོད་ཚད50℃ཡས་མས་ཀྱི་ཆུ་དྲོན་མོའི་ནང་དུ་སྐར་མ15སྦྱང་དགོས་པར་མ་

ཟད་དཀྲུག་པར་དོ་སྣང་བྱེད་དགོས། ཆུ་དྲོན་མོ་རང་བྱུང་གིས་འཁྱགས་པར་གྱུར་རྗེས་ཆུའི་ནང་དུ་ཡང་བསྐྱར་ཆུ་ཚོད5སྦངས་རྗེས་ལེན་དགོས། དེའི་འཕྲོར་སྨན་ཁུས་དུག་སེལ་བྱེད་དགོས། དུས་རྒྱུན་དུ50%ཊུའོ་ཅིན་ལིན་བཞའ་ཚན་རང་བཞིན་གྱི་སྨན་ཕྱེ་པའི་ཡིས500གཤེར་ཁུ་ནང་དུ་དུས་ཚོད་གཅིག་ལ་སྦང་བའམ་ཡང་ན50%ཊུའོ་ཅིན་ལིན་བཞའ་ཚན་རང་བཞིན་གྱི་སྨན་ཕྱེ་པའི་ཡིས1000ནང་དུ་ཆུ་ཚོད་ཕྱེད་ཀར་སྦང་དགོས། སྨན་ཆུས་སྦང་བའི་ས་བོན་རྣམས་ཆུ་དྭངས་མོས་བཀྲུས་རྗེས་སྣོད་ཆས་ནང་དུ་བཞག་སྟེ་སྟེང་དུ་ལག་ཕྱིས་རློན་པ་ཞིག་བཀབ་ནས། དྲོད་སྐམ་ནང་ངམ་ཡང་ན་ས་ཁྲི་དྲོད་མོའི་སྟེང་དུ་བཞག་ནས་མྱུ་གུ་འབུས་པར་སྐུལ་འདེད་བྱེད་དགོས། དྲོད་ཚད30℃ཙམ་འཛིན་བྱས་ནས་ཆུ་ཚོད14~24འགོར་རྗེས་མྱུ་གུ་འབུས་ཐུབ་པ་ཡིན། མྱུ་གུ་འབུས་མ་ཐག་དྲོད་ཚད་མར་བབས་ནས25℃ཡས་མས་དང་། ཐོ་འདེབས་མ་བྱས་པའི་སྔོན་གྱི་དྲོད་ཚད་མར་བབས་ནས13~20℃སླེབ་སྐབས། དྲོད་ཚད་མཐོ་དྲགས་པས་མྱུ་གུ་རྒྱས་དྲགས་པའི་སྣང་ཚུལ་འབྱུང་བར་སྔོན་འགོག་བྱེད་དགོས།

(གཉིས) རྩ་སྤྱོས་རྒྱག་པ།

པགས་མཐུག་མངར་ཀུབ་ཡིན་ན་དྲོད་ལྡན་གྱི་གནམ་ངོ་དྭངས་པའི་ཉིན་མོར་རྩ་སྤྱོས་རྒྱག་དགོས། རྩ་སྤྱོས་མ་བརྒྱབ་པའི་སྔོན་ལ་ཆུ་གཏོར་དགོས། སྟོང་ཧྲང་གི་བར་ཐག་ནི་སོན་རིགས་ལ་གཞིགས་ནས་གཏན་འཁེལ་བྱེད་དགོས། ལོ་མ་ཆེ་ཞིང་སྡོང་པོའི་ཞེང་ཚད་ཆེ་བའི་སོན་རིགས་ཀྱི་བར་ཐག་ལི་སྨི40~50ཡིན་ལ། དེ་ལས་ལྷག་ན་ལི་སྨི35ཡིན། ཐོག་མར་ས་དོང་བརྐོས་ནས་ནང་དུ་གཏིང་ལུད(ཨིར་ཨན་ཁྲུང་རེར་ཁི5དང་ཡང་ན་བསླལ་བའི་འབབ་ཆའི་ལུད་ཁི20)འཇོག་པ་དང་ཆུ་གཏོར་དགོས་པ་དང་། ཆུ་སིམ་རྗེས་སྟེང་དུ་ས་བཀབ་ནས་ཁྲུང་བུའི་ཁ་གཅོད་དགོས།

པགས་སྲབ་མངར་ཀུབ་ནི་མྱུ་གུ་འབུས་ནས་ཉིན30འགོར་བ་དང་། ལོ་མ་ངོ་མ4~5སྐྱེ་དུས་སུ་རྩ་སྤྱོས་རྒྱག་དགོས། རྩ་སྤྱོས་རྒྱག་པའི་བྱེད་པའི་དུས་སུ་ས་རྗེན་ཡོད་པའི་ཀུབ་ཀྱི་མྱུ་གུ་རྣམས་བར་ཐག་སྨི0.4ལྷར་ཐིག་གི་སྟེང་དུ་བཙུགས་ནས་ཁྲུང་བུའི་ནང་དུ་རྩ་སྤྱོས་

རྒྱག་པའི་ཆུ་འདང་ངེས་ཤིག་བཏང་རྗེས། འགྱིག་ཁུག་སྦྲབ་མོ་ཕྲེང་བར་དོག་མོའི་སྟེང་དུ་འགེབས་དགོས། དཀྱིལ་གཞུང་ནས་ཁ་ཟུམ་པའི་ཆུ་གཏོང་ཤུར་བུ་ཞིག་ཡོད་དགོས།

(གསུམ) ཡལ་ག་ལེགས་སྒྲིག་བྱེད་པ།

པགས་མཐུག་མངར་ཀུབ་ཀྱི་ཡལ་ག་ལེགས་སྒྲིག་བྱེད་ན་སྔོང་རྐང་སྐྱེ་འཚར་ཡོང་བའི་བརྒྱུད་རིམ་ཁྲིད་ནས་དུས་ཐོག་ཏུ་བྱེད་དགོས། སྤྱིར་བཏང་དུ་ཡལ་ག་རྐྱང་བ་སྤྱད་ནས་ལེགས་སྒྲིག་བྱེད་པ་དང་། ཚན་པ10ཡས་མས་ཀྱི་འཁྲིལ་རྐང(ཡང་ན་འཁྲིལ་རྐང་ཆུང་དུ)འཛོག་དགོས། བྱེད་ཐབས་ནི་ཚན་པ9མན་ཆད་ཀྱི་འཁྲིལ་རྐང་ནི་རྩ་བ་ནས་འཐོག་དགོས་པ་དང་། ཚན་པ10~13བར་དུ་འབྲས་བུ་ཐོགས་པའི་འཁྲིལ་རྐང4གྲུ་སྒྲིག་བྱེད་དགོས། འབྲས་བུ་ཐོགས་པའི་གནས་ཡུལ་ཡན་གྱི་ཡལ་ག་ཚང་མ་རྩ་བ་ནས་འཐོག་པའམ་ལོ་མ1བཞག་ནས་འཐོག་དགོས། ཉོད་ཁང་དུ་འདེབས་འཛུགས་བྱེད་ན་སྤྱིར་བཏང་དུ་འཁྲིལ་རྐང་གཙོ་བོའི་མཐོ་ཚད་སྨི1.5དང་། ལོ་མ27~30བར་སྐྱེ་བའི་དུས་སུ་རྩེ་བཏོག་དགོས།

པགས་སྐྱབ་མངར་ཀུབ་རིགས། འཁྲིལ་རྐང་གཙོ་བོར་འབྲས་བུ་ཐོགས་པའི་སོན་རིགས་ཡིན་ན། འཁྲིལ་རྐང་གཅིག་ཅན་དང་འཁྲིལ་རྐང་གཉིས་ལྡན་སྤྱད་ནས་ཡལ་གར་ལེགས་སྒྲིག་བྱས་ཆོག སྔོན་མ་ནི་འཁྲིལ་རྐང་གཙོ་བོ5~6སྐྱེ་བའི་སྐབས་སུ་རྩེ་བཏོག་པའམ་ཡང་ན་རྩེ་མི་བཏོག་པ་དང་འབྲས་བུ་རྒྱ་ཡན་དུ་གཏོང་བ་ཡིན། ཕྱི་མ་དེ་ནི་སྨྱུ་གུ་རྒྱས་པའི་དུས་སུ་ལོ་མ་དོ་མ2བཞག་སྟེ་འཁྲིལ་རྐང་གཙོ་བོའི་རྩེ་བཏོག་པ་དང་། རྩ་སྦྱོས་བརྒྱབ་རྗེས་འཁྲིལ་རྐང་བཟང་པོ་གཉིས་བདམས་ནས་ལྷག་མ་རྣམས་འབྲེག་གཅོད་བྱེད་དགོས། དེ་ནས་ཀུབ་ཞིང་གི་གཡས་གཡོན་དུ་ཁྲིད་དེ་རྩེ་མི་བཏོག་པར་འབྲས་བུ་རྒྱ་ཡན་དུ་གཏོང་དགོས། ཀུབ་མ་ཐོགས་པའི་འཁྲིལ་རྐང་རྣམས་ཇི་ཙུང་དུ་བཏང་ནས། འབྲས་བུ་ཐོགས་པའི་འཁྲིལ་རྐང་ལ་ལོ་མ་དོ་མ2~3སོར་འཛོག་བྱེད་པ་དང་དེའི་རྩེ་བཏོག་དགོས། ཀུབ་འབྲས་ཐོགས་པའི་འཁྲིལ་རྐང་གི་སོན་རིགས་ལ་འཁྲིལ་རྐང་མང་བ་ཇི་བཞིན་ཡལ་ག་ལེགས་སྒྲིག་བྱེད་དགོས། སྤྱིར་བཏང་དུ་ལོ་མ་དོ་མ4~6སྐྱེ་བའི་དུས་སུ་འཁྲིལ་རྐང་གཙོ་

བོའི་རྩེ་བཏོག་དགོས། དེ་ནས་སྐྱི་སྟོབས་རྒྱས་པའི་ཡན་ལག་འཁྲིལ་ཀ་ང3~4བཞག་ནས་གཞན་པ་རྣམས་གཙོད་དགོས། འཁྲིལ་ཀ་ང་སྐྱེས་ནས་རིང་ཐུང་ཚད་ངེས་ཅན་ཞིག་ལ་སླེབ་དུས་རྩེ་བཏོག་དགོས།

གསུམ། དྲོད་ཚད་དང་བཞའ་ཚན་ངོ་དམ།

པགས་མཐུག་མངར་ཀུབ་དྲོད་ཚད་མཐོན་པོའི་ཁོར་ཡུག་ལ་དགའ་བས། མཁའ་དབུགས་ཀྱི་བཞའ་ཚན་ཐེག་མི་ཐུབ། སྤ་དྲོ་ཉུང་རྒྱུད་ཚད་ཕྱིར་འགྱངས་བྱས་ཏེ་དྲོད་ཚད་མགྱོགས་མྱུར་དང་ཡར་འཕར་དུ་འཇུག་དགོས། ཕྱི་དྲོའི་ཆུ་ཚོད5པ་ནས་དགོང་མོའི་ཆུ་ཚོད9པའི་བར་དུ། དྲོད་ཚད8℃ཚོད་འཛིན་བྱས་ན་འཚམ་པ་དང་། དགོང་མོའི་ཆུ་ཚོད9པ་ནས་ཕྱི་ཉིན་ཆུ་ཚོད6པའི་བར་དུ་དྲོད་ཚད་ཇེ་དམའ་ཅུ་གཏོང་དགོས། མེ་ཏོག་བཞད་ཅིང་འབྲས་བུ་ཐོགས་པའི་དུས་ཚིགས་ལས་གཞན་པའི་འཚར་སྐྱེ་དུས་ཡུན་གྱི་དྲོད་ཚད15℃ལས་དམའ་ན་ཆོག འབྲས་བུ་རྒྱས་སྨྲོས་དང་འབྲས་བུ་སྨིན་པའི་དུས་སྐབས་སུ་དྲོད་ཚད10~12℃ཚོད་འཛིན་བྱེད་དགོས། གྲང་ངར་ཆེ་བའི་དུས་ཚིགས་སུ་འདེབས་འཛུགས་བྱེད་ན་སའི་དྲོད་ཚད་ཇེ་མཐོར་གཏོང་བའི་བྱེད་ཐབས་སྤྱོད་དགོས། ཉིན་མོའི་མཁའ་དབུགས་ཀྱི་ལྟོས་བཅས་བཞའ་ཚན60%དང་མཚན་མོའི་བཞའ་ཚན80%ཡིན་ན་འཚམ།

པགས་སྲབ་མངར་ཀུབ་ཀྱི་མེ་ཏོག་བཞད་པའི་དུས་ཀྱི་ཆེས་འཚམ་པའི་དྲོད་ཚད་ནི25℃ཡིན། འབྲས་བུ་སྨིན་དུས་ཀྱི་ཆེས་འཚམ་པའི་དྲོད་ཚད་ནི30℃ཡིན།

བཞི། ཆུ་ལུད་ངོ་དམ།

པགས་མཐུག་མངར་ཀུབ་ལ་གཉིང་ལུད་འདང་ངེས་ཤིག་བཞག་རྗེས། སྤྱིར་བཏང་དུ་སྟེང་ལུད་འཛོག་མི་དགོས། གལ་ཏེ་སྟེང་ལུད་འཛོག་དགོས་ཚེ་ཀུབ་སྨྲོས་པའི་དུས་སུ་ཧོའུ་པིན་ཧྥུའེ་དང་ཀུའོ་ལིན་སོན་ཀལ་སྦྲང་ཁུ་ཐེངས་གཅིག་རེ་འཛོག་དགོས། གཞན་ཀུབ་སྨྲོས་པའི་དུས་སུ་ལོ་མའི་ངོས་སུ0.3%ལིན་སོན་ཨེར་ཆིང་ཐྭ་གཏོར་དགོས། གཟའ་འཁོར་རེར་ཐེངས་རེ་གཏོར་བ་དང་བསྡོམས་པས་ཐེངས2~3གཏོར་དགོས། ཡང་ན1%ཀུའོ་ལིན་

སོན་ཀལ་གཤེར་ཁུ་གཏོར་བ་དང་། ཡང་ན0.3%ཙྭ་ཡན་ཞུ་ཁུ་བརྫེས་ནས་གཏོར་དགོས།

(གཅིག) ཕགས་སྲབ་མངར་ཀུབ་ཀྱི་ཆུ་ལུད་དོ་དམ།

1. འཁྲིལ་ཤིང་སྐྱེ་འཚར་དུས་སྐབས།

འཁྲིལ་ཤིང་ཐོན་ནས་མེ་ཏོག་བཞད་པའི་དུས་སུ། སྨི་གྲུ་བཞི་མ666.7རེར་ལུད་འཇོག་ཚད་ནི་སྤྱིར་བཏང་དུ་སྟོང་ཁེ5~10ཨེར་ཨན་ཡིན།

2. འབྲས་བུ་ཐོགས་པའི་དུས་སྐབས།

སྨི་གྲུ་བཞི་མ666.7རེར་སྙིང་ལུད་ཡིའུ་སོན་ཙྭ་སྟོང་ཁེ20འཇོག་པ་དང་ཙྭ་ལུད་གཙོ་བོར་འཛིན་དགོས།

3. ཀུབ་ཀྱི་རྒྱས་སྨིན་དུས་སྐབས།

སྦུའུ་རེ་ལ་ལིན་སོན་ཨེར་ཨན་སྟོང་ཁེ40~50བཀོལ་དགོས། ཉིན5ཡི་ནང་དུ་ཐེངས་རེར་ལིན་སོན་ཨེར་ཆིང0.3%~0.4%གཏོར་བ་དང་། ཐེངས2~3ལ་གཏོར་བས་ཆོག

(གཉིས) མངར་ཀུབ་ཀྱི་ཆུ་ལུད་དོ་དམ།

1. ཟ་སྨིན་རྒྱག་དུས་ཀྱི་ཆུ།

སྤྱིར་བཏང་དུ་ཤུར་ཁུང་ནང་དུ་ཆུ་གཏོར་དགོས་པ་དང་། ཆུ་མང་དྲགས་མི་རུང་།

2. སྨྱུ་གུ་འཚར་སྐྱེ་སླར་གསོ་དུས་སྐབས་ཀྱི་ཆུ།

ཟ་སྨིན་བརྒྱབ་ནས་ཉིན5~6ནང་དུ་སྨྱུ་གུ་འཚར་སྐྱེ་སླར་གསོ་བྱེད་དགོས་ཤིང་། རོལ་ཞིབ་ཆུ་ཉུང་གཏོང་བྱེད་དགོས།

3. འཁྲིལ་ཤིང་སྐྱུལ་བའི་ཆུ།

སྙིང་ལུད་རྒྱག་པའི་དུས་དང་པོར་སྙིང་ལུད་རྒྱག་པ་དང་མཉམ་དུ་ཆུ་གཏོང་དགོས།

4. ཀུབ་སྨིན་པའི་ཆུ།

འབྲས་བུའི་སྐྱེ་འཚར་རྒྱས་པའི་དུས་སུ་ཆུ་ལུད་མང་པོ་དགོས།

ལྔ། ནད་དང་འབུའི་གནོད་པ་གཙོ་བོ་འགོག་བཅོས།

ཧྲོད་ཁང་ནང་གི་མངར་ཀུབ་ལ་ནད་དུག་ནད་དང་དཀར་ཕྱེ་ནད། སད་སྐྱོན་ནད།

འགོས་ནད། རྙིད་སྐམ་ནད་སོགས་འབྱུང་སྲ། གནོད་འབུ་གཙོ་བོ་ནི་སྐྱི་དངོས་གནོད་འབུ་དང་དཀར་ཞིག གཏིང་ལོ་སྦྲང་ནག་སོགས་ཡིན། རྩ་སྦྱོས་བརྒྱབ་པའི་རྗེས་སུ་རླུང་རྒྱུག་སར་འབུ་འགོག་དྲ་བ་སྒྲིད་ན་གནོད་འབུ་འགོག་པར་ཕན་པ་ཡོད། ཁུལ་གཞི་རྒྱུ་འདུས་པའི་སྨན་སྦྱོད་མི་ཉུང་ངོ་།།